周　期　表

	3	4	5	6	7	0
						18
						2 He ヘリウム 4.003
	p 13	14	15	16	17	
	5 B ホウ素 10.811	6 C 炭素 12.011	7 N 窒素 14.007	8 O 酸素 15.999	9 F フッ素 18.998	10 Ne ネオン 20.180
	13 Al アルミニウム 26.982	14 Si ケイ素 28.085	15 P リン 30.974	16 S 硫黄 32.065	17 Cl 塩素 35.453	18 Ar アルゴン 39.948

10	11	12						
28 Ni ニッケル 58.693	29 Cu 銅 63.546	30 Zn 亜鉛 65.38	31 Ga ガリウム 69.723	32 Ge ゲルマニウム 72.630	33 As ヒ素 74.922	34 Se セレン 78.971	35 Br 臭素 79.904	36 Kr クリプトン 83.798
46 Pd パラジウム 106.42	47 Ag 銀 107.868	48 Cd カドミウム 112.414	49 In インジウム 114.818	50 Sn スズ 118.710	51 Sb アンチモン 121.760	52 Te テルル 127.60	53 I ヨウ素 126.904	54 Xe キセノン 131.293
78 Pt 白金 195.084	79 Au 金 196.967	80 Hg 水銀 200.59	81 Tl タリウム 204.383	82 Pb 鉛 207.2	83 Bi ビスマス 208.980	84 Po ポロニウム (210)	85 At アスタチン (210)	86 Rn ラドン (222)
110 Ds ダームスタチウム (281)	111 Rg レントゲニウム (280)	112 Cn コペルニシウム (285)	113 Nh ニホニウム (278)	114 Fl フレロビウム (289)	115 Mc モスコビウム (289)	116 Lv リバモリウム (293)	117 Ts テネシン (293)	118 Og オガネソン (294)

63 Eu ユウロピウム 151.964	64 Gd ガドリニウム 157.25	65 Tb テルビウム 158.925	66 Dy ジスプロシウム 162.500	67 Ho ホルミウム 164.930	68 Er エルビウム 167.259	69 Tm ツリウム 168.934	70 Yb イッテルビウム 173.045
95 Am アメリシウム (243)	96 Cm キュリウム (247)	97 Bk バークリウム (247)	98 Cf カリホルニウム (252)	99 Es アインスタイニウム (252)	100 Fm フェルミウム (257)	101 Md メンデレビウム (258)	102 No ノーベリウム (259)

基礎コース
化　学

Rob Lewis・Wynne Evans 著
薬袋佳孝・山本　学・若林文高 訳

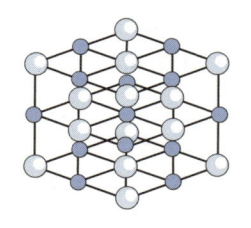

東京化学同人

Chemistry
Third edition

Rob Lewis
Wynne Evans

© Rob Lewis and Wynne Evans 1997, 2001, 2006

First published in English by Palgrave Macmillan, a division of Macmillan Publishers Limited under the title Chemistry 3rd edition by Rob Lewis and Wynne Evans. This edition has been translated and published under licence from Palgrave Macmillan. The authors have asserted their right to be identified as the authors of this work.

序　文

　この本は，大学での化学の入門・基礎課程，工学，医科学，法科学など，化学を専門としない課程，化学が大学1年次の選択科目となっている課程などの学生に，"化学の教養"を提供することを目的としている．内容の多くは，これ以外の化学の学生，特に数学や化学をこれまで十分に学んでこなかった人にも適している．

　この本は，数学や自然科学についての最小限の知識しかない人を想定して，"とっかかり"から始めている．どの章でも大事なのは演習問題である．問題は，読者が次に進む前に，学んだことを整理し，まとめられるようになっている．復習問題はより発展的な学習や学力の向上を目指している．学生が単独でも学習できるように，すべての問題に解答を付けた（日本語版では演習問題，復習問題，およびそれらの解答は別冊の演習編に収めた）．

　第3版では通常の改訂，体裁の変更に加え，裁判化学（法化学）の章を新たに設けた．また，この本の補助教材や発展させた内容のケーススタディ（事例）などを，下記のウェブサイトで利用できるようにした（www.palgrave.com/foundations/lewis）.

　この本は学生向けではあるが，能力も興味の対象もまちまちな学生をグループで教えなければならない教師の仕事を援助するための本でもあり，妨げるためのものではない．したがって，この本の内容やウェブサイトの改良などについての意見は，学生と同様に，教師の方々からも歓迎する．

E. Wynne Evans
Rhobert Lewis

この本を，創造性豊かで才能に富んだ二人の教師
Gordon Hopkins と John Lewis に捧げる

訳者序文

　本書は，大学基礎教育レベルの教科書として世界的に評価の高い"Lewis と Evans の Chemistry"（第3版）の日本語版である．23 の章は物理化学，有機化学，無機化学の基礎をカバーしており，より専門性の高い内容を学ぶ上で，血の通った基礎となろう．その一方で，環境化学や法化学（裁判化学）など，現代社会と密着した応用分野についての章も設けられている．他の章についても，身近にみられる素材や現象が題材として取上げられており，全体として，化学の概念や方法と現代社会との結びつきを感じさせる内容ともなっている．正統派の化学の教科書でありながら，現代における化学の役割を理解する上での良質な入門書として機能するはずである．

　本書の特徴の一つは，本文と例題・演習問題が有機的に結びついた形で展開されていることである．まず，各章の冒頭には，その章で学習すべき要点が目標としてまとめられている．その目標を念頭に置いて，本文を読み進み，随所に挿入されたクイズとしての演習問題を，例題を参考にしながら解くことで理解を深めていく．こうした目的設定型プラス問題解決型のプロセスを地道に繰返すことにより高い学習効果が期待される．各章にはより発展的な内容を含む復習問題が用意されており，これにチャレンジすることで，各章の目標への到達度を読者自身が分析できるように配慮されている．

　日本語版もこの特徴を生かした．日本語版は本文と例題を収めた本編と，演習問題と復習問題および解答を収めた演習編の2分冊からなる．本編の本文中には，どの時点で，どの演習問題を解いたらよいかがわかるように問題番号を挿入した．したがって，本編と演習編を併用すれば，原書と同じ学習効果が得られる．

　本書は，化学・応用化学系での初年次教育，理系（化学以外の分野を含む）での化学基礎教育，文系での教養教育などの場での利用を想定した正統派の教科書である．1年間の講義での利用を想定すると，その内容のす

べてを授業時間の制限の中で扱うことは困難かもしれない．しかし，本書の構成は学生の自学自習を容易にするように工夫されており，独学でも学びやすい教科書である．高校カリキュラムの多様化などにより，大学では，自然科学についての基礎知識がまったく異なる学生が同じ教室で学ぶ状況が生まれている．教科書としての利用のほかに，自習書・参考書として利用することで，基礎知識の乏しい学生にも，発展的な内容に挑戦できるレベルの学生にも役立つはずである．

　翻訳に当たっては，原文にできるだけ忠実，を旨としたが，日英間の言語構造，習慣，化学領域での用語の相違などのため，意訳した部分もある．訳者の力量が及ばず，訳が不完全な箇所が残っているのではとも思う．読者諸賢のコメントを歓迎する．

　本書の出版は，東京化学同人編集部田井宏和氏の全面的なお力添え，ご支援によるものである．同氏より本書の翻訳の話が出たのは2年以上前のことになる．物理化学，有機化学，無機化学と，それぞれ専門の異なる3人の訳者による共同作業は，思いのほか時間を要し，出版計画は当初のものから大分遅れることになった．出版に当たり，筆が遅れがちなわれわれを一貫して支えていただいたことに，改めて厚く感謝の意を表したい．

訳　　者

謝　辞

著者および出版社は以下の著作物の使用を許可して下さった関係者各位に感謝する．

図　表　表 11・6：S. E. Manahan, "Environmental Chemistry, Fifth Edition", p. 94, Table 5.1, CRC Press, LLC；図 11・3：S. R. Rao, "Surface Phenomena", p. 111, Figure 27, Hutchinson Education（1972）；図 14・9：C. Sawyer, P. McCarty and G. Parkin, "Chemistry for Environmental Engineering, Fourth Edition", p. 294, Figure 6.2, McGraw-Hill Publishers, New York.

写　真　J. Allen Cash Ltd, pp. 88, 235, 270；Chip Clark, p. 19；Colorsport, p. 254；EMPICS, pp. 111, 187, 430, 434；Dr John Gray, p. 455；Getty Images/ Hulton Archive, p. 178；Getty Images/ Mansell Collection, pp. 28, 104, 230, 369, 376；Philip Harris Education, pp. 5, 308, 321；Laboratory of the Government Chemist, pp. 11, 160；Angharad and Catrin Lewis, p. 39；Lion Laboratories Ltd, p. 119, 454；Steve Redwood, p. 202；Gordon Roberts Photography, pp. 100, 404；Science Museum/Science and Society Picture Library, p. 28；Science Photo Library, p. 57；UKAEA, p. 32；University of California, p. 68；Valance（Dover Publications Ltd）, p. 68；Varian（Australia Pty）Ltd, p. 398；Wolf Bass Wines International, p. 163.

この版および以前の版を作成するに当たり，専門的なコメント，一般的な意見をくださった多くの方々に感謝する．Dave Rich 氏（前 Neath Port Talbot 大学）および J. Carnduff 博士（Glasgow 大学）には特に感謝する．

すべての著作権者に連絡するように最大限の努力を払ったが，もし見過ごしたものがあった場合は，出版社はできるだけ早い機会に必要な措置をとる所存である．

読者へ：本書の使い方

- 本書は最小限の手助けで学習できるようになっている．
- 重要な概念や用語は巻末の用語集にまとめた．
- 重要な用語や概念を相互参照するために索引を使うとよい．
- それぞれの段階での学習項目（各章，各節の中の項目）については，指導教師からアドバイスを得よう．高校卒業レベルのしっかりした化学の知識がある人は，2章，4章，6章の大部分は，すでに知っているはずである．
- 学んだ項目について十分な理解が得られたと確信するまでは，新しい項目には入らないほうがよい．
- 解くべき演習問題は，問題の番号を本文中の該当箇所に，→演習問題 1A のようにして示した．次に進む前に，別冊の演習編に収めたこれらの問題に真剣に取組み，自分の答と，別冊に収めた解答とを照らし合わせて，チェックすること．
- Box（囲み記事）は，補足的な事項（応用も含まれている）を扱っており，必須ではない．その章を理解し終えてから学習してもよい．
- 本書のウェブサイトは www.palgrave.com/foundations/lewis である．ウェブサイトの補足教材には，基礎を学んでから必要となる発展的な内容が含まれている．どの教材が必要なのか，それを学ぶのは，いつが適当なのかについては，指導教師と相談すること．ウェブサイトのケーススタディについても同様である．重要な補足教材については本文中の該当箇所にマーク（⬉）を入れた．ただし，補足教材にとりかかる前に，まずは本書で扱っている基礎に集中することである！

目 次

1. **数，単位，測定** ·· 1
   - 1・1 非常に大きい数と
     非常に小さい数 ··················· 1
   - 1・2 対　数 ································· 2
   - 1・3 単　位 ································· 3
   - 1・4 実験における誤差 ··············· 7
   - 1・5 測定値の表示法 ·················· 11

2. **元素，化合物，反応** ·· 16
   - 2・1 物質とエネルギー ··············· 16
   - 2・2 物理変化と化学変化 ··········· 20
   - 2・3 化学式 ································· 22
   - 2・4 反応式の書き方と
     係数の合わせ方 ··················· 26

3. **原子の内部構造** ·· 31
   - 3・1 原子の構造 ·························· 31
   - 3・2 同位体 ································· 35
   - 3・3 質量分析計 ·························· 38
   - 3・4 原子の電子構造 ·················· 42
   - 3・5 原子に
     エネルギー準位がある証拠 ··· 44
   - 3・6 電子構造に関する
     より進んだ概念 ··················· 47

4. **化学結合（その1）** ·· 52
   - 4・1 原子はなぜ結びつくか ········ 52
   - 4・2 イオン結合 ·························· 53
   - 4・3 共有結合 ····························· 59
   - 4・4 配位結合 ····························· 64
   - 4・5 イオン化合物および
     共有結合化合物：
     これを両極端とした中間状態 ··· 65
   - 4・6 共鳴構造 ····························· 70

5. **化学結合（その2）** ·· 72
   - 5・1 オクテット則の例外 ··········· 72
   - 5・2 分子の形 ····························· 74
   - 5・3 多重結合をもつ分子の形 ···· 78
   - 5・4 双極子をもつ分子，
     もたない分子 ······················· 79
   - 5・5 金属結合 ····························· 81
   - 5・6 巨大分子 ····························· 83
   - 5・7 共有結合分子間に働く力 ···· 85

6. 溶液中のイオンの反応 …………………………………………………… 93

- 6・1 塩類の水への溶解 …………… 93
- 6・2 イオン反応式 ………………… 94
- 6・3 化学反応による
   水中でのイオンの生成 ……… 97
- 6・4 酸と塩基 …………………… 101
- 6・5 酸の反応 …………………… 103
- 6・6 気体の CO_2, SO_2, NO_2 が
   水に溶解してできる酸 …… 107
- 6・7 水酸化物イオンの反応 …… 108
- 6・8 水溶液中でのイオンの同定反応 · 109

7. 酸化と還元 ……………………………………………………………… 112

- 7・1 酸化還元反応 ……………… 112
- 7・2 酸化数 ……………………… 114
- 7・3 酸化剤と還元剤 …………… 115
- 7・4 酸化還元の反応式の
   書き方と係数の合わせ方 … 116
- 7・5 酸化還元対 ………………… 118
- 7・6 金属の反応列 ……………… 127
- 7・7 鉄の腐食 …………………… 127
- 7・8 自然界における
   酸化還元反応 …………… 129

8. モ　　ル ………………………………………………………………… 132

- 8・1 分子質量 …………………… 132
- 8・2 モ　　ル …………………… 133
- 8・3 質量パーセント組成 ……… 139
- 8・4 結晶水 ……………………… 141
- 8・5 反応式からの量の計算 …… 141
- 8・6 気体の体積の計算 ………… 143
- 8・7 収　　率 …………………… 144
- 8・8 制限試薬 …………………… 145

9. 濃度の計算 ……………………………………………………………… 148

- 9・1 溶液の濃度 ………………… 148
- 9・2 標準溶液 …………………… 152
- 9・3 容量分析 …………………… 153
- 9・4 いろいろな濃度の単位 …… 158
- 9・5 pH …………………………… 162

10. 気体, 液体, 固体 ……………………………………………………… 165

- 10・1 熱と温度 …………………… 165
- 10・2 物質の状態変化 …………… 165
- 10・3 気体の法則 ………………… 169
- 10・4 気体分子運動論 …………… 173
- 10・5 理想気体の状態方程式 …… 175
- 10・6 固体への気体の吸着 ……… 178
- 10・7 蒸気圧 ……………………… 179
- 10・8 臨界温度と臨界圧 ………… 181

11. 溶液と溶解度 …………………………………………………………… 184

- 11・1 溶解度 ……………………… 184
- 11・2 溶解の動的性質 …………… 188
- 11・3 ほとんど不溶の
   イオン化合物の溶解度 …… 189
- 11・4 2種類の溶媒への溶質の分配 · 197
- 11・5 気体の水への溶解度 ……… 198
- 11・6 浸　　透 …………………… 203
- 11・7 コロイド …………………… 206

12. 周期表と元素 ·· 209

- 12・1 周期表 ······························ 209
- 12・2 1族元素——アルカリ金属 ············ 211
- 12・3 2族元素——アルカリ土類金属 ········· 213
- 12・4 14族元素 ························· 214
- 12・5 17族元素——ハロゲン ········ 220
- 12・6 18族元素——希ガス ········ 221
- 12・7 第一遷移系列元素 ············ 221
- 12・8 族内と周期内での元素の性質の変化 ············ 227

13. 化学反応に伴うエネルギー変化 ································· 232

- 13・1 エネルギーの保存 ················ 232
- 13・2 エンタルピー変化の要点 ······ 236
- 13・3 実験による ΔH の決定 ········· 241
- 13・4 特別な種類の標準エンタルピー変化 ······ 244
- 13・5 標準生成エンタルピー ············ 244
- 13・6 標準燃焼エンタルピー ········ 250
- 13・7 栄　養 ······························ 251
- 13・8 格子エンタルピー ············ 253
- 13・9 結合の切断と生成のエネルギー ············ 257

14. 化学反応の速さ ·· 261

- 14・1 反応速度 ··························· 261
- 14・2 反応速度に影響を与える因子 ········ 265
- 14・3 反応速度式 ····················· 270
- 14・4 実験で求まる反応速度式の例 ········ 272
- 14・5 速度式を使った計算 ············ 274
- 14・6 一次反応についてより詳しく ················ 278
- 14・7 反応機構 ······················ 280
- 14・8 触媒作用 ······················ 282

15. 動的化学平衡 ·· 285

- 15・1 はじめに ··························· 285
- 15・2 平衡則と平衡定数 ············ 287
- 15・3 平衡定数の意味 ················ 290
- 15・4 平衡に対する濃度，圧力および温度の効果 ······ 293
- 15・5 ハーバー-ボッシュ法によるアンモニア合成 ············ 300
- 15・6 不均一系平衡 ·················· 302

16. 酸塩基平衡 ·· 304

- 16・1 水のイオン平衡 ················ 306
- 16・2 水溶液中の酸と塩基 ········ 308
- 16・3 塩の加水分解 ·················· 315
- 16・4 緩衝液 ··························· 316
- 16・5 酸塩基指示薬 ·················· 320
- 16・6 酸塩基滴定でのpH変化 ······ 322
- 16・7 水に溶けた二酸化炭素の緩衝作用 ···················· 324

17. 有機化学：炭化水素 ……………………………………………… 326
　17・1　アルカン……………………… 326
　17・2　アルケン……………………… 335
　17・3　アルキン……………………… 340
　17・4　芳香族炭化水素……………… 342

18. いろいろな有機化合物 ………………………………………… 349
　18・1　ハロゲノアルカン
　　　　　（ハロゲン化アルキル）…… 350
　18・2　アルコール…………………… 350
　18・3　カルボニル化合物…………… 354
　18・4　カルボン酸…………………… 357
　18・5　アミン………………………… 361
　18・6　光学異性……………………… 363
　18・7　アミノ酸とタンパク質……… 364
　18・8　置換ベンゼン誘導体………… 367

19. 混合物の分離 ……………………………………………………… 372
　19・1　液体から固体を分離する…… 372
　19・2　2種類の液体を分離する…… 373
　19・3　固体の分離…………………… 377
　19・4　水蒸気蒸留…………………… 377
　19・5　イオン交換…………………… 379
　19・6　溶媒抽出……………………… 380
　19・7　クロマトグラフィー………… 381

20. 光と分光学 ………………………………………………………… 390
　20・1　電磁スペクトル……………… 390
　20・2　原子と分子の
　　　　　エネルギー準位……………… 393
　20・3　分光計………………………… 395
　20・4　試料の吸光度と透過率……… 395
　20・5　紫外および可視スペクトル
　　　　　についての補足……………… 399
　20・6　吸収スペクトルと色………… 403
　20・7　赤外分光法…………………… 405
　20・8　核磁気共鳴分光法…………… 413
　20・9　ランベルト-ベール則……… 419
　20・10　光合成………………………… 422

21. 核化学・放射化学 ……………………………………………… 423
　21・1　放射能………………………… 423
　21・2　放射性核種と放射性同位体… 424
　21・3　放射線の性質………………… 426
　21・4　放射壊変の数学的取扱い…… 428
　21・5　放射性核種の利用…………… 429

22. 環境化学 …………………………………………………………… 436
　22・1　はじめに……………………… 436
　22・2　大気汚染……………………… 437
　22・3　水質汚染……………………… 440
　22・4　土壌汚染……………………… 444

23. 裁判化学 …………………………………………………… 448

- 23・1 あらかじめ知っておくこと… 448
- 23・2 裁判化学の範囲……………… 448
- 23・3 毒物濃度の時間変化………… 448
- 23・4 一次反応速度式を用いた計算………………… 450
- 23・5 エタノール分解でのゼロ次反応………………… 451
- 23・6 飲酒と運転…………………… 452
- 23・7 毛髪中の薬物の分析………… 454

付　　録 …………………………………………………… 457

用 語 解 説 …………………………………………………… 463

索　　引 …………………………………………………… 471

1 数,単位,測定

1・1 非常に大きい数と非常に小さい数
1・2 対　数
1・3 単　位
1・4 実験における誤差
1・5 測定値の表示法

この章で学ぶこと

- 数値の標準表記法
- 電卓の使い方
- 単位を理解する
- 正確さと精密さ
- 誤差の見方と有効数字

1・1　非常に大きい数と非常に小さい数

　科学では非常に大きい数や非常に小さい数がよく出てくる．そのような数をそのまま書くのは煩わしいので，省略した書き方（これを"標準表記"あるいは"科学表記"という）がよく使われる．それは次のような数学の約束に基づいている．

$$10^{-6} = 0.000001$$
$$10^{-5} = 0.00001$$
$$10^{-4} = 0.0001$$
$$10^{-3} = 0.001$$
$$10^{-2} = 0.01$$
$$10^{-1} = 0.1$$
$$10^{0} = 1$$
$$10^{1} = 10$$
$$10^{2} = 100$$
$$10^{3} = 1\,000$$
$$10^{4} = 10\,000$$
$$10^{5} = 100\,000$$
$$10^{6} = 1\,000\,000$$

それでは標準表記の例を見てみよう．100 という数を考えてみると，これは 1×100 と同じである．そこで標準表記ではこれを 1×10^2 と書く．同様にして，

$$2300 \text{ は } 2.3 \times 1\,000 \quad \text{すなわち} \quad 2.3 \times 10^3$$
$$6\,749\,008 \text{ は } 6.749008 \times 10^6$$
$$0.0012450 \text{ は } 1.2450 \times 10^{-3}$$

となる．

➡ 演習問題 1A

1・2 対 数

10 を底とする対数

ある数の"10 を底とする対数"（log で表す）とは，10 を何乗するとその数になるかという，べき（累乗）の値である．たとえば $100 = 1 \times 10^2$ なので，100 の対数は 2 である．同様にして，$0.0001 = 1 \times 10^{-4}$ であるから，0.0001 の対数は -4 となる．

150 の対数はいくつだろうか．150 の対数とは次の式の x の値である．

$$150 = 10^x$$

この計算は電卓を使って行う．普通の電卓では，まず"log"キーを押し，数字を入れ，最後に"＝"キーを押せばよい．150 の対数は 2.176 となる．これを，次のように書く．

$$\log(150) = 2.176$$

もしある数 x の対数が与えられて，x は何かと聞かれたら，どうすればよいだろうか．上の例でいえば，2.176 から逆に 150 を求めるにはどうすればよいだろうか．それには $10^{2.176}$ を計算すればよい（電卓では"10^x"キーを用いる．したがって普通は，"shift"キー，"10^x"キー，数字，"＝"キーの順で押せばよい）．そこで，

$$10^{+2.176} = 150$$

と書ける．同様にして，

$$10^{-0.9104} = 0.1229$$

となる．

e を底とする対数（自然対数）

"e"という記号は数学上の定数（π と同様に）であり，その値は，

$$e = 2.718\cdots$$

である．ある数の"eを底とする対数"とは，eを何乗するとその数になるかという累乗の値のことである．たとえば，$e^{3.912}=50$ は，50 の自然対数が 3.912 であるということを示している．本書では自然対数を"ln"で表す．したがって，

$$\ln(50) = 3.912$$

と書く．これは $\ln(e^x)=x$ という定義に基づいている．

対数の演算

次の式を覚えておくと便利である．これはどの底にでも使える．

$$\log(ab) = \log a + \log b$$

$$\log\left(\frac{a}{b}\right) = \log a - \log b$$

たとえば，

$$\log\left(\frac{yz}{km}\right) = \log y + \log z - \log k - \log m$$

となる．

電卓の使い方

以降の章では計算に電卓が必要となる．ここで，電卓を使いこなすために必要な操作法をまとめておこう．次のことができるようになる必要がある．

1) 標準表記での数の入力
2) 加減乗除の計算
3) 二乗計算や平方根計算
4) 電卓のメモリーの使用
5) $\log x$, $\ln x$, e^x, 10^x の計算

実際の操作方法は電卓の仕様によって少しずつ違っている可能性があるので，詳しくは電卓の取扱い説明書を読むか，よく知っている友人に聞こう． ➡ 演習問題 1B

1・3 単 位

国際単位系

国際単位系（フランス語の Système International を略して SI 単位系とよばれる）は，いくつかの**基本単位**とそれから誘導される単位（体積やエネルギーの単位はその例である）から成っている．基本単位の例を表 1・1 に示す．

基本単位は実際に用いるには大きすぎたり小さすぎたりすることがあるので，より小さ

表 1・1 基本単位

物理量	基本単位	単位の記号
質量	キログラム	kg
長さ	メートル	m
時間	秒	s
温度	ケルビン	K
物質量	モル	mol

表 1・2 SI 接頭語

倍数	接頭語	記号	倍数	接頭語	記号
10^9	ギガ	G	10^{-3}	ミリ	m
10^6	メガ	M	10^{-6}	マイクロ	μ
10^3	キロ	k	10^{-9}	ナノ	n
10^{-1}	デシ	d	10^{-12}	ピコ	p
10^{-2}	センチ	c	10^{-15}	フェムト	f

な,あるいはより大きな単位を表すために SI 接頭語(表 1・2)を使う.たとえば,小さな質量を表すときはミリグラム(=0.001 g,記号は mg)という単位を用いる.

立方メートル(m^3 と書く)という単位は,化学で使うには,多くの場合,大きすぎるので,立方デシメートル(dm^3 すなわちリットル)が普通使われる.$1 m^3$ は $1000 dm^3$ である(図 1・1).また $1 dm^3$ は 1000 立方センチメートル(cm^3)である.まとめると,

$$1 m^3 = 1\,000 dm^3 = 1\,000\,000 cm^3$$

となる.負の累乗の単位もある.たとえば m^{-3} ("パー立方メートル(per cubic meter)"と読む)である.

$$m^{-3} = \frac{1}{m^3}$$

であることを思いだそう.

➡ 演習問題 1C

物 質 量

化学において最も重要な物理量の一つに**物質量**がある.これは**モル**(mole,単位の記号は mol)という単位をもつ.ある物体に含まれる粒子(原子,イオン,分子)の数が多いほど,その物質量も大きくなる.化学者にとって特に重要なもう一つの物理量は**濃度**(concentration)である.濃度は単位体積中に含まれる粒子の量を示すものであり,普通,モル・パー・立方デシメートル($mol\ dm^{-3}$ と表記される)で表される.モルと濃度につ

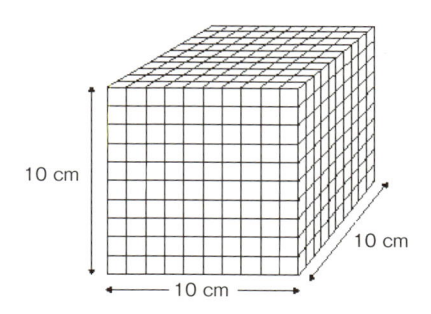

図 1・1 $1 dm^3$ は $1000 cm^3$ である

いては 8 章と 9 章でさらに詳しく扱う.

温　度

物体の温かさや冷たさを表すのが温度である．科学で用いられる温度の単位は**セルシウス**（Celsius）度（℃）あるいは**ケルビン**（kelvin，単位の記号は K）である．詳しくは 10・2 節を参照．

力とエネルギー

力やエネルギーの量は化学のいたるところで出てくるので，その単位になじんでおかなければならない.

力の SI 単位は**ニュートン**（newton，単位の記号は N）である．1 kg の物体に $1\,\mathrm{m\,s^{-2}}$ の加速度を与えるのに必要な力が 1 N である（これは，定常状態にある 1 kg の物体に 1 N の力を加えると，その物体は 1 秒後に $1\,\mathrm{m\,s^{-1}}$ の速度となり，2 秒後には $2\,\mathrm{m\,s^{-1}}$ の速度となるということである）．したがってニュートンの正式な定義は，次のようになる．

$$1\,\mathrm{N} = 1\,\mathrm{kg\,m\,s^{-2}}$$

研究用天秤　この天秤は 0.0001 g まで測れる．

エネルギーのSI単位はジュール（joule，単位の記号はJ）である．物体を1ニュートンの力に逆らって1メートルの距離を移動させるのに必要なエネルギーが1ジュールである．すなわち，次のように書くことができる．

$$1\,\mathrm{J} = 1\,\mathrm{N\,m}$$

物理量の単位

物理量は数値と単位からなる．たとえば，ある塊の体積を測って4.5 cm^{3}であったとすると，4.5が数値であり，cm^{3}が単位である．

数学的にいうと物理量は数値と単位の積である．

$$\text{物理量} = \text{数値} \times \text{単位} \tag{1・1}$$

上の例では，

$$\text{物理量(すなわち体積)} = 4.5 \times \mathrm{cm}^3$$

となるが，物理量は積の記号を省いて書くことになっているので4.5 cm^{3}となる．これは代数での表記法，たとえば4.5×yを4.5yと書くのと同様である．

グラフでの軸の表記

ある気体の体積（V，単位はdm^3）をその気体の温度（T，単位はK）に対してプロットするとしよう．まずy軸を考えよう．この軸に"V(dm^3)"と表記したくなりそうである．しかしプロットしているのは**体積**という量ではなく，その数値の部分にすぎない．(1・1)式を書き直すと，

$$\text{数値} = \frac{\text{物理量}}{\text{単位}}$$

となり，数値の部分をプロットするということは（物理量／単位）をプロットするということにほかならない．したがって"体積/dm^3"と表記すべきであり，普通，V/dm^{3}と表示する．同じ理屈でx軸の表記は，温度/KあるいはT/Kとなる．

単位の導き方

ある量の単位を導く方法を示すために，次のような質問の答を考えよう．すなわち，質量にkg，体積にm^{3}を用いると，密度の単位はどうなるだろうという質問である．

まず**密度**（density）の定義から出発する．

$$\text{密度} = \frac{\text{質量}}{\text{体積}}$$

質量と体積の単位を密度の定義式に代入すると，密度の単位がわかる．

$$\text{密度の単位} = \frac{\text{質量の単位}}{\text{体積の単位}} = \frac{\text{kg}}{\text{m}^3} = \text{kg m}^{-3}$$

したがって**密度の単位はキログラム・パー・立方メートル**となる（例題 1・1 を参照）．

例題 1・1

$$\frac{E}{RT}$$

という量は化学で頻繁に出てくる．E は物質 1 mol 当たりのエネルギー（単位はジュール・パー・モルで，J mol^{-1} と表される），T は温度（単位は K），R は $\text{J mol}^{-1}\,\text{K}^{-1}$（ジュール・パー・モル・パー・ケルビンと読む）の単位をもつ普遍定数である．E/RT の単位はどうなるだろうか．

▶ **解 答**

$$\frac{E}{RT}\text{の単位} = \frac{\text{J mol}^{-1}}{\text{J mol}^{-1}\,\text{K}^{-1}\,\text{K}}$$

となり，これを整理すると（下式），E/RT は単位をもたない，すなわち単なる数値であることがわかる．

$$\frac{\cancel{\text{J mol}^{-1}}}{\cancel{\text{J mol}^{-1}}\,\cancel{\text{K}^{-1}}\,\cancel{\text{K}}}$$

▶ **コメント**

この量は $e^{-E/RT}$（e＝2.718）の形で最もよく出てくる．E が大きくなると $e^{-E/RT}$ は小さくなることに注意しよう．

→ 演習問題 1D

1・4 実験における誤差

実験誤差の種類

液体の温度を測定する場合を考えよう．1 回の測定で得られる温度と真の温度との差が測定の誤差である．一般的にいうと，

$$\text{誤差} = \text{実験値} - \text{真の値}$$

測定は常に繰返し行わなければならない．たとえば，湖の中の殺虫剤の濃度を測るという場合を考えよう．その場合，まず大きな瓶に湖水をいっぱい入れ，あとで（研究室に戻ってから）瓶から湖水を 50 cm³ ずつ取出し，それぞれについて同じ分析手段で殺虫剤の量を測定することになろう．50 cm³ の試料のそれぞれについて測定した濃度を平均するこ

とで，平均の殺虫剤濃度が求められる．この場合，その**平均測定値**と真の濃度との差が誤差となる．

測定実験では，大別して2種類の誤差を考慮する必要がある．

1） 第一は**偶然誤差**（random error）とよばれるもので，同一試料を繰返し測定したときの測定値のばらつきである．

　偶然誤差により測定値はばらつくが，大量の測定値を平均すると，偶然誤差にあまり影響されない平均値が得られる．しかし何度も測定を繰返すのは必ずしも実際的ではない（たとえば，ほんのわずかな試料しかない場合や，測定に時間や経費がかかる場合もある）．精密な測定が求められるのは，このような理由からである．

2） 第二の誤差は**系統誤差**（systematic error）とよばれる．系統誤差はすべての測定値に対して"真の値"より大きく（あるいは小さく）なるような影響を及ぼす．系統誤差はいかに多数回測定を繰返しても，決して平均化してなくなるということはない．

偶然誤差の例

偶然誤差は，測定者の**主観**（たとえば，液がピペットの目盛りに達したかどうか，滴定において色の変化が始まったかどうか）が入るとき，あるいは，速やかに変動する状況（たとえば換気設備）のもとで測定を行うときに生じる．

系統誤差の例

よくある系統誤差の例に天秤によるものがある．天秤を使うときは，試料を測定する前にゼロ点調節をするが，**その後**で天秤の皿に塵が乗ってしまった場合を考えてみる．何を測っても常に真の質量より大きな値を示すだろう．もしその塵が 0.0001 g の質量をもっていたら，すべての試料が真の値より 0.0001 g 高い見かけの値を示してしまう．

系統誤差のもう一つの例として，血中のクロムの分析を例に取ろう．もし血液試料が分析前にステンレス鋼の容器に保存されていると，クロムが容器から血液中に溶け出してくる．こうなると測定値（この場合はクロム濃度）が過大評価されることになる．

系統誤差は見つけにくい場合が多い．物質の濃度の測定（**定量分析**（quantitative analysis））は，濃度をその測定に干渉する物質が共存する条件下で測定する必要があるので，特にそうである（Box 1・1を参照）．

正確さと精密さ

同一試料について繰返し測定したとき，測定値が互いに近い場合，その測定は**精密**であるという．

→ 演習問題 1E

Box 1・1 系統誤差の例：茶に含まれる アルミニウムイオン（Al^{3+}）の分析

人間の Al^{3+} 消費量はアルツハイマー病と関係があるといわれている．茶に含まれる Al^{3+} の濃度を定量する一つの方法では，まず茶に**錯化剤**（complexing agent，一般に複雑な有機化合物）を加える（図 1・2）．錯化剤は Al^{3+} と結びついて赤く着色した物質を形成する（着色**錯体**（complex））．

$$Al^{3+} + 錯化剤 \longrightarrow \underset{(赤色)}{Al^{3+} 錯体}$$

茶の中の Al^{3+} の濃度が高いほど，赤色の強度も増大する．

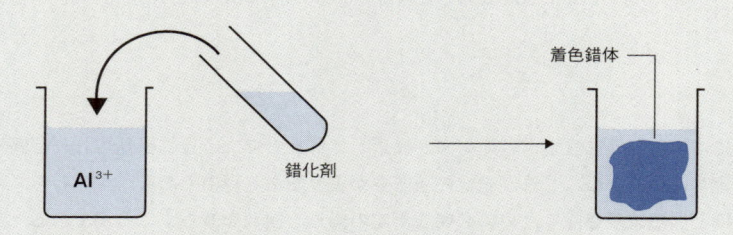

図 1・2 着色錯体生成による Al^{3+} イオンの定量

しかし，もしその茶が微量の重金属イオン（たとえば銅）を含んでいると，これらのイオンもまた錯化剤と赤色の化合物を形成する．赤色がすべて Al^{3+} 錯体に由来するとして処理すると，系統誤差を生ずることになり，Al^{3+} の濃度は**過大評価**されてしまう．

もし茶がフッ化物イオン（F^-）を含んでいると，これは Al^{3+} イオンと直接反応してフッ化アルミニウム錯体を形成し，Al^{3+} イオンが錯化剤と反応するのを妨げる．そうなると Al^{3+} の濃度を**過小評価**する系統誤差を生ずる．

理想的な測定では，Al^{3+} の測定に干渉する F^- や Cu^{2+} などのイオンの濃度を個別に測定し，これに基づいて測定された Al^{3+} 濃度を補正することになる．

精密な測定は偶然誤差が小さい

真の値に近い測定は正確であるという．

正確な測定は系統誤差が小さい

ライフル射撃を例にすると，正確さと精密さの違いがはっきりする（図 1・3）．ライフル競技では，的の中心に当てることが目的である．選手 A は精密な射撃をする（3 発とも近いところに当たっている）が，正確ではない（的の中心に当たっていない）．選手 B は精密で正確な射撃をする（3 発とも的の中心に当たっている）．選手 C は精密でも正確で

選手A
精密であるが
正確ではない

選手B
精密であり
正確である

選手C
精密でも
正確でもない

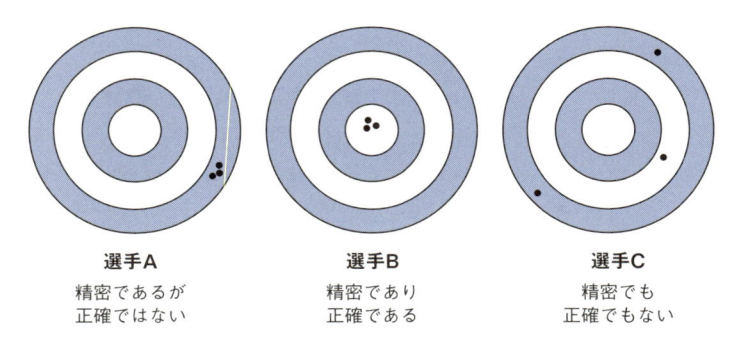

図 1・3　正確さと精密さ（ライフル射撃の例）

もない．

　すでに述べたように測定は普通何回か繰返して行うので，十分に繰返されれば偶然誤差はほぼ完全になくなる．これが測定の精密さが重要である理由である．すなわち，**精密さが増すほど偶然誤差を除くために必要な測定の繰返し回数を減らすことができる**．測定の繰返し回数が少ないほど，測定は速やかかつ安価に行うことができる．

　一連の繰返し測定の精密さを示す目安の一つに測定結果の**標準偏差**（standard deviation）がある．標準偏差が低いほど精密さがよいということである．

> ウェブサイトの Appendix 1 に標準偏差の計算法と使用法を掲載．

測定値の真の値とは何か

　もし測定が正確であれば，真の値が得られるはずである．しかし真の値だということがどうしてわかるのだろう．鉛を検出する新しい分析装置を使おうというとき，まず鉛濃度 [Pb] がわかっている溶液（すなわち**標準溶液**（standard solution））を分析して，その装置の正確さを試すだろう．もし分析が正確であれば，

$$[\text{Pb}]_{標準溶液} - [\text{Pb}]_{測定値}$$

の値はゼロに近づくはずである．もし真の濃度が未知の試料を分析するときには，最終結果を信頼するためには，系統誤差がないということが必須である．そのような場合，**同じ試料を異なる分析手段で分析して比較することによって正確さを推定することができる**．

　専門機関（たとえば英国規格協会（BSI））は最も信頼できる分析方法を**標準分析法**（standard method）として公表しており，そこでは実験誤差の考えられる原因が明記されている．

分析結果が信頼できることを消費者に納得させるためにも，分析実験室での品質管理は重要である．

研究所における分析測定の質

英国貿易産業省（現ビジネス・イノベーション省）によれば，英国では化学分析の費用は毎年 70 億ポンドを超えており，1000 を超える研究所で 5 万人以上の職員が働いている．分析の質が低いと国際貿易，技術向上，さらに健康や安全といった政府の政策に障害が起こる．現在多くの研究所が英国規格認定計画に基づいて認証されている．"英国測定制度（NMS）" では，農業，建築，材料加工，製薬分野での研究所を含むあらゆる分析化学研究所において分析の質を高めるべく努めている．この制度の重要な特徴の一つは，会社がその分析方法や手順を比較しあうことを奨励していることである．NMS についての有用な情報は www.nmschembio.org.uk で得られる．

1・5 測定値の表示法
有効数字と測定の不確かさ

もし誰かに 1 本の針金の長さを普通の定規で測るように頼んで，その人が長さは 19.843 cm であると報告したとしたら，それは疑ってかからなければならない．19.843 という数値は **5 桁の有効数字**を含んでおり，定規で測ることができるとは考えられない値である．

普通の定規を用いた場合，長さの測定の**不確かさ**（uncertainty）は ±0.2 cm と推測できる．これは測定値が最悪 0.2 cm 大きいか，あるいは 0.2 cm 小さい場合があることを意味する．つまり測定値の小数点 1 桁目までしか信頼できないわけで，このような場合，長さ

は 19.8±0.2 cm であると表示する．あるいは単に 19.8 cm と表示してもよい．この場合，有効数字は 3 桁である．±0.2 cm を省くと情報量が減るが，科学者の間では有効数字についての了解ができているので，単に 19.8 cm と書いてもその値のもつ最低限の不確かさについての情報は含まれている．

　もう少し説明すると，友人に針金の長さは 19.8 cm であるとだけ教えて，それ以外の情報を与えなかったとしてみよう．友人はその実験の不確かさについてどのようにいうであろうか．**測定の不確かさは測定値の最後の桁で少なくとも 1 ある**というのが一般的な了解である．今の場合，長さを 19.8 cm と表示するということは，不確かさが小数点 1 桁目で少なくとも 1 あるということで，言い換えれば不確かさは**少なくとも ±0.1 cm** ということである．上で述べたように，実際の不確かさはこれより大きく ±0.2 cm と推定される．

　測定値を有効数字の正しい桁数で表示するには，不確かさの推定が不可欠である．これは偶然誤差がどのくらいかを，確実な情報に基づいて推測することにほかならない．より複雑な測定では，偶然誤差と系統誤差双方の重要性を評価するために，さらに別の実験を行う必要が出てくる場合もある．

　最後になるが，**不確かさと誤差を混同してはならない**．測定の誤差は測定値と真の値との差である（1・4 節参照）．**不確かさは測定についての疑わしさを反映する量である．**

例題 1・2

　1 枚のコインの質量を天秤で量ったら 10.0078 g と表示された．この測定の不確かさは ±0.002 g と推定されている．このコインの質量を報告するとき，有効数字は何桁が妥当であろうか．

▶解 答
　不確かさの値は，この測定では小数点 3 桁目までが信頼できることを示している．したがって，このコインの質量は有効数字 5 桁で，すなわち 10.008 g と報告するのが妥当である．この表示は測定における不確かさの**最小値**が ±0.001 g であることを意味している．

掛け算や割り算で得られた量の有効数字

　金属塊の密度を求める実験をするとしよう．二つの測定，すなわち，(1) 金属の質量，(2) 金属の体積，が必要である．質量は 10.0078 g，体積（正確に求めるのは質量の場合より難しい）は 2.8 cm^3 と求められたとしよう．これから密度は，

$$\text{密度} = \frac{\text{質量}}{\text{体積}} = \frac{10.0078}{2.8} = 3.57421429 \text{ g cm}^{-3}$$

と計算される．ここで 3.57421429 は電卓に表示される数字である．しかし，"密度は

Box 1・2 有効数字の桁数の求め方

有効数字の桁数を求める最も簡単な方法は,その数を標準表記で表して,10^x部分の前にある数字の桁数を数えることである.たとえば0.00233は標準表記では2.33×10^{-3}となるから,有効数字は3桁である.他の例を次に示す.

数	標準表記	有効数字の桁数
0.002330	2.330×10^{-3}	4
235.5	2.355×10^{2}	4
0.0000567676	5.67676×10^{-5}	6
14	1.4×10^{1}	2
1302	1.302×10^{3}	4
150	1.50×10^{2} あるいは 1.5×10^{2}	3 あるいは 2

表の150の有効数字の桁数は曖昧である.もし1.50×10^{2}とみれば3桁であるが,1.5×10^{2}とみれば2桁となる.

3.57421429 g cm^{-3} である"と報告するのは滑稽である.なぜならこれでは不確かさがほぼ±0.00000001 g cm^{-3}ということになってしまうからである.この場合は,最後の計算値における**有効数字の桁数は,最も不確かな測定値の有効数字の桁数と同じにする**,という基準に従う.密度の計算では質量と体積の測定値が必要であるが,体積の測定値は有効数字2桁しかなく,より不確かさが大きい.したがって密度も有効数字2桁で報告しなければならない.

$$密度 = 3.6 \text{ g cm}^{-3}$$

ここで3.57421429の5は6に切り上げられている(Box 1・3の説明参照).

足し算や引き算で得られた量の有効数字

この場合の基準は,最終計算値の**小数点以下の桁数は,測定値のうち小数点以下の桁数が最も少ないものと同じにする**,というものである.

たとえば,2種類の水の試料があって,それぞれ別の方法で体積を測定して 41.66 cm^3 と 2.1 cm^3 の値が得られたとしよう.水の全量はいくらかというと,この基準と四捨五入によって 43.8 cm^3 ということになる.

▶演習問題 1F

対数で表された量の有効数字

1.97×10^{3}の対数は3.294466である.しかし少数点何桁まで表示すべきだろうか.ここでの基準は,対数値の**小数点以下の桁数を元の数の有効数字の桁数と同じにする**,という

> **Box 1・3　数字の丸め方**
>
> 　コインの質量を測定して，不用意に 5.6489 g（つまり有効数字 5 桁で）と報告されたとしよう．測定の不確かさから有効数字 4 桁が妥当である場合，数字を**丸めて** 4 桁にしなければならない．
> 　そのときの基準は次の二つである
> 　1）n 桁に丸めるときは，$n+1$ 桁目の数字だけを考えればよい．
> 　2）n 桁目を切り上げるのは，$n+1$ 桁目の数字が 5 か，5 より大きいときだけである（四捨五入）．
> 　そこで 5.6489 という 5 桁の数字を有効数字 4 桁に丸めると 5.649 となる．しかし有効数字 3 桁で報告するとなると 5.65 となるが，これは 4 桁目（5.6**4**89）を四捨五入するからで，5 桁目を考える必要はない．有効数字 2 桁で示す場合は，3 桁目（5.**6**489）を四捨五入して 5.6 となる．この場合はその下の 89 は関係ない．有効数字 1 桁の場合は 2 桁目（5.**6**489）を四捨五入して 6 となる．まとめると以下のようになる．
>
> | コインの質量 | 有効数字の桁数 |
> |---|---|
> | 5.6489 | 5 |
> | 5.649 | 4 |
> | 5.65 | 3 |
> | 5.6 | 2 |
> | 6 | 1 |

ものである．1.97×10^3 の有効数字は 3 桁であるから，$\log(1.97 \times 10^3) = 3.294$ となる．

　この逆も成り立つ．対数が 0.8234 である元の数値を求めようとして，$10^{0.8234}$ を計算すると 6.65886 となる．答の有効数字の桁数を，はじめの数の小数点以下の桁数と同じにするのだから $10^{0.8234} = \mathbf{6.659}$ となる．

　非常に大きな数や非常に小さな数を扱いやすく縮める目的で，対数表示することがよくある．一つの例が pH とよばれる量で，溶液中の水素イオン濃度（[H$^+$(aq)] と書かれる）から次の式で計算される．

$$\mathrm{pH} = -\log[\mathrm{H}^+(\mathrm{aq})]$$

すなわち，"pH は水素イオン濃度の対数にマイナスを付けたものに等しい"．これを書き直すと，

$$[\mathrm{H}^+(\mathrm{aq})] = 1 \times 10^{-\mathrm{pH}}$$

となる．すなわち，"水素イオン濃度は pH 値のマイナスをべきとする 10 の累乗に等しい"．

　もし水素イオン濃度が 4.403×10^{-3} mol dm^{-3} であるとすると，有効数字の基準から

$$\begin{aligned} \text{pH} &= -\log(4.403 \times 10^{-3}) = -(-2.35625) = 2.35625 \\ &= 2.3563 \end{aligned}$$

すなわち，小数点4桁で5桁目が切り上げられている．

もしある溶液の pH が 6.81 と表示されていれば，

$$[\text{H}^+(\text{aq})](\text{単位は mol dm}^{-3}) = 1 \times 10^{-\text{pH}} = 1 \times 10^{-6.81} = 1.5488 \times 10^{-7}$$
$$= 1.5 \times 10^{-7}$$

すなわち，有効数字2桁で3桁目以下は切り捨てられている．

pH の計算の例は 9・5 節と 16・1 節にもある．　　　　　　　　　→ 演習問題 1G

知っていましたか

　セルシウス温度目盛（摂氏目盛）は，その別名**センチ目盛**（centigrade）が示すように，二つの"定点"の間を100度に分けたものである．摂氏目盛は1742年にスウェーデンの科学者アンデルス・セルシウス（Anders Celsius）によって提案された．彼の案は水の沸点を0度，凝固点を100度とするものであったが，彼の死後，現在のように水の凝固点を0度，沸点を100度とするように改められた．1948年に SI 単位系での接頭語 centi との混同を避けるため，そして提案者を讃えるために**セルシウス目盛**と呼ばれるようになった．

この章の発展教材がウェブサイトにある．

2 元素, 化合物, 反応

2・1 物質とエネルギー
2・2 物理変化と化学変化
2・3 化学式
2・4 反応式の書き方と係数の合わせ方

この章で学ぶこと

- 物質のさまざまな形態
- 物質の組成
- 化学変化と物理変化の違い
- 化学式や反応式の書き方

2・1 物質とエネルギー

宇宙は物質とエネルギーからできている. 物質とは**空間**（space）を占めるもので, **質量**（mass）をもっている. 岩石も海洋もわれわれが呼吸する空気も, そしてわれわれ自身もすべて物質から成り立っている. これに対してエネルギーは形をもっていない. エネルギーは**仕事**（work）をする能力と定義される.

質量と重量

ゴムボールを考えてみよう. これはある決まった量の物質からできている. このボールを握りしめると, その体積は減少するが, 物質の量は変化しない. このボールを月にもっていったとしても, 物質の量は同じで変化しない. しかしその**重量**（weight）は違うはずである. 重量はその物体に働く重力によって変化し, 月での重力は地球上での重力よりずっと小さいからである. しかし質量は物質の量だけに依存し, **場所によって変化することはない**.

質量と重量はよく混同して使われるが, この二つは決して同じものではないので, しっかり区別しよう. 化学者にとって質量の測定は非常に重要であり, われわれも"質量"という言葉を正しく使わなければならない.

仕　事

物体を動かそうとすると, 物体はそれに逆らおうとする. 物体に力が働き, それを動か

すとき，**仕事**がなされる．仕事は**エネルギー**（energy）を必要とする．エネルギーはいろいろな形で現れる．

- 燃料が燃えるときに発生するのは**熱エネルギー**（heat energy）である．
- ビデオデッキや冷蔵庫，コンピューターを働かせるのは**電気エネルギー**（electrical energy）である．
- 太陽は**光エネルギー**（light energy）を放出している．
- 人が話をすると**音響エネルギー**（sound energy）が発生する．
- **核エネルギー**（nuclear energy）は電力を生み出すのに用いられる．
- 電池に貯蔵されるのは**化学エネルギー**（chemical energy）である．

物質の形態

物質は，普通，3種類の物理的状態をとる．すなわち**固体**（solid），**液体**（liquid），**気体**（gas）である．もう一つの状態として**プラズマ**（plasma）があるが，これは非常に高温で生成し，恒星の大気中に見いだされる．

物質は**元素**（element），**化合物**（compound），および**混合物**（mixture）から成り立っている．物質の組成を図2・1にまとめておく．

1）元　素　元素は物質の基本的な形態であり，化学反応によってそれ以上簡単な物質に分割することはできない．

よく知られている元素には銅，金，酸素，水銀，硫黄などがある．名前の付いている元素は112種類あり（表紙裏の周期表を参照），そのうち90種類は天然に存在し，その他は科学者がつくり出したものである．

2）化合物　化合物は，二つあるいはそれ以上の元素が一定の割合で結びついたも

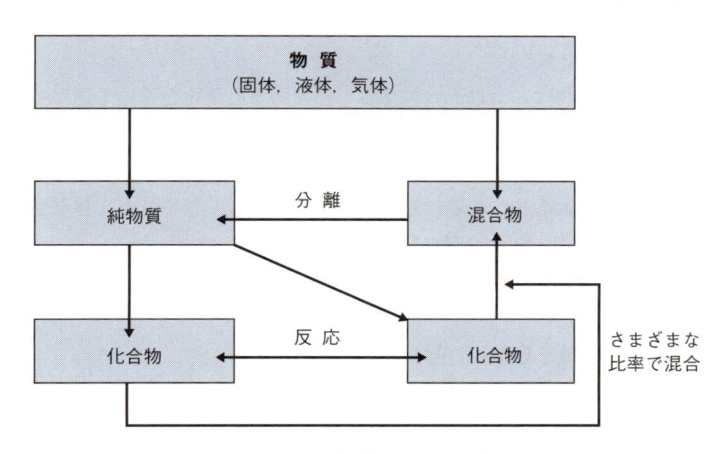

図 2・1　物質の異なる形態

Box 2・1 物質の純度

純度は化学において非常に重要である．純粋な元素や化合物，たとえば銅の純粋な試料や純粋な食塩（塩化ナトリウム）は**再現性**のある性質を示す．言い換えれば，純粋な食塩なら，異なる試料でも同一条件のもとでは正確に同一の挙動を示す．すなわち同一の融点をもち，同一の化学反応を起こす．混合物は，組成が異なることもあるので，同一条件でも同一の挙動を示すとは限らない．たとえば異なる土壌の試料は，一概に"土壌"とよばれても，非常に異なる性質を示すこともある．

保証付き純正試薬は1888年にドイツの化学薬品会社 Merck によって初めて市販された．第一次世界大戦中，英国はこれらの純正試薬を入手することができなかったので，英国の化学薬品メーカーは新たな純度の規格に基づいて化学薬品を製造しなければならなかった．これらの薬品は AR（分析試薬（analytical reagent）にちなむ）とよばれた．現在，英国工業規格に合致する高純度薬品は"AnalaR"とよばれている．実験室にある試薬瓶を見て，どんな規格か調べてみよう．

のである．

たとえば，ナトリウムと塩素が結びつくと塩化ナトリウム，すなわち食塩になる．砂糖は炭素と水素と酸素が結びついたものである．化学反応，すなわち化学変化が起こることによって，**新物質**（new substance）が生まれる．元素が反応して化合物となり，化合物は化学変化によってそれをつくっている元素に分かれることもある．

元素も化合物も物質である．純粋な物質，すなわち**純物質**（pure substance）の組成は，その起源にかかわりなく一定である．"純物質"という言葉の意味は非常に厳密なものであることに注意しよう．純物質は物体の形態の中で唯一純粋なものであり，決して異なる種類の物体の混合物ではない．純物質はかなり希であり，地球上で天然に存在する物質のほとんどは混合物である．

　3）混合物　　混合物は二つ以上の純物質（元素あるいは化合物）を含んでいる．混合物の組成は一定ではなく，まちまちである．

空気は酸素や窒素のような元素，水蒸気や二酸化炭素のような化合物，さらにそれ以外の少量の気体からなる混合物である．しかし，汚染された工業地帯から採取された空気と，エベレスト山頂で採取された空気では，その組成は違うはずである．

元素：金属と非金属

元素はおおまかに金属と非金属に分けられる．

　1）金　属　　金属は一般に次のような性質をもっている．
- 光沢がある（"ピカピカ"している）
- 熱や電気を通す

- 針金状に引き伸ばすことができる（**延性がある**（ductile））
- 薄い板状に延ばすことができる（**展性がある**（malleable））
- 打つと"カラン"と音がする（**響く**（sonorous））
- 化学反応では，酸と反応し，**塩基性酸化物**（basic oxide）を形成し，**正電荷をもつイオン**（positively charged ion）を生成する（これらの用語はこれから順次学んでいくので，まだ理解できなくてもよい）．

金属の例として，金，銀，銅，鉄などがある．水銀は金属であるが，室温で液体である．

2）非金属　非金属は一般に次のような物理的性質をもつ．
- 熱や電気をあまり通さない
- もろく，板状に延ばしたり針金状に引き伸ばすことはできない
- 光沢がなく響かない．
- 化学反応では，酸とは反応せず，**酸性酸化物**（acidic oxide）を形成し，**負電荷をもつイオン**（negatively charged ion）あるいは**共有結合化合物**（covalent compound）を生成する

非金属の例としては，ヨウ素，酸素，窒素，炭素などがある．

後で述べるように，いくつかの元素は金属と非金属の中間の性質をもち，**メタロイド**（metalloid）あるいは**半金属**（semimetal）とよばれる．たとえばヒ素，ケイ素，ゲルマニウムがある．

Box 2・2　走査型トンネル顕微鏡

可視光を用いる顕微鏡では原子を見ることはできない．なぜなら，可視光の波長（400 nm 程度）より直径が小さい粒子を見分けられないからである．

電子顕微鏡は微小な対象物の画像をつくるのに電子（原子中にある微粒子）を用いている．走査型トンネル顕微鏡（STM）は，その中でも最も高性能の装置で，元素の表面を画像にすることができ，個々の原子を見ることができる．右の写真で原子はぼやけた球状に見えている．STM は物理，化学，生物学の分野で利用されている．

ヒ化ガリウム表面の STM 像

原子と分子

元素を"積み木"にたとえると，その構成単位が**原子**（atom）である．原子は元素としての性質を示す最も小さい単位である．もし銅片を次々に二つに分けていくことができるのなら，最後に銅の原子にたどり着く．原子はきわめて小さく，35 000 000 個の銅の原子を隙間なく 1 列に並べてやっと 1 cm になる．原子の存在は古代ギリシャ時代から考えられており，物質の挙動を説明するのに用いられてきた．1981 年に開発された**走査型トンネル顕微鏡**（scanning tunneling microscope, STM）を用いると原子を見ることができる（Box 2・2 を参照）．

2 個あるいはそれ以上の原子が互いに結びつくと**分子**（molecule）とよばれる粒子ができる．分子はそれをつくっている原子とは異なる化学的挙動を示す．分子は同じ元素の原子からもできる．たとえば，気体の酸素は通常の条件では酸素原子 2 個からなる**二原子分子**（diatomic molecule）である．したがって酸素分子は"二酸素"ともよばれる．異なる元素の原子が結びつくと，できる分子は化合物の最小単位となる．水という化合物は 2 個の水素原子と 1 個の酸素原子が結び付いた分子からなっている（Box 2・3 を参照）．

Box 2・3 分 子

1 種類の元素からなる分子はふつう二原子分子である．酸素（O_2），水素（H_2），窒素（N_2），塩素（Cl_2），臭素（Br_2），ヨウ素（I_2）がその例である．リンは 4 原子分子（P_4）として存在し，硫黄はふつう 8 原子でできている（S_8）（図 2・2）．

分子も原子からできているので非常に小さい．水素 2 原子が酸素 1 原子と結合してできた水の分子 1 個の質量は 3×10^{-23} g である（図 2・3）．

図 2・2　1 種類の元素からなる分子

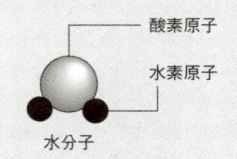

図 2・3　水の分子

2・2　物理変化と化学変化

物理変化

水が**沸騰**（boiling）して水蒸気になるのは物理変化の一例である．そのとき水は液体から気体へとその状態を変化させるが，別の種類の物質に変わるのではない．食塩を水に溶かすと，消え失せたかのようにみえる．しかしその水をなめてみれば"塩辛い"ので，そ

の中にあることがわかる．食塩は小さな粒子に分かれて，水の分子と完全に混ざり合っているが，食塩としての化学的独自性が変化したわけではない．**溶解**（dissolution）は物理変化のもう一つの例である．溶けた物質（この場合は食塩）は**溶質**（solute）とよばれ，溶かした物質（この場合は水）は**溶媒**（solvent）とよばれる．

→ 演習問題 2A

化学変化（化学反応）

化学反応（chemical reaction）では物質が別の種類の物質に変化する．しかし**化学反応の前後で，全質量は変化しない**．これが**質量保存の法則**（law of conservation of mass）である．たとえば，さびは鉄と酸素と水が化学的に結合してできる化合物である．もし鉄片が完全にさびると，

さびの全質量 ＝ 鉄の質量 ＋ 結合した水の質量 ＋ 結合した酸素の質量

となる．

別の例を挙げれば，銀行口座に入っている金額は，小切手を切ると減少する．しかしお金が破壊されたわけではなく，単に別の口座に移っただけである！ これと同じ理屈が化学反応にも当てはまる．原子は破壊されるのではなく，さまざまなやり方で再編成されるのである．バーベキューのときに使う木炭は，燃やすと次のようにしてなくなるように見える．

木炭 ＋ (空気中の)酸素 ⟶ 二酸化炭素

しかし，空気から取込まれて反応に使われた酸素の質量と，使われた木炭の質量を足すと，生成した二酸化炭素（目には見えないが）の質量と完全に等しいはずである．

物質は化学反応によって別の種類の物質に変化し，それは時としてまったく異なる化学的性質をもつ．たとえばナトリウムを加熱すると，塩素と激しく反応する．ナトリウムはきわめて反応性の高い金属であり，塩素は非常に有毒な気体である．これらが反応すると塩化ナトリウム（食塩）ができるが，これは特に反応性が高い物質ではなく，それどころか生命に不可欠の物質である．

物理的性質と化学的性質

ある物質の物理的性質とは，化学反応を含まない性質である．たとえば，状態（**固体，液体，気体，溶液**（solution）），融点，沸点，色，電気伝導性などである．

物質の化学的性質とは，その物質が引き起こす化学反応に関する性質である．たとえば，ナトリウムは水と激しく反応して水酸化ナトリウムの水溶液と水素ガスを生成する．このナトリウムの水との反応が，ナトリウムの化学的性質の一つである．

→ 演習問題 2B

示量性と示強性

物質の測定可能な性質は，**示量的**（extensive）性質と**示強的**（intensive）性質に分類される．

示量的性質は物質の量に依存し，示強的性質は物質の量に依存しない．

体積は示量的性質である．100 cm³ の水に 50 cm³ の水を加えれば全体積は 150 cm³ となる．体積を足し合わせれば総量になる．

温度は示強的性質である．50 ℃の温度の水に 50 ℃の水を加えても，水の温度は 50 ℃であり，決して 100 ℃には**ならない**．

➡ 演習問題 2C

2・3 化 学 式

元 素 記 号

化学者は元素や化合物を簡潔な方法で書き表す．すべての元素は固有の**記号**をもっている．元素の英語名の頭文字をとった記号もある．たとえば水素（hydrogen）の記号は H であり，臭素（bromine）の記号は Br である．また，英語の名前に由来していないものもある．金の記号はラテン語の *Aurum* に由来する Au，タングステンはドイツ語の Wolfram にちなんで W である．**元素記号は最初の 1 文字だけを大文字で書くことに注意**しよう．Box 2・4 におもな元素の記号を示した．

➡ 演習問題 2D, 2E, 2F

化 学 式

元素や化合物の**化学式**（chemical formula）は元素記号を用いて組立てる．酸素の元素記号は O である．酸素は，普通，酸素ガスとして見いだされ，その最小粒子は二原子分子であるので，酸素ガスすなわち二酸素の化学式は O_2 と書かれる．化合物の化学式は元

Box 2・4 おもな元素の記号（すべて覚えること！）

元 素	記号	元 素	記号	元 素	記号	元 素	記号
亜 鉛	Zn	クロム	Cr	チタン	Ti	フッ素	F
アルゴン	Ar	ケイ素	Si	窒 素	N	ヘリウム	He
アルミニウム	Al	コバルト	Co	鉄	Fe	ホウ素	B
硫 黄	S	酸 素	O	銅	Cu	マグネシウム	Mg
ウラン	U	臭 素	Br	ナトリウム	Na	マンガン	Mn
塩 素	Cl	水 銀	Hg	鉛	Pb	ヨウ素	I
カリウム	K	水 素	H	ネオン	Ne	ラドン	Ra
カルシウム	Ca	ス ズ	Sn	白 金	Pt	リチウム	Li
キセノン	Xe	セシウム	Cs	バナジウム	V	リ ン	P
金	Au	タングステン	W	バリウム	Ba		
銀	Ag	炭 素	C	ヒ 素	As		

Box 2・5 化合物の命名法

1) **金属と非金属からなる化合物の場合**，化学式では金属を先に書き，非金属をその後に書く．周期表を見れば元素が金属か非金属かを見分けられる．金属は周期表の左方にあり，非金属は右方にある．両者の境界線はジグザグになっている．名称は，英語では，金属の名称を先に書き，非金属の部分は語尾を "ide" に変えてその後につける．たとえば chlorine は chloride となり，oxygen は oxide となる．日本語では非金属の "-ide" を '—化' として先に書き（酸化，塩化，硫化など），そのあとに金属名を書く．

例：MgO (magnesium oxide) 酸化マグネシウム
Na$_2$O (sodium oxide) 酸化ナトリウム
AlCl$_3$ (aluminium chloride) 塩化アルミニウム
CaS (calcium sulfide) 硫化カルシウム

2) **2種類の非金属からなる化合物の場合**は，英語名では（化学式もそうであるが），より金属に近い（周期表で金属-非金属の境界線により近い）非金属を先に書く．金属から遠い非金属は 1) の場合と同様に語尾を "ide" と変えて後に書く．日本語では "-ide" の部分を '—化' として先に書き，より金属に近い非金属の名称をその後に書く．元素の比が異なる2種類以上の化合物が存在する場合は，英語名では化合物中の原子の比を示すための接頭語，モノ (mono, 1)，ジ (di, 2)，トリ (tri, 3)，テトラ (tetra, 4)，ペンタ (penta, 5)，ヘキサ (hexa, 6) などを各非金属名の前に付ける．日本語では漢数字（一，二，三，四，五，六など）を用いる．

例：CO (carbon monoxide) 一酸化炭素
CO$_2$ (carbon dioxide) 二酸化炭素
N$_2$O$_3$ (dinitrogen trioxide) 三酸化二窒素
N$_2$O (dinitrogen monoxide) 一酸化二窒素
P$_4$O$_6$ (tetraphosphorus hexaoxide*) 六酸化四リン
P$_5$O$_{10}$ (pentaphosphorus decaoxide*) 十酸化五リン

---

* hexoxide, decoxide と書くこともある（発音しやすいので）．

素記号を並べて書く．たとえば水は H$_2$O である（これから2個の水素原子と1個の酸素原子が結合して1分子の水をつくっていることがわかる）．一方，塩化ナトリウムは NaCl と書く（この化合物はナトリウムと塩素が 1:1 の割合で反応して生成する）．つまり化学式は次の二つの重要な情報を与えてくれる．

1) 物質中に存在する元素の種類
2) その物質をつくっている原子の相対的な数

たとえば "2 H$_2$O" は2分子の水を意味することに注意しよう．

化学式の書き方

おもな元素の記号を覚えることは必要であるが，よくでてくる物質の化学式をオウムのように丸暗記する必要はない．異なる元素の原子は異なる結合能力をもっている．原子の

結合能力を**原子価**（valency）といい，これを用いると，一つの元素が何個の他の元素と結合できるかがわかる．おもな元素や原子団の原子価の一覧表を巻末に示す．繰返すが，これは**覚えなければならない**．

化学式の書き方をもう少しわかりやすくするには，原子価をその原子が別の原子と手をつなぐときの"手"あるいは原子同士をつなぐ"フック"と考えればよい．

二つ以上の原子価をもつ元素があるが，化合物の名前から化学式を書く手がかりが得られる．たとえば，塩化鉄(III) という化合物では，鉄の原子価は3で，化学式は $FeCl_3$ となる．また塩化鉄(II) では鉄の原子価は2で，化学式は $FeCl_2$ となる．

例題 2・1

酸化マグネシウム（マグネシウムと酸素の化合物）の化学式を書け．

▶**解 答**

マグネシウムの元素記号は Mg で原子価は 2 なので，次のように考えることができる．

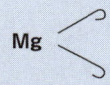

同様に酸素は次のようになる．

マグネシウムと酸素が結合するとき，手を互いにつなぎ合うと，**つながっていない手は残らない**．つまりマグネシウム1原子が酸素1原子と結合して酸化マグネシウムができることになる．

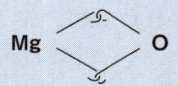

したがって化学式は MgO と書ける（図から手を取去ればよい．手は式を書く手助けとして用いただけだから）．

例題 2・2

塩化アルミニウムの化学式を書け．

▶**解 答**

塩化アルミニウムはアルミニウムと塩素でできる化合物である．これらの元素の記

号と原子価は次のようになる.

$$\text{Al} \lneq \qquad \text{と} \qquad \text{—Cl}$$

これを結びつけると,

$$\text{Al} \lneq \text{—Cl}$$

となる．アルミニウムには手が2本残っているから，さらに2個の塩素原子と1本ずつの手でつなぐ．

$$\text{Al} \Lleftarrow \begin{array}{l}\text{Cl}\\\text{Cl}\\\text{Cl}\end{array}$$

したがって塩化アルミニウムの化学式は $AlCl_3$ である．Cl のあとの下付き数字はアルミニウム1原子に対して塩素原子3個が結合することを示している．Al の後に下付き数字がないのはアルミニウム原子が1個だけであることを示す．

→ 演習問題 2G, 2H

原子団

化学式を書くときに，数個の原子の集まり（原子団）に，それ自身の原子価があるかのように考えると都合がよい場合がある．原子団の原子価は巻末参照．

例題 2・3

硫酸アンモニウムの化学式を書け．

▶解 答

アンモニウム基は窒素原子1個と水素原子4個からなっているが，まとまって原子価1をもつかのように振る舞う．

$$NH_4 \text{—}$$

同様に硫酸基は原子価2である．

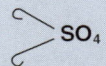

$$\rangle SO_4$$

したがって2個のアンモニウム基が1個の硫酸基と結合する．

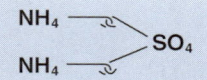

$$NH_4 \diagdown \diagup SO_4$$
$$NH_4 \diagup$$

化学式は $(NH_4)_2SO_4$ と書ける.

▶コメント
　ある基が複数あることを表す場合は，基の式を括弧でくくり，基の数を括弧の外側に下付き数字で示す．

→ 演習問題 21

2・4　反応式の書き方と係数の合わせ方

　化学変化を表す式は，反応の出発物（反応物）と生成物の化学式を並べて組立てる．反応式の両辺で，各元素の原子数は同じでなければならない．これで**バランスのとれた反応式**になる．

　化学反応式を書くには次の3段階に従うのが最善である．
1) 反応物と生成物の名前を式の両辺に書く
2) 名前を化学式に置き換える
3) 係数を合わせる

例題 2・4

　水素ガス（二水素）は酸素ガス（二酸素）と反応して水を生成する．この反応について係数を合わせた反応式を書け．

▶解　答
1) 水素ガス ＋ 酸素ガス ⟶ 水
2) $H_2 + O_2 \longrightarrow H_2O$
3) 式の両辺で，各元素の原子数を数える．

　　　　　左辺：水素2原子と酸素2原子
　　　　　右辺：水素2原子と酸素1原子

右辺の酸素原子の数を増やす必要がある．化学式の前に数字を入れて $2\,H_2O$ とすると2分子の水になり（4個の水素原子と2個の酸素原子），右辺の酸素原子の数が増す．

$$H_2 + O_2 \longrightarrow 2\,H_2O$$

すると右辺の水素（4個）が左辺の水素（2個）より多くなってしまう．そこで左辺

の H_2 の前に 2 を書くと状況がよくなる．

$$2\,H_2 + O_2 \longrightarrow 2\,H_2O$$

これでバランスがとれている．水素原子と酸素原子の数がそれぞれ両辺で等しい．この反応式は 2 分子の H_2 が 1 分子の O_2 と反応して 2 分子の H_2O を生成するということを示している．

▶ コメント

化学者はよく名前の代わりに化学式を使うことがある（水のビンに H_2O というラベルを貼ったりする）が，厳密にいうと H_2O は **1 分子の水**を指す．上のバランスのとれた反応式は図 2・4 のように書き表すことができる．

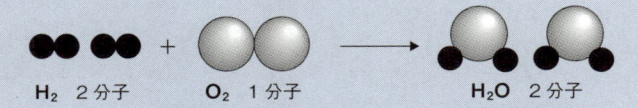

図 2・4 水素と酸素の反応のバランスのとれた反応式

▶ 追加コメント

反応式のバランスをとる前に，反応物と生成物の正しい化学式を書くことが大切である．たとえば H_2O_2 という化学式をもった化学物質を見かけることがある．これは過酸化水素とよばれていて，水とはまったく異なる化学的性質をもっている．化学式に酸素が 1 個多いだけで物質の性質はまったく変わってしまう！

→ 演習問題 2J

例題 2・5

ナトリウムは水と反応して，水酸化ナトリウムと水素ガスを生成する．この反応について係数を合わせた反応式を書け．

▶ 解 答

1） ナトリウム ＋ 水 ⟶ 水酸化ナトリウム＋水素ガス
2） $Na + H_2O \longrightarrow NaOH + H_2$
3） $2\,Na + 2\,H_2O \longrightarrow 2\,NaOH + H_2$

3）の反応式はバランスがとれている．

▶ コメント

時として面倒なときもあるが，バランスをとるときには決して化学式に下付き数字を付け加えてはならない．そうすると化学式が変わってしまう．バランスをとるには

Box 2・6　ジョン・ドルトン

ジョン・ドルトン（John Dalton, 1766〜1844）は貧しいクエーカー教徒の息子として生まれた．生涯のほとんどを英国マンチェスターで教師および研究者として過ごした．物質が原子とよばれる微粒子からできているという考え方は，すでに紀元前400年ごろのギリシャにもあったが，ドルトンがこれをよみがえらせ，練り上げた．彼は1808年に**原子説**（atomic theory）を発表したが，その中で次のように述べている．

- 元素は原子とよばれるそれ以上分割できない粒子からできている．
- ある元素の原子はすべて同じであるが，別の元素の原子とは異なる（現在では，同位体（3章）の存在が知られており，完全に正しいとはいえない）．
- "化合物原子"（現在の分子）は小さな整数比の原子の組合わせでできている．
- 化学変化とは原子の配列が変わることである．

この理論は，いくつか重要な修正が加えられたが，現在でも真実である．この理論を導くにあたって，ドルトンは元素に色の

図 2・5　ドルトンが提案した元素記号

ジョン・ドルトン

違う球を用いた．たとえば黒い球（炭素）1個と白い球（酸素）1個でCOすなわち一酸化炭素を表した．ドルトンは元素記号も提案したが（図2・5を参照），彼の記号は使いにくいものであった．

後になって，スウェーデンのベルセリウス（J. Berzelius, 1779〜1848）が，各元素にアルファベットの記号を与え，それが原子1個を表すとした．彼はすべての元素にその名前の頭文字を付け，重複が起こる場合に名前の2番目の文字を付け加えた．これが現在用いている体系の原形である．

2・4 反応式の書き方と係数の合わせ方

化学式は変えずに**化学式の前に置く数字**だけを変えればよい．反応式のバランスは数字が最も簡単な比になるようにとるのだが，正しい比になっている限り，もっと大きな数字を使っても誤りではない．たとえば，

$$2\,Na + 2\,H_2O \longrightarrow 2\,NaOH + H_2$$

は，

$$4\,Na + 4\,H_2O \longrightarrow 4\,NaOH + 2\,H_2$$

としても，反応式中の化学種の比が 2：2：2：1 になっているので構わない．また，

$$Na + H_2O \longrightarrow NaOH + \frac{1}{2}H_2$$

も許される．

ただし，反応式に 1/2 を使うのはまだよいが，もっと小さな分数を使うのはやめたほうがいい．1/2 は唯一の**例外**として，**整数を使うように心掛けよう**．

→ 演習問題 2K

状態を表す記号

反応式中の化学式の後に括弧に入れて**状態を表す記号**（state symbol）を付けることがある．用いられる記号は，

- (s)：固体
- (l)：液体
- (g)：気体
- (aq)：水溶液

これらの記号は，反応をより詳しく記述して，読者の理解を助けるために用いられる．この章に出てきた事柄の歴史的な背景を Box 2・6 に示す．

例題 2・6

次の反応式，

$$AgNO_3(aq) + NaCl(aq) \longrightarrow AgCl(s) + NaNO_3(aq)$$

は硝酸銀水溶液と塩化ナトリウム水溶液が反応して，固体の塩化銀と硝酸ナトリウム水溶液を生成することを示している．この反応式に状態を表す記号を含めることは大事である．なぜなら固体の硝酸銀と固体の塩化ナトリウムとは反応しないからである．両者を水に溶かして初めて反応が起こるのである．

→ 演習問題 2L

> ### 知っていましたか
>
> ### 合　金
>
> 　合金は化合物ではない．合金は金属と少なくとも1種類の他の物質——他の金属，非金属，あるいは化合物——との**混合物**である．金属を合金に変えると，強度，外見，伝導性などの物理的性質が変化する．
> 　例を挙げると，
> 　a）鉄は腐食しやすく柔らかいが，炭素あるいは他の金属との合金にすると，さまざまな性質をもつ鋼鉄になる．たとえばステンレス鋼はクロムとニッケルを含んでいる．
> 　b）**アマルガム**は水銀を含む合金である．

3 原子の内部構造

3・1 原子の構造
3・2 同位体
3・3 質量分析計
3・4 原子の電子構造
3・5 原子にエネルギー準位がある証拠
3・6 電子構造に関するより進んだ概念

この章で学ぶこと

- 原子の構造と，量子化の証拠
- 同位体質量と元素の原子質量の定義
- 質量分析計のしくみと使用法
- 原子中の電子の配置
- 電子の波動性

2章で，化学反応では，原子は新しくつくられたり壊れたりせず，単に原子の組替えが起こって新しい分子が生成することを見てきた．高温で反応させたときを含めて質量保存の法則が化学反応すべてに成り立つことが実験からわかった．この実験事実は，原子がまったく破壊できないことを意味するのだろうか．

この章では，原子の内部に関する秘密がどのように解き明かされてきたかを明らかにする．原子は破壊できないというわけではない．すなわち，原子は実際に内部構造をもつ．たいていの場合，原子はまるで固体のように振る舞うが，その実体はほとんど何もない空間である．

3・1 原子の構造
その歴史

1897年，トムソン（J. J. Thomson, 1856〜1940）は，圧力の低い気体中を電気が流れるしくみについて研究していた．低圧の気体に高電圧をかけると，蛍光スクリーン上に非常に小さな粒子が流れるのが検出された．この粒子は，負の電荷をもち，一番軽い原子である水素よりも軽かった．トムソンは，この粒子を**電子**（electron）と名付けた．

トムソンは，高電圧をかけたことによって，電子が気体中の原子から押し出されたに違いないと考えた（このことは，原子が破壊できないものではないことを示す証拠の一つである．もう一つの証拠は，21章で述べる放射能という現象から得られる）．すなわち，電

子は,原子より小さい粒子,**亜原子粒子**(subatomic particle)なのである.トムソンは,原子は,普通,電気的に中性であることから,原子の中には正電荷もあるに違いないと考えた.彼は,原子は正電荷を帯びた"セメント"の中に電子の小さな粒が埋め込まれたようなものであるというモデルを提唱した.トムソンのモデルは,"ぶどうパン"にたとえられた.電子が干しぶどうで,正電荷がパン生地である.

ジョセフ・ジョン・トムソン(左:イニシャルからJJとよばれる)と**アーネスト・ラザフォード** 二人ともノーベル賞を受賞した.トムソンは1906年に原子構造の研究に対して,ラザフォードは1908年に放射能の研究に対して与えられた.トムソンの息子ジョージも1937年にノーベル物理学賞を受賞し,トムソンは大いに喜んだ.

1909年,ラザフォード(Ernest Rutherford, 1871〜1937)が率いる研究グループは,真空容器中で,放射性物質から放出されたアルファ(α)粒子を非常に薄い金箔に照射するという実験を行った(α粒子は金原子よりもずっと小さい).

ラザフォードの研究チームは,この実験を何度も行った.そして,α粒子は,ほとんどがそのまま,まっすぐ金箔を通り抜けるが,ほんのときたま,壁で跳ね返ったピンポン球のように大きく方向を変えることを見いだした.α粒子がこのように跳ね返されてくるの

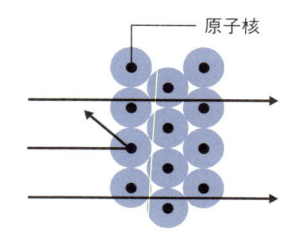

図 3・1 ラザフォードの実験の解釈 矢印は,α粒子の飛跡.α粒子が原子核にぶつかったときだけ,道筋が大きく変わる.

3・1 原子の構造

は2万回に1回だけであり，頻度があまりに小さいので，それまでの実験者は単純に見落としていたのかもしれない．しかし，ラザフォードらのグループは，この反跳はほんとうに重大な意味をもつことに気がついた．ラザフォードは，原子の質量が，その中心（核）（**原子核**，nucleus）に集中していると提唱した．α粒子がこの核に当たる確率は非常に小さい．しかし，核が大きな質量をもつので，核にいったん衝突するとα粒子が大きくそれるのである（図3・1）．

原子の"内部構造"の要点

ラザフォードのモデルは，次のようにまとめられる．

1）原子は，中心の原子核とそのまわりを回る電子から構成される 電子は負の電荷をもつ．電子のもつ電荷を-1とする*．電子が回る円周を，**殻**（shell）または**軌道**（orbit）とよぶ．原子の半径は，最も外側の電子殻の半径に等しい．

2）原子核は，2種類の粒子，すなわち陽子と中性子とから構成される 陽子（proton）は$+1$の比電荷をもち，**中性子**（neutron）は陽子にほぼ等しい質量をもつが，電荷をもたない．陽子と中性子のように原子核を構成する粒子は，**核子**（nucleon）と総称される．

3）陽子や中性子は電子よりずっと重い これは，原子の質量のほとんどが原子核にあることを意味している．原子核中の陽子の数と中性子の数を加えた数をその原子の**質量数**（mass number, 記号Aで表す）とよぶ．

4）原子の中は，ほとんど何もない空間である 原子の構造については，次のようなイメージを頭に刻みつけておこう．すなわち，非常に小さな"点"（電子）が，小さな（ただし，電子と比べてずっと重い）原子核から非常に離れた位置を回っている．

5）原子は電気的に中性である これは，原子がもつ陽子の数と電子の数が等しいためである．原子がもつ陽子の数を**原子番号**（atomic number, 記号Zで表す）とよぶ．

6）元素によって原子が異なる．これは，異なる数の陽子をもつ（すなわち，原子番号が異なる）ためである ヘリウム原子は，2個の陽子と2個の中性子から成る原子核とそのまわりを回る2個の電子から構成され，次のように表される．

$$Z = 2 \qquad A = 4$$

このヘリウム原子を，図3・2に図式的に示した．電子の位置を"e^-"で示した．この図は縮尺通りではない．もし縮尺通りならば，電子は，原子核として示した位置から数百m離れたところにあることになる．

ヘリウム原子は，^4_2He と表される．この記号は，次のことを示している．

---

* 訳注：このようにして決めた電荷を**比電荷**（relative charge）という．

$^4_2$**He**

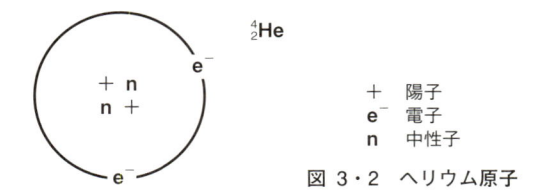

+ 陽子
e⁻ 電子
n 中性子

図 3・2　ヘリウム原子

- He：ヘリウムの元素記号
- 元素記号の左の上付き文字 4：質量数
- 元素記号の左の下付き文字 2：原子番号

一般化すると，以下のようになる．

$$^A_Z X$$

質量数
元素記号
原子番号

中性子数 N は，質量数（陽子数と中性子数の和）A から陽子数 Z を引いた数に等しい．

$$N = A - Z$$

➡ 演習問題 3A

原子質量の尺度*

表 3・1 に亜原子粒子に関する詳しいデータを載せた．右から 2 列目では，粒子の質量を **原子質量単位**（atomic mass unit，単位記号 u で表す）で示した．ここで，

$$1\,\text{u} = 1.66054 \times 10^{-27}\,\text{kg}$$

である．この非常に小さな質量は，**質量数 12 の炭素原子 1 個の質量のちょうど 12 分の 1 に等しい**．このことは，$^{12}_{6}$C 原子 1 個の質量は，原子質量単位で正確に 12 であることを意味する．これは，$m(^{12}_{6}\text{C}) = 12\,\text{u}$ のように書かれる．

---

* 訳注：本書では，原子や分子の質量を表すのに，原子質量（atomic mass）と分子質量（molecular mass）を用いているが，日本では，原子量（atomic weight）と分子量（molecular weight）を使うことが多い．原子質量や分子質量は，原子や分子の 1 個 1 個の質量を原子質量単位（u）で表したもので，単位が必要な物理量である．一方，原子量や分子量は，質量数 12 の炭素原子（¹²C）の質量を正確に 12 としたときの原子や分子の質量の相対的な比であり，単位はない．そのため，原子量は，"相対原子質量（relative atomic mass）"ということができる．原子質量と原子量の数値そのものは，同じ値になる．なお，国際純正・応用化学連合（IUPAC）や日本化学会から，最新の値が "原子量（atomic weight）表" として発表されている．

表 3・1　亜原子粒子の質量と電荷

粒子	記号	電荷*	質量/kg	質量/u	質量近似値/u
陽　子	p	+1	1.67262×10^{-27}	1.00728	1
電　子	e^-	−1	9.10938×10^{-31}	0.00055	0
中性子	n	0	1.67493×10^{-27}	1.00866	1
α粒子	α	+2	6.64466×10^{-27}	4.00151	4

＊ 電子に対する相対的な値．電子のもつ電荷の絶対値は，1.602×10^{-19} クーロン．

表3・1にはα粒子も載せている．α粒子はヘリウム原子核で，$^{4}_{2}\text{He}^{2+}$ とも表される．

→ 演習問題 3B

3・2　同 位 体

序　論

陽子数が同じで中性子数が異なる原子を，**同位体**（isotope）という．言い換えると，ある元素の同位体は原子番号が同じだが，質量数が異なる．たとえば，炭素の2種類の同位体 $^{12}_{6}\text{C}$ と $^{13}_{6}\text{C}$ について考える．両方の同位体の原子について"粒子数を数える"と，次のような結果になる．

数える対象	$^{13}_{6}\text{C}$	$^{12}_{6}\text{C}$
電子数	6	6
陽子数	6	6
中性子数	7	6

つまり，この二つの炭素の同位体は両方とも陽子6個と電子6個をもつが，炭素-13（質量数13の炭素）は，中性子を1個余分にもつため，炭素-12より重い．　→ 演習問題 3C

同位体の要点

1）同位体はまったく同一の化学反応をする（化学的性質が同じである）．ただし，化合物は物理的性質（沸点，密度など）がわずかに異なることがある．たとえば，通常の水素原子からなる水素ガス（$^{1}_{1}\text{H}_2$）と重水素原子（質量数2の水素）からなる水素ガス（$^{2}_{1}\text{H}_2$）は，ともに同じ化学反応をし，酸素中で燃えて，それぞれ，通常の水（$^{1}_{1}\text{H}_2\text{O}$, 軽水）と重水（$^{2}_{1}\text{H}_2\text{O}$）を生成する．しかし，密度と沸点は $^{2}_{1}\text{H}_2$ のほうが $^{1}_{1}\text{H}_2$ よりも高く，$^{2}_{1}\text{H}_2\text{O}$ の密度や沸点も，$^{1}_{1}\text{H}_2\text{O}$ よりも高い．

2）同位体の中には**放射性**（radioactive）のものがある（21章で詳しく述べる）．

3）天然に存在する純元素試料（または化合物試料）中の原子は，1種類または複数の同位体からなる．ある同位体の存在度は，その元素試料中に含まれるその同位体の原子数の割合（%）で定義される．天然の同位体存在度（その同位体の**天然存在比**（natural abundance）という）は，一定である．たとえば，天然に存在する塩素原子の約75%が

$^{35}_{17}$Cl 原子である．この割合は，塩素が含まれる物質，つまり，塩素ガス中にあるのか，塩化ナトリウム中にあるのか，塩酸中にあるのかによって大きく異なることはない．また，その塩素化合物がとれた場所，たとえば，ノルウェーであるのか，オーストラリアであるのか，カナダであるのかによっても大きく異なることはない*（図 3・3 を参照）．

➔ 演習問題 3D

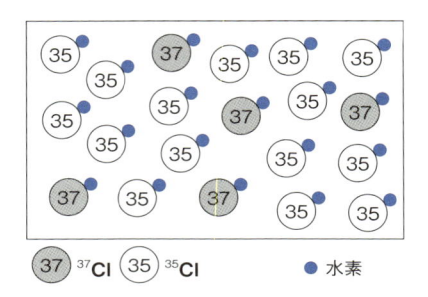

図 3・3　天然に観測される塩化水素分子（HCl）の集団
HCl 分子の約 75 % が ^{35}Cl 同位体を含んでいる．

元素の原子質量と同位体

ある同位体の原子 1 個の質量を原子質量単位で表したものを，**同位体質量**（isotopic mass）とよび，記号 m で表す．表 3・2 に同位体質量をいくつか示した．原子の質量は"標準原子"を基準として定義されることを思い出してほしい．標準原子は炭素–12 原子であり，$m(^{12}_{6}C) = 12.0000$ u である．

原子質量単位で表された同位体質量は，その同位体の質量数とほとんど同じであることに注意してほしい．これは，電子，陽子，中性子の質量が，それぞれ，原子質量単位ではほぼ 0，1，1 であるためである．また，m と A の単位は同じでないことに注意しよう．A には単位がない．

ある元素に天然に 2 種類以上の同位体が存在する場合，その元素の原子 1 個の**平均質量**（average mass）は，最も多く含まれる同位体の質量に近くなる．天然に存在する元素の原子 1 個の平均質量を，その元素の**原子質量**（atomic mass）とよび，たとえば m(Cl) のように記号，m(元素記号)，で表す．ある元素の原子質量は，次の式から求められる．

$$原子質量 = \frac{(m_1 P_1 + m_2 P_2 + m_3 P_3 + \cdots)}{100} \qquad (3・1)$$

ここで m_1，m_2，m_3，… は，同位体 1，2，3，… の同位体質量で，P_1，P_2，P_3，… は，これらの同位体の天然存在比（単位：%）である．

---

*　訳注：元素によっては産地によって同位体存在度がごくわずかに異なり，その違いから産地を識別することができることがある．

3・2 同位体

表 3・2 代表的な元素に関する同位体および原子のデータ

元素の原子質量は有効数字 4 桁で示してある．天然存在比および同位体質量は，"Quantities, Units and Symbols in Physical Chemistry, 3rd ed.", IUPAC による．

元素	同位体	天然存在比 /%	同位体質量 /u	元素の原子質量 /u
水素	$^{1}_{1}\text{H}$	99.9885	1.0078	1.008
	$^{2}_{1}\text{H}$	0.0115	2.0141	
	$^{3}_{1}\text{H}^{*}$	0	3.0160	
塩素	$^{35}_{17}\text{Cl}$	75.76	34.9689	35.45
	$^{37}_{17}\text{Cl}$	24.24	36.9659	
ウラン	$^{234}_{92}\text{U}$	0.0054	234.0410	
	$^{235}_{92}\text{U}^{*}$	0.7204	235.0439	238.0
	$^{238}_{92}\text{U}^{*}$	99.2742	238.0508	
炭素	$^{12}_{6}\text{C}$	98.93	12.0000	12.01
	$^{13}_{6}\text{C}$	1.07	13.0034	
酸素	$^{16}_{8}\text{O}$	99.757	15.9949	16.00
	$^{17}_{8}\text{O}$	0.038	16.9991	
	$^{18}_{8}\text{O}$	0.205	17.9992	
フッ素	$^{19}_{9}\text{F}$	100	18.9984	19.00

* その同位体が放射性であることを示す．

塩素を例にした原子質量計算

天然に存在する塩素原子には，質量数 35 のものと質量数 37 のものの 2 種類がある．まず，同位体質量は質量数に等しいとして計算してみよう．

$$m(^{35}_{17}\text{Cl}) = 35 \text{ u}$$
$$m(^{37}_{17}\text{Cl}) = 37 \text{ u}$$

もしこの 2 種類の同位体が天然に同じ量ずつ存在すると仮定すると，塩素の原子質量は，35 u と 37 u の平均の 36 u になる．この平均は，(3・1) 式で $P_1 = 50\%$，$P_2 = 50\%$ として計算できる．

$$\text{塩素の原子質量} = \frac{35 \times 50 + 37 \times 50}{100} = 36 \text{ u}$$

実際の天然存在比（表 3・2）は，$^{35}_{17}\text{Cl}$ が 75.76 %，$^{37}_{17}\text{Cl}$ が 24.24 % である．この値を (3・1) 式に代入すると次のようになる．

$$m(\text{Cl}) = \frac{35 \times 75.76 + 37 \times 24.24}{100} = 35.48 \text{ u}$$

正確な同位体質量（表 3・2 参照）を使うと，塩素の原子質量として一般に使われている値が得られる．

$$m(\text{Cl}) = \frac{34.9689 \times 75.76 + 36.9659 \times 24.24}{100} = 35.45 \text{ u}$$

多くの場合，同位体質量の代わりに質量数を使うことによる誤差を無視できる．

表3・2からわかるように，天然に存在するフッ素には同位体が1種類しかない．したがってフッ素は次の式のように，その同位体の質量が原子質量になる． ➡ 演習問題 3E

$$m(^{19}_{7}\text{F}) = m(\text{F})$$

分子の質量

分子の質量も原子質量単位で表せる．たとえば表3・2に示す同位体質量から$^1\text{H}^{35}\text{Cl}$の正確な分子質量を計算できる．

$$m(^1\text{H}^{35}\text{Cl}) = 1.0078 \text{ u} + 34.9689 \text{ u} = 35.9767 \text{ u}$$

市販されている化合物には，普通，その構成成分である元素の天然存在比に等しい割合の同位体が含まれている．つまり，これらの化合物は，**ただ1種類の同位体だけでできているわけではない**．したがって，化学反応での収量を計算するためには，それぞれの元素の平均原子質量を用いる必要があり，同位体質量を使ってはならない．たとえば，HClでは，$m(\text{H})=1.008$ u，$m(\text{Cl})=35.45$ u を用いなければならない．天然に存在する HCl の平均分子質量は，

$$m(\text{HCl}) = 1.008 \text{ u} + 35.45 \text{ u} = 36.46 \text{ u} \approx 36.5 \text{ u}.$$

と求められる．

3・3 質量分析計

質量分析計はどのようなしくみで何を測るのか

元素試料中に含まれる同位体の質量と存在度は，**質量分析計**（mass spectrometer）とよばれる装置で測定できる（図3・4）．

質量分析計中で，原子は電子を奪われる．この過程は**イオン化**（ionization）とよばれる．電子を失うと，原子核中の陽子の正電荷と，残りの電子のバランスがくずれ，原子が正電荷を帯びた**陽イオン**（positive ion）になる．この陽イオンは，質量分析計中で，電荷に対する質量の比，すなわちm/eに応じて分離される．ここで，m は原子質量単位で表したイオンの質量であり，eはイオンの比電荷（たとえば，O^+では$e=+1$，Cl^{2+}では$e=+2$である．ここでは，これからの記述に，m にイオンの正確な質量ではなくイオンの質量数を用いる．たとえば，

$$\left(\frac{m}{e}\right)(^{35}\text{Cl}^+) = \left(\frac{35}{1}\right) = 35$$

3・3 質量分析計

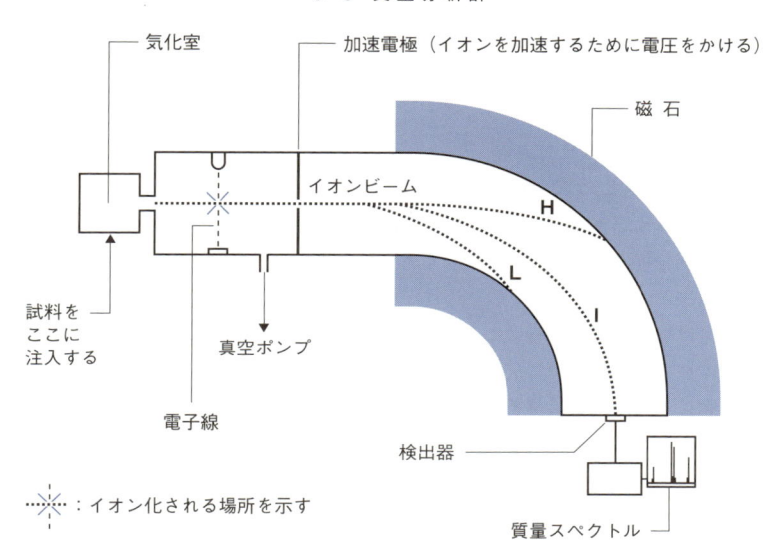

図 3・4 質量分析計の模式図 このタイプは,"磁場走査型"とよばれ,磁場強度を変えてイオンを電荷と質量に応じて分離する.L, I, Hは,それぞれ,軽いイオン,中程度の質量のイオン,重いイオンの飛跡を示す.

磁場走査型質量分析計 分析チャンバー(測定室)は,磁場強度を変えられる強力な電磁石に挟まれている.この電磁石の磁場によりイオンビームが曲げられる.チャンバーの半径は固定されているので,ある磁場強度に対しては,ある特定の m/e 値をもつイオンだけが検出器に到達する.

$$\left(\frac{m}{e}\right)(^{37}\text{Cl}^{2+}) = \left(\frac{37}{2}\right) = 18.5$$

である.

質量分析計中で起こっている現象

　一例として，ネオンガス（ネオン-22，ネオン-21 およびネオン-20 の 3 種類の同位体からなる）が質量分析計に注入された場合を考えてみよう．質量分析計の主要部の目的は次の通りである.

　1) 気化室は加熱炉で，試料はここですべて気体状にされる（これは，室温で気体であるネオンについては必要ない）.

　2) 気体状になった試料に電子銃を使って電子線を照射する．電子 1 個が原子 1 個にぶつかると，その原子中の電子が 1 個飛び出し，陽イオンを生成する.

　　原子 + e⁻（電子銃から） ⟶ イオン + e⁻（電子銃から） + e⁻（原子から）

ネオンの場合は次のようになる（図 3・5 参照）.

$$^{22}\text{Ne(g)} + \text{e}^- \longrightarrow {}^{22}\text{Ne}^+\text{(g)} + \text{e}^- + \text{e}^-$$
$$^{21}\text{Ne(g)} + \text{e}^- \longrightarrow {}^{21}\text{Ne}^+\text{(g)} + \text{e}^- + \text{e}^-$$
$$^{20}\text{Ne(g)} + \text{e}^- \longrightarrow {}^{20}\text{Ne}^+\text{(g)} + \text{e}^- + \text{e}^-$$

（たとえば $^{20}\text{Ne}^{2+}$ のように，電荷数 2 のイオンもいくつか生成するが，その生成にはより多くのエネルギーが必要なため，生成する数は電荷数 1 のイオンよりずっと少ない）

　3) 生成したイオンは負電圧をかけた電極板に引き寄せられて加速される．加速されたイオンは，電極に開いた小さな穴で絞られて細いイオンビームとなって分析計の残りの部分"チャンバー（測定室）"に入る．チャンバー内は強力な真空ポンプによって，イオン化されなかった原子が取除かれるとともに，イオンビームとぶつかってその動きを妨害する空気分子がほとんどないような状態になっている.

　4) イオンは何もなければまっすぐ進むが，強力な電磁石がチャンバーを囲んでいるため，進行方向が曲げられる（図 3・6 では下方向に）．イオンが曲げられる度合は，そのイオンの m/e 比と磁場の強さによって変わる．ある特定の m/e 比をもつイオンは，ある特

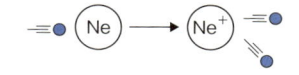

図 3・5　電子（●）による
ネオン原子のイオン化

a) 磁石がないときのイオンの軌跡

b) 同じ強さの磁石があるときのイオンの軌跡

重いイオン　　　　　　　　　軽いイオン

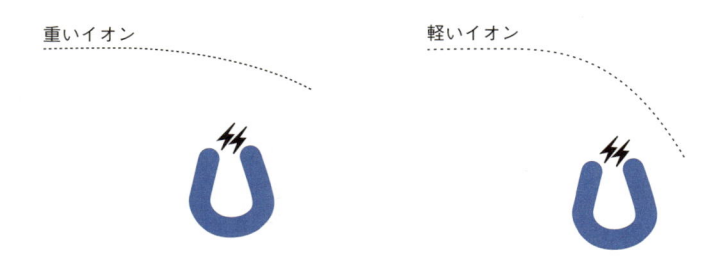

図 3・6　直進したイオンビーム（……）は，磁石によって曲げられる
磁場強度が同じ場合（b），軽いイオン（m が小さい）のほうが重い
イオンよりも大きく曲げられる．

定の磁場強度のときのみ検出器に到達するように曲がる．

5) 磁場強度をゆっくりと変化させると（この操作を**走査**（scanning）とよぶ），ある特定の m/e 比をもつイオンが一つずつ検出器に到達する．検出器で得られる電気信号強度は，1秒当たりに到達するイオン数に比例する．ネオンの各同位体の原子はすべてイオンのなりやすさが等しいので，信号強度は，注入した試料中に存在する同位体の原子数に比例する．m/e 比に対して信号強度をプロットする（**質量スペクトル**（mass spectrum）とよぶ）と，その元素の同位体存在比がわかる（図 3・7）．

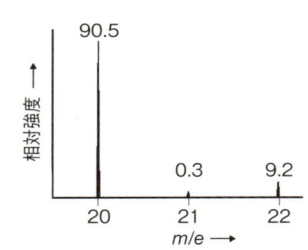

図 3・7　ネオンの質量スペクトル

分子の質量分析

分子を質量分析計に注入すると，分子がイオン化される．塩化水素（^{1}H^{35}Cl）では次のようになる．

$$^1\text{H}^{35}\text{Cl} + e^- \longrightarrow (^1\text{H}^{35}\text{Cl})^+ + e^- + e^-$$
$$m/e = 36$$

注入した分子（親分子）がそのままイオン化して得られるイオンは，**親イオン**（parent ion）とよばれる．この場合，親イオンは（^{1}H^{35}Cl）$^+$ である．

しかし，質量分析計中で生成したイオンはエネルギーが高く，分裂したり（分裂したものを**フラグメント**（fragment）という），さらにイオン化したりすることがよくある．

$$(^1\text{H}^{35}\text{Cl})^+ \longrightarrow {^1\text{H}} + {^{35}\text{Cl}^+}$$
$$m/e = 36 \qquad\qquad m/e = 35$$

HClガスには ^{1}H^{35}Cl と ^{1}H^{37}Cl の2種類が含まれるので，質量スペクトルでは，m/e が 36（(^{1}H^{35}Cl)$^+$ による），38（(^{1}H^{37}Cl)$^+$），35（^{35}Cl$^+$），37（^{37}Cl$^+$）の位置にピークが観測される．塩素で最も多く存在する同位体である ^{35}Cl を含む化学種によるピークが，最も強く観測される．一般的に，質量スペクトル中に観測されるピークの強度および m/e 値から，化学者は，元の試料にどのような分子が存在するかを推定することができることができる（🔗 質量分析法を使った分子の固定についてはウェブサイトの Appendix 3 参照）．

→ **演習問題 3F, 3G**

3・4 原子の電子構造
原子のボーア模型

1913年，ニールス・ボーア（Niels Bohr, 1885～1962）は，原子核のまわりを回っている電子は，ある特定のエネルギーだけをとりうると提案した．これを言い換えると，電子のエネルギーは**量子化**（quantized）されている．ボーア模型（図3・8）のおもな特徴は，次の通りである．

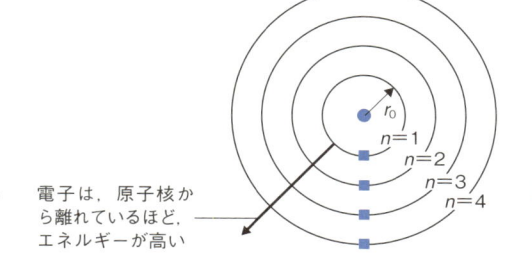

図 3・8 原子のボーア模型
電子は■で，原子核は●で示されている．

電子は，原子核から離れているほど，エネルギーが高い

1）電子は，それぞれ原子核を中心として一定の半径（**ボーア半径**（Bohr radius）とよばれる）の位置にある．同一の殻にある電子は同一のエネルギーをもつ．

2）ボーア半径は，ある特定の値だけをとりうる．これは，ある特定の**エネルギー準位**（energy level）だけをとりうることを意味する．

3）それぞれの殻は，**主量子数**（principal quantum number）n で表される．たとえば，

3・4 原子の電子構造

原子核に最も近い殻は，$n=1$ と表し，水素原子ではそのボーア半径 r_0 は 52.9 pm（1 pm $=10^{-12}$ m）である．n の値が大きくなるほど，その殻にある電子のエネルギーが高くなる．

4）電子があるエネルギー準位 E_1 から他のエネルギー準位 E_2 に移るためには，電子は，この二つの準位のエネルギー差（記号 ΔE で表す）に**正確に等しい**値のエネルギーを得るか，失わなければならない．

$$\Delta E = E_2 - E_1$$

5）それぞれの殻は，決まった数だけの電子をもつことができる．たとえば，最初の殻は電子2個まで，2番目の殻は8個までである（主量子数 n の殻に入ることができる電子の数は，全部で $2n^2$ 個である）．

6）電子はできるだけ低いエネルギー準位を占める．これは，電子をある原子に入れたとき，**最もエネルギーが低い殻から満たされる**ことを意味する．

図 3・9 は，原子番号が 1 から 10 までの元素の原子について，エネルギー状態が最も低くなるときに電子がそれぞれの殻にどのように入るかを示している（これは，**電子構造**（electronic structure）とか**電子配置**（electronic configuration）とよばれるものである）．この図には，電子構造の簡潔な書き方も示した．たとえば，酸素の場合の "2.6"（英語では，two dot six と読む）は最初の殻（$n=1$）に電子が 2 個あり，2 番目の殻（$n=2$）に電子が 6 個入っていることを意味している．ヘリウムやネオン（または，アルゴンのような他の "希ガス"）と同じように電子が入っている殻をもつ原子の電子配置は，次の例のように省略して書かれることがある．

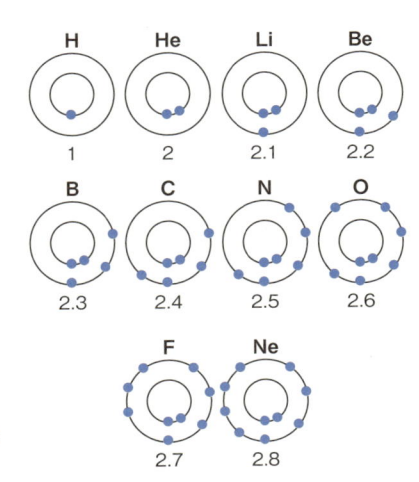

図 3・9　原子番号 1 から 10 までの元素の原子の電子構造

3. 原子の内部構造

表 3・3 原子番号 1 から 20 までの元素の電子構造

元素名	元素記号	原子番号	ボーア構造	
水素	H	1	1.	
ヘリウム	He	2	2.	または [He]
リチウム	Li	3	2.1	または [He].1
ベリリウム	Be	4	2.2	または [He].2
ホウ素	B	5	2.3	または [He].3
炭素	C	6	2.4	または [He].4
窒素	N	7	2.5	または [He].5
酸素	O	8	2.6	または [He].6
フッ素	F	9	2.7	または [He].7
ネオン	Ne	10	2.8	または [Ne]
ナトリウム	Na	11	2.8.1	または [Ne].1
マグネシウム	Mg	12	2.8.2	または [Ne].2
アルミニウム	Al	13	2.8.3	または [Ne].3
ケイ素	Si	14	2.8.4	または [Ne].4
リン	P	15	2.8.5	または [Ne].5
硫黄	S	16	2.8.6	または [Ne].6
塩素	Cl	17	2.8.7	または [Ne].7
アルゴン	Ar	18	2.8.8	または [Ar]
カリウム	K	19	2.8.8.1	または [Ar].1
カルシウム	Ca	20	2.8.8.2	または [Ar].2

Li： 2.1 は，[He].1
Mg：2.8.2 は，[Ne].2
Cl： 2.8.7 は，[Ne].7

ここで [He]，[Ne] は，それぞれ，ヘリウム，ネオンの電子配置を示す．表3・3に原子番号1から20までの元素について，電子構造を示した．

3・5 原子にエネルギー準位がある証拠

原子では電子がある決まったエネルギー準位をもつ殻にあるという考え方にはどのような実験的証拠があるのだろうか．実際は，原子の量子論にすんなりと到達したわけではない．その証拠を手短かに説明しても，当然，漠然としていて不完全であるように思えるであろう．二つの証拠があるが，それは量子化という考えなしでは説明するのは難しい．しかし，ここではそうした証拠について簡単に説明する．そのことにより，あとで役に立つ重要な考え方を導入することができるからである．その証拠とは，**逐次イオン化エネルギー**（successive ionization energy）と**発光スペクトル**（emission spectrum）である．

逐次イオン化エネルギー

エネルギー準位が存在するという証拠は，イオン化エネルギー（イオン化エンタルピー）

の研究から得られる．イオン化エネルギーは，電気的または分光学的に測定できる．気体状態の原子の**第一イオン化エネルギー**（first ionization energy，I_1 または $\Delta H_{\text{ion}(1)}^{\ominus}$ という記号で表される）とは，最も簡単に飛び出させることができる電子を原子核による引力から完全に解き放つために必要なエネルギーをいう．最も外側にある電子（最外殻電子という）はそれより内側の殻にある電子より大きなエネルギーをもつので，原子核による束縛が最も弱く，したがって原子核の引力から完全に逃れるために必要なエネルギーが少ない．そのため，エネルギーを連続的に原子に与えると，**外側の電子のほうが先に飛び出す．**

カリウム原子を例にとると，**第一イオン化エネルギー**は，次のような変化を起こすのに必要なエネルギーである．

$$K(g) \longrightarrow K^+(g) + e^-$$
$$\text{2.8.8.1} \qquad \text{2.8.8}$$

第二イオン化エネルギー（second ionization energy，I_2 または $\Delta H_{\text{ion}(2)}^{\ominus}$ ）は，次の変化に必要なエネルギーである．

$$K^+(g) \longrightarrow K^{2+}(g) + e^-$$
$$\text{2.8.8} \qquad \text{2.8.7}$$

第三，およびそれ以降のイオン化エネルギーも，同様に定義される．　**→ 演習問題 3H**

図3・10は，カリウムのイオン化エネルギーが，取除いた電子が増えるにつれてどう変化するかを示したものである（縦軸は，適切な間隔になるようにイオン化エネルギーの対数をプロットしてある）．

図3・10の一つ一つの点は，電子1個を示している．この図からはっきりとわかるの

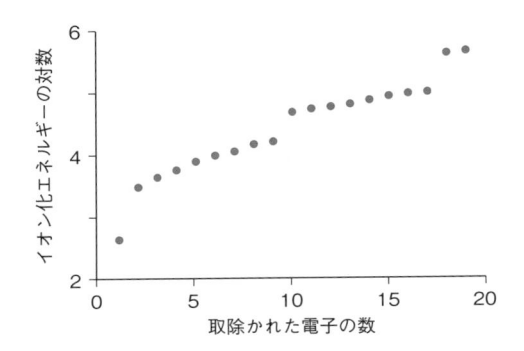

図 3・10　カリウム原子（2.8.8.1）の逐次イオン化エネルギー（単位は kJ mol^{-1}）

Box 3・1　量 子 論

ほとんどの人が"量子論"という言葉を聞いたことがあるだろう．ほんのちょっとでも量子論のことに触れると，その場の会話を止めてしまうことは請け合いである．しかし，量子論の裏に隠れている概念の多くは，美しいぐらいに単純である．

ある量が，ある特定の値だけをとりうるとき，その量は，量子化されているという．時間は，たとえば，2.5 秒や 123.67877 秒，0.0143 秒など，どんな値でもとりうるので量子化されていない．しかし，はしごに昇ってペンキを塗っている人の位置は量子化されている．その人は，はしご段があるところだけに立てるからである（図 3・11）．

電子のエネルギーが量子化されているという考え方は，マックス・プランク（Max Planck, 1858～1947）によって 1900 年に初めて提出された．量子論の数学的特徴の一つとして，ある特定の値だけをとりうるという**魔法数**（magic number）が出てくる．そのような数は，**量子数**（quantum number）として知られている．たとえば，水素原子の場合，ある電子のエネルギー E

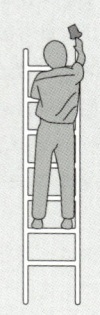

図 3・11　ペンキを塗っている人が，気がついていようといまいと，はしごに昇っているその人の位置は"量子化されている"

は，その電子が属する殻の**主量子数** n に比例する．この量子数は，1，2，3，4，…などの整数値だけをとる．n の値が，ある値に限られているという事実は，エネルギー E の値も，ある値に限られていることを意味している．同様なことがすべての原子に適用でき，電子のエネルギーの量子化は，量子数が存在することの自然な結果である．

は，点が四つのグループに分けられることである．これは，カリウム原子にある 19 個の電子が四つのグループに属していることの直接的な証拠を与える．このグループが，電子殻である．図 3・10 で左から右にみていくと，それぞれのグループには，1 個，8 個，8 個および 2 個の電子がある．これは，カリウム原子の 2.8.8.1 という電子配置と逆になっている（外側の電子が**最初に**取除かれるので**逆**になる）．ここではカリウム原子についての図を示したが，他の元素の原子についても同様なパターンが見られる．

原子の発光スペクトル

原子中の電子が量子化されているという証拠は，**発光スペクトル**からも得られる．原子試料を加熱するか，あるいは，それに適切な波長の光を照射すると，原子の外側の電子のいくつかがエネルギーを受け取る．このとき，その原子は**励起状態**（excited state）にあるという．このようにして受け取ったエネルギーの失い方の一つは，**光**（light）を出すこ

と，すなわち**発光**（emisson）である（食塩を炎にふりかけたときに炎が黄色くなるのは，このような発光の例である）．

放出される光の振動数（v, ニューと発音する）は，電子が失ったエネルギーの量 ΔE に依存する．この二つの物理量の正確な関係は，次の**プランク方程式**（Planck equation）で与えられる．

$$\Delta E = hv$$

ここで，h はプランク定数として知られる普遍定数である．

元素からの発光を，光の振動数を測定できる装置（**分光計**（spectrometer））を使って調べると，通常，いくつかの特定の振動数の光が出ていることがわかる．この特定の振動数の光がその元素の発光スペクトルを構成している．また，それと同じくらい重要なことだが，ある振動数領域では光が出ていない．これは，エネルギー変化 ΔE はいくつかの値だけを取りうることを示している．**これを説明する最も単純な方法は，電子は原子の中である特定のエネルギーの値のみをもつとすることである**．このことを，原子中の電子のエネルギーは量子化されているという（発光に関するより詳しい説明，およびプランク方程式を使った計算は，20章で述べる）．

3・6 電子構造に関するより進んだ概念[*]

ボーアが描いた原子像では，同じ殻に存在する電子はすべて同じエネルギーをもつ．しかし，詳しい実験（イオン化エネルギーおよびスペクトルの解析を含む）から，このことは最初の殻にある電子以外には当てはまらず，原子の主エネルギー準位は，副準位をもつことがわかった．副準位には次のような s, p, d, f の四つのタイプがある（s, p, d, f は，それぞれ，sharp, principal, diffuse, fundamental の頭文字に由来する）．

s 副準位：電子が2個まで入る．この電子を"s 電子"とよぶ．
p 副準位：電子が6個まで入る．この電子を"p 電子"とよぶ．
d 副準位：電子が10個まで入る．この電子を"d 電子"とよぶ．
f 副準位：電子が14個まで入る．この電子を"f 電子"とよぶ．

ある副準位を完全に記述するのには主量子数 n も必要である．たとえば，電子の3番目の殻（$n=3$）には，エネルギー準位としてs, p, d の副準位があり，それぞれ，3s, 3p, 3d とよばれる．3s 副準位に電子が1個あることを $3s^1$ という記号で表す．3p 副準位に電子がすべて入っていることは，$3p^6$ で表される．

電子は次のような順序で副準位に入っていく．

---

[*] ここで説明した概念は，4章の理解に必須ではない．

$$1s \quad 2s \quad 2p \quad 3s \quad 3p \quad 4s \quad 3d \quad \cdots$$
$$\text{低エネルギー} \qquad\qquad \text{高エネルギー}$$

奇妙に思えるかもしれないが，4s 副準位が満たされてから 3d に電子が入ることに注目しよう．これらの準位に入る電子の最大数を上付き文字で表すと，副準位は次のように書くことができる．

$$1s^2 \quad 2s^2 \quad 2p^6 \quad 3s^2 \quad 3p^6 \quad 3d^{10} \quad 4s^2 \quad \cdots$$

このことはしっかりと覚えておこう！

　ある原子の電子構造を書くときには，副準位のエネルギーの順序にかかわらず，主量子数 n が同じ副準位を一つのグループにまとめて書くことに注意してほしい（**4s の前に 3d を書く**）．

　アルミニウム原子を考えてみよう．アルミニウム原子の電子配置は 2.8.3（表 3・3）である．このエネルギー準位をより詳しく記述するには，電子 13 個すべてを副準位に割り当てればよい．それは次のようになる．

$$1s^2 \quad 2s^2 \quad 2p^6 \quad 3s^2 \quad 3p^1$$

または，

$$[\text{Ne}] \quad 3s^2 \quad 3p^1$$

である．

第一遷移系列元素の電子構造

　チタンから銅までの元素は，**第一遷移系列**（first transition series）として知られる．この系列に属する元素の，最低エネルギー状態（**基底状態**（ground state）とよぶ）の電子構造を，スカンジウムと亜鉛を含めて表 3・4 に示す．

　4s 副準位と 3d 副準位は，完全に規則的に入るわけではないことに注意しよう．これは，$3d^5$ と $3d^{10}$ という電子配置が特に安定で（すなわち，エネルギー状態が低い），クロムと銅では，4s 副準位が満たされないが，この配置を"好んで"とる．

　元素ごとの原子の電子構造の一覧表を付録に載せた．　　　　　　　**→ 演習問題 31**

電子の波としての性格（波動性）

　電子は，ときに，まるで波であるかのように振る舞うことが実験からわかった．電子が粒子として，あるいは波として振る舞うことができるという考え方は，**波-粒子の二重性**（wave-particle duality）とよばれる．

3・6 電子構造に関するより進んだ概念

表 3・4 第一遷移金属の電子構造

元素名	元素記号	原子番号	ボーア構造	s, p, d, f 構造
スカンジウム	Sc	21	2.8.9.2 または [Ar].3	$1s^2 2s^2 2p^6 3s^2 3p^6 3d^1 4s^2$ または [Ar] $3d^1 4s^2$
チタン	Ti	22	[Ar].4	[Ar] $3d^2 4s^2$
バナジウム	V	23	[Ar].5	[Ar] $3d^3 4s^2$
クロム	Cr	24	[Ar].6	[Ar] $3d^5 4s^1$
マンガン	Mn	25	[Ar].7	[Ar] $3d^5 4s^2$
鉄	Fe	26	[Ar].8	[Ar] $3d^6 4s^2$
コバルト	Co	27	[Ar].9	[Ar] $3d^7 4s^2$
ニッケル	Ni	28	[Ar].10	[Ar] $3d^8 4s^2$
銅	Cu	29	[Ar].11	[Ar] $3d^{10} 4s^1$
亜鉛	Zn	30	[Ar].12	[Ar] $3d^{10} 4s^2$

池に石を落としたときに生じる水面の波について考えてみよう．頭の中に思い浮かべたこの絵の動きを止め，"波はどこにあるか"と考えてみよう．もちろん，その答は，波は水面に広がったたくさんの小波からできている，である．小波の中には他の小波より目立つものもある．しかし，波は一つの場所に留まらない．

波の位置は特定できない（**不確定性**（uncertainty））という考え方は，原子にも当てはまる．もし電子が波のように振る舞うと，電子の正確な位置を決めることはできない．電子を空間のある点や，ある領域に見いだす**確率**（probability）を決めることができるだけである．

軌　道

水素原子中の 1s 電子のある瞬間でのスナップ写真を撮影できるとしよう．数分の 1 秒後に，もう 1 枚その電子のスナップ写真を撮ってみる．このようなスナップ写真を何千枚も撮影して，これらの写真をすべて重ね合わせたとすると，電子が存在していた何千もの点を示す 1 枚の写真が得られる．ある領域にある点の数が多ければ多いほど，その領域に電子を見つける確率が高くなる．

このようなスナップ写真から，s 電子が 90 %の確率で見いだされる空間は球形であることがわかる．この空間は**原子軌道**（atomic orbital）と名付けられ，通常，**軌道**（orbital）と略される．1s 電子の軌道は 1s 軌道とよばれ，その半径は約 100 pm（100×10^{-12} m）である．しかし，1s 電子が見いだされる確率が最も高い位置は，半径 52.9 pm の球面で，これは，まさに $n=1$ の殻のボーア半径である．しかし，波動モデルでは，この半径より外側に 1s 電子が見いだされる可能性が常にあることを示す．このことが波動モデルとボーアモデルの決定的な違いである（図 3・12）．

s 軌道はすべて球形である．2s 軌道は，1s 軌道よりも半径が大きい．

同様に，p 電子を含む軌道は，p 軌道とよばれる．p 軌道には 3 種類（p_x，p_y，p_z とよ

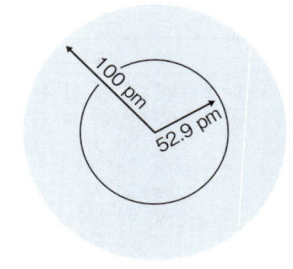

図 3・12 水素原子の 1s 電子の軌道 薄い色で示した球は，この中に電子が 90 % の確率で存在することを示し，その半径は約 100 pm である．1s 電子がいる確率が最も高い位置は，原子核からの距離が半径 52.9 pm の位置である．このことは，ボーアの原子構造論と対応させられる．ボーア理論では，電子は半径 52.9 pm の位置に"必ず"いるとする．

ばれる）があり，それらは通常同じエネルギーであるが，方向が異なる．p 軌道の形は，よく"亜鈴形"であるといわれる（図 3・13）．d 電子を含む軌道は，d 軌道とよばれる．5 種類の d 軌道があり，通常それらはエネルギーが同じである．d 軌道の形は複雑で，ここでは取扱わない．

ある原子中のそれぞれの軌道（$2p_z$，1s や 2s やその他の軌道のいずれも）には**最大 2 個**の電子が入る．ある軌道に電子が 2 個入っている場合は，その二つの電子は互いに逆方向に自転している（一つは時計方向に，もう一つは反時計方向に）．このことをこれらの電子は**対**（pair）を成しているという．このような状態を，軌道を箱で，電子を矢印で表して図示できる．上向き，下向きの矢印で自転の向きが逆であることを示す．

|↑↓|

軌道と副準位

ここで，原子中で電子が副準位に満たされている順序に話を戻そう．

$$1s^2 \quad 2s^2 \quad 2p^6 \quad 3s^2 \quad 3p^6 \quad 4s^2 \quad 3d^{10} \quad \cdots$$

上付き文字は，それぞれの副準位に入ることができる最大の電子数を示している．1s 軌道の電子は 1s エネルギー副準位を占め，2s 軌道の電子は 2s 副準位を，3s 軌道の電子は 3s 副準位を占める．三つの p 軌道のいずれかにある電子は，通常，同じエネルギーで，2p 副準位を占める．d 軌道は五つあり，その軌道の電子は 3d 副準位を占める．

"箱"で軌道を示すと，よりわかりやすくなるだろう．アルミニウム原子（電子配置: $1s^2 2s^2 2p^6 3s^2 3p^1$）の場合，13 個の電子は次のように軌道を占める．

軌道への電子の入り方	↑↓	↑↓	↑↓	↑↓	↑↓	↑↓	↑
			p_x	p_y	p_z		p_y，p_x または p_z
軌道のタイプ	1s	2s		2p		3s	3p

ここで，$3p^1$ 電子は，$3p_x$，$3p_y$，または $3p_z$ 軌道のいずれかを占める．この三つの軌道は

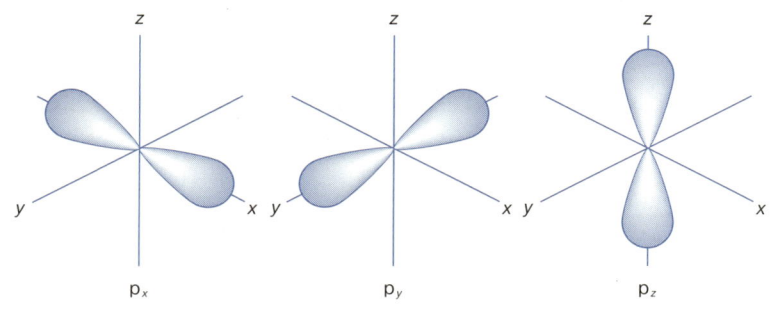

3・6 電子構造に関するより進んだ概念

(i) s 軌道

(ii) 3 種類の p 軌道

図 3・13　s 軌道および 3 種類の p 軌道の形

エネルギーが同じである．

リン原子（$1s^2\,2s^2\,2p^6\,3s^2\,3p^3$）では，1s，2s，2p，3s 軌道にアルミニウムと同じように電子が入るが，三つの 3p 電子が二つの 3p 軌道に次のように入るか，

| ↑↓ | ↑ |
| $3p_x$ | $3p_y$ |

あるいは，三つの 3p 軌道すべてに次のように入るかは明らかではない．

| ↑ | ↑ | ↑ |
| $3p_x$ | $3p_y$ | $3p_z$ |

しかし，2 番目の分布方法が正しいことがわかっている．これは電子間の反発を最小限にするために，電子は一つずつ軌道を占めることを"好む"ためである．このことは**フント則（Hund's rule）**として知られる．

→ 演習問題 3J

この章の発展教材がウェブサイトにある．

4 化学結合（その1）

4・1 原子はなぜ結びつくか
4・2 イオン結合
4・3 共有結合
4・4 配位結合
4・5 イオン化合物および共有結合化合物：これを両極端とした中間状態
4・6 共鳴構造

この章で学ぶこと
- 原子が反応する理由
- 原子間の結合の典型的な型
- 化合物の性質と，その化合物中の結合との関係
- "中間的な"結合型

4・1 原子はなぜ結びつくか

異なる元素の原子が反応して化合物をつくることは，すでに見てきた．化合物中で原子同士を結びつけている力を**化学結合**（chemical bond）という．この結合の性質を理解するために，最初に次のような疑問に答える必要がある．そもそも，なぜ原子はわざわざ結合するのだろうか．

希ガス

この問いに対する答のヒントは，**希ガス**（rare gas，貴ガス（noble gas）ともいう）または**不活性ガス**（inert gas）として知られるグループの元素について考えることで得られる．このグループには，ヘリウム（He），ネオン（Ne），アルゴン（Ar），クリプトン（Kr），キセノン（Xe），ラドン（Rn）がある．不活性というのは，"不活発"や"怠惰"と同じ意味で，これらの元素の化学反応性を説明している．このグループの元素は，化学反応性がきわめて低く，そのため，**化学的に安定**（chemically stable）であるといわれる．Heは他のどんな元素とも反応しないが，Ne，Ar，Krは特殊な条件下で，反応性の高いフッ化物やフッ素とのみ反応する．Xeは比較的反応性があり，フッ素，酸素，塩素との化合物が知られている．なぜ，こうした元素はなかなか反応しないのだろうか．

これらの元素の電子構造を表4・1に示す．ヘリウム以外の元素の原子は，最も外側の殻（最外殻）に8個の電子がある（すなわち，最外殻の電子配置が，$ns^2\,np^6$ となってい

る．n は 2 以上の整数)．この電子配置は，**オクテット**（octet）とよばれ，安定な構造である．ヘリウムは電子 2 個で安定な電子配列となっている．このような電子配置に基づく安定性のために，これらの気体は反応性にとぼしい．

表 4・1　希ガスの電子構造*

希ガス	電子構造 （ボーア模型）	電子構造 (s, p, d, f 記述法)
He	2	$1s^2$
Ne	2.8	[He] $2s^2 2p^6$
Ar	2.8.8	[Ne] $3s^2 3p^6$
Kr	2.8.18.8	[Ar] $3d^{10} 4s^2 4p^6$
Xe	2.8.18.18.8	[Kr] $4d^{10} 5s^2 5p^6$
Rn	2.8.18.32.18.8	[Xe] $4f^{14} 5d^{10} 6s^2 6p^6$

* スペースを節約して希ガスの電子構造を示すために，慣用的に用いられる［希ガスの元素記号］という記号を使った．たとえば，[He] は $1s^2$ を意味する．

ルイス記号

1916 年にコッセル（W. Kossel）とルイス（G. N. Lewis）は，原子が互いに反応するとき，それぞれの原子が希ガスの安定な電子配置になるように反応すると提唱した．安定な配置になるために，原子は電子を得たり，失ったり，または互いに共有したりする．この過程は，一般に**ルイス記号**（Lewis symbol）を使って表される．ルイス記号では，ある元素の原子 1 個をその元素の元素記号で表し，**最外殻の電子**を・，○，●，□，あるいは×で表す．たとえばナトリウム原子のルイス記号は，

$$\text{Na}^{\circ}$$

で表される．ナトリウムの元素記号は Na であり，ナトリウム原子の電子構造は 2.8.1 で，最外殻には電子が 1 個存在する．それを一つの○（または・や●，×など，好みで選んでよい！）で表す．

4・2　イオン結合

ナトリウム原子が塩素原子と反応すると，塩化ナトリウムが生成する．ナトリウムと塩素のルイス記号は，

$$\text{Na}^{\circ} \quad ^{\times\times}_{\times\times}\text{Cl}^{\times}_{\times}$$

　　　　　　　　　2.8.1　　2.8.7

である．原子の完全な電子配置を，それぞれのルイス記号の下に記したが，ルイス記号では**最外殻の電子のみ**が，○と×で表されている．結合にかかわるのは最外殻の電子だけだ

> **Box 4・1　イオン**
>
> **イオン** (ion) とは，電荷をもつ原子（または，原子の集まり，原子団）である．イオンの例には，K^+, F^-, CO_3^{2-}, Ca^{2+}, Al^{3+} などがある．
>
> 正に帯電したイオン（たとえば，K^+, Ca^{2+}, Al^{3+}）は**陽イオン** (positive ion)，または**カチオン** (cation) とよばれ，負に帯電したイオン（たとえば，F^-, CO_3^{2-}）は，**陰イオン** (negative ion)，または**アニオン** (anion) とよばれる．

からである．

→ 演習問題 4A

ナトリウム原子1個と塩素原子1個が反応すると，ナトリウム原子は電子1個を失い，その電子が塩素原子に移る．その結果，ナトリウム原子は，ネオンの安定な電子配置と同じ電子配置になる．一方，塩素原子は余分な電子を一つ受け取り，アルゴンの安定な電子配置となる．これは，次のような反応式で表される．

$$\text{Na}° + {}^{××}_{××}\text{Cl}^{×}_{×} \longrightarrow \text{Na}^+ + {}^{××}_{××}\text{Cl}^{×-}_{×}$$

　　　2.8.1　　2.8.7　　　　　2.8　　2.8.8

反応前には，中性のナトリウム原子は電子11個と陽子11個をもっている．反応すると，ナトリウム原子は，塩素原子に電子を1個与えて，電子が10個，陽子が11個となるから，電気的に中性でなくなり，全体として陽子1個の電荷に等しい正電荷（+1）をもつようになる．この新しい化学種は，Na^+ と書かれ，ナトリウム**イオン** (ion) とよばれる（Box 4・1 参照）．電子1個を受け取った塩素原子は，陽子17個と電子18個をもち，全体として−1の電荷をもつようになる．これは Cl^- と表され，塩化物イオンとよばれる．

ナトリウム原子が，いったん塩素原子に電子1個を与えると，その電子は，塩化物イオンの最外殻にある他の電子と区別できなくなることに注意しよう．今やすべての電子が塩化物イオンに"属して"いる．最外殻の電子を×や○で表しているが，これはこれらの電子がもともとどちらの原子にあったのかを示しているだけで，種類が異なることを意味しているのではない．

以上の変化は，次のようにまとめられる．

反応前		反応後	
Na 原子	Cl 原子	Na^+ イオン	Cl^- イオン
電子＝11×(−1)	電子＝17×(−1)	電子＝10×(−1)	電子＝18×(−1)
陽子＝11×(+1)	陽子＝17×(+1)	陽子＝11×(+1)	陽子＝17×(+1)
中性	中性	電荷＝+1	電荷＝−1

4·2 イオン結合

塩化ナトリウムは，組成比 1：1 の Na^+ と Cl^- とからできている．この化合物はイオンでできているため，**イオン化合物**（ionic compound）とよばれ，その結合は**イオン結合**（ionic bonding）とよばれる．一つの原子（あるいは，原子団）が他の原子（原子団）に電子を与えるときはいつでもイオン化合物が生成する．ナトリウムと塩素が反応すると，双方とも電子配置が希ガスと同じになるが，**希ガス原子そのものになるわけではないこと**に注意しよう．つまり，双方とも元素は変わらない．原子の個性は，その原子核にある陽子の数によって決まるからである．上で見てきたように，反応前後では，ナトリウム，塩素双方とも陽子の数は変化していない．

次に示した"通常の"化学反応式は，生成物が塩化ナトリウムであることを教えてくれるが，どのような結合が生成しているかについては何も教えてくれない．

$$2\,Na(s) + Cl_2(g) \longrightarrow 2\,NaCl(s)$$

そのため，次のように書くと，どのような結合ができたのかわかりやすい．

$$2\,Na(s) + Cl_2(g) \longrightarrow 2\,Na^+, 2\,Cl^-(s)$$

例題 4·1

マグネシウムはフッ素と反応して，フッ化マグネシウムを生成する．この結合を表す化学反応式を，ルイス記号を使って書き表せ．

▶**解 答**

この化合物の結合は，ルイス記号を使って次のような化学反応式で表される．

▶**コメント**

マグネシウムは電子を 2 個失って安定なネオンの電子配置となる．2 個のフッ素原子は，それぞれ 1 個ずつ電子を受け取り，やはり，ネオンと同じ電子配置になる．電荷が +2 のマグネシウムイオン（10 電子，12 陽子）が生成する一方でフッ素原子からフッ化物イオン F^- ができる．フッ化マグネシウムは，Mg^{2+} イオンと F^- イオンが原子比 1：2 の割合で存在するイオン化合物である．

したがって，この反応の最良の化学反応式は次のようになる．

$$\text{Mg(s)} + \text{F}_2\text{(g)} \longrightarrow \text{Mg}^{2+}, 2\,\text{F}^-\text{(s)}$$

→ 演習問題 4B, 4C

塩化ナトリウム中のイオンの配列

　塩化ナトリウム結晶中では，Na^+ イオンと Cl^- イオンは，巨大格子構造で配列している．この構造をつくり上げている"積み木ブロック"は，図 4・1 に示したような**単位胞**（unit cell）である．大きな球は Cl^- イオンを示し，小さな球は Na^+ イオンを示す．塩化ナトリウムの結晶は，こうした単位胞が何十億も積み重なってできている．

　単位胞中では，ナトリウムイオンはそれぞれ 6 個の塩化物イオンに囲まれ，塩化物イオンはそれぞれ 6 個のナトリウムイオンに囲まれている．イオン同士は，反対電荷による引力（**静電力**（electrostatic force））で結びつけられている．この引力は非常に強い．**X線回折**（X-ray diffraction）により，イオン化合物中のイオンを"見る"ことができる（Box 4・2 参照）．

　イオン性物質は，すべて巨大格子状に配列したイオンからできている．結晶構造が異なるイオン性物質では，イオンが異なるパターンで配列している．塩化ナトリウム構造は，最も単純な配列の一つである．

イオン化合物の性質

　イオン化合物には，すべてに共通な次のような性質がある．

　1）融点と沸点が高い（不揮発性である）　　イオン化合物は室温で固体である*．物

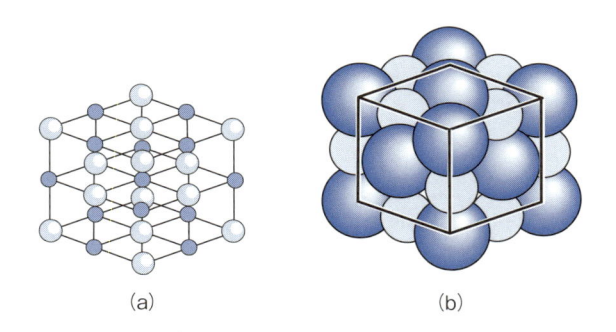

図 4・1　塩化ナトリウム結晶の単位胞　(a) 球棒模型，(b) 空間充填模型．

---

*　訳注: 最近，室温で液体である"イオン液体"と呼ばれる一連の化合物が合成され，新しい溶媒として注目されている．

Box 4・2　塩化ナトリウムの電子密度図

　コッセルとルイスの考え方は，原子中での電子配置に関する現在の見方でどのように説明されるだろうか．現代的な理論では，電子は波のような性質をもつとしている．電子を見いだす確率が高い領域では電荷密度が高く，このことを**電子密度**（electron density）が大きいという．同じ理由で，電子を見いだす確率が低い領域は電子密度が小さい．X線回折という手法を用いて，イオン性物質の電子密度等高線図を作成することができる．図4・2は，塩化ナトリウムに関するこのような図を示していて，それぞれの線は電子密度が同じ点を結んでおり，原子核は，それぞれのイオンの中心にある．Cl^- の最も外側の等高線は正方形状になっているが，これは電子がそのまわりにある反対の電荷をもつ Na^+ イオンに引き寄せられているからである．原子核間に等高線が引かれていない空間があることに注意しよう．これは，イオン性物質の電子密度図に特徴的なものである．

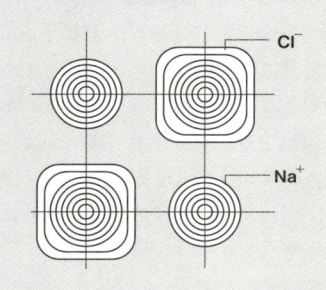

図 4・2　ナトリウムイオンおよび塩化物イオンのまわりの電子密度分布を示す等高線図

立方体状の食塩結晶　Na^+ イオンと Cl^- イオンが規則正しく配列すると，このような形になる．

質が融け，さらに沸騰するときにその物質をつくる粒子がばらばらになる．イオン化合物はイオン同士が非常に強い力で結びついているので，格子構造を壊すためには非常に多くのエネルギーを必要とする．したがって，イオン結晶を融かすためには，高温に加熱しな

ければならない．

2）水に溶ける（水溶性）　水の分子は，片側が正の電荷をもち，もう片方が負の電荷をもつ（この電荷分離は，**双極子**（dipole）とよばれる）．水にイオン化合物を入れると，水分子は格子中のイオンを引き寄せ，それを溶液中に引きずり込み，結晶格子を壊すことができる．このようにして格子が壊れ，イオンが水分子と混合する．すなわち，この**物質が溶解**する．水は**極性溶媒**（polar solvent）で，イオン化合物を溶かしやすい．水分子の正電荷部分は，単位胞の陰イオン（アニオン）にくっつき，そのイオンを結晶から引き離す．同様に，水分子の負電荷部分は陽イオン（カチオン）を引き離すことができる．この様子を，図4・3に示した．

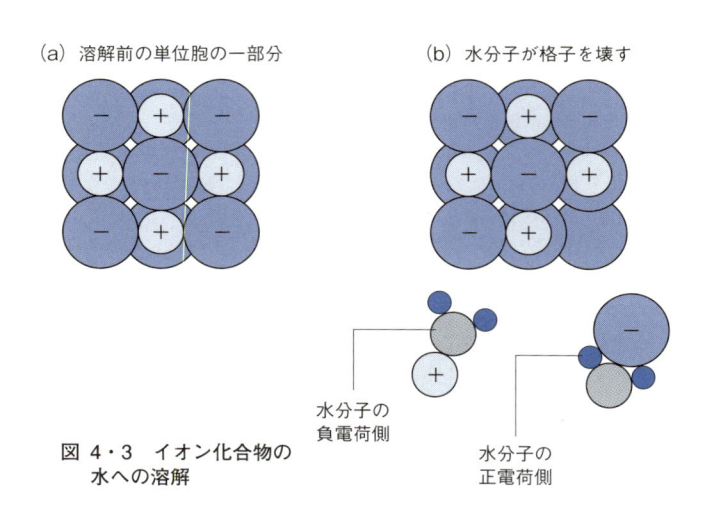

図4・3 イオン化合物の水への溶解

(a) 溶解前の単位胞の一部分　　(b) 水分子が格子を壊す

水分子の負電荷側　　水分子の正電荷側

3）融解したとき，もしくは水溶液中で，電気を通す　ある物質が電気を通すためには，その物質に**移動**可能な**荷電粒子**（charged particle）がなければならない（金属中では，自由電子が電流の担い手となる）．イオン化合物の固体では，イオンが強い静電力によってしっかりと保持されて移動できないので**電気を通さない**．しかし，イオン化合物が融解するか，水に溶解すると，イオンが自由に動けるようになり，電流の担い手になる．このように振る舞うイオン性物質の水溶液，または融解したものは，**電解質**（electrolyte）とよばれる．

4）イオン結晶は，簡単に粉々になる（へき開性）　イオン結晶に力を加えると，結晶構造中のイオンの層が"滑り"，陽イオン同士，陰イオン同士が互いに隣り合うようになる．同符号の電荷が反発し，結晶構造が壊れる（へき（劈）開という）．この様子を図4・4に示した．

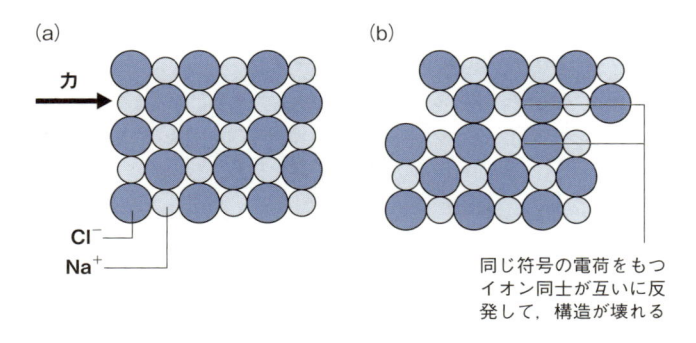

図 4・4　イオン結晶の劈開　(a) へき開前, (b) へき開後.

イオン結合は，どのようなときに起こるのか

　片方の元素の最外殻電子を取除くのに必要なエネルギー（**イオン化エネルギー**（ionization energy）という）が比較的小さいとき，イオン結合が起こる．イオン化エネルギーの小さい元素は，**金属**である．金属原子は，一般に最外殻に **3 個以下**の電子しかない．したがって，金属元素を含む化合物はイオン性になりやすい．非金属元素の原子は，一般に最外殻に 4 個以上の電子がある．ただし，水素原子とホウ素原子は例外である．水素原子では最初の殻に電子が 1 個だけだが，その電子は正電荷を帯びた原子核に近く，非常に強く引き寄せられているので，水素のイオン化エネルギーは非常に大きい．そのため，水素は非金属元素に分類され，水素の化合物はイオン性ではない．

4・3　共有結合

　結合に関与している原子から電子を取除くのに大きなエネルギーが必要な場合は，どのような型の結合が起こるだろうか．このようなことは，2 個以上の非金属元素の原子が結合するときに起こる．このとき，結合に関与する原子が電子を**共有**して希ガスの安定な電子配置を完成させる．この型の結合は，**共有結合**（covalent bonding）とよばれる．

　塩素ガスについて考えてみよう．塩素のルイス記号は次のようになる．

$$\overset{\times\times}{\underset{\times\times}{{}_\times\text{Cl}{}_\times^\times}}$$

$$2.8.7$$

もし，2 個の塩素原子が一つの電子を共有すると，それぞれアルゴンと同じ安定な電子配置になる．これは，**ルイス構造**（Lewis structure）とよばれる次のような図で表せる．

$$\overset{\times\times}{\underset{\times\times}{{}_\times\text{Cl}{}_\circ^\times}}\overset{\circ\circ}{\underset{\circ\circ}{\text{Cl}{}_\circ^\circ}}$$

$$2.8.8\ \ 2.8.8$$

> **Box 4・3　水素イオン**
>
> 気体状の H 原子が次のようにイオン化する過程は，イオン化エネルギーが非常に大きい．
>
> $$H(g) \longrightarrow H^+(g) + e^-$$
>
> このイオン化エネルギーは，1310 kJ/mol である（キセノンの第一イオン化エネルギー1170 kJ/mol よりも大きい）．水素イオンは，**溶媒和された**（solvated）ときのみ生成する．溶媒和は，水素イオンに溶媒分子がくっついたときに起こる．溶媒和したときにエネルギーが放出されるので，水素がイオン化して H^+ になる"価値がある"．H^+ を溶媒和する最も普通の溶媒は水である．水中に存在する水素イオンは，次の過程でできるので H_3O^+ または $H^+(aq)$ と書かれる．
>
> $$H^+(g) + H_2O(l) \longrightarrow H_3O^+$$
>
> または，
>
> $$H^+(g) + H_2O(l) \longrightarrow H^+(aq)$$
>
> この過程は**水和**（hydration）として知られ，H_3O^+ は通常，**オキソニウムイオン**（oxonium ion）とよばれている．H^+ や $H^+(aq)$ という化学記号や水素イオンという記述も目にすると思うが，水中では，これらはすべて H_3O^+ のことを指している．

このようにして塩素の**分子**（molecule）ができ，塩素分子中には電荷を帯びた粒子は存在しない．この図では，片方の塩素原子の電子を○で表し，もう片方の塩素原子の電子を×で表して，どの電子がどちらの原子からきたかがわかるようにしてある．しかし，共有結合がいったんできると，電子がどちらからきたかを区別できないことを覚えておこう．塩素ガスは，したがって化学式 Cl_2 で表される**二原子分子**（diatomic molecule）として存在する．二原子分子になることにより，各塩素原子が希ガスと電子配置が同じになって安定になるからである．この分子の**構造式**（structural formula）は，次にように書ける．

$$Cl-Cl$$

ここで，"—"は，1組の共有電子対，すなわち，一つの**共有結合**を表す．

例題 4・2

アンモニア（NH_3）は共有結合化合物である．アンモニア中の結合を表すルイス構造を書け．

▶ **解　答**

窒素原子は，電子構造が 2.5 であり，その最外殻電子を水素原子（電子構造 1) 3 個と共有する．このようにして，窒素原子と 3 個の水素原子は，いずれも希ガスの電子構造となる．

$$\begin{array}{c} \text{H} \overset{\times}{\underset{\circ}{\text{N}}} \overset{\times}{\text{H}} \\ \text{H} \end{array}$$

N：電子構造 2.8
H：電子構造 2

▶コメント

アンモニアの構造式は次のように書くことができる．

$$\begin{array}{c} \text{H}-\text{N}-\text{H} \\ | \\ \text{H} \end{array}$$

(—は，"1対の共有電子"を示すことを思い出そう)

→ 演習問題 4D

例題 4・3

テトラクロロメタン（四塩化炭素）の化学式は，CCl_4 である．この分子のルイス構造はどのようになるか．

▶解 答

炭素の電子構造は 2.4 で，塩素の電子構造は 2.8.7 である．炭素原子 1 個が塩素原子 4 個と電子を共有し，すべての原子が希ガスと同じ電子構造となる．

C：電子構造 2.8
Cl：電子構造 2.8.8

▶コメント

CCl_4 の構造式は次のようになる．

$$\begin{array}{c} \text{Cl} \\ | \\ \text{Cl}-\text{C}-\text{Cl} \\ | \\ \text{Cl} \end{array}$$

原子価

2章で原子同士を結びつける力を説明するのに，"手 (arm)" という考え方，すなわち原子価をもち出したことについてここで考えてみよう．ある原子，または原子団のもつ"手"の数というのは，その原子や原子団が希ガスと同じ安定な電子配置となるために失っ

たり，受け入れたり，あるいは共有する電子が何個あるかを簡単に説明する方法だったのである．たとえば，炭素は 2.4 という電子構造をもつ．われわれは，このことを原子価が 4 である，もしくは"手"が 4 本あるという．これは，ネオンと同じ安定な電子構造，すなわち 2.8 になるために，さらに 4 個の電子を共有する必要があるということを言い換えたものである．

多重結合

2 対以上の電子が共有されることがある．酸素ガス（O_2）について考えてみる．

```
      ×× ×○ ○○
      O  ×  O
         ×
      ×× ×○ ○○
```

ここでは，それぞれの酸素原子が **2組** の電子対を共有して，ネオンと同じ電子配置になっている．酸素分子の構造式は次のようになる．

$$O = O$$

すなわち，酸素原子間は**二重結合**（double bond）となる．電子対を 3 組共有している結

Box 4・4　炭素化合物の仲間

炭素は非常に多くの共有結合化合物をつくる．これらの化合物では，炭素原子は，他の炭素原子や水素などの他の原子と共有結合で結びつく．炭素は，最外殻に他の原子と共有することができる電子を 4 個もつ．下に示すように，炭素原子は水素原子や他の炭素原子と電子を共有して，ネオンと同じ安定な電子構造になっている．二つの炭素原子は，他の炭素原子と，1 組だけでなく，2 組，さらに 3 組の電子対を共有できる．例をいくつか示す．

H×○C×○H または H–C–H
メタン
CH_4

H×○C×○C×○H または H–C–C–H
エタン
C_2H_6

多重結合の生成

H×○C×○C×○H または C=C
エテン（エチレン）
C_2H_4

H×○C○○○C○H または H–C≡C–H
エチン（アセチレン）
C_2H_2

Box 4・5 水素（H_2）の電子密度図

　量子力学的な計算結果を使って，水素分子中の電子密度分布を描くことができる．等高線は，電子密度が同じ領域を結んでいる．原子核間に電子密度が高い領域があり，これがルイス構造の共有結合に対応することに注目しよう．この電子密度が，正電荷をもつ二つの原子核を引きつけ，正電荷をもつ二つの原子核による反発力を妨げて，二つの原子を"くっつけて"いる．原子をこのように結びつける電子密度の高い領域があることが，共有結合分子の特徴である（図4・5）．

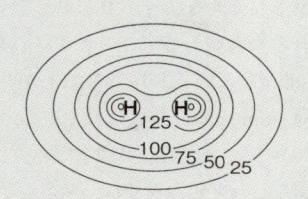

図4・5　水素（H_2）の電子密度図
数値は，$1\,nm^3$ 当たりの電子数を示す．

合は，**三重結合**（triple bond）とよばれる．

➜ 演習問題 4E

共有結合化合物の性質

　共有結合化合物には，次のような特徴がある．

　1）融点と沸点が低い（揮発性である）　共有結合化合物は，室温では液体または気体であることが多い（O_2, H_2O, N_2, CO_2 のことを考えてみよう）．共有結合分子同士は，強い静電力で引き寄せられていない．そのため，比較的低い温度で引き離すことができる．分子同士を互いに引き寄せる力（**分子間力**（intermolecular force））は，**ファンデルワールス力**（van der Waals' force）とよばれ，比較的弱い．

　2）水への溶解度が小さい　共有結合化合物にはイオンがないので，水分子とは容易には混じり合わない．共有結合化合物は，ベンゼンのような**無極性有機溶媒**（non-polar organic solvent）に容易に溶けることが多い．無極性有機溶媒は，共有結合分子である．

　3）電気を通さない　共有結合化合物は，イオンをもたないので，電気を通さない．

化合物が共有結合性か，イオン結合性かをどのように予想するか

　一般則は，次の通りである．

　　金属元素の原子＋非金属元素の原子 ──→ イオン結合
　　非金属元素の原子＋非金属元素の原子 ──→ 共有結合

次のことを覚えておこう．

- 一般的に，最外殻にある電子は，金属元素の原子では3個以下であり，非金属元素の原子では4個以上である．

● 水素およびホウ素は非金属元素に分類される. →演習問題 4F

4・4 配位結合

二つの原子間で共有結合ができるとき，共有される二つの電子が**両方とも片方の原子**から提供される場合がある．このタイプの共有結合を**配位結合**（coordinate bonding または dative bonding）という．片方の原子が共有結合をつくるために提供する2個の電子は，**孤立電子対**（lone pair）とよばれる．

ホウ素原子は，電子配置が2.3であり，他の原子と共有できる電子を3個しかもたない．NH_3BF_3 という化合物では，窒素原子がホウ素原子に共有する電子対を提供し，その結果，ホウ素原子のまわりの電子配置はオクテット構造になる．

$$
\begin{array}{c}
H _\times^\times F_\times^\times \\
H\bullet\square N \square_\square^\bullet \square B_\circ^\circ \square_\times^\times F_\times^\times \\
H _\times^\times F_\times^\times
\end{array}
$$

次のような記号を使って電子がどの原子からきたかを示している．

　　●＝H原子からの電子
　　□＝N原子からの電子
　　×＝F原子からの電子
　　○＝B原子からの電子

この分子の構造式は，次のように表される．

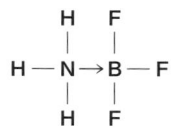

$$
\begin{array}{c}
H F \\
| | \\
H-N\rightarrow B-F \\
| | \\
H F
\end{array}
$$

ここで，"—"はそれぞれの原子から1個ずつ電子を与えられる共有結合であることを示し，"→"は結合に関与する電子が2個とも片方の原子（この場合，窒素原子）から与えられる配位結合であることを示している．このようにして，分子中の原子すべてが，希ガスと同じ電子配置になる．いったん結合がつくられると"通常の共有結合"と配位結合とは差がなくなり（**すなわち，電子は共有結合に関与しているどちらかの原子に"属している"ということはもはやなくなる**），構造式は次のように書かれることもある．

→演習問題 4G

```
    H   F
    |   |
H—N—B—F
    |   |
    H   F
```

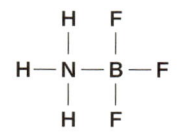

4・5 イオン化合物および共有結合化合物：
これを両極端とした中間状態

　塩化ナトリウムは，イオン化合物とみなされ，水素分子は"完全に共有結合性である"とされているが，化合物の大多数は，この両極端の間に位置している．たとえば，水は共有結合化合物とみなされており，全体として中性であるが，片側がわずかに正電荷をもち，その反対側が同じ電荷量の負電荷をもつ．すなわち，水分子にはわずかにイオン性がある．同様に，たとえばヨウ化カルシウム（CaI_2）のように，一般にイオン性であるとみなされている化合物の中には，いくらか共有結合性をもつものもある．

極性共有結合分子

　同一元素の原子同士の結合，たとえば，H_2 の結合に関与する電子は，二つの水素原子間に等しく共有されているとみなすことができる．しかし，元素が異なる場合は，電子は片方の原子のほうに引き寄せられていると考えられる．たとえば，フッ化水素 HF では，ルイス構造は次のように書いたほうがより正確である．

$$H \, {}^{\circ}_{\times}\!F\!{}^{\times\times}_{\times\times}$$

フッ素原子は，水素原子よりも強く共有結合電子を引き寄せる．このことを，フッ素原子は**電気陰性度**（electronegativity）が高いという．共有電子が水素原子よりもフッ素原子により強く結びついているので，フッ化水素分子の構造式は，次のように書かれることがある．

$$H^{\delta+}\!-\!F^{\delta-}$$

ここで，δ は"部分的に"ということを示している．すなわち，この結合の水素側は部分的に正電荷をもち，フッ素側は部分的に負電荷をもつことを示している．この両端の電荷はバランスがとれているので，**分子全体では中性**である．正電荷を帯びた側と負電荷を帯びた側をもつ共有結合は**極性共有結合**（polar covalent bond）とよばれ，正電荷端と負電荷端をもつ分子は極を二つもつので**双極子**（dipole）とよばれる．　　➡ 演習問題 4H, 4I

イオン化合物の分極

　イオン化合物中の小さくて，正電荷をもつイオン（**陽イオン**（cation））は，すぐ近く

Box 4・6　ポーリングの電気陰性度

　原子が共有結合中の共有電子対を引き寄せる能力は，その原子の**電気陰性度**（electronegativity）とよばれる．

　ライナス・ポーリングは，最も電気陰性度が高い元素であるフッ素の電気陰性度を 4.0 として，さまざまな元素の相対電気陰性度を計算した．電気陰性度は次の表のようになる．

H 2.1						
Li 1.0	Be 1.5	B 2.0	C 2.5	N 3.0	O 3.5	F 4.0
Na 0.9	Mg 1.2	Al 1.5	Si 1.8	P 2.1	S 2.5	Cl 3.0
K 0.8	Ca 1.0				Se 2.4	Br 2.8

　2 種類の元素の原子が結合するとき，両者の電気陰性度の差は，その結合がイオン性であるか，共有結合性であるかを判断するのに役立つ．

　1) ナトリウムと塩素の電気陰性度の差は，

$$3.0 - 0.9 = 2.1$$

　である．この差は大きく，一般に差が 1.7 よりも大きいときには，その化合物はイオン性である．

　2) 水素分子中の二つの原子の電気陰性度の差は，

$$2.1 - 2.1 = 0.0$$

　である．差が 0 であることは，その化合物が完全に共有結合性であることを示す．

　上に示した二つの例は，極端な例である．さまざまな原子間の共有結合についてこうした電気陰性度の差を計算することによって，共有結合の**極性**（polarity）を比較できる．たとえば，H–Cl 結合（H と Cl の電気陰性度の差＝0.9）は，H–Br 結合（電気陰性度の差＝0.7）よりも極性が高い．

　極性共有結合についても，電気陰性度から，どちらが $\delta+$ でどちらが $\delta-$ であるかがわかる．電気陰性度がより大きい原子は，共有電子対をより強く引き寄せるので，$\delta-$ となる．HBr 分子では，Br のほうが電気陰性度が大きい (2.8) ので，この分子の分極は次のようになる．

$$H^{\delta+}-Br^{\delta-}$$

4・5 イオン化合物および共有結合化合物：これを両極端とした中間状態   67

にある負電荷をもつイオン（**陰イオン**（anion））の電子を引き寄せ，陰イオンを変形させることがある．このような現象が起きたとき，陰イオンは**分極した**（polarized）という．この変形は，ルイス記号を用いるよりもイオン化合物の電子密度モデルを使って表したほうがわかりやすい．純粋なイオン結合と，分極したイオン結合の等電子密度線を図4・6に示した．

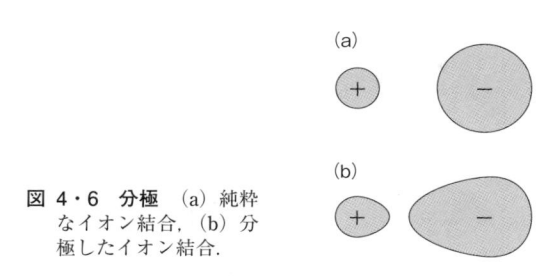

(a)
(+) (−)

(b)
(+) (−)

図4・6 分極 (a) 純粋なイオン結合，(b) 分極したイオン結合．

分極した場合，イオン間の電子密度はより高くなる．原子間に電子密度が高い領域があることは，共有結合化合物の特徴である．したがって，図4・6 (b) のような分極した化合物は，イオン性ではあるが，いくらか共有結合性がある．分極がはっきり起こるのはどのようなときだろうか．次のような規則を適用できる．

イオン結合の分極（すなわち，イオン結合の共有結合性）は，次のようなときに大きくなる．
1）陽イオンが，(a) 小さく，(b) 大きな正電荷をもつ．
2）陰イオンが，(a) 大きく，(b) 大きな負電荷をもつ．

両方の条件に合う化合物では，共有結合性が大きくなる．このような化合物の例にAlI$_3$がある．陽イオンのAl^{3+}は小さく，大きな正電荷をもつので強く分極する．一方，陰イオンのI$^-$は，大きいのでやはり強く分極する．そのためAlI$_3$は強く分極し，共有結合含有物であると見なすことができる．しかし，陰イオンをF$^-$に置き換えたAlF$_3$は，イオン性がより高い．というのも，F$^-$はI$^-$よりもかなり小さいので，I$^-$ほどには分極しないためである．

→ 演習問題 4J

←―――― イオン性が減少する方向 ――――→
←―――― 共有結合性が減少する方向 ――――→

(+) (−)   (+) (−) δ^+, δ^- ( )

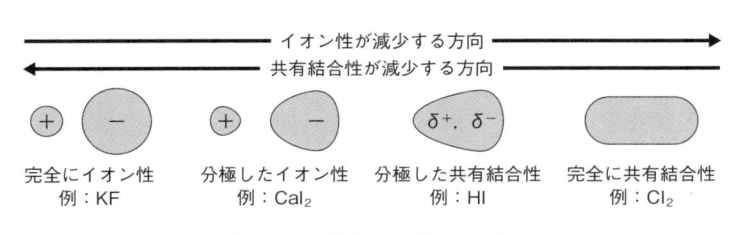

完全にイオン性   分極したイオン性   分極した共有結合性   完全に共有結合性
例：KF   例：CaI$_2$ 例：HI   例：Cl$_2$

図4・7 結合タイプのまとめ

Box 4・7　G. N. ルイスとライナス・ポーリング

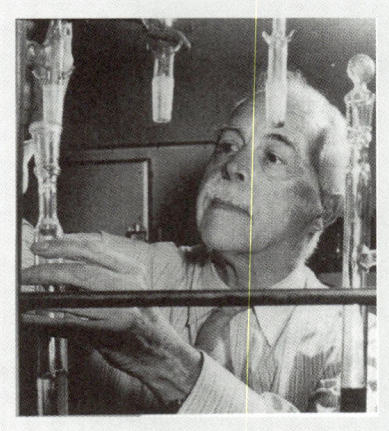

ギルバート・ニュートン・ルイス　米国の化学者．彼の理論により，"原子価"の概念がより明確に理解できるようになった．

ライナス・ポーリング　米国の化学者．ノーベル賞を2回受賞．彼の著作"化学結合論（The Nature of the Chemical Bond）"は，化学者から古典的名著とされている．

ギルバート・ルイス（Gilbert N. Lewis, 1875〜1946）は，1914年に米国人として初めてノーベル賞を受賞した．共有結合に関して，彼は"一つの電子が，二つの異なる原子の殻の一部を構成することができるが，そのときその電子はどちらか片方の原子だけに属しているということはできない"と書いた．しかし，彼を批判するものがいなかったわけではない．このような説明は，夫婦が共通の銀行口座に2ドルを貯金し，それぞれがほかに6ドルもっているとすると（全体で14ドル），二人とも8ドルずつもっている（全体で16ドル）ことになるというのと同じであると論じられた．しかしながら，ルイス構造は，現在でも大部分の共有結合化合物の性質の説明に使われている．銀行口座のたとえは，化学の世界では通じないのである．

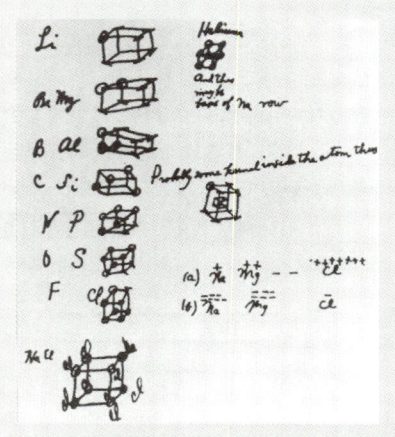

ライナス・ポーリング（Linus Pauling, 1901〜1994）は，電気陰性度の値を提唱し，1939年に"化学結合論（The Nature of the Chemical Bond）"を著した．この本は，今でも化学教科書の古典的名著とされている．彼は，二つのノーベル賞を受賞し

G. N. ルイスが，自分の考えを自ら記した初期のスケッチ　彼は，のちに，カリフォルニア大学の化学教授になった．

4・5 イオン化合物および共有結合化合物：これを両極端とした中間状態　　69

> ている．一つは化学賞で1954年に，もう一つは平和賞で1962年に受賞した．平和賞は，彼の核兵器実験への反対運動に対して与えられている．彼は，高校卒業に必要な教育課程を経なかったので，高校の卒業証書を受け取ったのは二つめのノーベル賞を受賞した後であった．彼は，ビタミンCを大量に摂取すると風邪とがんを予防できると提唱した．この方法は現在でも議論的になっているが，彼が93歳という高齢まで生き，亡くなるまで科学研究を続けたという事実は否定できない．

イオン結合と共有結合のまとめ

　イオン結合と共有結合の全体像を図4・7にまとめた．この図では，ルイス記号ではなく等電子密度線図を示した．

多原子イオンを含むイオン化合物

　一つの分子の中にイオン結合と共有結合の双方がある化合物がある．致死性のある毒性化合物シアン化カリウム（KCN）について考えてみよう．この化合物は，K^+イオンとCN^-イオンからなるイオン化合物である．シアン化物イオンのルイス構造は，次のように書ける．

$$[\overset{\circ}{\underset{\bullet}{\overset{\times}{C}}} \overset{\circ}{\underset{\circ}{N}}\overset{\circ}{}]^-$$

　× 炭素原子の電子
　○ 窒素原子の電子
　● カリウムからの電子

　全体が角括弧（[ ]）の中に書かれ，負電荷が角括弧の外に書かれている．これは，負電荷がこのイオン全体に広がっていて，一つの特定の原子に属していないことを示している．このように負電荷が"広がっている"こと，すなわち，電荷が**非局在化**（delocalization）することにより，このイオンはより安定になっている．シアン化物イオン中のC原子およびN原子は，希ガスの安定な電子配置になっている．これは，**イオン内**で共有結合することにより達成されている．このイオンの構造式は次のように書かれる．

$$[C \equiv N]^-$$

　CN^-のように2個以上の原子をもつイオンは，**多原子イオン**（polyatomic ion）とよばれる．

　イオン化合物を形成するが，**陰イオン**内に共有結合をもつ多原子イオンには，ほかに，水酸化物イオン（OH^-），硝酸イオン（NO_3^-），硫酸イオン（SO_4^{2-}），炭酸イオン（CO_3^{2-}），炭酸水素イオン（HCO_3^-），リン酸イオン（PO_4^{3-}）などがある．

→ 演習問題 4K

4・6 共鳴構造

炭酸イオンの構造式を書くとき，これまでは次のように書いたかもしれない．

$$\left[\begin{array}{c} O \\ \diagdown \\ O - C = O \\ \diagup \\ O \end{array} \right]^{2-}$$

もしくは，次のような構造式を考えついたかもしれない．

$$\left[\begin{array}{c} O \\ \diagdown \\ C - O \\ \diagup \\ O \end{array} \right]^{2-} \quad \text{あるいは} \quad \left[\begin{array}{c} O \\ \diagdown \\ C - O \\ \diagup \\ O \end{array} \right]^{2-}$$

この3種類のどれが正しいのだろうか．実際は，このどれもが正確には正しくない．このような場合には，結合のルイス構造は不適切である．

化合物中の結合の長さを測定できる．原子間の二重結合は，同じ原子間の単結合よりも短くなる．そのため，炭酸イオン中の結合の長さを測ると，長い結合が二つと，短い結合が一つあると予想するかもしれない．しかし実際は，三つの結合は**すべて同じ長さ**であり，その長さは，C−O結合として予想される長さよりは短いが，C=O結合として予想される長さよりは長い．炭酸イオンの"実際の"構造は，上に示した三つの構造が混ざり合ったものであり，次のようになる．

$$\left[\begin{array}{c} O \\ \diagdown \\ C - O \\ \diagup \\ O \end{array} \right]^{2-}$$

このように構造が"混合"することは，**共鳴**（resonance）とよばれ，得られる構造（上記）は，**共鳴混成体**（resonance hybrid）とよばれる．この考え方は，ロバ，ラバ，ウマの間の関係に似ている．ラバが"共鳴混成体"である．すなわち，ラバはロバでもウマでもないが，両方の特徴をもっている．

Box 4・7で，化学結合論に貢献した科学者について歴史的な説明をした．

→ 演習問題 4L

知っていましたか

ハンフリー・デイビー（Humphry Davy, 1778〜1829）は英国の科学者で，カリウム，ナトリウム，バリウム，ストロンチウム，カルシウム，マグネシウムなどの多数の金属元素を発見した．彼の最も有名な発明品が"安全灯"である．これは，可燃性が非常に高いメタンガスによる爆発事故がしばしばあった炭坑で使用され，爆発事故を防いだ．デイビーは元素記号 Al の元素名を最初に提唱し，アルミウム（alumium）とよんだ．しかし，数年後に考え直し，アルミナム（aluminum）とよんだ．しかし，この名前は金属元素名の語尾につけられる"ium"に適合しなかったので，英国人の多くがこの名前を嫌い，アルミニウム（aluminium）とした．米国人は，いまだに aluminum という元素名を好む．そのため，米国人が著した教科書にはこのスペルが使用されている．

この章の発展教材がウェブサイトにある．

5 化学結合（その2）

5・1　オクテット則の例外
5・2　分子の形
5・3　多重結合をもつ分子の形
5・4　双極子をもつ分子，もたない分子
5・5　金属結合
5・6　巨大分子
5・7　共有結合分子間に働く力

この章で学ぶこと

- オクテット則の例外
- 分子の形の予想の仕方
- 極性分子と無極性分子の見分け方
- さまざまな種類の分子間力

　この章を読むと，ルイスの化学結合論が，いかに有用であるかが納得できるはずである．ごくわずかのことをつけ加えるだけで，その基本的な考え方を使って，分子の形はなぜその形になっているのか，金属はなぜ電気を通すのか，ダイヤモンドが非常に硬い物質であるのはなぜか，水は普通の条件下ではなぜ液体なのかなど，さまざまな現象を説明することができる．こうした疑問については，以下で順次答えてゆくことにして，最初に，前章で展開された考え方に反する事例がどのように説明できるかを述べる．

5・1　オクテット則の例外

中心原子を取囲んでいる電子が8個より少ない化合物

　希ガス原子の電子配置が化合物の安定性と関連しているという考え方は，**オクテット則**（octet rule）とよばれる．この規則は多くの化合物に適用できるが，常に成り立つわけではない（残念ながら，科学の理論は，そうあってほしいと望んでいるほどには"すっきり"としていないことがよくある）．オクテット則が破綻するのはどのような場合だろうか．

　覚えておくべき二つの重要な例外は，ベリリウム（Be，電子構造 2.2）とホウ素（B，電子構造 2.3）である．4章での議論に従えば，これらの原子は，電子をそれぞれ2個，または3個失って反応するはずである．しかし，この二つの元素は，イオン化エネルギー（**最外殻の電子を取除くのに必要なエネルギー**）が非常に大きいので，このようには反応しない．原子が小さいために，最外殻電子が正荷電をもつ原子核の近くにあり，強く引き

寄せられている．マグネシウムやアルミニウムなど，最外殻に2個または3個の電子があるほかの原子は，化合物を生成するときはこの電子を失う．というのも，最外殻の電子がベリリウムやホウ素の場合よりも原子核から離れており，また，内側にある閉殻（電子で完全に満たされた殻）による遮蔽効果により原子核の正電荷の効果が弱められているからである．ベリリウムやホウ素では，電子を失う代わりに，電子を共有して共有結合をつくるほうを選択する．このような化合物は室温で存在できるほどに安定であるが，中心原子は，安定なオクテット構造になっていない（すなわち，電子8個で囲まれていない）．

たとえば，BF_3は共有結合性の物質で，次のように構造式を書くことができる．

この化合物では，ホウ素を取囲んでいる電子は6個だけである．BF_3は，安定なオクテット構造になるために必要な電子を供給してくれる物質なら，どんなものとでも容易に反応する．そのような反応の例を以下に二つ示す．

→ 演習問題 5A, 5B

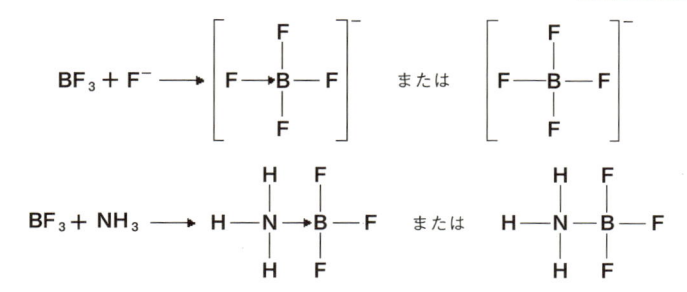

8個よりも多くの電子をもつ原子を含む化合物

オクテット則に従わないほかの化合物には，中心原子が最外殻に8個よりも多くの電子をもつことができる共有結合化合物がある．

原子の最初の殻には電子が2個まで入り（$1s^2$），2番目の殻には8個（$2s^2 2p^6$），3番目の殻には18個まで入る（$3s^2 3p^6 3d^{10}$）ことを思い出してほしい．ある共有結合化合物の中心原子が3番目の殻（もしくは，それより外殻）に電子をもつと，空いたd軌道を使ってさらに電子を収容することができる．理論的には，このような元素は電子対を9組（合計すると電子18個）まで共有することができる．しかし，中心原子を取囲む原子の数は，中心原子の大きさによって決まってくる．あまり多いと，"混みすぎ"てしまうからである．中心原子が6組以上の電子対を共有することはほとんどない．

例題 5・1

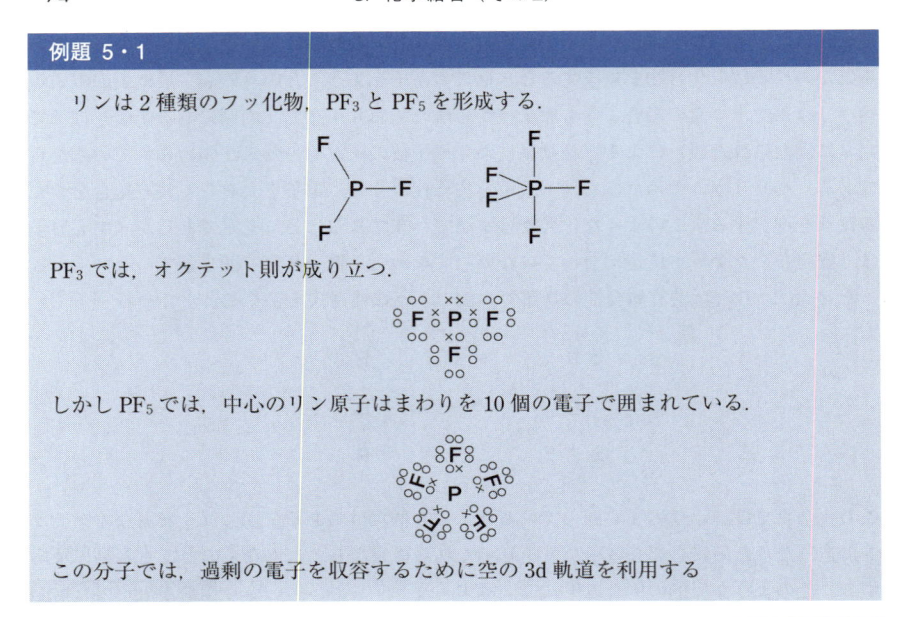

リンは2種類のフッ化物，PF_3 と PF_5 を形成する．

PF_3 では，オクテット則が成り立つ．

しかし PF_5 では，中心のリン原子はまわりを10個の電子で囲まれている．

この分子では，過剰の電子を収容するために空の 3d 軌道を利用する

→ 演習問題 5C

5・2 分子の形

共有結合化合物のルイス構造を書くことができると，いくつかの簡単な規則を適用してその分子の形を予測できる．分子の形を説明する理論は，**原子価殻電子対反発理論**（valence shell electron pair repulsion theory, **VSEPR 理論**）とよばれる．この理論は，負電荷同士は互いに反発するので電子対は他の電子対とできるだけ離れようとする，という考え方に基づいている．

結合性電子対のみをもつ分子

1) $BeCl_2$ 分子 この分子のルイス構造，および分子構造は，次のようになる．

ルイス構造　　　　直線状

中心にあるベリリウム原子のまわりには，共有された電子対（**結合電子対**（bonding pair））が2組ある．この2組の電子対は互いにできるだけ離れるように配置する．その結果，二つの Be−Cl 結合の間の角度は 180° となり，この分子は直線状になる．

2) BF_3 分子 この理論を，BF_3 のように中心電子のまわりに結合電子対が3組ある

5・2 分子の形

場合に適用してみよう.

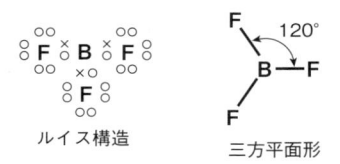

ホウ素のまわりの3組の電子対は, **三方平面形** (trigonal planar) をとると, 互いの反発が最も小さくなる. フッ素原子は, ホウ素原子と同一平面上にあり, ホウ素原子を中心とする正三角形の頂点に位置している. B–F 結合間の角度は, すべて 120° である.

3) **メタン CH₄**　反発を最小にするために, 4組の電子対は, **正四面体形** (tetrahedral) に配置し, 結合角は 109° 28′ になる.

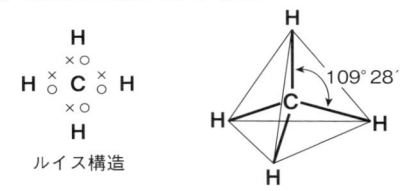

4) **PF₅ 分子**　5組の電子対は, **三方両錐形** (trigonal bipyramidal) に配置し, 結合角は 120° と 90° になる.

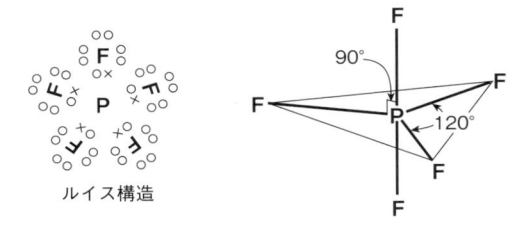

5) **SF₆ 分子**　この分子では, 6組の電子対が **正八面体形** (octahedral) に配置する. 結合角はすべて 90° である.

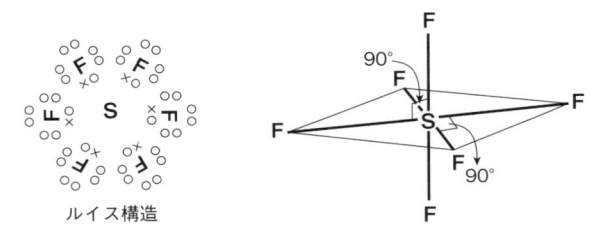

表 5・1 に, 中心原子のまわりの電子対の数が異なる共有結合化合物が取る分子形をまとめた.

表 5・1 共有結合分子の形

中心原子の最外殻にある電子対の数	電子対に注目した分子の形		結合角	例
2	直線状		180°	$BeCl_2$
3	三方平面形		120°	BF_3
4	正四面体形		109° 28′	CH_4
5	三方両錐形		120° および 90°	PF_5
6	正八面体形		90°	SF_6

すべての分子形で,電子対は互いにできるだけ遠くに離れようとすることを覚えておこう.

→ 演習問題 5D

孤立電子対をもつ分子

表 5・1 に載せた例では,すべて,電子対は原子間で共有されている.こうした電子対を **結合電子対** とよぶ.分子の中には,二つの原子に共有されていない電子対をもつものもある.このような電子対を **孤立電子対** (lone pair) とよぶ.

電子対間の反発の強さの順序は次のようになる.

孤立電子対と孤立電子対 > 孤立電子対と結合電子対 > 結合電子対と結合電子対

例題 5・2

アンモニア分子はどのような形をしているか.

▶解 答

アンモニア分子のルイス構造は次の通りである.

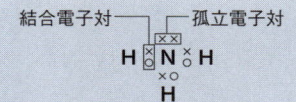

結合電子対 ─── 孤立電子対
H─N─H
 H

孤立電子対は，二つの正電荷を帯びた原子核間で共有されていないので，結合電子対よりも原子核により近く，近くの電子対との反発が結合電子対の場合より大きい．アンモニア分子の場合は，中心の窒素原子のまわりに4組の電子対があるが，N–H結合間の角度は109°28′でなく，107°である．このようにN–H結合間の角度が小さいのは，孤立電子対が，結合電子対同士を互いに近づくように押すからである．すなわち，孤立電子対は，結合電子対間同士よりも強く結合電子対と反発する．アンモニア分子の形は，**電子対に注目するとゆがんだ四面体形**（distorted tetrahedral shape）になる．その構造を図5・1に示す．

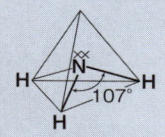

図 5・1　アンモニア分子の構造

▶コメント
アンモニア分子の形は，三角錐のように見えることから，**そのN–H結合だけに注目すると三角錐形**（trigonal pyramidal）ともよばれる．

例題 5・3

水分子はどのような形をしているか．

▶解　答
水分子のルイス構造は次のようなものである

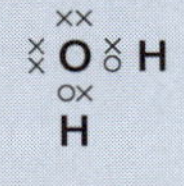

O─H
H

中心の酸素原子のまわりには，4組の電子対がある．2組が結合電子対で，2組が孤立電子対である．アンモニア分子の場合と同様に，水分子の4組の**電子対に注目するとゆがんだ四面体形**になる．しかし，2組の孤立電子対による反発がO–H結合を押すので，O–H結合間の角度は105°になる．その構造を図5・2に示す．

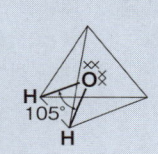

図 5・2　水分子の構造

▶コメント
　水分子の形は，二つのO−H結合に注目して，"屈曲形（bent）"または，"V字形（V-shaped）"とよばれる．

→演習問題 5E

5・3　多重結合をもつ分子の形

　二重結合や三重結合がある分子の形についてはどのように考えたらよいだろうか．この場合もVSEPR理論を適用できる．しかし，二重結合も三重結合も，単結合，すなわち1組の結合電子対として取扱う．二酸化炭素の構造式は次の通りである．

$$O=C=O$$

それぞれの二重結合は，2組の共有電子対をもつが，これらの電子対は，単結合中の結合電子対と同じ空間に存在する．したがって，二つの二重結合を単結合とみなせば，炭素原子はそのまわりに2組の同等な結合電子対をもつのと同じことになり，分子形は，**直線状**になる．

例題 5・4

　エチン（慣用名：アセチレン）分子はどのような形をしているか．

▶解　答

H:C⋮C:H　　　　H−C≡C−H
　ルイス構造　　　　　　構造式

　三重結合と炭素原子の両側にある単結合は，分子の全体的な形を考える上では，どちらも単結合であるとみなされる．この分子は，**直線状**である．

例題 5・5

　二酸化硫黄 SO_2 はどのような形をしているか．

▶解　答

　分子の形を考える上で，中心の硫黄原子は，まわりに3組の電子対があるように振る舞い，そのうちの1組は孤立電子対である．そのため，この分子は，電子対に注目するとゆがんだ三方平面形をしているか，S=O結合に注目するとV字形をしている．

$$\text{O}\overset{\circ\circ}{\underset{\circ\circ}{\text{S}}}\overset{\times\times}{\underset{\circ\circ}{\text{O}}} \quad \text{あるいは} \quad \text{O}=\overset{\times\times}{\text{S}}=\text{O}$$

▶コメント
　S=O 結合間の角度，119.5° は，通常の三方平面形の角度 120° よりも小さい．S=O 結合は，孤立電子対による反発で互いに"押しつけられる"が，二重結合は単結合よりも電子密度が高いので，それほどには押しつけられない．

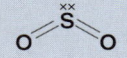

$$\underset{\text{O}}{\overset{\overset{\times\times}{\text{S}}}{\quad}}\text{O}$$

→ 演習問題 5F

5・4　双極子をもつ分子，もたない分子

　ある分子が双極子をもつか，あるいはもたないかを決定するために，次の二つを検討する必要がある．
　1）その分子が極性の共有結合をもつか
　2）分子の形

双極子をもたない分子

　二酸化炭素は，炭素原子と酸素原子からなる直線状分子である．

$$\text{O}=\text{C}=\text{O}$$

炭素（電気陰性度 2.5）と酸素（電気陰性度 3.5）の電気陰性度の差は 1 である．そのため，C=O 結合は次のような極性をもつ．

$$\text{C}^{\delta+}=\text{O}^{\delta-}$$

しかし，二酸化炭素は，直線状分子であるため，二つの極性 C=O 結合の双極子は，大きさは等しいが，向きが逆であり，互いに打ち消しあう．そのため，**分子全体では双極子をもたない**．すなわち，**二酸化炭素分子は，極性結合をもつが，分子全体としては無極性**である．

$$\text{O}^{\delta-}=\text{C}^{\delta+}=\text{O}^{\delta-}$$

　二酸化炭素は，極性の結合をもつが分子の形状により結合の極性が打ち消しあって分子全体としては双極子をもたない分子の一例である．このように分子の極性を打ち消す形状には，三方平面形，正四面体形，および正八面体形がある．ここで，このことが当てはまるためには，**すべての共有性結合が同一でなければならない**ことに注意しよう．分子全体と

Box 5・1 分子の形を探る

分子の形を予測するのにVSEPR理論が有効であることを，どのようにして確認することができるだろうか．この予測が正しいことは，分子の形に関する情報を与えてくれるさまざまな手法により示された．

1）X線回折 X線回折は，結晶中の原子の配列を決定するために使われる．簡単にいうと，この手法では，X線（電磁波の一種で，波長が結晶中の原子間の距離にほぼ等しい）を使って結晶構造の"写真"を撮る．

2）赤外分光法 共有結合した分子は振動する．その振動数は原子の質量と結合の強さに依存するが，ちょうど赤外線の領域であり，分子の振動は赤外線を吸収する．赤外スペクトルは，赤外領域の吸光度を測定することによって得られ，その分子の構造を反映している．

3）双極子モーメント測定 すでに極性共有結合について述べた．このような結合をもつ分子は，正電荷側と負電荷側（双極子）をもつ可能性がある．その大きさは双極子の幾何学的構造に依存する．したがって，双極子の大きさ（**双極子モーメント**（dipole moment））を測定することにより，分子の形について重要な情報が得られる．双極子モーメントについては，5・4節を参照．

4）マイクロ波分光法 分子は，気相で回転している．マイクロ波を吸収すると，分子はより速く回転する．分子が吸収するマイクロ波の振動数とその吸収の強さは，その分子の幾何学的構造に依存する．分子のマイクロ波スペクトルを数学的に解析することにより，結合角や結合距離について情報が得られる．この情報は，赤外分光法から得られるものよりかなり正確である．マイクロ波スペクトルに対する磁場の影響を調べることにより，その分子の双極子モーメントを計算することができる．

して双極子をもたない分子の例には次のようなものがある．

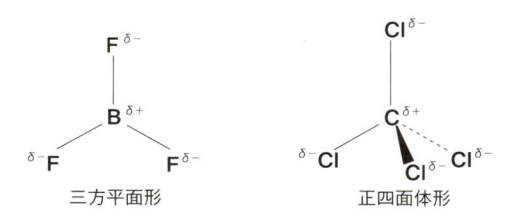

三方平面形　　　　正四面体形

双極子をもつ分子

水分子は，V字形をしており，酸素と水素の電気陰性度に差があるため，極性の共有結合をもつ．

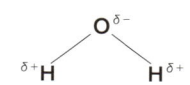

水分子は直線状でないため，電気的に正の側と負の側ができる．すなわち，図5・3に示

したように，水分子は双極子をもち，全体として極性である． →演習問題 5G

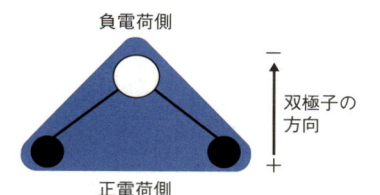

図 5・3　極性分子

5・5　金属結合

すでに見てきたように，金属は独特の性質をいくつかもっている．金属結合のモデルは，こうした性質を説明できなければならない．金属は，**結晶構造**（crystalline structure）をしている．結晶は，原子が周期的に配列した硬い物質であるとみなすことができる．金属結晶は，自由に動くことができる電子の雲で包まれた陽イオンの格子でできているとみなせる．陽イオンと負の電荷をもつ電子密度の雲との間の静電力が，その構造全体を互いに"糊"でつけたように結びつけている．それぞれの金属原子は外殻の電子（**価電子**（valence electron））を放出して陽イオンとなっている．この価電子は電子雲の一部となる．この電子は自由に動き回れるので，もはやそれを放出した特定の原子に"属している"ということはない．この様子を，図 5・5 に示した．

このモデルは，金属の種々の性質を次のように説明することができる．

1) 金属は金属光沢をもつ．これは，自由電子が，金属に照射した光を吸収し，その光を再放射するからである．金属に照射した光のほとんどが再放射されるため，金属は

Box 5・2　分子の極性を演示する

水分子が極性であることは，次のようにして簡単に演示できる．プラスチック製定規を乾いた布でこすって帯電させ，その定規をビュレットから流れ出る細い水流に近づける（**定規が水につかないように気をつけること**）．極性をもつ水は帯電した定規に引き寄せられるので，水流が曲がる．水の代わりに，ヘキサンについても同様の実験をしてみよう．ヘキサン分子は無極性なので，ヘキサンの流れは方向が変わらない（図 5・4）．

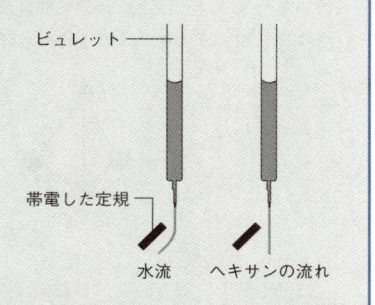

図 5・4　ヘキサン分子と水分子の極性を示す実験

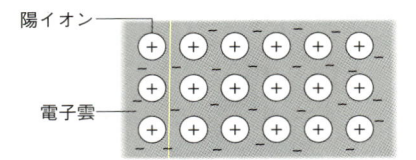

図 5・5 金属結合

光る．そのため金属は鏡として使われる．ほとんどの金属は銀色をしている．銅の赤色や金の金色は，銅や金が可視光の特定の波長の光を他の波長の光よりも多く吸収するために起こる．

2) 結晶中に自由電子があるため，金属は**固体状態**で電気を通す（固体状態では電気を通さないイオン化合物と異なる）．電気が通っても，金属には化学変化は起こらない．金属に電位差を与える（電圧をかける）と，負電荷をもつ電子雲は，正電位のほうに引き寄せられる．同じ電子が，運動エネルギーを固体中を素早く移動させるので，金属は熱をよく伝える．

3) 金属の構造は，粉々にすることなく，ゆがめることができる．これは，金属は，電子雲によって全体が一つにまとまっているからである．そのため，金属には展性（たたくと広がる性質）や延性（引っ張ると延びる性質）がある．金属結合の強さは，イオン1個当たりに電子雲中の自由電子が何個あるかによって決まってくる．金属原子

Box 5・3 同 素 体

本文で取上げた炭素以外に同素体をもつ元素には次のようなものがある．

1) **酸 素**　二原子分子である酸素ガス（O_2）と，三原子分子であるオゾン（O_3）がある．

2) **リ ン**　次の3種類の同素体がある．白リン（P_4，その構造は図2・2），赤リン（マッチに使われ，P_4ユニットが鎖状につながった構造をしている，図5・6），黒リン（白リンを加圧下で加熱すると得られる．リン原子のシートからできている）．

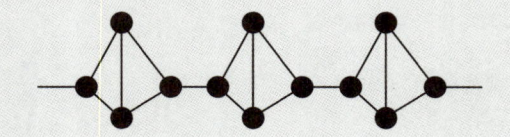

図 5・6 赤リンの構造

3) **硫 黄**　斜方硫黄，単斜硫黄などさまざまな形がある．この二つは，S_8分子（図2・2）から成るが，結晶の形が異なっている．**ゴム状硫黄**は，硫黄原子の鎖でできていて，ゴムのように"伸びる"．

がより多くの価電子を電子雲に放出するほど，金属結合は強くなる．

→ 演習問題 5H

5・6 巨大分子

炭素の同素体

炭素の単体には，固体の形態が3種類あり，炭素原子が互いに結合する方法が異なっている．これらは**同素体**（allotrope）とよばれる．同素体とは，同じ元素の単体が異なる形態をしていることであり，原子の配列の仕方が違っている．炭素の3種類の同素体には，ダイヤモンド，黒鉛（グラファイト）とバックミンスターフラーレンがある．

ダイヤモンド

ダイヤモンド（diamond）は透明な固体で電気を通さない．ダイヤモンドでは，一つの炭素原子は，その炭素原子を中心とする正四面体の頂点にある四つの炭素原子と単結合で共有結合する．その四つの炭素原子は，さらにそれぞれ四つの炭素原子と共有結合する．こうした結合が次々と繰返され，結晶全体に広がっている．このような配置の一部を図5・7に示した．結晶中の原子がすべて互いに共有結合しているとき，その固体は**網目状固体**（network solid）とよばれる．

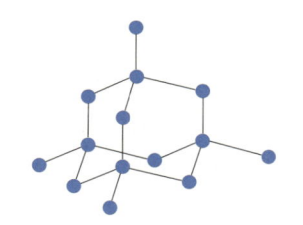

図 5・7 ダイヤモンド中の炭素原子の配列

ダイヤモンドは，炭素-炭素間結合が大変強く，結晶全体に広がっているので，非常に硬い物質である．ダイアモンドを融かすためには，こうした結合を断ち切らねばならず，高温にする必要がある．このため，ダイヤモンドの融点は非常に高い（3823 K）．

黒鉛（グラファイト）

黒鉛（graphite）は，炭素の同素体で，網目状固体のもう一つの例でもある．黒鉛は柔らかく，黒っぽい固体で，電気を通す（共有結合性の化合物では珍しい）．黒鉛では，炭素原子が層を成している．それぞれの層では，炭素原子が三方平面形配列した三つの炭素原子と共有結合している（図5・8）．

層内の炭素原子間の共有結合は強いが，層同士は弱い力（**ロンドン分散力**，London

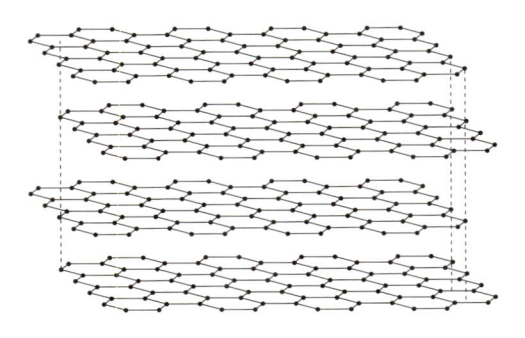

図 5・8　黒鉛（グラファイト）中の炭素原子の配列

dispersion force）で結びついているだけなので，互いが容易に動くことができる．そのため，黒鉛は"つるつるした"感触があり，潤滑剤や鉛筆の芯として使われている．黒鉛の層は簡単に擦りとれるので鉛筆で紙にものを書ける．それぞれの炭素原子は，他の三つの炭素原子と結合するために価電子のうちの3個しか使わない．そのため，価電子が1個余っている．余ったこの電子が層の上下に電子雲をつくっている．これは，金属結合の電子雲と同じようなものである．この自由電子により，黒鉛は電気を通し，また，光沢のある外観をしている．すす（煤）は，黒鉛の小さな結晶からできている．

バックミンスターフラーレン*

ダイヤモンドや黒鉛は何世紀も前から知られているが，この炭素の第三の同素体は，1985年に発見されたばかりである．この同素体は化学式が C_{60} であり，ダイヤモンドや黒鉛と同じような巨大分子には分類されないが，S_8 や P_4 のような分子よりずっと大きい．C_{60} は，米国の建築家バックミンスター・フラー（R. Buckminster Fuller）が設計したドームに形が似ているので，彼の名前にちなんで名付けられた．炭素原子の配列はサッカーボールに似ており，20個の正六角形と12個の正五角形をもつ（図5・9）．そのため，この同素体はバッキーボール（bucky ball）という通称でよばれることがある．バックミンスターフラーレンは，室温では黒っぽい固体であり，ベンゼンのような共有結合性の溶媒（有機溶媒）に溶ける．その性質については現在も研究が続けられている．この同素体の誘導体は，潤滑剤や電池，半導体など，さまざまな応用があると考えられている．ハリー・クロトー（Harry Kroto, 1939～），リチャード・スモーリー（Richard Smalley, 1943～

---

* 訳注：C_{60} をバックミンスターフラーレンとよび，同様なかご状の炭素分子（C_{70} など）を総称してフラーレンとよぶ．フラーレンは，いずれも炭素の同素体である．日本では，"サッカーボール型分子"とよばれることも多い．炭素が六員環網目構造で並び筒状になったものをカーボンナノチューブという．先端が閉じている場合，フラーレンと同様に六員環と五員環がある構造をもつので，カーボンナノチューブをフラーレンの一種と考えることもある．

2005），ロバート・カール（Robert Curl, 1933～）の3人の科学者が，C_{60} の発見により1996年度ノーベル化学賞を共同受賞した．

→ 演習問題 51

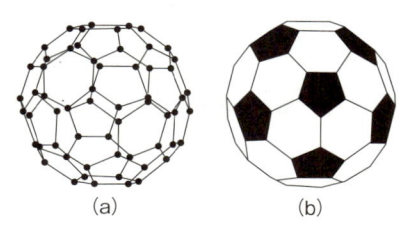

図5・9　バックミンスターフラーレン中の炭素原子の配列　(a)炭素原子の配列，(b)サッカーボール（比較のため）

5・7　共有結合分子間に働く力

これまでは，共有結合分子内の結合（**分子内結合**，intramolecular bonding）について述べてきた．この節では，共有結合分子（および，ある種の中性原子）を液体もしくは固体状態につなぎ止めている力（**分子間力**，intermolecular force）について述べる．分子間結合は，オランダの科学者ヨハネス・ファン・デル・ワールス（Johannes van der Waals, 1837～1923）にちなんで，**ファンデルワールス力**（van der Waals' force）と一般によばれている．この節で述べる分子間力の種類を表5・2に示した．

表 5・2　分子間力の種類

分子の種類	分子間力の種類
双極子をもつ分子	（ⅰ）双極子−双極子相互作用 （ⅱ）水素結合 （ⅲ）ロンドン分散力
双極子をもたない分子（または，原子）	ロンドン分散力のみ

双極子−双極子相互作用

双極子 $X^{\delta+}-Y^{\delta-}$ をもつ分子は，図5・10に示したように，互いに引き寄せ合おうとする．ある分子の負側が他の分子の正側に引き寄せられ，正側が他の分子の負側に引き寄せられる．この引力は，**部分電荷**（$\delta+$ と $\delta-$）間に働くものなので，イオン性物質のイオン間に働く静電相互作用よりずっと弱い．そのため，双極子をもつ分子からなる物質の融点と沸点は，イオン固体よりもずっと低くなる．しかし，同じような大きさの双極子をもたない無極性分子からなる物質よりは高い．

$X^{\delta+}$──$Y^{\delta-}$......$X^{\delta+}$──$Y^{\delta-}$......$X^{\delta+}$──$Y^{\delta-}$

$X^{\delta+}$......$Y^{\delta-}$
│　　　　│
$Y^{\delta-}$......$X^{\delta+}$

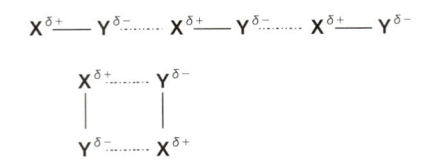

図 5・10　双極子をもつ分子間の引力

ロンドン分散力

　ロンドン分散力は，ファンデルワールス力の一種である．この力は，**すべての分子間**（もしくは，原子間）に働く引力である．無極性分子や中性原子間に引力が働いていることはどうやってわかるだろうか．それは，このような粒子でできた単体や化合物を液化できたり，固化できたりすることからわかる．液体状態や固体状態は，粒子間に引力が働くときのみ実現可能だからである．たとえば，ヨウ素は室温で固体で，かつ双極子をもたない I_2 分子からできている．同様に，希ガスは中性の原子からなるが，液化することができる．

　このように引力的に働くロンドン分散力はどのようにして起こるのだろうか．無極性分子や希ガス原子は，双極子をもたないが，これらの粒子の電子雲は，ある瞬間には，その粒子の一方の側が他の側より密度が高くなることがある．そのため，**一時的な双極子**（temporary dipole）を引き起こす．この粒子は，ほんの一瞬，片側が小さな正電荷をもち，反対側がそれと同程度の小さい負電荷をもつことになる．この一時的な双極子が，隣接した粒子に別の一時的な双極子を引き起こす（**誘起する**（induce））．すなわち，第一の粒子の正電荷側が，隣接した粒子の電子を引き寄せ，第二の粒子の片側をわずかに電子不足にし，その反対側をわずかに電子過剰にする．こうした隣接した粒子の双極子を誘起する過程が，その物質全体に次々と起こる．このようにして，その物質内の粒子間には弱い

Box 5・4　固体ヨウ素中の分子の配列

　共有結合化合物も，イオン化合物のように結晶になることがある．ヨウ素の結晶は黒くて光沢がある．その結晶中では，ヨウ素分子（I_2）は格子状に配列しているが，ロンドン分散力で結びついているだけである．この力は弱いので，結晶構造中のヨウ素は非常に簡単に離れ離れになる．そのため，ヨウ素は揮発しやすい物質である．その配列を図5・11に示した．

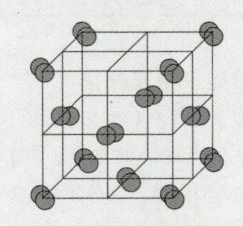

図 5・11　固体ヨウ素の単位胞　一組の重なった円は，I_2分子の向きを示す．

引力が，どのような瞬間にも存在することになる．分子や原子内の電子密度はめまぐるしく変わるので，このような双極子は方向を変えるが，常に存在する（図 5・12）．

一時双極子　誘起双極子

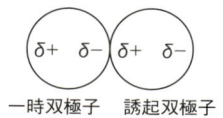

図 5・12　一時双極子：誘起双極子間の引力

　ロンドン分散力による引力は，分子や原子が大きくなるほど増大する．電子の数が増え，電子密度の変動がより大きな一時的な双極子を引き起こすからである．分子の形も，ロンドン相互作用の強さに影響を与える．
　ロンドン分散力は，極性であるか無極性であるかにかかわりなく，あらゆる種類の分子間に引力を引き起こし，その力の大きさも弱いものから非常に強いものまでさまざまである．

➡ 演習問題 5J

Box 5・5　ロンドン分散力と分子の形

　ペンタン分子（C_5H_{12}）には，電子数が同じで形がまったく違うものがある．円筒状のものと球状のものである．円筒状分子は沸点が 36°C だが，球状分子は 10°C で沸騰し，球状分子のほうがロンドン分散力が弱いことを示している．球状分子では，価電子が分子の内側に"隠され"ているので，円筒状分子よりも隣接した分子との相互作用が弱くなっているためである（図 5・13）．

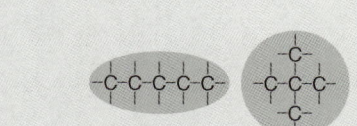

"円筒状"ペンタン　　"球状"ペンタン

図 5・13　ペンタン分子の二つの形

水素結合

　水素結合（hydrogen bonding）は特殊な双極子-双極子相互作用である．水素原子が二つの電気的に陰性な原子を結びつける橋の役目をする．水素結合は，次の一般式をもつ．

$$A^{\delta-}-H^{\delta+}\cdots B^{\delta-}$$

　水素結合の例が，$F^{\delta-}-H^{\delta+}\cdots O^{\delta-}$（A がフッ素 F で，B が酸素 O）や，$F^{\delta-}-H^{\delta+}\cdots F^{\delta-}$（A, B がフッ素）である（例題 5・6 を参照）．これらの三つの原子は通常，直線状に並んでいる．A と B は，F, N や O のような電気陰性度の大きい原子である．このような原子は，孤立電子対を 1 組以上もっている．

例題 5・6

　フッ化水素分子は大きな双極子モーメントをもつ．水素原子上の部分正電荷は，隣接分子の部分的に負に帯電したフッ素原子の孤立電子対を引寄せることができる．すなわち，水素原子は，フッ素と水素結合をつくる．液体状のフッ化水素は，水素結合でつながったジグザグ状の鎖をもつ．

$H^{\delta+}-F^{\delta-} \cdots H^{\delta+}-F^{\delta-} \cdots H^{\delta+}-F^{\delta-} \cdots H^{\delta+}-F^{\delta-} \cdots H^{\delta+}$

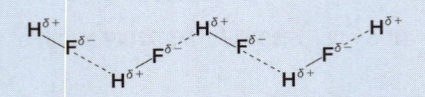

図 5・14　フッ化水素分子間の水素結合
水素結合を破線で示す

例題 5・7

　水素結合は，液体の水や氷中の水分子間にもある．水分子の酸素原子は 2 組の孤立電子対をもつので，それぞれの酸素原子は他の水分子の 2 個の水素原子を引寄せることができる（図 5・15）．

氷山は水面に浮かぶ．氷が融けると，氷中の水分子の空隙のある構造が壊れる．そのため，氷が融けて液体の水になると密度が増し，約 4 ℃ で密度が最大になる．

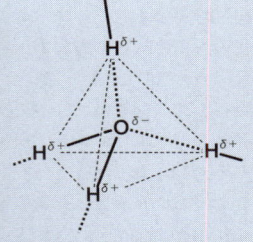

図 5・15　水の水素結合
O⋯H（水素）結合は，O—H（共有）結合よりも長く，弱い．

▶ コメント

　水素結合は，水の性質に大きな影響を与えている．

　1）水は，水素を含む化学式が類似した化合物よりも融点や沸点がかなり高い．たとえば，H_2S，H_2Se，や H_2Te は水と一般式が同じであるが，どれも室温では気体である．水は，もちろん，室温では液体である．それは，水素結合でつながった水分子を引き離すために大きなエネルギーが必要だからである．水分子間には，H_2S，H_2Se，H_2Te より，ずっと強い水素結合が働いている．

2）水は，**表面張力**（surface tension）が大きい．水の表面は昆虫が歩いたり，針を浮かべたりできる"皮"のようになっている．このように水の表面張力が大きいのは水素結合によるものである．すなわち，水の分子間力により表面の分子が内側に引っ張られる．

3）水素結合の注目すべき結果は，氷の密度が水に比べて低いということである．物質は普通，固体状態では液体状態よりも密度が高い．しかし，氷は，水よりも密度が低い（氷は水に浮く）．氷中では，水分子が正四面体構造で配置して，非常に隙間の多い構造をしている（図5・16）．氷が融けるとこの構造が壊れ，水分子は互いに近づき，液体の水は密度を増す．

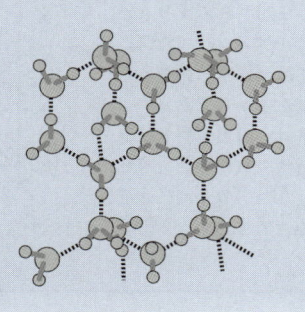

図 5・16 氷での水分子の配列
破線は水素結合を示す．

生物学における水素結合

1）**タンパク質** タンパク質（protein）は，生体組織の基本的な"構成要素"である．タンパク質分子は，原子が鎖状に長くつながったものであり，極性の >C=O 結合や H–N< 結合をもつ．水素結合は，この二つの官能基間に起こる．

$$>C^{\delta+}=O^{\delta-}\cdots H^{\delta+}-N^{\delta-}<$$

タンパク質分子の多くは，原子鎖がねじれたり，コイル状になっており，このコイルは，数多くの水素結合で結びつけられている．このような水素結合は，タンパク質に特有な形を与えている（図5・18）．

タンパク質分子を結びつけている水素結合は，分子の長い原子鎖を形成する共有結合と比べて弱いので，加熱すると切断される．**透明な卵白**（卵の白身）は，タンパク質が水に分散したものである．卵白を加熱すると，タンパク質分子の振動が増し，タンパク質分子の形を与えている水素結合が切れて，タンパク分子がほどける．その結果，調理した卵に特徴的な色，白になる．タンパク質がこのようにして形（および機能）を失ったとき，**変性した**（denatured）という．

2）**DNA** デオキシリボ核酸（deoxyribonucleic acid, DNA）は，細胞中で遺伝情報を貯えている．細胞は，DNA の特定の原子配列（塩基配列）に従って，タンパク質を合

Box 5・6 水素化物の沸点

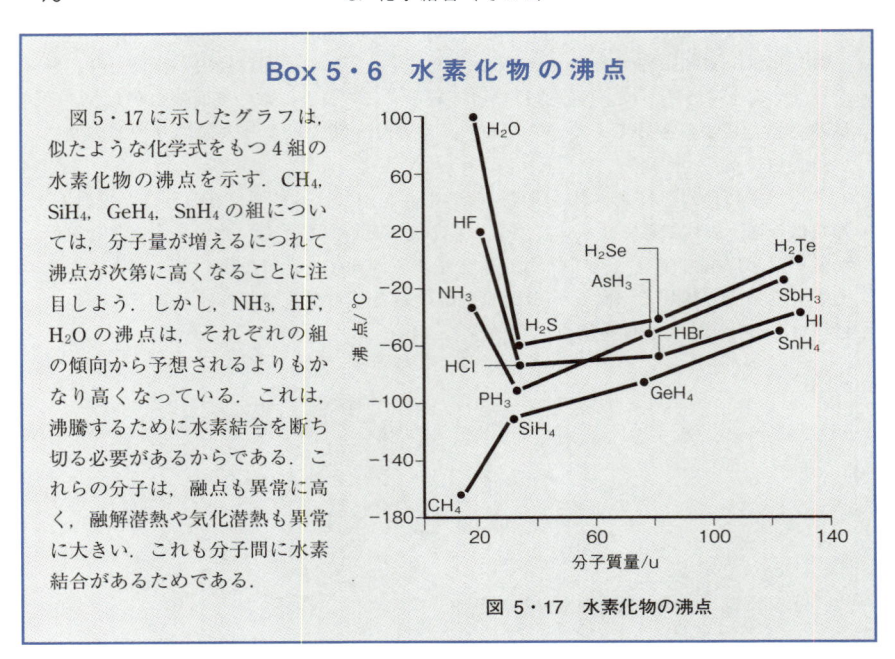

図5・17に示したグラフは，似たような化学式をもつ4組の水素化物の沸点を示す．CH_4, SiH_4, GeH_4, SnH_4 の組については，分子量が増えるにつれて沸点が次第に高くなることに注目しよう．しかし，NH_3, HF, H_2O の沸点は，それぞれの組の傾向から予想されるよりもかなり高くなっている．これは，沸騰するために水素結合を断ち切る必要があるからである．これらの分子は，融点も異常に高く，融解潜熱や気化潜熱も異常に大きい．これも分子間に水素結合があるためである．

図5・17 水素化物の沸点

成する．DNA分子は，互いにねじれて水素結合で結びついた2本の長い鎖状分子からなる．この構造は**二重らせん**（double helix）とよばれている（図5・19）．この構造の発見により，フランシス・クリック（Francis Crick, 1916～2004），モーリス・ウィルキンス（Maurice Wilkins, 1916～2004）およびジェームズ・ワトソン（James Watson, 1928～）が，1962年度ノーベル生理学・医学賞を受賞した．

3）セルロース セルロース（cellulose）は植物細胞の細胞壁中にあり，植物はセルロースによって構造を保っている．木や綿の繊維（これらは，ほぼ純粋なセルロースである）に大量にある．セルロースは，紙をつくるなどさまざまに利用されている．セルロース分子には数多くの O–H 結合があり，木の強度は，部分的には，隣接した分子間の水素結合による．

結合の強さ

この章と前の章では，原子が互いに結合するさまざまな方法と分子間のさまざまな引力について議論した．表5・3に，こうした相互作用のいくつかについて，相対的な強さを比較した．

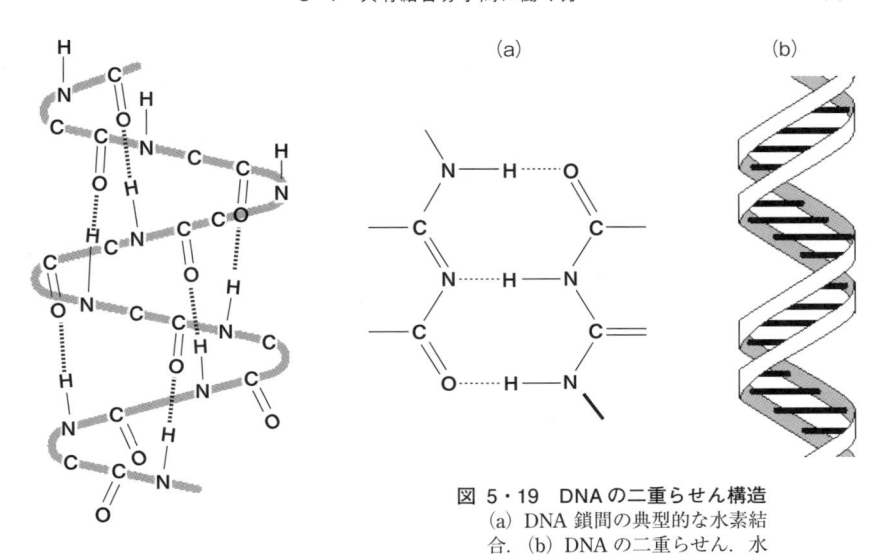

図 5・18 タンパク質の構造例

図 5・19 DNA の二重らせん構造
(a) DNA 鎖間の典型的な水素結合. (b) DNA の二重らせん. 水平の線は水素結合を示す.

表 5・3 粒子間引力の近似的な相対的強さ

相互作用する化学種	説　明	典型的な エネルギー値/kJ mol^{-1}
分子内結合		
イオン 　例：Na$^+$, Cl$^-$	イオン結合：反対の電荷をもつイオン間の引力	500〜4000
電子対を共有する原子 　例：Cl−Cl	共有結合：二つの原子核が1組の電子対を共有する.	200〜1100
金属原子 　例：Cu	金属結合：金属陽イオンが電子雲で囲まれる	100〜1000
分子間結合		
極性分子 　例：H−Br⋯H−Br	双極子−双極子：双極子間の引力	5〜25
非極性分子と極性分子，原子 　例：I$_2$⋯Ar	電子雲の一時的な双極子による分子または原子間のロンドン力	0〜40
共有結合した H と共有結合した O, F または N 　例：O−H⋯F−H	水素結合："特殊な"双極子−双極子相互作用	10〜50

Box 5・7　ロンドン分散力と水素結合の相対的強度

　水素結合は，ロンドン分散力よりも強いだろうか．**必ずしもそうではない**．このことは，表5・3の数字が示している．非常に大きな分子の間に働くロンドン分散力は，これらの分子が非常に多くの電子をもつので，小さな分子，たとえば水のように水素結合する分子の間に働く分子間力よりも大きくなることがある．

　調理油は分子量の大きな分子からなる．これらの分子は多くの電子をもつので，分子間のロンドン分散力は非常に大きい．それゆえ調理油は水より沸点が高い．魚肉に衣をつけて揚げた英国の伝統的な食物，フィッシュ＆チップスがさくさくしているのは，揚げる際に，衣中に水蒸気の微小な気泡が生じるからである．もし油の沸点が水より低いと，この食感は得られないだろう．

この章の発展教材がウェブサイトにある．より進んだ結合理論はウェブサイトの Appendix 4 を参照

6 溶液中のイオンの反応

- 6・1 塩類の水への溶解
- 6・2 イオン反応式
- 6・3 化学反応による水中でのイオンの生成
- 6・4 酸と塩基
- 6・5 酸の反応
- 6・6 気体の CO_2, SO_2, NO_2 が水に溶解してできる酸
- 6・7 水酸化物イオンの反応
- 6・8 水溶液中でのイオンの同定反応

この章で学ぶこと

- イオン反応式の書き方
- $HCl(g)$, $H_2SO_4(l)$, $NH_3(g)$ の水との反応
- 酸と塩基の反応のまとめ
- 一般的な陰イオンや陽イオンの簡単な識別法

　4章で，イオンが，電子を失ったり得たりした原子（あるいは原子団）であることを学んだ．電子が失われると正に荷電したイオン，すなわち**陽イオン**（cation，カチオンともいう）が生成し，電子を得ると負に荷電したイオン，すなわち**陰イオン**（anion，アニオンともいう）が生成する．この章ではイオンの反応のいくつかを学ぶ．化学の実験室でよく見られる，着色生成物ができる反応や気体が発生する反応の多くはイオンの反応がかかわっている．

6・1 塩類の水への溶解
塩類が溶解するときにできるイオン

　水は共有結合化合物であり，水中にイオンを存在させるためには，そのもととなる物質を水に溶かさなければならない．簡単なのは塩化ナトリウムのような可溶性の塩を水に加えることである．

　塩化ナトリウムを溶かすと，その結晶構造が壊れて Na^+ と Cl^- のイオンが遊離し，それらが水の中に分散していく．この過程を**イオン解離**（ionic dissociation）とよぶ．イオンはそれを取囲んでいる水の分子を緩く引き寄せており，これを**水和されている** (hydrated) という．この状態を"水の"を意味するaqueousを略した"aq"という記号

で表す．今の例では Na$^+$(aq) および Cl$^-$(aq) と書くことができる．この解離と水和の段階を合わせて，**溶解**（dissolution）とよぶ．すなわち溶解は次の反応式にまとめることができる．

$$\text{Na}^+,\text{Cl}^-(\text{s}) \xrightarrow{\text{H}_2\text{O}} \text{Na}^+(\text{aq}) + \text{Cl}^-(\text{aq})$$

巻末のイオンの原子価の表には，大学の実験室でよく見かけるイオンの多くが載せてある（この表は覚えなくてならない）．この表を使って，可溶性の塩が水に溶けたときに生成するイオンを調べることができる．

例題 6・1

硝酸マグネシウムを水に溶かすと，どんなイオンが生成するか．

▶**解 答**
硝酸マグネシウムの化学式は Mg(NO$_3$)$_2$ であり，イオンで示せば Mg^{2+}, 2NO$_3^-$ である．これが水中ではマグネシウムイオン Mg^{2+}(aq) と硝酸イオン NO$_3^-$(aq) を生成する．

$$\text{Mg}^{2+},2\text{NO}_3^-(\text{s}) \xrightarrow{\text{H}_2\text{O}} \text{Mg}^{2+}(\text{aq}) + 2\text{NO}_3^-(\text{aq})$$

→ 演習問題 6A

6・2　イオン反応式

金属亜鉛と銅イオンの反応

硫酸銅(II)水溶液と金属亜鉛が反応すると，硫酸亜鉛(II)水溶液と金属銅が生成する．

$$\text{CuSO}_4(\text{aq}) + \text{Zn}(\text{s}) \longrightarrow \text{ZnSO}_4(\text{aq}) + \text{Cu}(\text{s})$$

反応によって青色の硫酸銅(II)溶液は無色の硫酸亜鉛(II)溶液に変わり，金属銅が沈殿する．

この反応式は亜鉛原子が硫酸銅(II)と直接反応するように書いてある．しかしこれは誤解を生みやすい．なぜなら硫酸銅は可溶性の塩であり，水溶液中では完全にイオンに解離しているからである．実際に起こっている反応をより正しく表現するには，反応物や生成物としてイオンを書く必要がある．そのためには，**イオン反応式**（ionic equation）を書かなくてはならない．

硫酸銅(II)と金属亜鉛との反応に対するイオン反応式の組立て方

1）イオンの原子価と記号の表（巻末）を見ると，銅(II)イオンの記号は Cu^{2+}, 硫酸

Box 6・1 天然水の組成

地球上には 1.4×10^{21} dm^3 の水があり，その 97 % は海洋に存在すると推定されている．ほぼ 8×10^{18} dm^3 は河川の水，3×10^{19} dm^3 は高山や極地の万年雪や氷河の氷である．表 6・1 に雨水，河川水，海洋水中のイオンの平均濃度を示す．濃度の単位はミリグラム・パー・立方デシメートル (mg dm^{-3}) である．

海水のおもなイオンはナトリウムイオンと塩化物イオンであり，かなり高濃度のイオンを含んでいる．淡水中にはフッ化物イオンが見られないことに注意しよう．

表 6・1 雨水，河川水，海洋水の平均組成 (mg dm^{-3})

イオン	雨水	河川水	海洋水
Na$^+$	2.0	6.3	10 770
K$^+$	0.3	2.3	398
Mg^{2+}	0.3	4.1	1 290
Ca^{2+}	0.6	15.0	412
Cl$^-$	3.8	7.8	19 500
SO$_4^{2-}$	2.0	11.2	900
HCO$_3^-$	0.1	58.4	28
F$^-$	0.0	0.0	1.3

出典: "Encyclopaedia of Physical Science and Technology", Vol. 5, p. 260, Academic Press (1987).

イオンの記号は SO$_4^{2-}$ であることがわかる．溶液中で硫酸銅(II) はばらばらになった銅(II)イオンと硫酸イオンから成っている．イオン反応式では，固体（金属であろうと不溶性の塩であろうと）は常にその化学式で表す．この場合は金属亜鉛を Zn(s) と表す．したがってこの化学反応式の左辺は次のように書くことができる．

$$\text{Cu}^{2+}(\text{aq}) + \text{SO}_4^{2-}(\text{aq}) + \text{Zn}(\text{s}) \longrightarrow$$

2) 同様にして ZnSO$_4$(aq) は Zn^{2+}(aq) および SO$_4^{2-}$(aq) と書けることが表からわかる．金属銅は Cu(s) と表されるので，式の右辺はつぎのようになる．

$$\longrightarrow \text{Zn}^{2+}(\text{aq}) + \text{SO}_4^{2-}(\text{aq}) + \text{Cu}(\text{s})$$

3) 両辺を一つにすると次のようになる．

$$\text{Cu}^{2+}(\text{aq}) + \text{SO}_4^{2-}(\text{aq}) + \text{Zn}(\text{s}) \longrightarrow \text{Zn}^{2+}(\text{aq}) + \text{SO}_4^{2-}(\text{aq}) + \text{Cu}(\text{s})$$

4) 硫酸イオンはこの式の両辺に現れている．このことは硫酸イオンがこの化学反応には関与していないことを示している．このようなイオンを**傍観イオン** (spectator ion) といい，ちょうど数学で方程式の両辺から同じ項を消去するのと同じように，両辺から消すことができる．

$$\text{Cu}^{2+}(\text{aq}) + \cancel{\text{SO}_4^{2-}(\text{aq})} + \text{Zn}(\text{s}) \longrightarrow \text{Zn}^{2+}(\text{aq}) + \cancel{\text{SO}_4^{2-}(\text{aq})} + \text{Cu}(\text{s})$$

したがって，

$$Cu^{2+}(aq) + Zn(s) \longrightarrow Zn^{2+}(aq) + Cu(s)$$

最後の式は,反応には硫酸イオンが含まれておらず,生成物は銅(II)イオンと金属亜鉛が反応してできることを示している.図6・1の(a)では反応物と生成物に含まれるすべてのイオンが描かれているが,(b)では傍観イオンである硫酸イオンが省かれており,銅イオンと金属亜鉛だけが反応に関与していることを,よりわかりやすく示している.

この $Cu^{2+}(aq)$ と $Zn(s)$ の反応は**レドックス反応**の一例でもある(7・1節を参照).

➡ 演習問題 6B

(a) すべてのイオンを表示

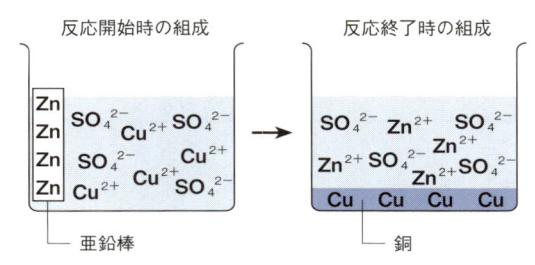

(b) 関与するイオンのみを表示

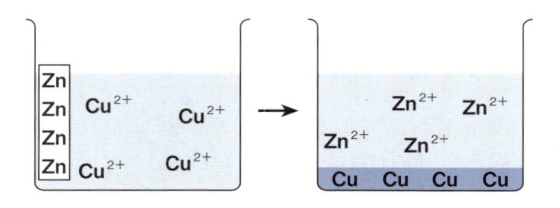

図6・1 硫酸銅(II)溶液と金属亜鉛との反応

イオン化合物の溶解度

おもなイオン化合物の溶解度を表6・2に示してある.あるイオン化合物が不溶性である場合,適当なイオンが存在するとその化合物が溶液から固体となって出てくる(すなわち**沈殿する**(precipitate)).たとえば硫酸銅(II)溶液を炭酸ナトリウム溶液に加える場合を考えると,表6・2から銅(II)イオンと炭酸イオンの組合わせは炭酸銅(II)の沈殿を生成することがわかる.

$$Cu^{2+}(aq) + CO_3^{2-}(aq) \longrightarrow \underset{\text{炭酸銅}}{CuCO_3(s)}$$

表6・2でわずかに溶けると書かれている化合物では,沈殿が生成しても溶液が白く濁って見えるだけの場合もある.

➡ 演習問題 6C

表 6・2 陽イオンの色と塩の溶解度
三つの例外を除いてすべての陽イオンは無色である. 陰イオンはすべて無色である.

陽イオン	Cl^-, Br^-, I^-	SO_4^{2-}	CO_3^{2-}	S^{2-}	OH^-	NO_3^-	CH_3COO^-
Na^+, K^+, NH_4^+							
Mg^{2+}			●	d	●		
Ca^{2+}		●	●	d	○		
Ba^{2+}		●	●	d	○		
Al^{3+}			—	d	●		
Zn^{2+}			●	●	●		
Cu^{2+} (青色)			●	●	●		
Fe^{2+} (淡緑色)			●	○	●		
Fe^{3+} (黄褐色)			—	d	●		
Pb^{2+}	●	●	●	●	●		
Ag^+	●	○	●	●	—		

空欄は塩が可溶であることを示す. ●：塩が不溶, ○：塩がわずかに溶ける, d：水中で分解, —：存在しない.

6・3 化学反応による水中でのイオンの生成

イオン性の塩は, 固体でも溶液でもイオンが存在しているから, その溶解は物理変化の一例である. 共有結合物質は, その定義からイオンを含んでいないが, 共有結合物質の中には水との化学反応の結果, イオンを**生成する**ものもある. そのようなイオンが存在しているかどうかは, その溶液が電気を通すかどうかを調べれば確認できる. しかしそのような化学反応が起きたことを決定的に証明するのは, その溶液が起こす反応, つまり生成したイオンが起こす反応である. これから三つの重要な例を見ていこう. すなわち塩化水素と水, 純硫酸と水, およびアンモニアと水の反応である.

塩化水素と水との反応

塩化水素 (HCl) は室温で気体である. HCl 分子は共有結合性であるが, 水と反応すると**オキソニウム** (oxonium) イオンと塩化物イオンの混合物となり, これは通常塩酸とよばれている (図 6・2).

$$HCl(g) + H_2O(l) \longrightarrow \underset{\text{オキソニウムイオン}}{H_3O^+(aq)} + Cl^-(aq)$$

オキソニウムイオンは**水和された水素イオン** (hydrated hydrogen ion) で, しばしば $H^+(aq)$ と省略されることがある. HCl(g) と水との反応は次のように書くこともできる.

$$HCl(g) \xrightarrow{H_2O} H^+(aq) + Cl^-(aq)$$

気体の HCl は水と反応して, 非常に水に溶けやすくなる (11・5 節の噴水実験を参照). 同時にかなりの熱が発生するが, これはただちに水に吸収されてしまう.

(a)

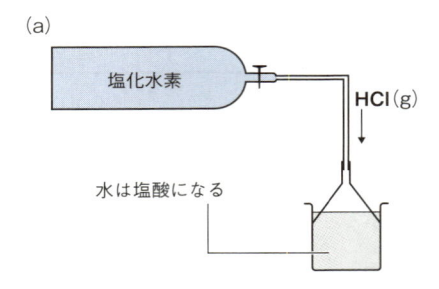

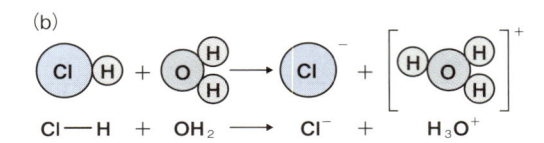

(b)

Cl—H + OH₂ ⟶ Cl⁻ + H₃O⁺

図 6・2 塩酸の製法 (a) ボンベからの塩化水素ガスを水と接触させる．気体と液体が十分接触するようにロートを用いる．室温で 100 g の水は 37 g の HCl(g) を吸収する．(b) 水と HCl(g) の反応を分子スケールで示す．

塩酸の反応

塩酸の反応とはオキソニウムイオンや塩化物イオンの反応であるといえる．濃塩酸も希塩酸も同じような反応をするが，濃塩酸のほうが反応が速い． →演習問題 6D, 6E

$H^+(aq)$ はあらゆる酸の反応に関与するイオンであり，そのような反応はまさに**酸としての性質**（acidic property）を示すものである．$H^+(aq)$ の，したがって一般的に酸の最もよく知られた反応は，**酸塩基指示薬**（acid-base indicator）の変色である．最もよく使われる指示薬はリトマス（普通，沪紙にしみこませてある）であり，酸性溶液では赤に，塩基性（アルカリ性）溶液では青に変わる．乾燥した青いリトマス紙に乾燥した HCl ガスを吹きかけても変色しないが，HCl ガスが湿っていたり，リトマス紙が湿っていると赤く変色する．

塩酸中に塩化物イオンが存在することは，銀イオンを加えると塩化銀（AgCl）の白い沈殿が生成することで確認することができる．

$$Ag^+(aq) + Cl^-(aq) \longrightarrow AgCl(s)$$

硝酸銀溶液が普通，銀イオン源として用いられる．**どんな塩化物でも銀イオンを混ぜれば沈殿が生じる**．これが塩化物の存在を調べる試験の根拠となっている．未知の溶液を硝酸銀で検査する場合は，まず希硝酸を加えて，炭酸銀や亜硫酸銀のような不溶性の銀化合物が沈殿するのを抑えるのが普通である．

先に進む前に，塩化水素がベンゼン（無極性溶媒）にイオンを生成することなく溶けるということを記しておこう．この溶液では塩化水素分子はそれを取囲んでいるベンゼン分

子に弱く引きつけられている，すなわち溶媒和されている．当然予想されるように，HClのベンゼン溶液は電気を通さないし，塩酸が起こすどんな反応も起こさない．

→ 演習問題 6F

純硫酸と水との反応

硫酸（H_2SO_4）は，普通，濃硫酸として市販されている．これは質量で 98 % の硫酸と 2 % の水を含んでいるが，十分純粋であり，純硫酸とよんで差し支えない．

純硫酸は，塩化水素と同様，共有結合化合物であるが，HCl(g) と違って室温で液体である．純硫酸は無色の油状物で，見かけと流れ方はグリセリンのようである．しかし似ているのはそこまでである．純硫酸を水に加えると，激しい反応が起こり，大量の熱が発生する．その結果生じる溶液は希硫酸とよばれる．この反応を式に書くと次のようになる．

$$H_2SO_4(l) \xrightarrow{H_2O} 2H^+(aq) + SO_4^{2-}(aq)$$

純硫酸と水との反応は非常に激しいので，希硫酸をつくるときは水に純硫酸をゆっくり加えなければならない．決して硫酸に水を加えてはならない．もしそうすると，二つの液体が混ざったときに大量の熱が出て部分的に沸騰し，液体が顔にかかるかもしれない（図6・3）．

図 6・3　必ず酸を水に加える．酸に水を加えてはならない

純硫酸は非常に水を吸いやすいので，乾燥剤としてよく用いられる．ほとんどの気体は純硫酸にはほとんど溶けないので，ガラス瓶に入れた純硫酸に気体を吹き込むことによって乾燥することができる．純硫酸が非常に水を吸いやすいということは，皮膚や眼にきわめて有害であることも意味している．

濃硫酸を硝酸塩の褐色環試験に用いる　　濃硫酸は**褐色環試験**（brown ring test）とよばれる硝酸イオン（NO_3^-）の検出試験に用いられる（硝酸塩の検出に用いられる別の方

法については Box 7・4 で述べる)．この方法では，硝酸塩が存在すると思われる溶液に，まず濃硫酸を注意深く加える．次にこの溶液に硫酸鉄(II)溶液をゆっくり加える．硝酸塩が存在すれば一酸化窒素（NO）ガスが発生し，これが $Fe^{2+}(aq)$ と反応して酸溶液と $FeSO_4$ 溶液の境目に $Fe(NO)^{2+}$ の褐色環をつくる．

$$Fe^{2+}(aq) + NO(g) \longrightarrow Fe(NO)^{2+}(aq)$$

希硫酸の反応　希硫酸の反応は実際には $H^+(aq)$ イオンや $SO_4^{2-}(aq)$ イオンの反応である．$H^+(aq)$ イオンは酸としての反応を示す．硫酸イオンの存在はバリウムイオン（$Ba^{2+}(aq)$）を加えると硫酸バリウムの密な白色沈殿が生じることから確認される．

$$Ba^{2+}(aq) + SO_4^{2-}(aq) \longrightarrow BaSO_4(s)$$

バリウムイオン源は，普通，塩化バリウム溶液である．この試験を $SO_4^{2-}(aq)$ イオンに特異的にするためには塩酸を加えて，亜硫酸バリウムや炭酸バリウムが沈殿するのを抑える．

➜ 演習問題 6G

アンモニアガスと水との反応

アンモニアガス（$NH_3(g)$）は非常によく水に溶ける．その反応は次式で表される．

$$NH_3(g) + H_2O(l) \rightleftharpoons \underset{\text{アンモニウムイオン}}{NH_4^+(aq)} + OH^-(aq)$$

アンモニアの水溶液は，誤って水酸化アンモニウムとよばれることがある．飽和溶液は室

化学肥料の袋　化学肥料は穀物農家の生産性を高め，大規模な飢餓を防ぐことができる．多くの化学肥料がアンモニア（NH_3），硫酸（H_2SO_4），リン酸（H_3PO_4）からつくられる．

温において質量で約 28 % のアンモニアを含む．その溶液の密度は 0.88 g cm^{-3} である．このために飽和アンモニア溶液を "88" アンモニアともいう．

OH$^-$(aq) イオンは**水酸化物イオン**（hydroxide ion）である．塩基の溶液が，それに固有の反応，たとえば赤いリトマス紙を青くする，を起こすのは，水酸化物イオンのためである．

上の式にある ⇌ の記号は，アンモニア分子のすべてがアンモニウムイオンに変わることは不可能であるという事実を反映している．言い換えればこの反応は**可逆反応**（reversible reaction）ないし**平衡反応**（equilibrium reaction）ということができる．

アンモニウムイオンと水酸化物イオンの混合物を加熱すると，アンモニアガスと水を生成する．これはアンモニウムイオン源が何であろうと起こる．たとえば，塩化アンモニウムを水酸化ナトリウム溶液とともに加熱するとアンモニアが発生する．この反応は実験室でアンモニウムイオンの存在を確認する試験として用いられる．アンモニアガスはその非常に特徴的な刺激臭によって，また湿った赤いリトマス紙を青くすることで検出される（図 6・4）.

➜ 演習問題 6H

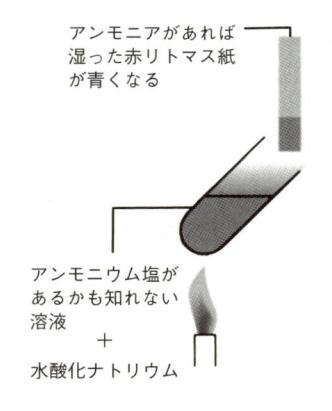

図 6・4 溶液がアンモニウムイオン（NH$_4^+$）を含むかどうかを調べる**実験**　アンモニアが検出されればアンモニウムイオンの存在が確認される．

6・4　酸と塩基

酸の種類

酸とは水に溶けたときに H$^+$(aq) イオンを発生する物質である．

実験室で最もよく見かける酸は硫酸（H$_2$SO$_4$），塩酸（HCl），硝酸（HNO$_3$）である．これらは鉱酸とよばれる．

もう一つよく見かける酸はエタン酸（酢酸，CH$_3$COOH）で，これは 118 ℃で沸騰する臭いの強い液体であり，食酢の酸っぱさのもととなる化学物質である．その構造を完全に書くと次のようになる．

この分子のもつ水素原子のうち一つだけが溶液中で水素イオンとなり，そのためこの水素は**酸性水素**（acidic hydrogen）とよばれる．エタン酸の酸性水素は酸素原子に結合している水素である．エタン酸のイオン化は次の反応式で表される．

$$CH_3COOH(l) \xrightleftharpoons{H_2O} CH_3COO^-(aq) + H^+(aq)$$
エタン酸イオン
（酢酸イオン）

あるいは

⇌の記号はエタン酸分子の一部分だけが溶液中でイオン化することを示している．

→ 演習問題 6l

塩基とアルカリ

塩基とは水溶液中で酸と反応して塩および水だけを生成する物質である．

一般的に書くと，

酸 + 塩基 ⟶ 塩 + 水

となり，これが**中和**（neutralization）とよばれる反応である．

アルカリ（alkali）**とは水に溶ける塩基のことである**（図6・5）．アルカリの溶液は水酸化物イオン $OH^-(aq)$ を含んでいる．

アルカリは一般に金属の水酸化物である．よく見かけるアルカリはカルシウム，カリウム，ナトリウムの水酸化物である．これらはいずれもイオン性の固体であり，水に溶かすと完全に解離する．たとえば，

$$Na^+,OH^-(s) \xrightarrow{H_2O} Na^+(aq) + OH^-(aq)$$
水酸化ナトリウム　　　　　　　水酸化物イオン

アンモニアの水溶液も水酸化物イオンを含んでいるのでアルカリとみなすことができる．

水に不溶の塩基には，酸化マグネシウム（Mg^{2+},O^{2-}）や酸化銅(II)（Cu^{2+},O^{2-}）のよ

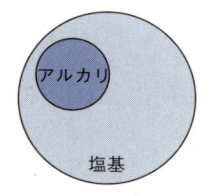

図 6・5 塩基とアルカリ アルカリはすべて塩基であるが，すべての塩基がアルカリであるとは限らない．

うな金属酸化物やオクチルアミン（$C_8H_{17}NH_2$）のような窒素を含む有機化合物（炭素を主体とする化合物）がある．

→ 演習問題 6J

6・5 酸の反応

酸の反応とは $H^+(aq)$ の反応である．

1）酸塩基指示薬に対する効果 リトマスを例にとると，次のようになる．

$$\text{赤いリトマス} \underset{H^+(aq)}{\overset{OH^-(aq)}{\rightleftharpoons}} \text{青いリトマス}$$

2）塩基との反応（中和） 酸は塩基を中和し，塩と水だけを生成する．アルカリと酸との反応の例を次に示す．

$$NaOH(aq) + HCl(aq) \longrightarrow NaCl(aq) + H_2O(l)$$
$$2\,KOH(aq) + H_2SO_4(aq) \longrightarrow K_2SO_4(aq) + 2\,H_2O(l)$$

いずれの中和反応も次のイオン反応式に整理することができる．

$$H_3O^+(aq) + OH^-(aq) \longrightarrow 2\,H_2O(l)$$

あるいはさらに簡単に次のように表すことができる．

$$H^+(aq) + OH^-(aq) \longrightarrow H_2O(l)$$

不溶性の塩基と酸との反応の例は，次の通りである．

$$CuO(s) + H_2SO_4(aq) \longrightarrow CuSO_4(aq) + H_2O(l)$$
$$MgO(s) + 2\,HNO_3(aq) \longrightarrow Mg(NO_3)_2(aq) + H_2O(l)$$

いずれの反応も次のイオン反応式に整理することができる．

$$O^{2-}(s) + 2\,H^+(aq) \longrightarrow H_2O(l)$$

ここで $O^{2-}(s)$ は固体状態での酸化物イオンである．

プロピルアミン（$C_3H_7NH_2$）のような有機塩基と酸との反応でも塩が生成する．

$$C_3H_7NH_2(l) + HCl(aq) \longrightarrow C_3H_7NH_3 \cdot Cl(aq)$$

ただし，$C_3H_7NH_3\cdot Cl$ は NaCl と同様のイオン性の塩であり，むしろ $C_3H_7NH_3^+$, Cl^- と表したほうがよい．水溶液中では解離して $C_3H_7NH_3^+$ イオンと Cl^- イオンを生成する．

長い炭素鎖をもつ有機酸は"脂肪酸"として知られている．脂肪酸をアルカリで中和するとセッケンのようなつるつるした感じの塩を生成する．われわれの皮膚にも脂肪酸が存

H_2 と O_2 の反応の劇的な例 飛行船ヒンデンブルク号の気球の中には $200\,000\ m^3$ の水素が入っていた．空気（酸素）と水素の混合物はきわめて爆発しやすく，1937 年にヒンデンブルク号が米国に着陸しようとしたとき，ちょっとした火花のために爆発を起こした．ヘリウムガスもまた空気より密度が低く，しかも燃えないので，飛行船に用いるには水素よりずっと安全である．しかしヘリウムは水素よりはるかに高価である．

在するので，アルカリに触れるとつるつるした感じを受けるのはそのためである．ステアリン酸ナトリウム（通常のセッケン）はステアリン酸を水酸化ナトリウムで中和してつくる．（セッケンについてはBox 11・1も参照）

3) 金属との反応 酸の水溶液はいくつかの金属と反応して，水素ガスと塩を生成する．たとえば，マグネシウムリボン（細長いリボン状の金属マグネシウム）は塩酸と反応して塩化マグネシウムと水素ガスを生成する．マグネシウムを塩酸に加えると，ただちに水素ガスが発生してしゅうしゅうと音をたてる．

$$Mg(s) + 2\,HCl(aq) \longrightarrow MgCl_2(aq) + H_2(g)$$

この反応のイオン反応式は，

$$Mg(s) + 2\,H^+(aq) \longrightarrow Mg^{2+}(aq) + H_2(g)$$

である．水素は**小さい規模**であれば，水素と空気の混合物を炎の中で爆発させることによって検出することができる（図6・6）．

$$2\,H_2(g) + O_2(g) \longrightarrow 2\,H_2O(l)$$

$H^+(aq)$ と反応する他の金属にはカルシウム，亜鉛，アルミニウム，鉄がある．カリウムやナトリウムは爆発的な激しさで反応する．金，銀，銅は反応しない．**→ 演習問題 6K**

4) 炭酸塩および炭酸水素塩との反応 あらゆる酸は炭酸塩と反応して二酸化炭素ガスを生成する．たとえば，食酢中のエタン酸は炭酸ナトリウムとしゅうしゅうと音を立てながら反応する．この反応の式は，

$$2\,CH_3COOH(aq) + Na_2CO_3(aq) \longrightarrow 2\,CH_3COONa(aq) + CO_2(g) + H_2O(l)$$
食酢中のエタン酸　　　　　　　　　　　　　　エタン酸ナトリウム

である．この反応は次のようなイオン反応式で表される．

$$2\,H^+(aq) + CO_3^{2-}(aq) \longrightarrow CO_2(g) + H_2O(l)$$
酸　　　　炭酸イオン

炭酸水素塩（重炭酸塩ともいう）もまた酸と反応して二酸化炭素ガスを発生する．

$$H^+(aq) + HCO_3^-(aq) \longrightarrow CO_2(g) + H_2O(l)$$
炭酸水素イオン

炭酸水素イオンは**加熱する**と分解して$CO_2(g)$を発生することに注意しよう．

$$HCO_3^-(aq) \longrightarrow CO_2(g) + OH^-(aq)$$

固体の炭酸水素ナトリウム（"重曹"）は料理に使われ，発生するCO_2ガスでケーキを膨らませたりする．

5) 亜硫酸塩との反応 亜硫酸塩は亜硫酸イオン（SO_3^{2-}）を含んでいる（これと硫

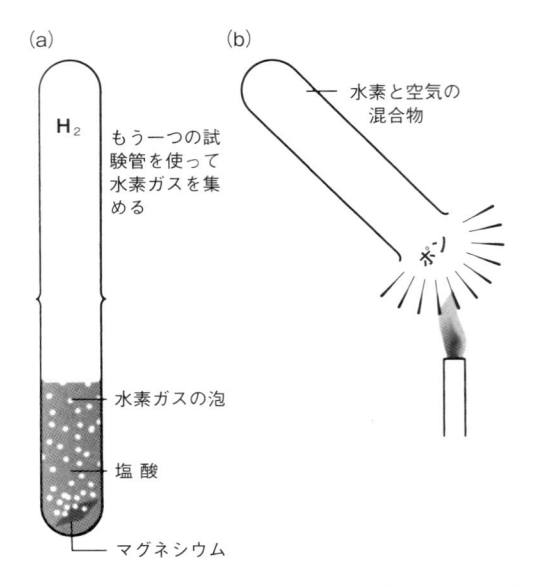

図 6・6 水素ガスの試験 逆さにした試験管を用いて水素を集める（水素は空気より密度が小さいので上昇する）．約20秒したら試験管の口を炎に当てる．ポンという音がすれば水素の存在が確かめられる．

酸イオン（SO_4^{2-}）と混同しないように注意しよう．硫酸イオンは酸とは反応しない）．酸は亜硫酸塩と反応して刺激臭のある二酸化硫黄（SO_2）ガスを発生させる．そのイオン反応式は次のようになる．

$$SO_3^{2-}(aq) + 2H^+(aq) \longrightarrow SO_2(g) + H_2O(l)$$
亜硫酸イオン

亜硫酸水素塩（重亜硫酸塩ともいう）もまた酸と反応する．

$$HSO_3^-(aq) + H^+(aq) \longrightarrow SO_2(g) + H_2O(l)$$
亜硫酸水素イオン

6）硫化物との反応 酸は硫化物（硫化物イオン S^{2-} を含む化合物）と反応して悪臭をもつ硫化水素ガス（腐った鶏卵からも出る）を発生させる．この反応は次のイオン式で表される．

$$S^{2-}(s) + 2H^+(aq) \longrightarrow H_2S(g)$$
硫化物イオン

金属イオンもしばしば硫化物イオンと反応して不溶性の硫化物を生成する．たとえば，

$$Cu^{2+}(aq) + S^{2-}(aq) \longrightarrow CuS(s)$$
黒色

硫化ナトリウム水溶液あるいは硫化水素ガスが硫化物イオンの源として用いられる. Na^+, Ca^{2+}, K^+の溶液からは,これらの硫化物が水溶性なので沈殿を生じない.硫化亜鉛（ZnS）は白色であるが,硫化鉛(II)（PbS）や硫化銀（Ag_2S）は黒色である.

6・6　気体の CO_2, SO_2, NO_2 が水に溶解してできる酸

　二酸化炭素と二酸化硫黄は常温で気体であるが,いずれも水溶性である.溶けた気体の一部は水と反応して,それぞれ炭酸水素イオンと亜硫酸水素イオンを生成する.その反応は,

$$CO_2(g) + H_2O(l) \rightleftharpoons \underset{\text{炭酸水素イオン}}{HCO_3^-(aq)} + H^+(aq)$$

$$SO_2(g) + H_2O(l) \rightleftharpoons \underset{\text{亜硫酸水素イオン}}{HSO_3^-(aq)} + H^+(aq)$$

記号⇌は,どちらの反応も完全には進行しないことを示している.つまり,これらの気体を水と完全に反応させようとしても,未反応の気体と炭酸水素イオン（あるいは亜硫酸水素イオン）とオキソニウムイオンの平衡混合物になるということである.同一条件下ではSO_2のほうがCO_2よりも多く水と反応する.このことと$SO_2(g)$のほうが$CO_2(g)$よりも水に溶けやすいという事実は,SO_2の飽和水溶液のほうがCO_2の飽和水溶液よりも酸性が高い（H^+イオンの濃度がより高い）ことを意味している.このために,$CO_2(g)$は湿った青リトマス紙を紫がかった赤色に変えるだけであるのに対して,$SO_2(g)$はずっとはっきりした赤色に変色させる.

　酸素が存在すると,二酸化硫黄水溶液は室温で非常にゆっくりと希硫酸に変化する.

$$SO_2(aq) + \frac{1}{2}O_2(aq) + H_2O(l) \longrightarrow SO_4^{2-}(aq) + 2H^+(aq)$$

大気中では$SO_2(aq)$の硫酸への変化は雲の中でより速く起こり,これが酸性雨のおもな原因となる（22・2節参照）.

　CO_2やSO_2がアルカリ溶液に溶け込むときには,炭酸水素イオンや亜硫酸水素イオンはすべて炭酸イオンや亜硫酸イオンに変化する.

$$HCO_3^-(aq) + OH^-(aq) \longrightarrow CO_3^{2-} + H_2O(l)$$
$$HSO_3^-(aq) + OH^-(aq) \longrightarrow SO_3^{2-} + H_2O(l)$$

　まとめると,CO_2ガスやSO_2ガスを水の入ったビーカーに吹き込むと,溶け残った気体と炭酸水素イオンないし亜硫酸水素イオンの混合物となる.しかし,$OH^-(aq)$が存在すると炭酸イオンあるいは亜硫酸イオンだけとなる.

　二酸化窒素（$NO_2(g)$）は褐色の有毒な気体で,水に溶けるとオキソニウムイオン,硝酸イオン（$NO_3^-(aq)$）,および一酸化窒素（NO）ガスからなる非常に酸性の強い混合物

$$3\,NO_2(g) + H_2O(l) \longrightarrow 2\,H^+(aq) + NO(g) + 2\,NO_3^-(aq)$$

6・7 水酸化物イオンの反応

水溶液中の水酸化物イオンは普通 $OH^-(aq)$ と書き表す.

1) **リトマスへの効果**　リトマスは塩基性溶液中で青くなる.
2) **酸の中和**　$OH^-(aq)$ イオンは酸を中和して,塩と水だけを生成する.
3) **NH_4^+ イオンとの反応**　アンモニアガスが発生する.

$$NH_4^+(aq) + OH^-(aq) \xrightarrow{熱} H_2O(l) + NH_3(g)$$

4) **水溶液中での金属イオンとの反応:沈殿反応の分析への応用**　水酸化物イオンは不溶性の金属水酸化物を析出させる.たとえば,硫酸銅(II)溶液(青い)に水酸化ナトリウム溶液を数滴加えると,きれいな青色の水酸化銅(II)が沈殿する.

$$Cu^{2+}(aq) + 2\,OH^-(aq) \longrightarrow Cu(OH)_2(s)$$
青色沈殿

$Cu^{2+}(aq)$ は硫酸銅(II)から,$OH^-(aq)$ は水酸化ナトリウムからきている.他の金属イオンでも同様の反応が起こる.

$$Zn^{2+}(aq) + 2\,OH^-(aq) \longrightarrow Zn(OH)_2(s)$$
亜鉛イオン(無色)　　　　　　　　　白色沈殿

$$Al^{3+}(aq) + 3\,OH^-(aq) \longrightarrow Al(OH)_3(s)$$
アルミニウムイオン(無色)　　　　　白色沈殿

$$Fe^{2+}(aq) + 2\,OH^-(aq) \longrightarrow Fe(OH)_2(s)$$
鉄(II)イオン(淡緑色)　　　白色沈殿,ただちに緑色に変わる

$$Fe^{3+}(aq) + 3\,OH^-(aq) \longrightarrow Fe(OH)_3(s)$$
鉄(III)イオン(黄褐色)　　　　　　赤褐色沈殿

$$Pb^{2+}(aq) + 2\,OH^-(aq) \longrightarrow Pb(OH)_2(s)$$
鉛(II)イオン(無色)　　　　　　　白色沈殿

$$Mg^{2+}(aq) + 2\,OH^-(aq) \longrightarrow Mg(OH)_2(s)$$
マグネシウムイオン(無色)　　　　　白色沈殿

亜鉛,アルミニウム,鉛(II)の水酸化物は,過剰量の水酸化ナトリウム溶液を加えると溶解して透明な溶液となる.これらの水酸化物がいずれも**両性**(amphoteric)なので,このようなことが起こる(Box 6・2を参照).このことは水酸化マグネシウム(その沈殿は過剰のアルカリがあっても溶けない)と亜鉛,アルミニウム,鉛(II)の水酸化物(その沈殿は過剰のアルカリで溶ける)を識別するのに役に立つ.

亜鉛，アルミニウム，鉛(II)の水酸化物はいずれも白色なので，これらを識別するには，さらに別の試験が必要となる．鉛(II)の簡単な同定法は，アルミニウムや亜鉛の硫酸塩が水溶性であるのに対して，硫酸鉛(II)は不溶性であることを利用する．鉛(II)イオンに希硫酸を加えると硫酸鉛(II)が沈殿する．

$$Pb^{2+}(aq) + SO_4^{2-}(aq) \longrightarrow PbSO_4(s)$$
白色沈殿

亜鉛イオンとアルミニウムイオンは，金属製薬さじの上で少量の水酸化物を加熱することで区別できる．水酸化アルミニウムは分解して白色の酸化アルミニウムを生成する．水酸化亜鉛も分解して酸化物になるが，酸化亜鉛は熱時は黄色である（冷やすと白色になる）．

水酸化銀は存在しない．水酸化物イオンを銀イオンに加えると酸化銀の暗褐色沈殿が生成する．

$$2\,Ag^+(aq) + 2\,OH^-(aq) \longrightarrow Ag_2O(s) + H_2O(l)$$

水酸化ナトリウムと水酸化カリウムは非常に水に溶けやすく，ナトリウム塩やカリウム塩に OH^- イオンを加えても沈殿は生じない．水酸化カルシウムは水によく溶けるというほどでもなく，カルシウム塩の濃い溶液に OH^- の濃い溶液を加えると液が少し濁る．$Na^+(aq)$, $K^+(aq)$, $Ca^{2+}(aq)$ は**炎色試験**（flame test）で区別することができる（12・2節参照）．

6・8 水溶液中でのイオンの同定反応

この章で多くのイオン反応を学んできたので，ここではよく出てくるイオンを同定する

Box 6・2 両性水酸化物

水酸化物は（すべての塩基がそうだが）酸と反応する．たとえば，水酸化アルミニウムは酸に溶けて $Al^{3+}(aq)$ を生成する．

$$Al(OH)_3(s) + 3\,H^+(aq) \longrightarrow Al^{3+}(aq) + 3\,H_2O(l)$$
無色

しかし，水酸化物イオンの濃度が高い場合には，ある種の水酸化物は水酸化物イオンと反応する．たとえば水酸化アルミニウムの場合，その反応は，次のようになる．

$$Al(OH)_3(s) + OH^-(aq) \longrightarrow [Al(OH)_4]^-(aq)$$
無色

この反応で水酸化アルミニウムは酸として作用している．$H^+(aq)$ と $OH^-(aq)$ のいずれが過剰に存在するかによって塩基としても酸としても作用するので，水酸化アルミニウムは**両性**であるといわれる．水酸化亜鉛や水酸化鉛(II)も両性であり，水酸化アルミニウムと同じような反応を起こす．

ための試験管実験のやり方を見てみよう．以下の問題に関係するイオンの一覧を表6・3に示す．

表 6・3　この章で学んだイオン

陽イオン	陰イオン
H^+, NH_4^+, K^+, Na^+, Ca^{2+}, Cu^{2+}, Fe^{2+}, Fe^{3+}, Pb^{2+}, Al^{3+}, Zn^{2+}, Mg^{2+}, Ba^{2+}, Ag^+	OH^-, Cl^-, SO_4^{2-}, Br^-, I^-, SO_3^{2-}, S^{2-}, CO_3^{2-}, NO_3^-

例題 6・2

ある簡単な塩（AB．ここでAは陽イオン，Bは陰イオンとする）の溶液があり，淡緑色をしている．塩化バリウム溶液と希塩酸の混合物を加えたところ白色沈殿が生じた．ABに水酸化ナトリウムを加えたところ緑色の沈殿が生じた．AとBは何か．

▶解 答

溶液の色から鉄(II)イオンの存在が示唆され，水酸化ナトリウムによって緑色沈殿が生成することから確認される．$BaCl_2$＋HClとの反応で沈殿が生じることから硫酸イオンの存在が確認される．

$$A = Fe^{2+}(aq), \ B = SO_4^{2-}(aq), \ AB = FeSO_4$$

例題 6・3

陽イオンZと陰イオンYを含む溶液があり，炭酸ナトリウム溶液を加えると，しゅうしゅうと気泡を発生し，硝酸銀溶液と希硝酸の混合物を加えるとクリーム色の沈殿を生成する．ZとYは何か．

▶解 答

気泡の発生状況からZは恐らく$H^+(aq)$であろうと思われる．クリーム色の沈殿は恐らく臭化銀であろう．したがってこの未知物は臭化水素の水溶液である．

$$Z = H^+(aq), \ Y = Br^-(aq), \ ZY = HBr$$

知っていましたか

ナチスが見逃した"液体の金"

　高名な物理学者ニールス・ボーア（Niels Bohr, 1885～1962）のいたデンマークの研究所は, 第二次世界大戦初期にユダヤ人科学者の安全な避難所であった. ボーアはすでに彼自身のノーベル賞のメダル（23金製で重さ 200 g）を研究所に寄付していたが, ほかに二人のノーベル賞受賞者もデンマークがドイツに侵略される直前の 1940年に彼らの名を刻んだメダルをボーアに託した.

　これらのメダルが侵略してきたナチスに発見されるのを恐れて, ボーアの同僚の一人が, メダルを酸に溶かして, その金の溶液（"液体の金"）を他の試薬と一緒に薬品棚に並べておくことを思いついた. ボーアの研究所は徹底的に捜索されたが, その金は発見されることなく, 戦後新たなメダルに鋳造し直された.

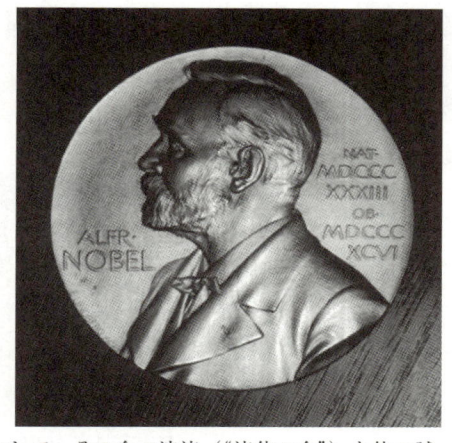

　金はほとんどの酸に溶けないが, Aqua Regina（王水）とよばれる濃塩酸と濃硝酸の発煙性混合物には溶ける. ボーアの研究所で用いられた酸はこれであった.

　この章についての発展教材がウェブサイトにある. イオンの同定について詳しくはウェブサイトの Appendix 6 を参照.

7 酸化と還元

- 7・1 酸化還元反応
- 7・2 酸化数
- 7・3 酸化剤と還元剤
- 7・4 酸化還元の反応式の書き方と係数の合わせ方
- 7・5 酸化還元対
- 7・6 金属の反応列
- 7・7 鉄の腐食
- 7・8 自然界における酸化還元反応

この章で学ぶこと

- 酸化,還元,酸化還元反応の定義
- 酸化数の求め方と酸化還元式の書き方
- 反応が起こりうるかどうかを決定するための標準酸化還元電位の使い方
- 腐食および自然界での酸化還元反応

7・1 酸化還元反応

酸化還元反応(redox reaction)は重要な化学反応である.このタイプの反応では,一方の反応物質は**酸化**(oxidation)され,もう一方は**還元**(reduction)される.

酸化と還元の定義

かつては,酸化は酸素が物質に加わる化学反応と考えられ,酸素が失われる場合には還元とされた.たとえば,次の反応,

$$CO_2(g) + C(s) \longrightarrow 2\,CO(g)$$

では,炭素は一酸化炭素に酸化される(炭素1原子が酸素1原子を得る)のに対して,二酸化炭素は一酸化炭素に還元される(二酸化炭素1分子が酸素1原子を失う).

その後,この定義は,水素を含むように拡張された.すなわち,酸化は物質からの水素の除去であるのに対して,水素が加えられたときに還元が起こるとされた.

しかし,酸素も水素も含まれない場合には,これらの定義は役に立たない.たとえば次のような反応を考えよう.

$$Cu(s) + S(s) \longrightarrow CuS(s)$$

7・1 酸化還元反応

酸素と硫黄は両方とも外殻に六つの電子をもっており，その反応は，よく似ている．銅が酸素と反応する場合も，これとほぼ同じ過程をたどると予想するのは合理的である．

銅が酸素と反応して（**酸化されて**）酸化銅(II)を生成するとき，化学反応式は次のようになるだろう．

$$2\,Cu(s) + O_2(g) \longrightarrow 2\,CuO(s)$$

この反応では，銅の原子は二つの電子を失う．

$$Cu \longrightarrow Cu^{2+} + 2\,e^-$$

酸素分子中のおのおのの酸素原子は，銅の原子から二つの電子を得る（**酸素は還元される**）．

$$O + 2\,e^- \longrightarrow O^{2-}$$

または，酸素ガスが銅と反応するので，

$$O_2 + 4\,e^- \longrightarrow 2\,O^{2-}$$

全体の反応式は電子が両辺で相殺されるように二つの"半反応"を合計して得られる．

1）まず，銅の酸化の反応式に2を掛ける．そうすると，この半反応は O_2 の還元の半反応式と同じ電子の数を含むことになる．

$$2\,Cu \longrightarrow 2\,Cu^{2+} + 4\,e^-$$
$$O_2 + 4\,e^- \longrightarrow 2\,O^{2-}$$

2）次に，二つの半反応を足し合わせ，両辺の電子を相殺する．

$$2\,Cu + O_2 + \cancel{4\,e^-} \longrightarrow 2\,Cu^{2+} + 2\,O^{2-} + \cancel{4\,e^-}$$

3）全体の反応式は次のようになる．

$$2\,Cu(s) + O_2(g) \longrightarrow 2\,Cu^{2+}(s) + 2\,O^{2-}(s)$$

同様の反応式を，硫黄との銅の反応についても書くことができる．

$$Cu \longrightarrow Cu^{2+} + 2\,e^- \quad (酸化)$$
$$S + 2\,e^- \longrightarrow S^{2-} \quad (還元)$$

足し合わせて電子を消去すると次式が得られる．

$$Cu(s) + S(s) \longrightarrow Cu^{2+}(s) + S^{2-}(s)$$

ここでは,銅と酸素との反応と同様に,銅1原子は2電子を失っている.すなわち**酸化されている**.硫黄は二つの電子を得て,**還元されている**.これらの反応から,酸化と還元という用語について,もっと一般的な定義が導かれる.

電子が失われるとき酸化が起こり,電子が得られるとき還元が起きる

記憶を助けるために,次のように覚えてもよい.

酸化は損,還元は得

酸化では電子を**損失**し,**還元**では電子を**獲得**する.

→ 演習問題 7A, 7B

7・2 酸 化 数

原子の**酸化数**(oxidation number)すなわち**酸化状態**(oxidation state)は,取決めた規則(Box 7・1 参照)に基づいて決定される正または負の数である.酸化数は酸化と還元の定義を広げるのに用いられ,**酸化は酸化数の増加**として,**還元は酸化数の減少**として定義される.

物質が酸化されるか,還元されるかを理解するのに役立つように,酸化数という概念がつくられていることに注意しよう.したがって酸化数は**化合物の結合のしかたについて何も示してない**.たとえば,炭素がいくつかの化合物で酸化数4をとるということは,これらの化合物中で+4価のイオンとして存在するという意味では**ない**.

酸化数を求めるための規則

1) 単体の元素については,原子の酸化数は0である.たとえば,N_2 分子中の窒素原子,金属 Ca 中のカルシウム原子の酸化数は0である.
2) イオンとなっている元素の酸化数はその荷電数に等しい.たとえば,Cu^{2+} では銅

Box 7・1 酸 化 数

右に示す元素はほとんど常に同じ酸化数を化合物中でとる.これらは,他の元素の酸化数を割り当てる際に,標準として用いられる.アステリスク(*)を付けた元素には例外があるが,ここではそれについては触れない.Cl と O についての異なる酸化数については,この章の後半で扱う.

元　　素	酸化数
K^+, Na^+	+1
Mg^{2+}, Ca^{2+}	+2
Al^{3+}	+3
H^+(または共有結合性の H)*	+1
F^-(または共有結合性の F)	−1
Cl^-(または共有結合性の Cl)*	−1
O^{2-}(または共有結合性の O)*	−2

の酸化数は+2であり，O^{2-} では酸素の酸化数は−2である．

3) 電気的に中性の化合物については，化学式に含まれる原子についての酸化数の**総和**は 0 である．$Ca(OH)_2$ を例にとると，酸化数の合計は，次のようになる．

$$[Ca について +2] + [O について 2 \times (-2)] + [H について 2 \times (+1)] = 0$$

4) 共有結合性の化合物の共有電子については，便宜上，電気陰性度がより大きな元素に割り当てられる．たとえば，リンの電気陰性度は塩素に比べて小さいので，PCl_3 のリンの酸化数は +3（塩素は −1 である）である．

5) イオンに含まれるすべての原子の酸化数の**総和**はイオン全体の電荷に等しい．たとえば，SO_4^{2-} では，次のようになる．

$$[S について +6] + [O について 4 \times (-2)] = -2$$

次のことを覚えておこう．

化学反応で，酸化数の増加は酸化を，減少は還元を意味する

→ 演習問題 7C, 7D, 7E

7・3 酸化剤と還元剤

酸化剤（oxidizing agent）は，化学反応の際に電子を取込む物質であり，**還元される**．**還元剤**（reducing agent）は化学反応で電子を供給する物質であり，**酸化される**．

例題 7・1

鉄を塩素ガス中で熱すると，塩化鉄(III) が生成する．通常の反応式は以下の通りである．

$$2\,Fe(s) + 3\,Cl_2(g) \longrightarrow 2\,FeCl_3(s)$$

酸化還元についての半反応式は，

$$Fe(s) \longrightarrow Fe^{3+}(s) + 3\,e^-$$
$$Cl_2(g) + 2\,e^- \longrightarrow 2\,Cl^-(s)$$

となる．ここで，鉄は塩素に電子を供与して**酸化されるので，還元剤**として働いている．

一方，塩素は電子を受け入れて**還元されるので，酸化剤**として働いている．

→ 演習問題 7F

7・4 酸化還元の反応式の書き方と係数の合わせ方

酸化還元の反応式を書くには，まず，酸化反応と還元反応に対応する二つの半反応式を書く必要がある．全体の酸化還元についての反応式は，これらの二つの半反応式を足し合わせることで得られる．そののち，おのおのの半反応中の電子を相殺する．

半反応式を書くには，以下の単純な規則に従う．

1) 反応による酸化数の変化から，酸化または還元される原子を特定する．
たいていの反応は中性または酸性の溶液で起こるので，次の 2) を適用する．
2) 半反応の係数を合わせる．
  (ⅰ) 半反応で酸化される（または還元される）元素について，原子の数が反応式の両側で同数であることを確認する．
  (ⅱ) 酸素原子がある場合は，半反応の酸素原子とは反対側の辺に水分子を加えて釣り合わせる．
  (ⅲ) 水素原子がある場合は，半反応の水素原子とは反対側の辺に水素イオンを加えて釣り合わせる．
  (ⅳ) それぞれの辺について電子を加えて，両辺の電荷数が同じになるようにする．

反応が塩基性の溶液で進む場合には，この規則がわずかに異なることに注意しよう．すなわち，水素原子は H_2O 分子を加えて数を合わせ，次に反応式の反対側に OH^- イオンを加えて，酸素の数を合わせる．そのあと，上の場合と同様に電子を加えて，両辺の電荷数を合わせる．

→ 演習問題 7G

例題 7・2

酸性溶液中でのマンガン(Ⅶ)酸，すなわち過マンガン酸イオン MnO_4^- による鉄(Ⅱ)イオンの鉄(Ⅲ)イオンへの酸化についての，全体としての酸化還元の反応式を書け．過マンガン酸イオンは反応して，マンガン(Ⅱ)イオン（Mn^{2+}）を生成する．

▶解 答
酸化の半反応
問題文の通り，鉄(Ⅱ)は酸化されるが，反応の前後の鉄の酸化数を求めることで，これを確かめることができる．

$$Fe^{2+} \longrightarrow Fe^{3+}; \quad 酸化数では：+2 \longrightarrow +3$$

したがって，酸化数が増加しているので酸化されている．

この半反応では両辺に同数の原子があり，酸素も水素原子もないので，行うべきなのは，半反応式の両辺の全電荷数を合わせることである．右辺に電子1個を加えるこ

とで，反応式の両辺の全電荷は+2（電子は負電荷-1をもち，正電荷を相殺するとみなす）になる．

$$Fe^{2+} \longrightarrow Fe^{3+} + e^-$$

この半反応式は酸化反応を示している．

還元の半反応

過マンガン酸イオンは反応でマンガン(II)を生成する．反応の前後でのマンガンの酸化数を求めて，この反応が還元反応であることを確認しよう．

$$MnO_4^- \longrightarrow Mn^{2+}; \quad 酸化数では：+7 \longrightarrow +2$$

したがって，酸化数が減少しているので還元反応である．

半反応の両辺についてマンガン原子は同数であるが，酸素原子の数を等しくする必要がある．

1) 酸素原子と水分子の数を等しくする．

$$MnO_4^- \longrightarrow Mn^{2+} + 4H_2O$$

2) ここでH原子が入ってきたが，これと等しい数のH^+イオンを式に入れる必要がある．

$$MnO_4^- + 8H^+ \longrightarrow Mn^{2+} + 4H_2O$$

3) 電子を加えて，半反応の両辺の電荷数を等しくする．

$$MnO_4^- + 8H^+ + 5e^- \longrightarrow Mn^{2+} + 4H_2O$$

これで，反応式の各辺の全電荷数は+2となる．上記の反応式は還元反応を示している．全体の酸化還元の反応式を完成させるには，二つの半反応式を足し合わせて電子を式から消去しなければならない．

$$Fe^{2+} \longrightarrow Fe^{3+} + e^- \quad (酸化)$$
$$MnO_4^- + 8H^+ + 5e^- \longrightarrow Mn^{2+} + 4H_2O \quad (還元)$$

電子を式から消すために，最初の半反応の両辺を5倍しなければならない．その上で，反応式を足し合わせる．

$$5Fe^{2+} \longrightarrow 5Fe^{3+} + 5e^- \quad (酸化)$$
$$\underline{MnO_4^- + 8H^+ + 5e^- \longrightarrow Mn^{2+} + 4H_2O \quad (還元)}$$
$$MnO_4^- + 8H^+ + 5e^- + 5Fe^{2+} \longrightarrow Mn^{2+} + 4H_2O + 5Fe^{3+} + 5e^-$$

全体の酸化還元の反応式は，次のようになる．

$$MnO_4^-(aq) + 8H^+(aq) + 5Fe^{2+}(aq) \longrightarrow Mn^{2+}(aq) + 4H_2O(l) + 5Fe^{3+}(aq)$$

7・5 酸化還元対

金属亜鉛 Zn(s) を 1 粒，銀イオン溶液 $Ag^+(aq)$ に入れたときのことを考えてみよう．反応が起こり，銀の固体が析出するのが観察される．

$$Zn(s) + 2\,Ag^+(aq) \longrightarrow Zn^{2+}(aq) + 2\,Ag(s)$$

この全反応式は，以下の二つの半反応式で構成される．

$$Zn(s) \longrightarrow Zn^{2+}(aq) + 2\,e^-$$
$$2\,Ag^+(aq) + 2\,e^- \longrightarrow 2\,Ag(s)$$

Zn(s) と $Ag^+(aq)$ が反応するということは，亜鉛原子が電子を保持しようとする傾向以上に銀イオンが電子を受け入れようとする傾向が強いということを示している．

金属亜鉛をマグネシウムイオン溶液 $Mg^{2+}(aq)$ に加えても，マグネシウムは析出しない．これは，銀イオンから Ag(s) が生成するようには，溶液中のマグネシウムイオンが電子を受け入れて Mg(s) を生成しないことを示している．

ここで関係する化学種の組，$Ag^+(aq)/Ag(s)$ や $Mg^{2+}(aq)/Mg(s)$ は，**酸化還元対** (redox couple) とよばれる．したがって，この実験は，$Ag^+(aq)/Ag(s)$ の酸化還元対は $Mg^{2+}(aq)/Mg(s)$ の**酸化還元対より強い酸化剤**であることを示している．強い酸化剤は弱い還元剤であるといえるので，$Mg^{2+}(aq)/Mg(s)$ の酸化還元対は $Ag^+(aq)/Ag(s)$ の**酸化還元対より強い還元剤**であるともいえよう．

酸化還元対の相対的な酸化力または還元力は，**標準電極電位** (standard electrode potential)，$E^\ominus$（単位はボルト (V)）によって表される．他の金属を電気回路に導入することなく，単独で酸化還元対の標準電極電位を測定することは，不可能である．実際には，調べたい酸化還元対を**参照酸化還元対** (reference redox couple) に接続して**電気化学セル** (electrochemical cell) を構成する．電圧を測定すると，参照酸化還元対からの相対的な電位差が得られる．用いられる参照酸化還元対は $H^+(aq)/H_2(g)$ であり，$E^\ominus$ はゼロ（標準状態で）である．

標準水素電極（SHE）

実験的には，$H^+(aq)/H_2(g)$ 対は**水素電極** (hydrogen electrode) の形で配置される．水素電極は，白金の微粒子で被覆した白金箔で，水素イオンを含む溶液に浸して H_2 ガスを流すと，その表面に水素ガスが発生する（図 7・2）．

白金の表面では，以下のどちらの反応も起こりうる．

$$2\,H^+(aq) + 2\,e^- \longrightarrow H_2(g)$$

Box 7・2　酒気探知器

初期型の酒気探知器は，今日もまだ使用されているが，黄色の結晶を詰めたプラスチック製のチューブでできた使い捨ての装置だった．被験者は，このチューブを通して $1\,dm^3$ のポリ袋に約15秒間で息を吹き込むように求められた．被験者の呼気中にアルコールが含まれると黄色の結晶と反応して緑に変色させる．緑の変色部がチューブに描かれた赤い線を超えたら，被験者は不合格となった（図7・1）．

黄色の結晶は重クロム酸ナトリウム $Na_2Cr_2O_7$ で，ここで起こる酸化還元反応は，酸性条件下でのアルコールによる二クロム酸イオン $(Cr_2O_7^{2-})$ の Cr^{3+} イオン（緑）への還元反応である．

$$Cr_2O_7^{2-} + 14\,H^+ + 6\,e^- \longrightarrow 2\,Cr^{3+} + 7\,H_2O$$
黄　　　　　　　　　　　　　　緑

現在では，使い捨ての二クロム酸ナトリウム入りチューブの代わりに Alcolmeter* を使うことが多い．Alcolmeter は，口にくわえる使い捨てのチューブが付いた小型器具である．被験者が器具に息を吹き込むと，呼気中のアルコール濃度をデジタルディスプレイ上で読み取ることができる．この装置は燃料電池の一種で，呼気中のアルコール濃度に比例して電圧を発生させる．

道路脇でのテストで "ある限度を超えた" 場合は，警察署へ連行され，そこで，第二の装置（簡単な赤外分光計（20章を参照））で正確なアルコール濃度が測定される．

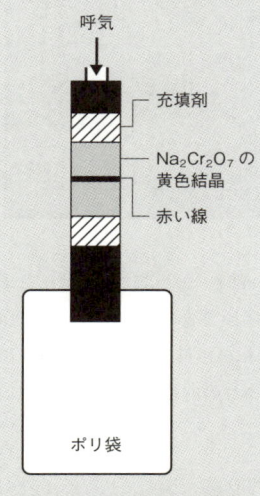

図7・1　初期型の酒気探知機 Alcolyser*

＊ともに Lion Laboratories 社（サウスウェールズ，バリー市タイバロン工業団地）の登録商標．

$$H_2(g) \longrightarrow 2\,H^+(aq) + 2\,e^-$$

これらの二つの反応は，次式にまとめられる．

$$2\,\mathrm{H^+(aq)} + 2\,\mathrm{e^-} \rightleftharpoons \mathrm{H_2(g)}$$

または，次のようにも書かれる．

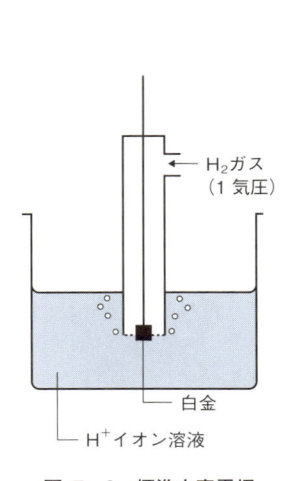

$$2\,\mathrm{H_3O^+(aq)} + 2\,\mathrm{e^-} \rightleftharpoons \mathrm{H_2(g)} + 2\,\mathrm{H_2O(l)}$$

図 7・2 標準水素電極

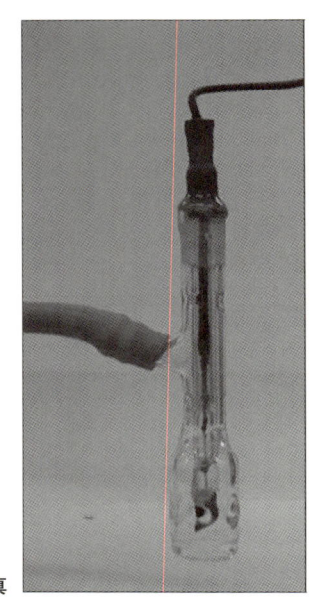

標準水素電極の写真

標準水素電極（standard hydrogen electrode, SHE, 図 7・2）は，$\mathrm{H^+(aq)}$ と $\mathrm{H_2(g)}$ が **標準状態**（standard state, 13・1 節参照）にある水素電極である．これは，$\mathrm{H^+(aq)}$ 濃度が 1 mol dm^{-3} で，水素ガスの圧力が 1 気圧であることを意味している．約束によって，標準電極中の $\mathrm{H^+(aq)}$ 溶液と Pt 電極との間の電位差はどの温度でもゼロとされる．これは，次のように書かれる．

$$E^\ominus(\mathrm{H^+(aq)/H_2(g)}) = 0$$

ここで使われている記号 $\ominus$ はその物質が標準状態にあることを示す．

他の標準電極

$\mathrm{Ag^+(aq)/Ag(s)}$ 酸化還元対の電極は，銀イオンの溶液に棒状の銀を浸したものである．銀が純粋で銀イオン濃度が 1 mol dm^{-3} なら，$\mathrm{Ag^+(aq)/Ag(s)}$ 電極は**標準 $\mathrm{Ag^+(aq)/Ag(s)}$ 電極**となる．

$Fe^{3+}(aq)/Fe^{2+}(aq)$ 酸化還元対の電極は，異なる構造をとる．電極は白金片を両イオンの混合溶液に浸したもので，電気化学電池では電極と電池の残りの部分を白金でつなぐである．電極反応は白金の表面で起こる．**標準 $Fe^{3+}(aq)/Fe^{2+}(aq)$ 電極**では，両方のイオン濃度は $1\,mol\,dm^{-3}$ である．

電池の $E^{\ominus}$ の測定

1) $E^{\ominus}(Ag^{+}(aq)/Ag(s))$ の測定　ここで，酸化還元対の標準電極電位をどのようにして実験的に求めるのかについて見てみよう．図7・3に，標準的な水素電極と標準的な銀イオン/銀電極から成る電池を示す．測定はすべて 25 ℃で行う．2本の電極は次の二つによってつながれている．

1) 電子が通る導線

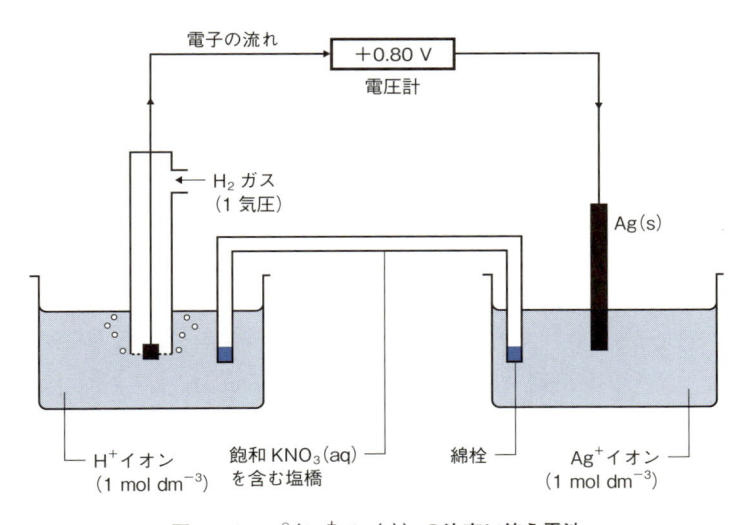

図 7・3　$E^{\ominus}(Ag^{+}/Ag(s))$ の決定に使う電池

2) 電気回路を形成する**塩橋**（salt bridge，たとえば KNO_3 のようなイオン塩の飽和溶液を含むガラス管）

内部抵抗の大きい電圧計を用いて**電池の電圧**（cell potential）を測定した場合には，電池により発生する電流を使わないので，化学反応も，ほとんど起こらない．このような条件下では，測定している電圧が，測定中に低下することはない．

どちらの電極を電圧計のプラス端子に接続するのだろうか．いろいろやってみると，$Ag^{+}(aq)/Ag(s)$ 電極をプラス端子に接続した場合のみ，電池の起電力は正であることがわかる（実際の電圧計の読み取り値は 0.80 V となるが，接続を逆にすると，読み取り値

は $-0.80\,\text{V}$ となるだろう). このため, $\text{Ag}^+(\text{aq})/\text{Ag}(\text{s})$ 電極は電池の**正極** (cathode, ＋極), 水素電極は電池の**負極** (anode, －極) とよばれる.

電子は負極から正極へと流れる. つまり, 水素電極が電子を失っていること (酸化) を意味する. これは, $\text{H}^+(\text{aq})/\text{H}_2(\text{g})$ 酸化還元対が以下のような反応に関与している場合のみ起こる.

$$\text{H}_2(\text{g}) \longrightarrow 2\,\text{H}^+(\text{aq}) + \text{e}^-$$

次いで電子は回路を通って正極へ移り, そこで, $\text{Ag}^+(\text{aq})/\text{Ag}(\text{s})$ 電極内で $\text{Ag}^+(\text{aq})/\text{Ag}(\text{s})$ 酸化還元対が還元される.

$$\text{Ag}^+(\text{aq}) + \text{e}^- \longrightarrow \text{Ag}(\text{s})$$

全体としての電池反応は以下の通りとなる.

$$\text{H}_2(\text{g}) + 2\,\text{Ag}^+(\text{aq}) \longrightarrow 2\,\text{H}^+(\text{aq}) + 2\,\text{Ag}(\text{s})$$

電池の外で水素ガスを銀イオン溶液に吹き込んだ場合にも, 同じ反応が起こる. しかし, その場合には電気ではなく熱が生成する.

どのような電池でも, 次のような**電池図** (cell diagram) として表すことができる.

$$\begin{array}{cc} \text{反応物} \longrightarrow \text{生成物} & \text{反応物} \longrightarrow \text{生成物} \\ (-)\ \textbf{負極} & (+)\ \textbf{正極} \\ (\text{酸化が起こる}) & (\text{還元が起こる}) \end{array}$$

ここで, ‖ は塩橋を示す.

$$\text{Pt} \mid \text{H}_2(\text{g}) \mid \text{H}^+(\text{aq}) \parallel \text{Ag}^+(\text{aq}) \mid \text{Ag}(\text{s})$$
$$\text{左から右に進む} \qquad \text{左から右に進む}$$

上の場合, $\text{Ag}^+(\text{aq})$ が $\text{Ag}(\text{s})$ (正極の生成物) に還元される間に, $\text{H}_2(\text{g})$ が $\text{H}^+(\text{aq})$ (負極の生成物) に酸化されることを示す.

上記の電池の標準電極電位 ($E^{\ominus} = +0.80\,\text{V}$) は, 以下の式によって, 酸化還元対ごとの標準電極電位に関連付けられる.

$$E^{\ominus} = E^{\ominus}_\text{R} - E^{\ominus}_\text{L}$$

これはすべての電池にあてはまり, $E^{\ominus}_\text{R}$ は, 電池図に現れたように, 右の電極 (正極) の標準電極電位であり, $E^{\ominus}_\text{L}$ は左の電極 (負極) の標準電極電位である. ここで, $E^{\ominus}_\text{R} = E^{\ominus}(\text{Ag}^+(\text{aq})/\text{Ag}(\text{s}))$, そして, $E^{\ominus}_\text{L} = E^{\ominus}(\text{H}^+(\text{aq})/\text{H}_2(\text{g})) = 0$ (定義による) である. したがって,

$$0.80\,\text{V} = E^{\ominus}(\text{Ag}^+(\text{aq})/\text{Ag}(\text{s})) - 0$$

つまり，

$$E^{\ominus}(\mathrm{Ag}^+(\mathrm{aq})/\mathrm{Ag}(\mathrm{s})) = +0.80\,\mathrm{V}$$

となる．

2）$E^{\ominus}(\mathrm{Zn}^{2+}(\mathrm{aq})/\mathrm{Zn}(\mathrm{s}))$ を求める $E^{\ominus}(\mathrm{Zn}^{2+}(\mathrm{aq})/\mathrm{Zn}(\mathrm{s}))$ を測りたいとする．最初にすべきことは，標準水素電極と標準 $(\mathrm{Zn}^{2+}(\mathrm{aq})/\mathrm{Zn}(\mathrm{s}))$ 電極（$1\,\mathrm{mol\,dm^{-3}}$ の $\mathrm{Zn}^{2+}(\mathrm{aq})$ 溶液と，それに浸した純粋な Zn 金属から成る）を塩橋で結び合わせて，電池を組立てることである．

標準 $\mathrm{Zn}^{2+}(\mathrm{aq})/\mathrm{Zn}(\mathrm{s})$ 電極が電圧計のマイナス端子に接続されているならば，電圧の読み取り値は $+0.76\,\mathrm{V}$ である．電圧が正であることは $\mathrm{Zn}^{2+}(\mathrm{aq})/\mathrm{Zn}(\mathrm{s})$ 電極は負極であることを示す．負極で $\mathrm{Zn}^{2+}(\mathrm{aq})/\mathrm{Zn}(\mathrm{s})$ 酸化還元対は次の酸化反応を起こす．

$$\mathrm{Zn}(\mathrm{s}) \longrightarrow \mathrm{Zn}^{2+}(\mathrm{aq}) + 2\,\mathrm{e}^-$$

標準水素電極は正極として働き，電子は $\mathrm{H}^+(\mathrm{aq})/\mathrm{H}_2(\mathrm{g})$ 酸化還元対の還元反応を引き起こす．

$$2\,\mathrm{H}^+(\mathrm{aq}) + 2\,\mathrm{e}^- \longrightarrow \mathrm{H}_2(\mathrm{g})$$

全体の電池反応は次のようになる．

$$\mathrm{Zn}(\mathrm{s}) + 2\,\mathrm{H}^+(\mathrm{aq}) \longrightarrow \mathrm{Zn}^{2+}(\mathrm{aq}) + \mathrm{H}_2(\mathrm{g})$$

電池図は，次のようになる．

$$\mathrm{Zn}(\mathrm{s})\,|\,\mathrm{Zn}^{2+}(\mathrm{aq})\,\|\,\mathrm{Pt}\,|\,\mathrm{H}^+(\mathrm{aq})\,|\,\mathrm{H}_2(\mathrm{g})$$

電池の起電力は $+0.76\,\mathrm{V}$ である．

$$E^{\ominus} = E^{\ominus}_{\mathrm{R}} - E^{\ominus}_{\mathrm{L}}$$
$$0.76 = E^{\ominus}(\mathrm{H}^+(\mathrm{aq})/\mathrm{H}_2(\mathrm{g})) - E^{\ominus}(\mathrm{Zn}^{2+}(\mathrm{aq})/\mathrm{Zn}(\mathrm{s}))$$
$$0.76 = 0 - E^{\ominus}(\mathrm{Zn}^{2+}(\mathrm{aq})/\mathrm{Zn}(\mathrm{s}))$$

すなわち，

$$E^{\ominus}(\mathrm{Zn}^{2+}(\mathrm{aq})/\mathrm{Zn}(\mathrm{s})) = -0.76\,\mathrm{V}$$

われわれは，ここで，二つの電気化学電池を見てきた．最初のものでは，対象の酸化還元対の $E^{\ominus}$ が正であることがわかり，$\mathrm{H}^+(\mathrm{aq})/\mathrm{H}_2(\mathrm{g})$ 酸化還元対では酸化反応が起こる（図 7・4 (a)）．第二の場合には，対象の酸化還元対の $E^{\ominus}$ は負であることから，$\mathrm{H}^+(\mathrm{aq})/\mathrm{H}_2(\mathrm{g})$ 酸化還元対では還元が起こる（図 7・4 (b)）．一般化すると次のようになる．

(a) 負極(−) H$^+$(aq)/H$_2$(g) ─ +0.80 V ─ 正極(+) Ag$^+$(aq)/Ag(s)

H$_2$(g) + 2 Ag$^+$(aq) → 2 H$^+$(aq) + 2 Ag(s)

(b) 負極(−) Zn^{2+}(aq)/Zn(s) ─ +0.76 V ─ 正極(+) H$^+$(aq)/H$_2$(g)

Zn(s) + 2 H$^+$(aq) → Zn^{2+}(aq) + H$_2$(g)

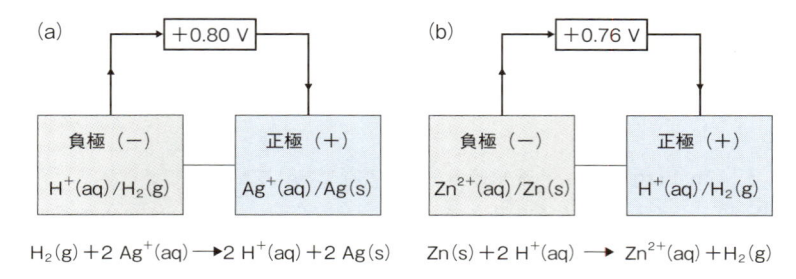

図 7・4 標準水素電極を含む電池中の電子の流れ 対になる電極は (a) Ag$^+$(aq)/Ag(s), (b) Zn^{2+}(aq)/Zn(s) である.

1) 負の $E^\ominus$ は,その酸化還元対が H$^+$(aq)/H$_2$(g) 酸化還元対より強い還元剤であることを意味する.
2) 正の $E^\ominus$ は,その酸化還元対が H$^+$(aq)/H$_2$(g) 酸化還元対より弱い還元剤であることを意味する.

酸化還元対の酸化力については,これらの逆の表現があてはまる.　　**→ 演習問題 7H**

酸化還元対の標準電極電位についての要点

1) $E^\ominus$ の値は**標準還元電位**(standard reduction potential)ともよばれる.表 7・1 に 25 ℃で測定された $E^\ominus$ 値を選んで示す.酸化還元対は酸化された化学種を最初に記す形で表記する(たとえば Na$^+$(aq)/Na(s) と書き,Na(s)/Na$^+$(aq) ではない).
2) $E^\ominus$ は 25 ℃以外の温度で測定することもある.約束によりすべての温度でゼロとされる $E^\ominus$(H$^+$(aq)/H$_2$(g)) は別として,$E^\ominus$ 値は温度によって変化する.
3) いくつかの $E^\ominus$ 値,たとえば $E^\ominus$(Na$^+$(aq)/Na(s)) は,単一の電池を使って求めることはできず,他のデータから計算される.
4) 厳密にいうと,$E^\ominus$ 値は対に適用されるのであり,一つの化学種にあてはまるわけではない.たとえば,$E^\ominus$(Na) について述べることはできない.$E^\ominus$(Na$^+$(aq)/Na(s)) = −2.71 V という事実は,溶液中でナトリウムは Na$^+$ イオンになる傾向が強い(つまり,Na$^-$ は生成しない)ことを示している.
5) $E^\ominus$ 値は,酸化還元反応が起こるかどうかを予測するのに用いられる(15 章の表現を用いると,起こることが許される反応は平衡定数 K_c が大きな値をとるといえる).これについては次の節で述べるが,$E^\ominus$ 値からは,反応速度については,いかなる予想もできないことに注意してほしい.

反応が起こるかどうかの予測

標準電極電位($E^\ominus$ 値)は,酸化還元反応が起こるかどうか決めるのにも用いられる.

7・5 酸化還元対

表 7・1 標準電極電位

	酸化還元対	酸化還元対の還元時の反応式	25℃での $E^{⦵}$/V
強い酸化剤	$F_2(g)/F^-(aq)$	$F_2(g) + 2e^- \longrightarrow 2F^-(aq)$	+2.87
	$Cl_2(g)/Cl^-(aq)$	$Cl_2(g) + 2e^- \longrightarrow 2Cl^-(aq)$	+1.36
	$Br_2(l)/Br^-(aq)$	$Br_2(l) + 2e^- \longrightarrow 2Br^-(aq)$	+1.09
	$Ag^+(aq)/Ag(s)$	$Ag^+(aq) + e^- \longrightarrow Ag(s)$	+0.80
	$Fe^{3+}(aq)/Fe^{2+}(aq)$	$Fe^{3+}(aq) + e^- \longrightarrow Fe^{2+}(aq)$	+0.77
	$I_2(s)/I^-(aq)$	$I_2(s) + 2e^- \longrightarrow 2I^-(aq)$	+0.54
	$Cu^{2+}(aq)/Cu(s)$	$Cu^{2+}(aq) + 2e^- \longrightarrow Cu(s)$	+0.34
	$H^+(aq)/H_2(g)$	$2H^+(aq) + 2e^- \longrightarrow H_2(g)$	0 (定義から)
	$Fe^{2+}(aq)/Fe(s)$	$Fe^{2+}(aq) + 2e^- \longrightarrow Fe(s)$	−0.44
	$Cr^{3+}(aq)/Cr(s)$	$Cr^{3+}(aq) + 3e^- \longrightarrow Cr(s)$	−0.74
	$Zn^{2+}(aq)/Zn(s)$	$Zn^{2+}(aq) + 2e^- \longrightarrow Zn(s)$	−0.76
	$Mg^{2+}(aq)/Mg(s)$	$Mg^{2+}(aq) + 2e^- \longrightarrow Mg(s)$	−2.37
強い還元剤	$Na^+(aq)/Na(s)$	$Na^+(aq) + e^- \longrightarrow Na(s)$	−2.71

Box 7・3 乾電池

湿式の電池の難点は,溶液(電解質)が漏れる可能性があることである.乾電池では,電解質は湿った糊状である.乾電池は,懐中電灯,携帯型音楽プレーヤーや時計などに使われる.乾電池の多くは,亜鉛と酸化マンガン(IV)の反応を使う.

$Zn(s) \longrightarrow Zn^{2+}(aq) + 2e^-$ (酸化)
$MnO_2(s) + H_2O(l) + e^- \longrightarrow$
　　$MnO(OH)(s) + OH^-(aq)$ (還元)

他の反応も起こるが,ここでは述べない.乾電池のしくみを,図7・5に示す.

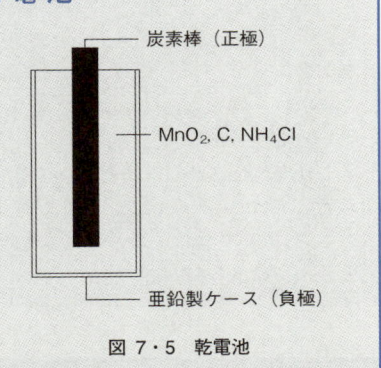

炭素棒(正極)
MnO_2, C, NH_4Cl
亜鉛製ケース(負極)

図 7・5 乾電池

ここで覚えておくべきことは,より正の電極電位をとる半反応が還元として起こり,より負の電極電位をとる半反応が酸化として起こることである.

簡単にこれを適用してみよう.**より負の(またはより小さい正の値の)** $E^{⦵}$ をとる半反応を上にして,両方の半反応を書き出す.そして,全体の反応が起こりうるかどうかを予測するために,**反時計回りの矢印を引く**.

例題 7・3

水素ガスは $Fe^{3+}(aq)$ を $Fe^{2+}(aq)$ に還元するだろうか.

▶解 答

より負の（またはより小さい正の値の）$E^{\ominus}$ をとる半反応を上にして，両方の半反応を書き出す．

$$2\,H^+(aq) + 2\,e^- \longrightarrow H_2(g) \qquad E^{\ominus} = 0.00\,V$$
$$Fe^{3+}(aq) + e^- \longrightarrow Fe^{2+}(aq) \qquad E^{\ominus} = +0.77\,V$$

反時計回りに矢印を引く．

$$2\,H^+(aq) + 2\,e^- \longrightarrow H_2(g) \qquad E^{\ominus} = 0.00\,V$$
$$Fe^{3+}(aq) + e^- \longrightarrow Fe^{2+}(aq) \qquad E^{\ominus} = +0.77\,V$$

矢印が示す方向は，H_2 が H^+ へ，そして，Fe^{3+} が Fe^{2+} に変わることを示す．したがって，予測される全体の反応は，以下のようになる．

$$H_2(g) + 2\,Fe^{3+}(aq) \longrightarrow 2\,Fe^{2+}(aq) + 2\,H^+(aq)$$

▶コメント

これから導かれる結論は，水素ガスが室温で $Fe^{3+}(aq)$ を $Fe^{2+}(aq)$ に還元できるということである．

しかし，**反応がどれほど速い（または遅い！）のか予測することはできない**ことに注意してほしい．反応は，遅くて何も起こっていないように見えるかもしれない．

さらに，$E^{\ominus}$ 値は乾燥した気体や固体では得られないので，この予測は溶液のみにしかあてはまらない

例題 7・4

臭素水（$Br_2(aq)$）は塩化カリウム水溶液（$Cl^-(aq)$）と反応するだろうか．

▶解 答

上と同じ手順に従う．

$$Br_2(aq) + 2\,e^- \longrightarrow 2\,Br^-(aq) \qquad E^{\ominus} = +1.09\,V$$
$$Cl_2(aq) + 2\,e^- \longrightarrow 2\,Cl^-(aq) \qquad E^{\ominus} = +1.36\,V$$

この場合，矢印の方向は $Br_2(aq)$ と $Cl^-(aq)$ がそのままであることを示している．室温では**反応しない**との結論が得られる．

→ 演習問題 71

7・6 金属の反応列

酸化還元対 $M^{n+}(aq)/M(s)$ の標準電極電位 $E^{\ominus}$ がより負になればなるほど，その金属はより強い還元剤となる．このことは，電子を放出しやすく，したがって，反応性がより高い金属であることを意味している．還元力に従って金属を並べることができるが，これは金属の**反応列**（active series）となる（表7・2）．列の上位の金属ほど，下位のものより反応性が高い．

溶液中の金属は，表中で下位にある金属イオンと反応する．水素も表中に含めてあるので，水溶液中での酸との金属の反応性を推定できる．すなわち，水素より上の金属が酸性溶液に加えられると反応が起こり，水素ガスが放出される．

強い還元性を示す金属（たとえばカリウム）を酸性溶液に加えてはならない．反応はきわめて激烈で危険である．

→ 演習問題 7J

表 7・2 金属の反応列

還元の半反応	$E^{\ominus}(M^{n+}(aq)/M(s))/V$
$K^+(aq)+e^-\longrightarrow K(s)$	-2.92
$Ca^{2+}(aq)+2e^-\longrightarrow Ca(s)$	-2.87
$Na^+(aq)+e^-\longrightarrow Na(s)$	-2.71
$Mg^{2+}(aq)+2e^-\longrightarrow Mg(s)$	-2.37
$Al^{3+}(aq)+3e^-\longrightarrow Al(s)$	-1.67
$Zn^{2+}(aq)+2e^-\longrightarrow Zn(s)$	-0.76
$Fe^{2+}(aq)+2e^-\longrightarrow Fe(s)$	-0.44
$Ni^{2+}(aq)+2e^-\longrightarrow Ni(s)$	-0.25
$Sn^{2+}(aq)+2e^-\longrightarrow Sn(s)$	-0.14
$Pb^{2+}(aq)+2e^-\longrightarrow Pb(s)$	-0.13
$2H^+(aq)+2e^-\longrightarrow H_2(g)$	0
$Cu^{2+}(aq)+2e^-\longrightarrow Cu(s)$	$+0.34$
$Ag^+(aq)+e^-\longrightarrow Ag(s)$	$+0.80$
$Au^+(aq)+e^-\longrightarrow Au(s)$	$+1.68$

7・7 鉄の腐食

さ び

鉄をはじめ，多くの金属は，空気や水と反応する（**腐食する**（corrode））．空気または水に対する金属の反応性は，還元電位から予測できる．中性溶液では，以下のようになる．

$$2H_2O(l) + 2e^- \longrightarrow H_2(g) + 2OH^-(aq) \qquad E^{\ominus} = -0.42\,V$$

鉄の場合は，以下のようになる．

$$\text{Fe}^{2+}(\text{aq}) + 2\,\text{e}^- \longrightarrow \text{Fe}(\text{s}) \qquad E^\ominus = -0.44\,\text{V}$$

$$\text{Fe}^{3+}(\text{aq}) + \text{e}^- \longrightarrow \text{Fe}^{2+}(\text{aq}) \qquad E^\ominus = +0.77\,\text{V}$$

したがって，純水が Fe(s) を $\text{Fe}^{3+}(\text{aq})$ に酸化する傾向はきわめて低い．

しかし，酸素が存在する場合には，以下の半反応が中性溶液（pH=7）で起こる（9・5節参照）．

$$\text{O}_2(\text{g}) + 4\,\text{H}^+(\text{aq}) + 4\,\text{e}^- \longrightarrow 2\,\text{H}_2\text{O}(\text{l}) \qquad E^\ominus = +0.82\,\text{V}$$

反時計回りの矢印を描くと，この反応を対とすることで，Fe を Fe^{2+} に，さらに Fe^{2+} を Fe^{3+} に，酸化しうることが確認される．

したがって，酸素と水はともに Fe を Fe^{2+} に酸化することが可能であり，そして，酸素はさらに Fe^{2+} を Fe^{3+} に酸化する．これらの反応は**さびの生成**（rusting）として知られている．

さびは，化学式 $\text{Fe}_2\text{O}_3 \cdot x\text{H}_2\text{O}$（$x$ はいろいろな組成を取りうることを示す）の茶色の不溶性化合物で，鉄が空気および水と反応する際に生成する．さびの生成には，酸素，水，水に溶けたイオン性物質（**電解質**（electrolyte））の存在を必要とする．これらのいずれか一つでも存在しない場合にはほとんどさびない．

→ 演習問題 7K

さびの防止

以下の方法が，鉄や鋼の腐食を防ぐために用いられる．

1）塗装，油脂の塗布，プラスチック被覆による空気や水からの金属表面の保護．

2）金属を，より反応性の高い金属（$E^\ominus$ が鉄より負の値をとる金属）で被覆する．これにより，たとえ被覆層が傷ついた場合も，より反応性の高い金属がそれに覆われていた金属に優先して電子を失う．亜鉛は，鉄のような金属を覆うのによく用いられる．これは，融解した亜鉛の中に鉄を浸すか，鉄に**電気めっき**（electroplating）をして被覆する．空気にさらされた亜鉛は，酸化亜鉛の膜で覆われて，**不動態**（passive）となり，さらなる腐食から保護される．金属を亜鉛の層で覆う方法は，**亜鉛めっき**（galvanizing）として知られている．

3）大きな物体（たとえば船やパイプ）に亜鉛めっきを施すのは，実際的ではない．その代わりに，マグネシウム（または亜鉛）のような反応性金属の塊を，対象とする大きな物体に取付ける．この場合も反応性金属から，優先的に酸素へと電子が失われる．金属を保護するこの方法は**犠牲的保護**（sacrificial protection）とよばれる．

→ 演習問題 7L

7・8 自然界における酸化還元反応
窒素固定

生命体は，動植物の体をつくる"レンガ"に相当するタンパク質をつくるために，窒素が必要である．窒素ガスは，空気のおよそ5分の4を占めていて豊富にあるが，不活性ガスであるため，大部分の生命体は空気から窒素を直接得ることはできない．窒素は，**窒素サイクル**（nitrogen cycle，図7・6）を通して，動植物が利用できるようになる．

大気の窒素は，特に不活性である．しかし，稲妻によりNOに酸化される．空気中の酸素はNOをNO_2に酸化し，これが雨水と反応して酸HNO_2とHNO_3を生成する．これらの酸は土中で金属酸化物および炭酸塩と反応して，硝酸塩や亜硝酸塩類を形成する．

植物は，硝酸塩やアンモニウムイオンの形で窒素を得る．硝酸塩は水に非常によく溶けて，たやすく植物の根に達する．そして，硝酸イオンは植物によって取込まれて，アンモニアに還元される．土壌中や，植物の根の**根粒**（nodule）中に生息する窒素固定細菌は，大気中の窒素をアンモニウム塩に転換（すなわち，**生物学的固定**（biological fixation））する．動物は植物を食べる．そして，どちらの生命体についても死んだときには，その有機物質は結局アンモニウム化合物に分解されていく．硝化細菌および脱窒素細菌は，アンモニウム化合物をNO_3^-とNO_2^-に，そしてN_2OやN_2へと転換する．このようにして，窒素は大気へ戻されて，サイクルは完成する．

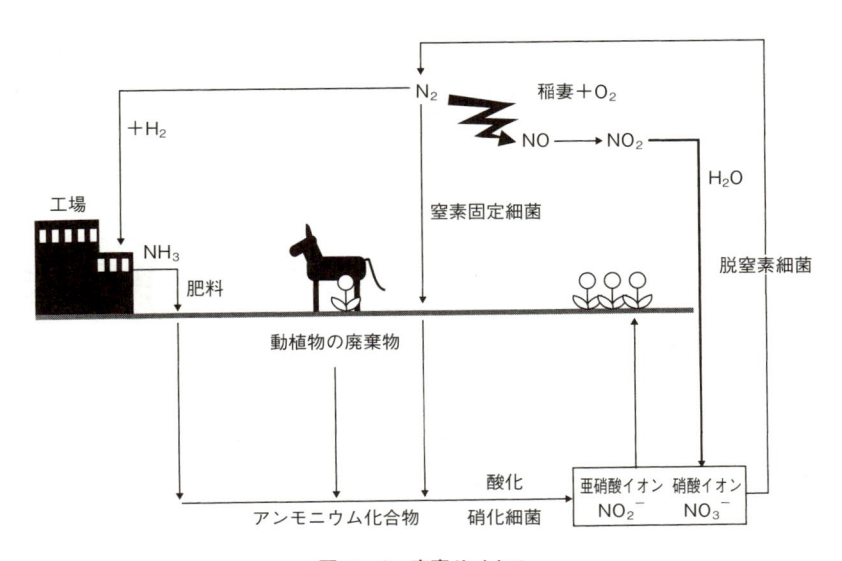

図7・6 窒素サイクル

> **Box 7・4　硝酸塩の検査方法**
>
> ある物質が硝酸イオン（NO_3^-）を含むと思われる場合，その物質を，水酸化ナトリウム溶液と**デバルダ合金**（Devarda's alloy）とともに加熱することで硝酸イオンの存在を確認できる．デバルダ合金はアルミニウムと銅のほぼ等量の混合物で，少量の亜鉛を含む．硝酸塩が存在すると，還元されてアンモニアが放出される．アンモニアは特有の刺激臭によって検知できる．また，アルカリ性の気体なので，湿った赤色リトマス試験紙を青くする．アンモニアの検出によって硝酸塩の存在を確認できる．
> 反応の酸化還元式は，
>
> $$8\,Al(s) + 3\,NO_3^-(aq) + 5\,OH^-(aq) + 18\,H_2O(l) \longrightarrow 8\,Al(OH)_4^-(aq) + 3\,NH_3(g)$$
>
> 6・3節の褐色環試験も参照．

植物が（ひいては動物が），窒素を利用可能なことは，食糧の生産に不可欠である．それが，肥料（アンモニウム塩と硝酸塩）が工業的に生産されている理由で，穀物への窒素の供給を助けるのが目的である．

ハーバー–ボッシュ法（Habor-Bosch process）は，鉄触媒を用いて窒素ガスをアンモニアへ還元する工業プロセスで，肥料生産の第一歩でもある．

$$3\,H_2(g) + N_2(g) \rightleftharpoons 2\,NH_3(g)$$

このプロセスは，高温と高圧を必要とするので，非常に費用がかかる．その費用が開発途上国の国々で，住民に食糧を供給するのを困難とする理由の一つでもある．一方，生物学的窒素固定は太陽エネルギーだけをエネルギー源とする．化学者たちは，現在，窒素固定細菌と同じようなしくみで働く触媒を発見しようと努力している．　　→演習問題 **7M**

生体システムにおける電子移動

光合成（photosynthesis）と**呼吸**（respiration）は，ともにエネルギー変換プロセスであり，酸化還元反応を含んでいる．

光合成は，植物が二酸化炭素と水を取入れて糖をつくるプロセスである．光合成は太陽エネルギーを必要とし，**クロロフィル**（chlorophyll，葉の中の緑色の物質）が触媒として作用する．酸素も生成する．

$$6\,CO_2(g) + 6\,H_2O(l) \longrightarrow C_6H_{12}O_6(s) + 6\,O_2(g)$$

光合成について詳しくは，20・10節を参照．

呼吸は，生命体が必要とするエネルギーを供給する反応である．これは，光合成の逆反

応である．

$$C_6H_{12}O_6(s) + 6\,O_2(g) \longrightarrow 6\,CO_2(g) + 6\,H_2O(l)$$

エネルギーは光合成の際にブドウ糖として貯蔵されて，呼吸の際に放出されるのである．

呼吸は一連の酸化還元反応を含み，そのうちのいくつかは**シトクロム**（cytochrome）とよばれる鉄を含む物質が関与している．シトクロムは電子の運び手である．より強い還元剤から電子を受け入れて，より強い酸化剤に電子を与える．シトクロム中の鉄は Fe^{3+}（酸化型）と Fe^{2+}（還元型）の間を"行きつ戻りつ"する．緑色植物の光合成でも，シトクロムと同様の物質が電子の輸送に用いられる．

この章の発展教材が，ウェブサイトにある．電気分解については Appendix 7 を参照．

8 モル

8・1 分子質量
8・2 モル
8・3 質量パーセント組成
8・4 結晶水
8・5 反応式からの量の計算
8・6 気体の体積の計算
8・7 収率
8・8 制限試薬

この章で学ぶこと

- 化学者がモルを使う理由
- モルを使った質量や気体の体積などの化学的な計算方法
- パーセント収量の定義
- どの物質が化学反応を制限する試薬であるかを見つける方法

8・1 分子質量

分子質量(molecular mass)の概念は3章で述べた．これは，原子質量単位で表した物質1分子の質量である．分子質量は構成原子の原子質量から求める．おもな元素のおおよその原子質量を表8・1に示す．厳密な場合を除いて，計算にはこれらを使ってよい．

分子質量の計算例

$$m(H_2O) = 1 + 1 + 16 = 18\,u$$
$$m(C_6H_5Cl) = (6 \times 12) + (5 \times 1) + (35.5) = 112.5\,u$$
$$m(H_2SO_4) = (2 \times 1) + (32) + (4 \times 16) = 98\,u$$

塩化ナトリウム（Na^+,Cl^-）や硝酸銅(II)（$Cu^{2+},2NO_3^-$）のようなイオンから成る物質（分子ではない）については，用語としての"分子質量"は厳密には適切ではない．しかし，これらの物質の"式量"も中性分子と同様の方法で計算する．例は次の通りである．

$$m(Na^+,Cl^-) = 23 + 35.5 = 58.5\,u$$
$$m(Cu^{2+},2NO_3^-) = 63.5 + 2 \times (14 + 16 + 16 + 16) = 187.5\,u$$

→ 演習問題 8A

表 8・1 おもな元素のおおよその原子質量

元素	元素記号	おおよその原子質量/u	元素	元素記号	おおよその原子質量/u
水素	H	1	カルシウム	Ca	40
ヘリウム	He	4	鉄	Fe	56
炭素	C	12	ニッケル	Ni	59
窒素	N	14	銅	Cu	63.5
酸素	O	16	亜鉛	Zn	65
フッ素	F	19	臭素	Br	80
ネオン	Ne	20	銀	Ag	108
ナトリウム	Na	23	スズ	Sn	119
マグネシウム	Mg	24	ヨウ素	I	127
アルミニウム	Al	27	バリウム	Ba	137
リン	P	31	金	Au	197
硫黄	S	32	水銀	Hg	201
塩素	Cl	35.5	鉛	Pb	207
カリウム	K	39	ウラン	U	238

8・2 モ ル

モ ル

どのようにしたら化学者かどうかがわかるだろうか．一つの簡単な方法は，"モルとは何か"，と尋ねることである．庭師は"芝生に穴を掘る毛で覆われた小さな動物（モグラ）"，医者や看護士は"皮膚の上の暗い点（ほくろ）"，会社の経営者は"スパイ"，と答えるかもしれない．化学者は**常に**，"粒子の集まり"と答えるか，もっと厳密に，"6×10^{23} 個より少し多い数の粒子"と答えるだろう．化学者が反応する物質の量を計算しなければならないときには，いつもモルを使う（モルで考える！）．そのため，化学者はためらいなく先のように答える．

なぜ，化学者はモルを使わなければならないのだろうか．次の反応を考えてみよう．

$$A + B \longrightarrow AB$$

この反応式が意味することは，すでに学んだ．Aの1粒子がBの1粒子と反応して化合物ABの1粒子が生成するということである．化学者が，ある量のBとちょうど反応する正確な量のAを使いたい，つまり，AまたはBが過剰に残らないようにしたいとすると，同数のAとBの粒子を反応させなければならない．これらの粒子は，原子，分子，あるいはイオンである．これらの粒子は非常に小さく，関係する量が実際的なものであるためには，莫大な数のA粒子に，それと同数のB粒子を加えなければならない．

実験室の天秤はグラム単位で物質の量を測れるが，原子や分子，イオンを，たとえば1gのAと反応させるために1gのBを量り取っても役に立たない．なぜなら，AとBが異なる物質なら，それぞれの粒子の質量も異なるからである．したがって同じ質量のA

とBは，同じ数の粒子を含むわけではない．しかし，どのような物質でも1モルなら同数の粒子を含むので，化学者はモルを用いる．物質量の**名称**が**モル**（mole）で，単位記号がmolである点に注意してほしい＊．

アボガドロ定数

1 mol の物質中の粒子（原子，分子，イオン）の数は，次のように定義される．

正確に12グラムの炭素-12中の原子の数

この数は非常に大きくて，実験によって次の通りであることがわかった．

$$602{,}200{,}000{,}000{,}000{,}000{,}000{,}000 \quad \text{すなわち} \quad 6.022 \times 10^{23}$$

（6×10^{23} mol^{-1} と近似されることも多い）

この値は**アボガドロ定数**（Avogadro's constant）とよばれ，N_A と表される．表 8・1 から，

$$m(\text{C}) = 12\,\text{u} \qquad m(\text{H}_2\text{O}) = 18\,\text{u}$$
$$m(\text{He}) = 4\,\text{u} \qquad m(\text{H}_2) = 2\,\text{u}$$

であるから，以下のように考えることができる．

● 炭素1原子はヘリウム1原子の3倍重い．したがって，炭素1000原子はヘリウム1000原子の3倍重い．よって，炭素の試料がヘリウムの試料の3倍の質量であるならば，原子数は同じでなければならない．このため，12 g の炭素と 4 g のヘリウムは，それぞれ同数の原子を含まなければならない．この原子数が N_A である．同様に

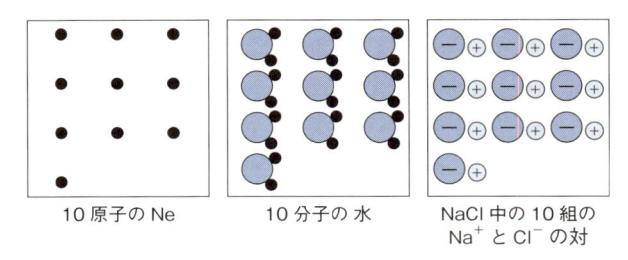

| 10原子の Ne | 10分子の水 | NaCl 中の 10 組の Na$^+$ と Cl$^-$ の対 |

図 8・1 等しいモル数のネオン，水，および塩化ナトリウム

＊ 2019年に国際単位系（SI）の定義が変更され，SI基本単位は新たに定義値とされた基礎物理定数に基づいて表されることになった．アボガドロ定数は，そのような基礎物理定数の一つであり $N_A = 6.02214076 \times 10^{23}$ mol^{-1} と厳密に定義され，これに基づいて $6.02214076 \times 10^{23}$ 個の粒子（原子，分子，イオン）を1 molと定義することになった．したがって，12グラムの炭素-12は厳密には1 molではない．しかし，定義の変更による数値の差は無視できるほど小さいので，本書では，これまでの定義のまま，モルの考え方と取扱い方を議論する．

考えると，以下の結論が導かれる．

- 水 1 分子はヘリウム 1 原子の 4.5 倍重いので，18 g の水は N_A 個の水分子を含み，4 g のヘリウムは N_A 個のヘリウム原子を含む．
- ヘリウム 1 原子は水素 1 分子の 2 倍重いので，4 g のヘリウムは N_A 個のヘリウム原子を含み，2 g の水素は N_A 個の水素分子を含む．

一般化すると，N_A 個の粒子から成る物質の質量は，グラムで表される物質の原子質量または分子質量と，数値の上で等しい．この質量はその物質の 1 モルの質量なので**モル質量**（molar mass）とよばれる．

モル質量の記号は M で，単位は通常は 1 モル当たりのグラム数（$g\,mol^{-1}$）である．たとえば，次のように表す．

$$M(H_2O) = 18\,g\,mol^{-1}$$

表 8・2 および図 8・1 を参照．

→ 演習問題 8B

表 8・2 種々の物質の質量，モル質量，モルで表した物質量の関係
（簡単のために，N_A は $6 \times 10^{23}\,mol^{-1}$ とした）

物　質	物質の質量 /g	物質の化学式	モル質量 /g mol^{-1}	物質量 / mol	粒子数 / 個
炭　　　　素	12	C	12	1	6×10^{23}
炭　　　　素	120	C	12	10	6×10^{24}
酸 素 ガ ス	32	O$_2$	32	1	6×10^{23}
酸 素 ガ ス	3.2	O$_2$	32	0.1	6×10^{22}
塩化ナトリウム	58.5	NaCl	58.5	1	6×10^{23} *
塩化ナトリウム	0.0585	NaCl	58.5	0.001	6×10^{20} *
ベ ン ゼ ン	78	C$_6$H$_6$	78	1	6×10^{23}
ベ ン ゼ ン	7800	C$_6$H$_6$	78	100	6×10^{25}

* Na$^+$, Cl$^-$ イオンの対の数．

モル，モル質量と物質の質量の関係

物質の質量をモルに換算するには，以下の式を用いる．

$$\text{モルで表した物質量} = \frac{\text{質量}}{\text{モル質量}}$$

モル質量の単位が $g\,mol^{-1}$ であることに注意すると，質量の単位はグラムでなければならない．

この式の別形も役立つ．

$$\text{モル質量} = \frac{\text{質量}}{\text{モルで表した物質量}}$$

あるいは，

$$\text{質量} = \text{モルで表した物質量} \times \text{モル質量}$$

例題 8・1

何 mol の硫酸銅(II)五水和物（$CuSO_4 \cdot 5H_2O$）が 5.00 g の試料に含まれるか．

▶解 答
$$m(CuSO_4 \cdot 5H_2O) = (63.5 + 32 + 4 \times 16 + 5 \times 18) = 249.5 \, u$$
したがって，
$$M(CuSO_4 \cdot 5H_2O) = 249.5 \, g \, mol^{-1}$$

$$\text{モルで表した硫酸銅の量} = \frac{\text{質量}}{\text{モル質量}} = \frac{5.00}{249.5} = 0.0200 \, mol$$

例題 8・2

0.059 mol の炭酸カルシウム（$CaCO_3$）が実験に必要である．どれだけの質量の $CaCO_3$ が必要か．

▶解 答
$$M(CaCO_3) = 100 \, g \, mol^{-1}$$
よって，
$$\text{炭酸カルシウムの質量} = \text{モルで表した炭酸カルシウムの量} \times \text{モル質量}$$
$$= 0.059 \times 100 = 5.9 \, g$$

例題 8・3

炭素と水素を含む 0.20 mol の化合物の質量は 3.2 g であった．化合物の分子質量はどれだけか．また，その化学式としてはどのようなものが考えられるか．

▶解 答
$$\text{モル質量} = \frac{\text{質量}}{\text{モルで表された物質量}} = \frac{3.2}{0.20} = 16 \, g \, mol^{-1}$$
$M(\text{化合物}) = 16 \, g \, mol^{-1}$ なので，$m(\text{化合物})$ は 16 u となる．
炭素の原子量は 12 である．分子は，メタン（CH_4）と考えられる．
$$m(CH_4) = 12 + 1 + 1 + 1 + 1 = 16 \, u$$

▶コメント
　混乱する可能性がある場合には，関係する物質を正確に述べるように常に注意すべきである．たとえば，"水素 1 mol" という表現は，1 mol の H 原子と 1 mol の H_2 分子の両方を意味する．これらのモル質量は異なり，それぞれ 1 g mol^{-1} および 2 g mol^{-1} である．

➔ 演習問題 8C

アボガドロ定数を推定する簡単な実験

油は，水の表面に広がりうる限り広がる．理論的には，1分子の厚さの層になるまで広がる．以下の実験で用いる油は，オレイン酸（$C_{18}H_{34}O_2$（図8・2））である．

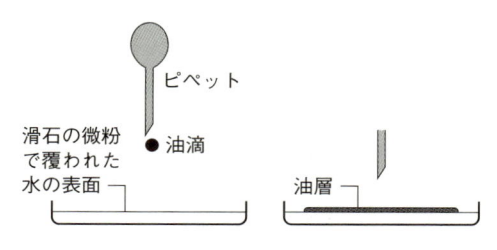

図 8・2 アボガドロ定数の推定のための実験

適当な大きさの容器中の水の表面に滴下した1滴の油滴は，円形の層となって広がっていく．事前に，水面を滑石の微粉で覆っておくと，油層の直径を物差しで測ることができる．油層を1分子厚と仮定すると，油分子のおよその厚みと油層の広がりから，アボガドロ定数 N_A を求めることができる．結果の例を以下に示す．

油分子の厚みの計算

油滴の体積 $= y \, \text{cm}^3$

油の密度 $= 0.891 \, \text{g cm}^{-3}$

水面の油層の直径 $= d \, \text{cm}$

水面の円形の油層の面積 $= \pi r^2 = \pi \times (d/2)^2 \, \text{cm}^2$

油層の体積 $\pi r^2 h = \pi \times (d/2)^2 \times h$（油層を1分子厚の高さの円筒とみなす．ここで，1分子の厚み $= h$）．

油層の体積は油滴の体積と等しいので，

$$y = \pi \times (d/2)^2 \times h$$

これから，h（油1分子の厚み）は計算できる．

アボガドロ定数 N_A の値の推定

分子が立方体（1辺 h）であると仮定する．すると，

分子の体積 $= h^3$

油の分子質量 $= 282$

$$1 \, \text{mol の油の体積} = \frac{\text{モル質量}}{\text{密度}} = \frac{282}{0.891}$$

したがって，

$$N_{\mathrm{A}} = \frac{\text{分子 1 mol の体積}}{\text{1 分子の体積}}$$

この計算から得られる答は，N_{A} がどの程度の**大きさ**かを考えるためのものである．そのため上記の推定の中には極端な単純化がいくつか含まれている．たとえば，油層が1分子厚であるという仮定がそうである．

→ 演習問題 8D

実験による化学式の決定

実験によって化学式を決定するためには，各元素のそれぞれ何モルが互いに結びついて化合物をつくっているのかを知る必要がある．金属マグネシウムの一片（**マグネシウムリボン**）を，すべてのマグネシウムが酸素と結合するまで空気中で熱する．実験の操作手順を図 8・3 に示す．

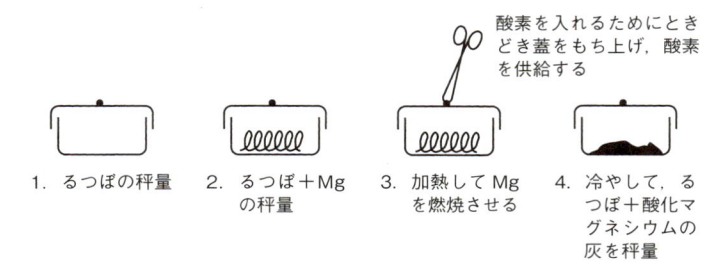

図 8・3 酸化マグネシウムの化学式の決定についての実験

結果の例を以下に示す．

るつぼの質量 = 20.40 g
（るつぼ + マグネシウム）の質量 = 22.26 g
（るつぼ + 酸化マグネシウム）の質量 = 23.52 g

以下の問（括弧内は答）に答えていくことで，酸化マグネシウムの化学式を求めることができる．

1) 実験で使われたマグネシウムの質量を求めよ（22.26−20.40＝1.86 g）．
2) 1) の答について，マグネシウム原子は何モルかを計算せよ（1.86/24＝0.078）．
3) 生成した酸化マグネシウムの質量を求めよ（23.52−20.40＝3.12 g）．
4) マグネシウムと結合した酸素の質量を求めよ（3.12−1.86＝1.26 g）．
5) 4) の答について，酸素原子は何モルかを求めよ（1.26/16＝0.079）．
6) マグネシウム原子の物質量（mol）の酸素原子の物質量（mol）に対する比率（0.078：0.079）を整数としたとき，どのようになるのか（ほぼ正確に 1：1）．

7) 酸化マグネシウムの組成式は，したがって，MgO である．

8・3 質量パーセント組成

化合物中のある元素のパーセント組成は，化合物の化学式とその元素の原子質量から求めることができる．これは，より正確には，元素の**質量パーセント組成**（percentage composition by mass）とよばれる．

元素の質量パーセント組成は次式の通りである．

$$\frac{\text{元素のモル質量} \times \text{化合物の化学式に現れるその元素の原子数}}{\text{化合物のモル質量}} \times 100$$

例題 8・4

硝酸アンモニウム NH_4NO_3 中の窒素の量を質量パーセント組成として求めよ．

▶ **解 答**

$$m(N) = 14\,u$$
$$m(NH_4NO_3) = 14 + (4\times1) + 14 + (3\times16) = 80\,u$$
$$N \text{ の原子数} = 2$$

したがって，質量パーセント組成 $= \dfrac{14\times2}{80} \times 100 = 35\,\%$

→ 演習問題 8E

最も簡単な化学式（実験式）

質量パーセント組成が化合物の化学式から計算できるように，化合物についての最も簡単な化学式も，おのおのの元素の質量パーセント組成から求めることができる．最も簡単な化学式は**実験式**（empirical formula）とよばれる．"empirical" は "実験結果から得られる" ことを意味している．最も簡単な実験式を見つけるには，次のようにする．

1) 化合物に含まれる元素の元素記号を書き出す．
2) 元素記号の下にそれぞれの元素のパーセント組成を記す．
3) モル比を得るために，それぞれのパーセント組成をその元素のモル質量（原子質量，単位はグラム）で割る．
4) 化合物の化学式を推定するために，最も簡単な整数のモル比を見つける．

例題 8・5

質量で 27.3 % の C と 72.7 % の O を含む化合物について最も簡単な化学式すなわち，

実験式を求めよ.

▶解 答

元 素	C	O
パーセント組成	27.3	72.7
モル質量で割る	$\dfrac{27.3}{12}$	$\dfrac{72.7}{16}$
モル比	2.3	4.5
最も簡単な整数比(これはモル比の最小の数値で割ることでたいてい得られる)	$\dfrac{2.3}{2.3}$	$\dfrac{4.5}{2.3}$
整数比にする	1	2

よって,この化合物の最も簡単な化学式は CO_2 である.

▶コメント

化合物中の元素組成はある質量の化合物中の元素の質量として与えられることがある.この場合も手順は同じであるが,パーセント組成の代わりに質量そのものを用いる.

→ 演習問題 8F

分子式を求める

最も簡単な化学式(実験式)は,必ずしも真の分子式ではない.単に,物質に含まれる原子についての最も簡単な比率に過ぎない.たとえば,窒素と水素の質量パーセント組成からヒドラジン(N_2H_4)の最も単純な化学式を求めると,NH_2 となる.分子式を得るためには実験式に加えて分子質量が必要となる.

例題 8・6

ジクロロエタンの分子質量は 99 u である.試料の分析から,24.3 % の炭素,4.1 % の水素,71.6 % の塩素が含まれていることがわかった.分子式はどのようになるか.

▶解 答

最も簡単な化学式を計算する.

元 素	C	H	Cl
パーセント組成	24.3	4.1	71.6
モル質量で割る	$\dfrac{24.3}{12}$	$\dfrac{4.1}{1}$	$\dfrac{71.6}{35.5}$
モル比	1	2	1

したがって，最も簡単な化学式は CH_2Cl である．
CH_2Cl のモル質量＝$12+(2\times 1)+35.5=49.5$ u，なので，ジクロロエタンの分子式ではない．
原子数の比率を維持するために，それぞれの原子数に2を掛けると $C_2H_4Cl_2$ を得る．この分子質量は，

$$(2\times 12)+(4\times 1)+(2\times 35.5)=99\text{ u}$$

よって，ジクロロエタンの分子式は $C_2H_4Cl_2$ である．

➡ 演習問題 8G

8・4 結晶水

ある種のイオン性の化合物の化学式は $AB \cdot nH_2O$ と表される．ここで"・nH_2O"は結晶格子中のおのおのの AB の対に水 n 分子を伴っていることを示す．水は格子中に含まれるので，物質自体は触れても完全に乾燥している．しかし，**結晶水**（water of crystallization）を含んでいるので，これを**水和物**という．結晶水は強熱することで除去され（**脱水和**（dehydration）），残留物は，もはや結晶水を含まず，**無水物**（anhydride）とよばれる．

硫酸銅(II)（$CuSO_4 \cdot 5H_2O$）の青い結晶は，加熱により白い硫酸銅(II)無水物となる．

$$CuSO_4 \cdot 5H_2O(s) \longrightarrow CuSO_4(s) + 5H_2O(l)$$
　　　　　青　　　　　　　　　　白

硫酸銅(II)無水物に水を加えると，再び青くなる．
よく知られた結晶水を含む物質には次のようなものがある．

　炭酸ナトリウム十水和物（洗濯ソーダ）：$Na_2CO_3 \cdot 10H_2O$
　硫酸マグネシウム七水和物（エプソム塩）：$MgSO_4 \cdot 7H_2O$

➡ 演習問題 8H

8・5　反応式からの量の計算
質量の計算

化学反応式が以下の情報を与えることはすでに学んだ．
　1）反応物と生成物の化学組成．
　2）反応に関係する分子数についての最も簡単な整数で表される量関係．
ここでモルの概念を用いることで，関係する元素の原子質量から，化学反応に関係する物質の質量を求めることができる．

例題 8・7

10 g のアルミニウムが完全に反応してヨウ化アルミニウム（Al_2I_6）となるには，どれだけの質量のヨウ素が必要か．

▶解 答
係数を合わせた反応式を書く．

$$2\,Al(s) + 3\,I_2(s) \longrightarrow Al_2I_6(s)$$

反応に関与する分子の関係を考える．

$$2\,原子の\,Al + 3\,分子の\,I_2 \longrightarrow 1\,分子の\,Al_2I_6$$

また次のように書くこともできる．

$$4\,原子の\,Al + 6\,分子の\,I_2 \longrightarrow 2\,分子の\,Al_2I_6$$

または，

$$200\,原子の\,Al + 300\,分子の\,I_2 \longrightarrow 100\,分子の\,Al_2I_6$$

さらにまた，

$$2 \times 6.022 \times 10^{23}\,原子の\,Al + 3 \times 6.022 \times 10^{23}\,分子の\,I_2$$
$$\longrightarrow 1 \times 6.022 \times 10^{23}\,分子の\,Al_2I_6$$

最後の式は，また，次のように書くこともできる．

$$2\,mol\,Al + 3\,mol\,I_2 \longrightarrow 1\,mol\,Al_2I_6$$

モル質量，$M(Al) = 27$ g mol^{-1}，$M(I) = 127$ g mol^{-1} を用いて，モルをグラムに転換する．

$$2 \times 27\,g\,Al + 3 \times 254\,g\,I_2 \longrightarrow 1 \times 816\,g\,Al_2I_6$$

すなわち，

$$54\,g\,Al + 762\,g\,I_2 \longrightarrow 816\,g\,Al_2I_6$$

ここで，グラムで表された反応物と生成物の量の比率が得られた．

問題では，アルミニウムは 10 g なので，上記の比率を使うと，ヨウ素とヨウ化アルミニウムの質量はどれだけとなるのだろうか．

アルミニウム 1 g では，

$$1\,g\,Al + \frac{762}{54}\,g\,I_2 \longrightarrow \frac{816}{54}\,g\,Al_2I_6$$

したがって，アルミニウム 10 g では，

$$10 \text{ g Al} + \frac{762 \times 10}{54} \text{ g I}_2 \longrightarrow \frac{816 \times 10}{54} \text{ g Al}_2\text{I}_6$$

すなわち，

$$10 \text{ g Al} + 141 \text{ g I}_2 \longrightarrow 151 \text{ g Al}_2\text{I}_6$$

すなわち，アルミニウム 10 g は，141 g の I_2 と反応する．

▶コメント

理解しやすくするために，簡単なステップごとに計算してそれを書き下すようにする．実際には，明らかに省略できるステップもある．また，この場合には，問題として尋ねられていないので，Al_2I_6 を含む計算は無視できる．問題はアルミニウムとヨウ素の関係を尋ねているだけである．

→ 演習問題 8I

8・6 気体の体積の計算

気体が反応に関与しているとき，その量を求めるには，重量を測定して質量を求めるよりも，その体積を測定するほうが容易である．これまでに紹介してきた方法を使って，化学反応で消費されたり，あるいは生成した気体の質量を計算することができる．しかし，関与する気体の体積を計算することのほうが便利なことが多い．

ここで，次のことを覚えておくとよい．

どのような気体でも 1 モルでは，室温，常圧で 24 dm^3 の体積を占める．

"室温"は 20 ℃，すなわち 293 K，常圧は 1 atm，すなわち 101 325 Pa とする（パスカル（Pa）は圧力の SI 単位である．10・3 節参照）．

例題 8・8

50 g の炭酸カルシウムを分解することによって得られる二酸化炭素の室温，常圧での体積はどれだけか．

▶解 答

係数を合わせた化学反応式を書く．

$$CaCO_3(s) \longrightarrow CaO(s) + CO_2(g)$$

対象となる物質間のモル関係を考える．

$$1 \text{分子の } CaCO_3 \longrightarrow 1 \text{分子の } CO_2$$

このため,

$$1 \text{ mol } CaCO_3 \equiv 1 \text{ mol } CO_2$$

"→"は,反応式で示された量関係に従って"反応する"あるいは"反応して生成する"を意味する"≡"で,置き換えることができる点に注意する.対象の物質間のモル関係について考える.

気体の体積について尋ねられているので,炭酸カルシウムについてはモルをグラムに,二酸化炭素についてはモルを立方デシメートルに換算する.

$$100 \text{ g } CaCO_3 \equiv 24 \text{ dm}^3 \text{ } CO_2$$

よって,

$$50 \text{ g } CaCO_3 \equiv 12 \text{ dm}^3 \text{ } CO_2$$

だから,12 dm^3 の CO_2 が生成する.

→ 演習問題 8J

8・7 収　率

実験室で既知量の反応物を反応させたとする.予想される生成物の量を求めるのに,前述の計算方法を用いることができる.実際には,特に有機化学において,計算で求められる収量を得るのは,次のような理由できわめて難しいことが多い.

1) 反応物や生成物の実験操作中の損失.
2) 他の生成物をつくる副反応との競合.
3) 後で示すように,いくつかの反応(**可逆**(reversible)反応または**平衡**(equilibrium)反応)では,反応物が完全に生成物に変化(**反応が完了**)するわけではない.

したがって,実験で得られる生成物の収量は予想より低いだろうし,ときには,著しく低いこともある.合成実験を行ったときは,普通,収率(パーセント収量)を求める.

$$収率 = \frac{実験による収量}{理論的な収量} \times 100 \text{ \%}$$

実験による収量は得られた生成物の質量であり,理論的な収量は係数を合わせた化学反応式から計算して得た生成物の質量である.

例題 8・9

メタンは,酸素を十分に供給した状態で燃焼(**完全燃焼**)させると,二酸化炭素と

水に変化する．

$$CH_4(g) + 2\,O_2(g) \longrightarrow CO_2(g) + 2\,H_2O(l)$$

酸素ガスの供給を制限した状態で 16 g の CH_4 を燃焼させたとき，10 g の CO_2 が得られた．二酸化炭素の収率はどれだけだろう．

▶解 答

化学反応式から二酸化炭素の理論的な収量を計算する．

$$CH_4(g) + 2\,O_2(g) \longrightarrow CO_2(g) + 2\,H_2O(l)$$

1 mol の $CH_4(g)$ は 1 mol の $CO_2(g)$ を生成する．
16 g の $CH_4(g)$ は 44 g の $CO_2(g)$ を生成する．

$$\begin{aligned}
CO_2 \text{の収率} &= \frac{\text{実験での収量}}{\text{理論的な収量}} \times 100 \\
&= \frac{10}{44} \times 100 \\
&= 23\,\%
\end{aligned}$$

▶コメント

酸素の供給を制限すると，すべてのメタンが二酸化炭素に転換されるのではなく，一酸化炭素とすす（炭素）も同時に生成する．この場合，**不完全燃焼**となる．

→ 演習問題 8K

8・8 制 限 試 薬

これまでに，反応において，しょっちゅう特定の試薬が**過剰**（in excess）であると記してきた．過剰とは，他の反応物と反応するのに十二分の物質量であることを意味している．このような条件下では，過剰量では**ない**試薬が生成物の量を決める．このような試薬は**制限試薬**（limiting reagent）とよばれる．

例題 8・10

制限試薬の概念を理解するために，ビスケットの箱詰めを考える．おのおのの箱に 10 個のビスケットが入るならば，"反応"は，

　　1 箱の空箱 ＋ 10 個のビスケット ⟶ 1 箱の箱詰めビスケット

25 箱の空箱と 200 個のビスケットがあるとする．どれだけの箱入りのビスケットを製造することができるだろうか．

▶ 解 答

5箱の空箱を残して,20箱のビスケット箱詰めができ上がる.この時点で,すべての箱を一杯にするだけのビスケットはない.ビスケット(制限試薬)の数は,つくることができる箱詰めビスケットの数を制限している.

▶ コメント

12箱の空箱と150個のビスケットの場合は,12箱の箱入りビスケットと30個のビスケットが残る.今度は,制限試薬は空箱である.

化学反応では,おのおのの試薬について正確な量(係数を合わせた化学反応式によって知られる)で一緒に反応させない限り,常に一つの試薬が生成物の量を制限する.制限試薬は,用いる反応物の量の比率を,係数を合わせた化学反応式から得られる反応物の量の比率と比較することで,特定することができる.

例題 8・11

銅は反応式,

$$Cu(s) + 2\,AgNO_3(aq) \longrightarrow Cu(NO_3)_2(aq) + 2\,Ag(s)$$

に従って硝酸銀溶液と反応する.銅 0.50 mol を硝酸銀 1.5 mol に加えるとすると,どちらが制限試薬であり,何 mol の銀が生成するのか.

▶ 解 答

どちらが制限試薬かを決める.
化学反応式によると,1 mol Cu ≡ 2 mol $AgNO_3$ である.よって,

$$0.50\ \text{mol Cu} \equiv 2 \times 0.50 = 1.0\ \text{mol AgNO}_3$$

しかし,存在するのは,Cu 0.50 mol と $AgNO_3$ 1.5 mol である.したがって,$AgNO_3$ は過剰に存在し,Cu が制限試薬である.

生成する銀のモル数を計算する.
生成物の量を求めるには制限試薬の量を使う.反応式より,1 mol Cu ≡ 2 mol Ag である.したがって,

$$0.50\ \text{mol Cu} \equiv 2 \times 0.50 = 1.0\ \text{mol Ag}$$

よって,Ag 1.0 mol が生成する.

→ 演習問題 8L

Box 8・1　アボガドロ

アボガドロ (Lorenzo Romano Amedeo Carlo Avogadro de Quaregnae di Cerreto, 1776〜1856) は, 括弧内に記したように, 非常に印象的な名前だったが, 同じくらい印象的な知識人であった. 彼は16歳で法学を修めて大学を卒業し, 20歳で博士号を授与された. しばらく弁護士を務めたが, 科学と数学に興味をもつようになり, 結局, これらの科目を教えるために法律をやめた.

彼は, ある体積の酸素ガスはいつもその2倍の体積の水素ガスと反応して水を生成することを, 文献で知った. 温度が十分に高いと水は水蒸気として生成し, その体積は正確に2倍であった. 彼は, 水素ガスの2個の粒子が酸素ガスの1個の粒子と反応して2個の水の粒子が生成したに違いないと結論した. 有名な化学者であったゲイ-リュサックが反応気体の体積を測定した実験結果を見て, アボガドロは以下の法則 (10・3節参照) に至った.

等しい体積 (同じ温度と圧力で) の異種の気体は同数の粒子を含んでいる.

彼は気体の粒子のことを**分子** (molecule) とよんだ. アボガドロの法則を反応気体の体積に適用すると, その化学式を推定することが可能となる. しかし, 彼の法則は, 彼の晩年まで, 科学の世界では高く評価されることはなかった.

知っていましたか

モルという量は通常は小さな粒子に適用されるが, 実はどのようなものについても使うことができる. 広く使われない理由は, あまりに膨大な数となるのためである.

たとえば, 地球上のあらゆる人 (60億人) で, 生まれたときに1モルポンドのお金を等しく分けたとする. みんなが80歳まで生きるとして, みんなが一文無しで死ぬには1秒当たりおよそ40,000ポンドをつかわなければならないことになる. これは貯蓄をして得る利子を除いての話である！

9 濃度の計算

9・1 溶液の濃度
9・2 標準溶液
9・3 容量分析
9・4 いろいろな濃度の単位
9・5 pH

この章で学ぶこと

- 適切な単位を用いた溶液の濃度の表示法
- 溶液の濃度を求めるための容量分析の例
- "pH"の意味

9・1 溶液の濃度

係数を合わせた化学反応式の反応物や生成物について，固体の質量または気体での体積を計算する方法はすでに述べた．溶液が反応に関与しているならば，どうなるだろうか．水溶液は濃いことも薄いこともある．つまり，図9・1に示すように，所定量の水には，大量の固体が溶けていることもあるし，小量の固体しか溶けていないこともある．

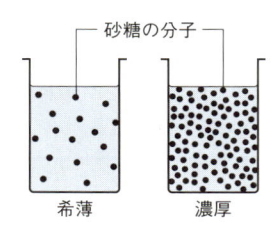

図 9・1 二つの相異なる濃度の砂糖溶液

どのように，溶液の濃度を表すことができるだろうか．

モル濃度

溶液の濃度は，一般に，モル・パー・立方デシメートル（mol dm^{-3}）で表される．たとえば，濃度 1 mol dm^{-3} の塩化ナトリウム溶液には，**溶液** 1 dm^3 に NaCl 1 mol（すなわち 23+35.5＝58.5 g の質量）が含まれている．ここで，水 1 dm^3 ではなく"溶液"1 dm^3

であることに注意しよう．水 1 dm³ に 58.5 g の NaCl を溶かした混合物とは，まったく**違うものである**．

年齢や国によって異なる教科書が使わるので，本によっては，濃度の単位が M（モル濃度）または mol L⁻¹（リットル当たりのモル）で記されていることもある．これらの単位は mol dm⁻³ と同じことを意味している．

モル濃度の例のいくつかを以下に示す．

1）濃度 2.00 mol dm⁻³ の塩化ナトリウムの溶液には，溶液 1 dm³ に 2.00 mol（または 2.00×58.5＝117 g）の NaCl が溶解している．
2）濃度 0.500 mol dm⁻³ の塩化ナトリウム溶液は，1 dm³ の溶液中に 0.500 mol（または 0.500×58.5＝29.3 g）の NaCl を含む．

一般に溶液では，

$$物質量(\text{mol}) = 体積 \times モル濃度$$

となる．**この式を使う場合，体積を dm³ で表すと，濃度は mol dm⁻³ である．**

この式を以下のように変形して使う必要がある場合がある．

$$体積 = \frac{物質量(\text{mol})}{モル濃度}$$

あるいは，

$$モル濃度 = \frac{物質量(\text{mol})}{体積}$$

例題 9・1

250 cm³ の溶液中に 0.1 mol の NaOH を含む水酸化ナトリウム（NaOH）溶液の濃度はどれだけか．

▶**解　答**

$$\text{NaOH の量(mol)} = 体積 \times モル濃度$$

1 dm³＝1000 cm³ に注意して，この式に代入する．dm³ に変換するには 250 cm³ を 1000 で割らなければならない．

$$0.1 = \frac{250}{1000} \times モル濃度$$

したがって，NaOH 溶液の濃度は，

$$\frac{1000 \times 0.1}{250} = 0.4 \text{ mol dm}^{-3}$$

Box 9・1　純粋な固体や純粋な液体の濃度

濃度は mol dm^{-3} で表される．これは，物質の単位体積当たりの粒子数を表している．純粋な固体または液体では，所定の体積中の粒子数を密度から計算することができる．そして，これは一定の温度では不変である．所定の純粋な固体または液体の密度は一定なので，同じ温度では，**その濃度も一定となる**．

1) 298 K での金属銅の密度は 8.92 g cm^{-3} である．これは 8920 g dm^{-3} と等しく，濃度では 8920/63.5 mol dm^{-3} に等しい．これはおよそ 140 mol dm^{-3} である．
2) 298 K での純水の密度は 1 g cm^{-3} で，1000 g dm^{-3} と等しく，濃度では 1000/18 mol dm^{-3} に等しい．これは，およそ 56 mol dm^{-3} である．

例題 9・2

0.500 mol dm^{-3} の濃度の塩化ナトリウム溶液 500 cm^3 には何 g の塩化ナトリウムが含まれているか．

▶解 答

$$\text{NaCl の量(mol)} = \text{体積} \times \text{モル濃度}$$
$$= \frac{500}{1000} \times 0.500$$
$$= 0.250 \text{ mol}$$

モルをグラムに転換する．

$$\text{NaCl の量(mol)} = \frac{\text{NaCl の質量}}{\text{NaCl のモル質量}}$$
$$0.250 = \frac{\text{NaCl の質量}}{58.5}$$

これより，

$$\text{NaCl の質量} = 0.250 \times 58.5 = 14.6 \text{ g}$$

よって，NaCl 14.6 g が溶液 500 cm^3 に溶けている．

→ 演習問題 9A

イオンの濃度

イオン性の固体を水に溶かした場合，溶液中では完全にイオンに解離しているとみなされる．下記の例に示すように，存在するイオンの濃度で溶液の濃度を表すことが，ときに必要となる．

Box 9・2　標準溶液の調製

　たとえば，炭酸ナトリウムの標準溶液を調製するには，まず分析用天秤とよばれる非常に高感度の天秤を使って必要な質量の炭酸ナトリウムを秤量する．質量は，通常，0.0001 g まで測定される．秤量した炭酸ナトリウム固体をビーカー中で脱イオン水で完全に溶解させ，メスフラスコに移す．ビーカーは 2，3 回脱イオン水で洗うが，その洗浄液も含めて，すべての炭酸ナトリウム溶液をメスフラスコに移す．その後メスフラスコの標線まで脱イオン水を注意深く注ぎ，目の高さで見たときに溶液のメニスカスの底が標線にちょうど一致するようにする．最後に，メスフラスコをよく振って，溶液の濃度を均一にする．

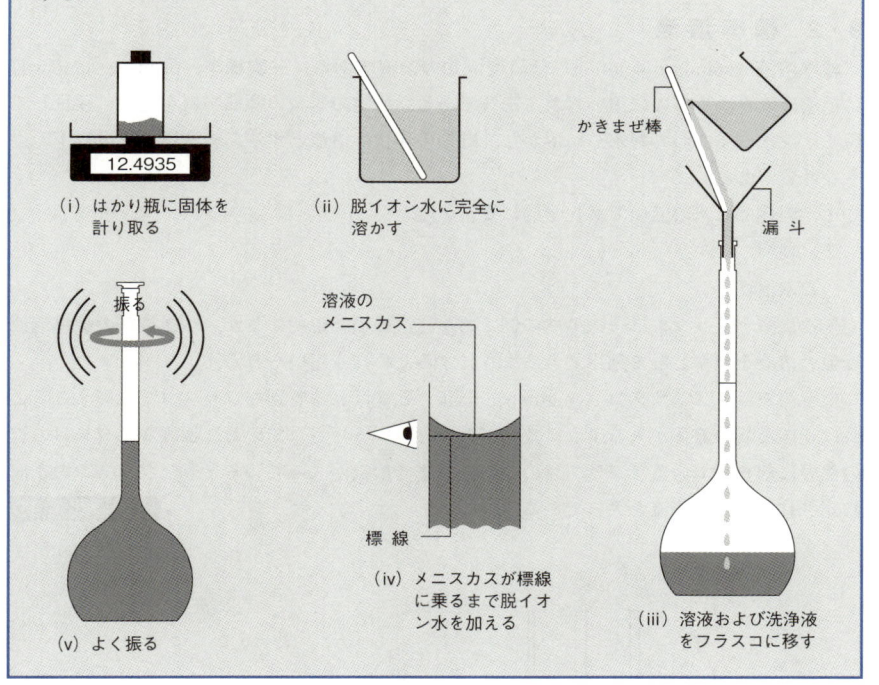

(i) はかり瓶に固体を計り取る

(ii) 脱イオン水に完全に溶かす

(iii) 溶液および洗浄液をフラスコに移す

(iv) メニスカスが標線に乗るまで脱イオン水を加える

(v) よく振る

1）1 mol dm^{-3} の濃度の NaCl 水溶液は Na$^+$(aq) イオンと Cl$^-$(aq) イオンを含む．おのおのの NaCl の組は溶液中で以下のようになる．

$$\text{NaCl(aq)} \longrightarrow \text{Na}^+\text{(aq)} + \text{Cl}^-\text{(aq)}$$

1 mol の NaCl が 1 mol の Na$^+$ と 1 mol の Cl$^-$ となるので，濃度 1 mol dm^{-3} の NaCl 溶液は濃度 1 mol dm^{-3} の Na$^+$(aq) イオンと濃度 1 mol dm^{-3} の Cl$^-$(aq) イオンを含んでいる．

2）濃度 $1\ \mathrm{mol\ dm^{-3}}$ の $CaCl_2$ 水溶液は，$Ca^{2+}(aq)$ イオンと $Cl^-(aq)$ イオンを含む．おのおのの $CaCl_2$ の組は，以下のように溶液中に溶解する．

$$CaCl_2(aq) \longrightarrow Ca^{2+}(aq) + 2\ Cl^-(aq)$$

濃度 $1\ \mathrm{mol\ dm^{-3}}$ の $CaCl_2$ の溶液は，$1\ \mathrm{mol\ dm^{-3}}$ の濃度の $Ca^{2+}(aq)$ と，$2\ \mathrm{mol\ dm^{-3}}$ の濃度の $Cl^-(aq)$ を含んでいる．

3）同様に，$0.1\ \mathrm{mol\ dm^{-3}}$ の $Na_3PO_4(aq)$ 溶液は，$0.3\ \mathrm{mol\ dm^{-3}}$ の $Na^+(aq)$ イオンと $0.1\ \mathrm{mol\ dm^{-3}}$ の $PO_4^{3-}(aq)$ イオンを含む．

→ 演習問題 9B

9・2 標準溶液

標準溶液（standard solution）は濃度既知の溶液である．**一次標準**（primary standard）は標準溶液をつくるのに用いられる物質である．所定の質量の標準物質を正確に秤量して脱イオン水（すなわち純水）に溶かし，既知の体積の溶液とする．一次標準には以下のような性質がある．

1）固体でも水溶液中でも化学的に安定
2）純粋
3）水溶性

無水炭酸ナトリウムは一次標準の例である．次の項で説明するが，一次標準の標準溶液は他の溶液を標準として利用できるようにするためにも用いられる．

標準溶液は**メスフラスコ**（volumetric flask）とよばれる特別なフラスコで調製する．これは正確な量の液体が入るように校正（較正ともいう）されている．標線がフラスコの首の部分に刻まれている．フラスコのこの位置まで溶液が入っているとき，フラスコの正面に記された体積の溶液が入っている．

→ 演習問題 9C

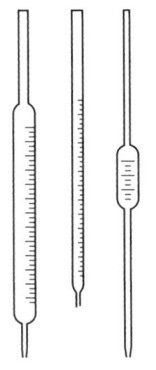

図 9・2 いろいろなピペット

標準溶液の希釈

薄い標準溶液は，濃い標準溶液を慎重に薄めることで調製できる．この場合，濃いほうの標準溶液を既知の体積だけ量り取り，標準的なメスフラスコに入れる．そして，その溶液に，脱イオン水を標線まで加えて希釈する．**ピペット**（pipet）は，特定の量の液体を量り取って移せるように設計されている．いろいろな体積（0.50 から 200 cm^3 まで）のものがある．ピペットの体積はその球部に記載されるか，横に目盛として示されている（図9・2）．

例題 9・3

濃度 0.100 mol dm^{-3} の塩化ナトリウム溶液を正確に 500 cm^3 調製するためには，濃度 0.500 mol dm^{-3} の溶液をどれだけ取って希釈すればよいのか．

▶解 答

まず，最後に何モルの塩化ナトリウムが必要なのかを算出する．

$$NaCl の量 (mol) = 体積 \times モル濃度$$

なので，濃度 0.100 mol dm^{-3} の NaCl 溶液 500 cm^3 は，

$$\frac{500}{1000} \times 0.100 = 0.0500 \text{ mol}$$

これは，濃度 0.500 mol dm^{-3} の溶液のどれだけの体積に対応するのだろうか．

$$体積 = \frac{NaCl の量 (mol)}{モル濃度}$$

$$\frac{0.0500}{0.500} = 0.100 \text{ dm}^3 \text{ または } 100 \text{ cm}^3$$

▶コメント

したがって，濃度 0.500 mol dm^{-3} の溶液 100 cm^3 を取り，メスフラスコで 500 cm^3 に薄めることになる．

➡ 演習問題 9D

9・3 容量分析

溶液の濃度を求める操作を**容量分析**（volumetric analysis）という．濃度が**既知**の溶液（標準溶液）と濃度が**未知**の溶液とを反応させて**当量点**（equivalent piont）を決定する．

反応物が，釣り合いのとれた反応式に表されるような，正確な量関係で反応したとき，当量点に達する．たとえば，酸塩基滴定では，存在する酸を中和するのに必要十分な塩基

が正確に加えられたときが当量点である.

当量点に達するまで，ある反応物を別の試薬にゆっくりと加えていく技術を**滴定**（titration）という．**化学指示薬**（chemical indicator）は，**終点**（end point）とよばれる反応体の濃度が特定の比率となったところで，色が変わる物質である．滴定では，終点と当量点が同じになる化学指示薬が選ばれる．

反応させた各溶液の容量を測り，反応についての係数を合わせた反応式を使うことで，未知の溶液の濃度を求めることができる．慎重に操作すれば，容量分析はきわめて正確な技術で，熟練した分析者なら 0.2 %以下の誤差で未知の濃度を求められる.

酸塩基滴定

酸の濃度（未知）は，標準となるアルカリ溶液で滴定することで，求めることができる．酸はアルカリによって中和される．手順は以下の通りである.

1) 図 9・3 で示すようなピペットを使用して，量った量の酸を三角フラスコに取る.
2) 適切な指示薬数滴を酸溶液に加える.
3) 標準となるアルカリ溶液を**ビュレット**（buret）から加える．ビュレットは目盛が刻まれた長いガラス管で，一番下にコック（活栓）が付いており，コックを通って流れ落ちた溶液の体積を知ることができる．終点に達するまでアルカリ溶液を加えると，指示薬は変色するので，そこで，加えたアルカリ溶液の全体積を記録する．これらの手順を図 9・4 に図示した.

このような滴定で得られる典型的な結果を，以下の例題に示す.

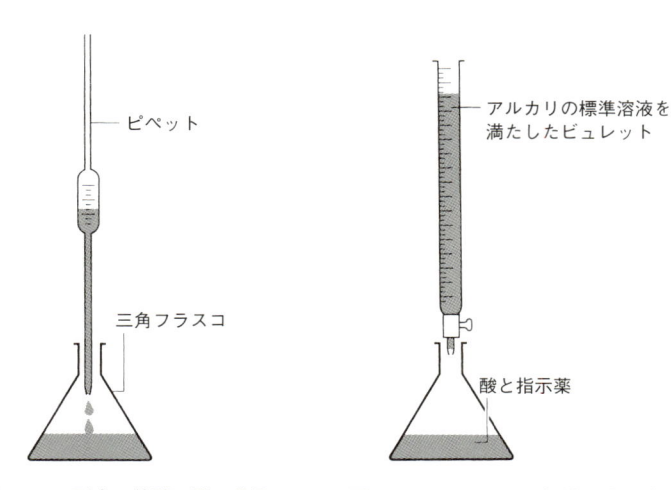

図 9・3　所定の体積の酸の分取　　図 9・4　アルカリの標準溶液の滴下

例題 9・4

塩酸（未知の濃度）を濃度 $0.500 \text{ mol dm}^{-3}$ の水酸化カリウム標準溶液で滴定した．25.0 cm^3 の酸が 37.5 cm^3 の水酸化カリウム溶液と反応したことがわかった．塩酸の濃度を計算せよ．

▶解 答

係数を合わせた化学反応式を書く．

$$\text{HCl(aq)} + \text{KOH(aq)} \longrightarrow \text{KCl(aq)} + \text{H}_2\text{O(l)}$$

二つの反応物について，モルで表した量関係を調べる．

$$1 \text{ mol HCl} \equiv 1 \text{ mol KOH}$$

分数としてこの比率を表す．

$$\frac{\text{HCl の量(mol)}}{\text{KOH の量(mol)}} = \frac{1}{1}$$

物質の量(mol)＝体積×モル濃度，なので，これに代入することができる．

$$\frac{\text{体積} \times \text{HCl のモル濃度}}{\text{体積} \times \text{KOH のモル濃度}} = \frac{1}{1}$$

問にある値を代入して，

$$\frac{(25.0/1000) \times \text{塩酸のモル濃度}}{(37.5/1000) \times 0.500} = \frac{1}{1}$$

したがって，HCl のモル濃度は，

$$\frac{37.5 \times 0.500}{25} = 0.750 \text{ mol dm}^{-3}$$

→ 演習問題 9E

酸化還元滴定

溶液同士が**酸化還元反応**（redox reaction）を起こすときにも，滴定によって未知の溶液の濃度を決定することができる．過マンガン酸カリウム（すなわちマンガン(VII)酸カリウム $KMnO_4$）は強力な酸化剤で，多くの還元剤の濃度を推定するのに用いられる．過マンガン酸カリウム溶液は紫色だが，Mn^{2+} になると，ほぼ無色となる．したがって，**自己指示薬**（self-indicator）としても働く．還元剤の溶液に加えられると無色となるが，終点では極少量の過剰の過マンガン酸塩が存在することになる．この過剰分によって，反応した混合溶液が淡いピンクになる．**酸溶液**の還元についての半反応は以下の通りである．

$$\underset{\text{紫}}{\text{MnO}_4^-\text{(aq)}} + 8\,\text{H}^+\text{(aq)} + 5\,\text{e}^- \longrightarrow \underset{\text{無色}}{\text{Mn}^{2+}\text{(aq)}} + 4\,\text{H}_2\text{O(l)}$$

過マンガン酸カリウムによる酸化に関連して，次の二つの反応がある．

1) 鉄(II) の鉄(III) への酸化．

$$Fe^{2+}(aq) \longrightarrow Fe^{3+}(aq) + e^-$$

2) シュウ酸塩の二酸化炭素への酸化．室温では非常に遅いので，70℃で反応させる必要がある．

$$C_2O_4^{2-}(aq) \longrightarrow 2\,CO_2(g) + 2\,e^-$$

重クロム酸カリウム（すなわち二クロム(VI)酸カリウム，$K_2Cr_2O_7$）もまた，過マンガン酸カリウムの場合と同様の反応によって酸化剤として働く．酸性溶液では，以下の半反応に従って反応する．

$$\underset{\text{オレンジ}}{Cr_2O_7^{2-}(aq)} + 14\,H^+(aq) + 6\,e^- \longrightarrow \underset{\text{緑}}{2\,Cr^{3+}(aq)} + 7\,H_2O(l)$$

クロム(III) イオンの緑色が重クロム酸イオンのオレンジ色を"隠してしまう"ため，この酸化剤は自己指示薬として働くことはできない．この溶液は数滴の**酸化還元指示薬**（redox indicator，たとえばジフェニルアミン）とともに使われる．この指示薬は，重クロム酸がわずかに過剰に存在することで，酸化されて濃い青色の化合物となる．

例題 9・5

硫酸鉄(II)は酸性溶液中で過マンガン酸カリウムにより酸化される．全体のイオン反応式は，

$$5\,Fe^{2+}(aq) + MnO_4^-(aq) + 8\,H^+(aq) \longrightarrow Mn^{2+}(aq) + 4\,H_2O(l) + 5\,Fe^{3+}(aq)$$

$0.020\ mol\ dm^{-3}$ の過マンガン酸塩溶液 $25.00\ cm^3$ で，どれだけの体積の $0.010\ mol\ dm^{-3}$ 硫酸鉄(II) が酸化されるか．

▶解 答
二つの反応物についてモルで表した量関係を考える．

$$5\ mol\ Fe^{2+} \equiv 1\ mol\ MnO_4^-$$

この比率を分数で表す．

$$\frac{Fe^{2+}(mol)}{MnO_4^-(mol)} = \frac{5}{1}$$

物質量(mol)＝体積×モル濃度なので，以下のように書き換えることができる．

$$\frac{体積 \times Fe^{2+}のモル濃度}{体積 \times MnO_4^-のモル濃度} = \frac{5}{1}$$

この式に数値を代入すると，

$$\frac{体積 \times 0.010}{(25/1000) \times 0.020} = \frac{5}{1}$$

したがって，$Fe^{2+} = 0.250 \text{ dm}^3 = 250 \text{ cm}^3$.

➡ 演習問題 9F

固体と溶液の反応

固体と溶液の反応に関する計算も，同様の方法で行うことができる．

例題 9・6

$0.100 \text{ mol dm}^{-3}$ の硫酸 50.0 cm^3 と完全に反応する亜鉛の質量はどれだけか．

▶解 答

係数を合わせた反応式を書く．

$$Zn(s) + H_2SO_4(aq) \longrightarrow ZnSO_4(aq) + H_2(g)$$

二つの反応物のモルで表した量関係を考える．

$$1 \text{ mol Zn} \equiv 1 \text{ mol H}_2SO_4$$

両者の比率を分数で表す．

$$\frac{Zn の量(mol)}{H_2SO_4 の量(mol)} = \frac{1}{1}$$

溶液では，物質量(mol)＝体積×モル濃度，なので，H_2SO_4 についてのみ式を書き換えることができる（亜鉛は固体で溶液ではない）．

$$\frac{Zn の量(mol)}{体積 \times H_2SO_4 のモル濃度} = \frac{1}{1}$$

式の中に値を代入する．

$$\frac{Zn の量(mol)}{(50.0/1000 \times 0.100)} = \frac{1}{1}$$

したがって，必要とする亜鉛の物質量(mol) は，

$$\frac{50.0}{1000 \times 0.100} = 0.00500 \text{ mol}$$

必要とする亜鉛の質量＝$0.00500 \times 65 = 0.325 \text{ g}$.

➡ 演習問題 9G

重量分析

二つの溶液が反応して不溶性の生成物を形成する場合，反応で生成した沈殿物の質量から溶液のうちの一つの濃度を推定することができる．この方法は**重量分析**（gravimetric analysis）という．沈殿物を沪過して，完全に乾燥する．すなわち，沈殿物の質量が変わらなくなるまで，加熱と秤量を何回も繰返す（**恒量に至るまで熱する**）ことによって確実に完全乾燥させる．

例題 9・7

塩化バリウム溶液は水溶液中で硫酸イオンと反応して，難溶性の硫酸バリウムを生成する．反応のイオン式は以下の通りである．

$$Ba^{2+}(aq) + SO_4^{2-}(aq) \longrightarrow BaSO_4(s)$$

$250.0\ cm^3$ の未知試料に過剰の塩化バリウム溶液を加えることで，すべての硫酸イオンを硫酸バリウムとして沈殿させた．乾燥重量で $1.2210\ g$ の $BaSO_4$ が沈殿したとき，未知試料中の硫酸イオンのもとの濃度はどれだけか．

▶**解 答**

$$M(BaSO_4) = 137.327 + 32.066 + (4 \times 15.999) = 233.389\ g\ mol^{-1}$$

（重量分析の計算では，およその原子質量を使ってはならない．周期表の原子質量を使うこと．）

$$BaSO_4 \text{の量} = \frac{1.2210}{233.389} = 5.2316 \times 10^{-3}\ mol$$

$1\ mol$ の $BaSO_4$ は $1\ mol$ の SO_4^{2-} イオンを含むので，

$$SO_4^{2-} \text{の量} = 5.2316 \times 10^{-3}\ mol$$

この量の SO_4^{2-} が当初の $250.0\ cm^3$ 溶液中に存在していた．したがって，SO_4^{2-} イオンの濃度は次のようになる．

$$5.2316 \times 10^{-3} \times \frac{1000}{250.0} = 0.02093\ mol\ dm^{-3}$$

→ 演習問題 9H

9・4 いろいろな濃度の単位

百万分率（ppm）

非常に低濃度の物質の濃度は，質量で 100 万の 1（parts per million, ppm）または 10 億分の 1（parts per billion, ppb）で表される．

9・4 いろいろな濃度の単位

$$\mathrm{ppm} = \frac{痕跡量の物質の質量}{試料の質量} \times 10^6$$

$$\mathrm{ppb} = \frac{痕跡量の物質の質量}{試料の質量} \times 10^9$$

1 ppm は，普通の単位を用いて，次のように表されることも多い．

　　試料 1 kg 当たり 1 mg

あるいは，

　　1 ppm は 1 mg kg^{-1} に等しい

Box 9・3 も参照．　　　　　　　　　　　　　　　　　　　**→ 演習問題 9l**

混合気体中の痕跡量の濃度

　混合気体を扱う場合には，質量によるよりも，むしろ**体積**によって ppm と ppb を表すほうが便利なことが多い．

$$体積\,\mathrm{ppm} = \frac{痕跡量の物質の体積}{試料の全体積} \times 10^6$$

あるいは，

　　1 体積 ppm は試料 10^3 dm^3 中の 1 cm^3 に等しい

これらの単位は大気中の汚染物質の濃度を示すのに有用である．たとえば，ある大都市周辺の大気中 NO$_2$ 濃度が 15 ppm であったとする．これは，10^3 dm^3 の大気試料中に 15 cm^3 の NO$_2$ が含まれていることに相当する．

水溶液の ppm

　室温の薄い水溶液では，溶液の密度は水の密度（1 g cm^{-3}）にきわめて近いので，グラムで表した溶液の質量の代わりに立方センチメートルで表した溶液の体積が用いられる．したがって，薄い水溶液では次のように使うことができる．

　　1 ppm = 1 dm^3 の水に溶けた 1 mg の物質
　　1 ppb = 1 dm^3 の水に溶けた 1 µg の物質

これらの単位は低濃度で便利である．たとえば濃度を mol dm^{-3} で表した場合に使われることになる非常に小さい数を使うことが避けられる．水中の汚染物質はよく ppm 単位で示される．また，痕跡量の金属元素の濃度を記述する際に，関係する化学種についての正確な様態が不確かな場合，これらの単位が使われる．たとえば，飲料水中の総アルミニウ

Box 9・3 "少量"とは,どのくらいの濃度か

角砂糖1個 (6 g) を次のものの中に溶かしたときの濃度

ティーポット 0.6 dm³	1 % = 1 パーセント	10 g/kg	10 mg/g
バケツ 6 dm³	0.1 % = 1000 分の 1	1 g/kg	1 mg/g 1 ミリグラム = 0.001 g
タンクローリー 6000 dm³	1 ppm = 100 万の 1	1 mg/kg	1 µg/g 1 マイクログラム = 0.000 001 g
スーパータンカー 600万 dm³	1 ppb = 10 億分の 1	1 µg/kg	1 ng/g 1 ナノグラム = 0.000 000 001 g
貯水池 60億 dm³	1 ppt = 1 兆分の 1	1 ng/kg	1 pg/g 1 ピコグラム = 0.000 000 000 001 g
湾 6兆 dm³	1 ppq = 1000 兆分の 1	1 pg/kg	1 fg/g 1 フェムトグラム = 0.000 000 000 000 001 g

LGC 社のご好意によりホームページ (www.lgc.co.uk) より転載.

ム濃度が,3 ppm であったとする.飲料水試料中にはさまざまなアルミニウム化合物,たとえば,Al^{3+}, $AlOH^{2+}$, $Al(OH)_2^+$が存在する.その実体や濃度は pH に依存し,それを解明するのは非常に困難である.存在する化学種についての正確な情報がない状態では,モル濃度の計算はできないが,存在する金属の全質量を濃度で表すことは常に可能である.

例題 9・8

飲料水の試料が 3.0 ppm の濃度でアルミニウムイオンを含むならば,何 $mol\ dm^{-3}$

のアルミニウムイオンに相当するのか.

▶解 答
試料 1 dm^3 中には，3.0 mg の Al^{3+} が含まれている．これは，

$$0.0030 \text{ g} \text{ の Al}^{3+} (1 \text{ dm}^3)$$

と同じである．したがって，以下のようになる．

$$\frac{0.0030}{27} \text{ mol の Al}^{3+} (1 \text{ dm}^3) = 1.1 \times 10^{-4} \text{ mol dm}^{-3} \text{ の Al}^{3+}$$

例題 9・9

濃度 100 ppm のマグネシウムイオン（Mg^{2+}）の標準溶液 20 cm^3 を 200 cm^3 に薄めたとき，新しい溶液の濃度はどれだけか．

▶解 答
まず，新しい溶液の体積をもとの溶液の体積で割ることで，何倍に溶液を薄めたかを求める．100 ppm の Mg^{2+} 溶液は 20 cm^3 から 200 cm^3 に薄められた．すなわち，

$$\frac{200}{20} = 10$$

で 10 倍に薄められた．新しい溶液の濃度は希釈した割合でもとの溶液の濃度を割ることで求められる．

$$\text{薄められた新しい溶液の濃度} = \frac{100}{10} = 10 \text{ ppm の Mg}^{2+}$$

例題 9・10

ある NaCl 溶液の濃度が 0.100 mol dm^{-3} であった．ppm（mg dm^{-3}）で表した濃度はどれだけか．

▶解 答
1.00 mol の NaCl の質量は (23+35.5)=58.5 g. したがって，0.100 mol dm^{-3} の溶液は，5.85 g dm^{-3}，すなわち 5850 mg dm^{-3} の NaCl を含む．これは 5850 ppm である．

▶コメント
塩が水に溶解するとき，1 mol の NaCl は 1 mol の Na$^+$ イオンを生成する．0.1 mol dm^{-3} 溶液は，2.3 g dm^{-3}，すなわち 2300 ppm（mg dm^{-3}）の Na$^+$ と 3.55 g dm^{-3}，すなわち 3550 ppm（mg dm^{-3}）の Cl$^-$ を含む．

→ 演習問題 9J, 9K

百分率として表される濃度

工業用の溶液は，たいてい以下の二つの方法のいずれかで表される．

1) 質量（または重量）パーセント．%（w/w）と書かれることが多い．

$$\text{質量パーセント} = \frac{\text{溶質の質量}}{\text{溶液の質量}} \times 100$$

2) 体積パーセント．%（v/v）と書かれることが多い．

$$\text{体積パーセント} = \frac{\text{液体の溶質の体積}}{\text{溶液の体積}} \times 100$$

モル分率として表される濃度

溶液の物理的な性質，たとえば**蒸気圧**（vapour pressure，液体の表面から逃げていく分子の数の目安，10・7節参照）は，溶液の各成分粒子の相対的な数に依存することがある．このような場合，溶液の組成はおのおのの成分の**モル分率**（mole fraction）として表すことができる．各成分のモル分率は，その成分の物質量(mol) を混合溶液中に存在している成分の物質量(mol) の総和で割ることで求められる．

たとえば，A と B が混合している場合，A のモル分率（記号 X_A）は以下のように定義される．

$$X_A = \frac{n_A}{n_A + n_B}$$

ここで n_A は A の物質量(mol)，n_B は B の物質量(mol) である．

同様に，B について，

$$X_B = \frac{n_B}{n_A + n_B}$$

ここで，$X_A + X_B = 1$ である．また，次のことに注意する．

1) モル分率には単位がない．比率だからである．
2) モル分率は，0 と 1 の間の値をとる．

➡ 演習問題 9L, 9M

9・5 pH

pH は，$[H_3O^+]$ または $[H^+(aq)]$ を**簡単な数字**で表現する方法である．角括弧 [ ] は濃度（mol dm^{-3}）を表している．溶液の pH は次式を用いて計算される．

$$pH = -\log[H^+(aq)]$$

あるいは，水素イオン濃度は次の式を用いて計算できる．

$$[H^+(aq)] = 10^{-pH}$$

Box 9・4 酒類のアルコール含有量の目安

酒類のアルコール（化学名はエタノール）含有量の尺度として以前はプルーフが用いられていた．測定は酒を火薬に注いで行った．火薬が燃えないならば，その酒は "under-proof（標準以下）" となった．水の含量が多すぎるというわけである．火薬がちょうど燃える程度のエタノール濃度の酒は100プルーフの酒とよばれ，容器に100°と書かれた．100°のウイスキーは50％（v/v）のエタノールを含み，70°のウイスキーはおよそ35％のエタノールを含む．

アルコール含有量を明示したワイン瓶のラベル ワインは，普通，8～14％のエタノールを含む．

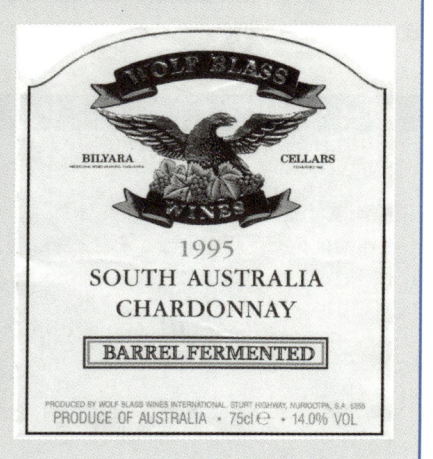

pHは，溶液の酸性度の指標である．pH値が小さいことは $[H_3O^+]$ または $[H^+(aq)]$ が高い値であることに対応し，溶液が強い酸性であることを示す（表9・1）．

表9・1 いろいろな物質のおよそのpHの値

物 質	pH
胃 液	1.2～3.0
酢	3.0
レモネード	3.0～3.5
トマトジュース	4.2
コーヒー	5.0
唾 液	6.6
ミルク	6.7
純 水	7.0
血	7.4
卵	7.8

$[H^+(aq)]$ の値，そしてpHは，溶液の酸性度または塩基性度に従って変化する．下記の目盛はpHの値の範囲を示す．

```
0  1  2  3  4  5  6  |7|  8  9  10  11  12  13  14
←――より酸性                      より塩基性――→
```

酸性溶液のpHは7より小さい．pHが7より大きい溶液は塩基性である．25℃でpHが7（純水のpH）であれば中性である．**pHメーター**（pH meter）は溶液のpH測定に用い

られる．溶液に浸す電極と，これに接続されたデジタル式の読み出し装置から成る．**ユニバーサル（万能）pH 試験紙**（universal indicator paper）を使うこともある．これは，溶液の pH に従って異なる色に変わる複数の染料の混合物から成る（16・5 節参照）．

例題 9・11

0.020 mol dm^{-3} 硝酸（HNO$_3$）溶液の pH は 25 ℃でどれだけか．

▶解　答
硝酸は完全に解離する（水素イオンの濃度は酸の濃度に等しい）と考えられるので，

$$[H^+(aq)] = 0.020$$
$$pH = -\log[H^+(aq)] = -\log[0.020] = 1.70$$

pH は対数で表される量なので，単位はない（有効数字についての説明は，1 章参照）．

例題 9・12

血液の pH は 7.4 である．血液中の水素イオン濃度はどれだけか．

▶解　答

$$pH = -\log[H^+(aq)] = 7.4$$
$$[H^+(aq)] = 10^{-7.4}$$
$$[H^+(aq)] = 4 \times 10^{-8} \, mol \, dm^{-3}$$

この章の発展教材がウェブサイトにある．気体の濃度と pH については，ウェブサイトの Appendix 9 を参照．

10 気体, 液体, 固体

10・1 熱と温度
10・2 物質の状態変化
10・3 気体の法則
10・4 気体分子運動論
10・5 理想気体の状態方程式
10・6 固体への気体の吸着
10・7 蒸気圧
10・8 臨界温度と臨界圧

この章で学ぶこと

- 熱と温度の定義
- 物質の状態変化
- 物質の分子運動論
- 気体に関する法則と蒸気圧
- 理想気体の状態方程式を使った計算

液体と固体は古くから区別されていたが,気体についての現在のような考え方が発達し始めたのは1760年代になってからに過ぎない.気体に関する概念がなかったために,化学者たちは,燃料が燃えることや金属が空気中で光沢を失うことをなかなか説明できなかった.現在では,この現象は両方とも,気体の酸素が関与する化学反応であることがわかっている.

10・1 熱と温度

物体の熱さや冷たさの尺度が,**温度**(temperature)である(Box 10・1参照).ある物体を熱するということは,その物体にエネルギーを移動させるということである.そのエネルギーは**熱**(heat)とよばれる.

10・2 物質の状態変化

日常的な観察から,固体はある一定の形と体積をもつことがわかる.液体は容器の形になるが,一定の体積をもち,その体積は容器の容量には依存しない.気体は容器全体の形と体積を占める(図10・2(a)).

物質の分子運動論

物質が運動している粒子(分子,原子,あるいはイオン)からできているという考え方

Box 10・1　温度目盛

温度の単位は，セルシウス（摂氏）度（℃）またはケルビン（K）である（図10・1）．1 K と 1℃の大きさは同じであり，この二つの温度は次のように換算できる．

$$T(K) = t(℃) + 273.15$$

物質の最高温度に理論的限度はないが，自然界の最低温度は−273.15℃（0 K）である．この温度は**絶対零度**（absolute zero）として知られている．この限界は力学にみられるものに似ている．すなわち，物体は光の速度より速く移動できない（絶対零度は，−273℃で近似されることが多いことに注意）．

0 K でもすべての運動が止まるわけではない．0 K の固体中の粒子はごくわずかに振動しており，絶対零度でもある程度のエネルギーをもっている．このエネルギーは**零点振動エネルギー**（zero point vibrational energy）とよばれる．

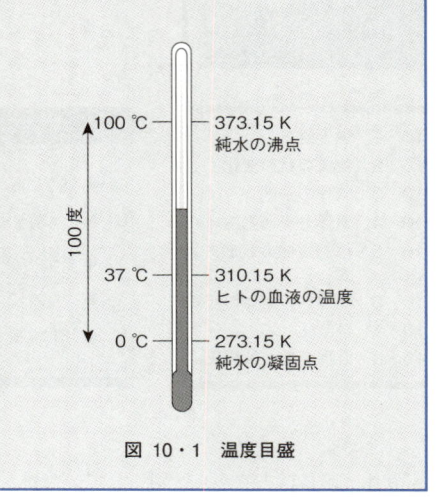

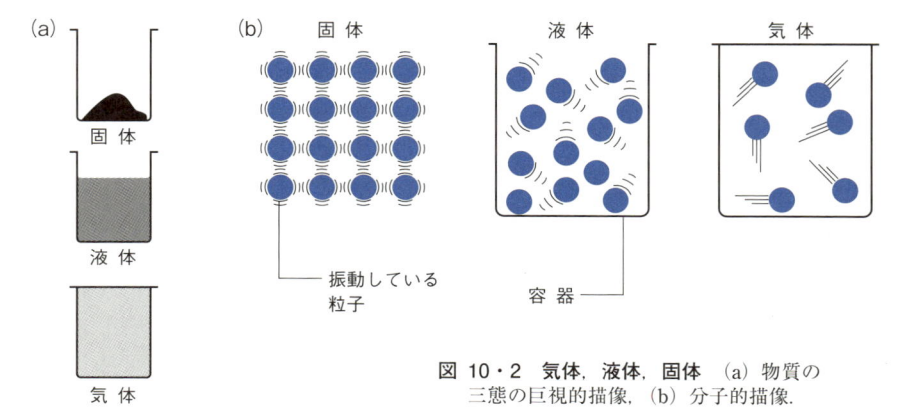

図 10・1　温度目盛

- 100℃ — 373.15 K　純水の沸点
- 37℃ — 310.15 K　ヒトの血液の温度
- 0℃ — 273.15 K　純水の凝固点

図 10・2　気体，液体，固体　(a) 物質の三態の巨視的描像，(b) 分子的描像．

が，**分子運動論**（kinetic molecular theory，もしくは，単に**運動論**（kinetic theory））の基礎である．分子運動論では，おもに次の二つの仮定をしている．

1）粒子の集団の温度が高いほど，粒子の**平均**運動エネルギーが高い．平均すると，温度が高くなるほど粒子はより**速く**動く．

2）すべての粒子間には互いに引き寄せようとする力（引力）が働いている．

ある物質中の粒子間に働く引力は粒子を互いに引き寄せるが，粒子の運動（粒子の運動エネルギー）は粒子を互いに引き離そうとする．二つの因子のどちらかが優勢になると状態変化が起こる．たとえば，固体の温度を上げると，ある時点で部分的に粒子が互いに離れるのに充分なエネルギーをもつようになって融解が起こり，液体状態になる．さらに加熱すると，粒子はさらに速く動くようになり，液体中の粒子間の引力では粒子同士をつなぎとめておくことができなくなり，粒子は互いに引き離される．この過程は蒸発とよばれ，得られた気体では粒子が互いにまったく独立して動く（圧力が低い場合）．

他の状態変化も同様に説明できる．このような"相変化"を図 10・3 に示した．

→ 演習問題 10A

図 10・3　相変化

この物質の三態の"分子論的描像"を図 10・2（b）にまとめた．この図では，固体中の粒子が振動していること，液体中の粒子が互いにずれること（このことは，液体が容器の形になることを説明している），気体中の粒子は，非常に速く動くため容器全体に広がり，その全体積を占めることを示している．

固体や液体の中の原子（およびイオン）の位置は，**X 線回折**（X-ray diffraction）を使って調べられる．この手法により，液体中の原子の秩序性は，気体と固体の中間状態であることを確認できる．

分子運動論に基づく説明

物質の分子運動論から，日常見られる現象の多くを説明できる．

1）固体，液体，気体の相対密度　物質の密度から粒子がどの程度密に詰まっているかがわかる．実験から，密度は通常，固体が最も高く，気体（分子が最も速く動いている）が最も低いことがわかる．気体は粒子間の間隔が相対的に大きいために密度が低い．このことから，気体は容易に圧縮されるということも説明できる．

2）温度による気体の圧力の変化　気体の圧力は，気体分子が容器の壁に衝突することにより発生する（図 10・2（b））．高温では，気体分子はより速く動き，1 秒当たりの衝突回数と衝突する分子がもつエネルギーの双方が増大する．そのため，気体の圧力が増大する．

3）液体の蒸発　アルコールを皿に 1 滴たらすと，徐々に消えていく．この"消滅"は手品ではない．アルコールは単にアルコールの気体（アルコール蒸気）になるだけだからである．液体表面からの液体分子の蒸発は，あらゆる温度（沸点以下でも）で起きる．動きが速い分子だけが液体中の他の分子の引力から逃れることができる．動きの速い分子

の数は試料分子の平均運動エネルギーが増大するほど多くなるので,液体の蒸発速度は温度とともに増大する.

4) 拡 散 粒子が空間に広がっていくことを**拡散**(diffusion)という.たとえば,気体(または蒸気)は,気体分子が常に,しかも無秩序に動くために容器いっぱいに広がる.また,硫酸銅(II)の結晶は,水の中でゆっくりと溶ける(かきまぜなくても).これは,水分子が常に結晶にぶつかり,銅イオンと硫酸イオンが一つ一つ水の中に散らばっていくからである.

→ 演習問題 10B

加熱曲線と冷却曲線

図 10・3 に示した相変化を,対象とした物質の**加熱曲線**(heating curve)で表すことができる(図 10・4).

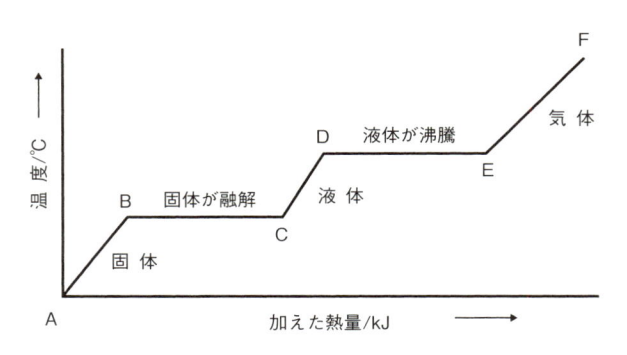

図 10・4 純物質の加熱曲線

加熱曲線は,物質を加熱していったとき(すなわち,熱エネルギーを物質に加えていったとき)の温度変化をプロットしたものである.加熱曲線の一般的な形は,純物質のほとんどについて同じである.

融解(melting) 固体物質をゆっくりと加熱すると,温度が上昇し始める(A 点から B 点まで).直線 AB の傾きは,その固体の**比熱容量**(specific heat capacity)に依存する*.液体の最初の 1 滴ができると(B 点),液–固混合物の温度は変化しなくなる(B 点から C 点まで).この一定の温度が,その物質の**融点**(melting point)または**凝固点**(freezing point,もしくは,**融解温度**(melting temperature))である.この領域で温度が一定になるのは,この領域では加えた熱がすべて固体を融解するのに使われ,その物質の

---

* ▶ 比熱容量と状態変化の際の熱変化について,より詳しくはウェブサイトの Appemdix 10 参照.

温度上昇には使われないからである．C 点では，固体はすべて融けた状態になっている．水の融点は，大気圧が 101 kPa（1 気圧（1 atm））のとき，0 ℃である．

沸騰（boiling）　さらに加熱を続けると，液体は温度が上昇する（C 点から D 点まで）．直線 CD の傾きは，その液体の比熱容量に依存する．D 点で液体が沸騰し始める．液体が沸騰している間は，温度は上昇しない．すなわち，加えられた熱はすべて液体を蒸発させるのに使われる．液体と気体（蒸気）の双方が同じ温度になっている（図 10・5）．この一定の温度は，その物質の**沸点**（boiling point），もしくは**沸騰温度**（boiling temperature）とよばれる．大気圧が 1 atm のとき，水の沸点は 100 ℃である（この温度で，水の蒸気圧は 1 atm に等しい（10・7 節を参照）．

E 点では，この物質はすべて気体となっている．この気体を密閉した容器に入れてさらに加熱すると，気体の温度はさらに上昇する．直線 EF の傾きは，この気体の比熱容量に依存する．

物質を冷却したときに（たとえば，冷凍庫に入れる）得られる**冷却曲線**（cooling curve）は，図 10・4 を鏡に映した図（鏡像）となる．図 10・4 のエネルギー変化も逆になる．たとえば，水蒸気が液体の水に凝縮するとき，あるいは液体の水が凍るときは，いずれも熱を**放出**する．

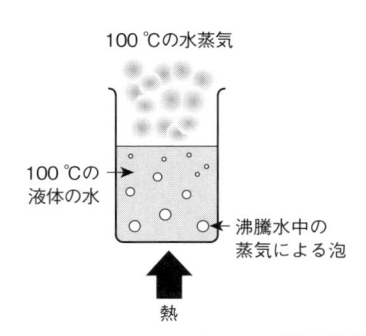

図 10・5　水が沸騰している様子

→ 演習問題 10C

10・3　気体の法則

密閉した容器に入っている気体について考えてみよう．われわれは，中に入っている気体の物質量 n，圧力 P（Box 10・2），体積 V（これは容器の容積に等しい），温度 T を測定することができる．測定された P, V, n, T の間の関係は，シャルルの法則，ボイルの法則，アボガドロの法則，ドルトンの法則の四つの法則にまとめられる．これらの法則に完全に従う気体は，**理想気体**（ideal gas）として知られる．実際の気体，すなわち**実在気体**（real gas）は，室温および大気圧のもとではほぼ理想気体として振る舞う．圧力が高いとき（>1 atm）および温度が低いとき（特に，沸点に近いとき）は，理想状態からずれる．

気体が温度 25 ℃，圧力 100 kPa（1 bar）の状態にあるとき，その気体は**標準周囲温度圧力**（standard ambient temperature and pressure, SATP）状態にあるといわれる．以前に使われていた条件（現在も使われている）は，**標準温度圧力**（standard temperature and pressure, STP）として知られ，温度が 0 ℃で圧力が 1 atm（101.325 kPa）の状態を指す．

Box 10・2　気体の圧力

圧力は単位面積当たりの力で定義される．

$$圧力 = \frac{力}{面積}$$

力の SI 単位はニュートン（N）であり，面積の SI 単位は平方メートル（m^2）である．そのため，圧力の SI 単位は $N\ m^{-2}$ となり，この単位を**パスカル**（Pa）という．

海水面での大気圧を 1 "標準気圧"（単に 1 "気圧" ということが多い）という．（標準）気圧の記号は **atm** である．

$1\ atm = 101\ 325\ N\ m^{-2} = 101.325\ kPa$

$1\ atm \approx 1 \times 10^5\ N\ m^{-2} \approx 101\ kPa$

正確な 100 kPa は 1 bar（バール）とよばれる．

$100\ kPa = 1\ bar$

圧力の単位として "Torr（トル）" を使う研究室もある．1 Torr は，海水面で水銀圧力計中の水銀 1 mm を支える大気圧のことである．1 atm は 760 Torr である．

$1\ atm = 760\ Torr = 101.325\ kPa$

➔ **演習問題 10D**

シャルルの法則

圧力一定の条件下で，ある一定質量の気体の温度を上げたとき，その気体の体積がどのように変化するかは，**シャルルの法則**（Charles' law）から予想できる．

気体の体積は，ケルビン温度に比例する

密閉された気体を自由に膨張させる方法の一つは，ピストンを使うことである（図 10・6）．ピストンは自由に動くので，ピストン内の気体の圧力は，ピストンにかかっている圧力（外圧）に等しくなるように自然に調節される．たとえば，外圧（大気による）が 1 atm であれば，ピストン内の気体の圧力は常に 1 atm に保たれる．

シャルルの法則は，数式を使うと次のように表される．

$$V \propto T$$

ここで，V は気体の体積で，T は絶対温度である．記号 $\propto$ は，"比例する" ことを意味し，たとえば，T が 2 倍になると V も 2 倍になることを示す．

10・3 気体の法則

シャルルの法則は，気体の体積が変化できる場合だけに使うことができる．たとえば，密閉した金属管の中の気体を加熱しても，容器の壁が硬いために気体の体積は変化しない．

ピストンの内側に 300 K（室温）で気体水素 100 cm^3 が入っていて，外気圧が 1 atm であるとしよう．ピストンを加熱して気体の温度が一定温度 600 K になったとする．加熱すると気体の温度が上昇する．そのため，気体分子がピストンの内壁に衝突する回数や激しさが増し，水素の圧力が 1 atm 以上になる．水素の圧力がピストンにかかっている外圧より高くなるので，水素がピストンを押し出す．このようにして水素の体積が増える．しかし水素は分子数が変わらずにより広い空間に広がるので，ピストンの内壁に 1 秒間当たり衝突する回数は減少し，水素の圧力は 1 atm に戻り始める．ピストン内の気体の体積が増えて水素の圧力が 1 atm になったときにピストンの動きが止まる．シャルルの法則から，気体水素の温度を 2 倍にすると，その体積が 2 倍になることがわかる．図 10・6 参照．

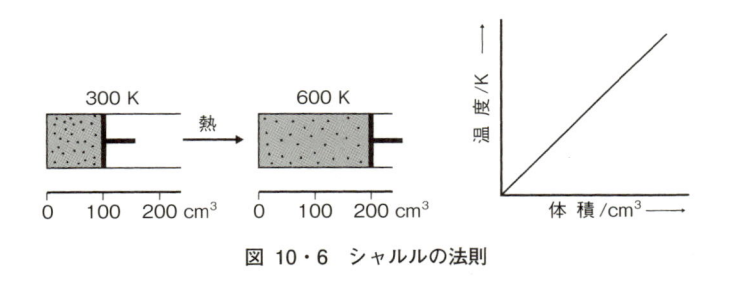

図 10・6 シャルルの法則

ピストンを冷却すると，反対の現象が起こり，ピストンは中の気体の体積が減少する方向に動く．

→ 演習問題 10E

ボイルの法則

ピストン内の体積 V の気体試料について考えてみよう（図 10・7）．ピストンを内側に押すと気体の圧力が大気圧以上になり，気体の体積が減少する．**ボイルの法則**（Boyle's law）によれば，ある温度における一定質量の気体では，

気体の体積（V）は，気体の圧力（P）に反比例する

ボイルの法則は，数式では次のように表される．

$$V \propto \frac{1}{P}$$

図 10・7 は，ピストンに加えた圧力を 1 atm から 2 atm に増やした場合を示している．上の式から予想されるように，気体の体積は半分になる．

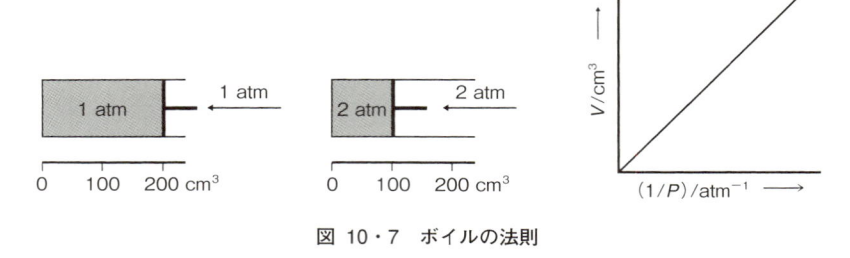

図 10・7　ボイルの法則

アボガドロの法則

アボガドロの法則（Avogadro's law）によれば，温度と圧力が一定のとき，

気体の体積は，気体の物質量（もしくは，分子数）に比例する

このことを数式で書くと次のようになる．

$$V \propto n$$

ここで n は気体の物質量（単位は mol）である．

アボガドロの法則から，次のことが成り立つことがわかる．

同温同圧で同体積の気体は，すべて同じ数の分子を含む

このことから，1モルの気体は，気体の種類によらず，同温同圧で同じ体積を占めることになる．この体積は，気体の**モル体積**（molar volume）として知られる．実験から理想気体の SATP でのモル体積は 24.79 dm^3，すなわち，24.79 L であることがわかっている．1 atm 20 ℃での理想気体のモル体積は 24 dm^3 である．この数値は簡単なので，今後，概算にはこの体積を使うことにする．

→ 演習問題 10G

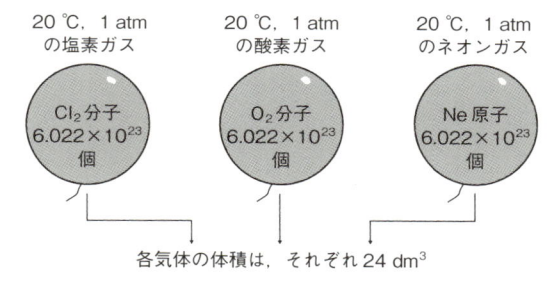

図 10・8　アボガドロの法則

ドルトンの分圧の法則

ドルトンの分圧の法則（Dalton's law of partial pressures）は，互いに化学反応をしない混合気体に適用される．この法則によると，

混合気体の全圧は，成分気体それぞれの分圧の和に等しい

混合気体における成分気体の**分圧**（partial pressure）は，**その成分気体だけが容器を占めた場合の圧力**と定義される．

ドルトンの法則は次のような数式で表される．

$$P_T = p_A + p_B + p_C \cdots$$

ここで，P_T はこの混合気体の全圧を，p_A, p_B, p_C は，混合気体中の成分気体 A, B, C, … の分圧を示す．

以下の例で，ドルトンの法則を使うのがいかに簡単であるかがわかるだろう．空の容器に窒素を入れ，容器中の窒素圧が 1.0 atm になったとしよう．次に，ある一定量の酸素（たとえば，酸素だけをその容器に入れたときに酸素圧が 0.5 atm になる量）を加えて圧力を測定すると，混合気体の全圧は 1.5 atm になるだろう．このことはドルトンの法則から次のように計算される．

$$P_T = p_{N_2} + p_{O_2} = 1.0 + 0.5 = 1.5 \text{ atm}$$

ドルトンの法則は，気体分子間の距離が十分にあり，成分気体の分子が互いに影響を及ぼさない場合（圧力があまり高くない場合）に"有効"である．この場合，混合気体の全圧は，成分気体のそれぞれが与える圧力の和になる．

最も重要な混合気体は，もちろん，われわれのまわりにある空気である（表 10・1）．

表 10・1 海水面における乾燥空気の組成

気体	平均組成（体積%）	平均組成（質量%）
窒素（N_2）	78.05	75.50
酸素（O_2）	21.00	23.21
アルゴン（Ar）	0.94	1.28
二酸化炭素（CO_2）	0.03	0.04
ネオン（Ne）	0.0015	0.001

→ 演習問題 10H

10・4 気体分子運動論

気体分子運動論における仮定

気体分子運動論は一つの物理モデルで，数式で表せる．このモデルでは，次のことを仮

定している.
1) 気体は非常に小さな粒子（分子または原子）から成り，その粒子は無秩序かつ乱雑に動いている.
2) 粒子間には，**引力は働かない**.
3) 二つの分子が衝突しても，この二つの分子の全エネルギーは変化しない.
4) 粒子の体積は，容器の容積と比べて無視できる.

すでに述べたように，仮定1からただちに気体の圧力について説明できる．粒子は容器の壁の分子と頻繁に衝突する．この衝突の力が（巨視的な）気体の圧力の原因である.

仮定2は単純化した特徴で，気体の圧力が低く，粒子が互いに遠く離れていて独立した"数学的な点"として扱える場合に**のみ**適用できる．引力は，固体や液体状態では無視できず，また，気体が凝縮して液体になる現象を説明するのにも欠かせない．このことは，固体や液体を理論的に取扱うことが気体の場合よりも複雑であることや，固体や液体については理想気体の状態方程式（10・5節で述べる）に相当する単純な関係式がないことの一因になっている.

仮定3は，気体中の粒子の平均運動エネルギーがある温度では一定であることの別の言い方である．粒子がもつエネルギーが衝突（壁-気体粒子間，もしくは気体粒子-気体粒子間の衝突）によって失われるとすると，気体の全エネルギーが次第に消失して気体の圧力が時間とともに下がることになる．これは観測事実に反する.

気体分子の運動エネルギー

気体分子は常に動いているので，それらの分子はすべて**運動エネルギー**（kinetic energy）をもつ．気体分子の運動エネルギーが大きくなるほど，気体分子の速度が速くなる．実験から，ある気体試料中の分子はすべて同じ速度で動いているわけではないことが

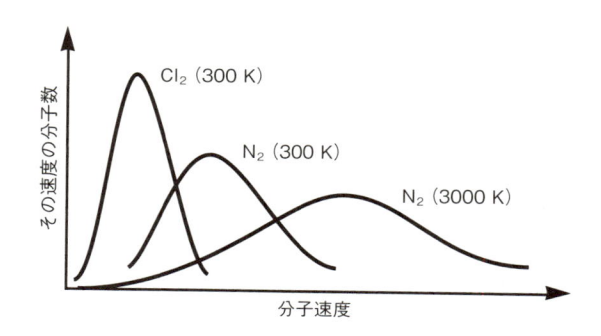

図 10・9　塩素ガスおよび窒素ガスの分子速度の分布

わかっている．図 10・9 は，300 K と 3000 K における窒素ガス，および 300 K における塩素ガスの分子速度の分布を示している．
1) 気体粒子のある温度における**平均速度**（average speed）は，気体分子の質量に依存し，軽い分子（たとえば N_2）ほど，重い分子（たとえば Cl_2）よりも速く動く．比較的重い分子でも，室温では平均速度が 1 秒当たり数百 m にもなる．
2) 気体中の分子の平均速度もまた，気体の温度とともに上昇する．しかし，温度が高いほど速度分布が広がる．

10・5 理想気体の状態方程式

気体分子運動論から，次のような**理想気体の状態方程式**（ideal gas equation）として知られる非常に単純な数式が導き出される．

$$PV = nRT$$

ここで，P は気体の圧力（Pa），V は気体の体積（m^3），T は気体温度（K），n は気体の物質量（mol）である．R は"気体定数"で，$8.3145\,\mathrm{J\,K^{-1}\,mol^{-1}}$ である．

理想気体の状態方程式の要点

1) 理想気体の状態方程式は，P, V, n, T が独立ではないことを示している．これらの変数は，われわれが望むどんな値もとりうるのではない．自然は，この変数のうち，三つの値が決まれば，残りの一つの変数の値が決まることを要求している．
2) 理想気体の状態方程式には，特定の気体だけに特有な因子は含まれていない．すなわち，気体（ヘリウム，塩素，酸素，水蒸気，その他）の種類には無関係である．
3) 理想気体の状態方程式は，次のように，さまざまな形に変えて計算に用いられる．

$$V = \frac{nRT}{P} \qquad T = \frac{PV}{nR} \qquad P = \frac{nRT}{V} \qquad n = \frac{PV}{RT}$$

4) シャルル，ボイル，アボガドロの気体法則として表された P, V, n, T 間の関係式は，理想気体の状態方程式一つに"組込まれ"ているので，これらの法則を別個に使わなくても，この状態方程式だけで，気体に関する計算ができる．たとえば，理想気体の状態方程式から，気体の圧力と物質量が変化しないときは，体積 V は温度 T に比例することがわかる．つまり，シャルルの法則が導かれる．

理想気体の状態方程式の使用例

ここでは計算を簡単にするため，常に温度 T はケルビン（K）で，体積 V は m^3 で，圧力 P はパスカル（Pa）で，物質量 n はモル（mol）で表す．

例題 10・1

気体 1.0000 mol の温度が正確に 20 ℃ で，圧力が 101.325 kPa であるときの体積を計算せよ．

▶ 解 答

$$T = 20 + 273.15 = 293.15 \text{ K}$$

理想気体の状態方程式を変形して，

$$V = \frac{nRT}{P} = \frac{1.0000 \times 8.3145 \times 293.15}{101325} = 0.024055 \text{ m}^3 \quad \text{（有効数字 5 桁）}$$

$1 \text{ m}^3 = 1000 \text{ dm}^3$ なので，

$$\text{体積} = 0.024055 \times 1000 = 24.055 \text{ dm}^3$$

▶ コメント

これは，"室温，標準大気圧" における気体のモル体積である*.

例題 10・2

圧力 2.0×10^2 kPa，温度が正確に 300 K のメタンガス 0.50 m^3 中に含まれる分子の数を計算せよ．

▶ 解 答

$$2.0 \times 10^2 \text{ kPa} = 2.0 \times 10^5 \text{ Pa}$$

$$n = \frac{PV}{RT} = \frac{2.0 \times 10^5 \times 0.50}{8.3145 \times 300} = 40 \quad \text{（有効数字 2 桁）}$$

物質量 n を分子数に変換するため，アボガドロ定数 N_A をかける．

$$\text{分子数} = 6.022 \times 10^{23} \times 40 = 2.4 \times 10^{25}$$

➡ 演習問題 10I

実在気体の理想的振る舞いからのずれの実験測定

理想気体とは，理想気体の状態方程式に正確に従う気体をいう．理想気体の状態方程式

---

* 訳注：ほぼ 24 L であると覚えておくとよい．高校では，0 ℃ 1 気圧で 22.4 L になると教えられるが，この値のほうが憶えやすく計算も簡単になる．また，通常の実験室の条件に近い．

10・5 理想気体の状態方程式

を物質量 n について変形すると次の式になる．

$$n = \frac{PV}{RT}$$

この式から，気体（どんな気体でも）1 モルについて考えると，PV/RT 比の値が圧力によらず 1 になると予測される．もし，ある気体が理想気体の法則に従わないと，この比は 1 より大きくなるか，小さくなるかのどちらかである．

実験によると，1 atm（101 kPa）以下では，ほとんどの気体の PV/RT 比がほぼ 1 である．このことから，おおよその基準が得られる．すなわち，**ほとんどの実在気体は，圧力が 1 atm 以下のとき，ほぼ理想気体として振る舞う**．圧力が数 atm でも，気体の多くは理想気体のように振る舞うので，理想気体の状態方程式を適用できる．

圧力 P に対する PV/RT 比を 3 種類の気体についてプロットした結果を図 10・10 に示す．1 atm 以上では気体分子間の引力が無視できなくなるため，理想的挙動からずれる．容器の壁に衝突しようとしている一つの粒子は，気体全体の他の分子からわずかに引き寄せられる（したがって，"引き戻される"）．その結果，その気体分子が容器の壁に衝突する力が**弱くなる**．巨視的なスケールでは，これにより気体の圧力が理想気体の場合より**低くなる**．P が理想気体より低くなるので，PV/RT 比が理想気体の場合より小さくなる．これは，図 10・10 で圧力が十分に高くなると明らかになる．たとえば，CO_2 の場合，10 atm から 600 atm の間で PV/RT 比が 1 以下になる．

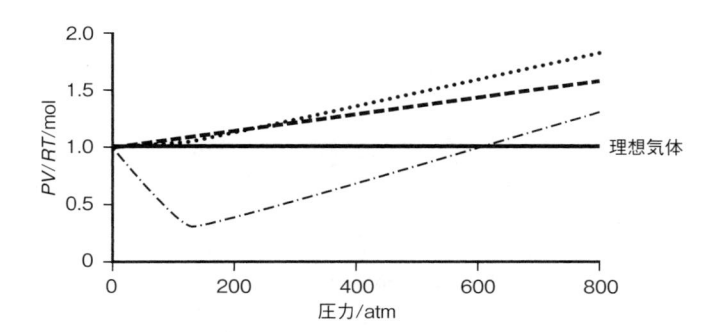

図 10・10 理想気体の挙動からのずれ　理想気体の状態方程式に従う気体の挙動は実線で示してある．破線（━━━）は H_2 273 K，点線（⋯⋯⋯）は N_2 273 K，一点鎖線（━・━・━）は CO_2 313 K を示す．

さらに圧力が高くなると，気体分子の体積が容器の容積に比べて無視できるという仮定が成り立たなくなる．このとき，気体の体積 V が理想気体の場合より大きくなるので PV/RT 比が 1 より大きくなる．CO_2 では，このような現象が 600 atm 以上で観測されている．

→ 演習問題 **10J**

10・6　固体への気体の吸着

ガスマスクでは毒性気体を除去するために活性炭が使われている．これは，**吸着**（adsorption）という一般的な現象が使われている例の一つである．

吸着では，ある物質（**吸着質**（adsorbate））が他の物質（**吸着剤**（adsorbent））の**表面**にくっつく．これは**吸収**（absorption）と明らかに異なる．吸収では，ある物質が他の物質に浸み込む．この二つの現象の違いは，浴用スポンジを考えると理解しやすい．乾いたスポンジの表面にほこりがつくという現象が吸着で，水がスポンジに浸み込むというのが吸収である．

吸着なのか，吸収なのか，あるいは，両方が同時に起きているかを決めることができないことがよくある．そのため，両方の現象を示すために，**収着**（sorption）というあいまいな用語が使われる．このように識別が難しい例の一つがクロマトグラフィーで見られる．クロマトグラフィーカラム中では，溶質の吸収と吸着の組合わせにより混合物が分離される（19章参照）．

吸着質が吸着剤に結合する力は，物理的（すなわち，分子間力）か，化学的（吸着質と吸着剤との間に化学結合ができる）かのどちらかである．活性炭への気体の吸着は物理的である（**物理吸着**（physisorption）とよぶ）が，ある種の触媒への気体の吸着は化学的である（**化学吸着**（chemisorption）とよぶ）．毒性気体は，空気中の酸素や窒素よりも活性炭によく吸着する．これは，毒性気体の分子が比較的大きく極性であることが多いからである．分子が大きくて極性だと，吸着質と吸着剤との間の分子間力が大きくなる．

ガスマスクに使われる"活性炭"は，木材や石炭を二酸化炭素中や水蒸気中，あるいは

ガスマスク　中に活性炭が入っており，空気中の毒性気体を吸着する．写真は，ロンドンで買物のために外出している家族で，第二次世界大戦中の1941年に実施された催涙ガス訓練の際に撮影された．

空気の供給を制限した中で加熱してつくられる．活性炭の表面積は非常に大きく（このことが吸着に決定的な要素になる），活性炭1 g 当たり 1000 m^2 にもなる！　ある温度と圧力のもとでは，ある活性炭試料はある一定量の吸着質を吸着するだけであるが，吸着気体の圧力を増したり，温度を下げたりすると吸着量が増大する．活性炭は，加熱すると吸着質を放出し，再生する．

吸着は溶液中でも起こる．たとえば，活性炭は水から微量の有機物（農薬や染料）を吸着除去するために使われる．

10・7　蒸気圧
蒸気圧とは何か

蒸気とは，同じ物質の液体と接している気体のことをいう．たとえば，液体の水の表面より上にある"気体"状態の水は，水蒸気とよばれる．水蒸気の圧力は，水の**蒸気圧**（vapor pressure）として知られている．

液体の水を容器に入れ，水の上にある気体（おもに空気）を強力なポンプで排気し，容器を密閉して空気が再び入らないようにしたとしよう．液体の水のいくらかが蒸発し，液体の水の上の空間を占める気体は水蒸気だけになる．図 10・11（a）は，圧力計を使って水の蒸気圧を測定する様子を示している．

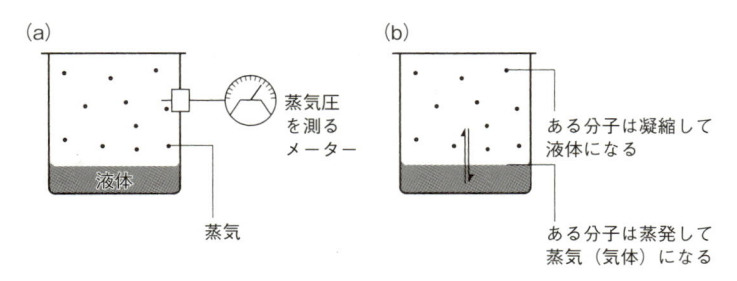

図 10・11　蒸気圧　(a) 飽和蒸気圧の測定．(b) 飽和蒸気圧を与える動的平衡．

容器を密閉するとすぐに蒸気圧が増すが，この増加速度は 2, 3 秒後には低下する．水分子は蒸発し続けるが，蒸発した水分子のいくつかが凝縮して液体の水に戻るためである．さらに 2, 3 秒経つと，蒸気圧が頭打ちになって最大値に達する．この最大値はこの温度で空気中の水蒸気が飽和する圧力で，**飽和蒸気圧**（saturated vapor pressure）とよばれる．純水の飽和蒸気圧は，20 ℃で 2.34 kPa である．この段階でも，水分子は蒸発し，凝縮し続けている．しかし，**動的平衡**（dynamic equilibrium）に達しており，1 秒当たりに蒸発する水分子の数と 1 秒当たりに凝縮する水分子の数は等しくなっている（図 10・11 (b)）．そのため，飽和蒸気圧は，**平衡蒸気圧**（equilibrium vapor pressure，もしくは平衡圧）とよばれることも多い．この平衡を次のような式で表す．

液　体 ⇌ 蒸　気

容器の蓋を開けて大気にさらすと，水蒸気が常に空気中に拡散し，蒸気圧が平衡値に達しない．水はゆっくりと空気中に蒸発していき，ついには（数日程度で）容器中の水がなくなる．

図 10・12 は，水とエタノールの飽和蒸気圧が温度によってどう変わるかを示している．水とエタノールの蒸気圧は温度とともに上昇する．これは，すべての液体にあてはまる．温度が上がると，より多くの液体分子が，分子を液体中に引きとめておく引力から逃れるのに十分なエネルギーをもつようになることから予想されることである．

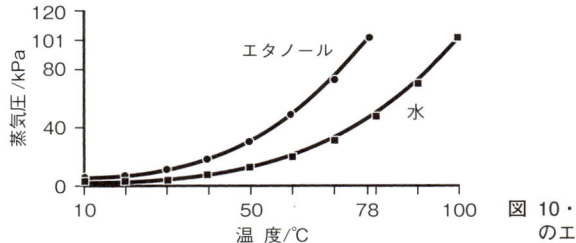

図 10・12 10 ℃から 100 ℃までのエタノールと水の蒸気圧

液体の沸点では，飽和蒸気圧が外部大気圧に等しくなっている．海水面での大気圧は 1 atm（101 kPa）である．ある液体の 1 atm における沸点は，その液体の**標準沸点**（normal boiling point）とよばれる．水とエタノールの標準沸点は，それぞれ 100 ℃および 78 ℃である．

→ 演習問題 10K

沸騰についてはウェブサイトの Appendix 10 も参照．

蒸気圧と全圧

密閉容器の中に液体 X（たとえばエタノールや水）および気体 Y（たとえば窒素）が入っているとしよう．このとき，気体 Y は X の蒸気で飽和していると仮定しても差し支えない．ドルトンの法則から，容器中の気体の全圧は気体 X の圧力と液体 Y の蒸気圧の和になる．このことは次の例題に示してある．

例題 10・3

密閉した瓶に一酸化炭素ガス（CO）と約 3 cm^3 の液体の水が 20 ℃で入っている．圧力計でこの瓶の中の気体の全圧を測ると 81.2 kPa だった．瓶の中の一酸化炭素の

分圧はどのくらいか．20 ℃における飽和水蒸気圧は，2.34 kPa である．

▶解 答

瓶の中に液体の水があるので，CO が水蒸気で飽和するのに十分な水があることがわかる（図 10・13）．次の式が成り立つ．

$$全圧 = 81.2 \text{ kPa} = p_{CO} + p_{H_2O}$$

p は双方の物質からの蒸気圧を示している．$p_{H_2O} = 2.34$ kPa なので，

$$p_{CO} = 81.2 - 2.34 = 78.9 \text{ kPa}$$

となる．

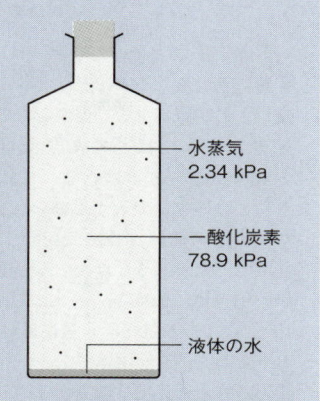

水蒸気 2.34 kPa
一酸化炭素 78.9 kPa
液体の水

図 10・13　蒸気圧と気体の全圧

→ 演習問題 10L

溶媒の揮発性

エタノールは水よりもはるかに蒸発しやすい．そのため，エタノールは，**揮発性が高い**（volatile）という．このことは図 10・12 にも現れている．どの温度でもエタノールは水よりも蒸気圧が高い．

室温における溶媒の揮発性を推定する一つの方法は，1 枚の沪紙を溶媒で満たし，その溶媒がすべて蒸発するまでに（すなわち，沪紙が乾ききるまでに）どのくらい時間がかかるかを測ることである．また，溶媒の沸点も，その溶媒の揮発性を大まかに判断する指針になる．実験室で扱う溶媒の中で最も揮発性が高いものの一つはエトキシエタン（ジエチルエーテル）で，標準沸点は 34.5 ℃ である（Box 10・3 参照）．

10・8　臨界温度と臨界圧

ある気体（または蒸気）を圧縮して（たとえばピストンを使って），その体積を減少させたときや，その気体を冷却したとき，もしくは圧縮と冷却の両方を行ったとき，気体が凝縮して液体になることがある．実験から，その気体の**臨界温度**（critical temperature）とよばれる温度以下でなければ，その気体は圧力を変化させるだけでは**液化しない**ことがわかっている．言い換えると，臨界温度とは液体状態が存在する最高温度である．

臨界温度の気体を液化するのに必要な圧力を**臨界圧**（critical pressure）という．いくつかの気体について，その臨界温度と臨界圧を表 10・3 に示した．この表から，たとえばエタノール蒸気は，温度が 243 ℃ より高いと，どんなに圧力をかけても液化しないことがわ

Box 10・3　溶媒の引火点

　溶媒の多くはよい燃料であり，空気中で容易に燃える．このことは実験室や工場の安全上の問題になる．**火がなくても溶媒が燃え出す温度**は，**発火点**（auto-ignition temperature）とよばれる．意外にも，ほとんどの溶媒は発火点が高い（表 10・2）．空気中での純溶媒の蒸気圧が十分に高くなって，火があると点火する温度はその溶媒の**引火点**（flash point）とよばれる（図 10・14）．この温度は非常に低い（表 10・2）．たとえば，石油エーテル（原油の蒸留で得られた留分で，沸点が 30 ℃ から 40 ℃ の間のもの）の引火点は −51 ℃ である．開放容器に貯蔵した石油エーテルは，−51 ℃ の冷凍庫に保管してもまだ火災の危険性が高いことを示している．引火点によって溶媒の引火性を分類できる．欧州連合（EU）では，引火点が 55 ℃ 未満の液体を

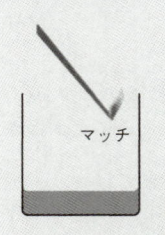

図 10・14　溶媒の引火点

引火性液体（flammable liquids），引火点が 21 ℃ 未満の液体を**引火性の高い液体**（highly flammable liquids），引火点が 0 ℃ 未満で沸点が 35 ℃ 以下の液体を**きわめて引火性の高い液体**（extremely flammable liquids）と規定している*．

表 10・2　一般的な溶媒の引火点と発火点

溶　媒	引火点 /℃	沸点 /℃	発火点 /℃
プロパノン（アセトン）	−20	56	465
ベンゼン	−11	80	498
エトキシエタン （ジエチルエーテル）	−45	34.5	180
エタノール	13	78	363
石油エーテル（30〜40 ℃）	−51	30〜40	230
ブタン-1-オール （1-ブタノール）	37	118	343

---

*　訳注：日本では消防法により 1 気圧における引火点が 250 ℃ 未満の液体を"引火性液体"と規定し，要約すると，次のように分類している．

　　特殊引火物　　発火点が 100 ℃ 以下のものまたは引火点が −20 ℃ 以下で沸点が 40 ℃ 以下のもの
　　アルコール類　炭素数が 1〜3 個の飽和一価アルコール
　　第一石油類　　引火点が 21 ℃ 未満のもの
　　第二石油類　　引火点が 21 ℃ 以上 70 ℃ 未満のもの
　　第三石油類　　引火点が 70 ℃ 以上 200 ℃ 未満のもの
　　第四石油類　　引火点が 200 ℃ 以上 250 ℃ 未満のもの
　　動植物油類　　動物の脂肉等または植物の種子もしくは果肉から抽出したものであって，引火点が 250 ℃ 未満のもの．
ただし，第三石油類，第四石油類および動植物油類は 20 ℃ で液状のものに限る．

かる．また，エタノール蒸気の温度が正確に 243 ℃のとき，この蒸気を圧縮して液化するには 63 atm の圧力が必要なことがわかる．

表 10・3　一般的な気体の臨界温度と臨界圧

気体	標準沸点/℃	臨界温度/℃	臨界圧/atm
アンモニア	−33	132	112
二酸化炭素	−78（昇華）	31	73
エタノール	78	243	63
水素	−252	−240	13
酸素	−183	−119	50
窒素	−196	−147	34
水	100	374	218

この章の発展教材がウェブサイトにある．

11 溶液と溶解度

11・1　溶解度
11・2　溶解の動的性質
11・3　ほとんど不溶のイオン化合物の溶解度
11・4　2種類の溶媒への溶質の分配
11・5　気体の水への溶解度
11・6　浸　透
11・7　コロイド

この章で学ぶこと

- 溶媒の混和性
- 溶解度積の考え方
- 分配率と気体の溶解度
- 浸透とその応用
- コロイド入門

11・1　溶解度

　溶液（solution）は**溶媒**（solvent，溶かす物質）と**溶質**（solute，溶ける物質）からなる混合物である．たとえば，砂糖を水に溶かすとき，水が溶媒で，砂糖が溶質，砂糖水が溶液である．水に砂糖を溶かし続けると，もうそれ以上溶けないという点に到達する．そのときその溶液は**飽和している**（saturated）という．さらに砂糖を加えても，砂糖は容器の底にたまるだけである．溶液の温度を上げると砂糖はさらに溶けるが，また飽和した状態になる．多くの固体は砂糖と同じように高温になるほど多く溶ける．しかし気体は逆で熱水には冷水よりも溶けにくい．

溶解度の法則

　5章で"極性"という言葉を学んだ（5・4節参照）．極性物質はイオンを含むか，あるいは極性分子からなっている．極性溶媒は極性分子からなっている．
　次のことを覚えることから始めよう．
　1）**極性物質**が溶解するならば，それは**極性溶媒**にのみ溶解する．
　2）**無極性物質**が溶解するならば，それは**非極性溶媒**にのみ溶解する．
　これは"似たもの同士は溶けあう"という法則にまとめることができる．いろいろな溶媒を互いに溶解するかどうかを調べると，極性の大きさの順に並べることができる．表11・1の溶媒の順序はこのようにして得られたものである．よく見かける溶媒の中では，

11・1 溶解度

表 11・1 おもな溶媒の極性 最も極性の低いヘプタンから最も極性の高い水まで極性の順に配列してある.

溶　媒	化学式	25℃での密度 /g cm^{-3}
ヘプタン	$CH_3(CH_2)_5CH_3$	0.68
ヘキサン	$CH_3(CH_2)_4CH_3$	0.66
シクロヘキサン	C_6H_{12}	0.77
テトラクロロメタン [1]	CCl_4	1.58
メチルベンゼン [2]	$C_6H_5CH_3$	0.86
エトキシエタン [3]	$C_2H_5OC_2H_5$	0.71
ジクロロメタン	CH_2Cl_2	1.32
プロパン-2-オール	$CH_3CH(OH)CH_3$	0.78
テトラヒドロフラン	C_4H_8O	0.89
トリクロロメタン [4]	$CHCl_3$	1.48
エタノール [5]（無水）	CH_3CH_2OH	0.79
エタン酸エチル [6]	$CH_3COOC_2H_5$	0.90
プロパノン [7]	CH_3COCH_3	0.79
メタノール [8]	CH_3OH	0.79
エタンニトリル [9]	CH_3CN	0.78
ジメチルスルホキシド	CH_3SOCH_3	1.10
水	H_2O	1.00

1～9の上付き数字は別名があることを示す. 1：四塩化炭素，2：トルエン，3：ジエチルエーテル，4：クロロホルム，5：エチルアルコール，6：酢酸エチル，7：アセトン，8：メチルアルコール，9：アセトニトリル

水が最も極性が大きく，ヘプタンやヘキサンのような炭化水素が最も極性が小さい.

混和性

もし2種類の溶媒を混合したときに，一つの層になる（2種類の溶媒の溶液になっている）ならば，それらの溶媒は**混和性である（混じりあう，miscible）**という．もし2層になり，それぞれの層が純粋な一つの溶媒からなっているならば，それらの溶媒は**非混和性である（混ざらない，immiscible）**という（図11・1）．2層になる場合は，より密度の低い溶媒が上に浮く．

"層"という言葉の代わりに**相（phase）**という言葉もよく使われる．たとえば，ヘキサンと水の混合物は二つの相を形成する．

図 11・1 3種類の混ざらない液体（テトラクロロメタンと水と水銀） 水銀（密度 13.6 g cm^{-3} (25℃)）は底に沈み，テトラクロロメタン（密度 1.6 g cm^{-3}）は中間の層に，水（密度 1.0 g cm^{-3}）は上に浮く．

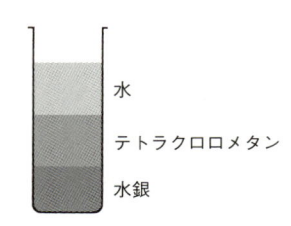

表 11・2 にどの溶媒の対が非混和性かを示した．●が非混和性を表す．たとえば，水はトリクロロメタンやエタン酸エチルとは混ざらない．

部分的に混ざる溶媒

真に非混和性である溶媒はほとんどない．2 種類の溶媒が混ざらないように見えても，少量の溶媒が他方の層に混ざっている．表 11・3 に有機溶媒の水への溶解度および水の有機溶媒への溶解度を示す．溶解度の単位は 100 g の飽和水溶液に溶けている有機溶媒のグラム数ないし 100 g の飽和有機溶液に溶けている水のグラム数である．

たとえば 100 g のヘキサンと 100 g の水を室温で混ぜたとしよう．これらは非混和性といってもよいが，実際にはヘキサン層は約 0.01 g の水を含んでおり，水層は約 0.001 g のヘキサンを含んでいる．

→ 演習問題 11A, 11B

"似たもの同士は溶けあう" という法則の妥当性

表 11・2 から "似たもの同士は溶けあう" という法則が裏付けられる．この法則は実験の観察から得られたものである．この法則を説明するには，イオン，原子，分子の間に働

表 11・2 おもな溶媒の混和性（Fisher Scientific UK, "1996 Chemical Catalogue" より許可を得て転載）

ヘプタン
ヘキサン
シクロヘキサン
テトラクロロメタン
メチルベンゼン
エトキシエタン
ジクロロメタン
プロパン-2-オール
テトラヒドロフラン
トリクロロメタン
エタノール
エタン酸エチル
プロパノン
メタノール
エタンニトリル
ジメチルスルホキシド
水

11・1 溶解度

表 11・3 有機溶媒の水への溶解度と，水の有機溶媒への溶解度の近似値（25℃）

溶 媒	濃度/100 g 当たりの g 数	
	水相中の有機液体	有機相中の水
ヘキサン	0.001	0.01
シクロヘキサン	0.01	0.01
テトラクロロメタン	0.08	0.008
メチルベンゼン	0.074	0.03
エトキシエタン	6.9	1.3
トリクロロメタン	0.82	0.056
エタン酸エチル	8.7	3.3

く力についての知識が必要となる．

1）無機塩（たとえば $Na^+, Cl^-(s)$）は本質的に極性である．塩化ナトリウムが水に溶けるのは，Na^+ イオンや Cl^- イオンと水分子の極性な結合（$O^{\delta-}-H^{\delta+}$）との間に働く強い引力のためである．塩化ナトリウムのような塩は，エタノールやメタノールにもかなり溶ける（これらの溶媒は水ほど極性が高くはないが，それでもかなり強いイオン-分子間力を生じる）．

2）塩はヘキサンやテトラクロロメタンのような無極性溶媒には溶けない．イオン（たとえば Na^+ や Cl^-）と無極性溶媒の分子の間に働く力はロンドン分散力である．この分散力は塩化ナトリウムの格子を保持しているイオン間の引力に比べて非常に弱い．

3）ヘキサンやテトラクロロメタンのような溶媒は類似の溶媒（たとえば他の炭化水素）には溶ける．これは2種類の異なる分子間のロンドン分散力が，同種の分子間のロンドン分散力とほぼ同じだからである（より強いこともある）．たとえばヘキサン

原油流出 原油は海水とほとんど混ざらず，その表面に浮く．それが岸に漂着する．鳥にとっては，これに触れると，鳥の体表面にある油と混ざりあうため，危険性が高い．

はヘプタンに溶けるが，これはヘキサン分子とヘプタン分子の間に働く力が，ヘキサン分子同士あるいはヘプタン分子同士に働く力とほぼ同じだからである．水をヘキサンあるいはヘプタンに加えると，水分子は"寄り集まって"別の相を形成する．これは水分子間の水素結合が水分子と炭化水素分子の間で働く力より強いからである．

4) 大きな共有結合性の化合物でも，十分に極性の大きな結合をもっていれば，水に溶ける場合もある．スクロース（砂糖，$C_{12}H_{22}O_{11}$）がその例である．分子1個当たり8個の極性な $O^{\delta-}-H^{\delta+}$ 結合をもち，水分子と水素結合をつくることができる．しかし一般的にいえば，同種の有機化合物の中では分子鎖中の炭素原子の数が増すほど水への溶解度は低下する．たとえば，エタン酸とヘキサン酸を考えてみよう．

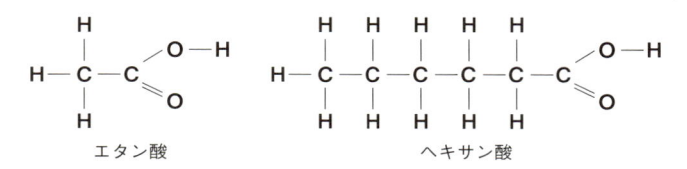

エタン酸は水とどんな割合でも混ざり合う．つまりエタン酸はどんなに多量に存在しようと，水と2層になることはない．しかしヘキサン酸は実質的に水に不溶である．どちらの酸も極性の大きな C=O 基と −O−H 基をもつが，ヘキサン酸は長い炭素鎖をもつので，酸分子同士のロンドン分散力が大きく，酸分子同士がより強く引き合っている．酸分子と水分子の間で水素結合が可能であるが，ヘキサン酸を水に溶解させるほど強くはなく，水素結合は酸分子同士だけで起こっている．

→ 演習問題 11C

大きな有機分子の親水性末端と疎水性末端

大きな有機分子を簡略化して考えてみよう．つまりヘキサン酸のような分子を図11・2のように，極性な"頭"（−COOH 部分）とジグザグの炭化水素の"尾"（−CH$_2$−の鎖）からなるとみなす．極性の大きな頭の部分は水に引き寄せられるので，**親水性である**（hydrophilic）という．一方，尾の部分はロンドン分散力で互いに引き合う（したがって水分子から遠ざかろうとする）ので，**疎水性である**（hydrophobic）という．

Box 11・1 では，この考え方を応用してセッケンの作用（**洗浄力**（detergency））を説明した．洗浄力は，脂肪が水を主体とする混合物中で2層になるのを妨げる，いわゆる**乳化**（emulsification）あるいは**可溶化**（solubilization）の一つの例である．

11・2 溶解の動的性質

溶けていく物質を含む平衡

ヨウ化カリウムの飽和溶液が入ったビーカーがあり，ビーカーの底に溶けていない K^+, I^-

図 11・2 水に少量のヘキサン酸が混ざった混合物中の分子の配列 はっきりした2相に分かれ，密度の小さいヘキサン酸が上に浮く．右の図では水分子は整列しているが，実際はランダムな方向を向いている．

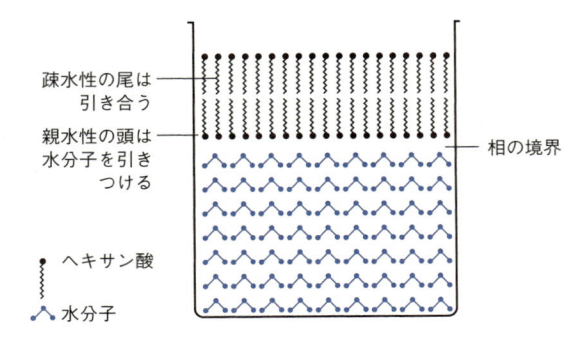

（固体）が沈んでいるという状況を考えてみよう．溶けている KI の濃度はその温度では一定であるが，溶液中のイオンと固体中のイオンは絶えず入れ替わっていることが実験からわかる．ある瞬間に $K^+(aq)$ と $I^-(aq)$ の対が一緒になってビーカーの底に沈殿し，同時に固体中の K^+ イオンと I^- イオンが溶液の中に溶けていく．いい換えると，固体中のヨウ化物と溶液中のヨウ化物の間に**動的平衡**（dynamic equilibrium）が存在している．これは次のように表される．

$$K^+,I^-(s) \rightleftharpoons K^+(aq) + I^-(aq)$$

溶液中での動的平衡の例はイオン化合物の溶解にとどまらない．前に見たように，ヘキサンと水の混合物は，少量の水を含むヘキサンと少量のヘキサンを含む水の2層からなっている．ここでも相手層に溶けているヘキサンと水の分子は，それぞれ自分の層の分子と絶えず入れ替わっており，次のように表現できる．

$$水層中の水 \rightleftharpoons ヘキサン層中の水$$

また，

$$ヘキサン層中のヘキサン \rightleftharpoons 水層中のヘキサン$$

この章で学ぶ気体の水への溶解や2種類の溶媒への固体の分配も動的平衡の例である．

11・3 ほとんど不溶のイオン化合物の溶解度
イオン化合物のモル溶解度

イオン性物質の溶解度を，1000 g の**飽和溶液**当たりのグラム数，あるいは 1 dm^3 の飽和溶液をつくるのに必要な物質の物質量(mol) で示すと都合がよい．**モル溶解度**（molar solubility）は次のように定義される．

Box 11・1　セッケンと合成洗剤

セッケンとは

セッケン（soap）は脂肪酸の塩である．よく使われるセッケンはステアリン酸ナトリウムで，ステアリン酸を水酸化ナトリウム（カセイソーダ）と反応させてつくる．

$$\text{NaOH} + \text{C}_{17}\text{H}_{35}\text{COOH} \longrightarrow$$
水酸化　　　ステアリン酸
ナトリウム
$$\text{C}_{17}\text{H}_{35}\text{CO}_2^-, \text{Na}^+ + \text{H}_2\text{O}$$
　　　　　ステアリン酸ナトリウム

ステアリン酸ナトリウムは溶液中でナトリウムイオンとステアリン酸イオンに解離する．

このセッケンの $\text{C}_{17}\text{H}_{35}-$ の部分は炭素原子の長い鎖でできており，COO^-Na^+ の部分はイオン性"末端"を形成している．この分子の完全な構造式は，

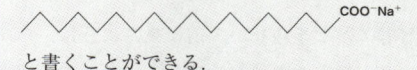

$$\text{CH}_3-\text{CH}_2-\text{CH}_2-\text{CH}_2-\text{CH}_2-\text{CH}_2-\text{CH}_2-\text{CH}_2-\text{CH}_2-\text{CH}_2-\text{CH}_2-\text{CH}_2-\text{CH}_2-\text{CH}_2-\text{CH}_2-\text{CH}_2-\text{CH}_2-\text{COO}^-\text{Na}^+$$

あるいは，

$$\diagup\!\!\!\diagdown\!\!\!\diagup\!\!\!\diagdown\!\!\!\diagup\!\!\!\diagdown\!\!\!\diagup\!\!\!\diagdown\!\!\!\diagup\!\!\!\diagdown\text{COO}^-\text{Na}^+$$

と書くことができる．

合成洗剤とは

合成洗剤はセッケンの代わりとなる石油化学製品である．セッケンに似た分子構造をもっており，よく使われるのは硫酸残基（OSO_3^-）をもつアルキル硫酸塩である．たとえばラウリル硫酸ナトリウム（$\text{C}_{17}\text{H}_{35}-\text{OSO}_3^-, \text{Na}^+$）は次のような構造をもっている．

$$\diagup\!\!\!\diagdown\!\!\!\diagup\!\!\!\diagdown\!\!\!\diagup\!\!\!\diagdown\!\!\!\diagup\!\!\!\diagdown\!\!\!\diagup\!\!\!\diagdown\text{OSO}_3^-\text{Na}^+$$

ラウリル硫酸ナトリウムは溶液中でナトリウムイオンとラウリル硫酸イオンに解離する．

セッケンや合成洗剤の洗浄のしくみ

汚れは老廃物の固体粒子が集まった油脂状物である．水は汚れを取除くことができない（図 11・3 (a)）．洗浄のしくみはセッケンでも合成洗剤でも同じである．固体粒子を表面（衣服や食器などの）から剥がすのであるが，次の 3 段階で起こると考えることができる．

1）セッケンや合成洗剤の炭化水素末端

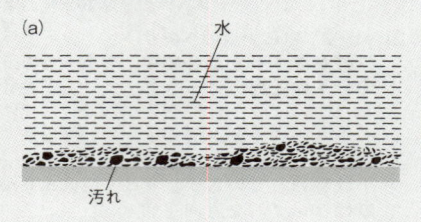

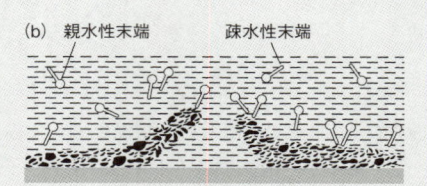

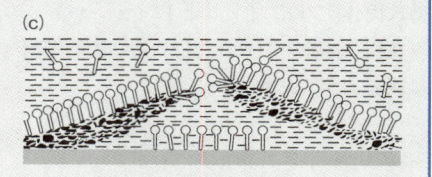

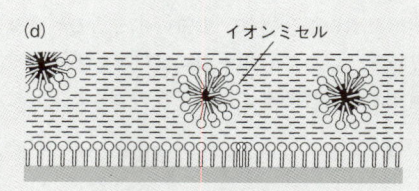

図 11・3　セッケンや洗剤の洗浄作用　ステアリン酸イオンや合成洗剤イオンを ⌒ で表す．

（疎水性末端）が汚れの油脂に付着する．イオン性末端（親水性末端）は水に引き寄せられる（図 11・3 (b)）．
2）ステアリン酸イオンや合成洗剤のイオンは，汚れと衣服や食器の表面との間の粘着力（いわゆる**界面張力**（interfacial tension））を減少させる．これは衣服や食器の表面にこれらのイオンの層をつくることによって起こる（図 11・3 (c) および (d)）．その結果，油脂が小滴となって水相に入っていく．
3）ステアリン酸イオンや合成洗剤のイオンはこれらの小滴を取囲んで，**イオンミセル**（ionic micelle）とよばれる小さな塊（ふつう 50〜100 個のイオンからなる）を形成する（図 11・3 (d)）．これらの結果として，汚れの粒子を含む油滴がコロイド状に分散することによって洗い流される．

ある化合物のモル溶解度とは，その温度における飽和溶液中のその化合物の濃度（mol dm^{-3}）である．

モル溶解度は記号 s で表す．

水にほとんど溶けないイオン化合物は**微溶性**である（sparingly soluble）という．塩化銀（Ag$^+$, Cl$^-$）や硫酸バリウム（Ba^{2+}, SO$_4^{2-}$）がその例である．そのような化合物はほんのわずかしか溶けないので，溶かすのに用いた水の体積と，できた溶液の体積は等しいとみなすことができる（たとえば 1000 cm^3 の水に 0.0010 g の塩化銀を溶かしたとき，その溶液の体積もまた 1000 cm^3 と考えて差し支えない）．この近似は非常によく溶ける塩に対しては当てはまらない．水中にかなりの濃度の塩が存在すると，液体の体積もわずかだが変わるからである．

イオン性の物質の多くは水にわずかしか溶けないが，どんなイオン性の物質でも**溶ければ，完全に別々のイオンに解離している**ことに注意しよう．

例題 11・1

塩化銀の溶解度は 25 ℃で飽和 AgCl 溶液 1000 g に対して 1.8×10^{-3} g である．
(a) この溶解度を AgCl 溶液 1 dm^3 に対する AgCl の物質量 (mol) で表せ（溶液 1 cm^3 は 25 ℃で正確に 1 g の質量をもつと仮定せよ）．
(b) AgCl 飽和溶液中の Ag$^+$(aq) および Cl$^-$(aq) の濃度（単位は mol dm^{-3}）はいくらか．

▶解 答
(a) AgCl のモル質量 M(AgCl)＝143.5 g mol^{-1} である．したがって 1.8×10^{-3} g の AgCl の物質量は，

$$\frac{1.8 \times 10^{-3}}{143.5} = 1.3 \times 10^{-5} \text{ mol}$$

1000 g の水を含む溶液の体積は 1000 cm^3 = 1.000 dm^3 である．したがって AgCl のモル溶解度は，

$$s = \frac{物質量}{体積} = \frac{1.3 \times 10^{-5}}{1.000} = 1.3 \times 10^{-5} \text{ mol dm}^{-3}$$

(b) 塩化銀の溶解は次の反応式で表される

$$\text{AgCl(s)} \rightleftharpoons \text{Ag}^+\text{(aq)} + \text{Cl}^-\text{(aq)}$$
(すなわち Ag$^+$,Cl$^-$)

溶けた Ag$^+$,Cl$^-$ は完全にイオンに解離している．1 対の Ag$^+$,Cl$^-$ は 1 個の Ag$^+$ イオンと 1 個の Cl$^-$ イオンになるから，これらのイオンの濃度もまた 1.3×10^{-5} mol dm^{-3} である．

$$[\text{Cl}^-\text{(aq)}] = [\text{Ag}^+\text{(aq)}] = 1.3 \times 10^{-5} \text{ mol dm}^{-3}$$

→ 演習問題 11D

微溶性塩の溶解度積

塩化銀の飽和水溶液に対して，

$$[\text{Ag}^+\text{(aq)}] \times [\text{Cl}^-\text{(aq)}] = その温度で定数$$

ということが実験でわかる．ここで角括弧は mol dm^{-3} で表した**平衡濃度**を意味する．これが塩化銀の**溶解度積表現**（solubility product expression）である．この定数をその温度における AgCl(s) の**溶解度積**（solubility product）あるいは**溶解度定数**（solubility constant）といい，記号 K_s で表す．25 ℃ では $K_s(\text{AgCl}) = 1.6 \times 10^{-10}$ mol^2 dm^{-6} である．すなわち，

$$[\text{Ag}^+\text{(aq)}] \times [\text{Cl}^-\text{(aq)}] = K_s(\text{AgCl}) = 1.6 \times 10^{-10} \text{ mol}^2 \text{ dm}^{-6}$$

これは次のようにいい表すこともできる．"AgCl で飽和した 25 ℃ の溶液中の銀イオンと塩化物イオンの濃度を掛け合わせると 1.6×10^{-10} mol^2 dm^{-6} となる．"

他の微溶性のイオン性物質の溶解度積も同様に定義することができる．

1）硫酸バリウムについて，平衡は，

$$\text{BaSO}_4\text{(s)} \rightleftharpoons \text{Ba}^{2+}\text{(aq)} + \text{SO}_4^{2-}\text{(aq)}$$
$$K_s(\text{BaSO}_4) = [\text{Ba}^{2+}\text{(aq)}] \times [\text{SO}_4^{2-}\text{(aq)}] = 1.1 \times 10^{-10} \text{ mol}^2 \text{ dm}^{-6}$$

2）フッ化マグネシウムについて，平衡は，

$$\text{MgF}_2(\text{s}) \rightleftharpoons \text{Mg}^{2+}(\text{aq}) + 2\,\text{F}^-(\text{aq})$$
$$K_\text{s}(\text{MgF}_2) = [\text{Mg}^{2+}(\text{aq})] \times [\text{F}^-(\text{aq})]^2 = 6.4 \times 10^{-9}\,\text{mol}^3\,\text{dm}^{-9}$$

後者の例では，1 個の $\text{MgF}_2(\text{s})$ から 2 個の F^- イオンができるから，フッ化物イオンの濃度は 2 乗になることに注意しよう．

いくつかの化合物の溶解度積を表 11・4 に示す．溶解度積表現は微溶性塩にだけ用いることができる．非常によく溶ける塩（たとえば塩化ナトリウム）に，そのまま用いることはできない．なぜなら，イオンの濃度が非常に高いので，イオンが互いに影響し合ってイオンの実効濃度が $\text{mol}\,\text{dm}^{-3}$ で表された実際の濃度より低くなるからである．少し溶けるイオン性物質（たとえば水酸化カルシウム）に用いた場合は誤差は小さくなるが，それでも正確な研究にはその誤差は重大である．

→ 演習問題 11E

表 11・4 微溶性のイオン性物質の溶解度積
濃度の単位は $\text{mol}\,\text{dm}^{-3}$.

塩	化学式	25 ℃ での K_s
塩化銀	AgCl	1.6×10^{-10}
硫酸バリウム	BaSO_4	1.1×10^{-10}
フッ化マグネシウム	MgF_2	6.4×10^{-9}
炭酸カルシウム	CaCO_3	8.7×10^{-9}
ヨウ化銅(I)	CuI	5.1×10^{-12}
水酸化鉄(II)	Fe(OH)_2	1.6×10^{-14}
水酸化アルミニウム	Al(OH)_3	1.0×10^{-33}
水酸化亜鉛	Zn(OH)_2	2.0×10^{-27}
硫酸カルシウム	CaSO_4	2.4×10^{-5}
塩化鉛(II)	PbCl_2	1.6×10^{-5}

溶解度積とモル溶解度の関係

塩化銀の溶解，

$$\text{AgCl}(\text{s}) \rightleftharpoons \text{Ag}^+(\text{aq}) + \text{Cl}^-(\text{aq})$$

では AgCl のモル溶解度（$s(\text{AgCl})$ で表す）は各イオンの濃度に等しい．

$$[\text{Cl}^-(\text{aq})] = [\text{Ag}^+(\text{aq})] = s(\text{AgCl})$$

したがって，

$$K_\text{s}(\text{AgCl}) = [\text{Ag}^+(\text{aq})] \times [\text{Cl}^-(\text{aq})] = s(\text{AgCl}) \times s(\text{AgCl}) = s(\text{AgCl})^2$$

式を変形すると，

$$s(\text{AgCl}) = \sqrt{K_s(\text{AgCl})} \text{ mol dm}^{-3}$$

25 ℃で $K_s(\text{AgCl}) = 1.6 \times 10^{-10}$ mol^2 dm^{-6} であるから,

$$s(\text{AgCl}) = \sqrt{1.6 \times 10^{-10}} \text{ mol dm}^{-3}$$
$$= 1.3 \times 10^{-5} \text{ mol dm}^{-3}$$

例題 11・1 と比較してみよう.

➡ 演習問題 11F

溶解度積を用いて沈殿が生成するかどうかを予測する：共通イオン効果

AgCl(s) について 25 ℃で次の式が成り立つ.

$$[\text{Ag}^+(\text{aq})] \times [\text{Cl}^-(\text{aq})] = K_s(\text{AgCl}) = 1.6 \times 10^{-10} \text{ mol}^2 \text{ dm}^{-6}$$

この式は，AgCl(s) の飽和溶液では，銀イオンおよび塩化物イオンの濃度は，その積が 1.6×10^{-10} mol^2 dm^{-6} となる限り，どんな値も取りうることを示している.

ある塩が水の中で沈殿するかどうかを，その塩の溶解度積表現に**実際の濃度**を代入することによって判断することができる.

1) 実際のイオン濃度の積が（計算上）溶解度積より**大きい**場合，イオン濃度の積が K_s の値と同じになるように塩の一部が沈殿する.
2) イオン濃度の積が溶解度積に**完全に等しい**場合，溶液はその塩で飽和しているが，沈殿は生じない.
3) イオン濃度の積が溶解度積より**小さい**場合，イオンはすべて溶液中にある. 溶液は飽和しておらず，沈殿は生じない.

塩化銀の小さな粒を水に加えて 1 dm^3 の水に 1.0×10^{-5} mol の AgCl(s) が存在しているとしよう. 塩化銀はすべて溶けるであろうか.

これに対する答を出すには，すべての AgCl(s) が完全に溶けたと**仮定**したときのイオン濃度が AgCl(s) の溶解度積を上回るかどうかを計算すればよい.

1 個の AgCl(s) が Ag$^+$(aq) および Cl$^-$(aq) イオン 1 個ずつに解離するのだから，

$$[\text{Ag}^+(\text{aq})] = [\text{Cl}^-(\text{aq})] = 1.0 \times 10^{-5} \text{ mol dm}^{-3}$$

となり，**実際のイオン濃度の積**は，

$$[\text{Ag}^+(\text{aq})] \times [\text{Cl}^-(\text{aq})] = 1.0 \times 10^{-5} \times 1.0 \times 10^{-5} = 1.0 \times 10^{-10} \text{ mol}^2 \text{ dm}^{-6}$$

となる. 25 ℃で $K_s(\text{AgCl}) = 1.6 \times 10^{-10}$ mol^2 dm^{-6} であるから，イオン濃度の積は K_s より**小さい**. したがって沈殿は生成せず，すべての AgCl(s) が溶液になっていると結論される. いい換えれば，この塩化銀の粒は完全に水に溶ける.

11・3 ほとんど不溶のイオン化合物の溶解度

さてここで，この溶液に塩化ナトリウム（NaCl）の結晶を加えたとしよう．塩化ナトリウムからも塩化物イオンが出てくる．塩化ナトリウムから出てきた塩化物イオンの濃度が $1.0\times10^{-2}\,\mathrm{mol\,dm^{-3}}$ であるとしよう．イオン濃度の積は，

$$[\mathrm{Ag^+(aq)}]\times[\mathrm{Cl^-(aq)}] = \underbrace{(1.0\times10^{-5})}_{\text{AgClだけから}}\times\underbrace{(1.0\times10^{-5}+1.0\times10^{-2})}_{\text{AgClとNaClから}}\,\mathrm{mol^2\,dm^{-6}}$$

1.0×10^{-2} に比べて 1.0×10^{-5} はずっと小さく，塩化物イオン濃度に対する寄与は無視できる．つまり $1.0\times10^{-5}+1.0\times10^{-2}$ は 1.0×10^{-2} に等しいと考えることができるので，

$$[\mathrm{Ag^+(aq)}]\times[\mathrm{Cl^-(aq)}] = (1.0\times10^{-5})(1.0\times10^{-2}) = 1.0\times10^{-7}\,\mathrm{mol^2\,dm^{-6}}$$

1.0×10^{-7} は 1.6×10^{-10} より大きい．イオン積が K_s を上回っており，実質的にすべての銀イオンが塩化銀として析出する．

溶解度積表現にあるイオンの一つが溶液中に大量に存在することによる効果を**共通イオン効果**（common ion effect）とよぶ．共通イオンを添加すると微溶性塩の**モル溶解度が低下**し，塩のほとんどが析出する．今の例では，AgCl のモル溶解度が低下したことを次のようにして証明することができる．

25℃で，

$$[\mathrm{Ag^+(aq)}]\times[\mathrm{Cl^-(aq)}] = 1.6\times10^{-10}\,\mathrm{mol^2\,dm^{-6}}$$

であることを思いだそう．ここで上の例のように NaCl を添加すると，

$$[\mathrm{Cl^-(aq)}] = 1.0\times10^{-2}\,\mathrm{mol\,dm^{-3}}$$

であるから，書き直すと，

$$[\mathrm{Ag^+(aq)}]\times1.0\times10^{-2} = 1.6\times10^{-10}\,\mathrm{mol^2\,dm^{-6}}$$

すなわち，

$$[\mathrm{Ag^+(aq)}] = \frac{1.6\times10^{-10}}{1.0\times10^{-2}} = 1.6\times10^{-8}\,\mathrm{mol\,dm^{-3}}$$

$$= \text{AgCl のモル溶解度} = s$$

であり，AgCl のモル溶解度は $1.6\times10^{-8}\,\mathrm{mol\,dm^{-3}}$ となる．NaCl を加える前は $1.3\times10^{-5}\,\mathrm{mol\,dm^{-3}}$ であった（11・3 節参照）．いい換えれば，AgCl は $0.01\,\mathrm{mol\,dm^{-3}}$ の NaCl 溶液には純水の 800 分の 1 しか溶けないということになる．

共通イオン効果は非常によく溶ける塩でも観測されるが，溶解度積表現において濃度をそのまま使うことはできないので，計算は複雑になる．共通イオン効果の劇的な例が，塩

化ナトリウムの飽和溶液に数滴の濃塩酸を加えたときに見られる．塩酸から塩化物イオンが大量に出て NaCl の溶解度積を上回るので，塩が白色沈殿として析出する（図 11・4）．

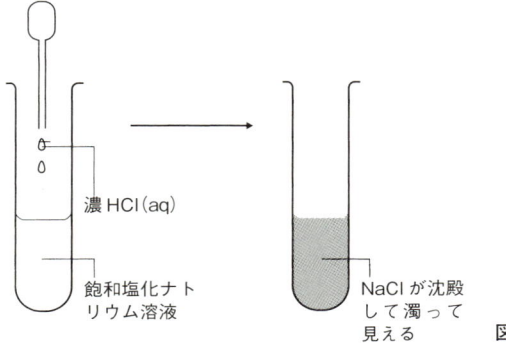

図 11・4　共通イオン効果

例題 11・2 では少し異なる場合を見る．ここでは 2 種類の非常によく溶けるイオン性物質（硫酸鉄(II) と水酸化ナトリウム）を水に溶かすことによって関連イオンが生じる．

例題 11・2

0.0020 mol dm^{-3} の硫酸鉄(II) 溶液 25.0 cm^3 を 0.0040 mol dm^{-3} の水酸化ナトリウム溶液 25.0 cm^3 に加えた．水酸化鉄(II) は析出するであろうか．

▶解 答

水酸化鉄(II) に対して次式が成り立つ．

$$K_s(\mathrm{Fe(OH)_2}) = [\mathrm{Fe^{2+}(aq)}] \times [\mathrm{OH^-(aq)}]^2$$

（水酸化鉄(II) は解離すると 2 個の水酸化物イオンを生成するので，水酸化物イオンの濃度を 2 乗することに注意しよう．）

$$\text{溶液の全体積} = 25.0 \text{ cm}^3 + 25.0 \text{ cm}^3 = 50.0 \text{ cm}^3$$

硫酸鉄(II) ＝ FeSO$_4$ で，Fe^{2+}(aq) イオンの濃度は 25.0 cm^3 を 50.0 cm^3 に薄めたので 0.0010 mol dm^{-3} となる

水酸化ナトリウム ＝ NaOH で，OH$^-$(aq) イオンの濃度は 25.0 cm^3 を 50.0 cm^3 に薄めたので 0.0020 mol dm^{-3} となる

したがってイオン濃度の積は，

$$[\mathrm{Fe^{2+}(aq)}] \times [\mathrm{OH^-(aq)}]^2 = (0.0010) \times (0.0020)^2 = 4.0 \times 10^{-9} \text{ mol}^3 \text{ dm}^{-9}$$

となる．これは Fe(OH)$_2$ の溶解度積（1.6×10^{-14} mol^3 dm^{-9}，表 11・4）よりずっと大きいので，水酸化鉄(II) は沈殿として出てくる．

→ 演習問題 11G

11・4　2種類の溶媒への溶質の分配
分配比

ある溶質が互いに混ざり合わない2種類の溶媒に可溶である場合，それぞれの溶媒中に存在する溶質の濃度の比は決まった値であることが知られている．この比（記号 K_d で表され，**分配比**（distribution ratio あるいは partition ratio）とよばれる）は温度が一定であれば一定である．

$$K_{d(T)} = \frac{\text{溶媒 A 中の溶質濃度}}{\text{溶媒 B 中の溶質濃度}}$$

ここで T は温度であり，この比がその温度だけの値であることを示している．この式は溶質が解離したり，会合（たとえば水素結合による分子対の生成）したり，溶媒と反応したりする場合には成り立たない．

最初の例として，水とテトラクロロメタン（**溶媒**）の間での固体のヨウ素（**溶質**）の分配を考えよう．数個のヨウ素結晶をフラスコに入った水とテトラクロロメタン（CCl$_4$）に加えてよく振ると，ヨウ素が溶けて水は淡褐色に，テトラクロロメタンは紫色に着色する．水層よりも有機層（テトラクロロメタンの層）により多くのヨウ素が存在する．実験をしてみると 25 ℃ では，

$$K_d(\text{I}_2) = \frac{\text{CCl}_4 \text{ 中の I}_2 \text{ の濃度}}{\text{水中の I}_2 \text{ の濃度}} = 85$$

であることがわかる．濃度の単位は分子と分母で相殺されるので，K_d は単位がない．

溶媒混合物にヨウ素を 0.1 g 加えても 1 g あるいは 2 g 加えても，ある一つの温度では K_d の値は同じであることに注意しよう．これは2種類の溶媒への溶質の分配が動的平衡の一つの例であり，二つの相におけるヨウ素の濃度は一定に保たれているからである．

$$\text{I}_2(\text{H}_2\text{O 中}) \rightleftharpoons \text{I}_2(\text{CCl}_4 \text{ 中})$$

一方の層にヨウ素を加えて振ると，両層のヨウ素濃度は K_d の値を維持するように変化する．

最も単純な応用例としては，一方の層の溶質濃度がわかれば，分配比から他方の層の溶質の濃度を計算できる．たとえば，水層のヨウ素の濃度がチオ硫酸イオンによる滴定で 1.0×10^{-3} mol dm^{-3} と求められたとすると，テトラクロロメタン中のヨウ素の濃度はその 85 倍であるから，

$$\text{CCl}_4 \text{層のヨウ素の濃度} = 85 \times 1.0 \times 10^{-3} = 8.5 \times 10^{-2} \text{ mol dm}^{-3}$$

となる．

→ 演習問題 11H

たとえば殺虫剤の生物濃縮を知るには分配比の知識が必要である．ウェブサイトの Appendix 19 参照．

溶媒抽出

有機化学では，水を含んだ混合物から有機化合物を分離しなければならないことがよくある．そのためには，有機溶媒（たとえばテトラクロロメタンやエトキシエタン）を加えて振り混ぜる，いわゆる**溶媒抽出**（solvent extraction）を行う．有機溶媒にはほしい有機化合物（溶質）のほとんどが含まれており，溶媒を蒸発させることによってその化合物を得ることができる．溶媒抽出の計算は 19 章で述べる．

クロマトグラフィー

混合物を分離するための重要な手段の一つである**クロマトグラフィー**（chromatography）は，連続した溶媒抽出と考えることができる．詳細は 19 章で学ぶ．

11・5 気体の水への溶解度

おもな気体の水への溶解度を表 11・5 に示す．いくつかの気体（たとえば H_2, O_2, N_2, CH_4）は水にわずかしか溶けない．これらの気体の溶解は次式で表される．

$$\text{気体分子} \underset{}{\overset{水}{\rightleftarrows}} \text{溶解した分子}$$

溶解した気体は加熱すると溶液から出てくる．

水と**化学反応を起こす**（chemically react）気体もある（たとえば NH_3, HCl, NO_2）．これらの気体は一般に H_2, O_2 などよりもよく溶ける．このような気体の溶解は次の 2 段階で起こると考えることができる．

$$\text{気体分子} \underset{}{\overset{水}{\rightleftarrows}} \text{溶解した分子} \underset{}{\overset{水}{\rightleftarrows}} \text{反応生成物}$$

たとえば，

$$\text{NH}_3(\text{g}) \underset{}{\overset{水}{\rightleftarrows}} \text{NH}_3(\text{aq})$$

が起こり，次いで，

$$\text{NH}_3(\text{aq}) + \text{H}_2\text{O}(\text{l}) \underset{}{\overset{水}{\rightleftarrows}} \text{NH}_4^+(\text{aq}) + \text{OH}^-(\text{aq})$$

11・5 気体の水への溶解度

表 11・5　おもな気体の 0 ℃での溶解度　水と接触している気体の圧力は 1 atm.

気 体	気体の溶解度 / 水 1 m^3 当たりの気体の体積 (m^3)
ヘリウム (He)	0.0094
水素 (H$_2$)	0.021
窒素 (N$_2$)	0.024
一酸化炭素 (CO)	0.035
酸素 (O$_2$)	0.049
メタン (CH$_4$)	0.054
アルゴン (Ar)	0.056
二酸化炭素 (CO$_2$)	1.7
塩素 (Cl$_2$)	4.6
硫化水素 (H$_2$S)	4.7
二酸化硫黄 (SO$_2$)	80
塩化水素 (HCl)	506
アンモニア (NH$_3$)	1300

が起こる.

気体の溶解度の分圧による変化

気体の溶解度は溶けている気体の圧力によって，どのように変化するだろうか．気体の圧力が高ければ低い場合に比べて，より水の中に"押し込まれる"から，溶ける気体の圧力（分圧）が高いほど，溶液中の気体の濃度は大きくなるであろう（図 11・5）．すべての気体に対して，次のことが成り立つ．

気体の溶解度はその分圧とともに増大する

表 11・5 のデータは溶けている気体の分圧が 1 atm（101 kPa）のときの値である．アンモニアが表の気体中で最もよく溶けることに注意しよう．

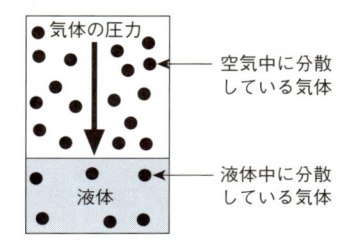

図 11・5　ヘンリーの法則　溶けていく気体の分圧が 2 倍になれば，溶けた気体の濃度も 2 倍になる．

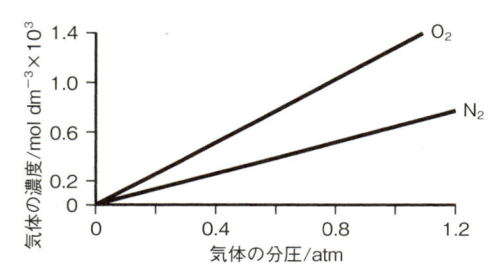

図 11・6　25 ℃でいろいろな分圧での O$_2$ と N$_2$ の溶解度　勾配はこれらの気体のヘンリー係数に等しい．

気体の分圧と溶液中でのその気体の平衡濃度をグラフにプロットしてみると，いくつかの気体では図 11・6 のように直線になり，次式に従う．

$$c = K_H \times p$$

ここで c は溶液中の気体の濃度（単位は mol dm^{-3}），p は気体の分圧（単位は atm）であり，K_H は定数（単位は mol dm^{-3} atm^{-1}）である．この式は**ヘンリーの法則**（Henry's law）の数学的表現であり，文章で表せば，次のようになる．

溶媒中の気体の平衡濃度は一定温度では溶解する気体の分圧に比例する

K_H はヘンリー係数とよばれる（表 11・6）．この値は温度によって変化する．

表 11・6　おもな気体の水に対する 25 ℃でのヘンリー係数

気 体	K_H/mol dm^{-3} atm^{-1}
O_2	1.28×10^{-3}
CO_2	3.38×10^{-2}
H_2	7.90×10^{-4}
CH_4	1.34×10^{-3}
N_2	6.48×10^{-4}
NO	2.0×10^{-4}

出典：S. E. Manahan, "Environmental Chemistry"

　水と化学反応を起こす気体のほとんどは，その分圧が**非常に低い**場合にのみヘンリーの法則に従う（たとえば SO_2 では 0.001 atm 以下）．しかし，気体の溶解度の計算では，大気中に微量しか含まれていない気体（たとえば SO_2 や CO_2）を扱う場合が多いので，ヘンリー係数は有用である．

　気体の溶解度は，気体の全圧がほぼ 1 atm（101 kPa）を超えない限り，他の気体の影響を受けない．これを超えるとその気体混合物を理想気体と見なせなくなるので，**どんな気体であってもその挙動はヘンリーの法則から大きくずれる**．

　ヘンリーの法則を用いた計算例については，ウェブサイトの Appendix 11 を参照．

溶液の温度に伴う気体の溶解度の変化

　図 11・7 は水（体積で 20.9 ％の酸素を含む全圧 1 atm の乾燥大気と平衡にある）に溶けた酸素の濃度と温度の関係を示している．予想通り，溶解した O_2 の濃度は温度の上昇とともに低下する．濃度は 0 ℃と 30 ℃の間で 14.6 mg dm^{-3} から 7.6 mg dm^{-3} に変化する．このことはこの温度範囲で 1 dm^3 の水に溶ける酸素ガスの体積は 10 cm^3 から 6 cm^3

に変化することを意味している．

図 11・7　純水に溶けた酸素の濃度の温度による変化

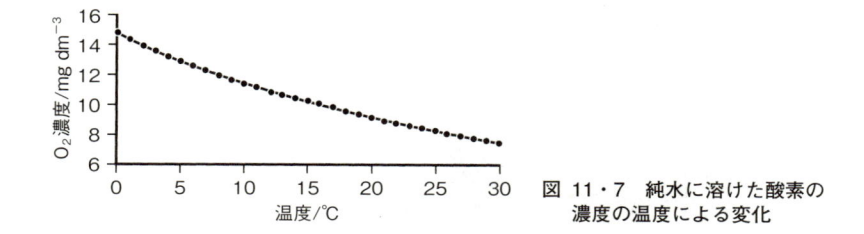

水に固体が溶けていると酸素の溶解度はさらに低下する．海水はほぼ 10 000 mg dm^{-3} の NaCl を含んでいる．そのために 25 ℃ での酸素の溶解度は 8.4 mg dm^{-3} から 7.6 mg dm^{-3} に下がる．ちなみに溶存酸素が約 6 mg dm^{-3} 以下になると魚類は成長できない．

▶ ヘンリーの法則についての補足および気体の溶解度に対する温度の効果についてはウェブサイトの Appendix 11 を参照．

気体の溶解度に関する実験

1）ラムネのボトル　　ラムネは風味をつけた水に二酸化炭素を溶かした溶液であるから，ヘンリーの法則が成り立つ．

$$c(CO_2) = K_H \times p_{CO_2}$$

ここで $c(CO_2)$ は水に溶けた CO_2 の濃度である．新しいラムネのボトルを開けると，液体の上にあった二酸化炭素ガスの一部が抜けて p_{CO_2} が下がるので，水中の二酸化炭素濃度も下がる．その結果，水中の CO_2 が気泡となって出てくる．

2）炭酸飲料をつくる　　濃縮ジュースを水で薄めたものを瓶に入れて，炭酸飲料製造器（写真）で炭酸化しようとすると，たまに中身が飛び散ることがある．これはジュースの成分があるために二酸化炭素の溶解度が低下して，行き場のなくなった過剰の CO_2 がジュースを瓶から吹き出させるためである．先に水を炭酸化してから濃縮ジュースを加えると，飛び散り方は少ないが，それでも濃縮ジュースを加えたとたんに CO_2 が発生する．

3）ダイビング　　ダイバーが海に潜ると，潜るにつれてダイバーにかかる海水の圧力が増す．ボンベからの空気が周囲の海水の圧力と同じになるようにボンベの圧力調整器が働く．このことは，ボンベの空気（O_2 は 21 % で残りは N_2）を呼吸しているスキューバーダイバーは，水面下では海面におけるより高い分圧の酸素を呼吸していることを意味する．酸素圧が高くなると呼吸の頻度が下がり，それが CO_2 の血中濃度が高めるため，

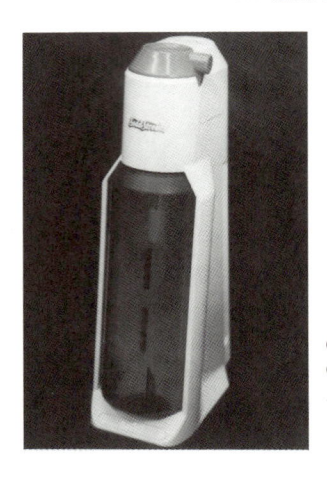

CO₂ を用いる炭酸飲料製造器
CO_2 をガスボンベから大気圧以上で注入する．溶けた CO_2 のために飲料は炭酸化し，独特のツンとした味になる．

CO_2 中毒になることがある．そのためダイバーは酸素の割合を低くした"空気"混合物を使う．正確な酸素の割合はダイバーが潜る深さによって決まる．

　水面下（大気より圧力が高い）に潜ると，より多くの気体（特に窒素）が血液に溶け込む．ダイバーが海面に戻るのを急ぎすぎると，窒素が血液中に気泡となって出てきてダイバーは"潜水病"に罹ってしまう．ボンベの窒素をより水に溶けにくいヘリウム（表 11・5 を参照）に変えると潜水病になりにくくなる．それでもダイバーは身体がゆっくりと呼吸ガスと平衡になるようにする必要がある．それにはゆっくりと潜り，ゆっくりと水面に上がればよい．

　4）浮かぶロウソク　　火のついたロウソクを水に浮かべ，逆さにした広口瓶でロウソクを覆うと，ロウソクはやがて消える．この間に水面が上昇する（図 11・8）．

　ロウソクが燃えると酸素を消費され，それと同時に二酸化炭素と水が生成する．生成した二酸化炭素が完全に水に溶けてしまえば，空気の体積は消費された酸素の分だけ減少する．酸素は空気の約 1/5 を占めるから，これが完全に消費されれば水面は約 1/5 上昇することになる．

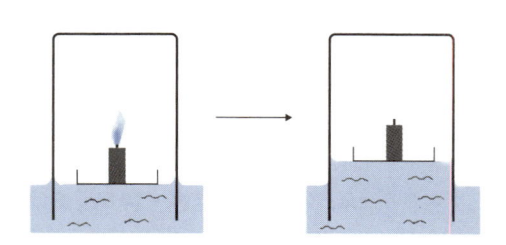

図 11・8　燃えているロウソクは酸素を消費する

5) **噴水実験**　非常によく溶ける気体（アンモニアや塩化水素など）は"噴水実験"に使うことができる．図 11・9 に HCl(g) を用いた実験を示す．コルク栓でガラス管を取付けたフラスコに乾燥した塩化水素を満たす．急いでフラスコを逆さにして，ガラス管の先を水の入ったバケツに入れる．気体がガラス管を上がってきた水に急速に溶け，フラスコの中の圧力が下がるので，水がフラスコに吸い込まれて噴水のように吹き上がる．バケツの水に青いリトマスを加えておくと，フラスコに入った水は生成した塩酸のために赤く着色し，赤い噴水が見られる．この実験をアンモニアと赤いリトマスを用いて行うと，青い噴水が見られる．

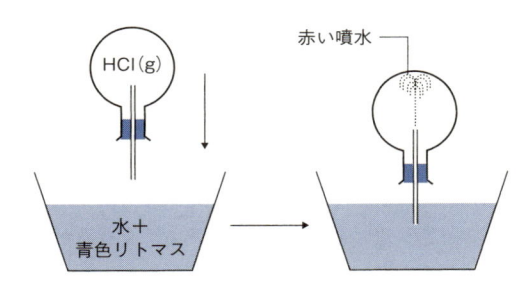

図 11・9　噴水実験

11・6　浸　透
浸透の例
　赤血球を水に入れると破裂する．何が起こるのだろうか．赤血球の膜は水だけを通過させる．赤血球細胞内部の液体は有機化合物や無機塩類を含んでおり，外側の水より濃度が高い．細胞内の溶液を薄めようとして細胞壁を通して水が入ってくる．その結果，多量の水が入ってくるために細胞壁が破裂してしまう．

　新鮮な赤血球を 2 ％食塩水に入れると，細胞は収縮する．この場合は，細胞内の水が濃度のより高い細胞外の溶液へと移動するために，細胞は脱水状態になる．

浸透に関する要点
1) 浸透とは，**溶媒**（普通は水）が膜などを通して濃度の低い領域から濃度の高い領域へ移動することである．濃度が高い側の溶液は**高浸透圧である**（hypertonic, "hyper-" は "より多い" を意味する）といい，濃度が低い側の溶液は**低浸透圧である**（hypotonic, "hypo-" は "より少ない" を意味する）という．浸透が完了すると両溶液の濃度は等しくなり，**等浸透圧である**（isotonic, "iso-" は "等しい" を意味する）という．浸透の例を図 11・10 に示す．
2) 溶媒を通過させるが溶質は通過させないような膜を**半透膜**（semipermeable membrane）という．

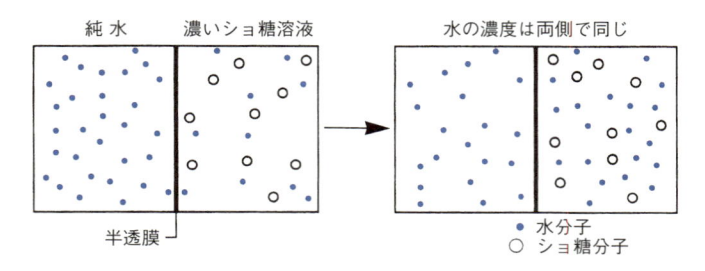

図 11・10　浸透は半透膜を通しての溶媒の移動である

3）低濃度から高濃度への溶媒の動きは，高圧から低圧への気体の広がり（拡散）と似ている．圧力の考え方は浸透にも当てはまる．膜を通して溶媒分子を通過させるために膜の単位面積当たりに働く力を**浸透圧**（osmotic pressure）という．

半透膜には天然のものも人工のものもある．どんな溶質に対しても半透膜として働くとは限らない．イオン（たとえば Na^+ や Cl^-）を通さない膜もあり，より大きな分子（たとえば金属錯体イオンやショ糖）だけを通さない膜もある．半透膜が働く機構はまだ完全に明らかになってはいない．よく用いられる膜の一つに酢酸セルロース膜があるが，これはショ糖分子や水和イオン（水分子と結合して嵩高くなっている）を通さない．

浸透圧についての補足

浸透圧は実験開始直後の膜の両側の濃度差が最も大きいときに最大となる．"初期浸透圧"というべきであるが，意味をもつのは初期浸透圧だけなので，普通は"初期"を省く．

図 11・11（a）は実験室での簡単な浸透実験を示す．浸透が終わると，漏斗管の中の水の上昇が止まる．

浸透の間に上昇したショ糖溶液の高さを浸透圧の尺度として用いることは厳密にはできない．なぜならば，実験終了時の漏斗管内の溶液の濃度は実験開始時よりも低くなっている．濃度が低ければ密度も低くなるので，h をそのまま用いると浸透圧の値が実際よりも高くなってしまう．

浸透圧のよりよい測定法は，浸透がちょうど止まるように外圧を掛ける方法である．その外圧は溶液の浸透圧と正確に等しくなるはずである．この実験の原理を図 11・11（b）に示す．漏斗管の上部を給気装置につなぎ，ゆっくりと空気の圧力を上げていく．浸透がちょうど止まったときの空気の圧力が浸透圧に等しい．

浸透圧の計算

浸透圧 Π は次式で計算できる．

11・6 浸 透

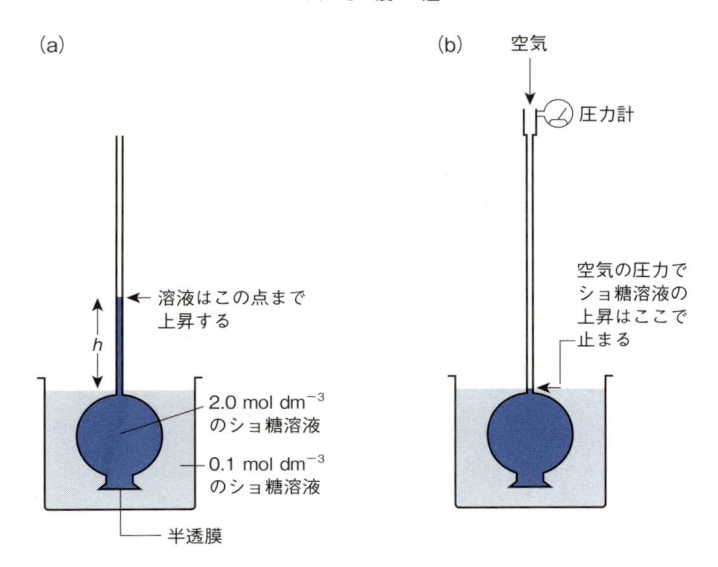

図 11・11 浸透の例 (a) 水が濃度の低いショ糖溶液から漏斗管の中に入る実験, (b) 加圧を伴う浸透圧の測定.

$$\Pi = \Delta c \times RT$$

ここで Δc は実験で用いた2種類の溶液中における溶質濃度の差である. R は気体定数 (溶液の話をしているにもかかわらず式に出てくる！), T は溶液の温度である. この式に従う溶液は理想溶液とよばれるが, 普通, 溶液濃度が低ければ成り立つ.

ここで重要な点は,
1) 溶液の浸透圧は用いた膜の種類にはよらない. 唯一の仮定は, 膜が溶媒は通過させるが溶質はさせないということである. しかし上の式は溶媒が移動する速さについては何もいっていない. 速さは膜の種類や大きさに依存する.
2) 浸透圧 π は**モル濃度**の差, すなわち同一体積の両溶液中に存在する溶質分子の数の差に依存する. 溶質の種類 (ショ糖, 食塩, あるいは特定のタンパク質など) は関係ない. これは理想気体モデルの背景にある考え方, すなわち気体の圧力は気体の種類にはよらない, と似ている. しかし, 溶質の解離や溶媒との反応は, 溶液単位体積当たりの粒子の数が変わってしまうので, 起こらないことが前提である.
3) 浸透圧の単位は気体の場合と同様に Pa ($N\,m^{-2}$) を用いる. c の単位はモル・パー・立方メートル ($mol\,m^{-3}$) である. $1000\,mol\,m^{-3} \equiv 1\,mol\,dm^{-3}$ であることを思いだそう.
4) 普通は水を溶媒とするが, 浸透圧は溶媒の種類にはよらない.

例題 11・3

濃度 0.30 mol dm^{-3} のショ糖の溶液と純水が半透膜を隔てて置かれている.
(ⅰ) 20.0 ℃における浸透圧を計算せよ.
(ⅱ) 水を 0.10 mol dm^{-3} のショ糖溶液に代えると浸透圧はどうなるだろうか.

▶解 答
(ⅰ) 濃度の差は,
$$\Delta c = 0.30 - 0.00(水) = 0.30 \text{ mol dm}^{-3} = 0.30 \times 10^3 \text{ mol m}^{-3}$$
となるから
$$\pi = \Delta cRT = 0.30 \times 10^3 \text{ mol m}^{-3} \times 8.3145 \text{ J mol}^{-1} \text{ K}^{-1} \times 293 \text{ K}$$
$$= 7.3 \times 10^5 \text{ Pa} (\approx 7.3 \text{ atm})$$

(ⅱ) 濃度の差は,
$$\Delta c = 0.30 - 0.10 = 0.20 \text{ mol dm}^{-3} = 0.20 \times 10^3 \text{ mol m}^{-3}$$
となるから
$$\pi = \Delta cRT = 0.20 \times 10^3 \text{ mol m}^{-3} \times 8.3145 \text{ J mol}^{-1} \text{ K}^{-1} \times 293 \text{ K}$$
$$= 4.9 \times 10^5 \text{ Pa} (\approx 4.9 \text{ atm})$$

▶コメント
　これらの溶液の浸透圧は驚くほど高い. このことは非常に希薄な溶液の浸透圧が測定可能であることを意味している. これは溶媒に溶けにくい高分子や大きな生体物質の分子質量の測定に都合がよい.

➡ 演習問題 11I

11・7　コロイド

コロイドとは何か

　コロイドは, 真の溶液中の溶質（たとえば水中のショ糖）と懸濁物（たとえば水中のチョークの粉や砂）の中間の粒子サイズをもつ溶質と溶媒の混合物である.

　コロイドの例として, 茶, 水中のデンプン, 牛乳, 水中のゼラチン（タンパク質の一種）, 水酸化アルミニウム "ゲル", セッケン水などがある. コロイドは, ときとして**コロイド溶液**（colloidal solution）, **コロイド懸濁液**（colloidal suspension）, **コロイド分散**（colloidal dispersion）などとよばれる.

コロイドについての要点

1) コロイド中の粒子の直径は 1～1000 nm で, 光学顕微鏡では小さすぎて見えない. コロイド粒子は非常に大きな分子（たとえばタンパク質）の場合もあり, 分子やイオンの会合体の場合もある.

2) コロイド粒子は懸濁物のように容器の底にたまることはないし，また通常の沪紙で沪過することもできない．しかし特殊な膜を用いて分離することができる．そのような分離法を**透析**（dialysis）という．
3) コロイドはその溶液に光を当てると真の溶液と区別できる．コロイドの粒子は比較的大きいので光を散乱する．これは**チンダル効果**（Tyndall effect）とよばれる（図11・12）．霧の中で自動車のヘッドライトの光が見えるのはこの効果の一例である．

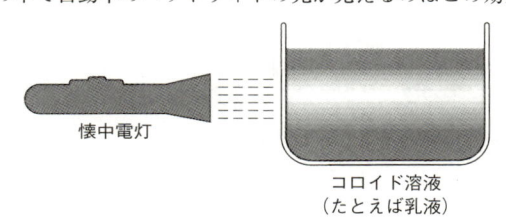

図 11・12　チンダル効果

コロイドの分類

コロイドは固体や液体だけからできているとは限らない．よく見られるコロイドの分類を表 11・7 に示す．

エマルション

液体中に液体が分散したものを**エマルション**（emulsion, 乳濁液）といい，商業的にも重要であり，食品や生命体の中にも存在する．

$1\ cm^3$ の油を $10\ cm^3$ の水と数秒間激しく振ると，振った後しばらくは油が小滴になって水の中に散っているが，やがてまた2層に分かれる．溶質（この場合は油）が小滴になって分散した状態をずっと保っておくことが，**乳化**（emulsification, **可溶化**（solubilization）

表 11・7　おもなコロイドの分類

コロイドの種類	組成	例
ゾル	液体に分散した固体粒子	ペンキ，水中のデンプンや茶，インク，セッケン水，水中の多くのタンパク質
ゲル（固体エマルション）	網目構造をもつ液体に分散した固体粒子	ゼリー，ゼラチン
エーロゾル	気体に分散した固体あるいは液体	たばこの煙，霧
泡	液体に分散した気体	ビールの泡，セッケンの泡，ホイップクリーム，シェービングフォーム
エマルション	液体に分散した液体	牛乳，マヨネーズ，バター

ともいう）の目的である．そのためには**乳化剤**（emulsifying agent）を加える．

　牛乳はショ糖や無機塩，タンパク質からなる溶液に乳脂肪の小滴が分散したものである．アイスクリームも似たような組成をもつエマルションである．これらにおいて乳化剤として働くのはタンパク質と少量のリン脂質（主としてレシチン）である．卵黄では乳化剤はリン脂質とコレステロールである．

　エマルションは腸内での脂肪の消化に重要な役割を果たしている．小腸で脂肪は膵臓と肝臓のアルカリ性分泌液によって乳化される．なぜ脂肪は消化される前に乳化される必要があるのだろうか．それは，脂肪が消化される速さが，腸と接触する脂肪"溶液"の表面積に依存するからである．たとえば，もし 1 cm^3 の油が直径 5 nm の小滴となって分散すれば，小滴の全表面積は 1200 m^2 にもなる！　乳化によって油が効率よく広がるので，酵素は速やかに脂肪を分解することができる．

セッケン

　セッケンや洗剤のコロイド粒子は**イオンミセル**（ionic micelle）とよばれる．これらのミセルは 50〜100 個のイオンが集まってできている（11・1節参照）．イオンミセルは脂肪や油のセッケンや洗剤による乳化を説明するのに重要である．セッケンや洗剤は界面活性剤の一つである．界面活性剤は，衣服用洗剤のほかに，いろいろな化粧品の乳化剤としても用いられている．

　この章の発展教材がウェブサイトにある．

12 周期表と元素

12・1 周期表
12・2 1族元素
12・3 2族元素
12・4 14族元素
12・5 17族元素
12・6 18族元素
12・7 第一遷移系列元素
12・8 族内と周期内での元素の性質の変化

この章で学ぶこと

● 周期表の概要
● 同族元素の性質上の類似性と違い
● d-ブロック元素(遷移元素)の化学的性質
● 周期表中での元素の性質の変化

12・1 周 期 表

　一見したところ,既知の元素は,とまどうほどに多くの異なる特性を示す.たとえば,ナトリウムは,非常に反応性の高い固体で,金属特有の光沢をもち,電気を伝導する.ところが,ネオンは何とも反応しない絶縁性の気体である.既知の元素の特性を説明し,未発見の元素の特性を予測することができるようにするために,化学者は元素を体系づけてきた.これはどのように行ったのだろうか.

　ロシアの化学者ドミトリ・メンデレーエフは,1869 年に**周期表**(periodic table)を提案したことで,化学に大きく貢献した.その周期表での元素の配置は,特定のグループを成す元素は類似した特性を示すという観察に基づくものである.たとえば,F_2, Cl_2, Br_2, I_2 は,すべて有色で,揮発性,有毒で,反応性が高い非金属である.ところが,Li, Na, K は空気中で表面が曇る,柔らかく,軽い金属である.

　現在の周期表(表紙の内側を参照)は,原子番号が増える順に元素を並べてある.番号を付けた縦の列は**族**(group または family)とよばれ,同じ族の元素は類似した特性をもつことが多い.いくつかの族には,特別な名前がある.

1) 1族元素 (Li, Na, K, Rb, Cs, Fr) は,**アルカリ金属**(alkali metal)とよばれる.
2) 2族元素 (Mg, Ca, Sr, Ba, Ra) は,**アルカリ土類金属**(alkaline earth metal)である.
3) 15族元素 (N, P, As, Sb, Bi) は,**窒素族**(nitrogen group)または**ニクトゲン**

(pnictogen，めったに使われない）とよばれている．
4）16 族元素（O, S, Se, Te, Po）は，**酸素族**（oxygen group）または**カルコゲン**（chalcogen）とよばれる．
5）17 族元素（F, Cl, Br, I, At）は，**ハロゲン**（halogen）として一般に知られている．
6）18 族元素（He, Ne, Ar, Kr, Xe, Rn）は，**希ガス**（rare gas，貴ガス（noble gas）ともいう）である．

古い方法でつけた族の番号も周期表上に示した．現在の 13, 14, 15, 16, 17, 18 族は，それぞれ，3, 4, 5, 6, 7, 0 族となっている．古い方法の族の番号付けでは，d-ブロック元素（遷移元素）として知られている元素の部分を数えない．

周期表について注意すべき点を以下にいくつか記す．

- 3 族から 12 族までのブロックの元素は，**d-ブロック元素**（d-block element）または遷移元素と名付けられている．
- 表の横の行を**周期**（period）という．第 1 周期は，二つの元素，H と He のみである．第 2 周期は，Li, Be, B, C, N, O, F, Ne の各元素からできている．表中のジグザグの線で金属と非金属が分かれている．金属は左側である．これから，表には非金属よりはるかに多くの金属が存在しているのがわかるだろう．
- 水素は，表のどの族にも現実には入らないので，通常，表の一番上の位置に置かれる．

周期表を一つのページに収めるために，**ランタノイド**（lanthanoid, 57 番から 70 番の元素）と**アクチノイド**（actinoid, 89 番から 102 番の元素）の列は，通常，表の下に書かれる．この本ではこれらの元素の化学については扱わない．

演習問題 12A を解けば，同族の元素には類似した物理的ないし化学的性質が見られる理由について，手掛かりが得られるはずである． →**演習問題 12A**

同じ族の元素はすべて，原子の最外殻電子の数が同じである

ある元素の化合物中の結合の型はイオン化エネルギーに依存している．イオン化エネルギーは原子の最外殻の電子の数に関係している．このため，類似した電子配置をとる元素は類似した性質を示すことが期待される．これは，普通，それぞれの族のすべての元素に当てはまるが，族の中で見ると，元素の性質には段階的な変化が見られる．

元素の電子配置を s, p, d, f の形で書くと，その特徴がわかる．

- 1 族と 2 族の元素は s 軌道電子が原子の最外殻に存在するため，**s-ブロック元素**（s-block element）とよばれる．
- 13 族から 18 族までの元素は p 軌道電子が原子の最外殻に存在するので，**p-ブロック元素**（p-block element）とよばれる．
- 3 族から 12 族までの間の元素は一般に d 電子がその化学的性質を決める上で重要な

役割を果たすので，d-ブロック元素とよばれる．

12・2　1族元素——アルカリ金属：Li, Na, K, Rb, Cs, Fr

電子配置

1族の元素では，原子の最外殻に1個の電子が存在している．すなわち，これらの元素は，この電子を失う傾向が強く，**よい還元剤**である．電子損失は一般的に，次のイオン反応式で示される．

$$M \longrightarrow M^+ + e^-$$

このため，アルカリ金属化合物の大部分はイオン性で，化合物中のアルカリ金属の酸化状態は+1である．

→ 演習問題 12B

アルカリ金属の反応

1) アルカリ金属はすべて，空気中で表面が曇る柔らかい金属である．このため，通常，油に漬けて保存する．アルカリ金属を空気中の酸素で燃やして得られる生成物の種類は，金属に依存する．

$4\,Li(s) + O_2(g) \longrightarrow 2\,Li_2O(s)$ 　　**通常の酸化物**（normal oxide）を生成
$2\,Na(s) + O_2(g) \longrightarrow Na_2O_2(s)$ 　　**過酸化物**（peroxide）を生成
$K(s) + O_2(g) \longrightarrow KO_2(s)$ 　　K, Rb と Cs は**超酸化物**（superoxide）M^+, O_2^- を生成

2) 水とは，ただちに反応し，対応する水酸化物と水素が生成する．同じ族では，表の下の元素ほど，反応は激しくなる．この反応の一般的な反応式は，

$$2\,M(s) + 2\,H_2O(l) \longrightarrow 2\,MOH(aq) + H_2(g)$$

イオン反応式は次のようになる．

$$2\,M(s) + 2\,H_2O(l) \longrightarrow 2\,M^+(aq) + 2\,OH^-(aq) + H_2(g)$$

これらの水酸化物は，すべて水にきわめてよく溶ける．

3) 各金属とその化合物は，特徴のある炎色反応を示す．アルカリ金属を含む溶液に白金線を浸して，これをブンゼンバーナーの炎に入れると，炎に色がつく．その色を表 12・1 に示す．

4) 熱的に安定な水溶性の炭酸塩を形成する（ただし，Li_2CO_3 はブンゼン炎で強熱すると分解する）．

5) $LiHCO_3$ を除くと（これは溶液中にのみ存在する），いずれの金属も固体の炭酸水素塩を形成する．炭酸水素ナトリウム（ベーキングパウダー）は加熱すると分解する．

表 12・1　アルカリ金属とその化合物の炎色

アルカリ金属	炎　色
リチウム	赤
ナトリウム	黄
カリウム	薄紫
	（青いガラス越しでは深紅）
ルビジウム	赤
セシウム	青

$$2\,\mathrm{NaHCO_3(s)} \longrightarrow \mathrm{Na_2CO_3(s)} + \mathrm{H_2O(l)} + \mathrm{CO_2(g)}$$

6) 硝酸塩を形成するが，これを強熱すると亜硝酸塩と酸素に分解する（ただし，$\mathrm{LiNO_3}$ は酸化物に分解する）．硝酸塩の一般的な分解反応式は，

$$2\,\mathrm{MNO_3(s)} \longrightarrow 2\,\mathrm{MNO_2(s)} + \mathrm{O_2(g)}$$

7) 塩類（通常無色か白色）はイオン性で，溶液中で加水分解されない（水と反応するわけではなく，水に溶解するだけである）．

→ 演習問題 12C

周期表を下がるにつれて，アルカリ金属元素は**より反応しやすくなる**．族の中を下がるにつれて，元素の原子半径が大きくなり，最外殻にある 1 個の電子は原子核から，より遠くに離れるとともに，原子核による引力が完全な殻をつくる内殻電子のためにより遮蔽される．したがって，外殻の電子は族の中を下がるにつれて束縛が弱くなり，元素のイオン化エネルギーは減少する．

アルカリ金属とその化合物の化学的性質に見られる傾向を，表 12・2 にまとめた．

フランシウム（Fr）の化学的性質は他のアルカリ金属ほどは研究されていない．これは放射性であり，希なためである．最も半減期の長いフランシウムの同位体でも，その半減期はおよそ 20 分である．

→ 演習問題 12D

表 12・2　アルカリ金属およびその化合物の化学的性質に見られる傾向

金　属	空気および水に対する反応性	ブンゼン炎中の炭酸塩の熱的安定性	水酸化物の熱的安定性	硝酸塩の熱的安定性	炭酸塩の水への溶解性
Li		分解		酸化物に分解	
Na		安定	安定	亜硝酸塩に分解	溶解する
K	より活性	安定度を増す	安定度を増す	安定度を増す	溶解性を増す
Rb					
Cs					

表 12・3　アルカリ土類金属とその化合物の性質に見られる傾向

金属	空気,水および酸に対する反応性	硫酸塩の溶解性	炭酸塩の溶解性	水酸化物の塩基性の強度	水酸化物の溶解性
Be	乏しい	可溶	存在しない	両性	不溶
Mg	↓	可溶	↓	弱い	不溶
Ca	より活性	不溶	↓	↓	↓
Sr	↓	さらに不溶性	さらに不溶性	強くなる	溶解性を増す
Ba	↓				

12・3　2族元素──アルカリ土類金属：Be, Mg, Ca, Sr, Ba, Ra*

2族元素（Beを除く）に特徴的な化学的性質は二つの電子を失う傾向が強いことである．その化合物は，通常，イオン性である．一般的な反応式は，次の通りである．

$$M \longrightarrow M^{2+} + 2e^-$$

アルカリ土類金属は対応するアルカリ金属より反応性が低い．これは，二つの電子を失うためにはより多くのエネルギーが必要となるためである．また，アルカリ土類金属の密度および融点はアルカリ金属より高い．族の中で下に向かうにつれて（表12・3），2族の金属の反応性は増す．

2族の金属（Beを除く．この金属は，おもに共有結合性の化合物を形成する）のいくつかの化学的性質を以下に示す．

1) 空気中で燃えて通常の酸化物を形成する（バリウムは過酸化物も形成する）．
　　反応式は一般に，以下の通りである．

$$2M(s) + O_2(g) \longrightarrow 2MO(s)$$

2) 加熱すると，アルカリ土類金属は窒素とも反応して，イオン性の窒化物を形成する．

$$3M(s) + N_2(g) \longrightarrow M_3N_2(s)$$

3) Ca, Sr, Baは水と反応して，水酸化物と水素ガスを生成する．

$$M(s) + 2H_2O(l) \longrightarrow M(OH)_2(aq) + H_2(g)$$

マグネシウムは冷水とはゆっくり反応するだけだが，水蒸気中で加熱すると急速に反応して酸化物を生成する．

$$Mg(s) + H_2O(l) \longrightarrow MgO(s) + H_2(g)$$

＊　訳注：Be, Mgはアルカリ土類金属に含まれないが，広義には含めることもある．

4) アルカリ土類金属は酸性水溶液と反応して，水素を放出する．

$$M(s) + 2\,HCl(aq) \longrightarrow MCl_2(aq) + H_2(g)$$

5) アルカリ土類金属は，表 12・4 に示すように，特徴のある炎色反応を示す．
6) 炭酸塩を強熱すると，二酸化炭素と酸化物に分解する．

$$MCO_3(s) \longrightarrow MO(s) + CO_2(g)$$

7) 硝酸塩は分解して酸化物と，茶色の気体の二酸化窒素と，酸素を発生する．

$$2\,M(NO_3)_2(s) \longrightarrow 2\,MO(s) + 4\,NO_2(g) + O_2(g)$$

8) 水酸化物は，アルカリ金属の水酸化物に比べると，熱的に不安定である．2 族の水酸化物は加熱により次のように分解する．

$$M(OH)_2(s) \longrightarrow MO(s) + H_2O(l)$$

➡ 演習問題 12E, 12F

表 12・4　アルカリ土類金属とその化合物の炎色

元　素	炎　色
カルシウム	赤レンガ色
ストロンチウム	赤　　色
バ リ ウ ム	淡 緑 色

12・4　14 族元素：C, Si, Ge, Sn, Pb

14 族の元素はすべて，原子の最外殻に 4 個の電子が存在している（すなわち外殻の電子構造は一般に ns^2np^2 である．ここで n は 2 以上の整数である）．これらの元素は類似した化学式の化合物をつくる．しかし，族の中で炭素から鉛に下がるにつれて，性質は著しい変化を示す．

14 族元素について

元素単体としての炭素は，おもに二つの同素体，ダイヤモンドと黒鉛として存在する．また，炭素がつくる化合物についての化学（有機化学）は非常に大きな分野である．炭素が他の炭素原子と結合して長鎖を形成する能力をもつためである．ある元素について，自身と同じ元素の原子と共有結合を形成する能力のことを，**カテネーション**（catenation, 連鎖形成）という．

Box 12・1　水の硬度

水の硬度は，溶存しているカルシウムとマグネシウム化合物（たとえば炭酸水素カルシウムまたは硫酸マグネシウム）に依存する．水の硬度は，セッケンの泡立ち度合から測定できる．簡単に泡立つ水は**軟らかい**（soft）といわれる．

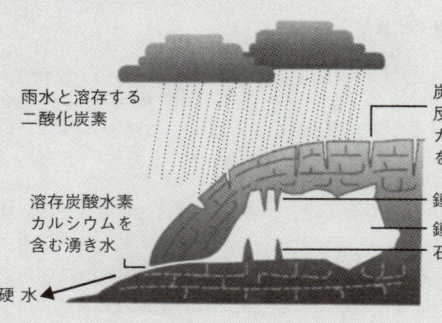

図 12・1　鍾乳石と石筍の形成

これに対して，ごくわずかな泡と，かすのような固形物しかできない水は**硬い**（hard）といわれる．セッケン（11・1節参照）の主成分はステアリン酸ナトリウムで，かすは，不溶性のステアリン酸塩の沈殿生成物である．

$$Ca^{2+}(aq) + 2\,St^-(aq) \longrightarrow CaSt_2(s)$$

ここで St^- はステアリン酸イオン（$C_{18}H_{35}O_2^-$）を表す．

泡は，すべてのカルシウムまたはマグネシウムイオンが沈殿するまで，生じない．ただし，合成洗剤（多くの食器洗い液や洗剤の成分）は硬水でもかすがでない．

硬水は，雨水（二酸化炭素が溶存するため，わずかに酸性）が，石灰岩や白亜層（いずれも炭酸カルシウム）上に降ると，生成する．酸性の雨水は炭酸カルシウムを溶かし，炭酸水素カルシウム溶液，すなわち硬水を生成する．

$$H_2O(l) + CO_2(g) + CaCO_3(s) \longrightarrow Ca(HCO_3)_2(aq)$$

この種の硬水は煮沸により取除くことができるので，一時硬水とよばれる．一方，水を沸騰させても分解されないカルシウムやマグネシウムの塩類を含む水は永久硬水とよばれる．炭酸水素カルシウム溶液は沸騰させると炭酸カルシウムに分解されるが，硬水地域では，これが湯あか（スケールという）となって，ボイラーのパイプを詰まらせることがある．

$$Ca(HCO_3)_2(aq) \longrightarrow H_2O(l) + CO_2(g) + CaCO_3(s)$$

硬水地域では鍾乳石や石筍も見つかる．炭酸水素カルシウム溶液のしずくが洞穴の天井部に集まると，溶液はそこで分解されていく．水が蒸発して，二酸化炭素は失われると，炭酸カルシウムの小量の沈殿が残される．長年にわたって，小量の炭酸カルシウムが蓄積されていき，**鍾乳石**が生成する．床にしたたった溶液も同じように分解され，**石筍**（図 12・1）を形成する．

一時硬水や永久硬水は**イオン交換体**（ion exchanger）により 2 族の金属イオンを除去して，ナトリウムイオンと入れ替えると軟化できる．硬水は不便なところがあるが，味はよく，硬水に含まれるカルシウム化合物は骨や歯によい．

Box 12・2 スズの同素体

スズには三つの結晶形がある.

$$\alpha\text{-スズ} \underset{}{\overset{13℃}{\rightleftharpoons}} \beta\text{-スズ} \underset{}{\overset{161℃}{\rightleftharpoons}} \gamma\text{-スズ}$$

（灰色スズ）　　　　（白色スズ）　　　金属
ダイヤモンド構造　　　金属

13℃以下では，白色で金属の β-スズの表層に，粉末状で灰色の α-スズが生成するので，金属は砕けやすくなる．ナポレオン軍の兵士はスズのボタンを上着に使用していた．さらに，調理にスズ製の炊事用具を使っていた．1812年冬のロシア侵攻では，彼らのボタンやポットはぼろぼろに砕けてしまった．これが敗北の原因ともいわれた.

　ケイ素とゲルマニウムは半金属であるのに対して，スズと鉛は金属である．ケイ素とゲルマニウムはダイヤモンドと類似した構造をとり，スズには複数の同素体が存在する．しかし，鉛はただ一つの金属の形でしか存在しない．

カテネーションと多重結合

　炭素を除けば，カテネーションがその元素の化学的性質の中で大きな役割を果たすことはない．Si と Ge はより軽い炭化水素に対応する水素化物を形成するが，それほど安定ではない．これらの元素のカテネーションは Si−Si や Ge−Ge という共有結合を形成するが，C−C 結合より長く，したがってより弱い．

　炭素は，炭素同士で，あるいは他の元素（たとえば酸素）と多重結合をつくることができる．こうした性質をもつのは，この族の構成元素の中では炭素のみである．炭素とケイ素の二酸化物は化学式（CO_2 と SiO_2）が類似しているが，表12・5で示すように，化学的性質は大いに異なる．

　二酸化炭素分子は，直線状で無極性の分子であり，その構造は次の通りである．

$$O^{\delta-} = C^{\delta+} = O^{\delta-}$$

二酸化ケイ素の化学式は SiO_2 で二酸化炭素と似ているが，同じ構造ではない．ケイ素は酸素と多重結合を形成することはできず，代わりに単結合をつくる．二酸化ケイ素はいくつかの構造をとるが，いずれの構造においても，ケイ素は四つの酸素原子のそれぞれと共有結合性の単結合をつくり，酸素原子は四面体をつくる形に並ぶ．この単位構造がネットワーク状に多数結合して（ダイヤモンド構造に似ている）固体を形成しているので，二酸化ケイ素の融点は高くなる．図12・2に示すように，おのおののケイ素原子が四つの酸素原子の半分の割り当てをもっているので，二酸化ケイ素の化学式は SiO_2 となる．

表 12・5　炭素とケイ素の二酸化物の性質

	二酸化炭素（CO_2）	二酸化ケイ素（シリカ，SiO_2）
普通の状態での形態	無色の気体	砂または石英
化学的性質	わずかに酸性の気体で塩基と反応して塩類（炭酸塩）を形成する	不活性
	わずかに水に溶ける．生成したわずかに酸性の溶液が炭酸水である	水に不溶
	清涼飲料では，加圧して二酸化炭素で飽和させて，発泡性とする	
	燃焼しないので，消火器で使われる	

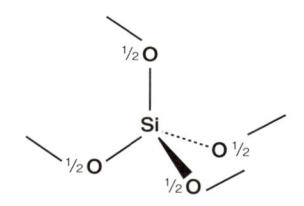

図 12・2　二酸化ケイ素の構造

→ 演習問題 12G, 12H

Box 12・3　ドライアイス

　固体の二酸化炭素（ドライアイス）は，CO_2 をガスボンベから放出させ，その膨張に伴う冷却によって生成する．"雪"状に生成したドライアイスを加圧してブロックとする．固体の二酸化炭素は，アイスクリームや肉，その他の食品の冷凍に用いられる．固体の二酸化炭素は，通常の気圧では気体の二酸化炭素に**昇華する**（sublime, 固体から気体に直接変化する）ので，冷却剤に使っても，液体を生じない．このため，**ドライアイス**（dry ice, 乾いた氷）とよばれる．

酸化状態

　14族元素の酸化数は＋2と＋4である．族の中で下に向かうにつれて，酸化数＋4の代わりに酸化数＋2で他の元素と結びつく**傾向が増してくる**．炭素は化合物中では一般に酸化状態 4 を示す．ところが，この族の他の元素は 4 価および 2 価の化合物を生成することができる．この族の元素についての最も重要な酸化状態を表 12・6 に示す．鉛(II) がこ

の元素の最も安定な酸化状態なので，鉛(IV)の化合物は酸化剤となる．このように原子価(すなわち酸化数／酸化状態)が4の代わりに2となる傾向は，Box 12・4に述べた**不活性電子対効果**(inert pair effect)によって説明される．

4族元素のほとんどの化合物は共有結合性である．ただし，酸化状態+2のスズと鉛の化合物は例外であり，通常，イオン性と考えられる．

表 12・6　14族元素の酸化状態　特異な酸化状態は括弧で，よく見られる酸化状態は四角で囲んである．

元素	記号	酸化状態	
炭素	C	(2)	4 (例：CCl$_4$)
ケイ素	Si	(2)	4 (例：SiO$_2$)
ゲルマニウム	Ge	2	4 (例：GeCl$_4$)
スズ	Sn	2	4 (例：SnO$_2$)
鉛	Pb	2 (例：PbO)	4

Box 12・4　不活性電子対効果

炭素の電子構造は2.4すなわち1s^{2}2s^{2}2p^{2}である．"電子箱"モデルでは，電子構造は次のようになる．

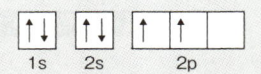

↑↓	↑↓	↑	↑	
1s	2s		2p	

2s軌道の電子1個が2p軌道に励起されると，電子構造は次の通りとなる．

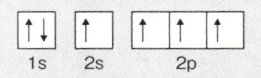

↑↓	↑	↑	↑	↑
1s	2s		2p	

これで炭素は四つの共有結合をつくることができる．なぜなら，他の元素や原子団の不対電子と結びついて共有結合を形成する不対電子が四つあるためである．共有結合がつくられるとき，エネルギーが放出されることを思い出そう．四つの共有結合の形成は二つの共有結合の形成より多くのエネルギーを放出する．2s電子軌道から2p電子軌道に電子を励起するにはエネルギーが必要だが，炭素の場合，四つの共有結合をつくる際には，放出エネルギーのほうが大きくなる．炭素は小さな原子なので，短くて強い共有結合をつくる．その際には，多くのエネルギーが放出される．14族の中を下がっていくと，生成する共有結合はより長く，より弱くなり(原子がより大きくなるためである)，四つの共有結合の形成によって得られるエネルギーはnp電子軌道にns電子を励起するエネルギーに"見合う"ものではなくなる．これが，酸化状態+2は酸化状態+4と比較してより有利となり，鉛(IV)化合物がよい酸化剤となる理由である．

四塩化物の加水分解

14族の四塩化物(XCl$_4$)は，四面体構造をとり，液体である．CCl$_4$**以外**はすべて水と反応(**加水分解**)して，HClと酸化物(XO$_2$)を生成する． →演習問題12I

Box 12・5 半導体のドーピング

半導体の電気特性は，少量の他の物質を加えることで変わる．これは**ドーピング**（doping）として知られている．**n型**（n-type）半導体では，少数の15族元素（たとえばヒ素）の原子を，ケイ素の試料中に分散させる．ヒ素原子は，周囲のケイ素原子と結合する際に，五つの価電子のうちの四つを使う．そして，第五の電子は固体構造の中に非局在化する．これによって，純粋のケイ素よりずっとよい伝導体となる．n型の名称は，ドーピングされた材料が過剰の負電荷をもつことに由来する．これを図12・3に示す．

痕跡量の13族元素（たとえばホウ素）をケイ素に加えると，電子の欠乏が起こる．ホウ素は，周囲の四つのケイ素原子と結合するための価電子を三つしかもっていない．生成した不完全な共有結合は，1電子が存在するべき"ホール（正孔）"を含んでいる．隣接するケイ素原子からの価電子は，この正孔に飛び込むことができる．一方，その跡にできた新しい正孔は，他の電子によって占められる準備ができる．これが繰返されて電子は試料中を動いて行くため，ドーピングされた物質は電流の良導体となる．この種類のドーピングされた半導体は，**p型**（p-type）といわれる．pは過剰の正電荷にちなむ．

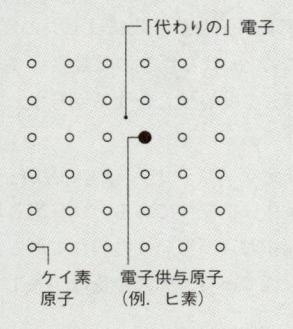

図 12・3 n型半導体

半 導 体

ケイ素とゲルマニウムは**半導体**（semiconductor）として使われる．半導体の電気抵抗は導体と絶縁体の中間である．半導体の電気抵抗は温度がより高くなると，減少する．金属（良導体である）では，電位差が掛かると，原子価電子（価電子）は個々の原子から自由になって金属中を動くことができるが，絶縁体では，価電子は金属のように自由に材料の中を動き回ることができない．しかし，半導体の中の価電子は，少しのエネルギーが加えられれば，原子の束縛から自由になることができる．温度が上がると，より多くの価電子が逃げる（**非局在化する**（delocalized））ことができ，物質の電気伝導度は増加する．ケイ素は半導体としての性質によって，**シリコンチップ**（silicon chip）として知られる集積回路に使われる．ケイ素の単体は，多数のケイ素原子が四面体状に共有結合して巨大な分子を形成している．温度が非常に低いとき，ケイ素原子をつなぎ止めている共有結合電子は，親原子（もともと属していた原子）にとどまろうとする．しかし，加熱するにつれて，こうした共有結合電子の多くが非局在化するのに十分なエネルギーをもつようになり，ケイ素の電気抵抗は減少する．

→ 演習問題 **12J**

12・5　17族元素——ハロゲン：F, Cl, Br, I, At

ハロゲン原子の最外殻には七つの電子が存在している（外殻の電子構造は ns^2np^5 である．ここで，n は 2 以上の整数）．1 電子を受け入れて負電荷のイオンを生成するか，1 電子を共有して共有結合をするかして，安定な希ガスの電子配置をとる．共通する性質は以下の通りである．

1) 安定な二原子分子（F_2, Cl_2, Br_2, I_2）をつくる非金属元素である．
2) 単体は揮発性である．フッ素と塩素は室温で気体であるが，臭素とヨウ素はそれぞれ液体および揮発性の固体である．温めると，固体のヨウ素は昇華する．
3) 有色である．元素の色は，表 12・7 の通りである．

表 12・7　ハロゲンの色

元　素	色と形態
フッ素	淡黄色の気体
塩　素	薄い緑色の気体
臭　素	赤／茶色の液体
ヨウ素	黒い固体．有機溶剤中または気体のときは紫

4) 大部分の金属元素と直接結合して，イオン固体をつくる．

$$2\,Na(s) + Cl_2(g) \longrightarrow 2\,NaCl(s)$$

しかし，ヨウ化物の一部は，ヨウ化物イオンが高い分極性をもつため，共有結合性である．

5) 共有結合性の気体の水素化物を生成する（HF（沸点 20 ℃）を除く）．一般式はHX である．水素化物の熱安定性は，族の中で下がるにつれて減少する．水素化物は酸性の水溶液を生成する．

6) 銀塩は，AgF から AgI に至るにつれて，共有結合性が増す．水溶性のハロゲン化物の存在確認は，硝酸銀溶液を用いた銀塩の沈殿生成反応によって行う．イオン反応式は一般に次の通りである．

$$Ag^+(aq) + X^-(aq) \longrightarrow AgX(s)$$

生成する沈殿物の色からハロゲンの種類を特定できる．AgCl は白色，AgBr はクリーム色，AgI は淡黄色である．6・3 節参照．

光が当たると，塩化銀および臭化銀は銀とハロゲンに分解する．微粒子の銀は黒く見える．このため，ハロゲン化銀が写真フィルムに使われる．

7) 族の中を下がるにつれて，ハロゲンの反応性は減少する．塩素は臭化物およびヨウ化物中の臭素やヨウ素と置き換わり，臭素はヨウ化物中のヨウ素と置き換わる．

$$Cl_2(aq) + 2\,Br^-(aq) \longrightarrow 2\,Cl^-(aq) + Br_2(aq)$$

上記の反応で，塩素は酸化剤として，臭化物イオンは還元剤として働いている．この族の性質にみられる明らかな傾向を表 12・8 に示す．

表 12・8　ハロゲンとその化合物の性質にみられる傾向

元素	色	融点と沸点	水素化物の安定性	銀塩の色	酸化能
F					
Cl	濃くなる↓	高くなる↓	減少する↓	白色	減少する↓
Br				クリーム色	
I				淡黄色	

→ 演習問題 12K

12・6　18族元素──希ガス：He, Ne, Ar, Kr, Xe, Rn

18族の元素では，ヘリウムを除いて，外殻の電子配置が ns^2np^6 である．原子の外殻は安定したオクテット構造（8電子）である．

18族元素には，共通して以下の特性がある．

1）元素はすべて無色の気体で，族の中を下がるにつれて，密度が高くなる．
2）族の中で軽いほうの元素は他の物質と結合しない．キセノンは反応性が非常に高いフッ素とだけ直接に反応する．

$$Xe(g) + F_2(g) \longrightarrow XeF_2(s)$$

→ 演習問題 12L

12・7　第一遷移系列元素

周期表で3族から12族までに位置するブロックの元素（Sc から Zn までとそれらの下の元素）は，**遷移元素**または**d-ブロック元素**として知られている．**第一遷移系列元素**（element of the first transition series）は，一般的な酸化状態のときには d 電子軌道が部分的に満たされている元素で，Ti を先頭として Cu に至る元素のブロックである．ここでは，おもに第一遷移系列の元素，Ti, V, Cr, Mn, Fe, Co, Ni, Cu の性質を見ることにしよう．これらの元素は典型的な金属であり，しばしば遷移金属とよばれる．これらは非常に類似した物理的性質を示す．第一遷移系列の中では原子半径もイオン化エネルギーも少ししか変化しない．これは，原子核の正電荷が増加（原子番号の増加）しても，内部の3d電子

Box 12・6　希ガスの発見

1888年，レイリー（John Rayleigh, 1842～1915. レイリー卿（Lord Rayleigh）とよばれる）は，空気から得られた窒素の密度が，化学的な方法で得られた窒素より高い値をとることを見いだした．ラムゼー（William Ramsay, 1852～1916）とともに彼はその原因を探求した．最終的に2人の科学者は，新しい種類の気体が空気から得られる窒素の試料に存在すると結論した．ラムゼーは，多くの化学実験にもかかわらず，この新しい気体を別の物質と結合させることができなかったので，この気体は**アルゴン**（argon，ギリシャ語で不活性）と名付けられた．その後その気体が単原子であること，モル質量がおよそ $40\ \mathrm{g\ mol^{-1}}$ であることがわかった．2人の科学者はメンデレーエフによって提案された周期表にはないが，これらの元素のための場所，すなわち新しい族があると考えた．そして，この族の他の元素の探索が始まった．

未知のスペクトル線が太陽光のスペクトルに観察されて，ヘリウムと名付けられたのは，その数年前のことであった．スペクトル線は未知の元素の存在に起因すると思われた．ラムゼーは，このとき，ヘリウムをクレーベ石とよばれる鉱物から分離して，アルゴンに類似した性質をもつことを示そうとした．

1898年に，ラムゼーは，液体空気からこの族に属するさらに三つのガスを単離した．ネオン，クリプトン，そして，キセノンである．すべて化学的に不活性であることもわかった．この族は1年後に完全なものとなった．2族元素のラジウムの試料に由来する気体が見つかったのである．この新しい不活性ガスは，当初，エマネーション（Em）とよばれ，最終的にはラドン（Rn）とよばれるようになった．ラムゼーは，1904年に，この仕事でノーベル賞を受賞した．

化学者は希ガスが本当に不活性なのかどうかに興味をそそられ，他の物質と反応させる試みが続いた．アルゴンはすべての元素の中で最も反応性が高い元素（フッ素）とも反応しないことがわかった．それでも，H.G. ウェルズは"宇宙戦争"の中で，火星人が有毒なアルゴン化合物で地球を攻撃すると書いた！ 20世紀初期に，元素の電子配置が知られたとき，不活性ガスの原子では電子の殻がちょうど満たされているという事実こそが反応性の欠如の理由として受け入れられた．しかし，話は終わらなかった．1960年代初期に，XeF_4 が合成されたのである．アルゴンの外殻の電子についてのイオン化エネルギーは，その原子がフッ素との反応で電子供与体として働くにはあまりに高い．しかし，キセノン原子はアルゴンより大きく，外殻の電子は核からより遮蔽されている．実際，キセノンの第一イオン化エネルギーは，酸素のそれに非常に近い．したがって，キセノンおよびこれより重い不活性ガスは，適切な条件が整えば，化合物を形成することができるのである．

によって遮蔽されるため，外殻の4s電子に対する引力の増加がわずかなためである．Box 12・7も参照．

遷移金属には，共通して，以下の性質がある．

1）硬くて，高融点である．これらは，強い金属結合が金属中に存在することを示して

いる.

2) **他の金属と合金を形成する.** 原子の大きさが似ているので，遷移金属は互いに合金を形成することができる．合金の一方の金属原子は，格子の中で，もう一方の金属原子の位置を占めることができる（鋼は，鉄とクロムのような他の遷移金属との合金である）．

→ 演習問題 12M

3) 金属の Fe, Co, Ni は**強磁性**（ferromagnetism）である．永久磁石にすることもできる．他の金属およびその化合物は常磁性で，磁場にわずかに引きつけられる．**常磁性**（paramagnetism）はスピンをもつ**不対**（unpaired）電子の存在に起因する．二つの電子が同じ電子軌道に入ると，両者は逆方向のスピンをもち，磁気モーメントは互いに相殺される．すべての電子が組になっている物質は**反磁性**（diamagnetism）で，磁場に引きつけられない．

4) 多くの金属は，Box 12・8 に示すように，いろいろな酸化状態をとる．3d 電子のエネルギーは 4s 電子のエネルギーに非常に近い．そして，いずれの電子も結合に関与することができる．

系列中の後のほうの金属は，可能な最大の酸化状態に近い酸化数を示さないことに注意しよう．これは，原子番号が大きくなると原子核の正電荷が増加するため外殻電子はより固く原子に保持されるからである．

5) 遷移金属とその化合物の多くは触媒として重要である．たとえば，Fe は下式の反応でアンモニアを合成するハーバー法で触媒として使われる．

$$N_2(g) + 3H_2(g) \rightleftharpoons 2NH_3(g)$$

Box 12・7　第一遷移系列を通じての変化

元素	Ti	V	Cr	Mn
電子構造	$[Ar]3d^24s^2$	$[Ar]3d^34s^2$	$[Ar]3d^54s^1$	$[Ar]3d^54s^2$
原子半径 /pm	146	131	125	129
第一イオン化エネルギー/kJ mol^{-1}	658	650	653	717
融点 /K	1930	2160	2130	1520
元素	Fe	Co	Ni	Cu
電子構造	$[Ar]3d^64s^2$	$[Ar]3d^74s^2$	$[Ar]3d^84s^2$	$[Ar]3d^{10}4s^1$
原子半径 /pm	126	125	124	128
第一イオン化エネルギー/kJ mol^{-1}	759	758	737	746
融点 /K	1800	1770	1730	1360

Box 12・8　d-ブロック元素の酸化数

金属	Sc	Ti	V	Cr	Mn	Fe	Co	Ni	Cu	Zn
酸化状態					7					
				6	6	6				
			5	5	5	5	5			
		4	4	**4**	4	4	4	4		
	3	**3**	**3**	**3**	3	**3**	**3**	3	3	
		2	2	2	**2**	**2**	**2**	**2**	**2**	**2**
		1	1	1	1	1	1	1	1	

（重要な酸化数は太字）

物質が触媒として働くとき，反応物が触媒表面と結合するため，反応物の分子内結合は弱くなる．遷移金属は，いろいろな酸化状態で存在できる．このことが他の化学種との結合や切断を容易するので，効果的な触媒として働く．

6) 遷移金属は，**錯イオン**（complex ion）を形成する．錯イオンは，中心金属に分子またはイオンが配位結合したものである．一部の典型金属（たとえばAl）は錯イオンを形成できるが，遷移金属ははるかに多くの種類の錯体を形成する．遷移金属錯体は，次の節でさらに詳細に述べる．

7) 遷移金属化合物は有色であることが多い．遷移金属原子中のd電子は**縮退している**（degenerate，同じエネルギーをもっている）が，遷移金属の錯イオンではd電子は異なるエネルギーをもち，いくつかのd電子のエネルギーは他より低いエネルギーとなる．d電子のエネルギーの違いは，スペクトルの可視領域中の光子のエネルギーと同じ桁である．白色光が遷移金属錯体の溶液を通ると，低エネルギーのd電子は光の一部を吸収して，より高いエネルギー準位に励起される．そのため可視光の一部が吸収される．吸収されなかった光が観察される色になる．

水溶液中の遷移金属イオンに普通に見られる色は，以下の通りである．

Cu^{2+}	空色	Cr^{3+}	紫色
Fe^{2+}	青白い緑	Co^{2+}	ピンク
Fe^{3+}	黄褐色	Mn^{2+}	薄いピンク
Ni^{2+}	緑		

→ 演習問題 12N, 12O

遷移金属錯体

遷移金属錯体で，金属陽イオンに結合しているイオンまたは原子団は**配位子**（リガンド（ligand））とよばれている．たとえば，硫酸銅(II)溶液は錯イオン $[Cu(H_2O)_6]^{2+}$ を含む

が，これは6個の水分子が配位子として配位結合によって中心の銅(II)イオンに結合している．この錯体は単に $Cu^{2+}(aq)$ と書くことが多い．

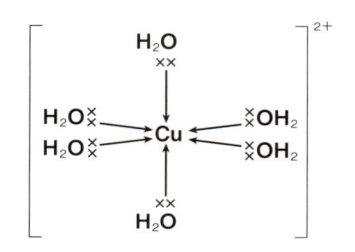

$$\left[\begin{array}{c} H_2O \\ H_2O \rightarrow Cu \leftarrow OH_2 \\ H_2O \nearrow \quad \nwarrow OH_2 \\ H_2O \end{array}\right]^{2+}$$

遷移金属の錯イオンは**角括弧内**に，全体の荷電数はこの括弧の**外側**に書かれることに注意しよう．この例では，銅のイオンは+2の正電荷をもち，水分子は中性であるので，イオン全体の荷電数は2+である．直接，中心金属原子に結合する原子の数（この例では6）は**配位数**（coordination number）とよばれている．

→ 演習問題 12P, 12Q

遷移金属錯体に見られる配位数は通常2, 4, 6である．特に配位数6は普通に見いだされる．

配位数2の錯体は，普通，**直線形**（linear）であることが多い．たとえば，

$$[Ag(NH_3)_2]^+ \qquad [H_3N \rightarrow Ag \leftarrow NH_3]^+$$

配位数4の錯体の形は**平面四角形**（square planar）か**正四面体形**（tetrahedral）となる傾

Box 12・9 錯イオンの名前

錯陽イオン（および，中性錯体） 錯陽イオン（cationic complex ion）は配位子の名称とその数，続いて，中心金属イオンの名称と酸化状態という順序で名称を付ける．

$[Cu(H_2O)_6]^{2+}$ はヘキサアクア銅(II)イオンである．
$[Ag(NH_3)_2]^+$ はジアンミン銀(I)イオンである．
$[FeCl(H_2O)_5]^+$ はペンタアクアクロロ鉄(II)イオンである．

水とアンモニアはアクア錯体とアンミン錯体を生成する点に注意する．負の配位子（たとえば Cl（クロロ）は"オ"で終わる．接頭辞"ジ"，"トリ"，"テトラ"，"ペンタ"は存在する配位子の数を示すのに用いる．そして，配位子はアルファベット順で並べる．

錯陰イオン 錯イオンが**陰イオン**の場合には，命名法は陽イオンの場合に準じるが，"酸"が金属の名前に付く．

$[PtCl_4]^{2-}$ はテトラクロロ白金(II)酸イオンである．
$[Ni(CN)_4]^{2-}$ はテトラシアノニッケル(II)酸イオンである．
$[Zn(OH)_4]^{2-}$ はテトラヒドロキソ亜鉛(II)酸イオンである．

向にある.たとえば,次の通りである.

$$\left[\begin{array}{c}NC\\NC\end{array}\diagdown Ni \diagup \begin{array}{c}CN\\CN\end{array}\right]^{2-}$$

平面四角形

$$\left[Cl \to Fe \begin{array}{c} \nearrow Cl \\ \dashrightarrow Cl \\ \blacktriangleright Cl \end{array}\right]^{-}$$

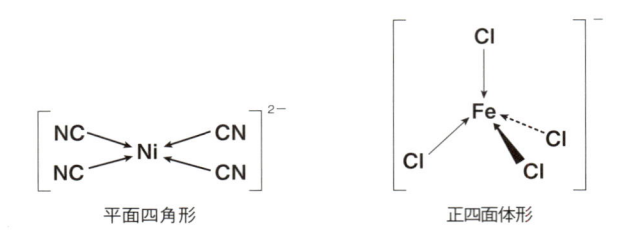

正四面体形

配位数6の錯体は**正八面体形**(octahedral)となる傾向にある.たとえば,次の通りである.

$$\left[\begin{array}{c} H_2O \\ H_3N \to Cu \leftarrow NH_3 \\ H_3N \nearrow \searrow NH_3 \\ H_2O \end{array}\right]^{2+}$$

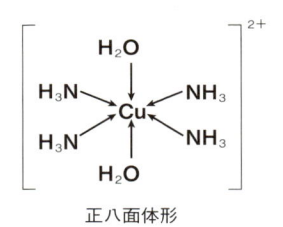

正八面体形

これまでに例として示した配位子は,一つの電子対のみを中心のイオンに供与している.これらは**一座配位子**(monodentate ligand)という.複数の電子対を中心の金属イオンに供与しうる配位子は**多座配位子**(polydentate ligand)という.同様に,二つの電子対を供与する配位子は**二座配位子**(bidentate ligand),三つの電子対を供与する配位子は**三座配位子**(tridentate ligand)という.通称エチレンジアミン(省略形"en")とよばれる配位子の構造は次の通りである.

Box 12・10 周期表中での金属と非金属の分布

周期表中の族内および周期内での元素の金属性と非金属性の変化は,以下の図のようにまとめられる.

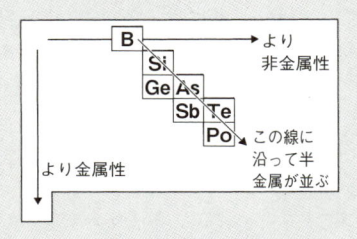

```
    B ─────────→ より
     Si            非金属性
     Ge As
        Sb Te
           Po ─── この線に
                  沿って半
                  金属が並ぶ
│
↓
より金属性
```

$$\overset{\times\times}{NH_2}-CH_2-CH_2-\overset{\times\times}{NH_2}$$

これは金属に供与できる二つの電子対をもち，たとえば正八面体形の錯体 $[Co(en)_3]^{3+}$ では二座配位子として働く．

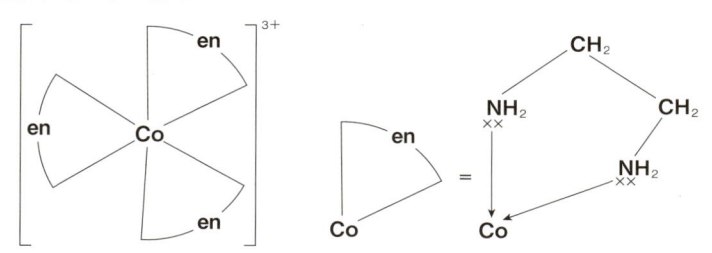

この配位子は同じ金属に両側の電子対を供与するため，**キレート**（chelate，カニのはさみ，の意）または**キレート配位子**（chelating ligand）とよばれる．金属と配位子を含む環がつくられ，金属の配位数は 6 となる（二配位×3）点に注意する． →演習問題 12R

12・8 族内と周期内での元素の性質の変化
族内での性質の変化

ここまでに次のことに気づいているかもしれない．同じ族の元素は類似した性質を示すが，周期表のどの族についても下に向かうにつれて，元素およびその化合物の性質がはっきりと変化していくことである．

周期表のどの族についても下がるにつれて，一般的に以下のような傾向がみられる．

1) 元素は"より金属的になる" 族を下がると原子はより大きくなり，外殻の電子はさらに核から離れる．このため，電子を原子に結びつける原子核の正電荷の影響が小さくなる．外殻の電子のイオン化エネルギーはしたがって減少する．金属は電子を失う反応で陽イオンを形成する．この反応の"起こりやすさ"は，外殻電子が奪われる際に必要なエネルギーに関係している．したがって，元素のイオン化エネルギーが減少すると，金属的な性格はより明確になる．すべての元素が金属的な 1 族または 2 族では，この傾向はわかりにくいかもしれない．しかし，この傾向は 14 族では明確である．

2) 原子半径およびイオン半径は"増加する" 1 族および 2 族元素についての例は演習問題 12F に示す．ハロゲンの原子半径およびイオン半径を以下に示す．

元素記号	原子半径 /pm
F	50
Cl	99
Br	114
I	133

元素記号	イオン半径 /pm
F^-	136
Cl^-	181
Br^-	195
I^-	215

3）元素の塩化物と酸化物は"よりイオン性となる"　これらの性質は元素の金属的な性質と関係がある．金属の塩化物は**イオン性**の傾向が強いが，非金属の塩化物は**共有結合性**である．また，金属の酸化物は**イオン性かつ塩基性**の傾向がある．Na$_2$O のようなきわめて塩基性の酸化物は，水に溶けると，**水酸化物**を生成する．

$$\text{Na}_2\text{O(s)} + \text{H}_2\text{O(l)} \longrightarrow 2\,\text{NaOH(aq)}$$

非金属の酸化物は共有結合性で**酸性酸化物**を生成する傾向がある．これらの酸化物は水に溶けると酸を生成する．たとえば，次のようになる．

$$\text{SO}_2\text{(g)} + \text{H}_2\text{O(l)} \longrightarrow \text{H}_2\text{SO}_3\text{(aq)}$$

4）元素の電気陰性度は"より小さくなる"　分子中の原子がそれ自身に電子を引きつける能力は，原子の大きさに関係がある．結合をつくる電子が核から離れるにつれて，電子が原子に引きつけられる度合はより弱くなる．したがって，17族では，フッ素が最も電気陰性度が高い元素であり，ヨウ素は最も電気陰性度が小さい．

　　　　　　　　　　　　　　　　　　　　　　　　　　　→ 演習問題 12S

周期内での性質の変化

Ne を除く第 2 周期の元素を考える．

元　　素	Li	Be	B	C	N	O	F
電子構造	2.1	2.2	2.3	2.4	2.5	2.6	2.7
s, p, d, f 構造	$1s^22s^1$	$1s^22s^2$	$1s^22s^22p^1$	$1s^22s^22p^2$	$1s^22s^22p^3$	$1s^22s^22p^4$	$1s^22s^22p^5$

この周期を Li から F まで進んでいくにつれて，電子の第二の殻が満たされていく．それぞれの元素の原子は電気的に中性のため，核に陽子が一つ加わるごとに，電子が一つ追加される．**同じ殻の電子には，原子核の正電荷から互いを遮蔽する効果は，ほとんどない．**このため，外側の電子に影響を与える**有効核電荷**は，周期全体で左から右に向かうにつれて増加する．この結果として，核による外側の電子への"引力"は増加する．

1）元素の原子半径は"減少する"　たとえば，第 2 周期では Li の 145 pm から F の原子半径 50 pm へと原子半径は減少する．

2）第一イオン化エネルギーは"増加する"　電子に影響を与える有効核電荷が増加するにつれて，1 電子を除くのに必要なエネルギー（第一イオン化エネルギー）は増加する．第 2 周期を通しての第一イオン化エネルギーの変化を図 12・4 に示す．

注意すべき点は，一般には，周期の中で左から右に向うにつれてイオン化エネルギーが**増加する**ことである．"鋸の歯"状のプロットが現れているが，これは，すべて電子で充填された殻から電子を除去するのと，正確に半分が満たされた殻から電子を除去するのと

では，エネルギーがわずかに異なるためである．第3周期（NaからAr）について第一イオン化エネルギーをプロットすると，同様のパターンが見られる．ナトリウム原子が最も低い第一イオン化エネルギーを示し，アルゴン原子が最も高いことに注意しよう．

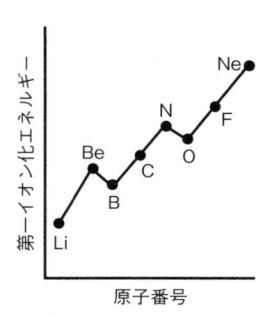

図 12・4 第2周期元素の第一イオン化エネルギー

3）元素はより"金属性を失う" 周期を左から右に向かうにつれて，各元素の原子が電子を失う傾向は薄れていくので，元素は徐々に金属性を失っていく．最も右側のハロゲンは典型的な非金属であり，**電子を得る**ことで反応する．たとえば，塩素ガスと金属ナトリウムの反応での塩素がそうである．

$$Cl_2(g) + 2e^-(g) \longrightarrow 2Cl^-(s)$$

また，ハロゲンは反応して電子を共有して共有結合をつくる．たとえば，塩素ガスと水素ガスの反応である．

$$H_2(g) + Cl_2(g) \longrightarrow 2HCl(g)$$

4）塩化物と酸化物の特徴 周期を左から右に向かうにつれて，元素が，金属性を失っていくという事実は，その塩化物および酸化物の性質に示されている．周期の左側の上の金属の塩化物は**イオン性**で，**水に溶解すると中性の溶液をつくる**が，周期表の右側の非金属の塩化物は**共有結合性**で，**水と反応する**．周期全体では，これら二つの両極端の間で，徐々に変化している．第3周期の塩化物については次のようになる．

NaCl(s)　　MgCl$_2$(s)　　AlCl$_3$(s)　　SiCl$_4$(l)　　PCl$_3$(l)　　S$_2$Cl$_2$(l)　　Cl$_2$(g)

⟵ 白いイオン性 ⟶　　⟵ 共有結合性の化合物で加水分解してHCl(aq)の酸
の結晶で水に　　　　　　性溶液を生成する．たとえば，
溶ける　　　　　　　　　SiCl$_4$(l) + 4H$_2$O(l) ⟶ SiO$_2$・2H$_2$O(s) + 4HCl(aq) ⟶

第3周期の酸化物は周期全体ではイオン性から共有結合性に変わっていく．左側の金属の酸化物は塩基性だが，右側の元素の非金属の酸化物は酸性である．周期全体では，**塩基性から酸性へ**と酸化物の性質が徐々に変化していく．

Box 12・11　メンデレーエフの周期表

メンデレーエフ（Dmitri Mendeleev, 1834～1907）はシベリア出身の化学者である．元素をグループ分けすると類似性があることに気がついた最初の科学者というわけではないが，彼は，初めて，元素を周期表の形に並べ，元素の類似性の概念を使って，その当時発見されていなかった元素の性質を予測することに成功した．

彼は元素の原子量（現在は原子質量）がその性質に関係していると確信し，元素の化学的性質についてのある種の秩序立った大系を提示することを狙って，**周期律**（periodic law）を発表した．

原子量に従って並べた元素は，その性質について明確な周期性を示す

周期性があるということは定期的な間隔で起こることを意味する．周期律が必ずしも原子量の順序に従っているとは限らない．元素を正しく配列するために，メンデレーエフは厳密な原子量の順序から外れなければならなかった．たとえばヨウ素は明らかにハロゲンであるが，原子量の順序に従って並べると，ハロゲンとは予測されなかった．メンデレーエフは，いくつかの元素がまだ発見されていないことに気がついたので，それらの元素のために表の中に空欄を残して（次ページの表），その性質の一部をあえて予測した．後にこれらの元素が発見されたとき，彼の予測の一部は驚くほど正確であることがわかった．これは学界に大変な興奮をもたらし，この法則は受け入れられていくことになった．たとえば，元素ガリウムについての彼の予測について考えよう．彼はエカ・アルミニウムと名付けた．

1871 年に予測	1875 年に発見
エカ・アルミニウム	ガリウム
原子量 68	原子量 69.9
原子容 11.5	原子容 11.7
比重 6.0	比重 5.96

ドミトリ・メンデレーエフ　ロシアの化学者でサンクト・ペテルブルグ大学教授．彼が髪を切るのは年に一度，春だけであったのは有名である！

周期表による元素の分類は，現代の化学にもたらされた最もすばらしい科学的貢献の一つである．現代の改善された周期表では原子量ではなく，原子番号の順に元素を並べる．これは，元素の性質が原子番号（原子中の電子の数と配置を与える）に依存すること，そして，なぜそうなるかについて，ある程度，科学者が理解したためである．

新元素発見の旅は続いている．現在までに，原子番号 93 と 118 の間の多くの元素が核反応によって人工的に合成された．最も重い元素は，きわめて不安定で実用的に利用することはできない．しかし，科学者は元素 114 付近で安定性が増す，すなわち，不安定な元素の海に囲まれた"島"があると予測した（114 番元素の 1 原子が 1999 年 1 月に報告されたが，これは他の重い元素より安定なようである）．周期的な傾向を利用してこれら未発見の元素の性質が予測されてきたのである．

12・8 族内と周期内での元素の性質の変化

周期	I	II	III	IV	V	VI	VII	VIII		
1	H									
2	Li	Be	B	C	N	O	F			
3	Na	Mg	Al	Si	P	S	Cl			
4	K	Ca	*	Ti	V	Cr	Mn	Fe	Co	Ni
	Cu	Zn	*	*	As	Se	Br			
5	Rb	Sr	Y	Zr	Nb	Mo	*	Ru	Rh	Pd
	Ag	Cd	In	Sn	Sb	Te	I			

アステリスク(*)は当時未発見の元素のために空けられた場所を示している．スカンジウム，ガリウム，ゲルマニウムとテクネチウムである．

$Na_2O(s)$　　$MgO(s)$　　$Al_2O_3(s)$　　$SiO_2(s)$　　$P_4O_6(s)$　　$SO_2(g)/SO_3(l)$　　$Cl_2O(g)$

←―― イオン性の固体 ――→　　←―――― 共有結合性 ――――→
←―― 塩基性 ――→　両 性　←―――― 酸 性 ――――→

たとえば，$MgO(s)$ は塩基性で，**酸と反応して塩と水を生成する**．

$$MgO(s) + 2\,HCl(aq) \longrightarrow MgCl_2(aq) + H_2O(l)$$

酸化物 $Al_2O_3(s)$ は**両性**（amphoteric）であり，強酸と反応して塩を生成する．

$$Al_2O_3(s) + 3\,H_2SO_4(aq) \longrightarrow Al_2(SO_4)_3(aq) + 3\,H_2O(l)$$

強アルカリとも反応して，塩を生成する．

$$Al_2O_3(s) + 2\,NaOH(aq) + 3\,H_2O(l) \longrightarrow 2\,Na[Al(OH)_4](aq)$$
アルミン酸ナトリウム

硫黄酸化物は酸性である．水と反応して酸を生成する．

$$SO_2(g) + H_2O(l) \longrightarrow H_2SO_3(aq)$$
$$SO_3(l) + H_2O(l) \longrightarrow H_2SO_4(aq)$$

この章の発展教材がウェブサイトにある．13, 15, 16 族の化学についてはウェブサイトの Appendix 12 を参照．

13 化学反応に伴うエネルギー変化

13・1 エネルギーの保存
13・2 エンタルピー変化の要点
13・3 実験による ΔH の決定
13・4 特別な種類の標準エンタルピー変化
13・5 標準生成エンタルピー
13・6 標準燃焼エンタルピー
13・7 栄養
13・8 格子エンタルピー
13・9 結合の切断と生成のエネルギー

この章で学ぶこと

- さまざまな種類の標準エンタルピー変化の定義
- ヘスの法則
- エンタルピー変化を含む計算
- エンタルピー変化の測定法
- 燃料,栄養および爆発物について

13・1 エネルギーの保存

　ジュール (J. P. Joule, 1818〜1889) の実験により,エネルギーは新しくつくられたり消失したりせず,ただある形から他の形へと変換するだけであると結論された.たとえば,発電機は力学エネルギーを電気エネルギーに変換する.発電機が 100 J の仕事をすると,発電された電気エネルギーと摩擦として失われたエネルギーの合計はやはり 100 J になる.このように全エネルギー量が保存されることは,**エネルギー保存則**(law of conservation of energy)とよばれる.

　化学反応では,新しい物質がつくられる.エネルギー保存則から,反応する物質(反応物)の全エネルギーは,生成した物質(生成物)の全エネルギーと外界に失われた(もしくは,外界から得た)エネルギーの和に等しくなければならない.すなわち,

　　　　反応物の全エネルギー
　　　　＝生成物の全エネルギー＋失われた(または,得た)エネルギー

である.

エンタルピー

一定大気圧下(たとえば,口の開いた試験管またはビーカーの中)で物質のもつエネルギーを**エンタルピー**(enthalpy,記号 H)とよぶ.単体や化合物そのものがもつエンタルピーを測定したり計算したりすることはできないが,エンタルピーの差(**エンタルピー変化**,enthalpy change)は実験室で容易に測定でき,記号 ΔH で表す.化学変化や物理変化が圧力一定の条件で起きるとき,その変化に伴って吸収したり発生したりする熱エネルギーの量は,その変化によるエンタルピーの変化量に等しくなる.

エンタルピー変化

次のような化学反応を考える.

$$\text{反応物} \longrightarrow \text{生成物}$$

この反応のエンタルピー変化 ΔH は,次のような式で定義される.

$$\Delta H = (\text{生成物のエンタルピーの和}) - (\text{反応物のエンタルピーの和})$$

和を示す数学記号 Σ を使い,反応物と生成物をそれぞれ R (reactant) と P (product) で表すと,この式は次のようになる.

$$\Delta H = \Sigma H_P - \Sigma H_R \tag{13・1}$$

化学反応によって熱が放出されるとしよう(燃料を燃やすときがそうである).このような反応は,**発熱的**(exothermic)であるといい,反応容器が温かくなったり,熱くて触れなくなったりする.このように発熱する(エネルギーが失われる)のは,反応分子が生成分子よりもエンタルピーが高い状態にあることを示す.したがって,**発熱反応**(exothermic reaction)では,ΔH((13・1)式で定義される)が**負**(negative)になる.この様子を図 13・1 の (a) に示した.この図では,反応前後に物質がもつ全エンタルピーが示されている.x 軸は,"反応進行度"となっているが,時間軸と考えてもよい.

図 13・1 の (b) には,熱が吸収される反応(**吸熱反応**,endothermic reaction)でのエンタルピー変化を示した.反応容器は冷えるか,冷たくて触れなくなる.この場合,反応分子は生成分子よりもエンタルピーが低い状態にある.したがって,ΔH は**正**(positive)になる.

反応によるエンタルピー変化がわかれば,その値を化学反応式の右側に書くことができる.たとえば,エテン(慣用名はエチレン)と水素との反応は発熱反応で,25 ℃でエテン 1 mol 当たり $\Delta H = -137$ kJ である.このことを次のように書く.

$$\text{CH}_2=\text{CH}_2(g) + \text{H}_2(g) \longrightarrow \text{CH}_3\text{CH}_3(g) \qquad \Delta H = -137 \text{ kJ mol}^{-1}$$

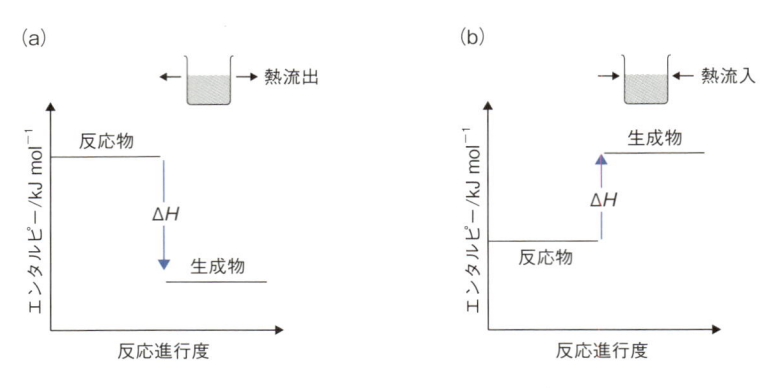

図 13・1　エンタルピー図　(a) 発熱反応，(b) 吸熱反応．

化学反応式にその反応の ΔH の値を併せて書いた式を，**熱化学方程式**（thermochemical equation）という．

吸熱反応を応用した例に，冷却パックがある（Box 13・1）．

→ 演習問題 13A

標準反応エンタルピー変化（$\Delta H^{\ominus}$）

反応物と生成物が標準状態にあるときのエンタルピー変化を，**標準反応エンタルピー変化**（standard enthalpy change of reaction, $\Delta H^{\ominus}$）（右肩の "$\ominus$" という記号は，"標準，またはスタンダード" と読む）という．

$$\Delta H^{\ominus} = \sum H_{\mathrm{P}}^{\ominus} - \sum H_{\mathrm{R}}^{\ominus} \tag{13・2}$$

標準状態とは何だろうか．**物質が 1 atm（101.3 kPa）＊下でその純粋な形態であるとき，その物質は標準状態**（standard state）**にあるといわれる**．温度は標準状態の定義に含まれない．たとえば，鉄の標準状態とは，温度が何度であれ，1 atm 下にある純粋な鉄を指す．標準状態の鉄が 25 ℃ では固体になり，1600 ℃ では液体になるが，それは問わない．

標準状態という考え方は，化合物にも同じように適用できる．たとえば，塩化ナトリウムの標準状態は，1 atm 下にある純粋な塩化ナトリウムである．

ある元素の単体にいくつかの同素体があるときは，その中の一つの形態が**基準状態**（reference state）に選ばれる．たとえば，炭素には黒鉛（グラファイト）やダイヤモンドなどの同素体があるが，黒鉛が炭素単体の基準状態として選ばれる．同様にして，酸素の

＊　訳注：現在では，国際的な取決めで 10^5 Pa（100 kPa）を標準状態とすることになっているが，本書のように 1 atm とすることも多い．

Box 13・1 冷却パック

食品を冷却したり,競技中のけがによる痛みを和らげたりするために,**インスタント・アイスパック**が使われる.アイスパックは,あらかじめ冷却しておく必要はなく,握りこぶしでたたくだけでよい.

アイスパックは,硝酸アンモニウムが入った袋の中に水が入った薄いプラスチック製の内袋が入っている.パックを強くたたくと,水の入った内袋が破れ,硝酸アンモニウムを溶かす.硝酸アンモニウムが水に溶けるとき熱を奪うので温度が下がる.

$$NH_4NO_3(s) \longrightarrow NH_4^+(aq) + NO_3^-(aq) \qquad \Delta H \approx +26 \text{ kJ mol}^{-1}$$

質量で50%ずつの水と硝酸アンモニウムが入った混合物の場合,温度は,およそ−15℃に達する.

場合,酸素分子（O_2）とオゾン（O_3）の2種類の同素体があるが,酸素分子が基準状態に選ばれる.通常,その単体の最も安定な同素体が基準状態に選ばれる.例外はリンで,基準状態として,最も安定な赤リンではなく,白リンが選ばれている.

標準エンタルピー変化は25℃（より正確にいえば,298.15 K）で測定されるのが最も一般的であり,他の温度で測定された標準エンタルピー変化も25℃に補正するのが普通である.このようなエンタルピー変化は,$\Delta H^\ominus$(298 K) という記号で表される.特に断らない限り,ここで扱う反応に関する標準エンタルピー変化はすべて,その反応が25℃で始まり25℃で終わったときのものであるとし,単に $\Delta H^\ominus$ と書いた場合,$\Delta H^\ominus$(298 K) を意味する（実際,相変化がなければ,**わずかな温度変化に伴う $\Delta H^\ominus$ の変化は無視でき**

アセチレン（HC≡CH）の酸素中での燃焼
大量の熱を発生し,炎が部分的に3000℃に達する.この温度ではほとんどの金属が溶ける（鉄は1535℃で溶ける）ので,金属を接合するのに使われる.この操作をガス溶接という.

ることが多く，その場合，$\Delta H^\ominus$ は温度に依存しないとみなすことができる）．

13・2 エンタルピー変化の要点

1）ΔH は，生成物が何モル生成するのか，あるいは，そのエンタルピー変化がどのような化学反応式についてであるかを示さなければ意味がない　　反応のエンタルピー変化は，**示量的な性質**（extensive property）である．これは，エンタルピー変化は，消費された反応物の量，ひいては生成する生成物の量に依存することを意味する．特にほかの条件が示されていなければ，ある化学反応の ΔH は化学反応式に示された物質量（mol）の反応物が反応したときの値を示すものとする．すなわち，次のように熱化学方程式を書いた場合，

$$N_2(g) + 3\,H_2(g) \longrightarrow 2\,NH_3(g) \qquad \Delta H^\ominus = -92.22\ \text{kJ mol}^{-1}$$

示されているエンタルピー変化は，窒素ガス 1 mol が水素ガス 3 mol と反応してアンモニアガス 2 mol を生成するときのものであることがわかる．反応物の物質量（mol）を変えた場合のエンタルピー変化は，例題 13・1 に示すように単純な比例計算になる．

例題 13・1

メタノール 0.32 g を 25 ℃で過剰の酸素中で完全燃焼させたときに生成する熱量を計算しなさい．

$$2\,CH_3OH(l) + 3\,O_2(g) \longrightarrow 2\,CO_2(g) + 4\,H_2O(g) \qquad \Delta H^\ominus = -726\ \text{kJ mol}^{-1}$$

▶解　答

$$\text{メタノールの量（mol 単位）} = \frac{0.32\ \text{g}}{32\ \text{g mol}^{-1}} = 0.010\ \text{mol}$$

熱化学方程式は，メタノール 2 モルが燃焼すると 726 kJ の熱が生じることを示している．したがって，メタノール 0.010 mol の燃焼に伴うエンタルピー変化は，

$$\frac{0.010}{2} \times (-726) = -3.6\ \text{kJ}$$

すなわち，3.6 kJ の熱が放出される．

2）反応物と生成物の物理状態が明確に示されなければならない　　化学反応式では，反応に関与している物質の物理状態をはっきりと書くことが重要である．これは，次の反応式のように，水素ガスと酸素ガスとの反応で気体の水が生成する場合を考えるとわかりやすい．

13・2 エンタルピー変化の要点

$$2\,H_2(g) + O_2(g) \longrightarrow 2\,H_2O(g)$$

この反応の $\Delta H^\ominus$ は $-483.64\,\text{kJ mol}^{-1}$ である．次の反応式のように**液体**の水 2 mol が生成する場合，

$$2\,H_2(g) + O_2(g) \longrightarrow 2\,H_2O(l)$$

その $\Delta H^\ominus$ は実験から $-571.66\,\text{kJ mol}^{-1}$ であることがわかっている．この二つの反応のエンタルピー変化の差は，

$$-571.66 - (-483.64) = -88.02\,\text{kJ mol}^{-1}$$

となる．これは，$H_2O(g)$ 2 mol が凝縮して $H_2O(l)$ 2 mol になるときに放出されるエネルギーである．

→ **演習問題 13B**

3) 逆反応の $\Delta H^\ominus$ は，正反応の $\Delta H^\ominus$ と値が等しく，符号が反対になる 次の反応の $\Delta H^\ominus$ はどのくらいになるだろうか．

$$2\,H_2O(g) \longrightarrow 2\,H_2(g) + O_2(g)$$

答は簡単で，この反応は次の反応，

$$2\,H_2(g) + O_2(g) \longrightarrow 2\,H_2O(g)$$

の逆反応なので，エンタルピー変化は，値が同じで符号は反対になり，$+483.64\,\text{kJ mol}^{-1}$ になる．

これは次のような法則にまとめられる．すなわち，**正反応が発熱的である反応では，逆反応は吸熱的である**．

この法則は，物理変化と化学変化の双方に適用できる．たとえば，気化するときのことを考えてみよう．液体が気体になるとき，熱が吸収される．これは液体分子がまわりの分子の束縛から逃れ，気相に飛び出すためにエネルギーが必要だからである．したがって，気化は常に吸熱的になる．アセトンの 25 ℃ における**標準気化エンタルピー**（standard enthalpy of vaporization）は，1 mol 当たり $+29.1\,\text{kJ}$ である．

$$CH_3COCH_3(l) \longrightarrow CH_3COCH_3(g) \qquad \Delta H_{vap}^\ominus = +29.1\,\text{kJ mol}^{-1}$$

このことから，アセトン 1 mol が液体に凝縮するときは，29.1 kJ の熱が放出されることになる．

$$CH_3COCH_3(g) \longrightarrow CH_3COCH_3(l) \qquad \Delta H^\ominus = -29.1\,\text{kJ mol}^{-1}$$

こうした関係を分子レベルで眺めてみよう．ある発熱反応で二つの分子が衝突して新し

い分子が一つできる様子をビデオで撮影できたとしよう．そのビデオを逆向きに再生したとすると，新しい分子がまさに分裂し始める直前に熱が吸収される様子が見えるだろう．化学反応を逆に進めたとき，エネルギー変化は大きさが同じで符号が反対であるという原理は重要である．そうでなければ，エネルギーをつくり出したり失ったりできることになり，エネルギー保存則が成り立たなくなるからである．

→ 演習問題 13C

4）ある反応が二つ以上の経路で起こりうるとき，どの経路を通ってもエンタルピー変化は等しくなる これは，**ヘスの法則**（Hess's law）である．たとえば，ヨウ素と水素からヨウ化水素ガスを生成する反応を考えてみよう．この反応は1段階で起こり，ヨウ化水素ガスが直接生成する．

$$H_2(g) + I_2(s) \longrightarrow 2\,HI(g) \qquad \Delta H^\ominus = +53\,\text{kJ mol}^{-1} \qquad (13\cdot3)$$

この直接過程を，経路Aとよぼう．

ほかの方法として，この反応を2段階で行うこともできる．

$$I_2(s) \longrightarrow I_2(g) \qquad \Delta H^\ominus = +62\,\text{kJ mol}^{-1} \qquad (13\cdot4)$$

$$I_2(g) + H_2(g) \longrightarrow 2\,HI(g) \qquad \Delta H^\ominus = -9\,\text{kJ mol}^{-1} \qquad (13\cdot5)$$

この2段階の反応を，経路Bとよぼう．

二つの経路は図13・2(a)に図示されている．この図は，反応物1 molずつがHI 2 molに転換する反応でのエンタルピー変化を示している．この図から，(13・3)式の反応のエンタルピー変化は，(13・4)式と(13・5)式の反応のエンタルピー変化の和であることがわかる．

$$\Delta H^\ominus_{(13\cdot3)} = \Delta H^\ominus_{(13\cdot4)} + \Delta H^\ominus_{(13\cdot5)}$$
$$= (+62) + (-9) = +53\,\text{kJ mol}^{-1}$$

一般的に，反応A→Eが次のようにいくつかの段階を経て起こるとき，

$$A \xrightarrow{1} B \xrightarrow{2} C \xrightarrow{3} D \xrightarrow{4} E$$

全反応のエンタルピー変化 ΔH(A→E) は，個々の段階のエンタルピー変化の和に等しくなる．

$$\Delta H(\text{A→E}) = \Delta H(\text{A→B}) + \Delta H(\text{B→C}) + \Delta H(\text{C→D}) + \Delta H(\text{D→E})$$

すなわち，図13・2(b)に示したように，

$$\Delta H_{\text{全反応}} = \Delta H_1 + \Delta H_2 + \Delta H_3 + \Delta H_4$$

となる．

(a) $\Delta H^{\ominus}_{(13\cdot3)} = \Delta H^{\ominus}_{(13\cdot4)} + \Delta H^{\ominus}_{(13\cdot5)}$

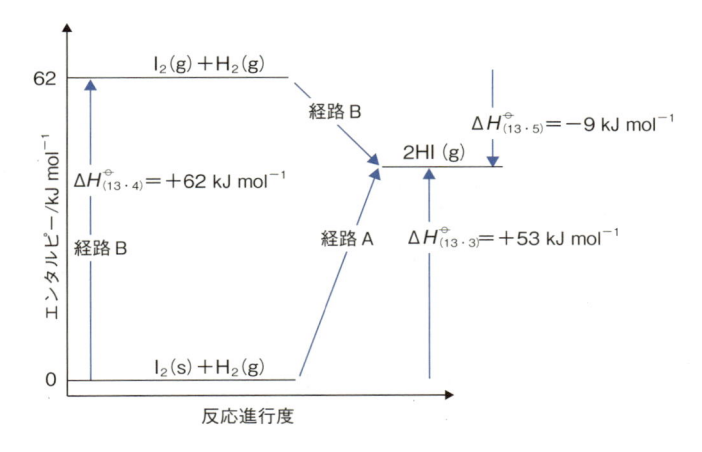

(b) $\Delta H_{全反応} = \Delta H_1 + \Delta H_2 + \Delta H_3 + \Delta H_4$

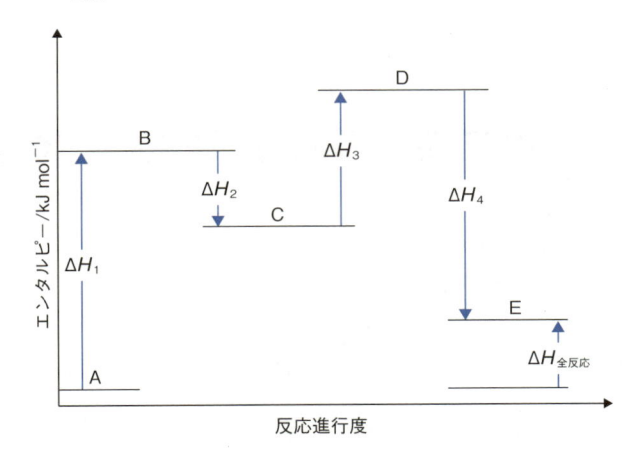

図 13・2　ヘスの法則　(a) ヨウ化水素の二つの生成経路，(b) いくつかの経路を経る一般的な反応．

ヘスの法則：地理的なたとえ

　カーディフはロンドンから 249 km の位置にある．カーディフからロンドンへ直接行かないで，図 13・3 のように，まず，カーディフからエジンバラ（距離 732 km）に行き，そのあとエジンバラからロンドン（距離 665 km）に行ったとしよう．どちらの経路を選んだとしても，カーディフはロンドンから 249 km しか離れていない．これと同じよう

に，図 13・2 の (a) に示したどちらの経路を通っても，$I_2(s)+H_2(g)$ と $2HI(g)$ のエネルギー差は 53 kJ mol^{-1} である．

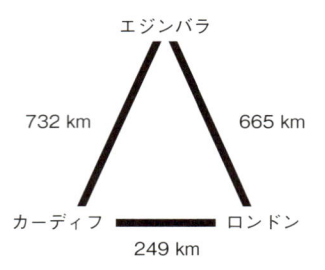

図 13・3 ヘスの法則を地理に当てはめる

ヘスの法則を使ったエンタルピー変化の計算

ヘスの法則を使うと，ある反応の ΔH の値を実験しなくても求めることができる．これは，関連した化学反応式を数式と同じように扱い（すなわち，足したり，引いたり，掛けたり，割ったりする），エンタルピー変化を求めようとする反応の化学反応式をつくればよい．これと同じ計算をそれぞれの反応の ΔH について行うと，求めたい反応の ΔH を求めることができる．このような計算の例を例題 13・2 に示した．

例題 13・2

下記の熱化学方程式,

$H_2(g) + Cl_2(g) \longrightarrow 2\,HCl(g)$ $\Delta H^\ominus_{(13\cdot6)} = -184.6$ kJ mol^{-1} (13・6)

$2\,NH_3(g) \longrightarrow 3\,H_2(g) + N_2(g)$ $\Delta H^\ominus_{(13\cdot7)} = +92.2$ kJ mol^{-1} (13・7)

$\frac{1}{2}N_2(g) + 2\,H_2(g) + \frac{1}{2}Cl_2(g) \longrightarrow NH_4Cl(s)$
$\Delta H^\ominus_{(13\cdot8)} = -314.4$ kJ mol^{-1} (13・8)

から次の反応のエンタルピー変化を計算しなさい．

$HCl(g) + NH_3(g) \longrightarrow NH_4Cl(s)$ $\Delta H^\ominus_{(13\cdot9)} = ?$ kJ mol^{-1} (13・9)

▶解答
まず，(13・6) 式を $-1/2$ 倍して，次の式を得る．

$$-\frac{1}{2}H_2(g) + \left(-\frac{1}{2}Cl_2(g)\right) \longrightarrow -HCl(g)$$

化学式の矢印を数式の等号（＝）と考え，この化学式を数式と同様に変形して，

$$\text{HCl(g)} \longrightarrow \frac{1}{2}\text{H}_2\text{(g)} + \frac{1}{2}\text{Cl}_2\text{(g)} \quad (13\cdot10)$$

が得られる（数式で$-x+(-z)=-y$を変形すると，$y=x+z$が得られるのと同じである）．この変形により，HCl(g) を (13・9) 式のように左辺に移せる．

(13・7) 式の両辺を 2 で割り，次の式が得られる．

$$\text{NH}_3\text{(g)} \longrightarrow \frac{3}{2}\text{H}_2\text{(g)} + \frac{1}{2}\text{N}_2\text{(g)} \quad (13\cdot11)$$

この式では，$\text{NH}_3\text{(g)}$ が (13・9) 式のように左辺にある．

(13・10) 式と (13・11) 式を (13・8) 式の辺々に加えると，

$$\text{HCl(g)} + \text{NH}_3\text{(g)} + \frac{1}{2}\text{N}_2\text{(g)} + 2\text{H}_2\text{(g)} + \frac{1}{2}\text{Cl}_2\text{(g)}$$
$$\longrightarrow \frac{1}{2}\text{H}_2\text{(g)} + \frac{1}{2}\text{Cl}_2\text{(g)} + \frac{3}{2}\text{H}_2\text{(g)} + \frac{1}{2}\text{N}_2\text{(g)} + \text{NH}_4\text{Cl(s)}$$

同類項をまとめ，両辺に同じものがある場合は消すと，次の式が得られる．

$$\text{HCl(g)} + \text{NH}_3\text{(g)} \longrightarrow \text{NH}_4\text{Cl(s)}$$

この式は，(13・9) 式そのものであることがわかる．求めるエンタルピー変化は，したがって，ΔH の値に同様な操作をして，次のように計算できる．

$$\Delta H^{\ominus}_{(13\cdot9)} = -\frac{1}{2}\Delta H^{\ominus}_{(13\cdot6)} + \frac{1}{2}\Delta H^{\ominus}_{(13\cdot7)} + \Delta H^{\ominus}_{(13\cdot8)}$$
$$= -\frac{1}{2}(-184.6) + \frac{1}{2}(92.2) + (-314.4) = -176.0 \text{ kJ mol}^{-1}$$

→ 演習問題 13D

13・3　実験による ΔH の決定

この節では，反応物を水の中で混合したときに起こる反応のエンタルピー変化を実験で求める例を取上げる．反応が終わったとき，生成物と未反応の反応物，そして水の混合物ができる．このような測定の原理は次の通りである．

● 理想的には，反応混合物から外界へ（または，外界から反応混合物へ）の熱の移動が，まったく起こらないような断熱容器中で反応を行う．

● 化学反応を速やかに進行させる．そうすればエネルギー変化は短時間で完了する．そのために，反応物を素早く混合する．

● 発熱反応では，反応混合物の熱エネルギー量が増大する．この増大により，反応終了時の生成混合物の温度が ΔT ℃上昇する（反応開始時の温度を $T_{開始}$，反応終了時の

温度の $T_{終了}$ として，$\Delta T = T_{終了} - T_{開始}$ で定義される）．吸熱反応では，反応混合物の熱エネルギー量が減少し，反応終了時の生成混合物の温度が下がる．
● 化学反応による熱エネルギー量の変化，すなわち q（ジュール，J）は，次の式で計算できる．

$$q = -m \times C \times \Delta T$$

m と C は温度を測定する最終生成混合物（おもに水）の質量と平均比熱容量である（式にマイナス符号が付くことに注意）．q の値は，その化学反応が発熱反応（ΔT が正）のとき負になり，吸熱反応であるとき（ΔT が負）のとき正になる．
● 圧力一定のとき，化学反応によって発生する熱変化は，その反応のエンタルピー変化に等しい．すなわち，$q = \Delta H$ である．q と ΔH は符号が同じであることに注意しよう．
● この計算では，その反応が"完結する"ことを仮定している．

実 験 法

1）反応物を，外気と通気があって中身の圧力が大気圧に保たれる断熱容器に入れる．このような容器は，**定圧熱量計**（constant-pressure calorimeter）とよばれる．その最も簡単な例は，発泡スチロール製のコーヒーカップである（図 13・4）．温度変化は温度計で測る．

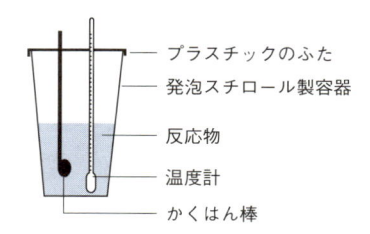

図 13・4 簡易定圧熱量計

2）量がわかった反応物をそれぞれ別の容器に入れ（ここでは，例として亜鉛粉末と硝酸鉛(II) 水溶液の反応を取上げる），温度が実験室の室温 $T_{開始}$ で一定になるように 10 分間放置する．この"平衡時間"は，図 13・5 の点 A から点 B までの間に相当する．$\Delta H^{\ominus}$(298 K) を測定したい場合は，$T_{開始}$ は 298 K に，大気圧は正確に 1 atm にしなければならない．

3）反応物を時刻 t で混合し，素速くかくはんして 30 秒以内で反応が完了するようにする．反応混合物を熱的に完全に遮断できないので，容器と内容物はすぐに熱を失い始める（発熱反応の場合，図 13・5 (a) の点 C から点 D まで）か，熱を獲得し始める（吸熱反応の場合，図 13・5 (b) の点 E から点 F まで）．混合物の温度変化は非常に速いので，

混合直後の温度を測定することはできない．その代わりに，反応完了後の混合物の温度を一定時間ごと（たとえば5秒ごと）に記録し，得られたグラフをもとに，外挿して（図13・5で，点線で示されている），混合時の温度変化 ΔT を求める方法がとられる．

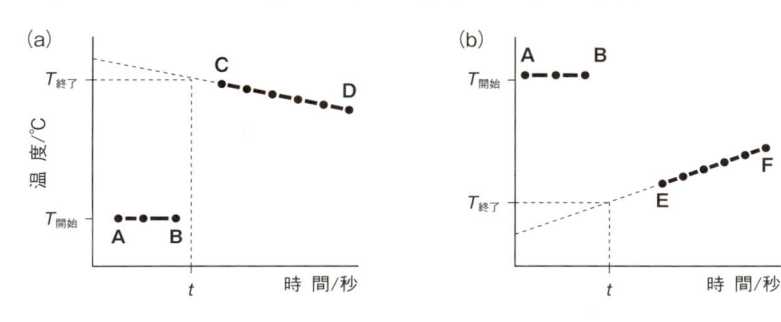

図 13・5 温度-時間グラフ　(a) 発熱反応，(b) 吸熱反応．

例題 13・3

次の発熱反応のエンタルピー変化を求めてみよう．

$$Zn(s) + Pb(NO_3)_2(aq) \longrightarrow Zn(NO_3)_2(aq) + Pb(s)$$

この反応のイオン反応式は次のようになる．

$$Zn(s) + Pb^{2+}(aq) \longrightarrow Zn^{2+}(aq) + Pb(s)$$

ある実験で，細かい粉末にした亜鉛 0.500 g を 0.100 mol dm^{-3} 硝酸鉛(II)溶液 100.0 cm^3（硝酸鉛(II)溶液が過剰になる）に急速に撹拌しながら加えた．このときの混合物の温度変化を記録すると，20.0 ℃（混合前）から 22.6 ℃ へと上昇した．したがって，温度変化は次のようになる．

$$\Delta T = T_{終了} - T_{開始} = 22.6 - 20.0 = +2.6 \text{ ℃}$$

発泡スチロール製カップと反応物および生成物の熱容量は比較的小さく無視できると近似する．この硝酸鉛(II)溶液は希薄なので，その熱容量は純水の熱容量（4.18 J g^{-1} ℃$^{-1}$）と同じだと仮定できる．実質的に，この反応で生成する熱はすべて水 100 g に吸収されると仮定する．

この化学反応による熱エネルギー変化 q は，次のように計算できる．

$$q = -m \times C \times \Delta T = -100.0 \times 4.18 \times 2.6 = -1087 \text{ J} = -1.087 \text{ kJ}$$
（単位の計算：g J g^{-1} ℃$^{-1}$ ℃ = J）

この実験では，Zn 0.500 g が Zn^{2+}(aq) に変化している．

$$\text{Zn の量} = \frac{0.500 \text{ g}}{65.39 \text{ g mol}^{-1}} = 0.00765 \text{ mol}$$

したがって，この化学反応で Zn 0.00765 mol が消費されたとき，1.087 kJ の熱が生成したことになる（最終的にその熱は水に吸収された）．もし，この反応で Zn(s) 1 mol が消費されたとすると，生成する熱エネルギー変化は，

$$q(1 \text{ mol 当たり}) = -1.087 \times \frac{1}{0.00765} = -142 \text{ kJ mol}^{-1}$$

ΔT は有効数字2桁で測定しているので，q は有効数字2桁に丸めて -1.4×10^2 kJ mol^{-1} になる．最終的に，q と ΔH は等しいので，

$$\Delta H = -1.4 \times 10^2 \text{ kJ mol}^{-1}$$

この値は，$\Delta H^{\ominus}$(298 K) にほぼ等しいであろう．この反応の $\Delta H^{\ominus}$(298 K) のよく知られた値は -152 kJ mol^{-1} である．この実験値と文献値の違いは，おもに発泡スチロール製カップ中で混合物の熱が失われることと，計算で行った近似のためと思われる．より正確に実験的に決めるためには，断熱をより完全に行ったり，温度記録をより高速に（電気的に）できるかどうかにかかっている．このような場合には，容器や反応物および生成物の熱容量も考慮しなければならない．

→ 演習問題 13E, 13F

13・4 特別な種類の標準エンタルピー変化

標準エンタルピー変化の例を表 13・1 にまとめた．

13・5 標準生成エンタルピー

ある化合物の標準生成エンタルピー $\Delta H_{\mathrm{f}}^{\ominus}$ とは，その**化合物 1 mol** がある温度でその成分元素の単体から生成するときの標準エンタルピー変化のことをいう．

本書で扱う標準生成エンタルピーは，25 ℃（298 K）で測定（または計算）されたもので，本書では $\Delta H_{\mathrm{f}}^{\ominus}$ を $\Delta H_{\mathrm{f}}^{\ominus}$(298 K) の意味で用いる．$\Delta H_{\mathrm{f}}^{\ominus}$ の単位は，生成した**化合物 1 mol 当たりの kJ（kJ mol^{-1}）**である．

標準生成エンタルピーの要点

- $\Delta H_{\mathrm{f}}^{\ominus}$ は標準エンタルピー変化の一つである．そのため，反応にかかわる単体および化合物が，すべて 1 atm でその純粋な形態（すなわち，標準状態）である場合に適用される．
- ある特定の温度での $\Delta H_{\mathrm{f}}^{\ominus}$ は，その物質に固有な定数である．多数の物質の $\Delta H_{\mathrm{f}}^{\ominus}$ 値が知られている．そのいくつかの値を表 13・2 に示した．

13・5 標準生成エンタルピー

表 13・1 標準エンタルピー変化の例

名　称	記号	説　明	反応例
生成エンタルピー	$\Delta H_f^\ominus$	化合物 1 mol が構成元素から生成するとき	$K(s) + 1/2\, Cl_2(g) \to KCl(s)$
燃焼エンタルピー	$\Delta H_c^\ominus$	燃料 1 mol が過剰の酸素中で燃焼するとき	$CH_4(g) + 2\,O_2(g)$ $\to CO_2(g) + 2\,H_2O(l)$
格子エンタルピー	$\Delta H_L^\ominus$	結晶 1 mol が完全に分解して気相中の一つ一つの粒子になるとき	$K^+,Cl^-(s) \to K^+(g) + Cl^-(g)$
中和エンタルピー	$\Delta H_N^\ominus$	酸と塩基による中和で水 1 mol が生成するとき	$CH_3COOH(aq) + NaOH(aq)$ $\to CH_3COONa(aq) + H_2O(l)$
結合解離エンタルピー	$\Delta H_{A-B}^\ominus$	結合 1 mol が解離するとき．すべての化学種が気相	$HCl(g) \to H(g) + Cl(g)$
イオン化エネルギー（イオン化エンタルピー）	$\Delta H_{ion}^\ominus$ または，I	原子（または分子）1 mol がイオン化するとき．すべての化学種が気相	$Na(g) \to Na^+(g) + e^-$ （第一イオン化エネルギー）
電子獲得エネルギー（$-\Delta H_{eg}^\ominus$ は，電子親和力とよばれる）	$\Delta H_{eg}^\ominus$	陰イオン 1 mol が生成するとき．すべての化学種が気相	$F(g) + e^- \to F^-(g)$
蒸発エンタルピー	$\Delta H_{vap}^\ominus$	蒸気 1 mol が，温度変化なしで液体から生成するとき	$H_2O(l) \to H_2O(g)$
融解エンタルピー	$\Delta H_{fus}^\ominus$	液体 1 mol が，温度変化なしで固体から生成するとき	$H_2O(s) \to H_2O(l)$
原子化エンタルピー	$\Delta H_{atm}^\ominus$	単体 1 mol が解離して気相中の一つ一つの原子になるとき	$Ca(s) \to Ca(g)$

● ある単体に同素体が 2 種類以上ある場合は，$\Delta H_f^\ominus$ は単体が基準状態にあるものについて取扱う．

水について考えてみる．定義によれば，水の標準生成エンタルピーは，純粋な水素と純粋な酸素が反応して純粋な水 1 モルがすべて 1 気圧下で生成するときの標準エンタルピー変化である．ここで採用した温度 25℃では，水素も酸素も気体であり，水は液体である．したがって，この反応は次のような式で表される．

$$H_2(g) + \frac{1}{2} O_2(g) \longrightarrow H_2O(l) \qquad \Delta H_f^\ominus = -285.83 \text{ kJ mol}^{-1}$$

次の反応式で表される標準エンタルピー変化は，標準生成エンタルピーではない．

$$2\,H_2(g) + O_2(g) \longrightarrow 2\,H_2O(l) \qquad \Delta H^\ominus = -571.66 \text{ kJ mol}^{-1}$$

表 13・2　代表的な元素とその化合物の 298 K での標準生成エンタルピー

物　質	化学式と状態	$\Delta H_\mathrm{f}^\ominus$/kJ mol^{-1}	物　質	化学式と状態	$\Delta H_\mathrm{f}^\ominus$/kJ mol^{-1}
アルミニウム	Al(s)	0	重水素	D$_2$(g)	0
酸化アルミニウム	Al$_2$O$_3$(s)	-1675.7	水	H$_2$O(l)	-285.83
臭　素	Br$_2$(l)	0	水	H$_2$O(g)	-241.82
臭　素	Br$_2$(g)	$+30.91$	重水素化酸素（重水）	D$_2$O(l)	-294.60
臭化水素	HBr(g)	-36.40	水素イオン	H$^+$(aq)	0
カルシウム	Ca(s)	0	ヨウ素	I$_2$(s)	0
酸化カルシウム	CaO(s)	-635.09	ヨウ化物イオン	I$^-$(aq)	-55.19
塩化カルシウム	CaCl$_2$(s)	-795.8	ヨウ化水素	HI(g)	$+26.48$
炭素（黒鉛）	C(s)（黒鉛）	0	鉄	Fe(s)	0
炭素（ダイヤモンド）	C(s)（ダイヤモンド）	$+1.895$	酸化鉄(III)	Fe$_2$O$_3$(s)（ヘマタイト）	-824.2
一酸化炭素	CO(g)	-110.53	窒　素	N$_2$(g)	0
二酸化炭素	CO$_2$(g)	-393.51	酸化窒素(II)	NO(g)	$+90.25$
テトラクロロメタン（四塩化炭素）	CCl$_4$(l)	-135.44	二酸化窒素(IV)	NO$_2$(g)	$+33.18$
シアン化水素	HCN(g)	135.1	四酸化二窒素	N$_2$O$_4$(g)	$+9.16$
メタン	CH$_4$(g)	-74.81	アンモニア	NH$_3$(g)	-46.11
エチン（アセチレン）	C$_2$H$_2$(g)	$+226.73$	塩化アンモニウム	NH$_4$Cl(s)	-314.43
ブタン	C$_4$H$_{10}$(g)	-126.15	塩素酸アンモニウム(VII)	NH$_4$ClO$_4$(s)	-295.31
シクロヘキサン	C$_6$H$_{12}$(l)	-156.4			
ベンゼン	C$_6$H$_6$(l)	$+49.0$	酸素	O$_2$(g)	0
エタノール	C$_2$H$_5$OH(l)	-277.69	オゾン	O$_3$(g)	$+142.7$
スクロース	C$_{12}$H$_{22}$O$_{11}$(s)	-2222	水酸化物イオン	OH$^-$(aq)	-229.99
尿　素	NH$_2$CONH$_2$(s)	-333.51	リン（白）	P（白）	0
塩　素	Cl$_2$(g)	0	リン（赤）	P（赤）	-18
塩素原子	Cl(g)	$+121.68$	塩化リン(III)	PCl$_3$(l)	-319.7
塩　酸	HCl(aq)	-167.16	カリウム	K(s)	0
塩化水素	HCl(g)	-92.31	水酸化カリウム	KOH(s)	-424.76
銅	Cu(s)	0	塩化カリウム	KCl(s)	-436.75
酸化銅(II)	CuO(s)	-157.3	ナトリウム	Na(s)	0
硫酸銅(II)	Cu$_2$SO$_4$(s)	-771.36	塩化ナトリウム	NaCl(s)	-411.15
硫酸銅(II)五水和物	Cu$_2$SO$_4\cdot$5H$_2$O(s)	-2279.7	硫黄（斜方）	S(s)（斜方）	0
フッ素	F$_2$(g)	0	硫黄（単斜）	S(s)（単斜）	$+0.33$
フッ化物イオン	F$^-$(aq)	-332.63	硫　酸	H$_2$SO$_4$(l)	-813.99
フッ化水素	HF(g)	-271.1	二酸化硫黄	SO$_2$(g)	-296.83
水　素	H$_2$(g)	0	三酸化硫黄	SO$_3$(g)	-395.72
水素原子	H(g)	$+217.97$	硫化水素	H$_2$S(g)	-20.63

この反応式では,水が 2 mol（定義の 1 mol ではなく）生成するからである.

$\Delta H_f^\ominus(H_2O)$ は実験室で H_2 や O_2 の反応を調べて実験的に測定できるが,多くの化合物は $\Delta H_f^\ominus$ を直接的に測定することができない.たとえば,次の熱化学方程式で表されるメタン酸（ギ酸）の生成を考えてみよう.

$$H_2(g) + O_2(g) + C(s) \longrightarrow HCO_2H(l) \qquad \Delta H_f^\ominus(298\,K) = -402.1\,kJ\,mol^{-1}$$

水素と酸素,黒鉛を一緒に加熱しても,メタン酸はほとんど生成しないので,その標準生成エンタルピー変化を直接測定することはできない.そのため,メタン酸の標準生成エンタルピーはヘスの法則を使って間接的に計算する必要がある.

標準エンタルピー変化がそのまま生成化合物の標準生成エンタルピーになる熱化学方程式の例には,次のようなものがある.

1) アンモニア

$$\frac{1}{2}N_2(g) + \frac{3}{2}H_2(g) \longrightarrow NH_3(g) \qquad \Delta H_f^\ominus = -46.1\,kJ\,mol^{-1}$$

2) 安息香酸

$$7\,C(s) + 3\,H_2(g) + O_2(g) \longrightarrow C_6H_5CO_2H(s) \qquad \Delta H_f^\ominus = -385.1\,kJ\,mol^{-1}$$

3) ヨウ化水素

$$\frac{1}{2}H_2(g) + \frac{1}{2}I_2(s) \longrightarrow HI(g) \qquad \Delta H_f^\ominus = +26.48\,kJ\,mol^{-1}$$

元素の標準生成エンタルピー

ダイヤモンドの標準生成エンタルピーは,次の過程を考える.

$$C(s)(黒鉛) \longrightarrow C(s)(ダイヤモンド) \qquad \Delta H_f^\ominus = +1.895\,kJ\,mol^{-1}$$

当然のことだが,**基準状態**にある単体の標準生成エンタルピーは,ゼロである.その過程では何も変化しないからである.

$$C(s)(黒鉛) \longrightarrow C(s)(黒鉛) \qquad \Delta H_f^\ominus = 0.000\,kJ\,mol^{-1}$$

これはつまらないことと思われるかも知れないが,これからの計算で $\Delta H_f^\ominus$ の値を使うときに重要になってくる.

→ 演習問題 13G

標準生成エンタルピーを使った $\Delta H^\ominus$ の計算

例題 13・2 で次の反応の $\Delta H^\ominus$ を求めた.

$$\text{HCl(g)} + \text{NH}_3\text{(g)} \longrightarrow \text{NH}_4\text{Cl(s)}$$

この計算ではヘスの法則を使い，$\Delta H^\ominus = -176.0 \text{ kJ mol}^{-1}$ という結果を得た．同じ結果が，塩化アンモニウムの標準生成エンタルピーから，HCl(g) と NH_3(g) の標準生成エンタルピーを差し引いて得られる．

$$\Delta H^\ominus = \Delta H_\text{f}^\ominus(\text{NH}_4\text{Cl(s)}) - [\Delta H_\text{f}^\ominus(\text{HCl(g)}) + \Delta H_\text{f}^\ominus(\text{NH}_3\text{(g)})]$$

これらの $\Delta H_\text{f}^\ominus$ の値は，表 13・2 から次のようになる．

$$\Delta H_\text{f}^\ominus(\text{NH}_4\text{Cl(s)}) = -314.4 \text{ kJ mol}^{-1}$$
$$\Delta H_\text{f}^\ominus(\text{HCl(g)}) = -92.3 \text{ kJ mol}^{-1}$$
$$\Delta H_\text{f}^\ominus(\text{NH}_3\text{(g)}) = -46.1 \text{ kJ mol}^{-1}$$

したがって，次のように $\Delta H^\ominus$ が計算される．

$$\Delta H^\ominus = -314.4 - [-92.3 + (-46.1)] = -176.0 \text{ kJ mol}^{-1}$$

この方法はヘスの法則を使って数式的に計算するよりも簡単である．そこでこの計算方法を一般化し，すべての反応に適用できるようにする．

- ある化学反応の標準エンタルピー変化（$\Delta H^\ominus$）を $\Delta H_\text{f}^\ominus$ の値から求めるのには，どんな反応についても次の計算式を使えばよい．

$$\Delta H^\ominus = \sum \Delta H_\text{f}^\ominus(\text{生成物}) - \sum \Delta H_\text{f}^\ominus(\text{反応物}) \tag{13・12}$$

ここで，$\sum \Delta H_\text{f}^\ominus$(生成物) は生成物の標準生成エンタルピーの総和，$\sum \Delta H_\text{f}^\ominus$(反応物) は反応物の標準生成エンタルピーの総和である．

- 生成エンタルピーの総和を求めるとき，それぞれの物質の生成エンタルピーにバランスのとれた化学反応式でのそれぞれの物質の**係数**を乗じなければならない．その具体例を，例題 13・4 に示す．

例題 13・4

次の化学反応で銅 3 mol を生成するときの 298 K での $\Delta H^\ominus$ を計算しなさい．

$$3\,\text{CuO(s)} + 2\,\text{NH}_3\text{(g)} \longrightarrow \text{N}_2\text{(g)} + 3\,\text{H}_2\text{O(l)} + 3\,\text{Cu(s)} \tag{A}$$

▶解 答

$$\Delta H^\ominus = \sum \Delta H_\text{f}^\ominus(\text{生成物}) - \sum \Delta H_\text{f}^\ominus(\text{反応物})$$

13・5 標準生成エンタルピー

$$\Delta H^\ominus = [\Delta H_f^\ominus(N_2(g)) + 3\Delta H_f^\ominus(H_2O(l)) + 3\Delta H_f^\ominus(Cu(s))]$$
$$- [3\Delta H_f^\ominus(CuO(s)) + 2\Delta H_f^\ominus(NH_3(g))]$$

矢印で示した数字は，化学反応式に現れる係数である．表13・2の標準生成エンタルピーのデータから，

$$\Delta H_f^\ominus(H_2O(l)) = -285.83 \text{ kJ mol}^{-1}$$
$$\Delta H_f^\ominus(CuO(s)) = -157.3 \text{ kJ mol}^{-1}$$
$$\Delta H_f^\ominus(NH_3(g)) = -46.11 \text{ kJ mol}^{-1}$$

また，元素の単体である N_2 と Cu の標準生成エンタルピーはゼロであるから，

$$\Delta H^\ominus = [0 + 3 \times (-285.83) + 3 \times (0)]$$
$$- [3 \times (-157.3) + 2 \times (-46.11)] = -293.4 \text{ kJ mol}^{-1}$$

したがって，化学反応（A）の標準エンタルピー変化は，$-293.4 \text{ kJ mol}^{-1}$ となる．

→ 演習問題 13H

この方法でなぜ $\Delta H_f^\ominus$ の値から $\Delta H^\ominus$ を計算できるのか疑問に思うかもしれない．その答は，基準状態にある単体の $\Delta H_f^\ominus$ はゼロであるとする標準生成エンタルピーの定義にある．化合物や単体そのものの標準エンタルピー（すなわち，エネルギー）を測定したり計算したりすることはできないが，**二つの物質の標準エンタルピーの差は，対応する標準生成エンタルピーの差に等しい**．そのため，(13・12) 式は，(13・2) 式に似ている．

標準生成エンタルピーと化合物の安定性

$\Delta H_f^\ominus$ の値は，ある物質がその成分元素の単体と比較してどのくらい安定であるかを大まかに見積もる指標となる．黒鉛，ダイヤモンド，水，エチン（アセチレン，C_2H_2），アンモニア，塩化ナトリウムの標準生成エンタルピーを図13・6に示した．単体の基準状態が，エネルギーの基準面，すなわち"海水面"を決める．エチンのように $\Delta H_f^\ominus$ が正の値をもつ化合物は，その成分元素の単体より高いエンタルピーをもち"海水面（基準レベル）"より上に現れ，**吸熱化合物**（endothermic compound）とよばれる．水やアンモニア，塩化ナトリウムのような化合物は，$\Delta H_f^\ominus$ が負の値になり，その成分元素の単体よりエンタルピーが低くなるので，"海水面（基準レベル）"より下に現れ，**発熱化合物**（exothermic compound）とよばれる．

$\Delta H_f^\ominus$ 値は化合物とその成分元素の単体とのエンタルピーの差を示すものであるから，$CH_4(g)$ と $SO_2(g)$ のように成分として共通の元素をもたない化合物の $\Delta H_f^\ominus$ 値を比較するのは無意味である．しかし，次のような一連の化合物の $\Delta H_f^\ominus$ 値を比較するのは有益で

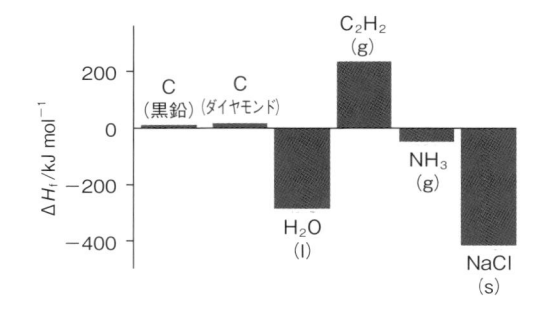

図 13・6 純物質 6 種類の 25℃での標準生成エンタルピーの比較 （ダイヤモンドの標準生成エンタルピーは小さいので，5 倍に拡大した．黒鉛の値はゼロである）

あり，左から右に進むにつれて次第に安定性が低下することがわかる．

$$\begin{array}{cccc} \text{HF(g)} & \text{HCl(g)} & \text{HBr(g)} & \text{HI(g)} \\ -271 & -92 & -36 & +27 \end{array} \quad (\text{kJ mol}^{-1})$$

この傾向は，HI(g) がこの中で最も不安定な化合物で，HI(g) がこの中で室温で分解する唯一のハロゲン化物であるという実験事実に合致する．しかし，$\Delta H_f^\ominus$ 値からは，この分解反応がどの程度の速さで進むかを予想することはできない．

13・6　標準燃焼エンタルピー

標準燃焼エンタルピー $\Delta H_c^\ominus$ とは，

ある物質 1 mol が酸素中で燃焼するときの標準エンタルピー変化

である．

たとえば，メタン（天然ガスの主成分）の燃焼は，次のように表される．

$$\text{CH}_4(\text{g}) + 2\,\text{O}_2(\text{g}) \longrightarrow \text{CO}_2(\text{g}) + 2\,\text{H}_2\text{O}(\text{l}) \quad \Delta H_c^\ominus(298\,\text{K}) = -890\,\text{kJ mol}^{-1}$$

（以降，$\Delta H_c^\ominus$ 値はすべて 298 K での値を示すものとする．）

燃料の加熱能力は**エネルギー価**（energy value）で表されることが多い．これは，燃料 1 g が完全燃焼したときに生成する熱で定義され，その単位は kJ g^{-1} である．

メタンのエネルギー価は次のように算出できる．メタンのモル質量は 16.0 g mol^{-1} である．16.0 g のメタンが燃焼したとき，890 kJ の熱が生成する．メタン 1 g が燃焼したときは 890/16.0＝56 kJ の熱が生成することになり，メタンのエネルギー価は 56 kJ g^{-1} と求まる．よく使われる燃料のエネルギー価を表 13・3 に示した．

Box 13・2 で述べるように，瞬間的に熱エネルギーを生み出す物質で，産業的に有用な物質が**爆薬**（explosive）である．

表 13・3 エネルギー価

燃　料	エネルギー価/kJ g^{-1}	燃　料	エネルギー価/kJ g^{-1}
水素（H$_2$(g)）	142	バター	30
メタン（CH$_4$(g)）	56	チーズ	4〜18
エチン（アセチレン，C$_2$H$_2$(g)）	50	固ゆで卵	7
オクタン（C$_8$H$_{18}$(l)）	48	全乳ミルク	3
石炭（瀝青炭）	≈30	ベークドポテト	4
マツ材	18	フライドポテト	11
メタノール（CH$_3$OH(l)）	23	ニトログリセリン	7
リンゴ	2	TNT	5
精白パン	11	硝酸アンモニウム	2

燃焼エンタルピー変化の実験測定

$\Delta H_c^\ominus$ の決め方は，原理的には他のエンタルピー変化を決める方法に似ている．実際的には，燃料（または食物）を酸化剤（たとえば，固体の過酸化ナトリウム（Na$_2$O$_2$），または純酸素ガス）と混合して**ボンベ熱量計**（bomb calorimeter）とよばれる鋼鉄製容器に密閉して電流で点火し，温度上昇を記録する．ボンベ熱量計内での燃焼反応は定圧下で行われるわけではないが，最終的な計算には許容される．　　　→ 演習問題 13I

13・7　栄　養
食物のエネルギー価

食物は"人間の燃料"と考えられるので，表 13・3 には食物のエネルギー価も載せてある．リンゴ 1 g を炎中で完全燃焼させたとき，2 kJ の熱エネルギーを放出する．食物を体内で消化したときもやはりエネルギーがつくり出されるが，食品の分解（正式には**食物代謝**（food metabolism）という）には，燃料の燃焼と次の三つの大きな違いがある．

1) 人間の体内では，食物は一連の複雑な化学反応でゆっくりと消費される．食物の燃焼によるエンタルピー変化の約 40 % を運動するために体内で使うことができる．
2) 食物代謝では，酸素ガスは酸化剤としては使われない．細胞中で使われる酸化剤は，**ニコチンアミドアデニンジヌクレオチド**（nicotinamide adenine dinucleotide, NAD）とよばれる物質である．
3) 食物代謝で放出されるエネルギーの一部分は，熱として放出されずに，**アデノシン三リン酸**（adenosine triphosphate, ATP）とよばれる物質をつくるのに使われる．ATP は必要なときに**アデノシン二リン酸**（adenosine diphosphate, ADP）に転換される．この ATP→ADP 反応こそが，生物学的に重要な分子の合成や，必要栄養素の体内での輸送，筋肉の活動に必要なエネルギーをつくり出している．　　→ 演習問題 13J

ウェブサイトの Appendix 13 を参照．

Box 13・2 爆　薬

　爆薬とは，気体を発生しながら非常に速いスピードで反応が進む物質のことである．生成する気体の体積は爆薬の体積と比べて非常に大きいので，気体が急激に噴出する．そのため，圧縮波が周囲の空気に生じ，爆発が起きる．たとえば，爆発性のニトログリセリン（図 13・7）は，次のような全反応式で分解する．

$$4\,C_3H_5(NO_3)_3(l) \longrightarrow 12\,CO_2(g) + 10\,H_2O(g) + 6\,N_2(g) + O_2(g)$$

　最も初期の爆薬は銃用の火薬（黒色火薬）で，硫黄と硝酸カリウム（酸化剤）および活性炭からできている．しかし，ニトログリセリン（1847年），トリニトロトルエン（TNT，1863年），およびダイナマイト（1866年にアルフレッド・ノーベル（Alfred Nobel）がニトログリセリンを非常に細かい土の粉（ケイソウ土）にしみ込ませてつくった）が爆薬産業に革命をもたらした．初期の爆薬研究では多くの死者が出て，ノーベルの弟や父もその犠牲者になった．われわれは爆薬を軍事的利用に結びつけがちだが，爆薬のほとんどが採石場や鉱山，道路建設のために使われる．現在最もよく使われる爆薬は，アンホ（ANFO）爆薬とよばれ，質量%で 95 %の硝酸アンモニウム（**a**mmonium **n**itrate，NH_4NO_3(s)，酸化剤）と 5 %の燃料油（**f**uel **o**il）からなる．

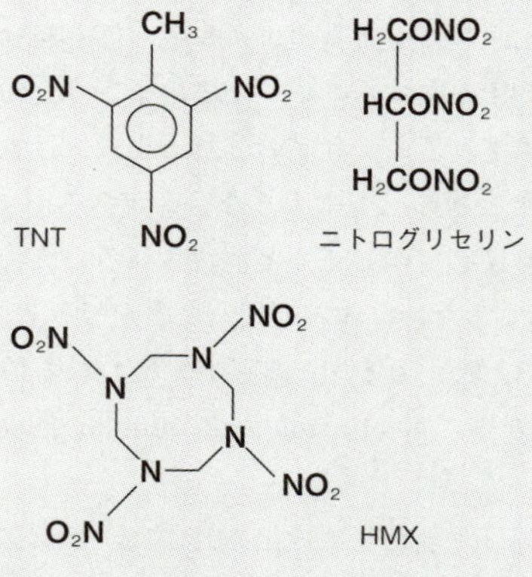

　よく使われる爆薬にはすべて窒素が含まれ，常に窒素ガスが気体生成物の一つとして生成する．爆発反応は非常に短時間で終わる．たとえば，ニトログリセリンの燃焼で生成する熱エネルギーはたった 7 kJ g^{-1} だが（表 13・3），これが 0.001 秒以下の時間で放出される．これは 7000 kW に相当し，噴出する気体の温度は 3000 ℃，噴出速度は 7000 m s^{-1} にもなる．

　発生する圧力はどのくらいだろうか．ニトログリセリン 5 g を容積 10 cm^3（10^{-5} m^3）の密閉容器中で爆発させたとしよう．約 0.16 mol の気体が 3000 ℃ で生成する．理想気体の状態方程式を使って，爆発の瞬間の気体の圧力を推定できる．

$$P = \frac{nRT}{V}$$
$$= \frac{0.16 \times 8.3145 \times (273 + 3000)}{10^{-5}}$$
$$= 4 \times 10^8 \text{ Pa （4000 atm）}$$

これは非常に大きな圧力（市販の大型ガスボンベ中のガス圧の約 40 倍）で，爆薬には岩や金属を砕く力があることがよくわかる．

図 13・7 TNT，ニトログリセリン，HMX（テトラメチレンテトラニトラミン）の構造
　ニトログリセリンと HMX は完全燃焼に必要な酸素を含むが，TNT は爆発で完全酸化するために 80 %量の硝酸アンモニウムと混合する．

体の運動で消費されるエネルギーの測定

運動をしているときの脂肪やグルコースの代謝は，酸素を必要とし，二酸化炭素と水を生成する．運動時のエネルギー消費量は，生成した CO_2 の体積と消費された O_2 の比を測定して推定することができる．この比は，**呼吸交換率**（respiratory exchange ratio, PER）とよばれる．

$$PER = \frac{1分間当たりの生成した CO_2 の体積}{1分間当たりの消費された O_2 の体積}$$

実験的には，PER は運動している人の吸気と呼気を分析することによって得られる．

もし人間の体が炭水化物だけを使ってエネルギーを供給しているとすると，PER はおよそ 1 になる．エネルギー源として脂肪だけが使われる場合は，この比はおよそ 0.7 になる．両方の場合とも，酸素が 1 dm³ 消費されるごとにエネルギーが 20 kJ つくり出される．

いろいろな食物をとって生活している平均的な人は，休息しているとき（いすに座っているなど）の PER はおよそ 0.8 になる．標準的には，休息している平均的な男性は，1 分間当たりおよそ 0.30 dm³，すなわち，1 日当たり 0.30×60×24≈430 dm³ の酸素を消費している（男性はこれよりもかなり多くの酸素を呼吸しているが，吸気された酸素のごく一部だけが食物の代謝に使われる）．標準的な男性は，毎日 20×430≈8600 kJ（2060 kcal）のエネルギーをつくり出す．この値は，その人が毎日摂取する必要があるエネルギーの最小量でもある．すなわち，食物からのエネルギー摂取量がこれより低いときは，体内中に脂肪などの形で蓄えたエネルギー源に頼る必要が出てくる．その人が，歩行，読書や書きものをしているときは，1 日当たり 8600 kJ よりも多くのエネルギーを必要とする．極端な例では，スポーツ選手は 1 日に 50,000 kJ 以上を消費する！　体重を減らすためには，1 日に必要とされるカロリー量よりも食物摂取量を継続的に少なくすればよいのだが，"言うは易し行うは難し" である．

→ 演習問題 13K

13・8　格子エンタルピー

1 mol の結晶が分解して 1 個 1 個の気体状の粒子になるときの標準エンタルピー変化を**格子エンタルピー**（lattice enthalpy, $\Delta H_L^\ominus$）という．たとえば，298 K, 1 atm で純粋な塩化ナトリウム結晶 1 mol の結晶格子を壊して気体状のナトリウムイオンと塩化物イオンにするためには 771 kJ のエネルギーが必要である．

$$Na^+,Cl^-(s) \longrightarrow Na^+(g) + Cl^-(g) \qquad \Delta H_L^\ominus = +771 \text{ kJ mol}^{-1}$$

同じ条件下で，1 mol の気相ナトリウムイオンが 1 mol の気相塩化物イオンと凝縮して 1 mol の塩化ナトリウム結晶が生成するときは次のようになる．

$$Na^+(g) + Cl^-(g) \longrightarrow Na^+,Cl^-(s) \qquad \Delta H^\ominus = -\Delta H_L^\ominus = -771 \text{ kJ mol}^{-1}$$

これを一般化すると，

結晶格子を壊すためには熱が吸収されなければならず，
結晶格子が形成されるときには熱が放出される．

イオン結合の強度の目安としての格子エネルギー

　NaCl(s) の格子エンタルピーは，塩化ナトリウム結晶中の Na^+ イオンと Cl^- イオンとの結合の強さの指標となる．しかし，塩化ナトリウム結晶格子中のイオンは対になっているのはなく，ナトリウムイオン（もしくは塩化物イオン）それぞれは反対電荷をもつ隣接した6個のイオンからの引力を受け，それよりも離れたイオンからも引力（弱いが）を受けている．すなわち $\Delta H_L^\ominus$ は格子中にあるナトリウムイオンと塩化物イオンの間の**全引力**の目安であり，単に孤立した**1対**の Na^+ と Cl^- との間の引力を反映しているわけではない．

　"MX" 型格子である NaCl(s)，NaBr(s)，および NaI(s) の格子エンタルピーは，それ

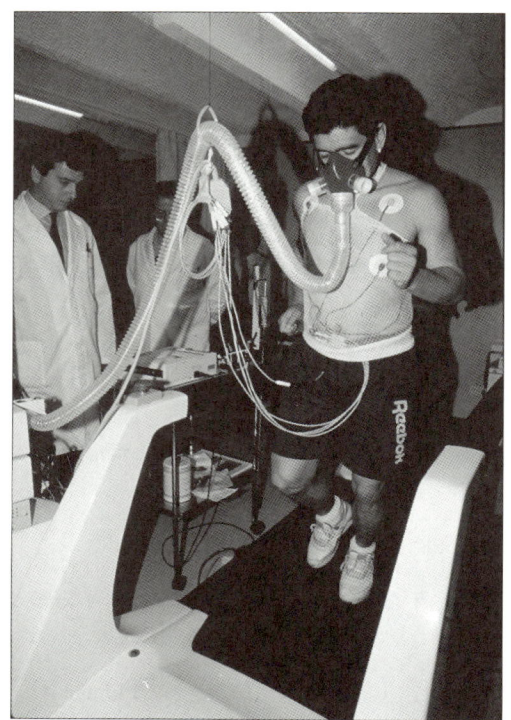

トレッドミル上で走るサッカー選手　こうした装置で，酸素と二酸化炭素の呼吸交換率を測定する．

ぞれ，+771，+731，+684 kJ mol^{-1} である．これらの結晶の中で，NaCl が最も大きい正の値の $\Delta H_L^\ominus$ をもつので，この一連の結晶の中で"最も安定"であるといわれる．

→ 演習問題 13L

ヘスの法則を使ってイオン結晶の格子エンタルピーを計算する

塩化ナトリウムがその成分元素の単体から 298 K で生成する反応の熱化学方程式は，

$$\text{Na(s)} + \frac{1}{2}\text{Cl}_2(\text{g}) \longrightarrow \text{Na}^+,\text{Cl}^-(\text{s}) \qquad \Delta H_f^\ominus = -411 \text{ kJ mol}^{-1} \qquad (13\cdot13)$$

で表せる．これは，**ボルン–ハーバーのサイクル**（Born-Haber cycle）として知られるいくつかの仮想的なステップに分けることができる（図 13・8）．それぞれのステップのエンタルピー変化は，表 13・1 ですでに定義されている．これまでのように，吸熱反応では全エンタルピーが増加し（すなわち，図では上がる），発熱反応では全エンタルピーが減少する（図では，下がる）．それぞれのステップは次のようなものである．

1) 固体ナトリウムの気体ナトリウムへの転換（**原子化**（atomization））．

$$\text{Na(s)} \longrightarrow \text{Na(g)} \qquad \Delta H_1^\ominus = +109 \text{ kJ mol}^{-1}$$

すなわち，ナトリウムの原子化の標準エンタルピー．

2) ナトリウム原子の蒸気中でのイオン化．

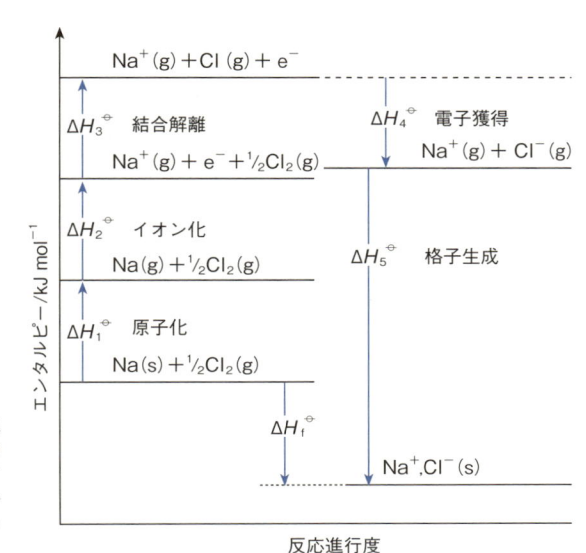

図 13・8 NaCl(s) が構成元素から生成するときのエンタルピー変化を示すボルン–ハーバーサイクル　エンタルピー軸（縦軸）の縮尺は正確ではない．

$$\text{Na(g)} \longrightarrow \text{Na}^+\text{(g)} + \text{e}^- \qquad \Delta H_2^\ominus = +494 \text{ kJ mol}^{-1}$$

すなわち，ナトリウムの第一イオン化エネルギー．

3）Cl−Cl 結合が切れて孤立した塩素原子ができるステップ．

$$\frac{1}{2}\text{Cl}_2\text{(g)} \longrightarrow \text{Cl·(g)} \qquad \Delta H_3^\ominus = +121 \text{ kJ mol}^{-1}$$

すなわち，Cl−Cl 結合の標準結合解離エンタルピーの 1/2．ここでは，それぞれの Na と反応する Cl 原子（Cl·）が一つだけ必要なので，この過程のエンタルピー変化は，Cl−Cl 結合を切断するのに必要なエネルギーの**半分**になる．Cl−Cl 結合の標準結合解離エンタルピーは $+242$ kJ mol^{-1} なので，$\Delta H_3^\ominus = +242/2 = +121$（kJ mol^{-1}）となる．

4）塩素原子が電子1個を獲得するステップ．

$$\text{Cl·(g)} + \text{e}^- \longrightarrow \text{Cl}^-\text{(g)} \qquad \Delta H_4^\ominus = -364 \text{ kJ mol}^{-1}$$

すなわち，塩素原子の標準電子獲得エンタルピー．Cl 原子は電子を獲得してより安定になる．

5）ナトリウムイオンと塩化物イオンが引き寄せあい，塩化ナトリウム結晶ができるステップ．

$$\text{Na}^+\text{(g)} + \text{Cl}^-\text{(g)} \longrightarrow \text{Na}^+,\text{Cl}^-\text{(s)} \qquad \Delta H_5^\ominus = -\Delta H_\text{L}^\ominus$$

これらの反応式を，$\Delta H_1^\ominus$，$\Delta H_2^\ominus$，$\Delta H_3^\ominus$，$\Delta H_4^\ominus$ および $\Delta H_5^\ominus$ の項も含めて加え合わせると，(13・13) 式が得られることに注意しよう．ヘスの法則によって，

$$\Delta H_\text{f}^\ominus = \Delta H_1^\ominus + \Delta H_2^\ominus + \Delta H_3^\ominus + \Delta H_4^\ominus + \Delta H_5^\ominus \qquad (13 \cdot 14)$$

図 13・8 に示した各ステップは，ナトリウムと塩素が実際に反応する道筋を示すものではない．すなわち，この図は**反応機構**を表すものではない．

Ca^{2+}，O^{2-}のような他のイオン化合物にも同様なエネルギーサイクルを組立てることができる．(13・14) 式が重要なのは，他のエンタルピー項がわかれば未知のエンタルピー項を計算で求められることである．未知のものは普通，格子エンタルピー（$-\Delta H_5^\ominus$ に等しい）であり，これは実験によって直接求めることができない．

(13・14) 式を変形させると次の式が得られる．

$$\Delta H_5^\ominus = \Delta H_\text{f}^\ominus - \Delta H_1^\ominus - \Delta H_2^\ominus - \Delta H_3^\ominus - \Delta H_4^\ominus$$

たとえば，ナトリウムと塩素のサイクルでは，

$$\Delta H_5^{\ominus} = -411 - (+109) - (+494) - (+121) - (-364) = -771 \text{ kJ mol}^{-1}$$

となる.$\Delta H_5^{\ominus} = -\Delta H_L^{\ominus}(\text{NaCl})$ であるから,

$$\Delta H_L^{\ominus}(\text{NaCl}) = -\Delta H_5^{\ominus} = -(-771) = 771 \text{ kJ mol}^{-1}$$

と NaCl の格子エンタルピーが求められる.　　　　　**→ 演習問題 13M, 13N**

13・9　結合の切断と生成のエネルギー

結合解離エンタルピー

二つの原子が共有結合していると,この原子を引き離すのにエネルギーが必要である.たとえば,分子 AB の A—B 結合の解離は,次の反応式で表される(反応物,生成物のどちらもが気体状態であることに注意しよう).

$$\text{A—B(g)} \longrightarrow \text{A(g)} + \text{B(g)}$$

標準状態で気体分子のある特定の結合を切断するのに必要なエネルギー量は,**(標準)結合解離エンタルピー**((standard) bond dissociation enthalpy)とよばれ,記号 $\Delta H_{\text{A-B}}^{\ominus}$ で表す.たとえば,次のような塩素分子の解離反応の 298 K での標準エンタルピー変化は,Cl—Cl 結合 1 mol 当たり 242 kJ である.

$$\text{Cl}_2(\text{g}) \longrightarrow \text{Cl}\cdot(\text{g}) + \text{Cl}\cdot(\text{g})$$

したがって,結合解離エンタルピーは 242 kJ mol^{-1} となる.

$$\Delta H_{\text{Cl-Cl}}^{\ominus} = 242 \text{ kJ mol}^{-1}$$

代表的な結合解離エンタルピーを表 13・4 に示した.$\Delta H_{\text{A-B}}^{\ominus}$ が 400 kJ mol^{-1} よりも大きい共有結合は,強い結合といわれることが多い.

反応が逆向きのときは,エネルギー変化の符号も逆になる.そのため,次の反応のエンタルピー変化も予想できる.

$$\text{Cl}(\text{g}) + \text{Cl}(\text{g}) \longrightarrow \text{Cl}_2(\text{g})$$

この反応の 298 K における標準エンタルピー変化は -242 kJ mol^{-1} と予想される.熱エネルギーが放出されることは,二つの塩素原子が共有結合をつくることによって安定な電子配置になる事実を反映している.

多原子分子の結合解離エンタルピー

次の反応の標準エンタルピー変化を考える.

$$\text{H-O-H(g)} \longrightarrow \text{H(g)} + \text{OH(g)} \qquad \Delta H^\ominus = +499 \text{ kJ mol}^{-1}$$

この熱化学方程式から H–OH 結合の結合解離エンタルピー（記号 $\Delta H^\ominus_\text{H-OH}$ で表す）が O–H 結合 1 mol 当たり 499 kJ だということがわかる．しかし，生成した OH(g) の O–H 結合を完全に解離させるのに必要なエネルギーは，O–H 結合 1 mol 当たり 428 kJ だけで済む．

$$\text{O-H(g)} \longrightarrow \text{O(g)} + \text{H(g)} \qquad \Delta H^\ominus = \Delta H^\ominus_\text{O-H} = +428 \text{ kJ mol}^{-1}$$

このように水分子の二つの O–H 結合を段階的に解離させたときの**平均結合エンタルピー** (mean bond enthalpy) は，$(499+428)/2 = 463.5$ kJ mol^{-1} となる．

これは，水分子中の二つの O–H 結合が異なるということを意味するのではない．それどころか二つの結合はすべての点において同一である．O–H 結合の結合エンタルピーが違った値になるのは，H_2O と OH というまったく異なる化学種について求めたからである．

平均結合エンタルピー

C–H，C–Cl，C=O，N=N および O–H のような結合の結合解離エンタルピーは，分子が違ってもほぼ同じである．二つの原子（A と B）の間の結合解離エネルギーをいくつかの異なる分子について平均した値は**平均結合エンタルピー**（表 13・5）とよばれる．平均結合エンタルピーは，標準生成エンタルピーがわからない物質がかかわった反応のエンタルピー変化を推定するのに役立つ．しかし，この値は，タイプの異なる分子について結

表 13・4 標準結合エンタルピー（結合解離エンタルピー）

結合	$\Delta H^\ominus_\text{A-B}(298 \text{ K})/\text{kJ mol}^{-1}$
H–H	436
N≡N	945
O=O	497
F–F	158
Cl–Cl	242
H–F	565
H–Cl	431
H–Br	366
H–I	299
O**C**=O	531
H$_3$**C**–Cl	339
H$_2$**C**=**C**H$_2$	699

結合に直接ついた原子を太字で示す．

表 13・5 標準結合エンタルピー（平均結合エンタルピー）

結合	$\Delta H^\ominus_\text{A-B}(298 \text{ K})/\text{kJ mol}^{-1}$
C–H	412
C–C	348
C=C	612
C=O	743
O–H	463
N–N	163
N–H	388
C–Cl	338

結合に直接ついた原子を太字で示す．

合解離エネルギーを平均して得られたものなので，$\Delta H^{\ominus}$ の計算値にかなりの誤差を生じることがある．

→ 演習問題 13O, 13P

結合エンタルピーの利用：燃焼熱はどこからくるか

メタンが空気中で燃焼するときの反応式は次のようになる．

$$CH_4(g) + 2\,O_2(g) \longrightarrow CO_2(g) + 2\,H_2O(g) \qquad (13 \cdot 15)$$

この反応で熱が放出されることは，もう知っている．しかし，その熱エネルギーはいったいどこからくるのだろうか．ここではこの反応のエンタルピー変化を平均結合エンタルピーを使って計算する．この計算は次のように行う．

1） 反応物と生成物の分子構造を省略しないで書くことから始める（図 13・9）．この反応式を左から右に眺めていくと，この反応では四つの C–H 結合と二つの O=O 結合が解離し，二つの C=O 結合と四つの O–H 結合が生成することがわかる．

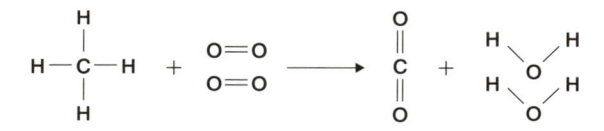

図 13・9　メタンの空気中での燃焼

2） 反応の過程で，酸素分子とメタン分子が**完全に原子に解離**し，得られた一つ一つの原子が**完全に組立てられ**，生成物の水分子と二酸化炭素分子ができると想像してみる（この反応が実際にこの機構で進行するかどうかは問題ではない．というのも，ヘスの法則によれば，"エネルギー勘定"の結果は，分子が実際にどのように反応するか，生成物が中間ステップを経てできるかには依存しないからである）．

3）(13・15) 式の反応の全体的なエンタルピー変化は，反応物分子が完全に解離するときと，それに引き続いて生成物分子が生成するときのエンタルピー変化をすべて足し合わせることによって得られる．共有結合している原子が解離するには，エネルギーを吸収しなければならないので，分子の解離ではエンタルピー変化が正の値になる．原子が結合するとより安定な状態になるので，結合の生成ではエンタルピー変化は負の値になる．

表 13・6 には，(13・15) 式の反応で全体として熱が吸収されるか，または放出されるかを算出するための結合エンタルピーを使った計算過程を示してある．この計算では，O–H，C–H 結合については平均結合エンタルピーを使っている．全体として，この反応によりメタン 1 モルの燃焼により 816 kJ の熱が放出されると**予測**できる．熱が放出され

る理由は，単純にいうと，結局，**生成物分子のほうが反応物分子よりも結合が強いため**である．この計算から，C−H と O=O がより強かったならば，熱は少ししか，もしくはまったく放出されないことになる．

表 13・6 メタンの燃焼でのエンタルピー変化の推定

結 合	エネルギー変化	合計エネルギー/kJ mol^{-1}
C−H 結合 4 個の解離	4×412 kJ＝1648 kJ 獲得	+1648
O=O 結合 2 個の解離	2×497 kJ 獲得	+994
C=O 結合 2 個の生成	2×803 kJ 放出	−1606
O−H 結合 4 個の生成	4×463 kJ 放出	−1852
推定エンタルピー変化 $\Delta H^{\ominus} = -816$ kJ mol^{-1}		

＊ 正の値は熱の獲得，負の値は熱の放出

この結果を次のようにすべての反応に一般化できる．

● **生成物分子の結合エンタルピーの和が反応物の結合エンタルピーの和よりも大きい場合は，その反応は発熱的である．**
● **生成物分子の結合エンタルピーの和が反応物の結合エンタルピーの和よりも小さい場合は，その反応は吸熱的である．**

(13・15) 式の反応のエンタルピー変化の計算値は−816 kJ mol^{-1} だが，実験測定値は $\Delta H_{\mathrm{C}}^{\ominus} = -802$ kJ mol^{-1} である．この計算では C=O 結合の結合エンタルピーとして CO_2 の平均結合エンタルピー（803 kJ mol^{-1}）を用いたが，一般的な化合物について平均した値（743 kJ mol^{-1}，表 13・5 参照）を使うと，誤差がより大きくなる．この例からわかるように，このような計算ではどの結合エンタルピーを採用するかを事前に注意深く検討する必要がある．

➜ 演習問題 **13Q**

この章の発展教材がウェブサイトにある．

14 化学反応の速さ

14・1 反応速度
14・2 反応速度に影響を与える因子
14・3 反応速度式
14・4 実験で求まる反応速度式の例
14・5 速度式を使った計算
14・6 一次反応についてより詳しく
14・7 反応機構
14・8 触媒作用

この章で学ぶこと

- 反応速度に影響を与える因子
- 速度定数と反応次数の定義
- 活性化エネルギーと反応機構
- 一次反応
- 触媒の役割

14・1 反応速度

　化学反応は，さまざまな速さで起こる．さび（錆），すなわち，鉄と酸素および水との反応はゆっくりとした過程であるが，金属カリウムと水との反応は爆発的で速い．反応の速さは"反応速度"とよんだほうがより適切である．反応速度（および反応速度を制御している因子）の研究は，**化学反応速度論**（chemical kinetics）として知られている.

　ある化学反応がどのような速度で進行するかを知ることが非常に重要なことが多い．化学工業では，生成物の収率が十分であり，**かつ生成物が十分短時間につくられるときにだけ**，経済的に見合う．汚染物質の化学では，汚染物質が生成し，分解する速度は，その汚染物質による危険度を評価する重要な因子である．

反応速度の定義

　"速度"という単語は，日常的に使われる（表 14・1）．次の化学反応について考える.

$$M + N \longrightarrow MN$$

ここで M，N は反応物，MN は生成物である．この反応の平均速度は，ある二つの時刻間に**反応物の濃度が減少する速度**と定義される．

14. 化学反応の速さ

表 14・1　"速度"の例

速度	単位
原油生産	バーレル/日
歩く速さ	m/秒
植物の成長	cm/月
人口増加	人/年
反応速度	濃度/秒

$$反応速度 = \frac{反応物濃度の変化}{時間} = \frac{-\Delta[\mathrm{M}]}{\Delta t}$$

ここで，$\Delta[\mathrm{M}]$（英語ではデルタ・ブラケット・エムと読む）は"M の濃度の変化"を，Δt（デルタ・ティーと読む）は"時間変化"を意味する．マイナスの符号がつくのは $[\mathrm{M}]$ が減少することを示している．

反応速度の次元は，

$$\frac{濃度の単位}{時間の単位}$$

である．本書で反応速度の単位として，通常，$\mathrm{mol\ dm^{-3}\ s^{-1}}$ を使う．

もう一つの方法として，反応の平均速度を，ある時間範囲で**生成物の濃度が増加する速度**としても定義できる．

$$反応速度 = \frac{生成物濃度の変化}{時間} = +\frac{\Delta[\mathrm{MN}]}{\Delta t}$$

まとめると，化学反応 M＋N→MN の反応速度は，次の式で表される．

$$\frac{-\Delta[\mathrm{M}]}{\Delta t} = \frac{-\Delta[\mathrm{N}]}{\Delta t} = \frac{+\Delta[\mathrm{MN}]}{\Delta t}$$

ここで，マイナス符号は M（および N）の濃度が時間とともに減少することを意味し，プラス符号は MN の濃度が時間とともに増加することを意味する．

反応物と生成物の比が 1：1 ではない化学反応を取扱うときは，この速度の定義式を修正する必要がある．たとえば，五酸化二窒素（$\mathrm{N_2O_5}$）が二酸化窒素（$\mathrm{NO_2}$）と酸素に分解する反応を考えてみよう．

$$2\,\mathrm{N_2O_5(g)} \longrightarrow 4\,\mathrm{NO_2(g)} + \mathrm{O_2(g)}$$

この式は，$\mathrm{N_2O_5}$ が 2 分子分解するごとに，$\mathrm{NO_2}$ が 4 分子，$\mathrm{O_2}$ が 1 分子生成することを示している．これは，$\mathrm{NO_2}$ は $\mathrm{N_2O_5}$ が分解する **2倍**の速度で生成し，$\mathrm{O_2}$ は $\mathrm{N_2O_5}$ が分解する**半分**の速度で生成することを意味している．

ある温度，ある濃度条件で，ある瞬間における $\mathrm{N_2O_5}$ 分解速度が $1\times10^{-4}\ \mathrm{mol\ dm^{-3}\ s^{-1}}$ だったとしよう．同じ瞬間での $\mathrm{NO_2}$ と $\mathrm{O_2}$ の生成速度は，それぞれ 2×10^{-4} および 0.5×10^{-4}

mol dm^{-3} s^{-1} となる．このような場合にあいまいさを避けるために，反応速度がどの物質についてであるかを明示しなければならない*．

例題 14・1

水素とヨウ素からヨウ化水素を生成する反応，

$$H_2(g) + I_2(g) \longrightarrow 2HI(g)$$

を，ある温度でさまざまな時間に反応混合物を冷却して反応を止め，未反応のヨウ素をチオ硫酸ナトリウムで滴定して調べた．反応開始後100秒では，ヨウ素濃度が 0.010 mol dm^{-3} から 0.0080 mol dm^{-3} に減少した．この間における平均反応速度はどのくらいか．

▶解 答

$$平均速度 = \frac{-(0.0080 - 0.010)}{100.0} = 2.0 \times 10^{-5} \text{ mol dm}^{-3}\text{ s}^{-1}$$

したがって，この反応の最初の 100 秒間の平均速度は，2.0×10^{-5} mol dm^{-3} s^{-1} である．

→ 演習問題 14A

反応速度の実験的測定

反応速度を実験的に測定するためには，反応物または生成物の濃度の時間変化を観測する必要がある．濃度は，滴定や，物質の吸光度の測定，反応混合物の電気伝導度変化の測定など，標準的な分析手法で測定される．

生成物または反応物の一つが着色している場合には，反応速度を色で追跡することができる．そのような例に，臭素水とメタン酸（ギ酸）との反応がある．

$$Br_2(aq) + HCOOH(aq) \xrightarrow{H^+(aq)} 2\,Br^-(aq) + 2\,H^+(aq) + CO_2(g)$$
暗赤色

ここで H$^+$ は触媒として働いている．反応にかかわる化学種の中で臭素だけに色があり，反応が進むにつれて色が消えていく（図 14・1）．色の濃さは，臭素の濃度に比例する．

---

* 訳注：あいまいさを避けるため，各物質の濃度を係数で割ったものの変化速度を反応速度とすることがある．たとえば，$-(1/2)\Delta[N_2O_5]/\Delta t$, $+(1/4)\Delta[NO_2]/\Delta t$ とする．こうすると物質間の差異がなくなる．

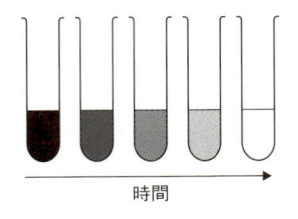

図 14・1 臭素とメタン酸との反応　反応が進むにつれて，臭素の赤色が消えていく．

反応速度の時間変化

二つの反応物を，たとえば，ビーカー中で混ぜると，反応速度は反応開始時が最も大きい．**反応速度は，反応が進むにつれて次第に低下していく**．反応物（たとえば，図 14・1 の臭素），または生成物の濃度を時間に対してプロットすると，図 14・2 (a) のようなグラフになる（もし，反応が平衡反応であれば，平衡に達したとき，図 14・2 (a) の反応物の濃度はある値より下がらなくなる．ただし，その値はゼロではない）．

反応物を混合後，時間 t の瞬間での反応速度は，濃度-時間曲線のその時間における**接線の傾き**から計算できる．時間が経つにつれて接線の傾きが小さくなり，反応速度が常に低下していることを裏付ける．

図 14・2 (b) は，時間 t における反応物曲線の接線を示している．その瞬間における反応速度は次式で表される．

$$\frac{濃度変化}{時間} = \frac{b-a}{d-c} \text{ mol dm}^{-3}\text{ s}^{-1}$$

この式は，反応物や生成物の濃度の計算に使われる．

➡ 演習問題 **14B, 14C**

なぜ反応速度は時間とともに低下するのか

これまでに，反応を開始すると反応速度がすぐに低下し始めるのはなぜかを説明してい

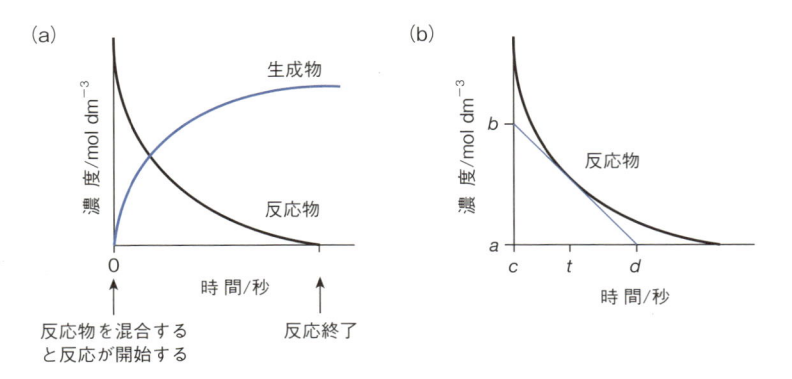

図 14・2　反応物と生成物の濃度の時間による変化 (a) と反応 M+N → MN の反応開始後 t 秒における瞬間速度 (b)

なかった．これは，二つのことを仮定すれば説明できる．第一の仮定は，反応が起こるためには，反応分子同士（たとえば，分子 MN を生成する M と N）の衝突が起こらなければならないこと，第二の仮定は，M と N の1秒間当たりの衝突回数は，M と N の濃度が減少するにつれて減少することである．反応開始時には，生成物分子（MN）がまったくなく，M と N の濃度は最も高い．反応が開始するとすぐに M と N が結合し始める．M と N の濃度が下がり始め（かつ，MN の濃度が上がり始め），反応していない M と N 間の1秒間当たりの衝突回数が減少する．このことにより反応速度が低下する（図 14・3）．

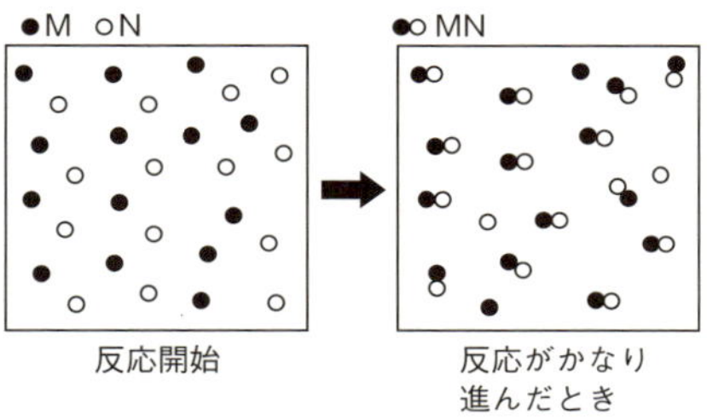

図 14・3 一般的な反応 M+N→MN は，分子 M と分子 N が衝突したときにのみ起こる 分子 M と分子 N とが衝突する機会は，生成分子（MN）ができるほど低下する．

14・2 反応速度に影響を与える因子

反応の性質

反応そのものの性質により，他の反応と比べて速い反応がある．オキソニウムイオンと水酸化物イオンとの反応，

$$H_3O^+(aq) + OH^-(aq) \longrightarrow 2\,H_2O(l)$$

と，ブロモエタンの加水分解，

$$C_2H_5Br(l) + OH^-(aq) \longrightarrow C_2H_5OH(l) + Br^-(aq)$$

とを比べてみよう．双方の反応の反応物の初濃度を同じにして室温で実験を行ったとすると，第一の反応のほうが第二の反応より 1 000 000 000 000 000（10^{15}）倍も速い．実際，H_3O^+ と OH^- との反応は非常に速く，瞬間的にすら見える．このように極端に速い反応を調べるには特殊な装置が必要である．

その反応が速いかどうかを，単に反応物だけから予想できることがある．正負に荷電したイオン同士の反応では，イオンの反対電荷が互いに引き寄せるので，普通，非常に速い．これは，反応，

$$Ag^+(aq) + Cl^-(aq) \longrightarrow AgCl(s)$$

など，多くの沈殿生成反応にあてはまる．奇数の電子をもつ原子や分子（**遊離基**（free

radical）として知られる．H·や CH$_3$·など）が反応物の場合は，対になっていない電子を使って共有結合をつくろうとするので，極端に速く反応する．たとえば，次の反応は極端に速い．

$$\text{CH}_3\cdot(g) + \text{CH}_3\cdot(g) \longrightarrow \text{C}_2\text{H}_6(g)$$

濃度（気体の場合は，圧力）

反応物の濃度が増すと，反応物分子同士が衝突する機会が増える．言い換えると，濃度が増すと分子同士が **1 秒間当たり**に衝突する回数が増える．このことが反応速度を増大させる．気体の濃度は，その分圧とともに増す．そのため，反応物の分圧を増せば気体反応の速度を増大させることができる．

反応物の一つが固体であるときは，その固体の表面積が増すと反応物粒子が衝突する機会が増える．たとえば，炭素粉末は，炭素の塊より酸素中で速く燃焼する．

$$\text{C}(s) + \text{O}_2(g) \longrightarrow \text{CO}_2(g)$$

そのため，石炭火力発電所では，石炭は粉砕してから燃やす．細かい粉末は極端に速く反応することがある．たとえば，穀物や小麦の微粉末は空気中で爆発的に燃焼することがあるので，穀物工場や小麦工場では厳しい安全規制が適用されている． **→ 演習問題 14D**

温　度

反応混合物の温度を上げると，化学反応の速度が増大する（反応が発熱的であるか吸熱的であるかにかかわらず起こる）．劇的に増大することも多い（図 14·4）．

1 秒間当たりの反応物分子同士の衝突回数は温度とともに増えるが，理論計算によると，それによる反応速度の増大はごくわずかでしかない．温度による反応速度増大を説明するためには，化学反応速度論で鍵となる概念，すなわち，**活性化エネルギー**（activation energy）の考え方を導入する必要がある．

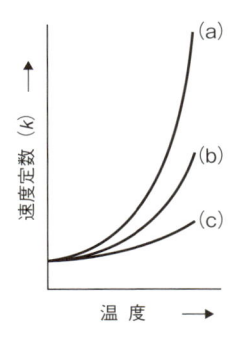

図 14·4 反応温度変化に伴う反応速度の変化
反応が温度に対して，(a) 非常に敏感なとき，(b) いくらか敏感なとき，(c) 鈍感なとき．速度定数は，反応物の濃度が 1.0 mol dm^{-3} のときの反応速度である．

14・2 反応速度に影響を与える因子

　分子 M と分子 N が反応して分子 MN を1段階で生成する化学反応を考えてみよう. 分子同士が衝突して化学変化が起こるためには, 古い結合が切れて新しい結合ができる必要がある. このような結合の切断と結合の生成が起こるためには, 反応物分子内の結合電子が再分布される必要がある. しかし, 分子 M と分子 N が近づくにつれて外殻電子が反発し, 結合電子が再分布されるのに十分な距離に反応物分子が近づくのを阻もうとする. そうすると, 反応物分子は単に互いを"はじき飛ばす"だけで, 衝突しても化学変化が起こらない.

　分子間の反発力に打ち勝って分子同士が強引に一緒になるためには, 衝突する分子間の運動エネルギーがある値以上でなければならない. この最小値は, **活性化エネルギー** (E_A) とよばれる. 衝突する反応物分子の運動エネルギーの和がこの最小エネルギー以上でない場合は, 反応は起こらない (図 14・5).

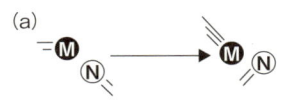

図 14・5　反応する衝突と反応しない衝突　(a) 反応しない衝突では, M と N の運動エネルギーが E_A より小さく, 反応物がはじき飛ばされる. (b) 反応する衝突では, M と N の運動エネルギーが E_A 以上で, M と N の間に結合ができる.

　活性化エネルギーそのものは温度で変化しないが, 物質の温度が上昇すると, その分子がもつ平均エネルギーが上昇する. その結果, **温度が高くなると, 活性化エネルギー以上のエネルギーをもつ衝突分子の割合が増える** (図 14・6). このことから, 温度が高くなると化学反応を引き起こす衝突の回数が増えることが予想され, 温度が高くなると反応速

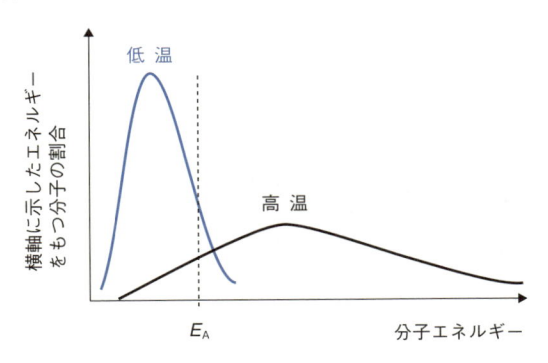

図 14・6　低温および高温における気体混合物の分子エネルギー分布　温度が高くなると, 活性化エネルギー E_A 以上のエネルギーをもつ分子の割合が増える.

度が大きくなるという観測結果を説明できる．

反応によっては，温度が上がると反応速度が急速に増すものがある（図 14・4）．この観測結果は，**反応速度が温度変化に敏感な反応は，活性化エネルギーが比較的高い**と仮定して説明することができる．

- 活性化エネルギーが大きい反応の速度は，温度とともに急激に変化する．なぜなら，室温では活性化エネルギー E_A 以上のエネルギーをもつ反応分子が少ないからである．そのため，温度を上げると，化学反応を引き起こす衝突回数が劇的に増す．
- E_A が小さい反応は，温度が変化しても反応速度はあまり変化しない．なぜなら，室温でも反応分子の多くが，すでに活性化エネルギー以上のエネルギーをもっているからである．
- もともと非常に速い反応（たとえば，$CH_3 \cdot (g) + CH_3 \cdot (g) \longrightarrow C_2H_6(g)$）は，活性化エネルギーがほとんどゼロである．このような反応の速度は，温度依存性がほとんどない（温度が変化しても反応速度がほとんど変化しない）． ➔ 演習問題 14E, 14F

触 媒

触媒は，化学反応の速度を速めるために使われる．触媒の一般的性質は次の通りである．

- 触媒は化学反応に関与するが，反応の過程で再生される．
- 触媒は，その反応のエンタルピー変化や平衡定数を変化させない．
- 触媒は特異的である．すなわち，ある特定の反応の速度だけに影響することがよくある．これは，特に生体触媒（**酵素**（enzyme））についてあてはまる．酵素は**タンパク質**（protein）である．酵素は温度を 40 ℃ よりも高い温度にすると活性がなくなることがよくある（壊れることさえある．図 14・9）．酵素の多くは，ごく狭い pH 範囲で機能し，酵素の多くが，**補因子**（cofactor）として金属イオン，または，複雑な

加圧した水蒸気の温度は 100 ℃ 以上になる 圧力鍋を使うと安全に加圧水蒸気が得られ，食材を 100 ℃ で沸騰した湯でゆでるだけの通常の方法より速く調理できる．

Box 14・1　遷移状態と活性化エネルギー

　反応分子中の結合が衝突中に再配列するとき，分子がもつエネルギーは，反応物が反応前にもっていたエネルギーよりも大きくなり，最大値に達する（図14・7）．この最大値と反応物が反応前にもっていたエネルギーとの差が，この（正）反応の**活性化エネルギー**E_A（単位は kJ mol^{-1}）である．エネルギーが最大値になるときの原子の配列（または，**立体配置**（configuration））

は**遷移状態**（transition state）とよばれる．遷移状態は，反応物と生成物の間の"中間点"である．これは単離できず，ごく短い時間しか存在しない．いったん遷移状態になると，すぐにもとの反応物に戻るか生成物になるかのどちらかである．

　図14・7には，**逆反応**（reverse reaction）（MN → M+N）の活性化エネルギー（記号 E_A'）も示してある．正反応が発熱反応であるとき，正反応の活性化エネルギーは常に逆反応の活性化エネルギーよりも小さい（$E_A < E_A'$，吸熱反応については，逆のことが成り立つ）．化学反応がいくつかのステップを経て起こる場合は，それぞれのステップにそれぞれの遷移状態があり，正反応，逆反応それぞれの活性化エネルギーがある．

　1-ブロモプロパンと水酸化物イオンとの反応，

$$RCH_2Br(l) + OH^-(aq)$$
$$\longrightarrow RCH_2OH(aq) + Br^-(aq) \ (R = CH_3CH_2)$$

は，1段階で起こる．遷移状態の推定構造を図14・8に示した．この構造では，OH$^-$の負電荷は全体に広がっている．

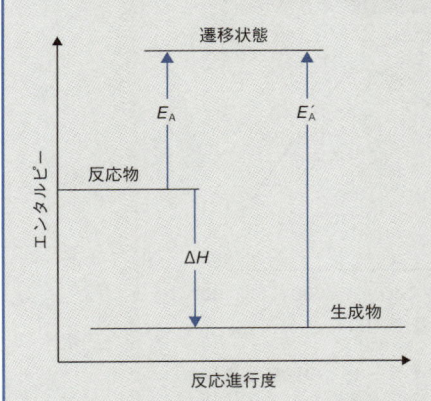

図14・7　反応 M+N→MN が1段階の発熱反応である場合の活性化エネルギーE_Aと反応エンタルピー変化 ΔH との関係

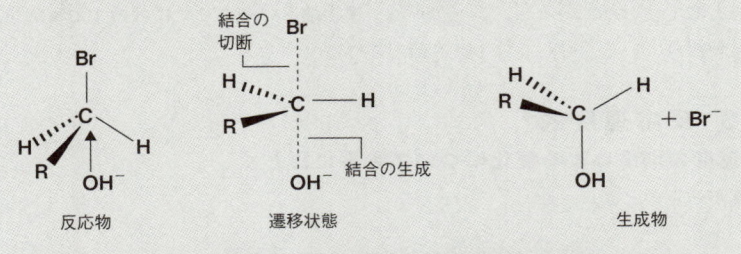

図14・8　1-ブロモプロパンの加水分解での反応物，遷移状態，および生成物

有機分子の存在を必要とする．酵素についてのより詳しい説明は，ウェブサイトの Case Study 1 を参照．

　触媒は工業で重要である．たとえば，鉄は，窒素と水素からアンモニアを製造するため

270　　　　　　　　　　　　14. 化学反応の速さ

さび（錆）は，鉄が水の存在下で酸素と反応してできる　さびる速さは，酸素にさらされた鉄の表面積，空気中の水蒸気濃度，および温度によって変化する．さびの進行は温度が低いほど遅いが，塩類（気温が低いとき，道路の凍結防止剤として使われる）は触媒として働き，車を速くさびさせる．

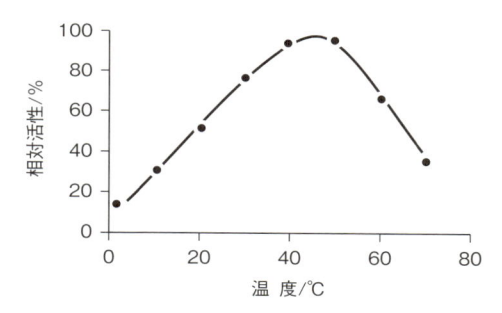

図 14・9 酵素"麦芽アミラーゼ"の触媒活性に対する温度の効果　デンプンをグルコースに加水分解するとき（縦軸は，最高活性を 100 % としたときの相対活性）．

に触媒として使われているし，ニッケルは，植物油をマーガリンに転換する反応を速めるために使われている．詳しくは 14・8 節で述べる．

14・3　反応速度式
反応速度の濃度による変化についてさらに詳しく

温度が一定のとき，

$$A + B + C + \cdots \longrightarrow 生成物$$

という化学反応（ここで，A，B，C，… は，反応物）の反応速度は，通常，次の一般式に従う．

$$反応速度 = k[A]^x[B]^y[C]^z \cdots$$

14・3 反応速度式

ここで, k は**速度定数**（rate constant）とよばれ, 角括弧 [ ] は反応物の濃度 (単位は mol dm^{-3}) を示し, その濃度が x 乗, y 乗, z 乗などの累乗 (べき) になっている. 反応物の濃度は, 反応物を混合するとすぐに低下し始める. そのため, この式は, **ある瞬間**における反応速度を示している. すなわち, [A], [B], [C] が時間とともに低下し, 反応速度も低下する.

べき x, y, z は, それぞれ, 反応物 A, B, C に対する**個々の反応次数**とよばれる. **全反応次数**は, 個々の反応次数 x, y, z, … の和である.

$$全反応次数 = x + y + z + \cdots$$

全反応次数が 1 の反応を"一次反応"といい, 2 の反応を"二次反応", 0 の反応を"ゼロ次反応", … と呼ぶ.

x, y, z, … の値は実験によって決められる. 反応次数は, その反応の化学式から信頼できる値を予測することはできない.

速度定数

- 速度定数 k は, すべての反応物の濃度が正確に 1 mol dm^{-3} のときの反応速度であると考えることができる.
- k は, 反応混合物の温度とともに増大する. したがって, 反応速度も温度とともに増大する (Box 14・2).
- k の大きさは, その反応の活性化エネルギーによって決まる (E_A が低い場合は k の値が大きく, E_A が高い場合は k が小さい). 当然のことながら, 速い反応は速度定数が大きい.
- k の単位は, 全反応次数によって変わる (表 14・2).

表 14・2 速度定数の単位

全反応次数	速度定数の単位
ゼロ次	mol dm^{-3} s^{-1}
一 次	s^{-1}
二 次	mol^{-1} dm^3 s^{-1}
三 次	mol^{-2} dm^6 s^{-1}

例題 14・2

A と B の反応は, 次の速度式に従う.

$$反応速度 = k[A][B]$$

この反応の全反応次数はいくらか．また，k の単位は何か．

▶解 答
この速度式を次のように書き直すことができる．

$$\text{反応速度} = k[\text{A}]^x[\text{B}]^y \qquad \text{ここで，} x = y = 1$$

したがって，この反応は反応物 A および B に対してはそれぞれ一次である．全反応次数は $x+y=1+1=2$ となり，全反応次数は二次となる．

k の単位を求めるために，上の速度式を k について解くと，

$$k = \frac{\text{反応速度}}{[\text{A}][\text{B}]}$$

となる．したがって k の単位は，

$$\frac{\text{mol dm}^{-3}\,\text{s}^{-1}}{\text{mol dm}^{-3}\,\text{mol dm}^{-3}}$$

となる．これを整理して，

$$\frac{\cancel{\text{mol dm}^{-3}}\,\text{s}^{-1}}{\cancel{\text{mol dm}^{-3}}\,\text{mol dm}^{-3}} = \text{mol}^{-1}\,\text{dm}^{3}\,\text{s}^{-1}$$

速度式が次のように表される反応も全反応次数は二次になることに注意しよう．

$$\text{反応速度} = k[\text{A}]^2 \qquad \text{または} \qquad \text{反応速度} = k[\text{B}]^2$$

→ 演習問題 14G

14・4　実験で求まる反応速度式の例

エタナール（アセトアルデヒド）の分解

エタナール（CH_3CHO）分子は，加熱により分解する．

$$CH_3CHO(g) \longrightarrow CH_4(g) + CO(g)$$

実験から速度式は次のようになることがわかる．

$$\text{反応速度} = k[CH_3CHO]^{1.5}$$

すなわち，エタナールに対する反応次数は 1.5 次である．エタナールが唯一の反応物なので，全反応次数も 1.5 次になる．このように反応次数が整数でないのにはちょっと驚くが，これは化学式からは予想できない．

エタン酸メチルの加水分解

エタン酸メチルエステルの水酸化ナトリウムによる加水分解は，次式で表される．

Box 14・2　速度定数 k の温度依存性：アレニウス式

化学反応の**速度定数**が温度でどのように変化するかを，次の**アレニウス式**（Arrhenius equation）で表せることが実験で示されている．

$$k = A\,e^{-E/RT}$$

ここで，k は温度 $T(\mathrm{K})$ での速度定数である．A はその反応に対する定数で，R は気体定数（$8.3145\,\mathrm{J\,mol^{-1}\,K^{-1}}$），$E$（単位は $\mathrm{J\,mol^{-1}}$）はいわゆる**アレニウス活性化エネルギー**（Arrhenius activation energy）である．アレニウス式は，単純な1段階の反応でなくても適用できるため，非常に役に立つ．

アレニウス式の両辺の自然対数（ln）をとると，式を次のように変換できる．

$$y = mx + c$$

すなわち，

$$\ln k = -\left(\frac{E}{R}\right)\frac{1}{T} + \ln A$$

ある反応の速度定数をさまざまな温度で測定し，$\ln k$ を $1/T$ に対してプロットすると，傾きが $-E/R$ の直線が得られる．このようにしてアレニウス活性化エネルギーを実験データから求められる．

アレニウス活性化エネルギー E は，反応の活性化エネルギー E_A（これは，1段階反応のみに意味がある）とは**同じではない**．アレニウス活性化エネルギーは，反応の速度定数が温度変化に伴ってどの程度変化するかを示す有用な実験的指標である．

● $E=0$ のとき，速度定数は温度が変わっても変化しない．
● E の値が小さいとき，速度定数はごくわずかな温度依存性があるだけである（図 14・4 (c)）．
● E の値が大きいとき，速度定数は温度変化により大きく変化する（図 14・4 (a)）．

ある反応の速度定数が温度 T_1 で k_1，温度 T_2 で k_2 だったとすると，双方の温度でのアレニウス式を組合わせると次の式が得られる．

$$\ln\!\left(\frac{k_1}{k_2}\right) = \left(\frac{E}{R}\right)\!\left(\frac{1}{T_2} - \frac{1}{T_1}\right)$$

この反応のアレニウス活性化エネルギーがわかっていたとすると，ある温度での速度定数がわかると，この式を使って他の温度での速度定数を計算できる．たとえば，ある反応について，次のデータが与えられたとする．

$k_1 = 1.0 \times 10^{-3}\,\mathrm{mol^{-1}\,dm^3\,s^{-1}}$ （300 K）
$E = 50\,\mathrm{kJ\,mol^{-1}}$（すなわち，$50\,000\,\mathrm{J\,mol^{-1}}$）

このとき，320 K での速度定数を求めてみよう．上記のデータを上の式に代入すると，

$$\ln\!\left(\frac{10^{-3}}{k_2}\right) = \left(\frac{50\,000}{8.3145}\right)\!\left(\frac{1}{320} - \frac{1}{300}\right)$$
$$= -1.25$$

この式から，

$$\left(\frac{10^{-3}}{k_2}\right) = e^{-1.25} = 0.287$$

したがって，

$$k_2 = \left(\frac{10^{-3}}{0.287}\right) \approx 3.5 \times 10^{-3}\,\mathrm{mol^{-1}\,dm^3\,s^{-1}}$$

言い換えれば，この反応では，温度をたった 20 K 上げるだけで，速度定数が 3.5 倍になるのである．

$$\mathrm{CH_3COOCH_3(l) + OH^-(aq) \longrightarrow CH_3COO^-(aq) + CH_3OH(aq)}$$

この反応の速度式は次のように表されることがわかっている．

$$\text{反応速度} = k[\mathrm{CH_3COOCH_3(l)}][\mathrm{OH^-(aq)}]$$

したがって，この反応の次数は，エタン酸メチルおよび水酸化ナトリウムに対してそれぞれ一次であり，全反応次数は 2（すなわち二次）になる．

水酸化ナトリウムが過剰に（少なくともエステル濃度の 10 倍）ある場合は，反応による水酸化ナトリウムの**消費**はごくわずかで無視できる．これは，ある瞬間における水酸化物イオンの濃度 $[\mathrm{OH^-}]$ をその初濃度 $[\mathrm{OH^-}]_0$ で置き換えられることを意味する．k と $[\mathrm{OH^-}]_0$ をひとまとめにして新しい定数 k' とする．このような条件のもとで，速度式は次のようになる．

$$\text{反応速度} = k'[\mathrm{CH_3COOCH_3(l)}]$$

ここで，$k' = [\mathrm{OH^-}]_0 \times k$ である．これで，実験的にはこの反応は一次になる．このような反応を**擬一次**（pseudo first order）といい，k' を擬一次速度定数とよぶ．ここで，"擬"は"擬似的な"を意味する．ある反応物の濃度を意図的に他の反応物よりもかなり高くすることは，ある反応を強制的に一次速度式に従うようにするために有効な方法である．

14・5 速度式を使った計算
反応の初速度から速度定数を計算する

反応開始時の反応速度とは何だろうか．反応物を混ぜた直後は，反応物の濃度は混ぜる直前の値とほとんど変わっていないだろう．そこで，反応の**初速度**を次のように定義する．

$$\text{初速度} = k[\mathrm{A}]_0^x[\mathrm{B}]_0^y[\mathrm{C}]_0^z \cdots$$

ここで，$[\mathrm{A}]_0$，$[\mathrm{B}]_0$，$[\mathrm{C}]_0$ は，反応物 A, B, C の初濃度である．

ある温度における速度定数 k は，この速度式を次のように変形して計算できる．

$$k = \frac{\text{初速度}}{[\mathrm{A}]_0^x[\mathrm{B}]_0^y[\mathrm{C}]_0^z \cdots}$$

例題 14・3

400 K における塩化ニトロシル（NOCl）の合成，

$$\mathrm{NO(g) + Cl_2(g) \longrightarrow NOCl(g) + Cl(g)}$$

は，次の速度式に従う．

$$\text{反応速度} = k[\text{NO(g)}][\text{Cl}_2(\text{g})]$$

反応の初速度（反応物の初濃度は，双方とも $0.010 \text{ mol dm}^{-3}$）は，$3.2 \times 10^{-6}$ mol dm^{-3} s^{-1} であった．

(a) 反応次数はいくらか．
(b) 400 K における k の値はいくらか．

▶**解 答**
(a) この反応は，一酸化窒素 NO に対して一次，塩素 Cl$_2$ に対して一次，全体で二次である．
(b)
$$k = \frac{\text{反応の初速度}}{[\text{NO(g)}]_0[\text{Cl}_2(\text{g})]_0}$$

したがって，
$$k = \frac{3.2 \times 10^{-6}}{0.010 \times 0.010} = 3.2 \times 10^{-2} \text{ mol}^{-1} \text{ dm}^3 \text{ s}^{-1}$$

➡ 演習問題 14H, 14I

初速度法を用いて反応次数を求める

ここで，反応の初速度を利用して，その反応の反応物それぞれに対する反応次数を求める方法について考えてみよう．
次の反応の全反応次数を求めたいとする．

$$\text{A} + \text{B} \longrightarrow \text{生成物}$$

これは次のように言い換えることができる．すなわち，次の速度式の x と y の値を求めたい．

$$\text{反応速度} = k[\text{A}]^x[\text{B}]^y$$

この反応の初速度は次の式で与えられる．

$$\text{初速度} = k[\text{A}]_0^x[\text{B}]_0^y$$

$[\text{A}]_0$ と $[\text{B}]_0$ は，それぞれ，A と B の初濃度である．
ここで，同じ温度（そのため k が変化しない）で，B の初濃度は変化させずに A についてのみ初濃度（0.1 mol dm^{-3} と 0.2 mol dm^{-3}）を変えて二つの実験をするとしよう．
第一の実験について，次の式が成り立つ．

$$初速度_1 = k \times [0.1]^x \times [B]_0^y$$

第二の実験については,次の式が成り立つ.

$$初速度_2 = k \times [0.2]^x \times [B]_0^y$$

k と $[B]_0$ が両方の式に出てくる.この実験で初速度が違うのは,Aの初濃度が違うだけだからである.そこで,上の式を次のように書き直すとよりわかりやすくなる.

$$初速度_1 = 定数 \times [0.1]^x$$
$$初速度_2 = 定数 \times [0.2]^x$$

ここで,

$$定数 = k[B]_0^y$$

[A] を 2 倍にしたとき初速度が 2 倍になったとしたらどうか　[A] を 2 倍にしたとき,実験から初速度が 2 倍になったとしたら,次の式が成り立つ.

$$初速度_2 = 2 \times 初速度_1$$

すなわち,

$$定数 \times [0.2]^x = 2 \times 定数 \times [0.1]^x$$

この式は,次数 x が 1 のときのみ成り立つ.このことは,この反応がAに対して一次であることを意味する.

[A] を 2 倍にしたとき初速度が 4 倍になったとしたらどうか　[A] を 2 倍にしたとき,初速度が 4 倍になったとしたら,次の式が成り立つ.

$$初速度_2 = 4 \times 初速度_1$$

すなわち,

$$定数 \times [0.2]^x = 4 \times 定数 \times [0.1]^x$$

このとき次数 x は 2 でなければならない.このことは,この反応がAに対して二次であることを意味する.

例題 14・4

シアン化物イオンを触媒としたベンズアルデヒドの反応(ベンゾイン縮合)を

50℃で初速度法により研究した.

$$2\,C_6H_5CHO(aq) \xrightarrow{CN^-(aq)} C_6H_5CH(OH)COC_6H_5(aq)$$

結果は次の通りであった.

実験番号	初濃度/mol dm^{-3}		初速度/ mol dm^{-3} s^{-1}
	$[C_6H_5CHO(aq)]_0$	$[CN^-(aq)]_0$	
1	0.500	0.500	1.00×10^{-4}
2	1.00	0.500	4.01×10^{-4}
3	1.00	1.00	7.98×10^{-4}

この反応の全反応次数はいくらか. また, この温度における速度定数はいくらか.

▶解 答

速度式は次のようになる.

$$反応速度 = k[C_6H_5CHO(aq)]^x[CN^-(aq)]^y$$

実験1を"基準"として用いる. ベンズアルデヒドの濃度を2倍にすると(実験2), 初速度が4倍になっている. これは, $x=2$ であることを意味する.

シアン化物イオンの濃度を2倍にすると(実験3), 初速度が実験2の2倍になっている. したがって $y=1$ であり,

$$全次数 = x + y = 2 + 1 = 3$$

ということになる. この反応は全反応次数が三次であり, 速度式は次のようになる.

$$反応速度 = k[C_6H_5CHO(aq)]^2[CN^-(aq)]$$

この式を変形して, 初速度を考えると次の式が得られる.

$$k = \frac{初速度}{[C_6H_5CHO(aq)]_0^2[CN^-(aq)]_0}$$

実験1については,

$$k = \frac{1.00 \times 10^{-4}}{[0.500]^2[0.500]} = 8.00 \times 10^{-4}\,\text{mol}^{-2}\,\text{dm}^6\,\text{s}^{-1}$$

実験2については,

$$k = \frac{4.01 \times 10^{-4}}{[1.00]^2[0.500]} = 8.02 \times 10^{-4}\,\text{mol}^{-2}\,\text{dm}^6\,\text{s}^{-1}$$

実験3については,

$$k = \frac{7.98 \times 10^{-4}}{[1.00]^2[1.00]} = 7.98 \times 10^{-4}\,\text{mol}^{-2}\,\text{dm}^6\,\text{s}^{-1}$$

50 °C における平均速度定数は次のようになる.
$$k = \frac{(8.00 + 8.02 + 7.98) \times 10^{-4}}{3} = 8.00 \times 10^{-4}\, \text{mol}^{-2}\, \text{dm}^6\, \text{s}^{-1}$$

[A] を2倍にしても初速度が変化しないとしたらどうか　実験2で [A] を実験1の2倍にしても初速度が変化しなかった場合は,

$$\text{初速度}_2 = \text{初速度}_1$$

すなわち,

$$\text{定数} \times [0.2]^x = \text{定数} \times [0.1]^x$$

これは, $x=0$ のときのみ成り立つ."すべての数の0乗は1である"だからである.これは, この反応は反応物Aに対してゼロ次であることを意味する.

$[A]_0$ を一定にし, Bの濃度を変えて実験すれば, 上記と同様な議論を反応物Bについても適用できる.

→ 演習問題 14J, 14K

14・6　一次反応についてより詳しく

AがBに変化するという単純な反応 A→B が一次であるとき,

$$\text{反応速度} = k[A]$$

このような一次反応については, 反応開始後 t 秒におけるAの濃度は, Aの初濃度, すなわち $[A]_0$ を使って次の式で表される.

$$[A]_t = [A]_0 \times e^{-kt}$$

ここで, k は一次速度定数である.この式の両辺の自然対数をとり, 式を変形すると, 次の式が得られる.

$$\ln\left(\frac{[A]_0}{[A]_t}\right) = k \times t \tag{14・1}$$

Aのちょうど半分がなくなる時間を記号 $t_{1/2}$ で表すと,

$$[A]_{t_{1/2}} = \frac{[A]_0}{2} \tag{14・2}$$

(14・2) 式を (14・1) 式に代入すると,

$$\ln\left(\frac{[A]_0}{[A]_0/2}\right) = \ln 2 = k \times t_{1/2}$$

14・6 一次反応についてより詳しく

となり，$\ln 2 = 0.693$ であるから，

$$k \times t_{1/2} = 0.693$$

という関係式が導かれる．

次のことに着目しよう．

- これらの式は，A → B というタイプのどの一次反応にも適用できる．
- 反応の**半減期**（half-life）（または，反応物半減期（reactant half-life））は記号 $t_{1/2}$ で表され，正式には"反応物の濃度が2分の1になるのに要する時間"と定義される．
- 一次反応の半減期は反応物の初濃度に依存しない．　　→ 演習問題 14L

半減期の例：アゾメタンの分解

アゾメタンの分解，

$$CH_3N_2CH_3(g) \longrightarrow CH_3CH_3(g) + N_2(g)$$

の反応速度式は次式で表される．

$$反応速度 = k[CH_3N_2CH_3(g)]$$

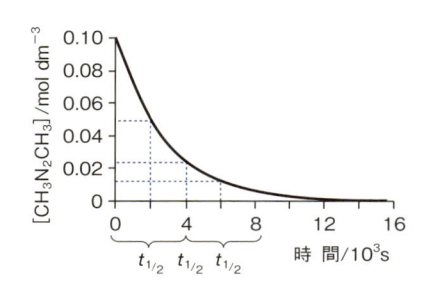

その半減期は，180 ℃で2000秒である．これは，アゾメタンの初濃度が $0.1\ \text{mol dm}^{-3}$ だったとしたら，濃度は2000秒後には $0.05\ \text{mol dm}^{-3}$ に低下し，さらに2000秒経つと $0.025\ \text{mol dm}^{-3}$ になり，さらに2000秒経つと $0.0125\ \text{mol dm}^{-3}$ になるというように続いていくことを意味している．

図 14・10　180℃におけるアゾメタン濃度減少曲線　一次反応なので，半減期はアゾメタンの初濃度に依存しない．

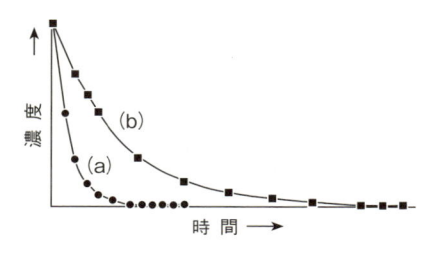

図 14・11　一次反応における反応物の指数関数的分解　(a) 速度定数 k が大きい場合，(b) k が小さい場合．k の値が大きくなるほど，速く減少する．

図 14・10 は，$[CH_3N_2CH_3(g)]$ を時間 t に対してプロットしたグラフである．アゾメタン濃度が次第に低下するグラフは（14・1）式に従い，**指数的**であるといわれる．曲線の曲がりぐあい（曲率）は，k の値で決まってくる．すなわち，k の値が大きいほど，反

応物の濃度が速く低下する（図 14・11）.

$CH_3N_2CH_3(g)$ 分解の速度定数は，半減期から直接計算することができる．

$$k = \frac{0.693}{t_{1/2}} = \frac{0.693}{2000 \text{ s}} = 3.5 \times 10^{-4} \text{ s}^{-1}$$

→ 演習問題 14M, 14N

半減期の利用例

1) 放射能の壊変　放射性物質の壊変は，化学反応ではないが，一次速度式に従う．たとえば，$^{238}_{92}U$ の半減期は 4.5×10^9 年である．これは，45億年前（地球ができたころ）は，ウラン-238 の量は現在の 2 倍であったことを意味する．

2) 有機化合物の環境中での分解　有機化合物（溶媒や殺虫剤を含む）は，加水分解（水との反応），光分解（光による分解），微生物の作用により環境中で分解される．こうした反応は通常，一次反応（もしくは，擬一次反応）である．

理想的には，廃棄物中の有害有機化合物は半減期が短く，短期間に分解するものが望まれる．農薬の**パラチオン**（parathion）は，室温でゆっくりと加水分解される．

パラチオンの水中での加水分解の $t_{1/2}$ は約 25 日と比較的長く，人体などに害を及ぼす可能性がある．

14・7　反応機構

メタンの塩素化

クロロメタン（CH_3Cl）は，塩素とメタンとの反応によってつくられる．この反応の全反応式は次のようになる．

$$Cl_2(g) + CH_4(g) \longrightarrow CH_3Cl(g) + HCl(g)$$

この反応を開始させるのには，火花または閃光が必要である．いずれの場合も，反応は爆発的で激しい．

この全反応式は，クロロメタンが，分子レベルでは，塩素分子とメタン分子との衝突で生成することを示唆するが，実験的証拠は，それが事実でないことを示す．すなわち，クロロメタンの生成は，**素反応**（elementary reaction）として知られるいくつかの（単純な）ステップを経て起こる．こうした一連のステップは，**反応機構**（reaction mechanism）

とよばれる．メタンの塩素化は次のようなステップからなる．

$$Cl_2(g) + 熱／光 \longrightarrow 2Cl\cdot(g) \tag{14・3}$$

$$Cl\cdot(g) + CH_4(g) \longrightarrow CH_3\cdot(g) + HCl(g) \tag{14・4}$$

$$CH_3\cdot(g) + Cl_2(g) \longrightarrow CH_3Cl(g) + Cl\cdot(g) \tag{14・5}$$

火花（または，閃光）は，(14・3) 式の反応が起こるためのエネルギーを与える．(14・4) 式と (14・5) 式の反応では，塩素原子（$Cl\cdot$）とメチル**遊離基**（free radical）（$CH_3\cdot$）が**反応中間体**（reaction intermediate）として関与している．遊離基は，化学反応性が非常に高い．というのも，遊離基は奇数の電子をもち（記号・で表す），それを使って他の原子と共有結合をつくろうとするからである．

塩素原子が (14・5) 式の反応で**再生**（regenerate）され，再生された塩素原子がさらに他のメタンと反応する（(14・4) 式）ことに注目しよう．このようにして反応混合物が爆発するかもしれないほどに反応が加速度的に速くなる（**連鎖反応**（chain reaction））．しかし，反応は無制限に続くことはできず，最終的には，次のような**停止反応**（termination reaction），

$$CH_3\cdot(g) + CH_3\cdot(g) \longrightarrow C_2H_6$$

または，

$$Cl\cdot(g) + Cl\cdot(g) \longrightarrow Cl_2(g)$$

により遊離基を使い果たし，全反応が停止する．

複数のステップで進行する化学反応（たとえばメタンの塩素化）は，**複合反応**（complex reaction）とよばれる．

中間体は，反応機構の過程でつくられる（そして，消費しつくされる）分子，遊離基，またはイオンである．中間体は反応性が非常に高いので，ごくわずかな時間しか存在しない（または，反応中のどんな瞬間でもごくわずかな量しか存在しない）が，中間体が吸収する特定の波長の光をもとに分光学的に検出されることがある．

反応速度論を利用した反応機構の決定

反応速度式から，その反応の反応機構についての貴重な情報を得られることがよくある．速度式を導入したとき（14・3 節），化学反応式から速度式を確実には予測できないと指摘した．この不確かさの理由は，問題になっている化学反応式が素反応なのかどうか，すなわち，その反応が 1 段階で起こるのか，あるいは数段階で起こるのかが普通はわからないからである．

素反応については，その化学反応式から速度式を予測できる．たとえば，次の反応式で

表される素反応を考えてみよう．

$$A + B \longrightarrow C$$

分子Aと分子Bが衝突する頻度は，それらの濃度に比例する．したがって，速度式は次のようになる．

$$反応速度 = k[A][B]$$

実際には，実験で求められた速度式をながめて，その速度式が提案された反応機構と矛盾しないかどうかを検討することが普通である．たとえば，NO_2 ガスと CO ガスから NO(g) と CO_2(g) を生成する反応を考えてみよう．この反応が1段階で起こると考えたとしよう．

$$NO_2(g) + CO(g) \longrightarrow NO(g) + CO_2(g)$$

このとき，速度式は次のようになると予測される．

$$反応速度 = k[NO_2(g)][CO(g)]$$

実験的には，この反応の速度式はつぎのように表されることがわかった．

$$反応速度 = k[NO_2(g)]^2$$

これは，NO_2 と CO との反応が1段階で起こらないことの証拠になる．

次に 1-ブロモプロパンと水酸化物イオンとの反応を考えてみよう．この反応が，次のように1段階で起こるとしよう．

$$CH_3CH_2CH_2Br(l) + OH^-(aq) \longrightarrow CH_3CH_2CH_2OH(l) + Br^-(aq)$$

実験から速度式が次のようになることがわかる．

$$反応速度 = k[CH_3CH_2CH_2Br(l)][OH^-(aq)]$$

この速度式はこの反応が1段階で起こるという考えと矛盾しない（しかし絶対的な証明ではない．1-ブロモプロパンと水酸化物イオンの反応について，詳しくは Box 14・1 を参照）．

速度式が複雑になるとき（反応次数が整数でないときなど）は，その反応の機構が複雑であることを常に示す．そのような例に，エタナールの分解がある（14・4節参照）．

14・8 触媒作用

触媒はどのように働くか

触媒がどのように働くかを説明するためには，全反応は複数の段階からなるという考え

方を使うとわかりやすい．触媒を用いると，反応物は，触媒を用いないときとは異なる反応機構で生成物になる．新しい反応機構で最も遅い段階（これを"律速段階"という）の反応速度は，触媒を用いないときの律速段階よりも速くなる（すなわち，活性化エネルギーが低い）．このようにして全反応の速度が増す．

均一系触媒作用

触媒が反応物と同じ相にあるとき（たとえば，すべてが溶液中にあるとき），**均一系触媒**（homogeneous catalyst）とよばれる．均一系触媒作用の例には，糖の加水分解や，$Cl\cdot$ によるオゾンの分解（22・2節参照）がある．このほかにペルオキソ二硫酸イオン（$S_2O_8^{2-}$(aq)）とヨウ化物イオン（I^-(aq)）との反応があり，その全反応式は次のようになる．

$$2\,I^-(aq) + S_2O_8^{2-}(aq) \longrightarrow I_2(aq) + 2\,SO_4^{2-}(aq) \qquad (14\cdot6)$$

I^- と $S_2O_8^{2-}$ との直接反応は，反応するイオンが両方とも陰イオンで互いに反発するので，活性化エネルギーが高い．そのため直接反応は遅い．しかし，Fe^{3+} イオンを加えると，この反応は速度を増す．反応機構は複雑だが，Fe^{3+} イオンが触媒として働くのはおそらく次のステップ（単純化してある）が関係しているだろう．まず，Fe^{3+} がヨウ化物イオンと反応する．

$$2\,I^-(aq) + 2\,Fe^{3+}(aq) \longrightarrow I_2(aq) + 2\,Fe^{2+}(aq) \qquad (14\cdot7)$$

次に，生成した Fe^{2+} が $S_2O_8^{2-}$ と反応し，

$$S_2O_8^{2-}(aq) + 2\,Fe^{2+}(aq) \longrightarrow 2\,SO_4^{2-}(aq) + 2\,Fe^{3+}(aq) \qquad (14\cdot8)$$

Fe^{3+} を再生する．

(14・7) 式と (14・8) 式の双方とも陽イオンと陰イオンが関与しているので，両反応とも非常に速いと予想される．したがって，この触媒ステップは I^- と $S_2O_8^{2-}$ との直接反応より速くなる．((14・7) 式と (14・8) 式を辺々加えると，全反応式である (14・6) 式が得られることに注目しよう)．

不均一系触媒作用

触媒が反応物と相が異なる（通常，固体触媒は，溶液中もしくは気体混合物中の反応物の反応速度を増大させる）とき，**不均一系触媒**（heterogeneous catalyst）とよばれる．工業的に重要な不均一系触媒には，ニッケル，白金，ロジウムなどがある．こうした触媒は，反応物分子が触媒表面にくっつく（吸着する）ことにより，反応物分子中の原子間の結合が弱まり，分子間の原子の組替えを容易にする．

不均一系触媒反応の一例として，加熱したニッケル触媒を使ったエテンの水素化反応を取上げる．

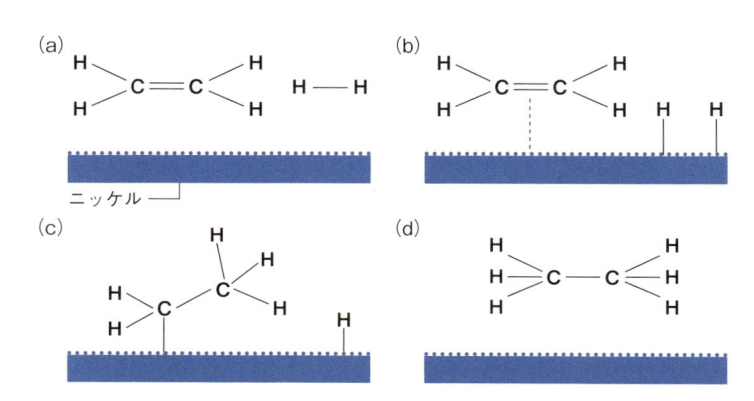

$$CH_2=CH_2(g) + H_2(g) \xrightarrow[Ni]{400℃} C_2H_6(g)$$
　　　エテン　　　　　　　　　　　エタン

図 14・12　触媒によるエテンの水素化（接触水素化） 弱い吸着を点線で示した．

1）出発物質であるニッケル，水素およびエテンを混合する（図 14・12 (a)）．
2）エテン分子と水素分子がニッケルの表面に**吸着**（adsorb）する（図 14・12 (b)）．
水素分子は，ニッケルの作用により H–H 結合が弱まり，原子状に解離して金属表面に結合する．エテン分子は，金属表面に弱く結合し，$CH_2=CH_2$ 分子内の結合が弱まる．そのため，水素化反応での結合電子の再配置に必要な活性化エネルギーが低下し，エテンと水素を**触媒なし**で直接反応させたときよりも水素化反応がずっと速くなる．
3）分子状に吸着したエテンと原子状に吸着した水素が反応してエチル吸着種（CH_3–CH_2–）が生成する（図 14・12 (c)）．
4）エチル吸着種と原子状に吸着した水素が反応しエタンが生成する．生成したエタンは金属表面からただちに脱離し，気相中に移動する（図 14・12 (d)）．

アレニウス活性化エネルギーの図を使った決定法についてはウェブサイトの Appendix 14 を参照．

15 動的化学平衡

- 15・1 はじめに
- 15・2 平衡則と平衡定数
- 15・3 平衡定数の意味
- 15・4 平衡に対する濃度,圧力および温度の効果
- 15・5 ハーバー–ボッシュ法によるアンモニア合成
- 15・6 不均一系平衡

この章で学ぶこと

- 動的化学平衡
- 平衡定数
- 平衡濃度に影響を与える因子
- 平衡に関する簡単な計算

15・1 はじめに

化学反応は,動的平衡の代表例である.平衡反応は,**可逆反応**(reversible reaction)とよばれることがある.平衡反応の一つの例として,水素とヨウ素が高温の密閉容器中で反応してヨウ化水素を生成する反応を考えてみよう.

純粋な水素とヨウ素を加熱すると,次のような正反応が進行する.

$$H_2(g) + I_2(g) \longrightarrow 2\,HI(g) \tag{15・1}$$

HIが生成すると,ほとんどすぐに,HI分子のいくつかは次のような**逆反応**(back reactionまたはreverse reaction)で分解する.

$$2\,HI(g) \longrightarrow H_2(g) + I_2(g) \tag{15・2}$$

平衡(equilibrium)では,双方の**反応速度**が等しくなる.これは,反応物と生成物の**濃度**が等しくなるということではなく,二つの反対方向の過程が同じ速度で進むために,"現状"(平衡組成)が保たれるということだけを意味している(図15・1).この正反応と逆反応を一つにまとめて次のような式で表す.

$$H_2(g) + I_2(g) \rightleftharpoons 2\,HI(g)$$

図15・2は,一般的な平衡反応で見られる反応物と生成物の濃度変化を示している.こ

の図では，反応開始後 t 秒後に平衡に達している．

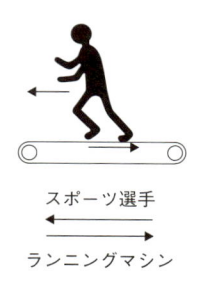

図 15・1 動的平衡をランニングマシン上を走るスポーツ選手にたとえる スポーツ選手はランニングマシンと同じ速さで，しかし反対方向に動くため，ランニングマシンから落ちない．

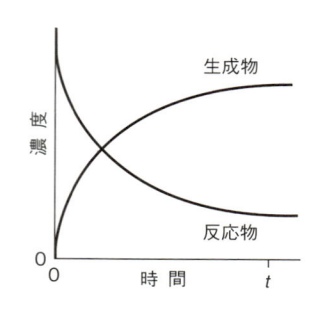

図 15・2 平衡反応の濃度-時間曲線

動的化学平衡のイメージ

平衡では正反応と逆反応の**速度**が同じだが，反応物と生成物の**濃度**は必ずしも同じだとは限らない．この概念は初学者が混乱しやすいので，少し詳しく説明する．そのために，反応物が一つ（A）で，生成物も一つ（B）だけの最も単純な種類の化学反応を考えてみよう．この反応は次のように表される．

$$A \rightleftarrows B$$

図15・3では，この反応を，分子Aと分子Bが障壁を隔てた貯蔵庫に入っている様子で示している．容器の容積は一定で，図に示された分子の数はそれらの分子の濃度を表している．このモデルでは，分子が障壁を乗り越えたときに反応が起こるとして，分子を表す円の色を変えて示す（◯（淡青）→●（濃青））．温度は一定であるとする．

図15・3 (a) は反応の始まりを示し，分子Aのみの状態である．反応が進むにつれて分子Aの一部が分子Bに変化し，生成した分子Bの一部は分子Aに戻る．平衡状態（図15・3 (b)）では混合物の組成が一定になるが，分子Aはまだ分子Bに変化し続け，また，逆の変化も起こっている．重要なポイントは，平衡状態では，1秒間当たりに障壁を越える分子Aと分子Bの数が同じだということである．図に示した例では，平衡混合物の組成はAが75％（16分子中12分子），Bが25％である．平衡に達したときの反応物-生成物混合物の組成は，反応開始時の反応物と生成物（もしあれば）の正確な濃度と反応混合物の温度とに依存する．

この単純なモデルを使って，動的平衡のもう一つの重要な特徴を図示することができる．図15・3 (c) は，(a) のときと同じ初濃度で分子Bのみで反応が始まった場合を示

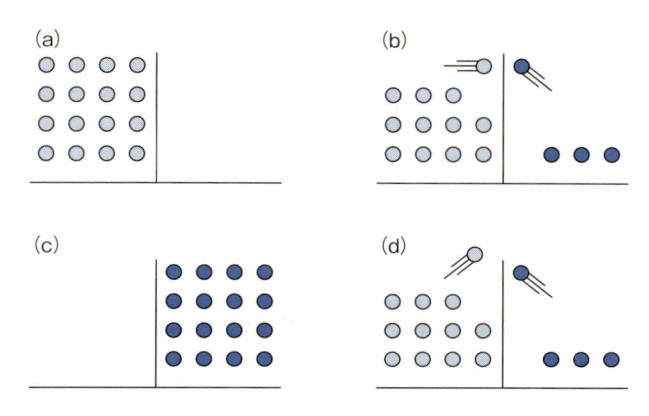

図 15・3 化学平衡 A ⇌ B ○分子A ●分子B

す．図 15・3 (c) で反応が始まると，B の一部が A に変わる．生成した A の一部が B に戻り，図 15・3 (d) に示した平衡混合物の組成となる．この組成が図 15・3 (b)，すなわち，同じ温度で A のみで反応を開始したときの平衡状態と同じであることは明らかである．以上を次のようにまとめることができる．すなわち，同じ温度では，**正方向および逆方向のどちらからも同じ平衡組成が得られる**．

　原理的には，すべての化学反応は平衡反応である．しかし，多くの反応では，平衡に達したとき，反応を制御している反応物の濃度が非常に低くなるので，反応物が完全に生成物になった，すなわち，反応が"完結した"ということができる．このように反応が完結する場合は，記号⇌の代わりに通常の"生成"記号（→）を使用する．

15・2　平衡則と平衡定数
平衡則

　平衡状態にあるすべての化学反応について，**平衡定数**（equilibrium constant）$K_{c(T)}$ を濃度を使って次のように定義する．一般的な化学反応，

$$aA + bB + \cdots \rightleftharpoons cC + dD + \cdots$$

に対して，

$$K_{c(T)} = \frac{[C]^c[D]^d}{[A]^a[B]^b} \cdots \quad (15 \cdot 3)$$

すべての平衡反応について，この一般式が成り立ち，**平衡則**（equilibrium law）とよばれる．化学反応式の係数は $a, b, c, d, \cdots$ で，角括弧 [ ] は**平衡時における**反応物と生成物の濃度（反応開始時の濃度では**ない**）を示す．$K_{c(T)}$ の添え字にある T は，平衡"定

数"が温度に依存することを示している．

平衡則を次の反応式,

$$H_2(g) + I_2(g) \longrightarrow 2\,HI(g)$$

に適用すると，次の関係式が得られる．

$$K_{c(T)} = \frac{[HI(g)]^2}{[H_2(g)][I_2(g)]} \tag{15・4}$$

例題 15・1

次の反応の平衡定数を表す式を書きなさい．

$$2\,SO_2(g) + O_2(g) \rightleftharpoons 2\,SO_3(g) \tag{15・5}$$

また，その単位はどうなるか．

▶解 答
この化学式を次のように書くとわかりやすくなる．

$$\mathbf{2}\,SO_2(g) + \mathbf{1}\,O_2(g) \rightleftharpoons \mathbf{2}\,SO_3(g)$$

この式では，係数（2，1 および 2）を太字で表した．(15・3) 式と比べると，この化学反応では次のようになる．

$$A = SO_2 \quad B = O_2 \quad C = SO_3 \quad a = 2 \quad b = 1 \quad c = 2$$

したがって，平衡定数を示す式は次のようになる．

$$K_{c(T)} = \frac{[SO_3(g)]^2}{[SO_2(g)]^2[O_2(g)]}$$

平衡定数の単位は，式の中に現れる濃度項の数に依存する．ここで単位は，

$$K_{c(T)} = \frac{(\text{mol dm}^{-3})^2}{(\text{mol dm}^{-3})^2(\text{mol dm}^{-3})} = \frac{\cancel{(\text{mol dm}^{-3})^2}}{\cancel{(\text{mol dm}^{-3})^2}(\text{mol dm}^{-3})}$$

すなわち，$K_{c(T)}$ の単位は，$\text{mol}^{-1}\,\text{dm}^3$ である．

$K_{c(T)}$ は反応物の反応開始時の濃度に依存せず，平衡混合物の温度のみに依存するので実用的に重要である．次のことを覚えておこう．

化学反応の平衡定数は温度だけに依存する

気体が関与する化学反応の平衡定数は，反応物と生成物の分圧（単位は気圧 (atm)）を使って表される．このとき平衡定数は，記号 $K_{p(T)}$ で表される．たとえば，(15・5) 式の反応に対しては次のようになる．

$$K_{p(T)} = \frac{(p_{SO_3})^2}{(p_{SO_2})^2 \times p_{O_2}} = 3.0 \times 10^4 \text{ atm}^{-1} \qquad (700 \text{ K で}) \qquad (15 \cdot 6)$$

$K_{c(T)}$ の $K_{p(T)}$ への変換*についてはウェブサイトの Appendix 15 も参照.

→ 演習問題 15A, 15B

平衡定数と速度定数

最初に,大文字の "K" は平衡定数を意味し,小文字の "k" は速度定数を意味することを思い出しておこう.
(15・1) 式の反応速度は,実験から次の速度式で表されることがわかっている.

$$\text{反応速度} = k_f [H_2(g)][I_2(g)]$$

ここで,k_f (添え字の f は "正反応 (forward reaction)" を示す) は速度定数 (14 章) で,角括弧はその時点での濃度を意味する.反応が始まるとすぐに水素とヨウ素の濃度は減少し始め,正反応の速度も低下し始める.

逆反応 ((15・2) 式) の速度式も同様に実験から次のように表されることがわかっている (添え字 b は "逆反応 (back reaction)" を示す).

$$\text{反応速度} = k_b [HI(g)]^2$$

HI 濃度が増えるにつれて逆反応の速度が増大する.平衡状態では,正反応の速度と逆反応の速度が等しくなる.

$$k_b [HI(g)]^2 = k_f [H_2(g)][I_2(g)]$$

この式と (15・4) 式を比べると次の関係式が成り立つことがわかる.

---

* 訳注: $K_{c(T)}$ の $K_{p(T)}$ への変換は次のようにして行う.圧力に対する平衡定数 $K_{p(T)}$ は,(15・3) 式と同様に次のように定義される.

$$K_{p(T)} = \{[p_C]^c[p_D]^d\cdots\} / \{[p_A]^a[p_B]^b\cdots\} \qquad (15 \cdot 3)'$$

ここで,p_A, p_B, p_C, p_D, …は,成分気体 A, B, C, D, …の分圧である.体積 V の容器に入った気体 A の分圧を p_A,物質量を n_A,温度を T とすると,理想気体の状態方程式から $p_A V = n_A RT$. この式から,

$$p_A = n_A RT/V = (n_A/V) \times RT = [A] \times RT$$

同じ容器に入った気体 B, C, D, …についても同様な式が成り立つ.これらの式を (15・3)′ 式に代入すると次のようになる.

$$\begin{aligned} K_{p(T)} &= \{[C]^c[D]^d\cdots \times (RT)^{c+d+\cdots}\} / \{[A]^a[B]^b\cdots \times (RT)^{a+b+\cdots}\} \\ &= (RT)^{(c+d+\cdots)-(a+b+\cdots)} \times \{[C]^c[D]^d\cdots\} / \{[A]^a[B]^b\cdots\} \\ &= (RT)^{\Delta n} \times K_{c(T)} \end{aligned}$$

ただし,$\Delta n = (c+d+\cdots) - (a+b+\cdots)$ である.

$$K_{c(T)} = \frac{k_\text{f}}{k_\text{b}}$$

- この式は平衡反応すべてに成り立つ（また，その反応が 1 段階で起こるか起こらないか，すなわち素反応であるかないかにかかわらず適用できる）.
- 速度定数は，速度式に出てくる物質が単位濃度，すなわち $1\,\text{mol}\,\text{dm}^{-3}$ のときの速度であることを思い出そう（14・3 節参照）. 上記の式は，平衡定数の大きさは，その温度において（成分が単位濃度である）正反応が（やはり単位濃度の）逆反応よりどのくらい速いかに単純に依存することを示している. これは，平衡定数と正逆反応のどちらかの速度定数がわかれば，残りの速度定数が求められることを示している. たとえば，次の反応，

$$\text{H}_2(\text{g}) + \text{I}_2(\text{g}) \rightleftharpoons 2\,\text{HI}(\text{g})$$

は，764 K で $k_\text{f} = 1.66\,\text{mol}^{-1}\,\text{dm}^3\,\text{s}^{-1}$, $K_{c(T)} = 45.6$ である. このことから，

$$K_{\text{b}(764\,\text{K})} = \frac{1.66\,\text{mol}^{-1}\,\text{dm}^3\,\text{s}^{-1}}{45.6} = 0.0364\,\text{mol}^{-1}\,\text{dm}^3\,\text{s}^{-1}$$

平衡定数が適用される化学反応式を明示することの重要性

ある平衡定数が適用されるのは，ある特定の化学反応に対してであることを注意しよう. たとえば，反応式が $2\,\text{SO}_2(\text{g}) + \text{O}_2(\text{g}) \rightleftharpoons 2\,\text{SO}_3(\text{g})$ であれば，

$$K_{c(T)} = \frac{[\text{SO}_3(\text{g})]^2}{[\text{SO}_2(\text{g})]^2[\text{O}_2(\text{g})]}$$

となるが，反応式を $\text{SO}_2(\text{g}) + 1/2\,\text{O}_2(\text{g}) \rightleftharpoons \text{SO}_3(\text{g})$ と表せば，

$$K_{c(T)} = \frac{[\text{SO}_3(\text{g})]}{[\text{SO}_2(\text{g})][\text{O}_2(\text{g})]^{1/2}}$$

となる. これらの式に対する平衡定数は，数値も異なってくる. このことから得られる教訓は単純明解である. すなわち，平衡定数について述べるときは必ず $K_{c(T)}$ の値が適用される化学反応式（もしくは，平衡式）を明示しなければならない.

15・3 平衡定数の意味

図 15・3（b）をもう一度見てみよう. 平衡では，反応混合物は A が 12 分子，B が 4 分子であった. 体積が一定であれば，モル濃度は分子数に比例するので，次のようになる.

$$K_{c(T)} = \frac{[\text{B}]}{[\text{A}]} = \frac{4}{12} = 0.33$$

他の反応，たとえば，$\text{C} \rightleftharpoons \text{D}$ という反応では，ある温度で平衡のとき C が 15 分子，D が 1 分子であるとしよう. そうすると次のように計算される.

$$K_{c(T)} = \frac{[\text{D}]}{[\text{C}]} = \frac{1}{15} = 0.066$$

平衡定数が小さいほど平衡混合物中の生成物の反応物に対する相対分子数が小さくなり，その逆も成り立つことがわかる．

化学反応式に反応物または生成物が2分子以上含まれる場合は，その反応の平衡定数は，反応物も生成物も1分子しかない反応と異なり，生成物と反応物の単純な濃度比ではなくなる（たとえば，(15・4) 式では，二乗になっている濃度がある）．しかし，**平衡定数が大きいということは，常に，生成分子が反応混合物の大半を占めることを意味し**，平衡定数が小さいということは，反応物分子が反応混合物の大半を占めることを意味している．

大まかな指針として，$K_{c(T)}$ が1000以上のとき，生成物が平衡混合物の大部分を占め，その温度で反応が完結するといえる．$K_{c(T)}$ が0.001以下のときは，逆に生成物がほとんどできず，その温度で反応は何も起こらないといえる．まとめると次のようになる．

$K_{c(T)} > 1000$ の場合　　　反応が完結する
$K_{c(T)} < 0.001$ の場合　　　反応は起こらない

$K_{c(T)}$ が1000〜0.001の範囲にあるときは，$K_{c(T)}$ の値から平衡混合物中の生成物の濃度が高いのか低いのか，あるいは，反応物と生成物の濃度がおおよそ等しいのかを判断するためには，平衡式で掛け合わされる濃度の項の数を注意深く検討する必要がある．

完結する反応には，これまで取上げてきた無機イオン反応の多くが含まれる．たとえば，次のような反応である．

$$\text{Ag}^+(\text{aq}) + \text{Cl}^-(\text{aq}) \rightleftharpoons \text{AgCl}(\text{s}) \qquad K_{c(25\,\text{℃})} \gg 1000$$

これまでの章で取上げてきたモル計算（滴定での計算も含む）のほとんどは，反応が完結

表 15・1　平衡定数

番号	反応	$K_{c(T)}$	温度/K	$K_{c(T)}$ の単位
1	$\text{Cl}_2(\text{g}) \rightleftharpoons \text{Cl}(\text{g}) + \text{Cl}(\text{g})$	1.2×10^{-7}	1000	mol dm^{-3}
2(a)	$\text{H}_2(\text{g}) + \text{Cl}_2(\text{g}) \rightleftharpoons 2\,\text{HCl}(\text{g})$	4.0×10^{31}	300	—
2(b)	$\text{H}_2(\text{g}) + \text{Cl}_2(\text{g}) \rightleftharpoons 2\,\text{HCl}(\text{g})$	4.0×10^{18}	500	—
3	$2\text{BrCl}(\text{g}) \rightleftharpoons \text{Br}_2(\text{g}) + \text{Cl}_2(\text{g})$	377	300	—
4	$\text{CO}_2(\text{g}) + \text{H}_2(\text{g}) \rightleftharpoons \text{CO}(\text{g}) + \text{H}_2\text{O}(\text{g})$	1.56	1073	—
5	$\text{HF}(\text{g}) + \text{HCN}(\text{g}) \rightleftharpoons \text{HCN}\cdots\text{HF}(\text{g})$	1.04	298	$\text{mol}^{-1}\,\text{dm}^3$
6	$\text{I}^-(\text{aq}) + \text{I}_2(\text{l}) \rightleftharpoons \text{I}_3^-(\text{aq})$	7.1×10^{-2}	298	$\text{mol}^{-1}\,\text{dm}^3$
7	$\text{Cu}^{2+}(\text{aq}) + 4\text{NH}_3(\text{aq}) \rightleftharpoons \text{Cu}[(\text{NH}_3)_4]^{2+}(\text{aq})$	1.4×10^{13}	298	$\text{mol}^{-4}\,\text{dm}^{12}$
8(a)	$\text{N}_2(\text{g}) + 3\,\text{H}_2(\text{g}) \rightleftharpoons 2\,\text{NH}_3(\text{g})$	4×10^8	298	$\text{mol}^{-2}\,\text{dm}^6$
8(b)	$\text{N}_2(\text{g}) + 3\,\text{H}_2(\text{g}) \rightleftharpoons 2\,\text{NH}_3(\text{g})$	2.2	623	$\text{mol}^{-2}\,\text{dm}^6$
9	$2\,\text{NH}_3(\text{g}) \rightleftharpoons \text{N}_2(\text{g}) + 3\,\text{H}_2(\text{g})$	0.46	623	$\text{mol}^2\,\text{dm}^{-6}$
10	$\text{Cu}^{2+}(\text{aq}) + \text{Zn}(\text{s}) \rightleftharpoons \text{Zn}^{2+}(\text{aq}) + \text{Cu}(\text{s})$	1×10^{37}	298	—

することを仮定していた．

表 15・1 に，いくつかの反応について $K_{c(T)}$ の値を示した．

反応が起こるか否かの尺度としての平衡定数

平衡定数が大きい化学反応は，"熱力学的に許容される"といわれる．しかし，平衡定数は，その反応が**十分検知できるほどの速さ**で進行するかどうかについては何も教えてくれない．$K_{c(T)}$ の値が大きいにもかかわらず，室温では平衡に達するのに極端に時間がかかる反応が数多くある．たとえば，次のようなものがある．

- 水素ガスと窒素ガスからのアンモニア生成．室温ではほとんど起こらない．
- 室温で水素ガスと酸素ガスの混合物をどんなに長い時間放置しても，水を生成する兆候はない．

幸いにも実験条件を変えることにより反応速度を制御することが可能（限度はある）で，温度を高くしたり，反応物の濃度を高くしたり，あるいは触媒を使ったりして反応速度を高めることができる．

→ 演習問題 15C

逆反応の平衡定数

ヨウ化水素の生成反応,

$$\mathrm{H_2(g) + I_2(g) \rightleftarrows 2\,HI(g)}$$

の平衡定数は次式で表される．

$$K_{c(T)\mathrm{f}} = \frac{[\mathrm{HI(g)}]^2}{[\mathrm{H_2(g)}][\mathrm{I_2(g)}]}$$

ここで添え字の "f" は，"正反応（forward reaction）" を意味する．逆反応（"back" reaction），

$$2\,\mathrm{HI(g) \rightleftarrows H_2(g) + I_2(g)}$$

の平衡定数は，

$$K_{c(T)\mathrm{b}} = \frac{[\mathrm{H_2(g)}][\mathrm{I_2(g)}]}{[\mathrm{HI(g)}]^2}$$

となり，このことから次の関係式が成り立つことがわかる．

$$K_{c(T)\mathrm{b}} = \frac{1}{K_{c(T)\mathrm{f}}}$$

このことから，正反応の平衡定数が大きい場合は，逆反応の平衡定数が小さいと結論できる．

たとえば，次の反応,

$$Cu^{2+}(aq) + Zn(s) \rightleftharpoons Zn^{2+}(aq) + Cu(s)$$

の $K_{c(T)}$ は,室温で 1×10^{37} である(表 15・1).したがって,**逆反応の** $K_{c(T)}$ は 1×10^{-37} となる.これから導かれる結論は明快である.すなわち,実際上は,金属亜鉛と銅イオンの反応は完結し,一方,亜鉛イオンと金属銅との反応は起こらない. **→ 演習問題 15D**

15・4 平衡に対する濃度,圧力および温度の効果

これまでに平衡のさまざまな例が詳しく研究されている.ここでは二つのケースを取上げる.ケース1は水素-ヨウ素反応で,$K_{c(T)}$ が反応物の濃度に依存しないことを確認する.ケース2はエステル化反応で,反応物と生成物の平衡濃度("平衡組成")が,反応開始時の濃度に依存することを確認する.

ケース1　水素とヨウ素との反応:$K_{c(T)}$ が濃度に依存しないことを示す

反応は次の化学式で表される.

$$H_2(g) + I_2(g) \rightleftharpoons 2HI(g)$$

表 15・2 は,3種類の混合物の 490 ℃ における反応開始時(すなわち $t=0$)と平衡に達したときの組成を示す.

表 15・2　水素,ヨウ素,およびヨウ化水素混合物の組成 (490 ℃)

実験番号	時　間	濃度/mol dm^{-3}		
		[H$_2$]	[I$_2$]	[HI]
実験1	$t=0$ 平衡時	20.00 4.58	20.00 4.58	0 30.86
実験2	$t=0$ 平衡時	8.19 0.72	14.31 6.84	0 14.94
実験3	$t=0$ 平衡時	0 4.58	0 4.58	40.00 30.86

まず,この結果が化学反応式に沿ったものであるかどうかを確かめることから始める.反応式によると,1 mol の H$_2$ と I$_2$ から HI が 2 mol 生成する.したがって,表 15・2 に示された HI の濃度は,平衡に達するまでの増加量(あるいは減少量)は,H$_2$ もしくは I$_2$ の濃度の**減少量**(あるいは増加量)の2倍でなければならない.実験誤差範囲内で,このことが事実であることがわかる.たとえば実験1では,HI の平衡濃度は 30.86 mol dm^{-3} である.I$_2$ 濃度の減少量は,(20.00－4.58)mol dm^{-3}＝15.42 mol dm^{-3} で,30.86 mol dm^{-3} のほぼ 1/2 である.

この平衡濃度を (15・4) 式に代入すると次のようになる.

実験 1 および 3 $K_{c(T)} = (30.86)^2/(4.58)^2 = 45.4$

実験 2 $K_{c(T)} = (14.94)^2/(0.72 \times 6.84) = 45.3$

このことから，反応開始時の反応物の濃度が違っても，反応温度が同じ場合は $K_{c(T)}$ は変化しない（実験誤差範囲内で）ことが確認される．

それでは，実験 3 についてより詳しく見てみよう．実験 3 は純粋な HI 40.00 mol dm^{-3} から始まっている．HI は H_2 と I_2 に分解し，[HI] の値は平衡に達するまで減少する．HI 40 mol dm^{-3} というのは，実験 1 の H_2 と I_2 がすべて HI になったと仮定した場合に得られる濃度である．そのために実験 1（純粋な反応物から反応を始めた場合）と実験 3（純粋な生成物から反応を始めた場合）の平衡組成が同じになっており，15・1 節で述べた正方向でも逆方向でも同じ平衡組成になるということが確認される．　　→ 演習問題 15E

ケース 2　エタノールのエステル化：平衡組成に対する濃度の効果

エタノールとエタン酸の反応（硫酸触媒存在下）によりエステルとして知られる甘い香りのする化合物が生成する．エステルの生成反応は，**エステル化**（esterification）とよばれる．この反応で生成するエステルは，エタン酸エチル（酢酸エチル）である．

$$CH_3COOH(l) + C_2H_5OH(l) \rightleftharpoons CH_3COOC_2H_5(l) + H_2O(l)$$
　　　エタン酸　　　　エタノール　　　　　エタン酸エチル

この反応式から，次の平衡式が得られる．

$$K_{c(T)} = \frac{[CH_3COOC_2H_5(l)][H_2O(l)]}{[CH_3COOH(l)][C_2H_5OH(l)]} \quad (15 \cdot 7)$$

表 15・3 は，初濃度が異なる 3 種類の混合物の平衡時での組成を示している．この平衡組成を (15・7) 式に代入すると次の値が得られる．

実験 1　　$K_{c(T)} = 4.1$
実験 2　　$K_{c(T)} = 4.0$
実験 3　　$K_{c(T)} = 4.0$

このデータから次の三つの特徴を説明しておこう．

1）**$K_{c(T)}$ の一定性**　　実験誤差の範囲内で，三つの平衡定数の値は同じである．

2）**反応物濃度を高くしたときの平衡時の生成物濃度に対する効果**　　実験 2 では，酸の初濃度を実験 1 よりも高くしている．そのため，エステルと水の平衡濃度が実験 1 の場合よりも高くなっている．この効果は，他の平衡反応でも観測される．

　反応物の濃度を高くすると生成物の平衡濃度が高くなる．

3）**生成物の存在が平衡混合物中での生成物増加量に及ぼす効果**　　実験 3 のエステ

15・4 平衡に対する濃度，圧力および温度の効果

表 15・3 エタン酸（酢酸），エタノール，水，およびエタン酸エチル（酢酸エチル）混合物の平衡組成（25℃）

実験番号	時 間	濃度/mol dm^{-3}			
		[CH$_3$COOH]	[C$_2$H$_5$OH]	[CH$_3$COOC$_2$H$_5$]	[H$_2$O]
実験1	$t=0$	1.00	1.00	0	0
	平衡時	0.33	0.33	0.67	0.67
実験2	$t=0$	4.00	1.00	0	0
	平衡時	3.07	0.07	0.93	0.93
実験3	$t=0$	4.00	1.00	1.00	0
	平衡時	3.13	0.13	1.87	0.87

ルの平衡濃度は実験2の場合よりも高くなっているが，実験3では，反応混合物中に最初からエステルがいくらか入っていることを考慮する必要がある．そのために，エステル濃度の**増加量**（gain）を次のように定義する．

   エステル濃度の増加量 ＝ エステルの平衡濃度 － エステルの初濃度

実験3では，エステルの最終濃度が 1.87 mol dm^{-3} なので，エステルの増加量は (1.87－1.00) mol dm^{-3}＝0.87 mol dm^{-3} となる．これは，エステルの増加量が 0.93 mol dm^{-3} である実験2よりも**低い**値になっている．他の平衡反応でも同じ効果が観測される．

一般に，

反応開始時に生成物が存在すると，平衡混合物中の生成物の増加量が減少する．

原理的には，反応物の濃度を高くしたときの効果と，反応混合物中に最初から生成物が存在するときの効果は，平衡反応すべてに適用できる．しかし，平衡定数が非常に大きい（したがって反応が完結する）場合，または，非常に小さい（反応がほとんど起こらない）場合は，濃度の変化は平衡濃度にほとんど影響しない．

平衡定数の（15・7）式について考えてみると，上に述べた 2) と 3) と同じ結論が得られる．たとえば，3) について考えてみよう．**すでに平衡に達している混合物にさらにエステルを加えたとしよう．**すると，[CH$_3$COOC$_2$H$_5$(l)] が上昇し，生成物と反応物の濃度比，

$$\frac{[\text{CH}_3\text{COOC}_2\text{H}_5(l)][\text{H}_2\text{O}(l)]}{[\text{CH}_3\text{COOH}(l)][\text{C}_2\text{H}_5\text{OH}(l)]}$$

の値が一時的に $K_{c(T)}$ より大きくなる．しかし，次のような反応式でエステルのいくらかがエタン酸とエタノールに分解し，この値が減少して結果的に $K_{c(T)}$ と等しくなる．

$$\text{CH}_3\text{COOC}_2\text{H}_5(l) + \text{H}_2\text{O}(l) \longrightarrow \text{CH}_3\text{COOH}(l) + \text{C}_2\text{H}_5\text{OH}(l)$$

結果として新たな平衡状態に達した混合物中のエステルの物質量 (mol) は，平衡をくずす前にあったエステルの物質量と加えたエステルの物質量を合わせた値よりも小さくなる．一度平衡をくずすと，図 15・4 に示したように，再び平衡状態になるまでに数分かかることに注意しよう．

→ 演習問題 15F

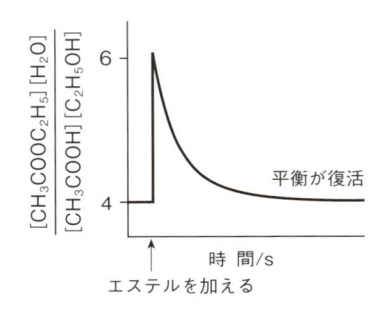

図 15・4　25 ℃ でのエステル化反応：混合物の濃度比変化　平衡をくずす（ここではエステルを加えた）と，濃度が変化して再び平衡状態になる．

非平衡条件下の化学

実験室でも工場でも，意図的に化学平衡をくずすことがよくある．たとえば，表 15・3 の実験 2 では平衡状態でのエステルの物質量は全体の 50 % 以下である．しかし，蒸留によりエステルを反応混合物から**物理的に**取除くと，混合物の組成が変化してエステルの収量を取戻そうとする．この操作によりエステルの総収量（数回の蒸留で得られたエステルを足し合わせて得られる量）は非常に大きなものになる．

→ 演習問題 15G

平衡定数に対する温度の効果

$K_{c(T)}$ に対する温度の効果は次のようにまとめられる．
1) 発熱反応の平衡定数は，温度上昇により小さくなる．
2) 吸熱反応の平衡定数は，温度上昇により大きくなる．

たとえば，$H_2(g)$ と $I_2(g)$ からの $HI(g)$ 生成は発熱反応で，この反応の $K_{c(T)}$ は温度上昇とともに小さくなる（図 15・5）．このことは，反応混合物中の $HI(g)$ の割合が，温度上昇とともに低下することを意味している．

→ 演習問題 15H

温度による平衡定数の変化は劇的なので，反応温度を調整することは生成物の収量を改善する最も効果的な方法の一つである．次の二つの例がそのことを示している．

1) 水素結合の生成　水素結合を生成する反応は発熱的で，室温では平衡定数が非常に小さいことがよくある．たとえば，シアン化水素とフッ化水素の反応，

$$HCN(g) + HF(g) \rightleftharpoons \underset{\text{水素結合した"複合体"}}{HCN \cdots HF(g)}$$

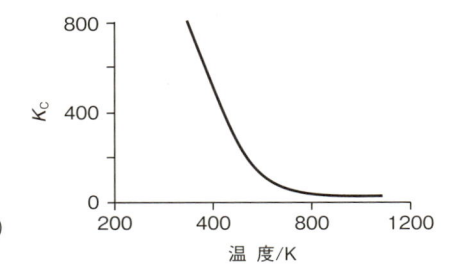

図 15・5 反応 $H_2(g) + I_2(g) \rightleftharpoons 2HI(g)$ の平衡定数の温度依存性

の $K_{c(T)}$ は，298 K で 1.04 mol^{-1} dm^3 でしかない．反応開始時の組成が HCN 2.7×10^{-3} mol dm^{-3}，HF 2.7×10^{-3} mol dm^{-3} の混合物では，HCN…HF 複合体の平衡濃度が 7.6×10^{-6} mol dm^{-3} にしかならないことになる！ そのため，このような複合体の研究は，$K_{c(T)}$ が大きくなり複合体の濃度が増えて検出が容易になる低温で行うのがよい．

しかし，反応速度は一般に温度が低くなると低下するので，温度を下げるほど，**平衡に達するまでに時間がかかる**ことを忘れないでほしい．このことは，研究室ではあまり障害にならないが，化学工業や冶金工業では経済的な観点から非常に重要になってくる．

→ 演習問題 15I

2) 金属精錬　　炭素を還元剤として金属酸化物（MO）から金属（M）を抽出する反応は，一般に吸熱的である．予想されるように次のような金属精錬の一般反応，

$$MO(s) + C(s) \rightleftharpoons M(s) + CO(g)$$

の平衡定数は，温度上昇とともに増大することが実験からわかっている．これは，温度が十分高ければ，**ほとんどすべての金属酸化物が炭素で還元される**ことを意味している．たとえば，酸化亜鉛の還元，

$$ZnO(s) + C(s) \rightleftharpoons Zn(s) + CO(g)$$

で，遊離金属の平衡収量は 800 ℃ 以上のときのみ高い．アルミニウムの場合は，還元が起こるのは 2000 ℃ 以上のときだけなので，炉をこのような高温に保つよりも電気分解でアルミニウムをつくったほうが安く済む．

触媒と平衡

触媒は，正反応および逆反応の速度定数をまったく同じ程度に増大させる．たとえば，触媒により，双方の速度定数が倍になる．平衡定数 $K_{c(T)}$ と正反応の速度定数 k_f および逆反応の速度定数 k_b の間には次の式，

$$K_{c(T)} = k_f / k_b$$

> **Box 15・1　$K_{c(T)}$ の温度依存性の理由**
>
> 　反応の平衡定数が温度で変化するのはなぜだろうか．その答は，Box 14・1（14章）で述べたエンタルピー‒反応進行度の図を使って説明できる．
>
> 　左から右に向かう反応が発熱的である場合は，正反応の活性化エネルギーは，逆反応の活性化エネルギーより小さい．活性化エネルギーが小さくなるほど，その反応の速度定数の温度依存性が小さくなる．したがって，発熱反応では，温度変化に伴う k_f の変化は k_b よりも緩やかである．言い換えれば，温度を上げる（たとえば 50 ℃）と，k_f は増加量が k_b よりも少ない．そのため，$K_{c(T)} = k_f / k_b$ の関係から，$K_{c(T)}$ が温度とともに減少する．吸熱反応では，$E_{A(f)} > E_{A(b)}$ なので，温度上昇に伴う k_f は増加量が k_b よりも大きい．そのため，$K_{c(T)}$ が温度とともに増大する．

が成り立つから，$K_{c(T)}$ は変化しないことになる．

　触媒は反応の平衡定数に影響しない．平衡濃度にも影響しない．触媒は，単に平衡に達する速度を速めるだけである．

ルシャトリエの原理

　化学平衡に対する条件変化の効果を表 15・4 にまとめた．これを覚えておく一つの方法は，化学反応は加えられた変化に対して積極的に対抗する（まるで生きているかのように！）と考えることである．これが，次のような**ルシャトリエの原理**（Le Chatelier's principle）の基本である．

　平衡混合物中の反応物および生成物の濃度は，圧力，温度，もしくは濃度のどのような変化に対してもそれを打ち消すように変化する．

ルシャトリエの原理による予想

　1）平衡混合物に反応物を加えると，平衡組成は加えられた反応物が消費される方向に，すなわち，生成物濃度が高くなる方向に変化する（エタン酸‒エタノール反応の実験データを検討したときに同じ結論を得ている）．

　2）温度の効果は，発生する熱を一種の**生成物**とみなすことで予想できる．発熱反応の平衡混合物の温度を上げたとしよう．

$$a\text{A} + b\text{B} \rightleftharpoons c\text{C} + d\text{D} + 熱$$

ルシャトリエの原理から，平衡組成は"熱生成物"の生成がより少なくなるように変化する．すなわち，温度が低くなる方向に変化すると予想される．これは，吸熱反応の方向で

表 15・4 平衡 $aA+bB \rightleftharpoons cC+dD$ で条件を変化させたときの効果

変化	平衡時の生成物の割合に対する効果	平衡定数に対する効果
片方または両方の反応物の濃度*を増加させる	増加	変化なし
片方または両方の反応物の濃度*を減少させる	減少	変化なし
気体反応で，反応物と生成物の圧力を増加させる（たとえば，混合物がピストンの中にある場合は，ピストンを押す）	1. 減少（反応式の左辺のほうが分子数が少ない場合，すなわち，$(a+b)<(c+d)$ の場合）	変化なし
	2. 増加（反応式の左辺のほうが分子数が多い場合，すなわち，$(a+b)>(c+d)$ の場合）	変化なし
気体反応で，混合物を膨張させて反応物と生成物の圧力を減少させる（たとえば，混合物がピストンの中にある場合は，ピストンに加える力を減少させる）	1. 増加（$(a+b)<(c+d)$ の場合）	変化なし
	2. 減少（$(a+b)>(c+d)$ の場合）	変化なし
気体反応で，気体の全体積を一定に保ちながら不活性ガスを混合物に注入する	変化なし（これは，a, b, c, d がどんな値でも成り立つ）	変化なし
温度を上げる	1. 増加（吸熱反応の場合）	増加
	2. 減少（発熱反応の場合）	減少
触媒を使う	変化なし	変化なし

＊気体の場合は分圧．

ある．すなわち反応物の平衡濃度が上がり，生成物の平衡濃度が下がることを意味する．これまでに見てきたように，これは実際に起こる．

3）次の気体反応を考える．

$$H_2SO_4(g) \rightleftharpoons H_2O(g) + SO_3(g)$$

この反応を，ピストンを備え，一定温度にしたシリンダーの中で行うとする．この反応が左（反応物）から右（生成物）へ進むと分子数が増大し，反応が進むにつれて反応混合物の圧力が高くなる（体積一定の場合）．

反応混合物が平衡に達する場合を考えよう．ピストンを押して反応混合物の圧力を高くしたとする．ルシャトリエの原理から，この反応は，反応混合物の圧力が下がる，すなわち分子数が少なくなる方向に平衡組成を移動させて，このような変化に対抗しようとする．分子数が少なくなるのは，生成物の平衡濃度が減少するときのみである．これは，生成物分子が結合して反応物，ここでは $H_2SO_4(g)$ が生成することにより達成される．

左から右に進むにつれて分子数が減るような反応では，ルシャトリエの原理から，反応

混合物の圧力を高くすると生成物の平衡濃度が高くなることが予想される.

反応式の反応物側と生成物側の分子数が同じ反応では，平衡混合物の全圧を変化させても反応物や生成物の平衡濃度には影響しない.

最後に，平衡混合物の体積を一定にして（たとえば，密閉したピストンのない鉄製容器中で反応させたとき），不活性ガス（たとえばアルゴン）を注入し，反応混合物の圧力を高くした場合を考えてみよう. 反応物と生成物の分圧は変化しないので，ルシャトリエの原理から平衡組成は変化しないと予想されるし，実際にそのようになる.

例題 15・2

下記に示す反応において，1) 混合物が膨張して圧力が低下した場合，2) 混合物を圧縮して圧力が増加した場合，生成物の平衡収量がどうなるかを予想しなさい.

$$H_2(g) + I_2(g) \rightleftharpoons 2HI(g) \quad (A)$$
$$2NH_3(g) \rightleftharpoons 3H_2(g) + N_2(g) \quad (B)$$

▶解 答

"平衡収量"とは平衡混合物中の生成物濃度である. ルシャトリエの原理を適用すると，

反 応	圧力減少	圧力増加
(A)	変化なし	変化なし
(B)	$[H_2(g)]$ と $[N_2(g)]$ が増加	$[H_2(g)]$ と $[N_2(g)]$ が減少

反応 A は反応の前後で分子数が変わらないので，影響はない.

→ 演習問題 15J

15・5　ハーバー-ボッシュ法によるアンモニア合成
小　史

1913 年までは，世界の人工窒素肥料の大部分がチリで産出される硝酸ナトリウム（"チリ硝石"とよばれる）からつくられていた. 需要がそのまま拡大し続けると資源がすぐに枯渇することが予想された. そこでハーバー（Fritz Haber, 1868～1934）は，アンモニアを窒素ガスと水素ガスから直接つくろうと試みた. 8 年後，ハーバーは小規模ながら効率よくアンモニアを合成できるようになった. 優れた化学技術者ボッシュ（Carl Bosch, 1874～1940）との共同研究により合成がスケールアップされ，1913 年に初めてアンモニアが大規模に生産されるようになった. 世界のアンモニア生産量は，現在では年間 1 億トンを越えている. アンモニアの全生産量の約 80 % が肥料の製造に使われ，5 % がナイロ

フリッツ・ハーバー ハーバーが初期に行った窒素–水素反応の実験結果は，アンモニアを十分な収量では合成できないことを示した．優れた化学者であるヴァルター・ネルンスト（Walther Nernst, 1864〜1941）が学会でこの問題についてハーバーと論争した．ネルンストは圧縮気体を使うと十分な収量が得られるのではないかと提案した．ハーバーはネルンストの提案に従って研究を続けた．その努力が実を結び，1918年度ノーベル化学賞を受賞した．

ンの製造に，5％が爆薬の製造に使われている．

ハーバー–ボッシュ法

アンモニアガスは，**ハーバー–ボッシュ法**（Haber-Bosch Process）により大規模生産されている．反応式は，次のようになる．

$$N_2(g) + 3H_2(g) \rightleftharpoons 2NH_3(g) \qquad \Delta H^\ominus = -92 \text{ kJ mol}^{-1}$$

窒素ガスは空気から得られ，水素ガスはメタンと水蒸気との反応からつくられる（17・1節参照）．

ハーバー–ボッシュ法を実現するためには，(1) アンモニアの平衡濃度が高くなること，および (2) アンモニアが短時間で平衡濃度に達すること（"速度論的"因子）が要求される．もともとこの反応を研究していて，ハーバーは次の事実に気がついた．

- この平衡反応の K_c は非常に大きく，298 K で 4×10^8 mol^{-2} dm^6 であるが，窒素ガスと水素ガスの混合物中のアンモニア濃度は室温ではほとんどない．これは，正反応と逆反応の速度が極端に遅く，動的平衡に達しないからである．
- 高温で反応させると反応速度が増大するが，この反応が発熱反応であるために $K_{c(T)}$ が大きく減少する．平衡定数の温度依存性は図 15・5 に示したものに類似している（ハーバー–ボッシュ法では，K_c の値は，227 ℃ で 60 mol^{-2} dm^6，527 ℃ で 0.02 mol^{-2} dm^6 である）．
- 水素と窒素の分圧を増加させると，アンモニアの平衡濃度が増大する．たとえば，500 ℃ で 75 気圧の $H_2(g)$ と 25 気圧の $N_2(g)$ を反応させると，平衡混合物中の全分子数の 10％ がアンモニアになる．このように分圧を高くすると反応速度も速くなる

が，それだけでは反応を十分に速くすることはできない．

ハーバーは，この反応がより短時間に平衡に達するためには触媒が必要であることに気がついた．実際の工業プロセスでは，250気圧のモル比3：1の水素と窒素を鉄触媒存在下で"妥協"温度の約450℃で反応させる．450℃以下では，触媒があっても反応は遅すぎる．圧力を250気圧より高くすると，非常に強力な圧縮機が必要になり運転コストがかかりすぎる．

図15・6は，工業プロセスの主要部を示している．窒素と水素の反応は，鉄触媒床中で行われる．平衡混合物（アンモニアおよび未反応の水素と窒素を含む）は熱交換器中を通され，そこで混合物が冷却されてアンモニアが液化する（反応物は液化しない）．反応物は，鉄触媒床に再循環されて再使用される．

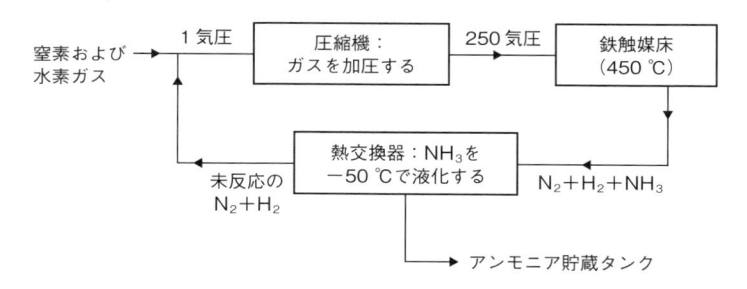

図 15・6 ハーバー-ボッシュ法

15・6 不均一系平衡

物質がすべて同じ相（たとえば，すべて気体）にある平衡は，**均一系平衡**（homogeneous equilibrium）とよばれる．異なる相の物質がある平衡は，**不均一系平衡**（heterogeneous equilibrium）とよばれる．

温度が一定のとき，純粋な固体と純粋な液体の濃度は一定なので（Box 9・1参照），不均一系平衡を簡単化できる．たとえば，コークスと二酸化炭素からの一酸化炭素生成反応，

$$C(s) + CO_2(g) \rightleftharpoons 2\,CO(g)$$

の平衡式は，次のように表される．

$$K_{c(T)} = \frac{[CO(g)]^2}{[C(s)][CO_2(g)]}$$

$[C(s)]$ は一定なので，

$$K_{c(T)}' = \frac{[CO(g)]^2}{[CO_2(g)]}$$

ここで，$K_{c(T)}' = K_{c(T)} \times [C(s)]$ である．

平衡則の共通イオン効果への適用

平衡則は共通イオン効果にも適用できる．たとえば，塩化銀の解離，

$$AgCl(s) \rightleftharpoons Ag^+(aq) + Cl^-(aq)$$

の平衡式は次のようになる．

$$K_{(AgCl)} = \frac{[Ag^+(aq)][Cl^-(aq)]}{[AgCl(s)]} \tag{15・8}$$

しかし，純粋な固体の濃度は一定なので，

$$K_{(AgCl)} \times [AgCl(s)] = [Ag^+(aq)][Cl^-(aq)] = 一定$$

このことから，11章で述べた次の式が成り立つことがわかる．

$$[Ag^+(aq)] \times [Cl^-(aq)] = 一定 = K_s$$

共通イオン効果（11・3節参照）は，(15・8) 式から説明できる．AgCl 飽和溶液に塩化物イオンを加えると，この式から $[Ag^+(aq)] \times [Cl^-(aq)]$ の値を一定値 $K_{(AgCl)} \times [AgCl(s)]$ ($=K_s$) に保つために $[Ag^+(aq)]$ が減少しなければならない．そのため，AgCl(s) が沈殿する．

→ 演習問題 **15K**

この章の発展教材がウェブサイトにある．また，平衡定数に関するより進んだ計算，"自由エネルギー"変化（ΔG）の紹介が Appendix 15 にある．

16 酸塩基平衡

- 16・1 水のイオン平衡
- 16・2 水溶液中の酸と塩基
- 16・3 塩の加水分解
- 16・4 緩衝液
- 16・5 酸塩基指示薬
- 16・6 酸塩基滴定でのpH変化
- 16・7 水に溶けた二酸化炭素の緩衝作用

この章で学ぶこと

- 水のイオン積を使った計算
- pH, pOH, pK_a, pK_b の定義
- 塩の加水分解
- 弱酸や弱塩基が関与する計算
- 緩衝液と酸塩基指示薬の利用

16・1 水のイオン平衡

水のイオン化

純水は電気をほとんど通さない. これは純水中には, ほとんどイオンがないことを示している. しかし, いくらかはイオンが存在し, 水溶液の平衡で重要な役割を果たしている.

室温では, 水分子は 1 000 000 000 個につき約 1 個の割合でイオン化している.

$$\text{H}_2\text{O}(l) + \text{H}_2\text{O}(l) \rightleftarrows \text{H}_3\text{O}^+(aq) + \text{OH}^-(aq) \qquad (16 \cdot 1)$$

この反応ではプロトンが水 1 分子から他の水分子に移動している.

この反応の平衡式は次のようになる.

$$K_{c(T)} = \frac{[\text{H}_3\text{O}^+(aq)][\text{OH}^-(aq)]}{[\text{H}_2\text{O}(l)]^2}$$

しかし, [$\text{H}_2\text{O}(l)$], すなわち水の濃度は一定で, この式を次のように変形できる.

$$K_{w(T)} = [\text{H}_3\text{O}^+(aq)][\text{OH}^-(aq)] \qquad (16 \cdot 2)$$

ここで, $K_{w(T)}$ は $K_{c(T)} \times [\text{H}_2\text{O}(l)]^2$ であり, 水の**イオン積定数** (ionic product constant), または**自己イオン化定数** (autoionization constant) として知られている.

(16・2) 式を文章で表現すると次のようになる.

16・1 水のイオン平衡

水の中に存在する水酸化物イオンの濃度とオキソニウムイオンの濃度の積は，温度が変わらなければ一定である．

実験から，水だけでなく，塩化ナトリウム水溶液，塩酸，水酸化ナトリウム水溶液など，水溶液すべてに（16・2）式が適用できることがわかる．

（16・1）式の反応が室温で平衡に達していることを確かめられるだろうか．精密な速度論的実験から，溶液中で分子がプロトンを失ったり獲得したりする反応は，きわめて速いことがわかった．これは，この章で取上げる反応のすべてが平衡に達していると仮定してよいことを意味している．

表16・1は，さまざまな温度でのK_wの値を示している． → 演習問題 16A

表 16・1 さまざまな温度における水のイオン積定数

温度/℃	$K_w/10^{-14}\,\mathrm{mol^2\,dm^{-6}}$
0	0.114
10	0.293
20	0.681
25	1.008
30	1.471
40	2.916
50	5.476
100	51.3

表16・1から25℃では，

$$K_w \approx 1.0 \times 10^{-14}\,\mathrm{mol^2\,dm^{-6}}$$

で，次のようにいうことができる（これは覚えやすい）．

水または水溶液中の水酸化物イオン濃度とオキソニウムイオン濃度の積は，25℃で常に$1.0\times10^{-14}\,\mathrm{mol^2\,dm^{-6}}$である．

（16・1）式は水2分子からオキソニウムイオン1個と水酸化物イオン1個ができることを示している．したがって，純水の中に存在するこの二つのイオンの濃度は等しい．オキソニウムイオンと水酸化物イオンが同じ数だけ含まれている溶液は，**中性**（neutral）であるといわれる．25℃では，

$$1.0 \times 10^{-14}\,\mathrm{mol^2\,dm^{-6}} = [\mathrm{H_3O^+(aq)}][\mathrm{OH^-(aq)}]$$

したがって，

$$[\mathrm{H_3O^+(aq)}] = [\mathrm{OH^-(aq)}] = 1.0 \times 10^{-7} \,\mathrm{mol\,dm^{-3}}$$

pHの計算は1・5節と9・4節で扱った.

$$\mathrm{pH} = -\log[\mathrm{H^+(aq)}], \quad \text{または,} \quad \mathrm{pH} = -\log[\mathrm{H_3O^+(aq)}]$$

以上から純水（水以外に，いかなる固体，液体，気体も含まれていない水）のpHを計算できる.

$$\text{純水のpH} = -\log(1.0 \times 10^{-7}) = 7.00$$

身近で純水に出会うことはほとんどない．蒸留水やイオン交換水でも二酸化炭素が溶けており，そのためpHが6程度になる．川の水や湖水のpHは，中に石灰石が溶けていると7以上になる．酸性雨は，pH4程度である．

中性溶液，酸性溶液，および塩基性溶液の定義

中性溶液　中性溶液とは，水酸化物イオンの濃度とオキソニウムイオンの濃度が等しい溶液である．25℃では，**中性溶液のpHは7である**.

酸性溶液　酸性溶液とは，オキソニウムイオンの濃度が水酸化物イオンの濃度よりも高い溶液である．25℃では，**酸性溶液のpHは7より小さい**.

塩基性溶液　塩基性溶液（あるいは，アルカリ性溶液）とは，水酸化物イオンの濃度がオキソニウムイオンの濃度よりも高い溶液である．25℃では，**酸性溶液のpHは7より大きい**.

水のイオン積定数を使った計算

水のイオン積定数（K_w）を使って酸溶液中の水酸化物イオン濃度を計算できる．また，塩基性溶液中のオキソニウムイオン濃度を計算できる．

例題 16・1

0.456 mol dm^{-3} の塩酸（HCl(aq)）は，0.456 mol dm^{-3} のオキソニウムイオンを含む．この酸溶液のpHを計算しなさい．また，この酸に含まれる水酸化物イオンの濃度はどのくらいか（$t=25\,℃$）.

▶解　答

最初にpHを計算する.

$$\mathrm{pH} = -\log(0.456) = -(-0.341) = 0.341$$

次に, K_w から水酸化物イオンの濃度を計算する.

$$[H_3O^+(aq)] \times [OH^-(aq)] = 1.0 \times 10^{-14} \text{ mol}^2 \text{ dm}^{-6}$$

これから,

$$[OH^-(aq)] = \frac{1.0 \times 10^{-14} \text{ mol}^2 \text{ dm}^{-6}}{[H_3O^+(aq)]} = \frac{1.0 \times 10^{-14} \text{ mol}^2 \text{ dm}^{-6}}{0.456 \text{ mol dm}^{-3}}$$

$$= 2.2 \times 10^{-14} \text{ mol dm}^{-3}$$

▶コメント

pH の計算結果の小数点以下の桁数は, $[H_3O^+(aq)]$ の有効数字の桁数に等しい. 1・5 節を参照のこと.

→ 演習問題 16B

例題 16・2

25 ℃ の 0.020 mol dm^{-3} 水酸化ナトリウム水溶液は, 0.020 mol dm^{-3} の水酸化物イオンを含む. この溶液の pH を計算しなさい.

▶解 答

最初にオキソニウムイオン濃度を計算する.

$$[OH^-(aq)] = 0.020 \text{ mol dm}^{-3}$$

次の関係式が成り立つことがわかっている.

$$[H_3O^+(aq)] \times [OH^-(aq)] = 1.0 \times 10^{-14} \text{ mol}^2 \text{ dm}^{-6}$$

この式を変形して,

$$[H_3O^+(aq)] = \frac{1.0 \times 10^{-14} \text{ mol}^2 \text{ dm}^{-6}}{[OH^-(aq)]} = \frac{1.0 \times 10^{-14} \text{ mol}^2 \text{ dm}^{-6}}{0.020 \text{ mol dm}^{-3}}$$

$$= 5.0 \times 10^{-13} \text{ mol dm}^{-3}$$

これから pH を計算すると,

$$\text{pH} = -\log[H_3O^+(aq)] = -\log(5.0 \times 10^{-13}) = 12.30$$

▶コメント

強塩基性溶液の pH は 11 以上である. したがってこの答は妥当である.

→ 演習問題 16C

pH, pOH および pK_w

(16・2) 式の両辺の対数をとると,

$$\log K_w = \log[\text{H}_3\text{O}^+(\text{aq})] + \log[\text{OH}^-(\text{aq})]$$

両辺に -1 をかけると,

$$-\log K_w = -\log[\text{H}_3\text{O}^+(\text{aq})] - \log[\text{OH}^-(\text{aq})]$$

pH $= -\log[\text{H}_3\text{O}^+(\text{aq})]$ と定義したのと同様に, pOH と pK_w を次のように定義する.

$$\text{pOH} = -\log[\text{OH}^-(\text{aq})] \quad \text{および} \quad \text{p}K_w = -\log K_w$$

以上のことから次の式が成り立つことがわかる.

$$\text{p}K_w = \text{pH} + \text{pOH}$$

この式は, (16・2) 式の別の形で, すべての水溶液に適用できる. 25 ℃ では, p$K_w = -\log(1.0 \times 10^{-14}) = 14$ なので,

$$\text{pH} + \text{pOH} = 14$$

→ 演習問題 16D, 16E

16・2 水溶液中の酸と塩基

強 酸

塩酸は塩化水素ガスを水に溶かしてつくる. 溶けた HCl (記号 HCl(aq) で表す) は,

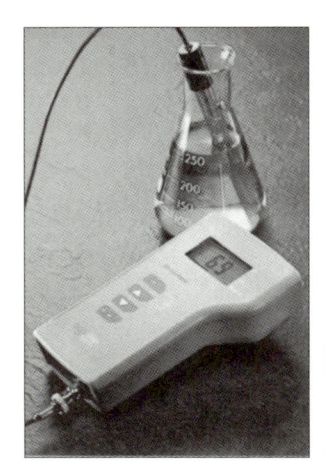

pH 計 pH 測定には, メーター, 測定用ガラス電極および参照電極が必要である. これらはまとめてコンパクトなケースに収められていることが多い. pH 計を使って, 土壌, 廃水, 水泳プールの水の pH を迅速かつ正確に測定できる.

水と次のように反応する．

$$HCl(aq) + H_2O(l) \longrightarrow H_3O^+(aq) + Cl^-(aq)$$

塩酸はほとんどすべてがオキソニウムイオンと塩化物イオンになっており，イオン化していない酸分子はほとんどない．そのため，塩酸は**強酸**（strong acid）であるといわれる．

強酸は，溶液中で完全にイオン化している

これは，HCl(g) 0.1 mol を水に溶かして 1 dm^3 にすると，H$_3$O$^+$イオンと Cl$^-$イオンの濃度が両方とも 0.1 mol dm^{-3} になることを意味している．

強酸はわずかな種類しかない．HCl(aq) 以外には次のようなものがある．

- 過塩素酸（perchloric acid, HClO$_4$(aq)）：テレビのクイズ番組などで"よく知られている酸の中で最も強いもの"として引き合いに出される．
- 硝酸（nitric acid, HNO$_3$(aq)）：古い名は aqua fortis で，"強い水"という意味である．
- 臭素酸（hydrobromic acid, HBr(aq)），ヨウ素酸（hydroiodic acid, HI(aq)）．

このほかに硫酸があり，この節の後半で詳しく説明する．

強酸という用語は，酸が腐食性をもつこととは何の関係もない．また，酸強度（強酸，弱酸）と溶液の酸性度とを区別することも重要である．**酸強度は酸分子そのものの性質**を示し，**酸性度**は pH で表され，**溶液の酸の強さ**を示す．強酸性溶液は，通常，pH が 3 以下の溶液を指す．弱酸性溶液の pH は 3〜7 である．pH が低い溶液は，弱酸の濃度が濃い溶液であることもあるし，強酸の非常に薄い溶液であることもある．しかし塩酸は，濃度が 0.5 mol dm^{-3} であろうと，0.0005 mol dm^{-3} であろうと，強酸である．

弱　酸

エタン酸（酢酸）は，水溶液中で部分的にしかイオン化していない．

$$CH_3COOH(aq) + H_2O(l) \rightleftharpoons \underset{\text{エタン酸イオン}}{CH_3COO^-(aq)} + H_3O^+(aq) \qquad (16 \cdot 3)$$

そのため，**弱酸**（weak acid）とよばれる．

弱酸は，溶液中で一部しかイオン化していない

平衡則を (16・3) 式に適用すると，平衡式は次のようになる．

$$K_{a(T)} = \frac{[CH_3COO^-(aq)][H_3O^+(aq)]}{[CH_3COOH(aq)]}$$

ここで，$K_{a(T)}$ は温度 T における平衡定数である（"a"は酸（acid）を意味している）．角括弧は平衡濃度（初濃度ではない）を示す．水の濃度（一定）は $K_{a(T)}$ に組込まれている

ことをもう一度確認しておこう（これ以降，同様な式も同じ）．

$K_{a(T)}$ は，**酸性度定数**（acidity constant），または，**酸解離定数**（acid dissociation constant）として知られる．エタン酸は，$K_a(25℃)=1.8×10^{-5}\,\mathrm{mol\,dm^{-3}}$ と小さい値であることから酸分子のごくわずかしかイオン化していないことがわかる．フッ化水素も，$K_a(25℃)=3.5×10^{-4}\,\mathrm{mol\,dm^{-3}}$ の弱酸である．

$$\mathrm{HF(aq) + H_2O(l) \rightleftharpoons \underline{F^-(aq) + H_3O^+(aq)}}$$
　　　　　　　　フッ化水素　　　　フッ化水素酸（フッ化水素の水溶液）

表 16・2 に代表的な酸の 25℃での酸解離定数を示した．酸を記号 AH で表すと，その酸解離定数は，次の一般反応式に対する平衡定数である．

$$\mathrm{AH(aq) + H_2O(l) \rightleftharpoons A^-(aq) + H_3O^+(aq)} \tag{16・4}$$

(AH が室温で固体であっても，液体もしくは気体であっても（たとえば，$\mathrm{C_6H_5COOH(s)}$，$\mathrm{CH_3COOH(l)}$，$\mathrm{HCl(g)}$），AH は最初に水に溶けて AH(aq) になり，次にこの式に従って反応すると仮定する．)

K_a の値が大きいほど，酸は強い

表 16・2　代表的な弱酸，弱塩基の水溶液中での K_a および K_b の値（25℃）
この値は，温度範囲 15～30℃でほとんど変化しない．酸性の水素原子，もしくは，塩基性の窒素原子を色の太字で強調してある（二塩基酸，二酸塩基の場合は，片方のみ）．

	化合物名	化学式	K_a または K_b/mol dm^{-3}
酸	トリクロロエタン酸	$\mathrm{CCl_3COOH}$	$3.0×10^{-1}$
	クロロエタン酸	$\mathrm{CH_2ClCOOH}$	$1.4×10^{-3}$
	二酸化硫黄	$\mathrm{SO_2}$（亜硫酸 $\mathrm{H_2SO_3}$*）	$1.6×10^{-2}$
	乳酸	$\mathrm{CH_3CH(OH)COOH}$	$8.4×10^{-4}$
	フッ化水素（フッ化水素酸）	HF	$3.5×10^{-4}$
	安息香酸	$\mathrm{C_6H_5COOH}$	$6.5×10^{-5}$
	エタン酸	$\mathrm{CH_3COOH}$	$1.8×10^{-5}$
	二酸化炭素	$\mathrm{CO_2}$（炭酸 $\mathrm{H_2CO_3}$*）	$4.3×10^{-7}$
	シアン化水素（シアン化水素酸）	HCN	$4.9×10^{-10}$
	フェノール（石炭酸）	$\mathrm{C_6H_5OH}$	$1.3×10^{-10}$
塩基	尿素	$\mathrm{NH_2CONH_2}$*	$1.3×10^{-14}$
	フェニルアミン（アニリン）	$\mathrm{C_6H_5NH_2}$	$4.3×10^{-10}$
	モルヒネ	$\mathrm{C_{17}H_{19}O_3N}$	$1.6×10^{-6}$
	アンモニア	$\mathrm{NH_3}$	$1.8×10^{-5}$
	メチルアミン	$\mathrm{CH_3NH_2}$	$3.6×10^{-4}$
	ジメチルアミン	$\mathrm{(CH_3)_2NH}$	$5.4×10^{-4}$
	トリエチルアミン	$\mathrm{(C_2H_5)_3N}$	$1.0×10^{-4}$

* 最初のイオン化の K_a および K_b を示した

16・2 水溶液中の酸と塩基

強酸では解離していない分子はごくわずかなので，酸解離定数を実験的に決めるのは難しいが，表 16・2 にあげた弱酸の値よりも非常に大きいことは疑問の余地がない．これは，強酸の酸分子は水溶液中でほとんどすべてがイオン化していることを示している．

また，pK_a を次のように定義できる．

$$pK_a = -\log K_a$$

たとえば，エタン酸の pK_a は，25 ℃で $-\log(1.8\times10^{-5})=4.74$ で，乳酸の pK_a は $-\log(8.4\times10^{-4})=3.08$ である．

酸が強いほど，pK_a の値は小さい

(16・4) 式で，酸は水分子に水素イオン（プロトン）を与えて H_3O^+(aq) イオンを生成している．このことから，K_a の値は酸分子の水分子に対する**プロトン供与力**（proton-donating power）の尺度とみなせる．

K_a の値が大きいほど，その酸の水に対するプロトン供与能力が高い

(16・4) 式中の A^-(aq) は，酸 AH(aq) の**共役塩基**（conjugate base）とよばれる．A^-(aq) イオンが (16・4) 式の逆反応で H_3O^+(aq) からプロトンを受け取り，塩基のように振る舞うからである．たとえば，エタン酸の共役塩基はエタン酸イオン CH_3COO^-(aq) である．

弱酸溶液の pH の計算

ここでは弱酸の例として酸性水素原子を一つもつエタン酸を取上げる．エタン酸の初濃度を記号 C_A で表す（たとえば，純粋なエタン酸 0.1 mol を水に溶かし，エタン酸水溶液を 1 dm^3 つくったとしよう．このとき，$C_A=0.1$ mol dm^{-3} である）．得られる溶液の pH を計算するうえで難しい点は，強酸の場合と異なり，溶液中のオキソニウムイオンの平衡濃度は最初に加えた酸の濃度ではない，すなわち，$[H_3O^+(aq)] \neq C_A$ ということである．

酸性水素を一つもつ非常に弱い酸の H_3O^+(aq) 濃度を推定するのには，次の式を変形すればよい．

$$K_{a(T)} \approx \frac{[H_3O^+(aq)]^2}{C_A} \quad (16 \cdot 5)$$

この式は，Box 16・1 で誘導されている．この式は，イオン化した酸分子の割合，すなわち，

$$\text{イオン化した酸分子の割合（\%）} = \frac{[H_3O^+(aq)]}{C_A} \times 100$$

が約 5 % を越えないときによい近似となる.

例題 16・3

ある酢は質量で 0.50 % のエタン酸を含む. すなわち, 酢 100 g 中に酸 0.50 g が含まれる. この酢の 25 ℃ での pH を推定しなさい. エタン酸分子の何 % がイオン化しているか (酢 1.0 cm³ の質量は, 1.0 g である).

▶解答

正確に 1 dm³ の酢を考える. 酢 1 dm³ には CH_3COOH が 5.0 g 含まれている. エタン酸のモル質量 $M(CH_3COOH)$ は 60 g mol^{-1} である.

$$\text{酸分子の物質量} = \frac{5.0 \text{ g}}{60 \text{ g mol}^{-1}} = 0.083 \text{ mol}$$

$$\text{酸の濃度} = \frac{0.083 \text{ mol}}{1 \text{ dm}^3} = 0.083 \text{ mol dm}^{-3}$$

(16・5) 式を変形して,

$$[H_3O^+(aq)] \approx \sqrt{K_{a(T)} \times C_A}$$

$C_A = 0.083$ mol dm^{-3}, $K_a = 1.8 \times 10^{-5}$ mol dm^{-3} (表 16・2) なので,

$$[H_3O^+(aq)] \approx \sqrt{1.8 \times 10^{-5} \times 0.083} = 1.2 \times 10^{-3} \text{ mol dm}^{-3}$$

$$\text{pH} = -\log[H_3O^+(aq)] = -\log(1.2 \times 10^{-3}) = 2.92$$

酢の中でイオン化しているエタン酸分子の割合は次のように計算される.

$$\frac{[H_3O^+(aq)]}{C_A} \times 100 = \frac{1.2 \times 10^{-3} \times 100}{0.083} = 1.4 \text{ %}$$

▶コメント

イオン化している酸分子の割合は 5 % 以下であり, この酸の $[H_3O^+(aq)]$ を計算するのに (16・5) 式が使えることが確認できる.

→ 演習問題 16F, 16G

硫酸: 二塩基酸

硫酸 (sulfuric acid) は酸性水素を 2 個もち, **二塩基酸** (dibasic acid, または二プロトン酸 (diprotic acid)) とよばれる. イオン化は 2 段階で起こり, 最初の段階で硫酸そのものが酸になり, 二番目の段階では硫酸水素イオンが酸になる.

最初のイオン化

$$H_2SO_4(aq) + H_2O(l) \rightleftharpoons H_3O^+(aq) + HSO_4^-(aq) \qquad K_a(298K) = 大$$
硫酸水素イオン

> **Box 16・1　弱酸のpHを求める式**
>
> (16・5) 式を導くのには次の二つの関係式が必要である.
> 1) イオン化していないエタン酸の平衡濃度は, C_A とオキソニウムイオンの平衡濃度の差である.
>
> $$[\text{CH}_3\text{COOH(aq)}] = C_A - [\text{H}_3\text{O}^+\text{(aq)}] \quad (16・6)$$
>
> 2) エタン酸1分子がイオン化すると, オキソニウムイオン1個とエタン酸イオン1個が生成する. すなわち,
>
> $$[\text{CH}_3\text{COO}^-\text{(aq)}] = [\text{H}_3\text{O}^+\text{(aq)}] \quad (16・7)$$
>
> 平衡式は,
>
> $$K_{a(T)} = \frac{[\text{CH}_3\text{COO}^-\text{(aq)}][\text{H}_3\text{O}^+\text{(aq)}]}{[\text{CH}_3\text{COOH(aq)}]}$$
>
> であり, 右辺に (16・6) 式と (16・7) 式を代入すると,
>
> $$K_{a(T)} = \frac{[\text{H}_3\text{O}^+\text{(aq)}]^2}{C_A - [\text{H}_3\text{O}^+\text{(aq)}]}$$
>
> わずか (5 % 以下) しか解離していない酸については, $C_A - [\text{H}_3\text{O}^+\text{(aq)}]$ を C_A にほとんど等しいと近似できる. それで (16・5) 式が得られる.
>
> $$K_{a(T)} \approx \frac{[\text{H}_3\text{O}^+\text{(aq)}]^2}{C_A}$$

二番目のイオン化

$$\text{HSO}_4^-\text{(aq)} + \text{H}_2\text{O(l)} \rightleftharpoons \text{H}_3\text{O}^+\text{(aq)} + \text{SO}_4^{2-}\text{(aq)} \qquad K_a(298\text{K}) = 0.012 \text{ mol dm}^{-3}$$

正味の反応は, この二つのステップの和になる.

$$\text{H}_2\text{SO}_4\text{(aq)} + 2\text{H}_2\text{O(l)} \rightleftharpoons 2\text{H}_3\text{O}^+\text{(aq)} + \text{SO}_4^{2-}\text{(aq)}$$

K_a の値から硫酸は強酸であり, 硫酸水素イオンは比較的弱い酸 (ただし, 表 16・2 に挙げた酸のほとんどよりずっと強い) であることがわかる.

　濃度が 0.0100 mol dm^{-3} の希硫酸は, H_3O^+(aq) 濃度が 0.0145 mol dm^{-3} で, pH は 1.84 になる. 全 $[\text{H}_3\text{O}^+\text{(aq)}]$ のうち 0.0100 mol dm^{-3} が最初のイオン化によるもので, 0.0045 mol dm^{-3} は2番目のイオン化によるものである. もし両方の K_a 値が大きかったなら, 両方の反応がそれぞれ 0.0100 mol dm^{-3} のオキソニウムイオンを与えるので, この希硫酸の pH は $-\log(0.0200) = 1.70$ になるはずである.

　HSO_4^- イオンはそれ自体で酸として使えるほどの強い酸で, 硫酸水素ナトリウム結晶 ($\text{Na}^+, \text{HSO}_4^-$) は強力な殺菌剤として使われる. この結晶は, 硫酸の安全な代替物として

化学実験セットに入れられていることもある.

強塩基と弱塩基

最も一般的な強塩基は，ナトリウム，カリウム，カルシウム，バリウム，リチウムの水溶性の水酸化物である．これらはすべてイオン固体である．また，これらは**強塩基**（strong base）なので，水溶液中で完全にイオン化している．たとえば，NaOH(s) は水に溶けると完全にイオン化し，Na$^+$(aq) と OH$^-$(aq) を生成する．

$$\mathrm{Na^+,OH^-(s)} \xrightarrow{\mathrm{H_2O}} \mathrm{Na^+(aq) + OH^-(aq)}$$
水酸化ナトリウム　　　　　　水酸化物イオン

たとえば，溶液 1 dm^3 当たり NaOH が 0.5 mol 溶けた溶液には，OH$^-$(aq) が 0.5 mol dm^{-3} 含まれている．

塩基の第二のグループは，水と**反応して**溶液中に水酸化物イオンを生成するものである．その一例がアンモニアである．

$$\mathrm{NH_3(aq) + H_2O(l) \rightleftharpoons NH_4^+(aq) + OH^-(aq)}$$

アンモニアは水溶液中で一部しかイオン化しないので**弱塩基**（weak base）であり，次のような平衡式が成り立つ．

$$K_{\mathrm{b}(T)} = \frac{[\mathrm{NH_4^+(aq)}][\mathrm{OH^-(aq)}]}{[\mathrm{NH_3(aq)}]}$$

$K_{\mathrm{b}(T)}$ は温度 T でのアンモニアの**塩基性度定数**（basicity constant）または**塩基解離定数**（base dissociation constant）とよばれる．一般化すると，塩基 B の塩基解離定数は次の反応の平衡定数である．

$$\mathrm{B(aq) + H_2O(l) \rightleftharpoons BH^+(aq) + OH^-(aq)} \tag{16・8}$$

水酸化物イオンを含む溶液（NaOH(aq) や NH$_3$(aq) など）はいずれも次のような反応で酸を中和する．

$$\mathrm{H_3O^+(aq) + OH^-(aq) \longrightarrow 2H_2O(l)}$$

代表的な塩基の K_b 値を表 16・2 に示した．トリエチルアミンは，ここに挙げた塩基の中で $K_{\mathrm{b}(T)}$ の値が**最大**で，最も強い塩基である．偶然だが，アンモニア（弱塩基の代表）の K_b は，エタン酸の K_a と数値が 25 ℃ で同じである．

教科書などに pK_b 値の表が載っていることがよくある．pK_b は，

$$\mathrm{p}K_\mathrm{b} = -\log K_\mathrm{b}$$

と定義される．たとえば，アンモニアの pK_b は，$-\log(1.8\times10^{-5})=4.74$ である．塩基が強くなるほど，その pK_b は**小さくなる**．

(16・8) 式の反応では，塩基は水分子からプロトンを受け取る．したがって，水中での酸のプロトン供与能力の指標として，$K_{a(T)}$ を用いたように，水中での塩基の**プロトン受容能力**の指標として，$K_{b(T)}$ を用いることができる．$K_{b(T)}$ が大きいことは，その塩基が強力なプロトン受容体であることを示している．

(16・8) 式の反応で，$BH^+(aq)$ は塩基 $B(aq)$ の**共役酸**（conjugate acid）であるといわれる．これは，(16・8) 式の反応の**逆反応**で $BH^+(aq)$ が OH^- にプロトンを与えるからである．

水の自己イオン化，

$$H_2O(l) + H_2O(l) \rightleftharpoons H_3O^+(aq) + OH^-(aq)$$

では，水1分子が他の水分子にプロトンを供与している．そのため，水はプロトン供与体でもあり，プロトン受容体でもある．

弱塩基の pH は，弱酸の場合と同様な方法で計算できる．

$$K_{b(T)} \approx \frac{[OH^-(aq)]^2}{C_B}$$

ここで，C_B は水溶液中の塩基の最初のモル濃度である．C_B と K_b の値がわかると，$[OH^-(aq)]$ を計算できる．そのあと，K_w を使って $[H_3O^+(aq)]$ を計算できる．

→ **演習問題 16H**

16・3 塩の加水分解

塩溶液の pH

塩は，塩基と酸が互いに中和するときに生成する．このことから，次の4種類の塩が可能である．

1) 強酸と強塩基の塩（SA–SB）
2) 弱酸と強塩基の塩（WA–SB）
3) 強酸と弱塩基の塩（SA–WB）
4) 弱酸と弱塩基の塩（WA–WB）

塩化ナトリウム水溶液（純水でつくったもの）は，25 ℃で pH が 7 の中性である．このことからイオン性塩の溶液はすべて中性であると考えるかもしれない．実際には，**強酸と強塩基酸からつくられた塩の水溶液だけが常に中性である**．他の塩の水溶液は，酸性か塩基性である．こうなるのは次のような理由からである．

1) これらの塩は水と反応して**弱酸または弱塩基を生成する**．
2) 弱酸または弱塩基は水溶液中で部分的にしかイオン化しないので，これらの分子が

表 16・3　4種類の塩の溶液のpH

塩の種類	例	化学式	酸性	塩基性	中性
SA-SB	塩化ナトリウム	NaCl			○
WA-SB	エタン酸ナトリウム	CH_3COONa		○	
SA-WB	塩化アンモニウム	NH_4Cl	○		
WA-WB	シアン化アンモニウム	NH_4CN		○*	

* WAの酸解離度 $K_a(WA)$ と WBの塩基解離度 $K_b(WB)$ の大きさにより変わる．すなわち，$K_a(WA)>K_b(WB)$ なら溶液は酸性．$K_a(WA)<K_b(WB)$ なら溶液は塩基性．$K_a(WA)=K_b(WB)$ なら溶液は中性．

生成するためにはオキソニウムイオンまたは水酸化物イオンが結びつかなければならない．

3）その結果，オキソニウムイオンと水酸化物イオンの濃度が等しくならず，得られた塩の溶液は塩基性または酸性になる．

水との反応を一般に**加水分解**（hydrolysis）とよび，塩と水との反応は**塩の加水分解**（salt hydrolysis）とよばれる．ここで，その一例を眺めてみよう．

弱酸と強塩基の塩の加水分解

エタン酸ナトリウム（CH_3COO^-, Na^+）を例として考えてみよう．この塩の水溶液中に存在するイオンは，

$$CH_3COO^-, Na^+(s) \xrightarrow{H_2O} CH_3COO^-(aq) + Na^+(aq) \quad \text{(塩から)}$$

$$2H_2O(l) \rightleftarrows H_3O^+(aq) + OH^-(aq) \quad \text{(水から)}$$

溶液中にあるイオン同士の反応で生成する可能性のある物質は，NaOH（$Na^+(aq)$ と $OH^-(aq)$ の反応から）と CH_3COOH（$CH_3COO^-(aq)$ と $H_3O^+(aq)$ の反応から）である．NaOHは溶液中で完全にイオン化するが，エタン酸は部分的にしかイオン化しない．これは，$[OH^-(aq)]>[H_3O^+(aq)]$ で溶液が塩基性になることを意味する．

一般化すると，

弱酸と強塩基の塩の水溶液は，塩基性である．

他の種類の塩の水溶液中で起こりうる反応を検討すると，表16・3に示された結論が得られる．

➜ 演習問題 16I

16・4　緩衝液

酸やアルカリは少量でも溶液のpHを急激に変える

水に希塩酸を1滴だけ加えても，pHが大きく変化する（Box 16・2）．このようなpH

16・4 緩衝液

変化は，実験室ではトラブルのもとになり，生体の細胞中では致命的になることがある．わずかな量の酸や塩基が加わることによる pH の変化は，**緩衝液**（buffer solution，単に"バッファー（buffer）"ともよばれる）を使って防ぐことができる（図16・1）．

緩衝液は，溶液が薄められたり，酸または塩基が加えられたりしても pH が変化しないようにする

図16・2は，エタン酸ナトリウム-エタン酸緩衝液に（a）0.1 mol dm^{-3} HCl，（b）イオン交換水，（c）0.1 mol dm^{-3} NaOH，を加えたときの pH 変化を示している．この場合，（a）または（c）を加えた量が 3 cm^3 以下のときは pH 変化がごくわずかである．酸またはアルカリをそれ以上加えると，緩衝液が使い果たされ，pH 変化に抵抗することができなくなる．しかし，水を加えて緩衝液を薄めても緩衝液の pH はほとんど変化しない．

緩衝液はどのように作用するか

緩衝液は，弱塩基とその塩，もしくは弱酸とその塩とから成る．例として，エタン酸とエタン酸ナトリウムの混合物について考えてみよう．この混合物中に存在するイオンは，次の式で示される．

$$\text{CH}_3\text{COO}^-, \text{Na}^+(\text{s}) \xrightarrow{\text{H}_2\text{O}} \text{CH}_3\text{COO}^-(\text{aq}) + \text{Na}^+(\text{aq})$$
$$\text{CH}_3\text{COOH}(\text{aq}) + \text{H}_2\text{O}(\text{l}) \rightleftharpoons \text{CH}_3\text{COO}^-(\text{aq}) + \text{H}_3\text{O}^+(\text{aq}) \quad (16 \cdot 9)$$

エタン酸ナトリウムは完全にイオン化し（イオン化合物なので），比較的高濃度のエタン酸イオンを生成する．

ここで，エタン酸ナトリウムが存在するときのエタン酸のイオン化について考えてみよう．エタン酸の酸解離定数の式は次のようになる．

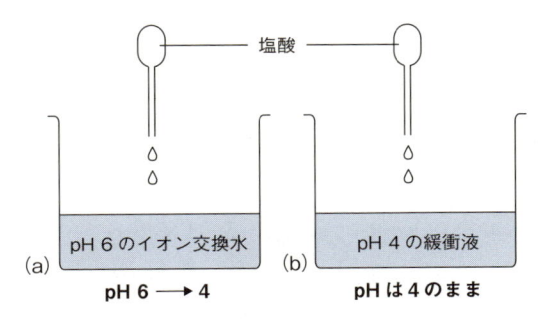

図 16・1 緩衝液のはたらき　(a) 水に 2.0 mol dm^{-3} 塩酸を1滴加えると，pH が急激に低下する．(b) 酸を緩衝液に加えても pH は変化しない．

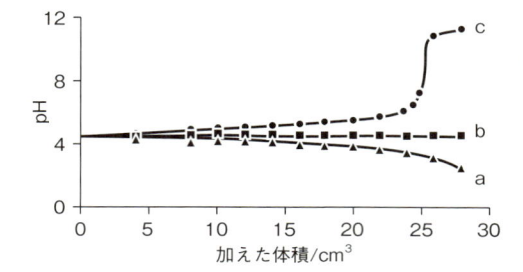

図 16・2 緩衝液に酸，塩基を加えたときの pH 変化 0.1 mol dm^{-3} エタン酸 25 cm^3 と 0.1 mol dm^{-3} エタン酸ナトリウム 25 cm^3 からなる緩衝液に，(a) 0.1 mol dm^{-3} HCl, (b) 水，(c) 0.1 mol dm^{-3} NaOH を加えたときの pH 変化（温度 25 ℃．データ提供：K. Morgan）

$$K_{a(T)} = \frac{[\mathrm{CH_3COO^-(aq)}][\mathrm{H_3O^+(aq)}]}{[\mathrm{CH_3COOH(aq)}]} \tag{16・10}$$

エタン酸水溶液にエタン酸イオンを加えると，この式の右辺の値が $K_{a(T)}$ に等しくなるように平衡組成が移動する．この移動により，[$\mathrm{H_3O^+(aq)}$] は非常に低い値になる．これは，イオン化するエタン酸がほとんどなくなることを意味する．計算によるとエタン酸ナトリウムが存在するとイオン化するエタン酸は非常に少なく，[$\mathrm{CH_3COO^-(aq)}$] の値はエタン酸ナトリウムの初濃度 C_s に等しいとみなすことができる．

この緩衝液は pH の変化に，どのように抵抗するのだろうか．次のように説明される．

● この混合物に塩酸をいくらか入れたとする．エタン酸イオンとオキソニウムイオン

Box 16・2　希塩酸を 1 滴加えた水差し 1 杯の水の pH

イオン交換水 1 dm^3 に濃度が 2.0 mol dm^{-3} の塩酸を 1 滴加えたとしよう．溶液の pH はどのくらいになるだろうか．

1 滴の体積（≈0.05 cm^3）は水の体積と比べて無視できるので，溶液の体積を 1 dm^3 とすることができる．1 滴（0.05 cm^3）の中にある HCl の物質量（mol）は，

$$\left(\frac{0.05}{1000}\right) \times 2.0 = 1 \times 10^{-4} \mathrm{\ mol}$$

であり，したがって溶液中の HCl の濃度は次のようになる．

$$\frac{1 \times 10^{-4} \mathrm{\ mol}}{1 \mathrm{\ dm}^3} = 1 \times 10^{-4} \mathrm{\ mol\ dm^{-3}}$$

この溶液の pH は次のように計算される．

$$\mathrm{pH} = -\log[\mathrm{H_3O^+(aq)}] = -\log(1 \times 10^{-4}) = 4.0$$

実験室にあるイオン交換水は二酸化炭素が溶けこんでいるため，pH は 6 ぐらいになっている．したがって，

水に酸の希薄溶液を 1 滴加えるだけで，pH が 6 から 4 に変化する

が (16・9) 式の**逆方向**の反応で互いに結びついて平衡組成が移動する．これで加えられた $H_3O^+(aq)$ が一掃され，pH は変化しない（同じ結論が，ルシャトリエの原理からも導かれる）．

- 水酸化物イオン（たとえば，水酸化ナトリウム水溶液）を加えたとすると，緩衝液中で平衡状態にある $[H_3O^+(aq)]$ のごく一部が次の中和反応で $OH^-(aq)$ と反応する．

$$H_3O^+(aq) + OH^-(aq) \longrightarrow 2H_2O(l)$$

$H_3O^+(aq)$ が平衡組成に復帰するためにさらにエタン酸がイオン化する．このイオン化は，$OH^-(aq)$ がすべて水になる量の $H_3O^+(aq)$ が生成するまで続く．このようにして，塩基が加えられても緩衝液の pH は変化しない．

緩衝液の pH の計算

(16・10) 式から出発して緩衝液の pH を推定する式を簡単に導くことができる．緩衝液中のエタン酸イオンは，ほとんどすべてがエタン酸ナトリウムからのものだとみなせるので，$[CH_3COO^-(aq)]$ を C_s に置き換えることができる．緩衝液中ではイオン化しているエタン酸は非常に少ないので，エタン酸の平衡濃度 $[CH_3COOH(aq)]$ は，この酸の初濃度 C_A に等しいとすることができる．これらのことを (16・10) 式に代入すると，

$$K_{a(T)} \approx \frac{C_s \times [H_3O^+(aq)]}{C_A}$$

これを変形して，

$$[H_3O^+(aq)] \approx \frac{C_A \times K_{a(T)}}{C_s} \qquad (16・11)$$

この式から，緩衝液を希釈しても C_A と C_s が同じように変化するので緩衝液の pH は変化しないことがわかる．たとえば緩衝液 50 cm^3 に水 50 cm^3 を加えると，緩衝液中の酸濃度 (C_A) と塩濃度 (C_s) は**両方とも半分**になり，(16・11) 式から予想される pH は希釈によって変化しない．

→ 演習問題 16J

緩衝液は弱塩基とその塩（たとえば，アンモニア水と塩化アンモニウム）を混合してもつくることができる．このような混合物の $[OH^-(aq)]$ は次の式から計算できる．

$$[OH^-(aq)] \approx \frac{C_B \times K_{b(T)}}{C_s}$$

ここで C_B は弱塩基の濃度で，C_s は塩の濃度，$K_{b(T)}$ は弱塩基の塩基解離定数である．

エタン酸ナトリウム-エタン酸緩衝液のデータ

0.100 mol dm^{-3} エタン酸ナトリウム水溶液 25 cm^3 と 0.100 mol dm^{-3} エタン酸水溶液 25

cm^3 を混合して得られるエタン酸塩−エタン酸緩衝液の 25 ℃での pH を（16・11）式を使って計算してみよう．溶液の体積が 2 倍になるので，それぞれの濃度は半分になり，$C_A=C_s=0.050$ mol dm^{-3} になる．エタン酸の K_a は 25 ℃で 1.8×10^{-5} mol dm^{-3} である．これらの値を（16・11）式に代入して，

$$[\mathrm{H_3O^+(aq)}] \approx \frac{0.050 \times 1.8 \times 10^{-5}}{0.050} = 1.8 \times 10^{-5} \text{ mol dm}^{-3}$$

この緩衝混合物の pH は，

$$\mathrm{pH} = -\log(1.8 \times 10^{-5}) = 4.74$$

これは，ほぼ図 16・2 の緩衝液の最初の pH である．別の酸（K_a 値が異なる）とその塩を使うと異なる pH 値で作用する緩衝液が得られる．緩衝液の pH をより正確に調節するためには，混合物中の酸と塩の初期濃度の比を細かく制御する．

緩 衝 能

緩衝液の pH が変化し始めるのに必要な酸または塩基の量は，**緩衝能**（buffer capacity）とよばれる．含有している酸や塩の量が比較的多い緩衝液は，酸や塩の量が少ない緩衝液よりも緩衝能が大きい．すでに述べたように，図 16・2 の緩衝液の緩衝能は，3 cm^3 の 0.1 mol dm^{-3} HCl，または，3 cm^3 の 0.1 mol dm^{-3} NaOH にほぼ等しい． ➡ 演習問題 **16K**

（16・11）式の別の形：ヘンダーソン・ハッセルバルク式

（16・11）式は別の形で使われることがある．両辺の対数をとると，

$$\log[\mathrm{H_3O^+(aq)}] = \log K_{a(T)} + \log\left(\frac{C_A}{C_s}\right)$$

両辺に −1 をかけて，

$$-\log[\mathrm{H_3O^+(aq)}] = -\log K_{a(T)} - \log\left(\frac{C_A}{C_s}\right)$$

ここで，$-\log[\mathrm{H_3O^+(aq)}]=\mathrm{pH}$，$-\log K_a = \mathrm{p}K_a$，$-\log(C_A/C_s)=\log(C_s/C_A)$ なので，次の式が得られる．

$$\mathrm{pH} = \mathrm{p}K_a + \log\left(\frac{C_s}{C_A}\right)$$

この式は，**ヘンダーソン−ハッセルバルク式**（Henderson-Hasselbalch equation）として知られている． ➡ 演習問題 **16L**

16・5　酸塩基指示薬

メチルオレンジ，フェノールフタレイン，リトマスなどの**酸塩基指示薬**（acid-base

indicator) は，低 pH 側と高 pH 側で二つの極端な色を呈する．

たとえばメチルオレンジの場合，二つの極端な色とは，低 pH 側の赤と高 pH 側の黄色である．ほとんどの指示薬では，ごく狭い pH 範囲でしか色が変化しない．指示薬の色変化が起こる pH 範囲をその指示薬の**変色域**（color change interval）とよぶ．メチルオレンジの変色域は 3.2〜4.4 である．pH 3.2 以下ではメチルオレンジは赤であるが，pH が 3.2 以上で黄味が増し，オレンジ色になり，pH が 4.4 を超えると完全に黄色になる．

指示薬を紙片にしみ込ませることもある（たとえばリトマス紙）．"ユニバーサル指示薬（universal indicator）"とよばれる指示薬はいくつかの指示薬の混合物で，pH によって特有の色を示す．（これを演示するためには次のようにするとよい．小さな三角フラスコに酒石酸の大きな結晶を入れる．希釈したユニバーサル指示薬溶液と 1 滴の NaOH 水溶液を加える．フラスコをゆっくりと回すと酒石酸結晶がゆっくりと溶け，指示薬が印象的なさまざまな色に変化していくのが観察できる．）

酸塩基指示薬はどのような仕組みだろうか

酸塩基指示薬になる分子は，低 pH 側と高 pH 側とで分子構造が異なる．低 pH 側での形と高 pH 側のでの形の違いによっては，異なった色を示す．

メチルオレンジについて考えてみる．メチルオレンジは pH 4.4 以上で完全に次のようなイオンになっている．

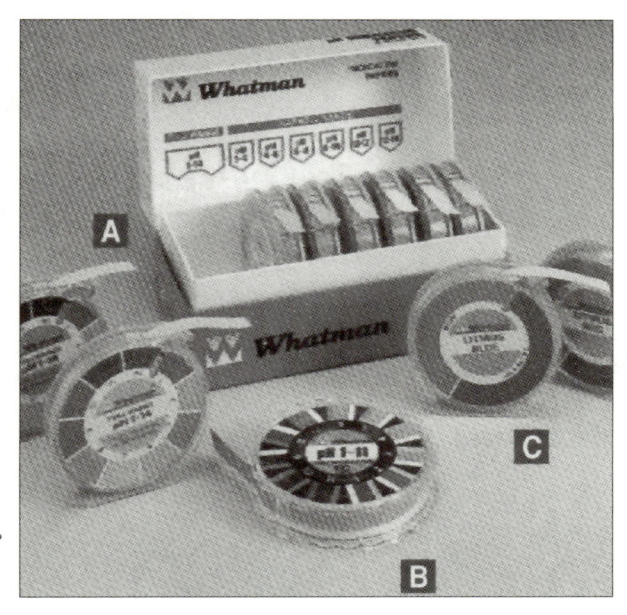

酸塩基指示薬 使いやすい試験紙タイプのものも市販されている．

このイオンは高 pH 形で，黄色をしており，R–SO$_3^-$ と表される．

pH 3.2 以下では，メチルオレンジは完全に次のような形になる．

この構造では，H$_3$O$^+$(aq) と反応した結果，窒素原子の一つがプロトンに結合している（すなわち，プロトン化している）．このイオンは低 pH 形で，色が赤で，HR$^+$–SO$_3^-$ と表される．この変化は，次のような平衡式にまとめられる．

$$\text{R–SO}_3^-(\text{aq}) + \text{H}_3\text{O}^+(\text{aq}) \rightleftharpoons \text{HR}^+\text{–SO}_3^-(\text{aq}) + \text{H}_2\text{O(l)}$$
　　　黄色　　　　　　　　　　　　　　　　　赤

酸塩基指示薬はすべて同様に pH 変化により分子構造が変化する．こうした変化は次のような一般式で表される．

$$\text{高 pH 形} + \text{H}_3\text{O}^+(\text{aq}) \rightleftharpoons \text{低 pH 形} + \text{H}_2\text{O(l)}$$
　　（塩基形）　　　　　　　　　　　（酸形）

16・6　酸塩基滴定での pH 変化

酸塩基滴定では，酸が正確に中和されるまで塩基溶液を酸溶液に加える．滴定の終点を，その反応の**当量点**（equivalence point）もしくは**化学量論点**（stoichiometric point）という．

酸塩基滴定で指示薬を使ったとすると，**指示薬の終点**（end point，色が突然変化する点）は，当量点に等しいと仮定していることになる．この仮定をさらに詳しく検討するために，反応混合物の pH が酸塩基滴定の過程でどのように変化するかを見てみよう．

→ 演習問題 16M

強酸と強塩基との滴定（SA–SB）

0.100 mol dm^{-3} の HCl 25.00 cm^3 に 0.100 mol dm^{-3} の NaOH をゆっくりと加え，塩基を加えるたびに pH 計でその混合物の pH を測るとしよう．反応は次のとおりである．

$$\text{HCl(aq)} + \text{NaOH(aq)} \longrightarrow \text{NaCl(aq)} + \text{H}_2\text{O(l)}$$

表 16・4 は，この滴定での pH 変化を示している．滴定開始点での酸の pH は 1.00 であり，混合物の当量点（NaOH を 25.00 cm^3 加えて，純粋な水と塩化ナトリウムだけが存在

する点) での pH は 7.00 である. このデータをグラフにすると図 16・3 の (a) が得られる. 強酸と強塩基ならどんな組合わせでもほとんど同じような曲線が得られる. NaOH を加えてゆくと, pH はゆっくりと上がるが, 当量点付近で急激に上昇する. そのあと, 過剰な NaOH 量が増えるにつれて pH がゆっくりと上がる.

表 16・4　0.100 mol dm^{-3} HCl 25.00 cm^3 を 0.100 mol dm^{-3} NaOH で滴定したときの pH 変化

加えた NaOH の体積/cm^3	pH	加えた NaOH の体積/cm^3	pH
0.00	1.00	25.05	10.00
5.00	1.18	25.10	10.30
10.00	1.37	25.50	11.00
15.00	1.60	26.00	11.29
20.00	1.95	30.00	11.96
24.00	2.69	35.00	12.22
24.90	3.70	40.00	12.36
24.95	4.00	45.00	12.46
25.00	7.00	50.00	12.52

ここでの要点は下記の通りである.

● 当量点付近で pH が急激に変化することは簡単に説明できる. すでに説明したように (16・4 節), 中性溶液に酸を 1 滴でも加えると pH が大きく変化する. このことは中性溶液に塩基を加えたときも同様である. これこそが, まさに滴定したときに当量点の**直前**と**直後**で起こる現象である. これは, 表 16・4 の灰色にした部分で見られ, 塩基を 0.10 cm^3 (約 2 滴) 加えただけで pH が 4 から 10 に変化している.

● フェノールフタレイン (変色域: pH 8～10) とメチルオレンジ (pH 3～4) のおおよその変色域を図 16・3 の (a) に示した. メチルオレンジは当量点の少し前から色が変化し始め, フェノールフタレインは当量点のすぐ直後から変色し始める. 実際, 当量点付近の pH 変化はとても急激なので, フェノールフタレインの変色は塩基を 1 滴 (<0.05 cm^3) も加えないうちに始まり終ってしまう. フェノールフタレインが示す終点は当量点に等しいと仮定しても誤差は小さい. メチルオレンジを使うと, 滴定の誤差が若干大きくなり, 約 24.95 cm^3 で終点となる.

弱酸と強塩基との滴定 (WA-SB)

図 16・3 (b) は, 弱酸 (エタン酸) を強塩基 (NaOH) で滴定したときの pH 曲線である.

$$CH_3COOH(aq) + NaOH(aq) \longrightarrow CH_3COONa(aq) + H_2O(l)$$

弱酸と強塩基の滴定ではどれでも同じような pH 曲線が得られる. 当量点 (NaOH 25.00 cm^3) を超えると CH$_3$COOH–NaOH pH 曲線は HCl–NaOH 曲線と同じになるが, 当量点

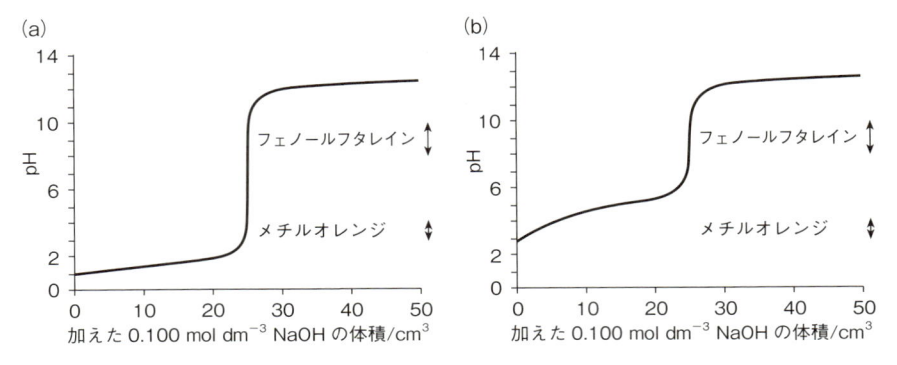

図 16・3 滴定での pH 曲線 (a) 強酸と強塩基（HCl と NaOH），(b) 弱酸と強塩基（CH_3COOH と NaOH）．初濃度はすべて $0.100 \text{ mol dm}^{-3}$．酸の最初の体積は，どちらも 25.00 cm^3．

の前では曲線は図 16・3 (a) と次の二つの重要な点で異なる．

- 当量点の pH は 8.7 である（7 ではない）．これは，塩，すなわちエタン酸ナトリウムが水溶液中で加水分解するためである．
- 滴定を開始したときの酸の pH は，HCl–NaOH 滴定の場合より高い．これは $CH_3COOH(aq)$ が弱い酸であり，部分的にしかイオン化していないためである．エタン酸とエタン酸ナトリウムの混合物は緩衝液でもある．そのため，当量点領域でのグラフの垂直部分が短くなる．すなわち，**メチルオレンジは当量点のかなり前で変色し，この滴定に使用するのは適切でない．しかし，フェノールフタレインは使用できる．**

→ 演習問題 16N, 16O

16・7 水に溶けた二酸化炭素の緩衝作用
水に溶けた二酸化炭素

二酸化炭素はかなり水に溶けやすく，溶けた CO_2 の一部が水と次のように反応する．

$$CO_2(aq) + 2H_2O(l) \rightleftharpoons \underset{\text{炭酸水素イオン}}{HCO_3^-(aq)} + H_3O^+(aq) \qquad (16 \cdot 12)$$

$K_{c(25℃)} = 4.3 \times 10^{-7} \text{ mol dm}^{-3}$ である．このようにオキソニウムイオンが生成するので，大気と接している水（たとえば，雨水や水道水，実験室のイオン交換水）は**わずかに酸性**になり，実験によるとこうした水の pH は 25 ℃で約 5.6 になる．

しかし，多くの自然水（湖や池，貯水池の水）は固体が溶けているために塩基性である．たとえば，25 ℃で CO_2 と石灰石（炭酸カルシウム）で飽和している水は，CO_2 のみで飽和している水よりも高濃度の炭酸水素イオンを含んでおり，pH が 8.3 と，**わずかに塩基性**である．

池に酸を加えると，加えられた H_3O^+ イオンにより，水と二酸化炭素の平衡濃度が上昇する．そうすると，CO_2 が気泡になって大気中に出ていく．このような緩衝作用がないと，自然水は酸性雨によって容易に酸性化してしまうだろう．しかし，酸があまりに多いと，緩衝作用の許容量を超え，水の pH が変化する．

体内の緩衝作用

水–CO_2 の平衡は，血液中の主要な緩衝系でもある．食物の代謝によって生成した乳酸のために過剰になった血液中の H_3O^+ は，(16・12) 式の逆反応により除去される．こうして血液の pH が 7.4 に保たれる．動脈血の pH がおよそ 0.4 以上変化すると致命的になる．

体に老廃物を取除く方法がないと，血液中の炭酸水素緩衝液はすぐに使い果たされてしまう．過剰の二酸化炭素や過剰の酸は，それぞれ肺や腎臓で除去される．このようにして，血液中の炭酸水素イオンが放出されて，再び緩衝液として作用するようになる．

→ 演習問題 16P

知っていましたか

2004 年に，科学者は，CO_2 放出量が現在のまま続いたら，海洋の平均 pH は 8.2 から 7.7 に下がるだろうと予想した．これは，$[H^+]$ が 3 倍になることに相当する．このことを自分で計算して確かめなさい．

体内の緩衝作用の補足説明が，ウェブサイトの Case study 2 にある．

17 有機化学：炭化水素

17・1 アルカン
17・2 アルケン
17・3 アルキン
17・4 芳香族炭化水素

この章で学ぶこと

- "有機化学"とは
- いろいろな炭化水素
- 炭化水素の起源と有機化合物の合成原料としての利用
- "脂肪族"と"芳香族"の違い

　炭素は周期表の中の元素の一つに過ぎないが，非常に多くの化合物をつくるので，それだけで化学の一つの分野を構成している．炭素の化学のほとんどは**有機化学**（organic chemistry）という見出しでまとめられる．炭素がそれほど膨大な数の化合物をつくる理由は，炭素原子同士で**連結する**（catenate）能力をもっているからである．炭素原子は共有結合で互いに結合し，また水素，酸素，窒素などの他の原子とも結合する．

　"有機"という言葉は，化合物をその起源によって"有機"と"無機"に分類した時代の名残である．無機化合物は鉱物を起源とし，有機化合物は生命体から得られた．有機化合物は"生命力"をもっており，無機化合物からつくることはできないと信じられていた．しかしウェーラー（F. Wöhler, 1800～1882）は有機化合物である尿素 $CO(NH_2)_2$ を無機塩であるシアン酸アンモニウム NH_4OCN からつくって，この考え方を覆した．尿素は，タンパク質が代謝されるときに老廃物として生成する．今日では，有機化学とは炭素化合物の化学を指す．例外として，金属の炭酸塩，二酸化炭素，一酸化炭素などは無機化合物と考える．

　有機化合物は似た構造式や似た性質をもつ化合物群に分類される．有機化合物の数は非常に多いので，このように分類することによって有機化学が学びやすくなる．

17・1 アルカン

　最初に学ぶ化合物群は**アルカン**（alkane）とよばれる．アルカンは，これから学ぶよう

に燃焼以外にほとんど化学反応性を示さないので，パラフィン（"親和性のない"という意味のラテン語に由来する）ともよばれていた．石油や天然ガスに存在し，ほとんどは燃料として用いられるが，さまざまな有機化合物の合成原料にもなる．アルカンの最初の4個の化合物を表17・1に示すが，いずれも25℃で気体である．アルカンは，炭素と水素だけを含む有機化合物である**炭化水素**（hydrocarbon）に属する．アルカンの一般式は C_nH_{2n+2} で表され，n は炭素原子の数で 1, 2, 3, 4, 5, …である．その化学式が CH_2 だけ違う一連の化合物を**同族列**（homologous series）という．

表 17・1 最初の4種類のアルカン

名　称	分子式	構造式
メタン（methane, 天然ガス）	CH_4	(構造式)
エタン（ethane）	C_2H_6	(構造式)
プロパン（propane, コンロの燃料）	C_3H_8	(構造式)
ブタン（butane, ライターの燃料）	C_4H_{10}	(構造式)

ブタンより大きなアルカンの名称は，その分子がもつ炭素原子の数を表すラテン語あるいはギリシャ語の接頭語に由来している．アルカンの名称は "(ア) ン (-ane)" で終わる．

名　称	英　語	炭素原子の数
ペンタン	pentane	5
ヘキサン	hexane	6
ヘプタン	heptane	7
オクタン	octane	8
ノナン	nonane	9
デカン	decane	10
ウンデカン	undecane	11
ドデカン	dodecane	12

大きなアルカンの構造式を書くのは場所を取るので，**短縮構造式**（condensed structural formula）がよく用いられる．たとえばペンタンの構造式の書き方は次の4通りがある．

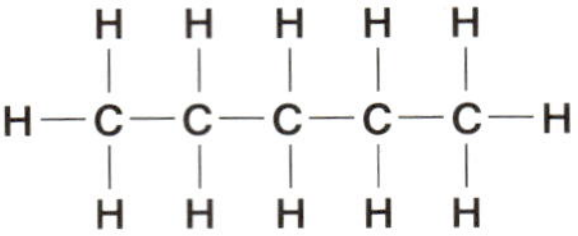

$$H-C(H_2)-C(H_2)-C(H_2)-C(H_2)-C(H_2)-H \quad または \quad CH_3CH_2CH_2CH_2CH_3$$

または　$CH_3(CH_2)_3CH_3$　または　〈折れ線式〉

下右は骨格構造式で，両末端は水素3個に結合した炭素を，折れ線の頂点は水素2個に結合した炭素を表している．

→ 演習問題 17A

アルカン分子の形

メタン分子をよく平面で描くけれども，実際は図17・1に示すように**正四面体形**をしている．

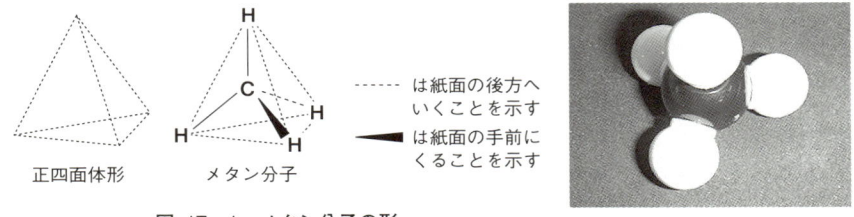

正四面体形　　メタン分子

------ は紙面の後方へいくことを示す
▬▶ は紙面の手前にくることを示す

図 17・1　メタン分子の形

メタンの空間充填模型

→ 演習問題 17B

異 性 体

C_4H_{10} には2種類の構造が可能である．

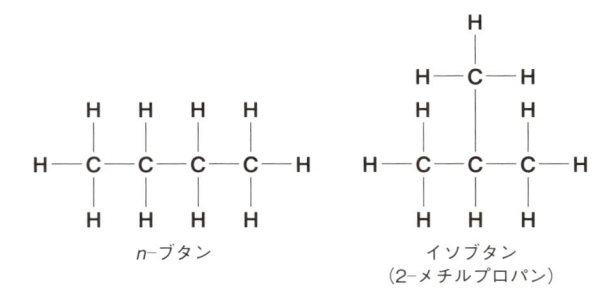

n-ブタン　　　　　　イソブタン（2-メチルプロパン）

これらは同じ分子式であるが構造が異なる．一つは直鎖の（これを"ノーマルな

(normal)" という) ブタン, 略して n-ブタンとよばれ, もう一つはイソブタンあるいは 2-メチルプロパンとよばれる. 後者は分子の構造を表す名称であり, 後で学ぶ. これらの化合物は互いに**異性体** (isomer) であるという. これらは**同じ化合物ではなく**, 融点, 沸点, 溶解度などが異なる. **異性体は分子式は同じであるが異なる分子構造をもつ**. ブタンより大きなアルカンでは, 大きくなるほど**構造異性体** (structural isomer) の数も増す. たとえばデカン ($C_{10}H_{22}$) には75種の構造異性体があり, イコサン ($C_{20}H_{42}$) には300 000種以上の異性体がある！

→ **演習問題 17C**

アルカンの命名法

アルカンの命名法の規則は次のようになる.
1) 最も長い炭素鎖を見つける.
2) その最も長い鎖からでている"枝"を見つけて, その炭素数に応じて"(イ)ル (–yl)"で終わる名前を付ける. メチル (1), エチル (2), プロピル (3), ブチル (4) などとなる. このような原子団を**アルキル基** (alkyl group) とよび, まとめて R– で表す. たとえば R–H は CH_3–H, CH_3CH_2–H, $CH_3CH_2CH_2$–H などを意味する.
3) "枝"の位置を示すために最も長い鎖の炭素原子に末端から番号を振る. そのとき**枝の位置番号がなるべく小さくなるようにする**.
4) 枝をアルファベット順に書く.
5) 同じ枝が二つ以上ある場合は, その数に応じて, ジ (2), トリ (3), テトラ (4) といった接頭語を用いる.

例題 17・1

次の化合物を命名せよ.

$$CH_3CH_2CH_2CHCH_2CH_3$$
$$|$$
$$CH_3$$

▶ **解 答**

1) 最も長い炭素鎖を見つける.

$$\overline{CH_3CH_2CH_2CHCH_2CH_3} \quad \text{ヘキサン}$$
$$|$$
$$CH_3$$

炭素原子6個のアルカンであるヘキサンの誘導体ということになる.

2）枝を見つける．

$$CH_3CH_2CH_2CHCH_2CH_3 \quad \text{メチルヘキサン}$$
$$\underset{\leftarrow}{|}$$
$$CH_3$$

炭素原子1個の枝，つまりメチル基が結合している．

3）枝の位置を番号で示す．
番号の振り方に次の二通りがある．

　1　2　3　4　5　6　　　　　　　　6　5　4　3　2　1
　$CH_3CH_2CH_2CHCH_2CH_3$　または　$CH_3CH_2CH_2CHCH_2CH_3$　　3-メチルヘキサン
　　　　　　　|　　　　　　　　　　　　　　　　|
　　　　　　CH_3　　　　　　　　　　　　　CH_3

右側ではメチル基はより小さな番号の炭素に結合しているので，こちらを選ぶ．したがって，この化合物の名称は4-メチルヘキサンではなく**3-メチルヘキサン**（3-methylhexane）である．

例題 17・2

次の化合物を命名せよ．

$$CH_3CHCH_2CHCH_3$$
$$\ \ \ \ |\ \ \ \ \ \ \ \ \ |$$
$$\ \ \ CH_3\ \ \ CH_2$$
$$\ \ \ \ \ \ \ \ \ \ \ \ \ \ \ |$$
$$\ \ \ \ \ \ \ \ \ \ \ \ CH_2$$
$$\ \ \ \ \ \ \ \ \ \ \ \ \ \ \ |$$
$$\ \ \ \ \ \ \ \ \ \ \ \ CH_3$$

▶解　答

1）最も長い鎖を見つける——ヘプタンである．

$$\overset{\longleftarrow}{CH_3CHCH_2CHCH_3}$$
$$\ \ \ \ |\ \ \ \ \ \ \ \ \ |$$
$$\ \ \ CH_3\ \ \ CH_2$$
$$\ \ \ \ \ \ \ \ \ \ \ \ \ \ \ |$$
$$\ \ \ \ \ \ \ \ \ \ \ \ CH_2$$
$$\ \ \ \ \ \ \ \ \ \ \ \ \ \ \ \downarrow$$
$$\ \ \ \ \ \ \ \ \ \ \ \ CH_3$$

2）枝を見つける——メチル基が二つある（ジメチル）．

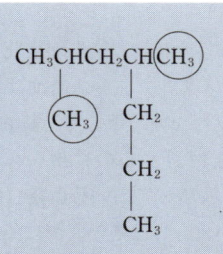

$$\underset{\underset{\underset{\underset{CH_3}{|}}{CH_2}}{\underset{|}{CH_2}}}{CH_3CHCH_2CH\underset{|}{\textcircled{CH_3}}}$$
$$\underset{\textcircled{CH_3}}{|}$$

3) 鎖の炭素原子に番号を振る——メチル基は C_2 および C_4 に結合している.

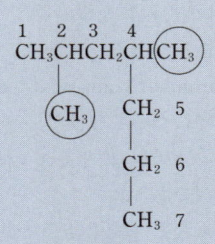

$$\overset{1234}{CH_3CHCH_2CH}\textcircled{CH_3}$$

(鎖: 1-2-3-4-5-6-7, $C_5=CH_2$, $C_6=CH_2$, $C_7=CH_3$)

したがって名称は 2,4-ジメチルヘプタンである.

→ 演習問題 17D, 17E

アルカンの物理的性質

1) アルカン分子は互いに共有結合で結合した炭素原子と水素原子をもつ. これらの原子の電気陰性度にはほとんど差がなく, C–H 結合はわずかに極性をもっているだけである. さらにメタンのような対称性のよい分子では, 弱い極性がさらに相殺されて分子全体として無極性となる. したがってアルカン分子は無極性か低極性で, それらの間で働くのは弱い"ファンデルワールス力"であり, 低級の (炭素数の少ない) アルカンは揮発しやすい. アルカンの分子質量が (それに伴って分子中の電子の数が) 増大するとともに, 分子間に働く分子間力も次第に強くなる. したがって, アルカン分子が大きくなるにつれて, 融点や沸点も規則的に増大する.

2) アルカンは無極性の共有化合物であるから, ベンゼンやエトキシエタン (ジエチルエーテル) のような無極性あるいは低極性の溶媒に溶けるが, 水には溶けない.

→ 演習問題 17F

アルカンの起源

アルカンは石油や天然ガスから得られる. アルカンのような比較的簡単な有機化合物は, 他のもっと複雑な有機化合物を合成するのに用いられる.

石　油

　石油や天然ガスは，小さな海洋性動植物の遺骸が変化したもので，岩盤に閉じこめられている．天然ガスの 60〜90 % はメタンである．原油はさまざまな鎖長の炭化水素の混合物で，そのままではあまり役に立たない．そこで，**製油所**（oil refinery）でほぼ同じ鎖長の化合物群に分離する．石油を精製するのに用いられる技術は**分別蒸留**（fractional distillation）とよばれる．石油を加熱して高い**分留塔**（fractionating column）を通す（図 17・2）．分子が大きく沸点の高い化合物は塔の底部に集められ，一方，分子が小さくより揮発性の部分は塔の頂上に集められる．このようにして集められた化合物群のそれぞれを**留分**（fraction）という．各留分はまだ複雑な混合物で，ある範囲の炭素数のアルカンからなっており，同じ炭素数でも異性体がある．原油はアルカンのほかに，**シクロアルカン**（cycloalkane）や**芳香族化合物**（aromatic compound）を含んでおり，その割合は原油の起源によって異なる．芳香族化合物については後で述べる．化学産業でつくられる多くの合成化学品が原油から得られたアルカンに由来している．プラスチック，医薬品，接着剤，合成繊維などはそのほんの数例である．　　　　　　　　　　➡ 演習問題 **17G**

　天然ガスは水蒸気と反応させて水素と一酸化炭素をつくるのに用いられる．

$$CH_4(g) + H_2O(g) \rightleftharpoons \underbrace{CO(g) + 3\,H_2(g)}_{\text{合成ガス}}$$

生成した気体混合物は**合成ガス**（synthetic gas）とよばれる．合成ガス中の水素はハーバー–ボッシュ法でアンモニアを製造するのに用いられる（15・5 節を参照）．

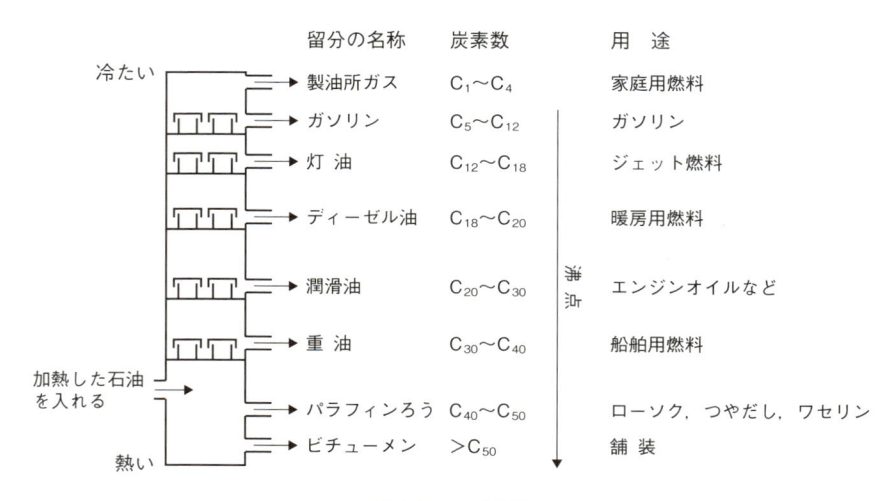

留分の名称	炭素数	用途
製油所ガス	C_1〜C_4	家庭用燃料
ガソリン	C_5〜C_{12}	ガソリン
灯油	C_{12}〜C_{18}	ジェット燃料
ディーゼル油	C_{18}〜C_{20}	暖房用燃料
潤滑油	C_{20}〜C_{30}	エンジンオイルなど
重油	C_{30}〜C_{40}	船舶用燃料
パラフィンろう	C_{40}〜C_{50}	ローソク，つやだし，ワセリン
ビチューメン	$>C_{50}$	舗装

左側：冷たい（上）／熱い（下），加熱した石油を入れる

図 17・2　分留塔

Box 17・1　シクロアルカン

$CH_3CH_2CH_2CH_3$ のような分子はその炭素原子が鎖状に繋がっている．炭素原子は輪になるように繋がることもでき，その場合は**環状**（cyclic）分子ができる．環状分子の構造式はよく多角形で表される．その場合，各頂点には炭素原子とそれに結合している水素原子があると考える．

シクロプロパン

シクロブタン

シクロペンタン

Box 17・2　ガソリンの質

長鎖の炭化水素は自動車のエンジンの中で均一に燃焼しないことがあり，ノッキングの原因になる．直鎖のアルカンから接触分解でつくった枝分かれアルカンはより均一に燃焼するので，ノッキングを防ぐためにこれを燃料に加える．

2,2,4-トリメチルペンタンというアルカンはアンチノック性がよく，一方，n-ヘプタンはノッキングを起こしやすい．

ガソリンの**オクタン価**（octane number）はアンチノック性の尺度である．オクタン価が0のガソリンは，純ヘプタンと同じように燃焼することを意味し，オクタン価100ならば純2,2,4-トリメチルペンタンと等価である．多くのガソリンはオクタン価70であり，2,2,4-トリメチルペンタン70％とn-ヘプタン30％の混合物と同じように燃焼する．

自動車のエンジンの中でガソリンが燃えると，一酸化炭素や燃え残りの炭化水素や窒素酸化物など，さまざまな汚染物質が生成する．触媒コンバーターを用いるとこれらの化合物をより環境に優しい化合物に変換することができる．ガソリンのアンチノック性を高めるために四エチル鉛（$Pb(C_2H_5)_4$）が添加剤として使われてきたが（有鉛ガソリン），四エチル鉛は触媒コンバーターの白金触媒の働きを阻害する．したがって，触媒コンバーターを装着した自動車には有鉛ガソリンを使ってはならない．

石　炭

石炭は植物が高圧下で分解してできる．石炭には2～6％の硫黄を含むものがある．このような石炭を燃やすと大気汚染や酸性雨の原因となる．

石炭を空気を断って加熱する**乾留**（destructive distillation）を行うと，次の3種類の生成物が得られる．

1) **石炭ガス**（coal gas）　主として CH_4 と H_2 からなり，若干の有毒な一酸化炭素を含む．

> **Box 17・3　危険なガスに臭いを付ける**
>
> 粗プロパンはLP（liquid petroleum）ガスともよばれ，ガス供給管が設置されていない地域で使われている．LPには約80％のプロパンが含まれている．加圧すれば普通の気温でも液体として貯蔵することができる．液体にすれば気体よりはるかに少ない体積で済む．LPを入れた加圧タンクの栓を開けると，燃料が気体で出てくる．
>
> プロパンはきわめて燃えやすい上に，味も色も臭いもない．万一漏れたときに使用者が気付くように，強い臭いをもった物質，たとえばスカンクの体臭や腐った肉の臭いのもととなるエチルメルカプタンC_2H_5SHが混ぜてある．

2）**コールタール**（coal tar）　さまざまな有機化合物を含んでおり，それらは蒸留によって分離される．

3）**コークス**（cokes）　有用な燃料で鋼鉄の製造に使われる．

現在ではほとんどの有機化学品は石油から導かれる．石油の精製のほうが石炭の精製よりも安上がりでクリーンだからである．しかし石油価格が上昇し，埋蔵量も減っているので，石炭を有用な化学品へ変換することが期待されるようになっている．

クラッキング

非常に長い炭素鎖のアルカンは短いものに比べて用途が少ない．たとえば，ガソリンのほうが潤滑油より需要が大きい．**クラッキング**（cracking）という方法で長鎖アルカンを小さい分子に分解することができる．**熱分解**（thermal cracking）では，アルカンを高温で加熱すると小さいアルカン，水素，**エテン**（ethene）のような小さい**アルケン**（alkene）ができる．アルケンは別の種類の炭化水素で，この章の後半で学ぶが，多くの有機化学品の合成の重要な出発原料である．**接触分解**（catalytic cracking）では高沸点の石油留分をシリカアルミナ触媒存在下で加熱する．ガソリンとして使うのに適当な短鎖のアルカンができる．

アルカンの化学的性質

アルカンの分子は可能な最大数の水素をもっていて，他の原子や基をさらに付加することができないので，**飽和している**（saturated）という．

1）**燃　焼**　アルカンは特に反応性が高いというわけではない．アルカンは希酸，アルカリ，あるいは過マンガン酸カリウムや二クロム酸ナトリウムのような酸化剤と簡単には反応しない．しかし酸素が十分に供給されれば燃焼して，水と二酸化炭素を生成する．

$$CH_4(g) + 2\,O_2(g) \longrightarrow CO_2(g) + 2\,H_2O(l)$$

この反応は非常に発熱的であり，これがアルカンが燃料として用いられる理由である．アルカンのもう一つの利点は，燃焼でできる生成物がクリーンであるということである．しかし高級アルカンは空気中ではすすを出して燃える．これは分子のすべての炭素を完全に二酸化炭素に変える（**完全燃焼**（complete combustion））のに十分な酸素がなく，いくらかの炭素や一酸化炭素が生成する（**不完全燃焼**（incomplete combustion））からである．

2) **ハロゲン化**　塩素や臭素は紫外線を当てるとアルカンと反応してクロロアルカンやブロモアルカン（総称して**ハロゲノアルカン**（halogenoalkane））を生成する．ハロゲンとの反応を**ハロゲン化**（halogenation）とよぶ．これは光の存在下で起こるので**光化学反応**（photochemical reaction）である．

たとえばメタンは太陽光のもとで塩素ガスと反応して，塩素原子が水素原子と置き換わった**クロロメタン**（chloromethane）が生成する．

$$CH_4(g) + Cl_2(g) \xrightarrow{h\nu} CH_3Cl(g) + HCl(g)$$

メタンと塩素の量によっては，さらに置換が起こって，CH_2Cl_2，$CHCl_3$，最終的にはCCl_4が生成する．プロパンを塩素化すると，最初の置換は末端と中央の炭素原子のどちらでも起こりうるので，生成物は次の二つの**異性体**の混合物となる．

$CH_3CH_2CH_2Cl$ あるいは $CH_3CHClCH_3$
1-クロロプロパン　　　　　2-クロロプロパン

このようにアルカンのハロゲン化では異性体や置換の程度の異なる化合物からなる混合物ができるので，ハロゲノアルカンの実験室的合成法としては適当ではない．しかし化合物の分離を経済的に行うことのできる工業規模の合成法としては有用である．

→ 演習問題 17H

17・2　アルケン

アルケン（alkene）は炭化水素の別の一群である．アルケン分子は炭素原子間に二重結

Box 17・4　ハロゲノアルカンの命名法

ハロゲノアルカンの命名法の規則はアルカンの場合とよく似ており，その名称は母体となるアルカンから導かれる．注意すべきことは，まず最初にハロゲンを含む最も長い炭素鎖を選ぶということである．

ハロゲンの接頭語は，フルオロ，クロロ，ブロモ，ヨード，ジクロロ，トリブロモなどになる．置換基はアルファベット順に並べる．

$CHCl_3$
トリクロロメタン

$CH_3CH_2CHCH_2CHCH_3$
　　　　　CH_3　　Br
2-ブロモ-4-メチルヘキサン

合 (double bond) をもつ. 一般式は C_nH_{2n} で, 名称は"(エ) ン (-ene)"で終わる (表 17・2). 最初の 3 種類のアルケンは 25 ℃で気体である.

エテン分子の形

エテンにおいて各炭素原子は三角形の中心にあり, 各三角形の頂点には 2 個の水素原子ともう一つの炭素原子が位置している. 結合角はほぼ 120° である. →演習問題 17I

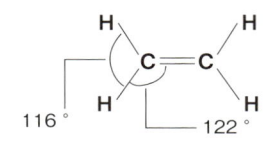

アルケンの命名法

アルケンの命名法にはさらに次のような規則がある.
1) 二重結合を含む最も長い炭素原子の鎖を見つける.
2) 鎖の炭素原子に二重結合に近い末端から番号を振る.
3) 二重結合炭素の番号のうち, 小さいほうを二重結合の位置を示す番号とする.

例題 17・3

 4 3 2 1
$CH_3CH_2CH=CH_2$ の名称はブタ-2-エンではなく, ブタ-1-エンである.

例題 17・4

$CH_3\underset{|}{\overset{|}{C}}CH=CH_2$ (with CH_3 above and CH_3 below) の名称は 3,3-ジメチルブタ-1-エンである.

→演習問題 17J, 17K

アルケンの異性

化学式 C_4H_8 の化合物にはいくつかの構造がありうる.

$CH_3CH_2CH=CH_2$　　$CH_3CH=CHCH_3$　　$(H_3C)_2C=CH_2$
ブタ-1-エン　　　　ブタ-2-エン　　　　2-メチルプロペン

17・2 アルケン

表 17・2 最初の3種類のアルケン

名 称	分子式	構造式
エテン（ethene, 慣用名：エチレン）	C_2H_4	H₂C=CH₂
プロペン（propene）	C_3H_6	H₃C–CH=CH₂
ブタ-1-エン（but-1-ene）	C_4H_8	H₃C–CH₂–CH=CH₂

実験から C_4H_8 には **4種類の異性体**が存在することがわかっている．4番目の異性体は何だろう．実は，ブタ-2-エンには2種類ある——それらは融点も沸点も異なっている．原子の空間配列が次のように違っている．

（左）trans-ブタ-2-エン：H_3C と H が上，H と CH_3 が下に配置された C=C 構造
（右）cis-ブタ-2-エン：H_3C と CH_3 が上，H と H が下に配置された C=C 構造

両化合物とも炭素骨格は平面になっている．*trans*-ブタ-2-エンでは二つのメチル基は二重結合の反対側にある（*trans* は"向こう側"を意味する）のに対して，*cis*-ブタ-2-エンではメチル基は二重結合の同じ側にある（*cis* は"同じ側"を意味する）．**炭素-炭素二重結合のまわりで回転することはできないので，この二つの化合物は同じものではない．**この二つは原子の空間配列が異なるだけである．これらを**幾何異性体**（geometric isomer）という．

▶ 演習問題 17L

アルケンの化学的性質

アルケンの物理的性質はアルカンのそれとよく似ている．しかし，化学的には，アルケンは二重結合をもつためにアルカンよりはるかに反応性に富んでいる．アルケンは二重結合に，さらに水素を付加させることができるので，**不飽和**（unsaturated）**炭化水素**とよばれる．アルケンの不飽和性は水素以外の物質との反応を可能にしている．アルケンの化学的性質には次のようなものがある．

1）燃 焼 アルカンと同じように，酸素が十分に供給されれば燃焼して，二酸化炭

素と水を生成する.

$$C_2H_4(g) + 3\,O_2(g) \longrightarrow 2\,CO_2(g) + 2\,H_2O(l)$$

2）付加 アルケンは不飽和なので，二重結合をしている炭素原子に他の原子が結合して二重結合が単結合になる反応を起こす．二つの分子が反応して一つの分子になる反応を**付加反応**（addition reaction）とよぶ．エテンについて一般式を次のように書くことができる．

$$CH_2=CH_2 + X-Y \longrightarrow \underset{CH_2-CH_2}{\overset{X\quad\ Y}{|\quad\ |}}$$

試薬 "X-Y" のいくつかの例を次に示す.

臭素（Br₂） Br-Br アルケンは室温で臭素と速やかに反応して，無色のジブロモアル

Box 17・5　異性についての補足

異性には大きく分けて**構造異性**と**立体異性**の2種類がある．

構造異性（structural isomerism）はアルカンのところで最初に出てきた．またブタ-1-エン，ブタ-2-エン，2-メチルプロペンの違いは構造異性であった．構造異性では，異性体によって異なる基や原子と結合している原子がある．たとえば，ブテン（C_4H_8）の構造異性体について，下線を付けた炭素を見てみると，左下のようになる．

立体異性（stereoisomerism）では，すべての原子について，それに結合している原子や基はどの異性体でも同じであるが，空間配列が違っている．二重結合が回転できないためにアルケンで見られる幾何異性は立体異性の1種である．1,2-ジクロロエテンの幾何異性体を次に示す.

CH₃CH₂C̲H=CH₂

C̲ に結合しているのは：—H
　　　　　　　　　　—CH₂CH₃
　　　　　　　　　　=CH₂

CH₃C̲H=CHCH₃

C̲ に結合しているのは：—H
　　　　　　　　　　—CH₃
　　　　　　　　　　=CHCH₃

　　CH₃
　　 |
CH₃C̲=CH₂

C̲ に結合しているのは：—CH₃
　　　　　　　　　　—CH₃
　　　　　　　　　　=CH₂

trans-1,2-ジクロロエテン

cis-1,2-ジクロロエテン

各原子にはどちらの異性体でも同じ原子が結合しているが，空間的な並び方が違っている．

別の立体異性として**光学異性**（optical isomerism）がある．これについては後で学ぶ．

カンを生成する．たとえば，エテンガスを**臭素水**（bromine water，臭素の水溶液）に吹き込むと，溶液の色が赤褐色から無色に変わる．この反応は炭化水素の不飽和性の試験として使われる．

$$CH_2=CH_2 + Br-Br \longrightarrow \underset{CH_2-CH_2}{\overset{Br\ \ \ Br}{|\ \ \ \ \ |}}$$

塩素（Cl_2）$Cl-Cl$ 臭素の場合と同様の反応が起こるが，色の変化は明確ではない．

$$CH_2=CH_2 + Cl-Cl \longrightarrow \underset{CH_2-CH_2}{\overset{Cl\ \ \ Cl}{|\ \ \ \ \ |}}$$

水素（H_2）$H-H$ アルケンへの水素の付加は水素化とよばれ，生成物はアルカンである．水素化は触媒（ニッケル，パラジウム，あるいは他の白金族の金属）の存在下に高圧水素を用いて行う．

$$RCH=CH_2 + H-H \xrightarrow[500℃]{Ni} \underset{RCH-CH_2}{\overset{H\ \ \ H}{|\ \ \ \ |}}$$

ハロゲン化水素（HCl）$H-Cl$，（HBr）$H-Br$，（HI）$H-I$ 気体のハロゲン化水素を直接アルケンと反応させるとハロゲノアルカンが生成する．

$$RCH=CH_2 + H-Cl \longrightarrow \underset{RCH-CH_2}{\overset{Cl\ \ \ H}{|\ \ \ \ |}}$$

硫酸（H_2SO_4）$H-OSO_3H$ アルケンは冷濃硫酸と反応して硫酸水素アルキルを生成する．

$$RCH=CH_2 + H-OSO_3H \longrightarrow \underset{RCH-CH_2}{\overset{OSO_3H\ \ H}{|\ \ \ \ \ \ \ \ |}}$$

3）酸化   アルケンは過マンガン酸カリウム（マンガン(VII)酸塩）の冷アルカリ水溶液で酸化されて1,2-ジオールというOH基2個を隣接炭素上にもつ化合物を生成する．過マンガン酸カリウム溶液は紫色から褐色に変わる．これは炭化水素の不飽和性を調べるもう一つの試験法である（**バイヤー試験**（Baeyer test））．

$$CH_2=CH_2 \xrightarrow{KMnO_4} \underset{\substack{CH_2-CH_2 \\ \text{エタン-1,2-ジオール}}}{\overset{OH\ \ \ OH}{|\ \ \ \ \ |}}$$

4）重合   適当な条件下でアルケンは互いに付加反応を起こす．この反応を**重合**

（polymerization）という．たとえば，たくさんのエテン分子が集まって，二重結合を切ってつながりポリエチレンを生成する．

$$n(CH_2=CH_2) \xrightarrow[\text{あるいは触媒}]{O_2, \text{熱，圧力}} \cdots CH_2-CH_2-CH_2-CH_2-CH_2 \cdots$$

n は大きな数
（たとえば 20 000）

生成物は次のように書くこともできる．

$$-(CH_2-CH_2)_n-$$

ポリマー（polymer）とよばれる長鎖の分子が，小さなエテン分子（モノマー（monomer）という）から生成する．この細長いポリマー分子は**線状高分子**（linear macromolecule）ともよばれる．ポリエチレンは反応性のない固体である．簡単に成形することができ，プラスチックの袋や瓶，各種容器，プラスチック管などに使われている．"プラスチック"は"簡単に成形できる"という意味である．置換エテンも同様の付加反応でポリマーを生成する．

スチレン

$$n(CH_2=CH) \longrightarrow \cdots CH_2-CH-CH_2-CH \cdots$$
$$\quad\quad\; | \quad\quad\quad\quad\quad\quad\quad\quad | \quad\quad\quad\; |$$
$$\quad\quad C_6H_5 \quad\quad\quad\quad\quad\quad C_6H_5 \quad\;\; C_6H_5$$

スチレン　　　　　　　　　ポリスチレン

塩化ビニル

$$n(CH_2=CH) \longrightarrow \cdots CH_2-CH-CH_2-CH \cdots$$
$$\quad\quad\; | \quad\quad\quad\quad\quad\quad\quad\quad | \quad\quad\quad | $$
$$\quad\quad Cl \quad\quad\quad\quad\quad\quad\quad\;\; Cl \quad\quad\; Cl$$

塩化ビニル　　　　　ポリ塩化ビニル（PVC）

これらのポリマーの名称が出発分子（モノマー）の古い慣用名に由来していることに注意しよう．

→ 演習問題 **17M**

17・3 アルキン

アルキン（alkyne）は炭素‐炭素三重結合をもつ炭化水素の一群で，一般式 C_nH_{2n-2} をもつ．この系列の最初の化合物がエチン（旧名はアセチレン）である．エチンは直線分子である．

$$H-C\equiv C-H$$

酸素中で燃焼すると大量の熱が発生するので，**酸素アセチレン炎**（oxy-acetylene torch）は金属を切断したり溶接するのに用いられる．

Box 17・6　アルケンの結合のよりよいモデル

アルケンの結合を表すのにルイス構造を用いることもできるが，ルイス構造ではアルケンがなぜアルカンに比べて反応性が高いのかを説明することはできない．アルケンの反応性を説明するにはもっと洗練されたモデルが必要である．

エテンのルイス構造では2組の電子対が炭素原子に共有される．

まず，結合をつくっている電子が軌道を占めているということを考慮しなければならない．共有結合はそれらの軌道の重なりによって生じる．エテンのそれぞれの炭素はもう一つの炭素および2個の水素の電子が入った軌道と重なることによって，3個の"普通の"共有結合をつくる．各結合において，二つの原子核の間にある電子雲が二つの原子を"結びつけている"．このような普通の共有結合をσ（シグマ）結合とよぶ（図17・3）．

各炭素原子に電子が1個ずつ残っている．これらの電子は図17・4に示すようにp軌道に入っている．

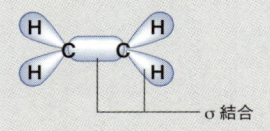

図 17・3　エテンのσ結合

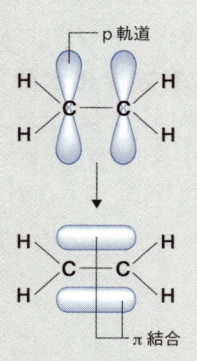

図 17・4　エテンにおけるπ結合の生成

これら二つのp軌道が側面同士で重なり合うことによってπ（パイ）結合ができる．この結合では，電子雲は二つの炭素原子を結ぶ水平面の上と下に集まっている．つまりエテンの炭素原子間の二重結合はσ結合1個とπ結合1個からできている．π結合では負に荷電した電子雲がむき出しになっており，正に荷電した化学種の攻撃を受けやすい．これがアルケンの反応性が高い原因である．

$$2\,C_2H_2(g) + 5\,O_2(g) \longrightarrow 4\,CO_2(g) + 2\,H_2O(l)$$

プロピンはエチンの水素原子1個をメチル基（$-CH_3$）で置換した化合物である．

$$CH_3-C\equiv C-H$$

アルキンは不飽和であり，アルケンと同様の付加反応を起こす．反応生成物はアルキンと反応する試薬の物質量（mol）によって2種類が可能である．たとえば1 molのエチンに対して1 molの水素が付加すれば，生成物はエテンである．

$$H-C \equiv C-H(g) + H_2(g) \xrightarrow[150℃]{Ni 触媒} H_2C=CH_2(g)$$

2 molの水素ならばエタンが生成する．

$$H-C \equiv C-H(g) + 2H_2(g) \xrightarrow[150℃]{Ni 触媒} H_3C-CH_3(g)$$

→ 演習問題 17N, 17O

17・4　芳香族炭化水素

これまで学んできた炭化水素は，化合物の"骨格"が線状の炭素鎖でできており，**脂肪族**（aliphatic）炭化水素に分類される．これとは別の炭化水素があり，**芳香族**（aromatic）炭化水素とよばれる．これらはベンゼン環をもっており，ベンゼンに似た化学的挙動を示す．ベンゼンは分子式 C_6H_6 をもち，その構造式は1865年にケクレによって最初に提唱された．

普通は次のように省略して書かれる．

あるいは

実際はこのどちらもベンゼンの構造を正しく表していない．ベンゼンの炭素-炭素結合の長さはすべて等しいことがわかっている．しかし二重結合は同じ元素間の単結合より短いから，上の構造式は，真実を反映していない．またベンゼンは二重結合が3個もある化合物に予測される付加反応を起こさない．現在では，ベンゼンの構造は次のように表される．

Box 17・7 有機化合物の分析

未知の有機化合物の同定において，まず最初に行うことの一つに**定量的元素分析** (quantitative elemental analysis) がある．この分析によってその化合物に存在する元素の質量の百分率がわかる．その結果からその化合物の実験式が計算される．炭化水素中の炭素と水素の割合を求めるには，秤量した炭化水素の試料を約700℃の温度で酸化銅(II)を詰めた管を通過させる．酸化銅(II)は炭化水素を酸化して，炭素を二酸化炭素に，水素を水蒸気に変える．

$$\text{炭化水素の "CH}_2\text{"} + 3\,\text{CuO} \longrightarrow 3\,\text{Cu} + \text{CO}_2 + \text{H}_2\text{O}$$

燃焼管で生成した気体を，あらかじめ秤量してある2本の管に導く．1本には水を吸収するための乾燥剤が，他の1本には二酸化炭素を吸収するための強塩基（たとえば水酸化ナトリウム）が詰めてある．各管の重量の増加量から，炭化水素の燃焼による生成物の質量がわかる．

たとえば7.25 mgのメタンの試料は19.90 mgの二酸化炭素と16.17 mgの水を生成する．

$$\text{試料中の炭素の質量} = \text{二酸化炭素の質量} \times \frac{M(\text{C})}{M(\text{CO}_2)}$$

$$= 19.90 \times \frac{12}{44} = 5.4 \text{ mg}$$

$$\text{試料中の水素の質量} = \text{水の質量} \times \frac{M(2\text{H})}{M(\text{H}_2\text{O})}$$

$$= 16.17 \times \frac{2}{18} = 1.8 \text{ mg}$$

したがってメタンの百分率組成は

$$\text{炭素}: \frac{5.4}{7.25} \times 100 = 75\,\% \,;\, \text{水素}: \frac{1.8}{7.25} \times 100 = 25\,\%$$

未知化合物の実験式はその百分率組成から8章で学んだ計算法で求めることができる．

窒素，硫黄，ハロゲンなどの有機化合物に含まれる他の元素についても，さまざまな方法で分析することができる．

この構造は炭素-炭素二重結合の電子が分子全体に広がっている，すなわち**非局在化している** (delocalized) ことを表している．それによって分子はより安定になっている．ルイス構造ではベンゼンの結合を十分に表すことはできない．このような結合をより的確に表現するには，電子を（×や点ではなく）"電子雲"として取扱わなければならない．この結合モデルについてはBox 17・8を参照．

"Ar−"が**アリール** (aryl) 基を意味しており，ベンゼン環をはじめとする芳香族基を表すのに用いられることに注意しよう．たとえばAr−Clには次の化合物も含まれる．

$$\underset{\text{(構造図: クロロベンゼン)}}{}$$

"Ph—"は**フェニル**（phenyl）基（C_6H_5-）だけを指す記号で，上の化合物は C_6H_5-Cl あるいは Ph—Cl と書くことができる．

ベンゼンの物理的性質

ベンゼンは水に不溶の無色の液体である．溶媒として広く用いられてきたが，有毒であり，蒸気を吸うと白血病を引き起こす恐れがあることがわかって，現在では使用が制限されている．より安全な代替品としてトルエン（次節を参照）が使われている．

ベンゼンの化学的性質

1）燃　焼　ベンゼンは空気中で燃えると，二酸化炭素と水に加えて，不完全燃焼のため炭素粒子を生成し，煙とともに明るい光を放つ．

2）置　換　ベンゼンは付加反応ではなく**置換反応**（substitution reaction）を起こす（つまりアルケンとは異なる挙動を示す）．環炭素に結合している水素が他の原子や基と置き換わる．いくつかの例を次に示す．

● ベンゼンは濃硫酸と濃硝酸の混合物によって 60 ℃で**ニトロ化**（nitration）され，ニトロベンゼンが淡黄色の液体として生成する．

$$\text{C}_6\text{H}_6 + \text{HNO}_3 \xrightarrow{\text{H}_2\text{SO}_4} \text{C}_6\text{H}_5\text{NO}_2 + \text{H}_2\text{O}$$

● ベンゼンは室温で触媒存在下に塩素や臭素と反応して**ハロゲン化**（halogenation）される．たとえば塩素は塩化鉄(III)存在下にベンゼンと反応する．塩素原子がベンゼン環の水素と置換してクロロベンゼンが生成する．

$$\text{C}_6\text{H}_6 + \text{Cl}_2 \xrightarrow{\text{FeCl}_3} \text{C}_6\text{H}_5\text{Cl} + \text{HCl}$$

Box 17・8　ベンゼンの結合

ベンゼンで観測される性質は，ベンゼンの結合についてケクレが提唱したモデルよりもさらに洗練されたモデルを用いることによって説明することができる．環の各炭素原子は水素1個および両隣の2個の炭素原子とσ結合で結合している．各炭素には，σ結合平面に垂直に1個の使われていないp軌道があり，それぞれ1個の電子が入っている．分子全体として図17・5に示すような"平面"骨格となっている．

p軌道はその両隣のp軌道と側面同士で重なり合って，図17・6に示すように分子平面の上下に"ドーナツ状"に広がったπ電子雲を形成している．各電子はもはや個々の炭素に"属さず"，π電子雲全体を飛び回っている．すなわち**非局在化**している（delocalized）．

このπ電子の非局在化がベンゼンをケクレ構造から予想されるよりも安定なものにしていると考えられており，ベンゼンが3個の二重結合をもつ分子としては反応しない理由となっている．このモデルはすべての炭素–炭素結合が同じ長さをもつことを予測するが，事実，その通りである．その長さはC=CとC—Cの通常の長さの中間になっている．

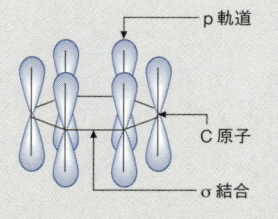

図 17・5　ベンゼンの炭素骨格（水素原子は省いてある）

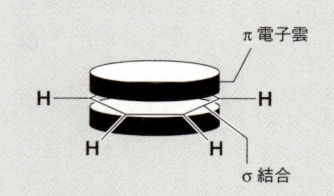

図 17・6　ベンゼンの結合

● ベンゼンは触媒存在下にハロゲノアルカンと反応して**アルキル化**（alkylation）される．たとえばクロロエタンは塩化アルミニウム触媒存在下にベンゼンと反応してエチルベンゼンを生成する．

$$\text{C}_6\text{H}_6 + \text{C}_2\text{H}_5\text{Cl} \xrightarrow{\text{AlCl}_3} \text{C}_6\text{H}_5\text{C}_2\text{H}_5 + \text{HCl}$$

この反応は**フリーデル–クラフツのアルキル化**（Friedel-Crafts alkylation）とよばれる．

● ベンゼンは触媒存在下に酸ハロゲン化物（ハロゲン化アシル）によって**アシル化**（acylation）される．アシル基はRCO—であり，Rはメチル基，エチル基のようなアルキル基である．塩化エタノイルは塩化アルミニウム存在下にベンゼンと反応してフェニルエタノンを生成する．

[ベンゼン] + CH₃COCl →(AlCl₃) [フェニルメチルケトン] + HCl

この反応は**フリーデル-クラフツのアシル化**（Friedel-Crafts acylation）とよばれる.

3）**付加**　ベンゼンは付加反応を起こすこともある.

● ベンゼンはニッケル触媒存在下に水素と反応してシクロヘキサンへと水素化される. しかしアルケンの水素化より高い温度を必要とする.

[ベンゼン] + $3H_2$ ⟶ [シクロヘキサン]

● 紫外線照射下に塩素がベンゼンに付加し，最終的に 1,2,3,4,5,6-ヘキサクロロシクロヘキサンが生成する. 各炭素原子に 1 個ずつの塩素が結合する

[ヘキサクロロシクロヘキサンの構造]

ベンゼンの供給源

ベンゼンはコールタールからも得られるが，主要な供給源は石油である.

→ 演習問題 17P

アレーン

芳香族基と脂肪族基を併せもつ炭化水素をアレーンという. いくつかのアレーンを示す.

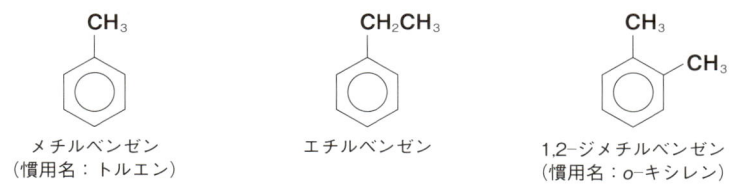

メチルベンゼン
（慣用名：トルエン）

エチルベンゼン

1,2-ジメチルベンゼン
（慣用名：o-キシレン）

二つ以上の環炭素に置換基が結合していると構造異性体が存在しうることに注意しよう. たとえばキシレンは 3 種類が可能で，残りは次の二つである.

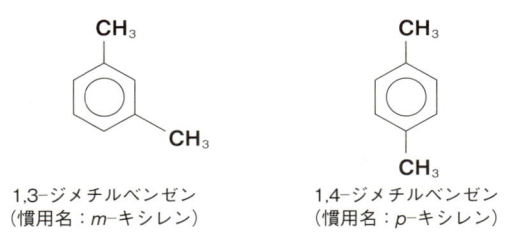

17・4 芳香族炭化水素

1,3-ジメチルベンゼン
(慣用名：*m*-キシレン)

1,4-ジメチルベンゼン
(慣用名：*p*-キシレン)

構造異性体を命名するときは，環の炭素に番号を振る．原子や基が結合する最初の炭素を1番とする．

→ 演習問題 17Q

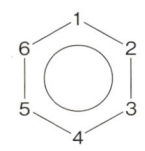

Box 17・9　フリードリッヒ・ケクレ

ドイツの科学者フリードリッヒ・ケクレ (Friedrich Kekulé, 1829〜1896) はゲント大学とボン大学の化学の教授であった．彼は有機化合物の基礎となる炭素同士の連結，すなわち"炭素鎖"の概念を提唱した．1860年代に芳香族化合物に注目するようになった．ベンゼンは1825年にファラデーによって同定されており，ベンゼンの実験式が C_6H_6 であることは知られていたが，その構造はケクレが1865年に環状構造を提唱するまで謎のままであった．

C_6H_6 の分子式をもつ いくつかの構造を下に示すが，どれもベンゼンとしては受け入れ難いものであった．ベンゼンが付加反応を起こしにくいことがその理由の一つである．C_6H_6 の構造としてもっとほかにどんな可能性があるか考えてみるとよい．

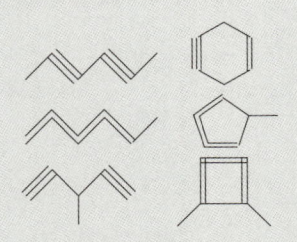

ケクレによれば，彼はベンゼンの構造の謎に対する答を夢の中で見た．夢の中で6個の炭素のつながりが蛇になり，研究室の中を這い回った．突然その蛇は輪をつくった．このようにしてケクレは"ベンゼン環"を思いついた．

ケクレと彼が提唱したベンゼンの構造を示す郵便切手．彼はこの構造を夢で見たといっている．

縮環芳香族化合物

ベンゼン環が2個の炭素を共有して繋がっているとき，縮環しているという．たとえば，

　　　　ナフタレン　　　　　アントラセン　　　　フェナントレン

　ナフタレンは防虫剤として使われてきた．これらの化合物はコールタールから得られる．**多環芳香族炭化水素**（polyaromatic hydrocarbon, PAH）ともよばれる．PAHはタバコの煙や自動車の排気ガスに含まれる物質からも生成し，大気中にも多く見いだされる．PAHのいくつかは有毒であるとされている．

　　この章の発展教材がウェブサイトにある．

18 いろいろな有機化合物

18・1 ハロゲノアルカン（ハロゲン化アルキル）
18・2 アルコール
18・3 カルボニル化合物
18・4 カルボン酸
18・5 アミン
18・6 光学異性
18・7 アミノ酸とタンパク質
18・8 置換ベンゼン誘導体

この章で学ぶこと

- 官能基の意味
- 官能基による有機化合物の分類
- おもな化合物群の特徴
- 光学異性入門

非常に多くの有機化合物を，炭化水素の水素原子を他の原子や基（**官能基**（functional group）とよばれる）で置き換えることによってつくることができる．膨大な数の化合物をある程度順序立てるために，有機化合物をいくつかの"群"に分けることにする．それぞれの群に属する化合物は，同じ官能基をもっており，その官能基が存在するために，その群に特有の反応を起こす．先に進む前に表 18・1 を見て，これらの官能基を**覚えよう**．

表 18・1 おもな官能基

化合物の一般式	官能基の名称	例
R–X（X＝ハロゲン）	ハロゲノアルカン	CH_3Cl（クロロメタン）
R–OH	アルコール	CH_3CH_2OH（エタノール）
R–NH$_2$	アミン	CH_3NH_2（メチルアミン）
R–COOH	カルボン酸	CH_3COOH（エタン酸）
R–COCl	酸塩化物	CH_3COCl（塩化エタノイル）
R–CONH$_2$	アミド	CH_3CONH_2（エタンアミド）
R–COOR′	エステル	CH_3COOCH_3（エタン酸メチル）
R–CHO	アルデヒド	CH_3CHO（エタナール）
RCOR′	ケトン	CH_3COCH_3（プロパノン）
ROR′	エーテル*	$CH_3CH_2OCH_2CH_3$（ジエチルエーテル）
R–CN	ニトリル*	CH_3CN（エタンニトリル）

* これらの官能基の化学は本書では触れない．

18・1　ハロゲノアルカン（ハロゲン化アルキル）

ハロゲノアルカンはすでに 17 章で出てきた．これらの化合物は炭化水素の水素原子をハロゲン（F, Cl, Br, I）で置き換えることによって生成し，一般式 R–X（X=ハロゲン）をもつ．すなわち，

CH_3F　　フルオロメタン
CH_3Cl　　クロロメタン
CH_3Br　　ブロモメタン
CH_3I　　ヨードメタン

ハロゲノアルカンは水に不溶である．ハロゲノアルカン（もし液体であれば）と水の混合物は 2 層になり，ハロゲノアルカンは密度が高いので下層になる．

➡ **演習問題 18A**

重要なハロゲノアルカン

トリクロロメタン（クロロホルム，$CHCl_3$）は不燃性である．肝臓障害の原因となることが判明する以前は麻酔薬として用いられていた．テトラクロロメタン（四塩化炭素，CCl_4）も麻酔作用があるが，さらに有毒である．現在，麻酔薬として広く使われているのはブロモクロロトリフルオロエタン（通称ハロタン）でずっと安全性が高い．

ハロタン

ハロゲノアルカンのハロゲン置換反応

炭素–ハロゲン結合は極性をもち（$C^{\delta+}-X^{\delta-}$），その炭素は非共有電子対をもつ原子団によって攻撃を受ける．その結果，置換反応が起こり，ハロゲン原子が他の原子や原子団と置き換わる．ハロゲノアルカンを水酸化ナトリウム水溶液と加熱すると，ハロゲンが OH 基と置換されてアルコールが生成する．

$$CH_3CH_2CH_2Br\ +\ OH^-\ \longrightarrow\ CH_3CH_2CH_2OH\ +\ Br^-$$
　　1-ブロモプロパン　水酸化物イオン　プロパン-1-オール　臭化物イオン

Box 14・1 ではこの反応がどのように起こるのかを，さらに詳しく説明している．

18・2　アルコール

アルコールの化学式は R–OH で表される．名称の語尾は"（オ）ール（-ol）"となる．この語尾の前に，必要ならば–OH 基が結合している炭素原子の位置を示す番号を付け

18・2 アルコール

表 18・2 いくつかのアルコール

名 称	化学式	沸点/℃	室温での状態
メタノール	CH_3OH	65	液体
エタノール	CH_3CH_2OH	79	液体
高級アルコールには異性体が存在する──命名法に注意			
プロパン-1-オール	$CH_3CH_2CH_2OH$	98	液体
プロパン-2-オール	$CH_3CH(OH)CH_3$	83	液体
ブタン-1-オール	$CH_3CH_2CH_2CH_2OH$	117	液体
2-メチルプロパン-2-オール	$(CH_3)_3COH$	82	液体または固体

る. アルコールの例を表 18・2 に示す.

二つ以上の −OH 基をもつアルコールは,それがいくつあるかによってジオール,トリオールなどと命名される.1,2-ジオールは**グリコール**（glycol）ともよばれる.

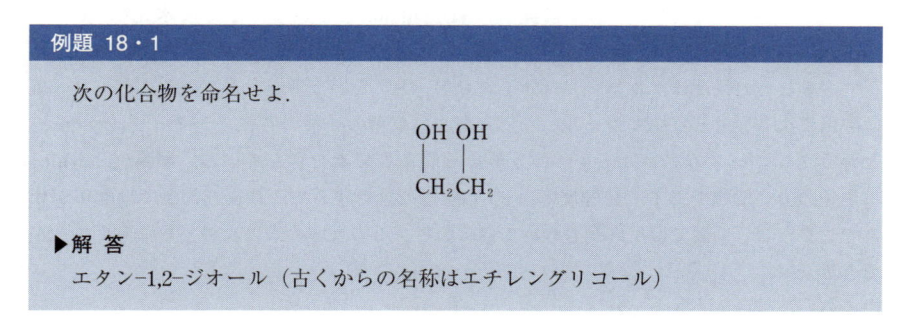

例題 18・1

次の化合物を命名せよ.

$$\begin{array}{cc} OH & OH \\ | & | \\ CH_2 & CH_2 \end{array}$$

▶ 解 答

エタン-1,2-ジオール（古くからの名称はエチレングリコール）

→ 演習問題 18B

アルコールの物理的性質

1）水素結合能 アルコールの −OH 基は極性である.

$$R-O^{\delta-}-H^{\delta+}$$

したがってアルコールはアルコール同士あるいは水との間で**水素結合**（hydrogen bond）をすることができる.

アルコール分子同士で水素結合を生成するので,アルコールは同程度の分子質量をもつ他の有機化合物よりも高い沸点をもつ.水との水素結合能のため,低分子質量のアルコールは水によく溶けるか,完全に混ざり合う.エタン-1,2-ジオール,すなわちエチレングリコールは不凍液の成分として使われる.それはエタン-1,2-ジオールが二つの −OH 基をもち,水に溶けやすいことと,高沸点であり,かつ低融点であるためである.

2）アルコールはよい溶媒となる −OH 基があるということは,水と似た性質をもつということであり,イオン性の化合物を溶かすことができる.また −R 基があるので,

$$R-\overset{H^{\delta+}}{\underset{\times\times}{O}}{}^{\times\delta-}\cdots H^{\delta+}-\overset{R}{\underset{\times\times}{O}}{}^{\times\delta-}$$

$$R-\overset{H^{\delta+}}{\underset{\times\times}{O}}{}^{\times\delta-}\cdots H^{\delta+}-\overset{H^{\delta+}}{\underset{\times\times}{O}}{}^{\times\delta-}$$

共有結合性の有機化合物に対しても溶媒として働くことができる．　　　**→ 演習問題 18C**

エタノール

さまざまなアルコールがあるが，化学者ではない人が"アルコール"といえば，普通，エタノールを指す．エタノールは**発酵**（fermentaion）という方法で**炭水化物**（carbohydrate）を分解してつくられる．

ブドウなどの果汁はグルコース（分子式 $C_6H_{12}O_6$）という糖を含んでいる．グルコースは酵母により発酵してアルコールになる．酵母は真菌の一種であり，**チマーゼ**（zymase）というグルコースのアルコールへの分解を触媒する酵素を含んでいる．**酵素**（enzyme）は生体のもつ触媒である．発酵反応は 20 ℃ 付近で進行する，これより高温では酵母が死んでしまうし，低温では反応がきわめて遅くなる．この反応の式は次のように書くことができる．

$$\underset{\text{グルコース}}{C_6H_{12}O_6(aq)} \longrightarrow 2\,C_2H_5OH(aq) + 2\,CO_2(g)$$

反応液中のエタノール含量がほぼ 14 %（v/v）に達すると発酵は停止する．エタノール含量がそれ以上になると酵母が死んでしまうからである．もっと高い濃度のアルコールが必要な場合は**分別蒸留**（fractional distillation）を行う．ウイスキーやブランデーのような"スピリッツ"は 40 % 以上のアルコールを含んでいる．発酵はアルコール飲料の製造には用いられるが，化学用エタノールを大規模につくるのにはあまり使われない．エタノールを含むアルコール類はアルケンの二重結合に水を付加させて合成する（**水和反応**（hydraton reaction））．この反応はリン酸によって触媒される．

$$\underset{\text{エテン}}{CH_2=CH_2} + \underset{\text{水蒸気}}{H_2O} \xrightarrow[\substack{300\,℃\\70\,atm}]{H_3PO_4} \underset{\text{エタノール}}{CH_3CH_2OH}$$

エタノールの希薄水溶液を飲料として飲んだときは，快く，くつろいだ気持ちになるが，多く摂りすぎると頭痛や吐き気を引き起こす．長期にわたるエタノールの濫用は肝臓障害の原因となる．

メタノール

元来，メタノールは木材を蒸留してつくられたので，木精とよばれていた．現在ではメタノールは一酸化炭素の接触水素化で合成される．

$$CO(g) + 2H_2(g) \longrightarrow CH_3OH(l)$$

メタノールは溶媒として，また自動車のラジエーターの不凍液として用いられている．メタノールはエタノールより，はるかに毒性が強く，飲むと失明や死に至る場合がある．メタノールは自動車の燃料として用いることができる．

メチル化アルコール

アルコール飲料は多くの国で重税が課せられている．しかしエタノールには飲料以外にも多くの工業的用途がある．有機化合物の合成原料になり，また溶媒としてきわめて有用である．工業用のエタノールは税を軽くするために，飲料に適さないように処理されている（**変性**（denatured）されているという）．すなわち少量のメタノールを添加して"工業用メチル化アルコール"になっている．英国では，家庭用に販売されるメチル化アルコールには，飲料に不適であることを警告するために，紫色の染料が添加されている．

アルコールの化学的性質

1) 空気中で燃焼して熱を発生するので，燃料として用いられる．

$$CH_3CH_2OH(l) + 3O_2(g) \longrightarrow 2CO_2(g) + 3H_2O(l)$$

2) アルコールは酸化されてカルボン酸になる．たとえば，エタノールは空気中の細菌によってゆっくりと酸化されエタン酸（**食酢**中の**酢酸**のこと）となる．これがワインを蓋を開けたままボトルに入れて数日間空気中に置いておくと酸っぱくなる理由である．

$$CH_3CH_2OH(l) + O_2(g) \xrightarrow{細菌} CH_3COOH(l) + H_2O(l)$$

酸性過マンガン酸カリウム（マンガン(VII)酸カリウム）水溶液や二クロム酸（酸性二クロム(VI)酸ナトリウム水溶液）のような強い酸化剤もまたアルコールを酸化する．

3) アルコールはカルボン酸と反応して**エステル**（ester）となる（カルボン酸の反応については 18・4 節を参照）．

第一級，第二級，および第三級アルコール

メタノールを除いて，アルコールは第一級，第二級，および第三級に分類される．

第一級アルコールは —CH$_2$OH 基をもつ
第二級アルコールは >CHOH 基をもつ
第三級アルコールは >COH 基をもつ

➡ 演習問題 18D

18・3 カルボニル化合物

カルボニル基 >C=O をもつ化合物をカルボニル化合物という.いくつかの化合物群がその構造にカルボニル基を含んでいる.それらの化合物群の名称はカルボニル炭素に結合している原子の種類によって決まる.結合している原子の一つが水素である場合,**アルデヒド**(aldehyde)とよばれる化合物群に分類される.カルボニル炭素に二つの炭素原子が結合している化合物は**ケトン**(ketone)とよばれる.まとめると,

アルデヒドは R—C=O 基をもつ(R—CHOと表される)
          |
          H

ケトンは R—C=O 基をもつ(R, R′ はアルキル基)
       |
       R′

アルデヒドの名称はその炭素数のアルカンに由来し,語尾は"(ア)ール (-al)"となる.

HCHO	メタナール(古くからの名称はホルムアルデヒド)
CH$_3$CHO	エタナール(古くからの名称はアセトアルデヒド)
CH$_3$CH$_2$CHO	プロパナール

ケトンは母体アルカン(炭素数がケトンと同じアルカン)の名称の語尾を"(オ)ン (-one)"に変えることによって命名される.混同を避けるためにカルボニル基の位置を示す番号が必要となる場合がある.

CH$_3$COCH$_3$	プロパノン(普通アセトンとよばれる)
CH$_3$COCH$_2$CH$_3$	ブタノン
CH$_3$COCH$_2$CH$_2$CH$_3$	ペンタン-2-オン

アルデヒドとケトンは互いに異性体である場合がある.たとえば,CH$_3$CH$_2$CHO と CH$_3$COCH$_3$ はともに分子式 C$_3$H$_6$O をもつ.これらは**構造異性体**(structural isomer)であり,物理的および化学的性質が互いに異なる.

➡ 演習問題 18E

アルデヒドとケトンの物理的性質

カルボニル基は極性であり，酸素原子上に非共有電子対をもつ．

$$\text{>C}^{\delta+}=\overset{\times\times}{\underset{\times\times}{O}}{}^{\delta-}$$

したがってカルボニル基は水分子との水素結合に関与する．

$$\underset{R'-\underset{}{C}^{\delta+}-R''}{\overset{\times\times}{\underset{\times\times}{O}}{}^{\delta-}}\cdots\overset{H^{\delta+}}{\underset{H^{\delta+}}{}}\overset{O^{\delta-}}{}$$

そのため低分子質量のアルデヒドやケトンは水に溶ける．プロパノン（アセトン）は溶媒として広く用いられている．アセトンは水に溶け，多くの極性ないし非極性の化合物を溶かす．ペンキやマニキュアやプラスチックの溶媒となる．

メタナール（慣用名はホルムアルデヒド）の 37 % 水溶液に少量のメタノールを添加したものは，**ホルマリン**（formalin）とよばれ，生物標本の保存に用いられる．

エタナールはエタノールが肝臓内で酸化されたときにできる．血液中にエタナールがたまると二日酔いになる．

ケトンには特徴的な甘い匂いをもつものがある．スペアミントの香りのするチューインガムの匂いはカルボンというケトンのためである．

（カルボン）

→ **演習問題 18F**

アルコールの酸化によるアルデヒドとケトンの合成

第一級あるいは第二級アルコールは，酸化されるとそれぞれアルデヒドあるいはケトンになる．アルデヒドは容易にさらに酸化されてカルボン酸になる．つまり**第一級アルコール**（primary alcohol）はアルデヒドを経てカルボン酸へと続けて酸化される．**第二級アルコール**（secondary alcohol）が酸化されると，普通，ケトンができる．ケトンはそれ以上は酸化されにくい．なぜなら，そのためには C−C 結合を切断しなければならず，それには非常に強い酸化条件が必要だからである．**第三級アルコール**（tertiary alcohol）も C−C 結合の切断を伴うので酸化を受けない．これらをまとめると，次のようになる．

```
第一級アルコール           アルデヒド              カルボン酸
CH₃CH₂OH  ──酸化──→  CH₃CHO  ──酸化──→  CH₃COOH
エタノール              エタナール              エタン酸

第二級アルコール          ケトン
CH₃CHOHCH₃  ──酸化──→  CH₃COCH₃
プロパン-2-オール         プロパノン
```

酸性二クロム(VI)酸ナトリウムは第一級アルコールをカルボン酸へ，また第二級アルコールをケトンへと酸化するときに用いられる酸化剤の一つである．第一級アルコールの酸化生成物としてアルデヒドが必要な場合は，アルデヒドが生成すると同時に蒸留で取出すことができるような装置が必要となる．

カルボニル化合物は水素化アルミニウムリチウム（LiAlH₄）あるいは水素化ホウ素ナトリウム（NaBH₄）のような還元剤を用いてアルコールに戻すことができる．

➡ 演習問題 18G

アルデヒドとケトンを区別する試験法

アルデヒドは容易に酸化されてカルボン酸になるのに対して，ケトンは酸化されない．これを利用して両者を区別することができる．

1) フェーリング液は Cu^{2+} を含む塩基性溶液である．この溶液をアルデヒドと煮沸すると，アルデヒドが銅(II)イオンによって酸化され，酸化銅(I)のレンガ色沈殿が生成する．ケトンはこの試薬では**酸化されない**．

$$RCHO + 6\,H_2O + 2\,Cu^{2+} \longrightarrow RCOOH + 4\,H_3O^+ + Cu_2O$$

2) トレンス試薬はアンモニア水溶液に溶けた Ag^+ イオンを含んでいる．この試薬をアルデヒドと温めると，銀イオンが金属銀へと還元され，反応容器の壁に沈着して"銀鏡"ができる．ここでもケトンはこの試薬と反応しない．

$$RCHO + 3\,H_2O + 2\,Ag^+ \xrightarrow{\text{アンモニア水溶液}} RCOOH + 2\,H_3O^+ + 2\,Ag$$

アルデヒドおよびケトンの同定

アルデヒドおよびケトンのカルボニル基は，**ヒドラジン**（hydrazine）の誘導体と反応する．ヒドラジンはアンモニアの関連化合物である．

```
        N               H       H
      / | \              \     /
     H  H  H              N — N
                         /     \
                        H       H
     アンモニア              ヒドラジン
```

18・4 カルボン酸

アルデヒドやケトンがヒドラジンと反応すると**ヒドラゾン**（hydrazone）が生成する.

$$\begin{array}{c}CH_3\\CH_3\end{array}\!\!C\!=\!O \;+\; H_2NNH_2 \longrightarrow \begin{array}{c}CH_3\\CH_3\end{array}\!\!C\!=\!NNH_2 \;+\; H_2O$$

ヒドラゾン

　この反応で水が"取除かれる"ので，この反応は**縮合**（condensation）反応とよばれる．この反応を少し変えて，2,4-ジニトロフェニルヒドラジンを用いるとアルデヒドやケトンの同定反応として用いることができる．それは生成するヒドラゾンが容易に結晶するオレンジ色の固体になるからである．

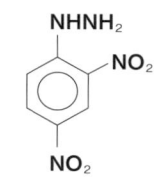

2,4-ジニトロフェニルヒドラジン

　まず，アルデヒドやケトンをそのジニトロフェニルヒドラゾン（DNP）に変換する．DNP を再結晶によって精製した後，融点を測定し，その値をデータ集に記載されている値と比較する．このようにして，もとのカルボニル化合物を同定することができる．

→ 演習問題 18H

18・4　カルボン酸

　カルボン酸は**カルボキシ**（carboxy）基をもっている．カルボキシ基は$-COOH$あるいは$-CO_2H$と書くが，次の構造をもっている．

$$-C\!\!\begin{array}{c}=O\\\;\;|\\\;\;OH\end{array}$$

　カルボン酸の系統的名称の語尾は"酸"である．カルボン酸の多くは現在でも古い慣用名でよばれている．いくつかの簡単なカルボン酸を表 18・3 に示す．

　二つのカルボキシ基をもつ場合には，"二酸"となる．エタン二酸（慣用名は**シュウ酸**（oxalic acid））はダイオウ（大黄）の葉に見いだされる．

→ 演習問題 18I

$$\begin{array}{c}COOH\\|\\COOH\end{array}$$

シュウ酸

Box 18・1 炭水化物

炭水化物は天然に存在する化合物で，炭素，水素，酸素からなっており，水素原子と酸素原子の比は水と同じ2:1である．炭水化物は**ポリヒドロキシ**（多くの-OH基をもつ）アルデヒドおよびポリヒドロキシケトン，あるいは加水分解により容易にポリヒドロキシアルデヒドやポリヒドロキシケトンになる化合物である．多くの炭水化物の名称の語尾は"（オ）ース（-ose）"で終わる．デンプン，ショ糖（スクロース），綿や紙（セルロース）はいずれも炭水化物からなっている．

最も簡単な炭水化物は**単糖**（monosuccharide）であり，これらはさらに簡単な炭水化物に分解することができない．グルコース（$C_6H_{12}O_6$）やフルクトース（$C_6H_{12}O_6$）はいずれも単糖である．

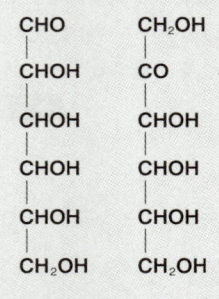

```
CHO           CH2OH
|             |
CHOH          CO
|             |
CHOH          CHOH
|             |
CHOH          CHOH
|             |
CHOH          CHOH
|             |
CH2OH         CH2OH

グルコース    フルクトース
```

グルコースはブドウなどに存在する糖であり，フルクトースは蜂蜜や果実などに見いだされる甘みの強い糖である．簡単な炭水化物は多数の-OH基をもつので，容易に水素結合することができ，水によく溶ける．糖類はカルボニル化合物に特徴的な反応を起こす．たとえばグルコースは2,4-ジニトロフェニルヒドラジンと反応して結晶性の誘導体であるDNPを生ずる．

グルコースはすでに示した"直鎖状"の構造のほかに環状構造でも存在する．

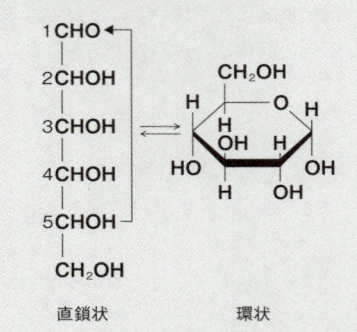

```
1 CHO
|
2 CHOH            CH2OH
|                  \   O   H
3 CHOH    ⇌       H  \  /  H
|                  \ H   \/ OH
4 CHOH            HO \  /\ 
|                     OH  H
5 CHOH
|
CH2OH

直鎖状              環状
```

5位の炭素上の-OH基が1位のカルボニル基と反応して環を形成する．水溶液中ではこの二つの構造の間で平衡が成立する．

単糖は脱水縮合することができる．単糖2個が縮合すると**二糖**（disaccharide），3個から8個で**オリゴ糖**（oligosaccharide），9個以上縮合すると**多糖**（polysaccharide）となる．スクロースは二糖であり，グルコースとフルクトースに分解することができる．一方，デンプン（小麦粉など）やセルロース（植物中）は多糖である．人体はスクロースやデンプンをグルコースに変換し，エネルギー源として使ったり，別の多糖である**グリコーゲン**（glycogen）として貯える．グリコーゲンはエネルギーが必要になるとグルコースに戻される．

カルボン酸の物理的性質

純粋なエタン酸（酢酸）は室温で液体であり，冷すと凍る（融点17℃）ので**氷酢酸**（glacial acetic acid）とよばれる．カルボン酸は水素結合をするために融点や沸点は比較的高い．カルボン酸2分子が水素結合をした二量体を形成する．

18・4 カルボン酸

表 18・3 カルボン酸とその慣用名

化学式	系統名	慣用名	所在
HCOOH	メタン酸	ギ酸	アリ, イラクサの棘
CH_3COOH	エタン酸	酢酸	食酢
CH_3CH_2COOH	プロパン酸	プロピオン酸	牛乳, バター, チーズ
C_6H_5COOH	安息香酸	安息香酸	防腐剤

$$R-C^{\delta+}\begin{matrix}O^{\delta-}\cdots\cdots H^{\delta+}-O^{\delta-}\\O^{\delta-}-H^{\delta+}\cdots\cdots O^{\delta-}\end{matrix}C^{\delta+}-R$$

この水素結合能のために, 低分子質量のカルボン酸は水に溶ける.

メタン酸, エタン酸, プロパン酸はいずれも強い"酢"のような臭いをもつ. ブタン酸の臭いは変質したバターやヒトの汗に見いだされる. ヒトの汗には, さまざまなカルボン酸がその人に特有の混ざり方で含まれている. イヌがヒトを追跡できるのは, イヌがカルボン酸の異なる組合わせを検知し, 識別できるからである.

カルボン酸の酸強度

カルボン酸は希硫酸, 硝酸, 塩酸などに比べると弱い酸である.

$$CH_3COOH(l) + H_2O(l) \rightleftharpoons CH_3COO^-(aq) + H_3O^+(aq)$$

塩素のような電気陰性基が分子内のカルボキシ基の近くにあると, その基は電子を引きつけるので, カルボン酸がイオン化したときに生成する陰イオンを安定化する. たとえばクロロエタン酸 $CH_2ClCOOH$ と水との反応を考えてみよう.

$$Cl\longleftarrow CH_2COOH + H_2O \rightleftharpoons Cl\longleftarrow CH_2COO^- + H_3O^+$$

$Cl\longleftarrow CH_2COO^-$ イオンは CH_3COO^- イオンより安定であり, クロロエタン酸の K_a はエタン酸のそれよりもずっと大きい. 電子求引基がさらに付けばこの効果はさらに増大する. しかし電子求引基の効果は距離とともに減少する.

→ 演習問題 18J

カルボン酸の反応

1) カルボン酸と塩基との反応でカルボン酸塩が生成する.

$$CH_3COOH(aq) + NaOH(aq) \longrightarrow \underset{\text{エタン酸ナトリウム}}{CH_3COO^-,Na^+(aq)} + H_2O(l)$$

2) カルボン酸は可逆な酸触媒反応でアルコールと反応する. 生成物は**エステル** (ester) とよばれる. エステルは−COOR (あるいは−CO_2R) 基をもつ.

$$\begin{array}{c} -\text{C}=\text{O} \\ | \\ \text{OR} \end{array}$$

エステル化反応の典型例では，触媒として働く濃硫酸存在下にエタン酸をエタノールと加熱する．甘い香りのするエステルのエタン酸エチルが生成する．

$$\text{CH}_3\text{COOH}(l) + \text{CH}_3\text{CH}_2\text{OH}(l) \rightleftarrows \underset{\text{エタン酸エチル}}{\text{CH}_3\text{COOCH}_2\text{CH}_3(l)} + \text{H}_2\text{O}(l)$$

一般式は

$$\text{RCOOH} + \text{R'OH} \rightleftarrows \text{RCOOR'} + \text{H}_2\text{O}$$

となる．

この反応が可逆であることに注意しよう．エステルの収率を高めるためには，反応物の一つを過剰に用いる（普通は最も安価なもの！）．濃硫酸は単に触媒として働くだけでなく，生成する水を除去して，エステルの濃度が増えるように平衡組成を変える働きをする．この反応は可逆であるから，エステルを水と反応させると**加水分解**（hydrolysis）してカルボン酸とアルコールを生成する．

3）カルボン酸は水素化アルミニウムリチウムを用いることによって第一級アルコールへ還元される．

$$\text{CH}_3\text{COOH} \xrightarrow{\text{LiAlH}_4} \text{CH}_3\text{CH}_2\text{OH}$$

→ 演習問題 18K

カルボン酸の誘導体

エステルはカルボン酸から誘導される化合物群の一つである．このような誘導体を次に示す．

$$\underset{\text{エステル}}{\text{R}-\overset{\overset{\text{O}}{\|}}{\text{C}}-\text{OR'}} \quad \underset{\text{アミド}}{\text{R}-\overset{\overset{\text{O}}{\|}}{\text{C}}-\text{NH}_2} \quad \underset{\text{酸塩化物}}{\text{R}-\overset{\overset{\text{O}}{\|}}{\text{C}}-\text{Cl}} \quad \underset{\text{酸無水物}}{\text{R}-\overset{\overset{\text{O}}{\|}}{\text{C}}-\text{O}-\overset{\overset{\text{O}}{\|}}{\text{C}}-\text{R'}}$$

これらすべての誘導体はアシル（acyl）基 RCO－をもつ

$$\underset{\text{アシル基}}{\text{R}-\overset{\overset{\text{O}}{\|}}{\text{C}}-}$$

> **Box 18・2　脂 肪 酸**
>
> 長い炭化水素鎖をもつカルボン酸は油脂を加水分解して得られ，脂肪酸とよばれる．**ステアリン酸**（stearic acid）は脂肪酸であり，そのナトリウム塩（ステアリン酸ナトリウム）はセッケンとして用いられる．脂肪酸の炭化水素鎖にはステアリン酸のように**飽和**（saturated）しているものも，**不飽和**（unsaturated）（二重結合をもつ）のものもある．トウモロコシ油から得られる**オレイン酸**（oleic acid）は二重結合1個をもつ．2個以上の二重結合をもつ脂肪酸は植物油から得られる．
>
> | 慣用名 | 構造式 | 系統名 |
> | --- | --- | --- |
> | ステアリン酸 | $CH_3(CH_2)_{16}COOH$ | オクタデカン酸 |
> | オレイン酸 | $CH_3(CH_2)_7CH=CH(CH_2)_7COOH$ | オクタデカ-9-エン酸 |

18・5　ア ミ ン

第一級アミンは $R-NH_2$ の形をしており，$-NH_2$ はアミノ基である．第一級アミンには次のようなものがある．

CH_3NH_2 　　　　　　メチルアミン
$CH_3CH_2NH_2$ 　　　　エチルアミン
$CH_3CH_2CH_2NH_2$ 　　プロピルアミン
$H_2NCH_2CH_2CH_2NH_2$ 　プロパン-1,3-ジアミン

第二級アミンは次の一般式をもつ．

$$\begin{matrix}R'\\R''\end{matrix}\!\!\!\!>\!NH \quad \text{たとえばジメチルアミン} \quad \begin{matrix}CH_3\\CH_3\end{matrix}\!\!\!\!>\!NH$$

第三級アミンは次の構造をもつ．

$$\begin{matrix}R'\\R''\\R'''\end{matrix}\!\!\!\!>\!N \quad \text{たとえばトリメチルアミン} \quad \begin{matrix}CH_3\\CH_3\\CH_3\end{matrix}\!\!\!\!>\!N$$

アミンの物理的性質

1) アミンは非常に不快な魚臭をもつ（トリメチルアミンは腐ったサケのような臭いがする）．アミンはタンパク質が分解して発生する．プトレッシン $NH_2(CH_2)_4NH_2$ やカダベリン $NH_2(CH_2)_5NH_2$ は腐敗した動物の肉に見いだされる．
2) 第一級および第二級アミンは N-H 結合をもつので，それ同士あるいは水分子と水

Box 18・3　カルボン酸誘導体の例

ナイロン　人工繊維のナイロン 6,6 は −CONH− 基が繰返される長鎖分子からなるポリマーである．その構造は，

$$\cdots\cdots \overset{O}{\underset{\|}{C}}(CH_2)_4\overset{O}{\underset{\|}{C}} - NH(CH_2)_6NH - \overset{O}{\underset{\|}{C}}(CH_2)_4\overset{O}{\underset{\|}{C}} - NH(CH_2)_6NH \cdots\cdots$$

−CONH− 基はアミドにもある．

$$\begin{array}{c} R-\underset{|}{\overset{|}{C}}=O \\ H-N-H \end{array}$$

したがってナイロンは**ポリアミド**（polyamide）である．タンパク質もポリアミドである．

ナイロン 6,6 はヘキサン二酸とヘキサン-1,6-ジアミン（アミンの一種）の反応でできる．水分子が抜けて分子鎖が生成する．このように，2 種類の異なるモノマーから水が抜けて長い鎖状分子ができる反応は**縮合重合**（condensation polymerization）の一つである．

$$n(HO_2C(CH_2)_4CO_2H) + n(H_2N(CH_2)_6NH_2) \longrightarrow$$

$$\left[\cdots\cdots \overset{O}{\underset{\|}{C}}(CH_2)_4\overset{O}{\underset{\|}{C}} - NH(CH_2)_6NH \cdots\cdots \right]_n + n\,H_2O$$

ここで $n=$ 大きな数，である．

油脂　油脂（油と脂肪）はトリオールであるグリセリン（プロパン-1,2,3-トリオール）のエステルであり，天然に存在する．脂肪は室温で固体であり，油は液体である．植物油では，炭化水素鎖は多くの二重結合をもっている（**多価不飽和**（polyunsaturated）であるという）．脂肪では二重結合は少ないか，まったくない．水素との反応で植物油の二重結合を除くと（これを**硬化**（hardening）という），固体の脂肪に変わる．トウモロコシ油を硬化させたものはマーガリンの製造に使われる．

油の例

$$\begin{array}{l} CH_2OC(CH_2)_{14}CH_3 \\ \quad\;\;\|\\ \quad\;\;O \\ CHOC(CH_2)_7CH=CH(CH_2)_7CH_3 \\ \quad\;\;\|\\ \quad\;\;O \\ CH_2OC(CH_2)_7CH=CHCH_2CH=CH(CH_2)_4CH_3 \end{array}$$

脂肪の例

$$\begin{array}{l} CH_2OC(CH_2)_{14}CH_3 \\ \quad\;\;\|\\ \quad\;\;O \\ CHOC(CH_2)_7CH=CH(CH_2)_7CH_3 \\ \quad\;\;\|\\ \quad\;\;O \\ CH_2OC(CH_2)_{16}CH_3 \end{array}$$

油脂を加水分解するとグリセリンと脂肪酸が生成する．

素結合をする．第三級アミンはそれ同士は水素結合をしないが，窒素原子上に非共有電子対をもつので，水とは水素結合することができる．低分子質量のアミンは水と混じり合う．

$$CH_3-\underset{CH_3}{\underset{|}{N}}(CH_3)^{\times\delta-}_{\times} \cdots H^{\delta+}-O^{\delta-}-H^{\delta+}$$

アミンの塩基性

アミンの窒素原子上の非共有電子対は酸からプロトンを受け入れることができる．生成物はアミンの塩である．

$$CH_3NH_2 + HCl \rightleftharpoons CH_3NH_3^+,Cl^-$$
塩化メチルアンモニウム

この可逆反応において，アミンは弱い塩基として働いている．この反応はアンモニアと塩化水素との反応に似ている．しかしアミンは一般にアンモニアよりも塩基性が強い．アルキル基が窒素原子に電子を押し出すために，窒素がよりすぐれた電子供与体となるからである．

→ 演習問題 18L

$$CH_3 \rightarrow \underset{CH_3}{\underset{\uparrow}{N}}^{\times}_{\times} \leftarrow CH_3$$

アルキル基の"電子を押し出す"性質を**誘起効果**（inductive effect）という．

18・6 光学異性

有機分子の中には，互いに鏡像である2種類の形で存在するものがある．手袋を考えてみよう．右手用の手袋と左手用の手袋は互いに"ぴったり合わない"，すなわち**重ね合わせる**（superimpose）ことができない．右手用の手袋は左手用の手袋を鏡に映した像の形をしている（図18・1）．

これと同じように，炭素原子に4個の異なる原子あるいは原子団が結合していると，図18・2に示すように2種類の互いに重ね合わせることのできない異性体が存在する（この二つの分子模型をつくって，重なり合うかどうかやってみよ）．このような炭素原子を**キラル中心**（chral center）とよぶ．

互いに鏡像の関係にある異性体を**鏡像異性体**（enantiomer）という．鏡像異性体は**平面偏光**（plane polarized light）の回転方向が逆であるという以外は，物理的および化学的性質は，まったく同じである．鏡像異性体は**光学活性である**（optically active），すなわち平

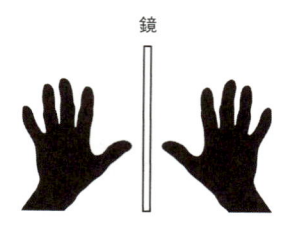

図 18・1 手袋とその鏡像

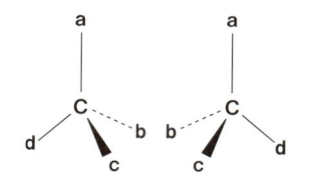

図 18・2 二つの重ね合わせることのできない異性体　a, b, c, d は異なる原子あるいは原子団．

面偏光を同じ角度だけ，しかし逆方向に回転させる．

→ 演習問題 18M

18・7　アミノ酸とタンパク質

アミノ酸

アミノ酸はアミノ基（$-NH_2$）とカルボキシ基（$-COOH$）をもつ．アミノ酸の構造は非常に複雑なものもあり，普通は系統名よりも慣用名でよばれる．たとえば H_2NCH_2COOH はアミノエタン酸ではなく**グリシン**（glycine）とよばれる．いくつかのアミノ酸を表 18・4 に示す．

アミノ酸は揮発性のない結晶性の固体で，水によく溶ける．多くは光学活性である．また大きな双極子モーメントをもつ．分子が酸性基と塩基性基を併せもつので，溶液中で次の平衡が成り立つ．

$$H_2NCHRCOOH \rightleftharpoons {}^+H_3NCHRCOO^-$$

分子の"酸性末端"が"塩基性末端"にプロトンを与える．生成するイオンは，両末端に電荷をもつので**双極イオン**（dipolar ion）あるいは**双性イオン**（zwitterion）とよばれる．したがってアミノ酸は塩の性質をもつ．

→ 演習問題 18N

ペプチド

一つのアミノ酸のアミノ基が他のアミノ酸のカルボキシ基と反応すると，水分子を失ってペプチドを生成する．

$$\underset{\text{アラニン}}{H_2NCHCOH\atop\underset{CH_3}{|}} \overset{O}{\|} + \underset{\text{グリシン}}{H_2NCH_2COH} \overset{O}{\|} \longrightarrow \underset{\text{アラニルグリシン}}{H_2N\underset{\underset{CH_3}{|}}{C}HC\!-\!NHCH_2COH} \overset{O}{\|}\overset{O}{\|} + H_2O$$

18・7 アミノ酸とタンパク質

Box 18・4　平面偏光

通常の光は波として進行し，波は進行方向に垂直な方向に振動する．平面偏光はある一つの面内だけで振動する光で，通常の光を偏光子や"ポラロイド"レンズを通すことによって得られる．平面偏光がある化合物の一方の鏡像異性体の溶液を通ると，振動面がある一定の角度だけ，たとえば右回りに，回転する．これを図 18・3 に示す．この平面偏光を，その化合物のもう一方の鏡像異性体の同じ濃度の溶液を通すと，左回りに同じ角度だけ回転する．

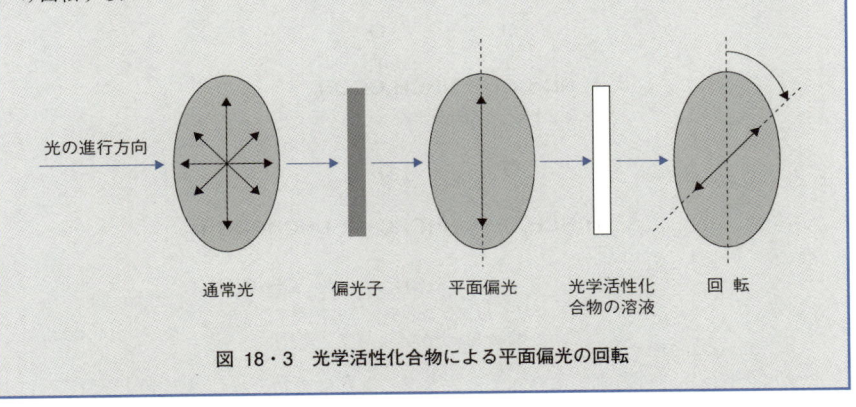

図 18・3　光学活性化合物による平面偏光の回転

表 18・4　アミノ酸

名　称	構　造　式	略号
アラニン	CH$_3$CHCOOH 　　　| 　　　NH$_2$	Ala
フェニルアラニン	⌬—CH$_2$CHCOOH 　　　　　　| 　　　　　　NH$_2$	Phe
システイン	HSCH$_2$CHCOOH 　　　　　| 　　　　　NH$_2$	Cys
グルタミン	O 　　　‖ H$_2$NCCH$_2$CH$_2$CHCOOH 　　　　　　　　| 　　　　　　　　NH$_2$	Gln
リシン	H$_2$NCH$_2$CH$_2$CH$_2$CH$_2$CHCOOH 　　　　　　　　　　| 　　　　　　　　　　NH$_2$	Lys

このような化合物に存在する−CONH−基は**ペプチド結合**（peptide linkage あるいは peptide bond）とよばれる．2個あるいは3個のアミノ酸が結合したものを，それぞれ**ジペプチド**（dipeptide）あるいは**トリペプチド**（tripeptide）とよぶ．分子質量が 10 000 u までのペプチドは**ポリペプチド**（polypeptide），それ以上のものは**タンパク質**（protein）とよぶ．ポリペプチドとタンパク質はアミノ酸からできるポリアミドと見なすこともできる．ペプチドの名称は，遊離のアミノ基をもつアミノ酸残基を左端に置き，左から右へとアミノ酸の名称をつなげて組立てる．

$$H_2NCH_2C(=O)-NHCH_2COOH$$
グリシルグリシン（Gly-Gly，ジペプチド）

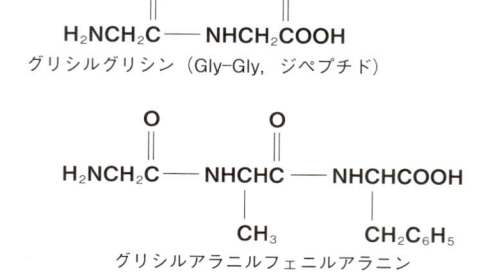

$$H_2NCH_2C(=O)-NHCHC(=O)-NHCHCOOH$$
$$\hspace{3cm} CH_3 \hspace{1cm} CH_2C_6H_5$$
グリシルアラニルフェニルアラニン
（Gly-Ala-Phe，トリペプチド）

タンパク質はあらゆる細胞に存在する．タンパク質は動物の身体の大部分をつくっており，皮膚，血液，酵素，ホルモンなどを構成している．たった1個のタンパク質もペプチド結合によってつながった非常に多くのアミノ酸からなっている．タンパク質は次の二つに分類される．

1) 分子が長く強靱な線状になっている**繊維状タンパク質**．爪，毛髪，羽などの角質をつくっている．水に不溶である．
2) 分子がまとまった形に折りたたまれている**球状タンパク質**．酵素やホルモン，あるいは体内で酸素を輸送するヘモグロビンなどがその例である． ➡ 演習問題 18O

タンパク質の構造

タンパク質を構成するアミノ酸は α-アミノカルボン酸である．接頭語の α はアミノ基とカルボキシ基が同じ炭素原子に結合していることを表している．

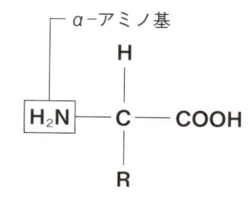

$$\boxed{H_2N}-\underset{R}{\overset{H}{C}}-COOH$$

（α-アミノ基）

タンパク質の構造にはいくつかの階層がある．
1) タンパク質の**一次構造**（primary structure）とは，長いペプチド鎖を構成しているアミノ酸残基の順序である．
2) タンパク質の**二次構造**（secondary structure）とは，ペプチド鎖が，コイル状になったりシート状になったり，あるいはほとんど球状になったりという，3次元空間での配列の仕方である．ペプチド鎖は水素結合によってつなぎ止められている（5・7節を参照）．X線回折法はタンパク質の二次構造を決定する重要な手段である．

　二次構造がよく調べられているタンパク質の一つに毛髪中のケラチンがある．ケラチンのタンパク質は**ヘリックス**（helix）とよばれるらせん状になっている．分子内のらせんの上下が水素結合によってつながって，らせんが固定されている．このらせん状の配列は**αヘリックス**（α helix）とよばれる．ケラチンのヘリックスは図18・4に示すように**右巻きらせん**である．

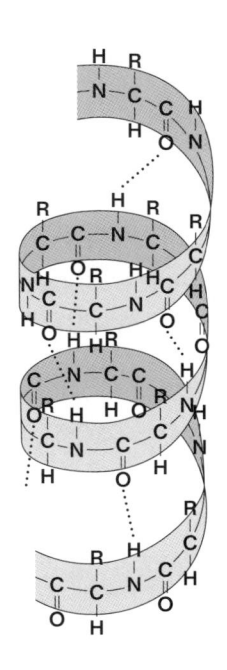

図 18・4　ケラチンにおけるタンパク質鎖の配列

3) タンパク質の**三次構造**（tertiary structure）とは，分子内あるいは分子間の相互作用によって二次構造がさらに折りたたまれるなどした構造をいう．

18・8　置換ベンゼン誘導体

これまでに，さまざまな官能基をもつ脂肪族化合物について学んできた．これらの官能

基がベンゼン環に直接結合していると，同じ官能基でありながら，脂肪族とは非常に異なる性質を示すことがある．命名法も脂肪族とは異なる場合がある．

フェノール

フェノール（phenol）類は芳香環にヒドロキシ基が結合した化合物（Ar—OH）である．この化合物群の最も簡単な化合物はフェノール C_6H_5OH である．

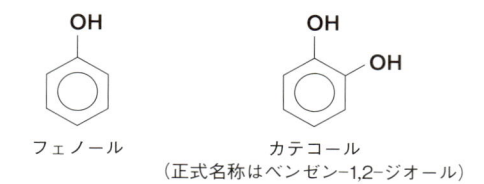

OH
フェノール

OH OH
カテコール
（正式名称はベンゼン-1,2-ジオール）

フェノール類のいくつかはコールタールから得られるが，フェノールは，現在では，ほとんどクメン（C_9H_{12}）の酸化によって合成している．クメンはベンゼンとプロペンから合成する．

フェノールは酸性を示す．たとえば水酸化ナトリウム水溶液と反応してナトリウムフェノキシドを与える．

$$C_6H_5OH(s) + NaOH(aq) \longrightarrow C_6H_5O^-,Na^+(aq) + H_2O(l)$$

したがってフェノールは水よりも水酸化ナトリウム水溶液によく溶ける．しかしフェノールの酸性は弱いので，炭酸塩とは反応せず，混ぜても二酸化炭素は発生しない．

安息香酸

ベンゼン環にカルボキシ基が結合した化合物が安息香酸である．

COOH
安息香酸

安息香酸は固体で，水にわずかに溶け，前に述べたカルボン酸に特有の反応を起こす．食品やアイスキャンディーなどの防腐剤として使われている．

アニリン

アニリンは次の構造をもつ芳香族アミンである．

アニリン
（正式名称はベンゼンアミン）

ベンゼン環をもつためにアニリンはアンモニアよりずっと弱い塩基である．アニリンはきわめて**有毒な液体**で，皮膚や呼気を通して容易に体内に入るので，取扱いには厳重な注意が必要である．

アニリンは氷冷した無機酸存在下に亜硝酸ナトリウムと興味深い反応を起こす．生成物を**ジアゾニウム塩**（diazonium salt）という．

$C_6H_5NH_2(l) + NaNO_2(aq) + 2HCl(aq)$
$\longrightarrow C_6H_5-N\equiv N^+,Cl^-(aq) + NaCl(aq) + 2H_2O(l)$
　　　　　　　　ジアゾニウム塩

ジアゾニウム塩はさまざまな種類の化合物を生成する反応を起こすことができるが，低温

Box 18・5　フェノール

フェノールは以前は石炭酸とよばれていた．19世紀にジョセフ・リスター（Joseph Lister, 1827～1912）は傷口が腐敗するのを防ぐためにフェノールを用い，病院でフェノールを殺菌剤として使うべきだと推奨した．それ以前は，手足の切断手術を受けた患者は，患部をコールタール（フェノールを含んでいる）に浸したものだったが，それでも手術を受けた患者のほぼ半数は手術中の傷口からの感染で死亡した．しかしフェノールは皮膚に強い刺激を与えるので，代替物に代えざるを得なかった．現在使われている殺菌剤の多くはフェノール部分を含んでいる．

n-ヘキシルレソルシノール
（殺菌剤に使われている）

ジョセフ・リスターはフェノールを殺菌剤として使うことを提案した．彼はスコットランドの外科医で，傷口からの感染が細菌によることを見抜いていた．

でも分解するので，つくったらただちに使わなければならない．ジアゾニウム塩はまた芳香族化合物と反応して**アゾ化合物**（azo compound）を生成する．この反応はカップリング反応であり，次の一般式で示される．

$$Ar-N\equiv N^+ + Ar'H \longrightarrow Ar-N=N-Ar' + H^+$$
　　　　　　　　　　　　　　　　　アゾ化合物

窒素原子間の二重結合のためにアゾ化合物は強く着色している．その色のためにアゾ化合物は染料として広く用いられている．酸塩基指示薬の多くはアゾ染料である．

アゾ染料の例を以下に二つ挙げる．

メチルオレンジ
（ナトリウム塩）
（酸性では赤，塩基性では黄）

ディレクトブルー 2B

ベンジル化合物

ベンジル基 $C_6H_5CH_2-$ は**アラルキル**（aralkyl）基の一つである．芳香族基（ベンゼン環）とアルキル基の両方を 1 個ずつもっている．官能基が環では**なく**アルキル基の部分に結合すると，類似のアルキル化合物と同様の性質を示す．たとえばベンジルアルコールは**アルコール**に分類され，フェノールとは化学的性質が異なる．

ベンジルアルコール
（正式名称はフェニルメタノール）

18・8 置換ベンゼン誘導体

Box 18・6 エタノール，フェノール，ベンジルアルコールの反応例

フェノール	エタノール	ベンジルアルコール
カルボン酸との反応でエステルを生成しない	エステルが生成する	エステルが生成する
酸化すると複雑な生成物を与える	酸化するとアルデヒドを経てカルボン酸を生成する	酸化するとアルデヒドを経てカルボン酸を生成する
中性 $FeCl_3$ と反応して紫色の錯体を生成する	発色しない	発色しない

知っていましたか

　数千年にわたって人類は天然物——主として植物由来——を染料として用いてきた．

　1856 年，18 歳のウィリアム・ヘンリー・パーキン（William Henry Perkin）は最初の合成染料であるモーブを偶然発見した．彼はアニリンからキニーネ（マラリアの治療に使われた）を合成しようとしていたのだが，キニーネではなく紫色の染料を得た．数年後パーキンは英国のミドルセックスに工場をつくり，この合成染料を大量に製造し始めた．

この章の発展教材がウェブサイトにある．有機反応機構についてはウェブサイトの Appendix 17, 18 を参照．

19 混合物の分離

19・1 液体から固体を分離する
19・2 2種類の液体を分離する
19・3 固体の分離
19・4 水蒸気蒸留
19・5 イオン交換
19・6 溶媒抽出
19・7 クロマトグラフィー

この章で学ぶこと

- 混合物を分離する手段
- 溶液や懸濁物から固体を分離する方法，液体混合物から液体を分離する方法，固体混合物から固体を分離する方法
- イオン交換および溶媒抽出
- いろいろなクロマトグラフィー

実際の化学では，物質の混合物から一つの物質だけを取出さねばならないことがよくある．その場合，この物質を混合物から**分離**（separate）しなければならない．

19・1 液体から固体を分離する

固体が液体と混ざっているとき，その固体は液体に**溶けない**（insoluble）場合と**溶けている**（dissolved）場合がある．不溶の固体が液体中を浮遊しているとき，その混合物を**懸濁液**（suspension）という．

不溶性の固体

不溶性の固体は**沪過**（filtration）で分離することができる．固体は沪紙で捕捉され，液体は沪紙を通り越す．この方法の簡単な例は，水に混ざった細かい砂の分離である．砂は沪紙の上に集められ，液体（この場合は水）は下に落ちる．この液体を**沪液**（filtrate）という．このような沪過を**重力沪過**（gravity filtration）とよぶ（図 19・1）．

粒子の細かい少量の懸濁液は**遠心機**（centrifuge）で分離できる．懸濁液を入れた管を高速で振り回すと，管の底に固体が集まり，その上に透明な液体が残る．透明な液体をピペットで吸い上げると固体は管に残る（図 19・2）．

図 19・1 重力濾過

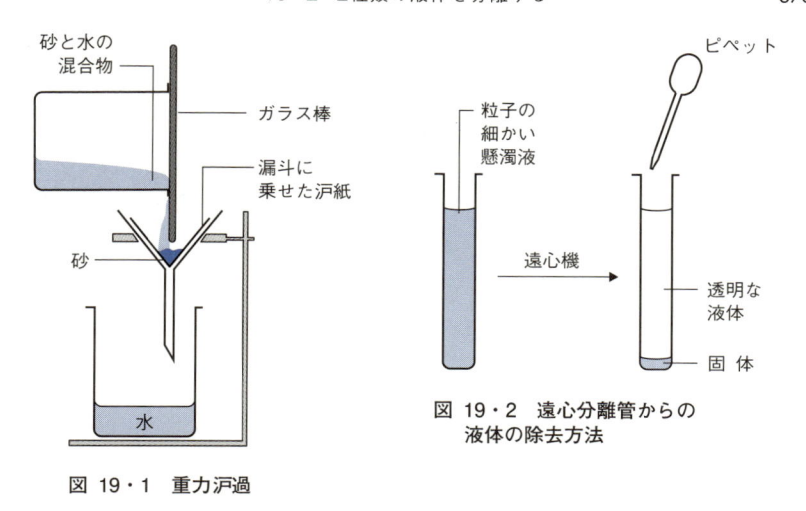

図 19・2 遠心分離管からの液体の除去方法

液体に溶けた固体（溶液）

この場合は固体の粒子が小さすぎて，濾過や遠心分離で固体を取出すことはできない．

蒸発（evaporation）によって溶媒を取除くことができる．溶媒が完全に蒸発してしまうまで加熱すると，あとに固体が残る（図 19・5）．この方法は塩水から食塩を分離するのによく使われる．しかしこの方法にはいくつか欠点がある．不純物が混ざっていると，これも残ってしまい，固体を汚染する．また完全に乾燥するまで加熱する間に固体が分解してしまうこともある．

溶液から固体を取出すよりよい方法は**結晶化**（crystallization）である．溶液を加熱して溶媒の一部を蒸発させると，溶液の濃度が上がる．濃縮された溶液を冷やすと，不純物の大部分を溶液に残したまま固体が析出する（図 19・6）．結晶は濾過によって残りの溶液から分離することができる．

溶液から溶媒を回収するには**蒸留**（distillation）を用いる．溶液をフラスコに入れて沸騰するまで加熱する．溶媒の蒸気は**冷却器**（condenser）を通る間に冷やされて液体となる．この蒸留装置を図 19・7 に示す．冷却器は冷却水を循環させるガラス製ジャケットで覆ったガラス管でできている．この例では，沸騰している塩の溶液から発生した水蒸気が冷却器で冷やされて水になり，ビーカーに落ちる．塩はフラスコに残る．

→ 演習問題 19A

19・2　2種類の液体を分離する

2種類の液体は**混ざり合わない**（immsicible，2層になる）か，**混ざり合う**（miscible，

Box 19・1　沪紙の折り方

図 19・3 に重力沪過用の沪紙の折り方を示す．

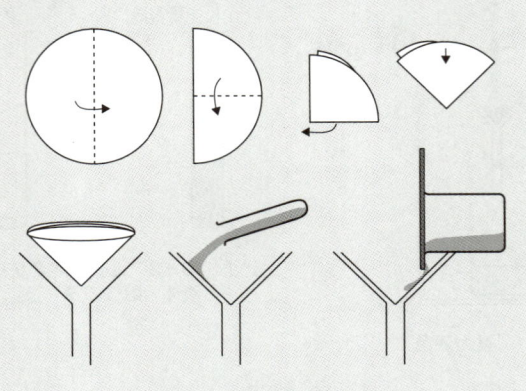

図 19・3　沪紙の折り方

重力沪過は時間がかかるという欠点がある．速く沪過するために**吸引沪過**（vacuum filtration）を行うが，そのためには特別の器具が必要になる．沪紙を通して液体を吸引するために減圧にする（図 19・4）．

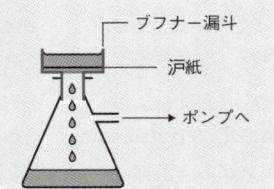

図 19・4　吸引沪過

特別な漏斗（（**ブフナー漏斗**（Buchner funnel）とよぶ）を吸い口の付いた耐圧フラスコにゴム栓を介して取付ける．沪紙を漏斗の底に平らに敷き，そこに混合物を入れる．フラスコの吸い口をポンプにつないで減圧にすると液体は吸引されて沪紙を通過し，不溶の固体が沪紙の上に残る．液体がエトキシエタン（ジエチルエーテル）のように揮発性であれば，液体がフラスコに落ちた後，数分間吸引を続ければ固体は十分に乾燥する．

混和するという）かのいずれかである．

混ざり合わない液体

混ざり合わない液体は**分液漏斗**（separating funnel）を用いて分離することができる．

図 19・5 蒸発による溶媒の除去

熱溶液／塩の溶液／熱　　水がすべて蒸発した後／塩

図 19・6 結晶化

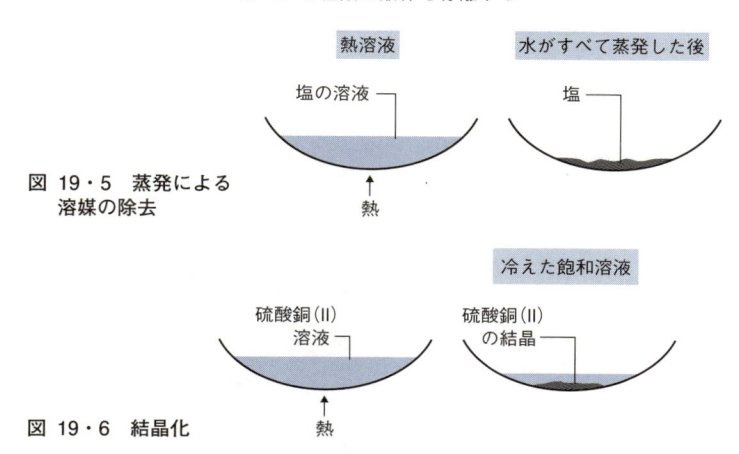

硫酸銅(II)溶液／熱　　冷えた飽和溶液／硫酸銅(II)の結晶

たとえば油と水の分離を考えてみよう．この混合物は2層に分かれて，油が水の上に浮くはずである．この混合物を分液漏斗に入れてしばらく置くと（図19・8），二つの層に分かれる．栓を開いて水を流し出し，油の層が栓を通る直前に閉める．このようにして2種類の液体が分離される．

混ざり合う液体

2種類の混ざり合う液体は，沸点差が25 ℃以上あれば単蒸留によって分離することができる（図19・7）．沸点差が25 ℃以下の場合は**分別蒸留**（fractional distillation）を用いる．その装置は，フラスコと冷却器の間に**分留塔**（fractionating column）を入れる以外は

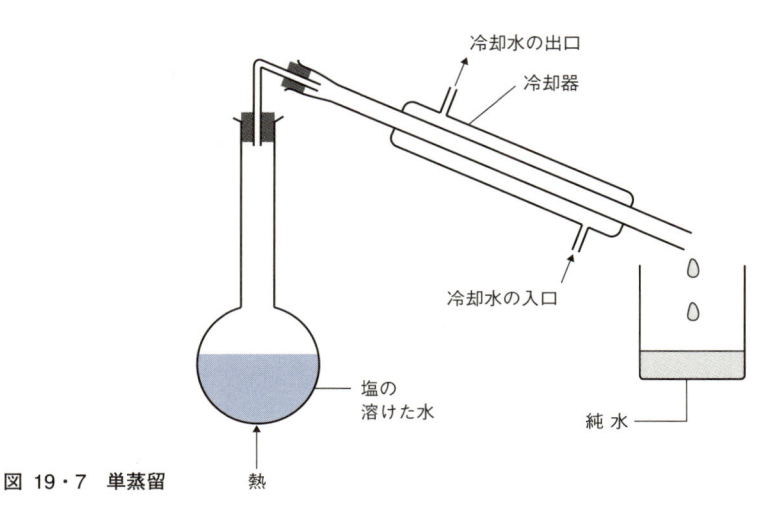

図 19・7 単蒸留

冷却水の出口／冷却器／冷却水の入口／塩の溶けた水／熱／純水

Box 19・2　再結晶

再結晶（recrystallization）は生成物を精製するときに用いる．化学合成では，多くの場合，生成物に過剰の反応物や副反応の生成物などの"不純物"が混入している．分離のために，熱いときに欲しい生成物が溶け，冷やすと溶けなくなるような溶媒を探す．溶媒の選択は難しく，"試行錯誤"が必要である．不純な生成物を**最小量**の熱溶媒に溶かし，その熱い溶液を冷える前に速やかに沪過して不溶の不純物を除く．このためには**温めた器具**を用いてブフナー沪過するのが有用である．沪過した溶液を冷やすと結晶が析出する．可溶性の不純物があっても量が少ないので溶液にとどまり，欲しい生成物がより純粋な形で結晶化する．非常に純粋な生成物を必要とする場合は再結晶を繰返す．

ラジウムとポロニウムを発見してノーベル賞を受賞したマリー・キュリー（Marie Curie, 1867～1934）は，ボヘミアの鉱山から得たウラニウム鉱石のピッチブレンドから極少量のラジウム化合物を単離するために，骨の折れる再結晶実験を行った．その仕事は古い納屋で数年間掛けて行われた．鉱石をすりつぶし，さまざまな不純物を除くために，いろいろな溶媒とかき混ぜた．とうとう1902年に数 t の鉱石から約 0.1 g の塩化ラジウム（$RaCl_2$）を得ることができた．この放射性化合物は周囲の空気をイオン化させ，暗闇で光り輝いた！

ラジウムの発見者マリー・スクロドウスカ・キュリー　彼女の死因は放射能による被曝であった．

通常の蒸留装置と同様である（図19・9）．分留塔は，ガラス球のように蒸気が凝縮するための広い表面積をもつ反応性の低い物質をガラス管に詰めたものである．

揮発性が低い液体ほど沸点が高い．液体混合物を加熱すると，その蒸気が分留塔を上がっていくが，**より高沸点**の成分（図の例では水）の蒸気は分留塔の中で凝縮してフラスコに戻っていく傾向が強い．一方，**より低沸点**の成分の蒸気は，分留塔を通過して冷却器に流れ込み，凝縮して受け器に入る傾向が強い．2種類の液体の沸点が近すぎなければ，うまく分離できる．図の例（エタノールと水）では，エタノール（沸点78℃）のほうがより揮発性なので，エタノールに富んだ液体が**留出物**（distillate）として受け器に集められる．

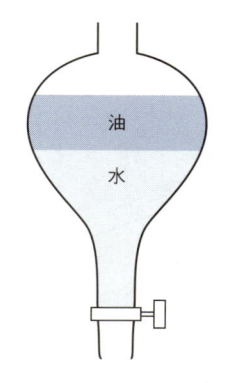

図 19・8　分液漏斗

　蒸留では，分離効率は上がっていく蒸気と下りてくる液体との間で成り立つ平衡に依存しているので，混合物をできるだけゆっくり加熱するとよい結果が得られる．分別蒸留は3種類以上の成分を分離する場合にも用いられる．工業的には原油をいくつかの留分に分離するのに用いられている（17・1節参照）．この場合，各留分は沸点の近い複数の成分からなっている．

→ 演習問題 19B

19・3　固体の分離

　ある固体が**昇華する**（sublime, 固体から直接気体に変わる）ならば，この性質を利用して他の固体の混ざった混合物からその固体を分離することができる．混合物を加熱し，昇華する物質を冷たくした物体の表面に凝縮させる．

　食塩とヨウ素の混合物を分離するのに用いる簡単な装置を図19・10に示す．

　昇華精製は減圧下で行うこともある．その場合はより低温で昇華させることができる（図19・11）．

　塩化アンモニウムは昇華性をもつ固体の例であるといわれることがある．しかしこれは正しくない．実は，加熱によって，いったん分解し，冷たい面で再生成するのである．

$$NH_4Cl(s) \rightleftharpoons NH_3(g) + HCl(g)$$

19・4　水蒸気蒸留

　水蒸気蒸留は，不揮発性物質の混合物から水とは混ざり合わない揮発性有機物を分離するのに用いられる．これは，2種類の**混ざり合わない**液体の全蒸気圧は純粋な各成分の蒸気圧の和に等しいという事実を利用している．この場合，混合物の沸点はどちらの成分の沸点よりも低い．この方法は沸点付近の温度で分解してしまい，通常の蒸留では分離できないような有機化合物の分離に有用である．水蒸気発生器からの水蒸気を混合物に吹き込む．取出したい有機化合物と水の蒸気が冷却器内で凝縮し，受け器に集められる（図

図 19・9　分別蒸留

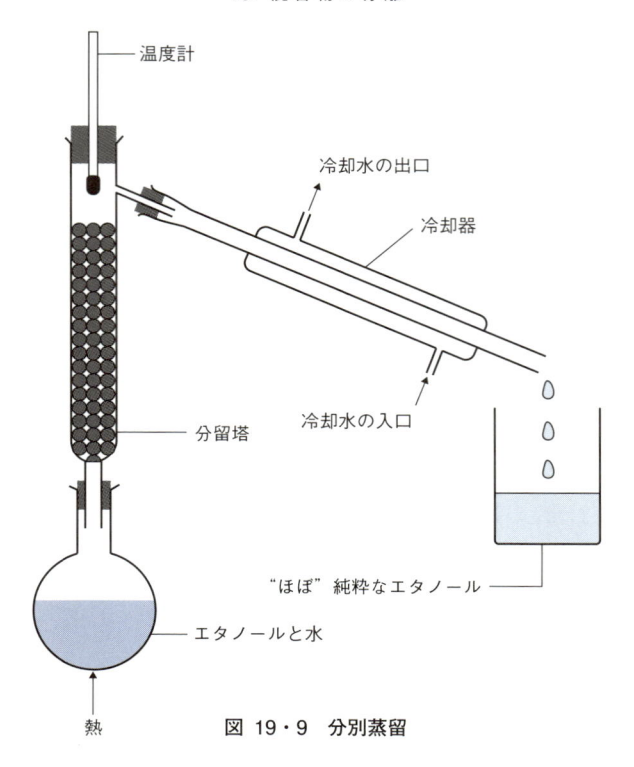

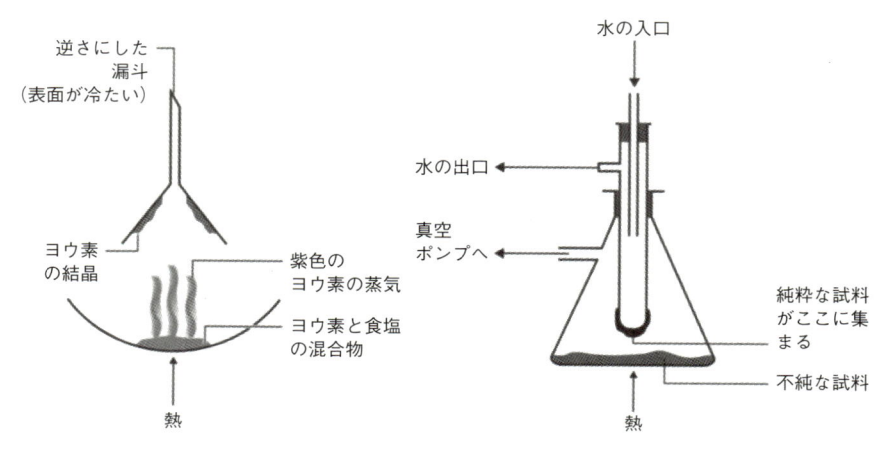

図 19・10　昇華による分離

図 19・11　減圧下での昇華

図 19・12 水蒸気蒸留

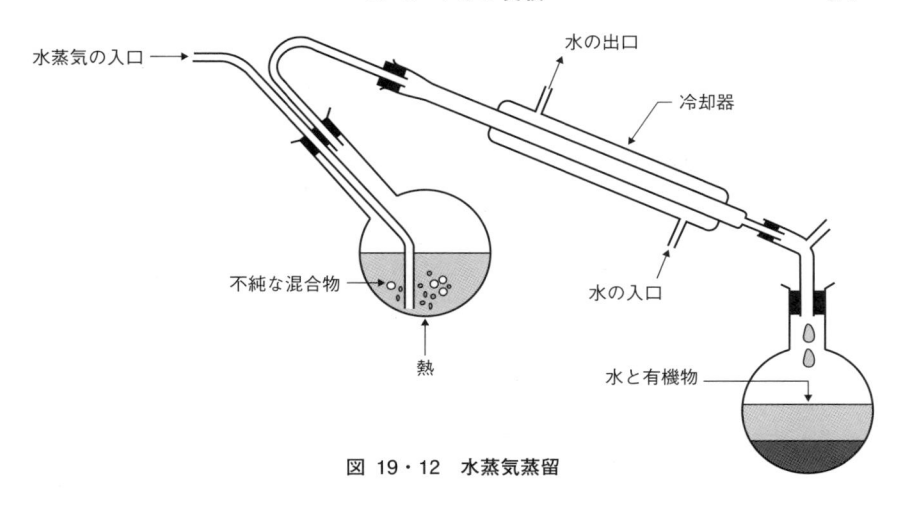

19・12).有機成分は分液漏斗を使って水層から分けられる.

19・5 イオン交換

イオン交換体(ion exchanger)は,溶液中のイオンを交換体から出てくる別のイオンと置き換えることによって取除く.その一例がイオン交換樹脂でできた小さな不溶性のビーズを詰めた筒である(図19・13).樹脂にはイオンが緩く結合しており,筒を流れてくる溶液中のイオンと入れ替わることができる.溶液中のイオンは,もともと樹脂と結合していたイオンと置き換わっていく.やがて樹脂中の交換可能なイオンがすべて入れ替

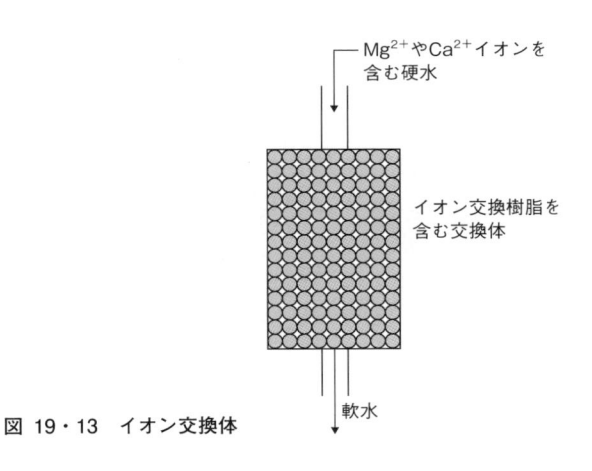

図 19・13 イオン交換体

わってしまい，消耗した状態になる．こうなったら樹脂は**再生**（regenerate）しなければならない．そのためには，もともと樹脂に結合していたイオンの濃い溶液を筒に流す．そのイオンが消耗した樹脂に結合しているイオンと置き換わり，樹脂はまた使用可能な状態に戻る．

たとえば，**硬水**はカルシウムイオンやマグネシウムイオンの存在量が多い水である．アルミノケイ酸ナトリウムは水の軟化剤として用いられ，硬水中のカルシウムイオンやマグネシウムイオンをナトリウムイオンと置き換える働きをする．

$$2\,\text{NaAlSi}_2\text{O}_6(\text{s}) + \text{Ca}^{2+}(\text{aq}) \rightleftharpoons \text{Ca}(\text{AlSi}_2\text{O}_6)_2(\text{s}) + 2\,\text{Na}^+(\text{aq})$$

アルミノケイ酸塩を再生するためには，塩化ナトリウムの濃厚溶液を樹脂の筒に流す．ナトリウムイオンがカルシウムイオンやマグネシウムイオンと置き換わる．これは上に示した反応式の逆反応である．

19・6　溶媒抽出

有機合成ではいろいろな化合物が混ざって生成することがよくある．無機化合物が存在する場合もあり，これらを溶かし出すためには反応混合物を水で洗う必要がある．ここで欲しい有機物は，溶液になっていることも，懸濁状態になっていることもある．この混合物を，水と混ざり合わないが有機物を溶かすような有機溶媒と一緒にして振ると，有機物を水層から抽出することができる．エトキシエタン（ジエチルエーテル）は水溶液から有機物を抽出するための優れた有機溶媒である．それは次の理由による．

1) 水と混じり合わない
2) 有機物をよく溶かす

Box 19・3　ゼオライト

ある種のアルミノケイ酸塩は**ゼオライト**（zeolite）として知られている．ゼオライトは**分子ふるい**（molecular sieve）とよばれる化合物群の一部をなすもので，アルミノケイ酸塩の骨格をもち，そのトンネルないしケージ（かご）の中に1族あるいは2族のイオンが入り込める構造をもっている．イオン交換体として働くほか，混合物から水のような小さな分子を選択的に除去する能力があり，そこから分子ふるいの名前がきている（図19・14）．

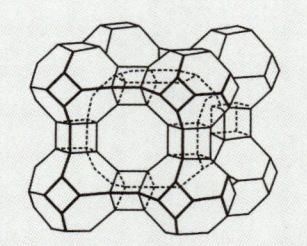

図 19・14　典型的なゼオライトのケージ構造

3) 沸点が低く，したがって蒸発によって容易に除くことができる

　エトキシエタンを混合物の水溶液とともに分液漏斗に入れて振る．欲しい有機化合物は，水層からエトキシエタン層へ移動する．次にエトキシエタン層を分け取る（図 19・15（a））．1 回の分離の後では，まだ水層に欲しい有機物が残っていることがあるので，普通は水層をさらに 1，2 回新しいエトキシエタンで抽出して，できるだけ多くの有機物を集める（図 19・15（b））．分けた有機層を合わせて，少量の乾燥剤たとえば無水硫酸マグネシウムを加えて振り，沪過する（図 19・15（c））．エトキシエタン（沸点 35 ℃）を蒸発させることによって純粋な乾燥した有機化合物を取出すことができる．

→ 演習問題 19C

ソックスレー抽出

　固体の粗生成物から熱溶媒を用いて繰返し抽出することによって，化合物を取出す方法がある．この目的で用いられる装置がソックスレー抽出装置である（図 19・16）．

　粗生成物を A の多孔性の筒に入れ，抽出用溶媒を装置の下部のフラスコに入れる．フラスコ中の溶媒をゆっくり沸騰させると，その蒸気は側管を通って冷却器に入り，凝縮して筒の中に落ちる．欲しい生成物の一部がその熱い溶媒に溶ける．溶媒の液面が細管の上端に達すると，筒中の溶媒の全量がそれに溶けた生成物とともにサイホンの作用で装置の下部のフラスコに流れ込む．欲しい生成物がすべて抽出されてフラスコに移るまで，これを自動的に繰返すことができる．抽出される物質が着色しているならば，フラスコに流れ込む液体がほぼ無色になった時点で止めればよい．

19・7　クロマトグラフィー

　クロマトグラフィーは物質を溶液から分離するための最も重要な手段の一つになっている．クロマトグラフィーでは，試料溶液を，注意深く選んだ固体（紙であったり酸化アルミニウムであったりする）に載せる．クロマトグラフィーの分離能は，その固体が溶液中の物質の移動を抑える能力に依存する．異なる物質が分離できるのは，"抑えられ方"が物質によって違うからである．その違いは，固体の表面が試料混合物中の異なる物質を吸着する程度が違うこと，あるいは，固体表面周辺の液体への溶解度が物質によって異なること，あるいはその両方に起因している．クロマトグラフィーは，試料混合物中の各物質を走者とした競走のようなものである．競走の出発点，つまり分離開始時点では走者は一緒に走り出すが，競走の最後では，各走者の間隔は広がって互いに十分に離れている．

　クロマトグラフィーという言葉は"色を分ける"を意味する．化学者も生物学者もクロマトグラフィーを使う．たとえば法医学の分野では微量物質の検出や同定にクロマトグラフィーによる分離を用いている．さまざまな種類のクロマトグラフィーがあるが，最も簡単なものは**沪紙クロマトグラフィー**（paper chromatography）である．

19. 混合物の分離

(a)

水溶液 ＋ 100 cm³のエトキシエタン → エトキシエタン水溶液 ＋ 50 cm³のエトキシエタンを加えてよく振る　50 cm³のエトキシエタンが残っている

(b)

水溶液 ＋ 50 cm³のエトキシエタン → エトキシエタン水溶液
エトキシエタン層を除いた後，水層を分液漏斗に戻す　　残りの 50 cm³のエトキシエタンを加えてよく振る

(c)

無水 MgSO₄ を加えて溶液を乾燥する

生成物のエトキシエタン溶液
2回目のエトキシエタン層を分け，2回の抽出液を一緒にする

"湿った" MgSO₄

乾いたエトキシエタン溶液

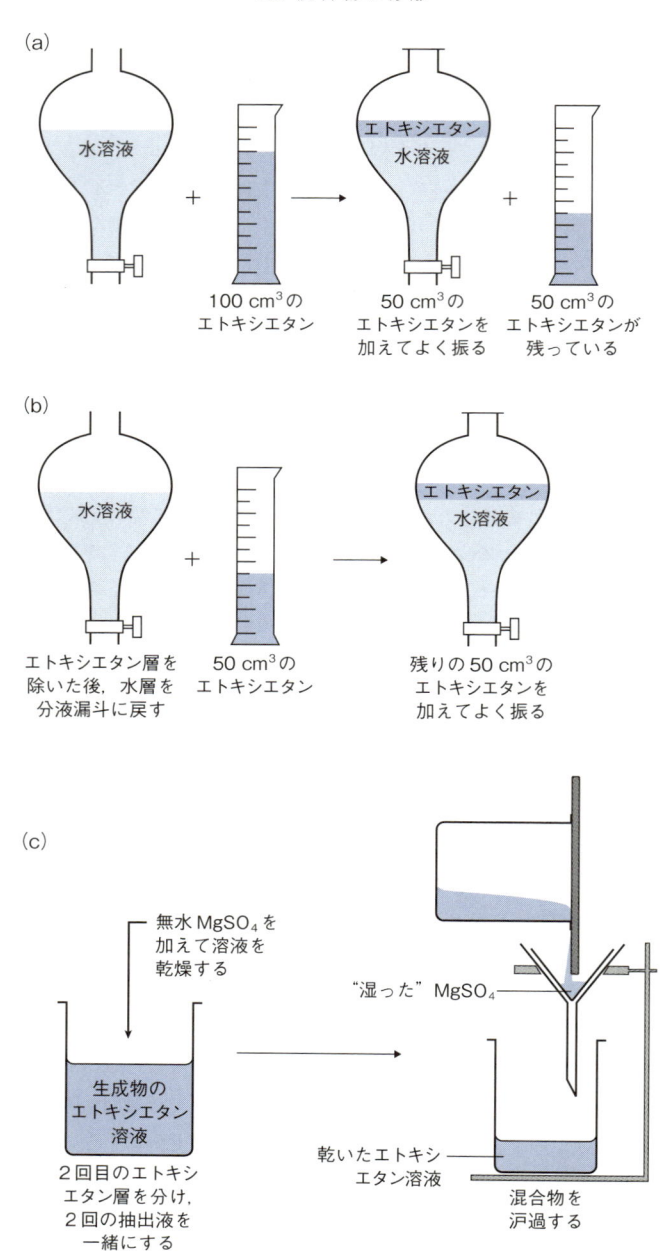

混合物を沪過する

図 19・15　溶媒抽出の手順

Box 19・4　繰返し抽出の根拠

　ある化合物をエトキシエタンと水のような2種類の混ざり合わない溶媒とともに分液漏斗に入れて振り混ぜると，その化合物はエトキシエタンと水の両方に溶ける．それぞれの溶媒に溶ける化合物の量は，それらの溶媒にどれだけ溶けるかに依存する．K_d を分配比として定義すると，

$$K_d = \frac{\text{エトキシタン中の化合物の濃度}}{\text{水中の化合物の濃度}}$$

となる．K_d は一定温度では一定である．たとえばエトキシエタン–水の系で 20℃ で $K_d =$ 4.0 であるとしよう．

　10.0 g の有機生成物が 20℃ で 100 cm^3 の水に溶けており，100 cm^3 のエトキシエタンを使ってこれを抽出するとしよう．100 cm^3 のエトキシエタンを全部使って1回抽出するのと，50 cm^3 ずつ使って2回抽出するのとどちらがよいであろうか．

　1）**100 cm^3 のエトキシエタンを全部使って1回抽出する場合**　x g の有機生成物がエトキシエタン層に抽出されるとする．水層に残っている生成物の量は $(10-x)$ g となる．

$$K_d = \frac{\text{エトキシタン中の化合物の濃度}}{\text{水中の化合物の濃度}}$$

に代入すると，

$$4 = \frac{x/100}{(10-x)/100}$$

となり，これを解くと $x=8$ g となる．すなわち，8 g の生成物をエトキシエタンから回収することができる．

　2）**エトキシエタンを 50 cm^3 ずつ使って2回抽出する場合**　1回目の抽出で y g の有機生成物がエトキシエタン層に抽出されるとすると，水層に残っている生成物の量は $(10-y)$ g となる．上と同じように，

$$4 = \frac{y/50}{(10-y)/100}$$

で，$y=6.7$ g となる．

　2回目の抽出をする前には $10-6.7=3.3$ g の生成物が水層に残っている．2回目の抽出で z g がエトキシエタン層に抽出されるとすると，水層に残っている生成物の量は $(3.3-z)$ g となる．

$$4 = \frac{z/50}{(3.3-z)/100}$$

で，$z=2.2$ g となる．

　2回の抽出で得られる生成物の全量は，

$$y+z, \text{すなわち，} 6.7+2.2 = 8.9 \text{ g}$$

となる．これは1回の抽出で得られる量よりほぼ 1 g 多い．少ない量のエトキシエタンで何回も抽出するほうが，1回に抽出される量は次第に少なくなっていくが，全体ではより多くの生成物を回収することができる．

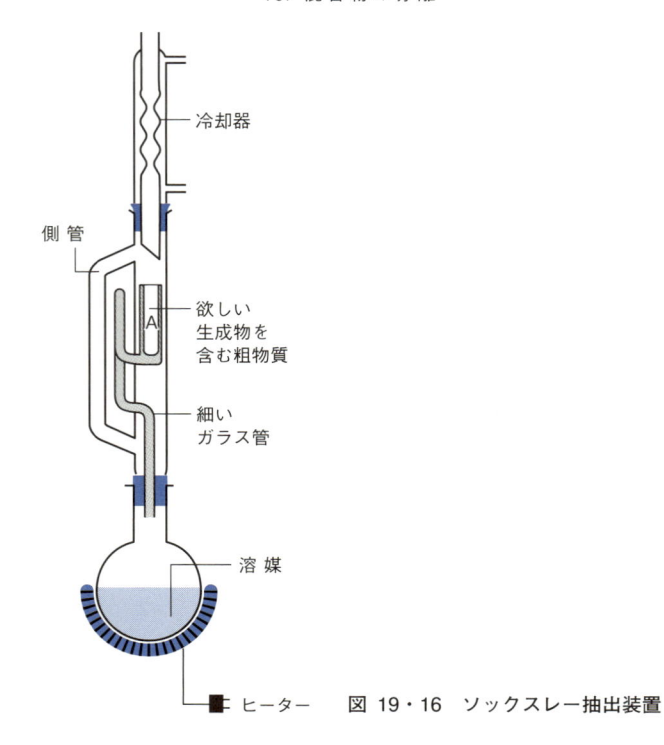

図中ラベル: 冷却器／側管／欲しい生成物を含む粗物質／細いガラス管／溶媒／ヒーター

図 19・16　ソックスレー抽出装置

Box 19・5　超臨界流体を用いるカフェインの抽出

カフェイン（分子式 $C_8H_{10}N_4O_2$）は，茶，コーヒー，コーラなどに含まれている．カフェインはトリクロロメタン（クロロホルム）を溶媒としてソックスレー抽出で茶やコーヒーから抽出することができる．ソックスレー抽出の欠点は**時間がかかる**ことで，数時間を要することもある．**超臨界流体抽出**（supercritical fluid extraction, SFE）は，近年開発された方法で，抽出時間をかなり短縮することができる．用いる溶媒は臨界温度や臨界圧を超えた状態にある**超臨界流体**（supercritical fluid）である（10・8節を参照）．たとえば二酸化炭素は温度 31 ℃，ほぼ 73 atm の圧力で超臨界になる．超臨界 CO_2 は密度が高く，優れた溶解力をもつ．また不活性で抽出する物質と反応しない．この溶媒を用いるとコーヒー豆からカフェインを数分で抽出することができる．カフェイン抜きのコーヒー豆は，現在では潜在的に毒性をもつヘキサン，ジクロロメタン，クロロホルムなどではなく，無毒の CO_2 を用いてカフェインを除去することによってつくられている．

濾紙クロマトグラフィー

　黒色インキはいくつかの色素物質の混合物である．濾紙クロマトグラフィーを用いると各成分に分離することができる．長方形の濾紙に黒色インキを1滴たらす．インキが乾いたら，濾紙を円筒状に丸めてクリップで留める．この濾紙を溶媒，この場合はプロパノン（アセトン）を入れたビーカーの中に置く．このときプロパノンの液面がインキを滴下した点よりも下になるようにする（図19・17）．溶媒が毛管現象によって次第に濾紙を上がってきて，インキの点（スポット）はいくつかの色の着いたスポットに分離する．分離が起こるのは，インキに含まれる異なる色素（染料）が，濾紙のセルロース粒子周辺の水（**固定相**（stationary phase））および溶媒（**移動相**（moving phase））に対して異なる溶解度をもつからである．移動相に最も溶けやすい染料が最も速く濾紙上を移動し，セルロース上の水に最も溶けやすい染料の移動は遅い．すなわち染料はセルロース上の水と移動する溶媒の間で**分配**（partition）される．溶媒が濾紙の上端に達したときには，インキ中の異なる染料は異なる着色スポットに分かれている．濾紙をビーカーから取出し溶媒を乾燥させると，**クロマトグラム**（chromatogram）とよばれるパターンが残る（図19・18を見よ）．

　この手法は，混合物中の成分を同定するのに一般的に用いられる．たとえば，インキに含まれていると**思われる**染料A～Dをインキと並べて濾紙に滴下する．図19・18に示すようなクロマトグラムが得られたとすると，インキはA，B，Cの成分を含んでいるが，Dは含んでいないということがわかる．なぜならインキは3個のスポットに分かれていて，それぞれがA，B，Cのスポットと同じ高さにあるからである．

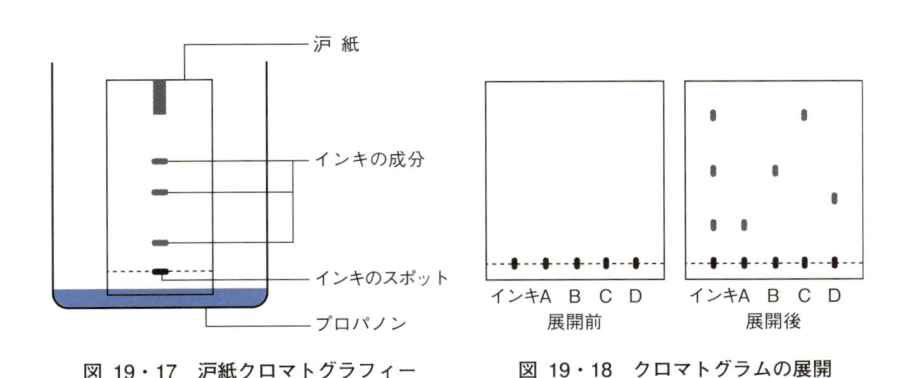

図 19・17　濾紙クロマトグラフィー

図 19・18　クロマトグラムの展開

カラムクロマトグラフィー

　カラムクロマトグラフィーは混合物から化合物を分離して取出すのに用いられる．ガラスのカラム（筒）に**吸着剤**（adsorbent）を詰めて，そこに混合物の溶液を流す．**アルミナ**（alumina，**酸化アルミニウム**（aluminium oxide））や**シリカゲル**（silica gel，ケイ酸ナ

トリウムに濃塩酸を加えて調製する）が吸着剤として用いられる．カラムは溶媒が自由に通過して流れるように均一に詰めなければならない．カラムの上端に試料混合物を乗せて，溶媒を上から流すと混合物も次第に下方に移動する（**溶出する**（elute）という）．各成分が移動する速さが異なるので，下方に移動するにつれて着色した吸着帯に分離する．強く吸着されず溶出溶媒に溶けやすい化合物はカラムを速く移動する．溶媒を流し続けると分かれた吸着帯はカラムの下端から順に流れ出るので，それぞれを別々のフラスコに集める（図 19・19）．

　試料が無色だと，分かれた吸着帯を目で確認できないのでやや難しくなる．その場合は，流出液を同じ体積（たとえば 25 cm^3）の画分に分けて集め，各画分を後述する TLC や GC のような別のクロマトグラフィーでチェックするという方法を採る．

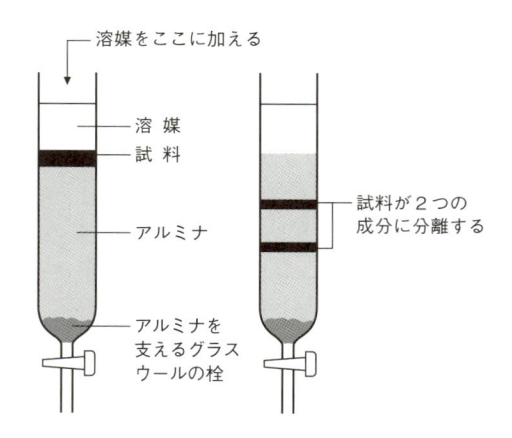

図 19・19　カラムクロマトグラフィー

薄層クロマトグラフィー（TLC）

　薄層クロマトグラフィー（thin-layer chromatography, TLC）はカラムクロマトグラフィー

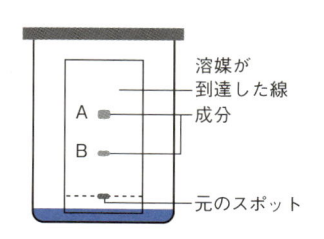

図 19・20　TLC 板の展開

の変法である．ガラス板の片面に吸着剤（たとえばアルミナ）を薄く塗布する．このガラス板の端近くに試料を滴下し，少量の溶媒（その液面は滴下したスポットより下になるようにする）を入れた**展開槽**（developing jar）の中に置き，蓋をする（図 19・20）．溶媒がガラス板を上昇するとともに，試料はその成分に分離し，各スポットが分かれて見える．溶媒がガラス板の上端近くまできたら，ガラス板を取出し，**溶媒が達した位置に鉛筆で印を付けてから乾かす**．無色の成分がある場合は，スポットを確認する方法がいくつかある．

1) 紫外線を当てると見える場合がある．
2) 乾かしたガラス板をヨウ素の結晶の入った蓋つき瓶に入れる．ヨウ素の結晶が昇華し，ヨウ素の蒸気に触れるとほとんどの有機化合物は着色したスポットとなる．
3) 試料化合物と反応して着色物を生成するような試薬をガラス板に吹き付ける．

TLC はほんの少量の試料で済むので，反応生成物の純度のチェックによく使われる．TLC はまた未知試料の同定に用いることもできる．試料化合物の**保持因子**（retention factor）（R_f 値）は次式で求められる．

$$R_f = \frac{試料の移動距離}{溶媒の移動距離}$$

同じ薄層板ならば，温度と溶媒が同じであれば，R_f 値は化合物ごとに一定である．未知物質と，それではないかと思われる化合物とを一緒に並べてスポットして展開したときに，同じ R_f 値になれば，それらは同一物質である可能性が高い．TLC でただ一つのスポットしかできない物質は純粋であるといえる．

→ 演習問題 19D

ガスクロマトグラフィー（GC）

ガスクロマトグラフィー（gas chromatography, GC）は揮発性の液体試料の純度検定や同定に用いられる．ほとんどの実験は少量の試料を用いて混合物を分離して各成分を同定する．分取にはあまり使われない．試料を装置に注入すると，気化されてキャリヤーガス

Box 19・6　ガスクロマトグラフィー–質量分析計（GC-MS）

ガスクロマトグラフィー（GC）に別の装置をつなげて混合物を GC で分離した後，得られた成分を分析することができる．GC-MS はガスクロマトグラフィーと質量分析計（MS）を組合わせたものである．混合物から未知成分を GC で分離し，これを MS 装置に送り，そこでイオン化させてフラグメント（断片）パターンを観測する．物質の断片のパターンは，その物質の"指紋"のようなものである．この指紋を，コンピューターに記録されているさまざまな化合物の指紋と比較して，その成分を同定することができる場合もある．この方法は，運動選手の血液中にある微量の薬物の同定などに用いられて成果を挙げている．

(ヘリウムや窒素)の流れに乗ってクロマトグラフィーカラムへ運ばれる.試料の各成分は異なる速さでカラムの中を移動し,異なる時間後に検知器に達する.成分が検知器に当たると電気信号がレコーダーやディスプレーに送られて,グラフ,つまりクロマトグラム

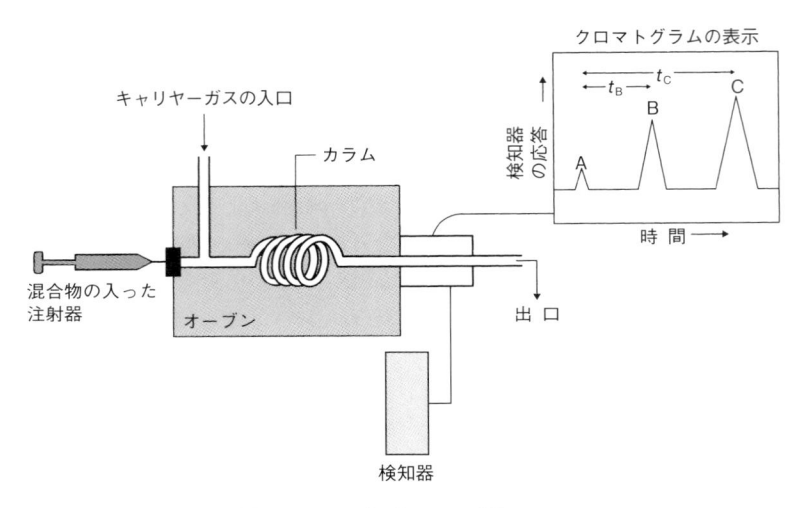

図 19・21 ガスクロマトグラフィー

表 19・1 分離手段

混 合 物	分 離 手 段
溶媒中の不溶の固体	沪過(細かい沈殿の場合は遠心分離)
固体が溶けている液体	固体の回収:蒸発または結晶化(こちらのほうがよい) 液体の回収:蒸留
複数の液体の混合物	分別蒸留
混ざり合っていない液体混合物	分液漏斗による分離
2種類の固体の混合物(一方が昇華する場合)	昇華
水と混ざり合わない有機化合物と不揮発性物質の混合物	水蒸気蒸留
混合物の溶液	同定:沪紙クロマトグラフィーまたは TLC 分取:カラムクロマトグラフィー
水中のイオン(カルシウムイオンやマグネシウムイオン)の除去	イオン交換
揮発性液体混合物の分離と同定	ガスクロマトグラフィー
水を含む混合物からの有機物の分離	溶媒抽出

ができる．化合物が装置を通って検知器に達するのに要する時間をその化合物の**保持時間**（retention time）という．各成分の保持時間を，同じ条件で測定された既知化合物の保持時間と比較することによってその成分を同定することができる．またクロマトグラムから各成分のおおよその相対量を推定することができる．各ピークの**面積（ピークの高さではない）**は試料中の各成分の割合に比例する．

図19・21の例ではクロマトグラムに3本のピークが見られる．このうちAは試料とともに注入された基準物質（この場合は注射器に入っていた気泡に由来する空気）であり，試料混合物に由来するピークはBとCである．Bの保持時間は，レコーダーが基準物質（A）のピークの先端を記録してからピークBの先端を記録するまでの時間（t_B）である．

分離法をまとめて表19・1に示した．

> ### 知っていましたか
>
> 　電気泳動は荷電した分子を電場中で分離する方法である．分子は沪紙やゲルの中を移動する．陰イオンは陽極のほうへ，陽イオンは陰極のほうへ移動する．イオンの移動速度はその質量や電荷に依存する．
> 　タンパク質分子をアミノ酸の断片に加水分解して，その断片を適当なpHの緩衝液を用いてイオン化する．体液中のDNA断片を電気泳動すると，個人に特有のパターンが得られるが，特定のバンドは家族で共通である．したがってこのDNA指紋法は法医学や父子鑑別に役に立つ手段である．

📲 この章の発展教材がウェブサイトにある．

20 光と分光学

20・1 電磁スペクトル
20・2 原子と分子のエネルギー準位
20・3 分光計
20・4 試料の吸光度と透過率
20・5 紫外および可視スペクトルについての補足
20・6 吸収スペクトルと色
20・7 赤外分光法
20・8 核磁気共鳴分光法
20・9 ランベルト-ベール則
20・10 光合成

この章で学ぶこと

- 光の吸収と放出
- 分光計のしくみ
- 水素の発光スペクトル
- 分析における IR と NMR の利用
- ランベルト-ベール則

　光と物質との相互作用は物理的変化(反射,吸収,回折,発光など)のみならず化学的変化(解離,異性化など)をも引き起こす.光の吸収と放出は**分光学的分析手段**(spectroscopic analytical technique)の基礎をなすものであり,その分野を**分光学**(spectroscopy)という.化学変化も同様に重要である.スモッグの発生,オゾンの減少や生成,光合成などはいずれも光によって開始される.

20・1 電磁スペクトル

　人間の目は,電磁スペクトルのほんのわずかな波長領域(ほぼ 400 nm から 700 nm)の光しか見えないが,"光"という言葉は電磁スペクトルを構成するあらゆる放射線を指す用語である(図 20・1).

　あるゆる光は真空中で毎秒 3.00×10^8 m を進む.この速さを記号 c で表す.

振動数と波長

　光は波と考えることもできるし,**光子**(photon)とよばれるエネルギー粒子と考えることもできる.

20・1 電磁スペクトル

パラメーター	電磁波の種類						
	ガンマ（γ線）	X線	紫外線（UV）	可視光	赤外線（IR）	マイクロ波	電波
波長/m	10^{-12}	10^{-10}	10^{-8}		10^{-4}	10^{-2}	10
振動数/Hz	10^{20}	10^{18}	10^{16}		10^{12}	10^{10}	10^{6}
光子のエネルギー /kJ mol^{-1}	10^{8}	10^{6}	10^{4}		1	10^{-2}	10^{-6}

紫	青紫	青緑	緑	黄緑	黄	橙	赤
400~420	420~450	450~490	490~530	530~545	545~580	580~630	630~720

波長/nm
7×10^{14} Hz ← 振動数 → 4×10^{14} Hz
300 kJ mol^{-1} ← 光子のエネルギー → 170 kJ mol^{-1}

図 20・1　電磁スペクトルの主要部分と，波長，振動数，光子エネルギーの概数
可視スペクトルの波長はナノメートル（nm）で示してある（1 nm = 10^{-9} m）．

波の**波長**（wavelength）とは，文字通り"一つの波の長さ"である（図20・2を参照）．光の波長は記号 λ（ラムダ）で表され，単位はメートル（m）である．

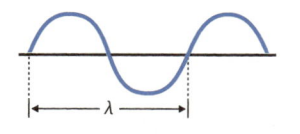

図 20・2　波長の定義

波の**振動数**（frequency）とは，ある点を1秒間に通過する波の数である．光の振動数の記号はν（ニュー）であり，単位はヘルツ（Hz）である（すなわち1 Hzは毎秒一つの波）．波長，振動数，および光速には次の関係がある．

$$c = \nu\lambda$$

すなわち，

$$\nu = \frac{c}{\lambda}$$

この式は，

振動数の大きな光は波長が短い（逆もまた同様）

ことを示している．

量子論 (quantum theory) によれば,光は**光子**とよばれるエネルギー粒子とみなされる. 光子1個のエネルギー E は次の式で与えられる

$$E = h\nu$$

ここで h は**プランク定数** (Planck constant) とよばれる普遍定数であり,

$$h = 6.626 \times 10^{-37} \text{ kJ s}$$

の値をもつ.

光子 1 mol のエネルギーを考えて,1 mol 当たりのプランク定数を使うほうが都合がよい場合が多い.

$$\begin{aligned} 1 \text{ mol 当たりの } h &= h \times N_A \\ &= 6.626 \times 10^{-37} \times 6.022 \times 10^{23} \approx 3.99 \times 10^{-13} \text{ kJ s mol}^{-1} \end{aligned}$$

$E = h\nu$ の ν に,

$$\nu = \frac{c}{\lambda}$$

を代入すると,

$$E = \frac{hc}{\lambda}$$

となる. この式は

高エネルギーの光子は高振動数(短波長)の光に相当する
低エネルギーの光子は低振動数(長波長)の光に相当する

ことを示している.

→ 演習問題 20A

例題 20・1

紫色の光は約 400 nm の波長をもつ. 紫色の光の光子 1 mol のもつエネルギーを求めよ.

▶解答
$E = h\nu$ の h を $= hN_A$ に置き換えると,E の単位は光子 1 mol 当たりの kJ となる.

$$E = \frac{hN_A c}{\lambda} = \frac{3.99 \times 10^{-13} \text{ kJ s mol}^{-1} \times 3.00 \times 10^8 \text{ m s}^{-1}}{400 \times 10^{-9} \text{ m}} = 299 \text{ kJ mol}^{-1}$$

したがって光子のエネルギーはほぼ 300 kJ mol^{-1} である.

▶コメント

化学結合のエネルギーはほぼ200〜400 kJ mol^{-1} である．したがって分子が紫色の光（あるいはもっと高エネルギーの紫外線）を吸収すると化学結合が切れて**化学変化**が起こることは意外ではない．

→演習問題 20B

エネルギー遷移

量子論によれば，分子や原子のエネルギーはある決まった準位に限定されている（図20・3）．準位間を移動することを**遷移**（transition）という．

エネルギー準位の"はしご"を登る（上向きの遷移）のは，分子あるいは原子が遷移のエネルギー間隔（ΔE）とちょうど同じエネルギーをもつ光子を**吸収**したときにだけ可能となる（この条件を**ボーアの条件**（Bohr condition）という）．この過程（**吸収**（absorption）とよぶ）を図20・3に示す．吸収の間に光子は消滅する．エネルギー遷移と吸収される光の振動数の間に次の関係が成り立つ．

$$\Delta E = h\nu$$

発光（emission）は，これも図20・3に示すが，光子の放出によってエネルギーを失う過程である．発光でも $\Delta E = h\nu$ が成立し，ここでは ΔE は発光によって失われるエネルギーであり，ν は放出される光の振動数である．

→演習問題 20C

20・2 原子と分子のエネルギー準位

分子のもついろいろなエネルギーをもっと詳しく見てみよう（図20・4）．原子も分子も**電子エネルギー**（electronic energy）をもつ．これは原子軌道や分子軌道に存在する電子のもつエネルギーである．分子は電子エネルギーに加えて，**振動エネルギー**（vibrational energy）をもつ（これは単独の原子にはない）．これは分子内の原子を振動させるエネルギーである．

図 20・3 孤立原子あるいは分子のエネルギー準位 光子の吸収（破線）と放出（実線）を含む遷移の三つの例を示す．

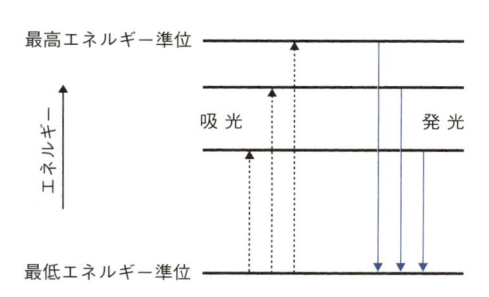

原子や分子のエネルギーの大部分は電子エネルギーである．お金にたとえれば電子エネルギーは"大金"（紙幣）であり，振動エネルギーは"小銭"（硬貨）である．

量子論によれば，電子エネルギーも振動エネルギーも飛び飛びの値を取る．分子のエネルギーは，電子エネルギー準位，つまり"状態"（E_0, E_1, …と名付ける）のそれぞれに振動エネルギーによる副準位（v_0, v_1, …と名付ける）がある"はしご"と見ることができる．たとえばある分子が第二電子エネルギー準位の第三振動エネルギー準位にあれば，E_1, v_2 と名付けられる．

分子や原子の最低エネルギー準位を**基底状態**（ground state）といい，それより高いエネルギー準位を**励起状態**（excited state）という．励起状態をつくる（光子の吸収や試料の温度を上げることによって）ことを**励起**（excitation）という．室温ではほとんどすべての原子や分子はその基底電子状態にあり，その基底振動状態にある（分子の場合）．すなわち E_0, v_0 状態にある．つまり，非常な高温でなければ，光の吸収による分子や原子の遷移はその最低エネルギー状態から起こる．

電子エネルギーの変化を伴う遷移では，電子は一つの軌道から別の軌道に移るが，吸光が起これば，より高いエネルギーの軌道に，また発光が起これば，より低い軌道に移動する．これらの遷移に基づいて**分光計**（spectrometer）で観測されるパターンを**電子スペクトル**（electronic spectrum）という．その遷移のエネルギーは大きく（普通，原子あるいは分子 1 mol 当たり 100 kJ 以上），紫外線あるいは可視光の光子がかかわるので，そのスペクトルは紫外・可視スペクトルともよばれる．図 20・4 において，遷移"a"は**紫外・可視光**（UV-visible light）の吸収に相当する．たとえば染料が可視光を吸収するときに起こる遷移はこれである．遷移"c"は紫外・可視光の放出に相当する．

分子の振動エネルギーだけが変化するような遷移は赤外線がかかわっており，その結果，生ずる分光学的パターンは**赤外スペクトル**（infrared spectrum）とよばれる．赤外ス

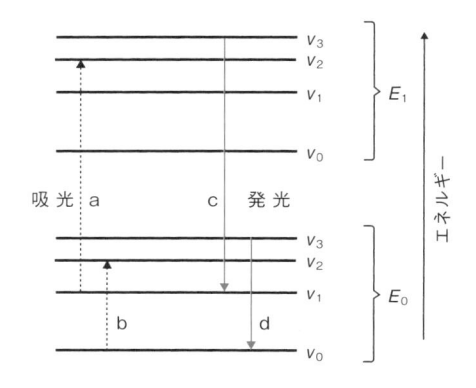

図 20・4 孤立分子の電子エネルギーおよび振動エネルギーの準位 この図は図 20・3 をさらに詳しくしたものである．a と c の遷移はそれぞれ紫外・可視光の吸収および放出に対応し，b と d の遷移はそれぞれ赤外線の吸収および放出に対応する．

ペクトルに現れるエネルギー変化（ΔE）は紫外・可視スペクトルに比べて小さく，分子1 mol 当たり 10 kJ 程度である．赤外線を吸収すると，分子中の原子はより大きく振動する（振幅が増大する）．赤外線を放出すると，分子中の原子の振幅は小さくなる．図 20・4 で，遷移 "b" は赤外線の吸収に相当し，遷移 "d" は赤外線の放出に相当する．温度の高い物体はすべて赤外線を放出する．通電しているフィラメントの近くに置いたビーカーの水が温まるのは，一部は赤外線を吸収するためである．

20・3 分 光 計

試料が吸収する，あるいは放出する光の波長を測定して記録する装置を **分光計** という．紫外・可視分光計あるいは赤外分光計の基本的な構成要素を図 20・5 に示す．分光計は以下のようなものからなる．

- 広範囲の波長の光を連続的に放つ **光源**（source）．
- 光を異なる角度に曲げることによって波長を分け，理想的には，ある一つの波長の光だけをセルに当てるための **回折格子**（diffraction grating）あるいはプリズム．
- 入射する光に対して透明な **セル**（cell，紫外線に対しては石英，可視光に対してはガラスあるいは Perspex（アクリル樹脂の商品名），赤外線に対しては塩化ナトリウム結晶で作製したもの）．セルには測定試料を入れる．
- セルから出てくる光の強度を測定するための電気的な **検知器**（detector）（あるいは写真乾板）．市販の分光計は "コンピューター制御" されており，スペクトルはモニターに表示される．

光源が発する光の波長の範囲と強度（すなわち **発光スペクトル**（emission spectrum））は，光をそのまま（つまり空のセルで，図 20・5 (a)）測定し，強度を波長に対してプロットしたグラフで，あるいは写真乾板で表示される．写真乾板では，光が当たった部分が感光して黒くなる．

試料を光に曝すと，試料中の原子や分子のエネルギー準位の間隔に等しいエネルギーをもった光子が吸収される．図 20・5 (b) のスペクトルでは，三つの波長，i，ii，iii に谷が現れており，試料中の原子や分子で 3 種類の異なるエネルギー遷移が起こったことを示している．写真乾板では，吸収が起こった波長で透過光の強度が小さくなって写真乾板を感光させないので，その部分が白く見える（写真乾板を現像して写真として印画するとその部分は黒くなる）．

20・4 試料の吸光度と透過率

分光計の光源は試料セルに絶えず光子を当てている．試料セルに吸収を起こす物質が入っていないと，その波長で最大強度の光が検知器に達する．最大強度を $I_{0(\lambda)}$ という記号で表す．ここで λ は光子やプリズムで分けられた光の波長である．その波長の光を吸

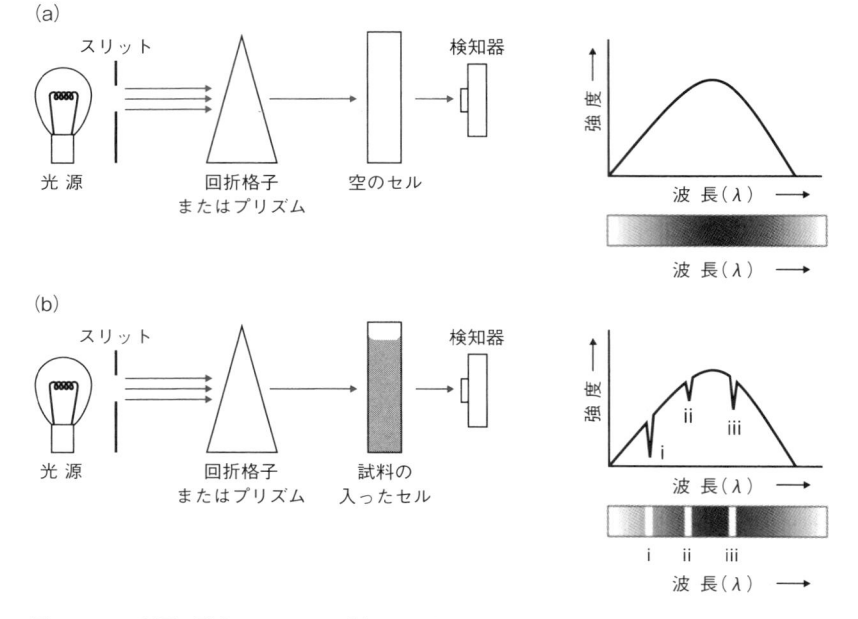

図 20・5 光源の発光スペクトル（a）と，光を吸収する試料を光束中に置いたとき（b）
(b) では光源の波長領域で強度を測定すると，いくつかの波長だけが吸収されることがわかる．これらはグラフでは谷として，写真乾板では線として観測される．

収する試料が光路にあると，吸収が起こって励起状態が生成する．励起状態は衝突や発光によってそのエネルギーを失う．セルを通って検知器に達した光の強度は**減少**する．その強度を $I_{(\lambda)}$ で表す．試料の波長 λ における**パーセント透過率**（percent transmittance）を %T で表し，次式で定義する．

$$\%T = \frac{100 \times I_{(\lambda)}}{I_{0(\lambda)}}$$

あるいは，強度の減少を**吸光度**（absorbance）A_λ で表すこともできる．吸光度は無単位の量で次式で定義される．

$$A_\lambda = \log\left(\frac{I_{0(\lambda)}}{I_{(\lambda)}}\right)$$

市販の分光計では，装置が回折格子を操作して波長を変えながら試料に光を照射する．これを**走査**（scan）といい，所定の波長領域を走査して各 λ における I を記録する．また各 λ における I_0 も測定するが，そのためには，走査中に空のセルにも光を通過させるか（**二重光束装置**（double-beam instrument）の場合)，あるいはあらかじめ空のセルで走査して得た I の変化をコンピューターに保存しておく（**単光束装置**（single-beam instrument) の場合). いずれの方法でも%T あるいは A を波長に対してプロットするのに必要な情報が得られる. このようにして得られたプロットが**吸収スペクトル** (absorption spectrum) である. 空のセルの吸収スペクトルは, 各 λ で I は I_0 に等しいので直線になる（図20・6（a））. 吸収を起こす試料を走査すると, 吸収された光の波長を示すピークのあるスペクトルが得られる（図20・6（b））.

図 20・6 **吸収スペクトル** 図20・5に対応している.（a）試料室を空にして（あるいは吸収をもたない試料で）測定した場合の吸収スペクトル. 小さなピークは検知器の電気的"ノイズ"によるもの.（b）三つの波長で吸収を起こす試料の吸収スペクトル.

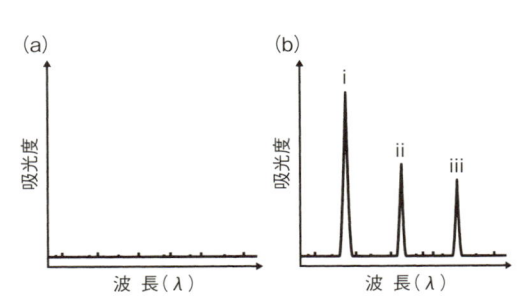

例題 20・2

波長 460 nm の光源から出た光の 40 % が試料に吸収されるとすると, 460 nm における試料の吸光度はいくらか.

▶**解 答**

光強度の 40 % が吸収されるとすれば, 透過するのは 60 % である.

$$\%T = \frac{100 \times I_{(\lambda)}}{I_{0(\lambda)}}$$

であるから

$$60\% = \frac{100 \times I_{(\lambda)}}{I_{0(\lambda)}}$$

すなわち

$$\frac{I_{0(\lambda)}}{I_{(\lambda)}} = \frac{100}{60} = 1.7$$

したがって吸光度は log(1.7)=0.23 となる.

▶**コメント**

一般的に, 吸光度が 2 以上の試料を扱うのは賢明ではない. 吸光度が 2 とは, 透過率 1 %, すなわち, その波長の光の 99 % は試料に吸収されるということである. 吸光度が大きくなるほど, 透過光の割合が小さくなって, 分光器の光学系による光の損失と同程度の大きさとなる. したがって測定値はかなりの誤差を含むことになる.

→ 演習問題 20D

スペクトルの利用

スペクトルは次の二つの理由で有用である．

1) スペクトルは化合物や元素の"指紋"として用いることができる．これは化学的同定（**定性分析**（qualitative analysis））に有用である．赤外スペクトルやNMRスペクトルはこの目的で広く用いられている．
2) ある物質の一定波長での吸光度は，その物質の濃度に比例する．この関係はランベルト-ベール則とよばれる（20・9節を参照）．同様に発光強度も発光体の濃度とともに増大する．これらの関係は混合物中の化合物や元素の濃度を知る（**定量分析**（quantitative analysis））のに有用である．

たとえば鉄鋼産業では，強力な電気火花を当てることによって鋼鉄を分析する．電気火花によって鋼鉄中の原子がいくつかの波長の光（"スペクトル線"）を放出し，それによって鋼鉄中に存在する鉄以外の元素（Mn，Crなど）を同定することができる．スペクトル線の強度は鋼鉄試料中の元素の量に依存する．

以降の本章では種々のスペクトルとその応用について少し詳しく述べる．

原子吸光分光計 原子吸光分光法では試料は高温炎中で原子に分解される（原子化される）．原子化された試料に適当な波長の紫外線あるいは可視光を通過させると，吸収を起こす原子の濃度に比例した吸光度が吸収波長で観測される．この方法では微量金属（たとえばCu，Pb，Cr，Mnなど）の濃度が1 mg dm^{-3}以下であっても正確に測定することができる．

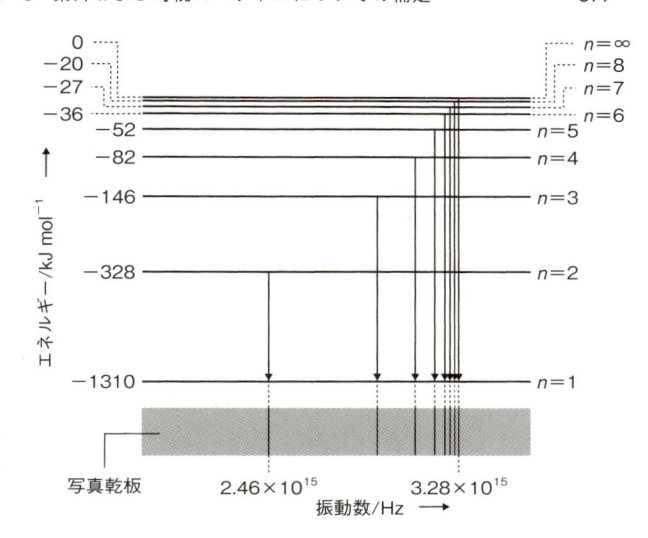

図 20・7 水素原子のライマン系列の遷移と観測されるスペクトル線の模式図

20・5 紫外および可視スペクトルについての補足
水素原子のライマン発光系列
　最も単純な電子スペクトルは,最も簡単な原子である水素での遷移で得られる.紫外領域での水素原子の発光スペクトルは**ライマン系列**(Lyman series)とよばれる一連の発光ピーク(写真乾板では黒色線)からなる.

　実験では,水素原子の発光スペクトルは,水素ガスを入れた石英管に電気火花を通すことによって得られる.火花からのエネルギーが水素分子の一部を原子に解離させる.解離した水素原子のいくつかは非常に大きなエネルギーをもち,電子的励起状態にある.励起された原子の多くは,他の原子や分子との衝突によって過剰なエネルギーを失うが,光として失うものもある.その放出された光を分光計に通すことによって発光スペクトルが得られる.ライマン系列の測定は脱気した装置の中で行わなければならない.その理由は,発光線は 90～120 nm の領域に現れるが,窒素ガスも酸素ガスもこれらの波長の紫外線を吸収するからである.

　写真乾板を用いて得られたライマン系列のスペクトルを図 20・7 の下部に示す.わかりやすくするためにすべての発光線の強度は同じであるとして示してある.

ライマン系列を引き起こす遷移
　水素原子はただ 1 個の電子をもつ.水素原子の電子エネルギーは,その電子が存在する軌道に依存する.電子が最低エネルギー軌道 ($n=1$) にあれば,原子はその基底エネ

ギー準位（基底状態）にある．この準位にある水素原子 1 mol のエネルギーは -1310 kJ である（負のエネルギーとは奇妙に思われるかも知れないが，これは単なる約束である．水素原子核の引力圏の外側にある電子のエネルギーがゼロであるということを意味している）．電子がより高い軌道（$n>1$）にあれば，その原子は電子的励起状態にあり，そのエネルギーは大きく（すなわち負の値が小さく）なる．n が大きくなると，水素原子のエネルギーはゼロに近づく（図 20・7 を見よ）．

ライマン系列での遷移は，高い電子エネルギー準位にある水素原子が光を放出してエネルギーを失い基底状態に戻ることに相当している．この遷移は次のように表すことができる．

$$H_{(n>1)} \longrightarrow H_{(n=1)} + h\nu$$
電子的励起状態　　基底状態　発光

ここで n は 2，3，4，5 などの値をとる．

これらの遷移は図 20・7 において下向きの矢印で示されている．

ライマン系列についての重要点

- どんなスペクトルでもそうであるが，遷移のエネルギー間隔が大きいほど，放射光の振動数は大きい（波長は短い）．
- 水素原子のエネルギー準位の間隔は徐々に狭くなる．この様子を図 20・7 に示す．その結果，スペクトル中のピークの間隔も徐々に狭くなる．最終的に発光線は 3.283×10^{15} Hz に収束する．この値は，

$$H_{(n=\infty)} \longrightarrow H_{(n=1)} + h\nu$$

の遷移で放出される光の振動数である．この遷移のエネルギー間隔は，水素原子の(第一) **標準イオン化エネルギー**（(first) standard ionization energy）に等しく，次式で計算される．

$$\begin{aligned}\Delta E &= hN_A\nu \\ &= 3.99 \times 10^{13} \times 3.283 \times 10^{15} = 1310 \text{ kJ mol}^{-1}\end{aligned}$$

基底状態にある 1 mol の水素原子に正確に 1310 kJ のエネルギーが与えられると，各原子の電子は原子核の引力圏のちょうど外に押し出されて，すべての原子がイオン化する．

$$H(g) \longrightarrow H^+(g) + e^- \qquad \Delta H^\ominus = +1310 \text{ kJ mol}^{-1}$$

もし 1310 kJ 以上のエネルギーが与えられると，過剰のエネルギーは遊離した電子の運動エネルギーに振り向けられる．

20・5 紫外および可視スペクトルについての補足

● 水素原子にはライマン系列以外にも発光系列がある．その一つは**バルマー系列**（Balmer series）とよばれるが，ずっと小さなエネルギー遷移に相当しており，可視領域にスペクトルが観測される．バルマー系列ではすべての遷移が $n=2$ の準位に落ちる．

$$H_{(n>2)} \longrightarrow H_{(n=2)} + h\nu$$

$n=3$ から $n=2$ への遷移は 656.3 nm にスペクトル線を与え，これは水素原子の"アルファ線"（alpha line, Hα）とよばれる．Hα 線は水素放電管からの**発光**では赤い線として容易に観測されるが，実験室での**吸収**（$n=2$ から $n=3$）では**簡単には観測できない**．なぜなら，室温では $n=2$ 準位にある水素原子はほとんど存在しないので，スペクトル線が非常に弱いからである．

→ 演習問題 20E, 20F

他の原子の電子スペクトル

ナトリウム原子の発光スペクトルは，ナトリウム蒸気（ナトリウム蒸気は金属ナトリウムを加熱することによって簡単に得られる）に電気火花を通すことによって得られる．図 20・8 (a) は，ナトリウムのスペクトルで 2 本の強い発光線が写真乾板上に現れる様子を示している．人間の目を検知器として用いると（手持ち**分光器**（spectroscope）のように），この 2 本の線は強い黄色に見える．ナトリウムランプを用いた街路灯の黄色やナトリウム化合物（たとえば食塩）を炎に振りかけたときの黄色はこのスペクトル線のためである．この 2 本の線は 0.6 nm しか離れていないが，安価な手持ち分光器でも分かれて見える（**分裂している**（resolved））．

ナトリウム原子の吸収スペクトル（図 20・8 (b)）はナトリウム蒸気に白色光を照射したときに吸収される光の波長を測定することによって得られる．写真乾板に記録される吸収スペクトルは発光スペクトルと同じ波長のスペクトル線を示すが，それらの位置で白色光源の強度が**減少する**ので明るくなる．

銅，リチウム，セシウム，カルシウム，カリウムなどの金属の吸収スペクトルと発光ス

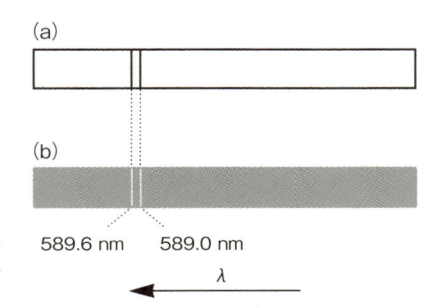

図 20・8 可視光領域で最も強いナトリウム原子の 2 本の線　(a) 発光スペクトル，(b) 吸収スペクトル　　589.6 nm　589.0 nm

ペクトルでは，ナトリウムのスペクトルとは異なる波長位置にスペクトル線が現れる．ナトリウムの場合と同様に，各スペクトルの数本の線が，これらの金属の化合物の炎中の色を決める．これがこれらの金属からなる化合物の存在を示すのに用いられる**炎色反応**の原理である（12・2 節を参照）．

分子の電子スペクトル

H_2O，HCl，H_2 などの**簡単な分子**の電子エネルギーの変化は，一般に紫外領域にその吸収および発光スペクトルを生ずる．染料などのより大きな分子やいくつかの無機イオンはその電子スペクトルの一部を可視領域に与える．図 20・9 にマンガン(VII) 酸カリウム（過マンガン酸カリウム，$KMnO_4$）水溶液の 400〜600 nm の電子スペクトルを示す．水とカリウムイオンはこの波長領域に吸収をもたないので，このスペクトルは MnO_4^- イオンだけに由来する．

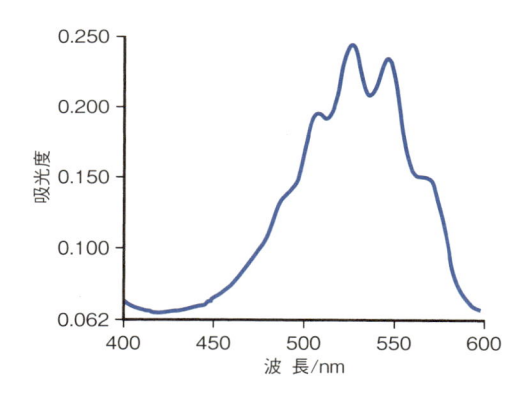

図 20・9 マンガン(VII) 酸塩の 400〜600 nm での電子スペクトル （1.0 cm Perspex セル）．

蛍　光

いくつかの分子では，紫外線を吸収すると，ただちにそれより少し長波長の光を放出する．これを**蛍光**（fluorescence）とよぶ．たとえばキニーネ（トニック水の苦みはキニーネに由来する）は無色であるが，紫外線を照射すると紫色に発光する．照射を止めると発光も止む．よく見かける蛍光物質には，ほかにカフェイン，ベンゼン，"フルオレセイン"などがある．蛍光物質は貴重品に印（"保安標識"）を付けるのに用いられる．これで書かれた情報は紫外線を照射したときしか見えないからである．

化 学 発 光

燃料を炎の中で燃やすと，熱および光が発生する．光を発生するが**熱を発生しない**化学反応がある．このような反応を**化学発光**（chemiluminescence）とよび，反応の過程で生

じた電子的に励起された分子や原子が発光する．自然界における化学発光の例はホタルや深海に棲むある種の魚類に見られる．空気が雷などの高電圧の放電に曝されると輝くのも化学発光のためである．

"ファンスティック"とよばれる化学発光するおもちゃは，別々の管に反応剤を入れておき，スティックを曲げると管が割れて反応剤が混ざり化学発光を起こす．発光の色は反応混合物中の染料によっていろいろに変化する．洞窟探険などで非常用の灯火として使われる"ライトスティック"も同じ原理であり，中には数時間にわたって発光し続けるものもある．

→ 演習問題 20G

20・6　吸収スペクトルと色
化合物の色
溶液の色はその溶液を**透過する光**によって決まる．

マンガン(VII)酸イオンを考えてみよう．白色光の下で見たとき，溶液の色は紫である．図 20・9 のスペクトルから，可視光領域で最も強い吸収は 520 nm から 550 nm の間にあることがわかる．これは黄緑色の光である．白色光のうち，それ以外の光は溶液を透過し，人間の目は透過した光（とその強度）をまとめて紫色と認識するのである（図 20・10）．

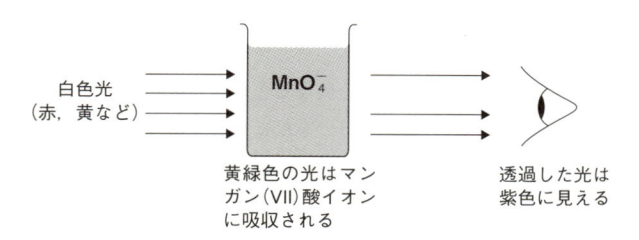

図 20・10　マンガン(VII)酸カリウムの溶液は黄緑色の光を吸収するので，紫色に見える

同じように，着色した固体はいくつかの波長の光だけを吸収する．その固体の色は吸収されずに**反射**して観測者の目に入った光の波長に基づく．

したがって化合物の色は，その化合物の可視光領域の吸収スペクトルから**予測**することができる．

カラーサークル
"カラーサークル"は，物質や溶液の最大吸収波長と白色光を当てたときの色との関係をまとめたものである．カラーサークル（図 20・11）の使い方は以下の通りである．

1) 吸収される光のおおよその波長に相当する扇形の部分を見つける．その化合物の色

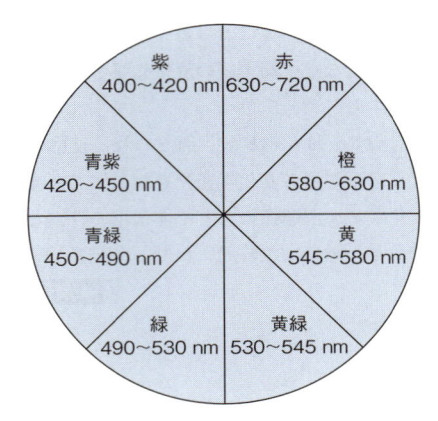

図 20・11 カラーサークル

はその反対側の扇形部分に書いてある．これをマンガン(VII)酸に当てはめると，吸収光は黄緑色であるから，色は紫である．この操作を逆向きにすると，ニンジンの色素（カロテン）は橙色に見えるから，青緑色の光を吸収するということになる．

2）可視光領域の外側（つまりサークルには出ていない）の吸収は，化合物の色とは無関係である．したがって無色の物質（たとえば水）は可視光の波長領域（400〜720 nm）では吸収しない．

3）カラーサークルが使えるのは，ある一つの色が他の色よりずっと強く吸収する場合だけであることに注意しよう．大きく異なる色が同程度の強さで吸収される場合，目に見える色は，それらの色に対する目の感度に依存する． →演習問題 20H, 20I

日焼け止めクリーム 日焼け止めクリームは太陽が放射する紫外線を吸収する化合物を含んでいる．紫外線を反射する物質（たとえば酸化亜鉛軟膏）でも皮膚を保護することができる．

蛍光増白剤

蛍光増白剤（optical brightener）とよばれる蛍光性分子が，衣類を"白より白く"するために洗剤に添加して用いられる．白い衣服は時間の経過とともに黄ばんでくるが，これは洗濯で除くことはできない．蛍光性分子を含む洗剤を用いると，洗濯中に蛍光性分子が衣服の繊維に付着する．蛍光性分子は太陽からの紫外線を吸収して青い光を放出する．この発光が（繊維の反射光に加わると）繊維をより白く見せる．これは"青い白さ"ともよばれる．

20・7　赤外分光法
化合物による赤外線の吸収

赤外線の吸収を見るには，電圧計に接続した簡単な IR 検知器が必要である（たとえば Philip Harris Company から市販されている"赤外検知器"）．実験室での赤外光源としては，背景光が実験台や壁に反射して生じる赤外線で十分である（図 20・12 (a)）．

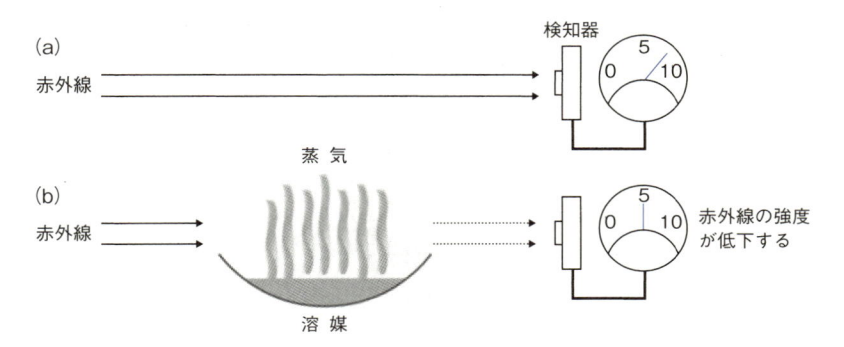

図 20・12　赤外吸収の例示　溶媒の蒸気が赤外線の一部を吸収するので，検知器に記録される光の強度が減少する．

揮発性の溶媒（たとえばエトキシエタンやメタノール）を入れた時計皿を赤外線の通路の下に置くと，検知される赤外線の強度が減少する（図 20・12 (b)）．これは揮発した溶媒分子が赤外線のいくらかを吸収するからである．赤外分光法では波長の代わりに波数を用いるのが慣例である（Box 20・1）．

分子の"ばね模型"

HCl のような二原子分子は，二つの小さな質点（H および Cl 原子）が非常に小さなばね（共有結合）で結ばれたものと考えることができる（図 20・13）．

二原子分子の振動とは，その共有結合の伸び縮みである．1秒当たりの伸び縮みの回数

Box 20・1 波　数

　赤外領域では振動数や波長に対して吸光度をプロットすることはしない．その代わりに吸光度を波数に対してプロットするのが普通である．これによって数値が扱いやすい大きさになる．波数はセンチメートル当たりの波の数であり，記号 $\bar{\nu}$ で表される．波長と次式の関係がある

$$\bar{\nu} = \frac{1}{\lambda}$$

　λ をセンチメートルで表すと，$\bar{\nu}$ の単位は cm^{-1} となり，これが普通用いられる．

　波数は Hz 単位で表した振動数と直接比例している．

$$\bar{\nu}(\text{cm}^{-1}) = 3.333 \times 10^{-11} \times \nu$$

この式から $1\,\text{cm}^{-1}$ が振動数 3.000×10^{10} Hz の光に相当することがわかる．振動数が高いことは波数が高いことを意味する．化学者はよく会話の中で，波数のつもりで振動数を使うことがある．これは間違っているが，この二つの量が簡単な換算係数で結ばれていることを思い起こさせてくれる．

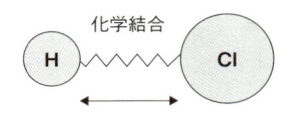

図 20・13　塩化水素分子の振動はその結合の伸縮で起こる　分子は毎秒ほぼ 10^{14} 回振動する．光が吸収されると振動の振幅は増大するが，振動数は変わらない．

をその分子の**振動数**（vibrational frequency）という．分子の振動エネルギーが大きいほど，その振動の振幅，つまり振動で原子が移動する距離が大きくなる．

　どんな分子でも，その原子は，たとえ 0 K においても，絶え間なく振動している．赤外吸収スペクトルは，分子が赤外線を吸収してその振動エネルギーが増大するときに生じる．**電子エネルギー**はこれらの遷移では変化しない（図 20・4 を参照）．塩化水素分子が赤外線を吸収すると，その振動エネルギーは基底振動エネルギー準位から第二振動エネルギー準位（v_1）へと増大する．この遷移は次式で表される．

$$\text{HCl}(E_0, v_0) + 赤外線 \longrightarrow \text{HCl}(E_0, v_1)$$

この $v_0 \to v_1$ 遷移は多くの二原子分子では室温での唯一の遷移である．二原子分子にはただ一通りの振動，すなわち原子をつなぐ結合の伸び縮みしかないから，二原子分子の赤外スペクトルではおもな吸収ピークが一つあるだけである（図 20・14）．

多原子分子

　3 個以上の原子を含む分子（多原子分子）もまたバネで結ばれた原子からなっていると考えることができる．たとえばプロパノン分子，

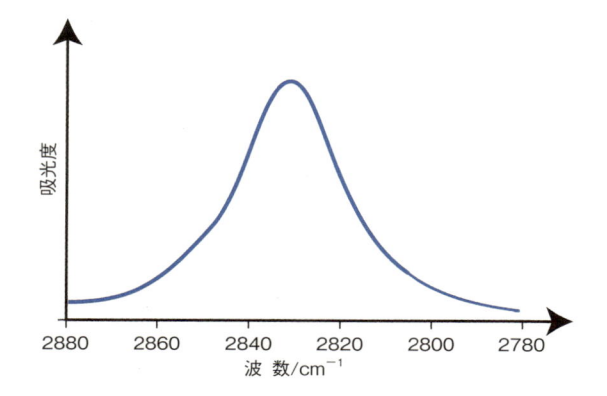

図 20・14　塩化水素 (HCl) の低分解能での赤外吸収ピーク　HCl ガスを CCl_4 に溶かして測定しているが，溶媒はこの波長領域では吸収を起こさない．

は，

と表すことができる．ここで〰〰は"ばね"である．多原子分子においても結合の両端の原子は**伸縮振動** (stretching vibration) する（図 20・15 (a)）．また結合角を変化させるような振動も起こす．このような振動を**変角振動** (bending vibration) という（図 20・15 (b)）．

多原子分子が赤外線を吸収すると，分子全体が（ゼリーのように）大きな振幅で振動する．しかし，しばしば分子内の少数の原子だけが大きく振動している（たとえば**大きく伸び縮みしたり変角したりする**）のが見いだされる（ゼリーにたとえれば，ゼリー全体が一定の振動数で振動しているのだが，その一部が 1 回の振動で大きく波打つことに相当する）．

たとえばプロパノン分子はちょうど $1715\ cm^{-1}$ の赤外線を吸収する．この吸収の結果，C=O 基の C および O 原子が大きな振幅で伸縮運動をする．分子内の他の原子の動きは

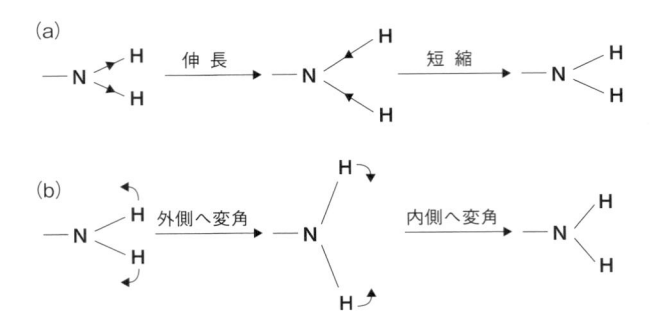

図 20・15　アミノ基（-NH₂）の伸縮振動（a）と変角振動（b）

光子の吸収によってあまり影響されない．すなわち分子の振動はカルボニル基の周辺に多少とも局在化している．しかしプロパノンが正確に 2950 cm^{-1} の赤外光を吸収すると，C−H 伸縮振動がより顕著になるが，分子の他の部分は，C＝O 基を含めて，ほとんど動かない．

赤外分光計は試料分子に対して一定の波数範囲の赤外領域を"走査"する．赤外スペクトルのピークは，分子内のいろいろな原子団がより大きな振幅へと"活性化"される振動数のところに現れる．このことは図 20・16〜20・24 のスペクトルを見ればよくわかる．これらの図ではおもなピークにそれが由来する振動を示してある．

赤外スペクトルでは，**同じ原子団を含む分子ではどんな分子でもほぼ同じ波数の位置にピークが現れる**．そのような原子団には C＝O，C−H，−NH₂，−OH などがある．たとえばカルボニル基（C＝O）の大きな振幅の振動は，v_0 から v_1 への遷移に基づくもので，正確な波数は分子によって異なるが，1700 から 1800 cm^{-1} の赤外線によって活性化される．この遷移によってプロパノン（CH₃COCH₃，図 20・16）では 1715 cm^{-1}，エタナール（CH₃CHO，図 20・17）では 1725 cm^{-1}，エタン酸エチル（CH₃COOC₂H₅，図 20・18）では 1742 cm^{-1}，エタン酸（CH₃COOH，図 20・19）では 1720 cm^{-1} に"カルボニルピーク"が現れる．化合物にカルボニル基があると比較的狭い波数領域に強いピークが現れるので，未知化合物の赤外スペクトルでの検出が容易である．このためカルボニル基を含む化合物の同定法として非常に有用である．たとえば写真フィルムはトリ酢酸セルロースからできているので，フィルムの赤外スペクトルは 1745 cm^{-1} 付近に強い吸収を示す．

他の原子団にも，以下のように，同定可能な吸収がある．

- 次のように C−H 基の炭素原子が他の炭素原子と C−C 単結合で結合している分子の C−H 振動は 3000〜2850 cm^{-1} の比較的狭い波数領域に鋭いピークとして観測される（図 20・20 のヘキサンを参照）．アルデヒドの CHO 基の C−H 振動は例外で，一般に 2850 cm^{-1} と 2750 cm^{-1} に 2 本のピークが見られる（図 20・17）．これはアルデ

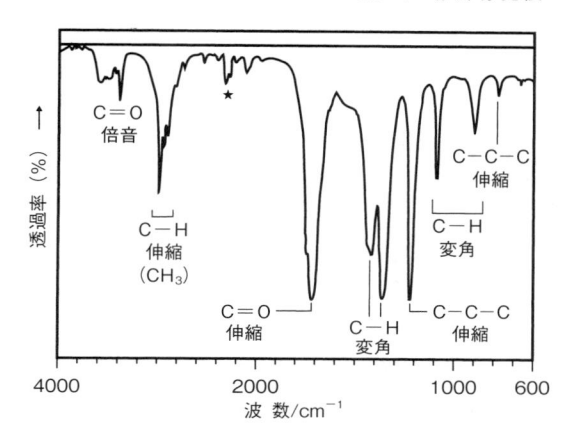

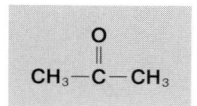

図 20・16 プロパノンの赤外スペクトル (星印のピークは分光計中の CO_2 によるもの).

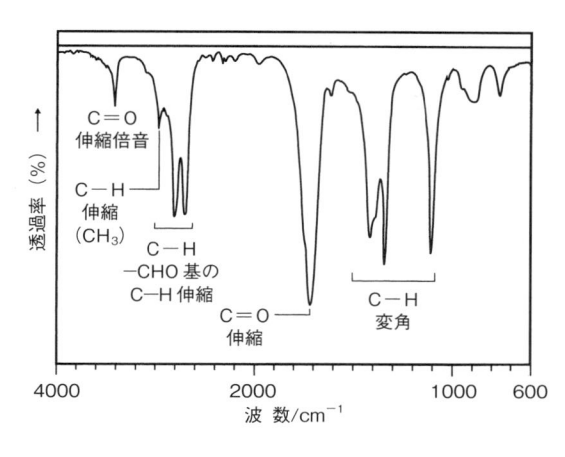

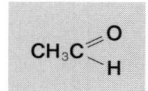

図 20・17 エタナールの赤外スペクトル

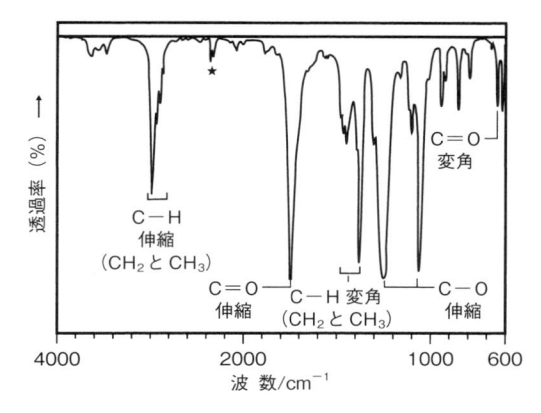

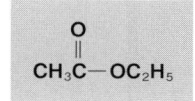

図 20・18 エタン酸エチルの赤外スペクトル

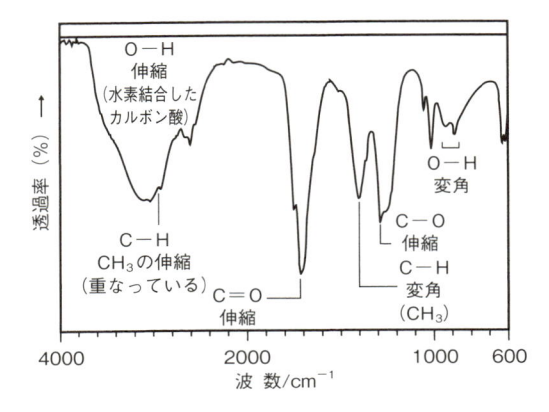

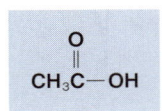

図 20・19 エタン酸の赤外スペクトル

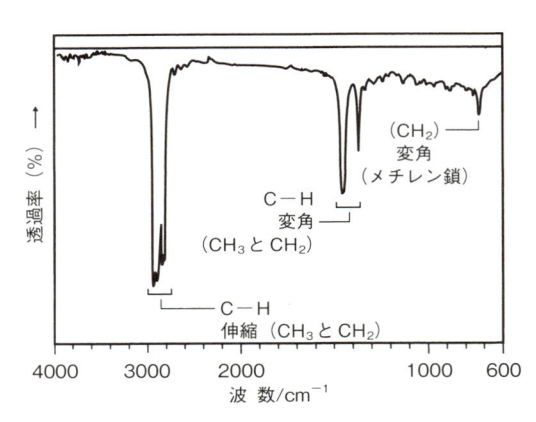

図 20・20 ヘキサンの赤外スペクトル

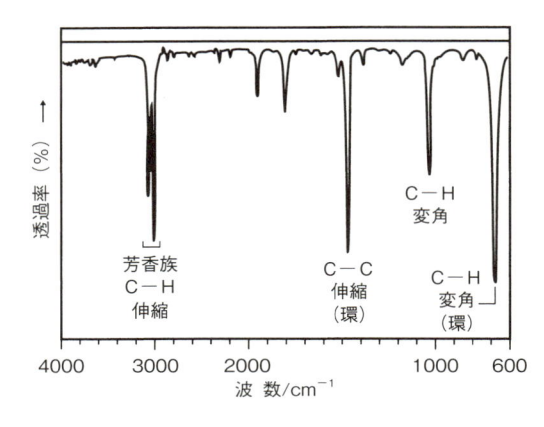

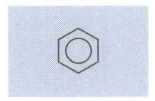

図 20・21 ベンゼンの赤外スペクトル

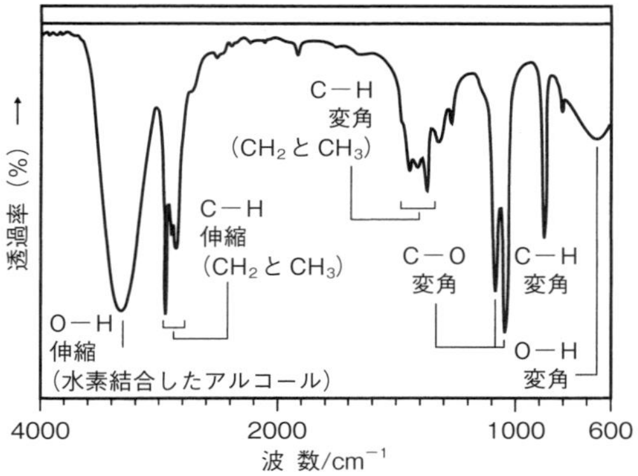
透過率（%）→
C－H
変角
（CH_2 と CH_3）
C－H
伸縮
（CH_2 と CH_3）
C－O
変角
C－H
変角
O－H
伸縮
（水素結合したアルコール）
O－H
変角
4000
2000
1000
600
波 数/cm^{-1}

CH_3CH_2OH

図 20・22 エタノールの赤外スペクトル

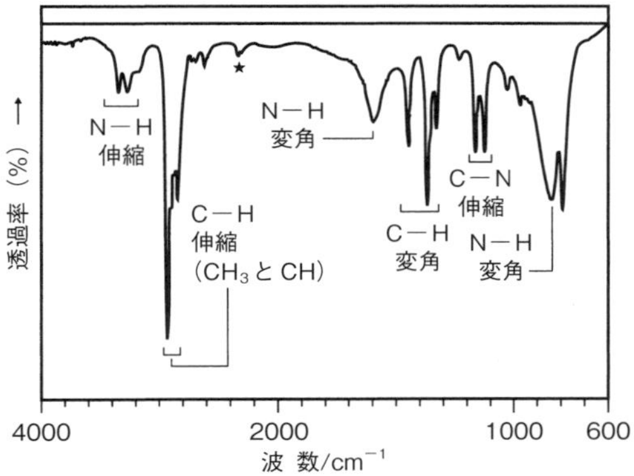
透過率（%）→
★
N－H
伸縮
N－H
変角
C－N
伸縮
C－H
伸縮
（CH_3 と CH）
C－H
変角
N－H
変角
4000
2000
1000
600
波 数/cm^{-1}

$(CH_3)_2CHNH_2$

図 20・23 プロパン-2-アミンの赤外スペクトル

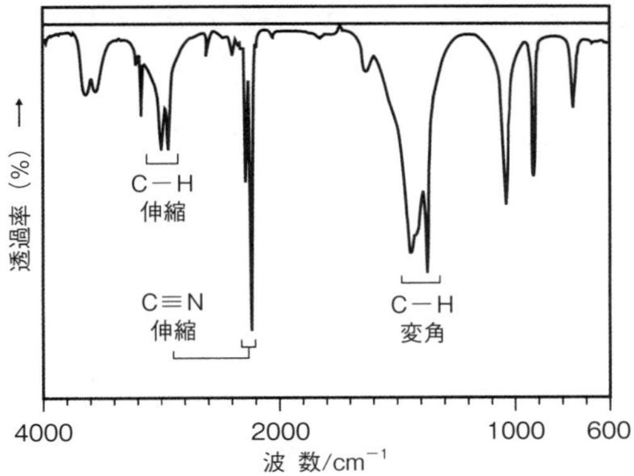
透過率（%）→
C－H
伸縮
C≡N
伸縮
C－H
変角
4000
2000
1000
600
波 数/cm^{-1}

CH_3CN

図 20・24 エタンニトリルの赤外スペクトル

ヒドとケトンを区別するのに役に立つ.

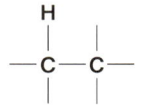

$$\begin{array}{c} \text{H} \\ | \\ -\text{C}-\text{C}- \\ | \quad | \end{array}$$

- 他の炭素原子と二重結合あるいは三重結合で結合している炭素原子を含む C−H 振動は 3000 cm^{-1} より高波数にピークが見られる.ベンゼン環の C−H 結合の振動も 3000 cm^{-1} 以上に観測される(図 20・21 のベンゼンを参照).

$$\text{H}\!\!>\!\!\text{C}\!=\!\text{C}\!\!<\quad \text{と}\quad \text{H}-\text{C}\equiv\text{C}-$$

- アルコールやフェノールの水素結合をした−OH 基では特徴的な幅広い吸収が 3500〜3200 cm^{-1} の領域に見られる(図 20・22 のエタノールを参照).カルボン酸の−OH 基の吸収もまた非常に幅広く 3500 cm^{-1} と 2400 cm^{-1} の間に現れる(図 20・19 のエタン酸を参照).カルボン酸は特徴的な C=O ピークがあるので,アルコールやフェノールとは簡単に区別ができる.
- NH$_2$ 基は 3500〜3100 cm^{-1} の領域に(N−H 伸縮に基づく)2 本の弱いピーク現われる(図 20・23 のプロパン-2-アミンを参照).
- ニトリル(シアン化物ともいう)は 2250 cm^{-1} 付近に CN 伸縮を示すピークが現われる(図 20・24 のエタンニトリルを参照).

図 20・16〜20・24 のスペクトルは,さまざまな種類の有機化合物を区別するのに赤外分光法が有用であることを示している.質量分析法や核磁気共鳴(NMR)など,他の分光法からの情報,あるいは化学的な試験の結果と組合わせると強力な手段となる.

例題 20・3

化合物 P は次の元素を含んでいる(括弧内は質量%).

$$\text{C}(30.6\,\%),\quad \text{H}(3.80\,\%),\quad \text{O}(20.3\,\%),\quad \text{Cl}(45.2\,\%)$$

質量スペクトルでは $m/e=78$ に親ピークがある.赤外スペクトルでは 1800 cm^{-1} に強いピークがある.P はフェーリング溶液を還元しない.P の分子式を求めよ.

▶解 答
まず元素の質量パーセントから分子の組成式を求める.
したがって,この物質の最も簡単な式は C$_2$H$_3$OCl となる.質量スペクトルで親ピークの質量が 78 u(^{35}Cl 同位体)なので,この分子の分子式は C$_2$H$_3$OCl となる.

元素	炭素	水素	酸素	塩素
質量パーセント	30.6 %	30.8 %	20.3 %	45.2 %
モル比	$\dfrac{30.6}{12.0}=2.55$	$\dfrac{3.80}{1.0}=3.80$	$\dfrac{20.3}{16.0}=1.27$	$\dfrac{45.2}{35.5}=1.27$
最も簡単な整数比	$\dfrac{2.55}{1.27}=2.00$	$\dfrac{3.80}{1.27}=3.00$	$\dfrac{1.27}{1.27}=1.00$	$\dfrac{1.27}{1.27}=1.00$
最も簡単な原子数比	2	3	1	1

1800 cm^{-1} のピークはカルボニル基の存在を示唆している．分子式 C_2H_3OCl から "C=O" を除くと CH_3Cl となる．P がフェーリング溶液を還元しないことからアルデヒド CH_2ClCHO は除外される．したがって P の構造は CH_3COCl となる．

$$\begin{array}{c} \text{H} \\ | \\ \text{H}-\text{C}-\text{C} \\ | \quad\;\; \diagdown \\ \text{H} \quad\;\; \text{Cl} \end{array} \begin{array}{c} \text{O} \\ \| \\ \\ \end{array}$$

→ 演習問題 20J，20K

20・8 核磁気共鳴分光法

核磁気共鳴（nuclear magnetic resonance, NMR）は，強力な磁石に囲まれた原子核が電波を吸収してスペクトルを与えるもので，分子の構造式を決めるのに役立つ．

奇数個の陽子あるいは奇数個の中性子（あるいはその両方）をもつ原子核は微小な棒磁石のように振る舞う．つまり**磁気モーメント**（magnetic moment）をもっている（**スピン**（spin）をもっているともいう）．小さな棒磁石を第二の磁石の場の中に置くと引き合ったり反発しあったりするのと同じように，磁場中の原子核の磁気モーメントは磁場と同じ向きにあるいは逆向きに並ぶ．図 20・25 に示すように，これらの配向は異なるエネルギーをもっており，両者のエネルギー差は外部磁場の強さに依存する．

NMR は，試料が電波領域のエネルギーを吸収して，低いエネルギー状態にある原子核

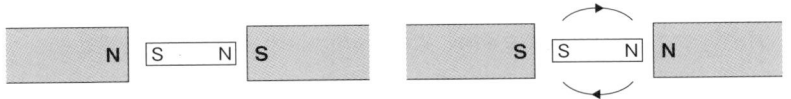

外部磁場に従って配向した小さな棒磁石　　外部磁場と逆に配向した小さな棒磁石——反発のため逆向きになろうとする

図 20・25　配向が異なる棒磁石はエネルギー状態も異なる

414   20. 光と分光学

が高いエネルギー状態に遷移するという現象を用いている．原子核が電波を吸収する振動数を**共鳴振動数**（resonance frequency）あるいは単に**共鳴**（resonance）あるいは**シグナル**（signal）とよぶ．NMR で最初に研究されて現在でも最も重要な原子核は水素核（すなわちプロトン*）であり，ここではプロトン NMR（^{1}H–NMR と書く）を説明する．

化学シフト

プロトンはその化学的環境に敏感である．プロトンの周囲にある電子はそれ自体の磁場をつくり，プロトンが受ける磁場を変化させる．したがって異なる化学的環境にあるプロトンはわずかながら異なる磁場を受け，異なる振動数で吸収を起こす．

図 20・26 はエタノール CH_3CH_2OH の低分解能 NMR スペクトルを示す．3 種類の異なる環境にあるプロトン，すなわち CH_3, CH_2, および OH, が存在するので，3 個のシグナルが現れる．

→ 演習問題 20L

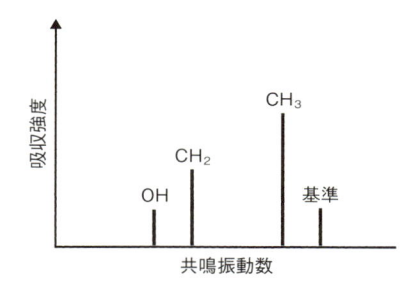

図 20・26　エタノール CH_3CH_2OH の低分解能 NMR スペクトル

プロトンの共鳴振動数は基準シグナルからの**化学シフト**（chemical shift, δ）で表される．テトラメチルシラン（tetramethylsilane, TMS）すなわち $(CH_3)_4Si$ が基準としてよく用いられている．それは TMS が化学的に不活性であり，そのスペクトルにただ 1 本の吸収しかない（分子内にただ 1 種類の水素しかない）からである．NMR 分光器の磁石は，分光器によって異なる強さの磁場を発生するので，異なる装置で測定したデータを比較することができるように，化学シフト（δ）を次式で計算する．

$$\delta = \frac{\text{そのプロトンの TMS からのずれ（Hz 単位）}}{\text{分光器の振動数（MHz 単位）}}$$

この目盛りで TMS の共鳴は正確に 0.00 である．このシステムを使うと，ある一つのプロトンの化学シフトは装置に関係なく同じ値をもつので，データの比較が容易になる．

エタノールを高分解能の条件で測定すると，図 20・27（a）に示すように低分解能ではそれぞれ 1 本であったシグナルがさらに多重線に分裂して観測される．この分裂を**スピン**–

---

*　訳注：プロトンは陽子のことであるが，NMR の分野ではプロトンとよぶのが一般的である．

スピン分裂（spin-spin splitting）という．各プロトンはその近傍の原子に結合している他のプロトンの影響を受けており，最も近傍の原子上のプロトンの数 n に応じて $n+1$ 本のピークに分裂する．

図 20・27（a）をもう一度見よう．$\delta\,0.00$ の共鳴は TMS のプロトンに由来し，$\delta\,4.35$，$\delta\,3.50$，$\delta\,1.10$ の共鳴はエタノールのプロトンに由来する．エタノールの共鳴はいずれも分裂している．すなわち $\delta\,1.10$ の共鳴は 3 本に分裂している（**三重線**（triplet））．これは CH_3 プロトンが近接する炭素原子上の 2 個のプロトン（すなわち CH_2 基で $n=2$）の影響を受けてその共鳴が $n+1=2+1=3$ 本のピークに分裂する．$\delta\,3.50$ の共鳴は 5 本に分裂している（**五重線**（quintet））．CH_2 プロトンは 4 個の近傍プロトン（3 個のメチル基プロトンおよび OH 基プロトン）の影響を受けて $n+1=5$ 本のピークに分裂する．OH プロトンの共鳴がなぜ三重線になるのかは，すぐ理解できるであろう．

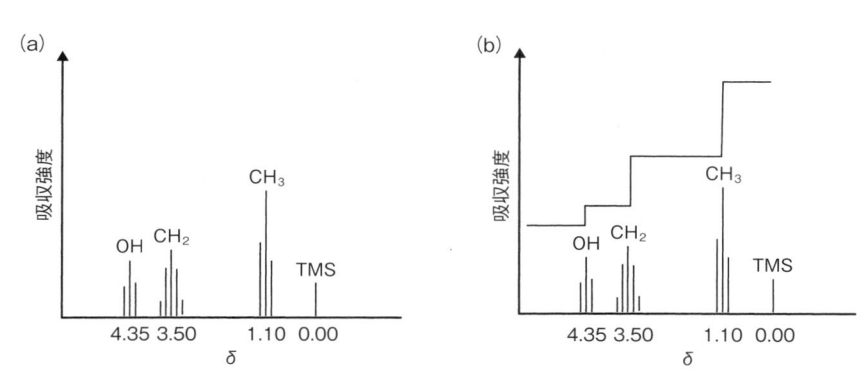

図 20・27　純粋なエタノール CH_3CH_2OH の高分解能 NMR スペクトル（a）と積分曲線を付け加えたスペクトル（b）

分裂した共鳴の各ピークの強度が同じではないことに注意しよう．強度比はパスカルの三角形として知られている法則にほぼ従っている．パスカルの三角形では各数字はすぐ上の左右の数字の和になっている（表 20・1 には最初の 5 列を示してある）．

各共鳴の面積はその共鳴を与えるプロトンの数（分裂しているかどうかにかかわらず）に比例している．NMR 分光器には各共鳴を**積分して**（integrate）積分曲線を表示する機能がある．曲線の高さはその面積に比例している．図 20・27（b）は積分曲線を含む完全な NMR スペクトルを示している．OH, CH_2, CH_3 の共鳴の上に示した積分の高さが 1：2：3 の比になっており，それぞれの基のプロトン数と一致していることに注意しよう．

表 20・2 には有機化合物中のプロトンの典型的な化学シフト値を示してある．ハロゲンが結合した炭素に付いているプロトンは比較的大きな化学シフト（δ）値をもつことに

表 20・1　パスカルの三角形

ピークの数		パスカルの三角形で示した強度
1	一重線	1
2	二重線	1　1
3	三重線	1　2　1
4	四重線	1　3　3　1
5	五重線	1　4　6　4　1

注意しよう．電気陰性基はプロトン周辺の電子密度を低下させるので，そのプロトンは外部磁場をより強く受け（そのプロトンは**非遮蔽化されている**（deshielded）という），より大きな振動数の電磁波を吸収する．同様に，プロトンに電子密度を押し出す（**遮蔽する**（shield））基や原子があると，そのプロトンはより低振動数で吸収する（化学シフトが小さくなる）．

表 20・2　有機化合物中のプロトンの化学シフトの代表例

基	化合物の種類	およその化学シフト/δ
CH_3–C	アルカン	0.9
C–CH_2–C	アルカン	1.3
CH_2=C	アルケン	2.6
C_6H_5–	アレーン	7.3
CH_3–N	アミン	2.3
CH_3COO–	エステル，カルボン酸	2.0
CH_3CO–	ケトン	2.1
CH_3Br	ブロモアルカン	2.6
CH_3Cl	クロロアルカン	3.1
CH_3F	フルオロアルカン	4.3

図 20・28 から図 20・32 にいくつかの典型的な NMR スペクトルを示す．

→ 演習問題 20M, 20N

人間は有機物で構成されているから，さまざまな化合物中に大量の水素を含んでいる．つまり人間の身体は NMR の"試料"になりうる．病院では"核磁気共鳴"の代わりに**磁気共鳴**（magnetic resonance）という言葉を用いており（患者がこの技術が電離放射線を使うと誤解するのを避けるため），用いる装置はふつう**スキャナー**（scanner）とよんでいるが，その原理は実験室で用いられているものと同じである．

"全身 NMR 画像システム"では，患者は身体の縦方向に沿った主磁場をもつ筒の中に横たわる．小さな磁場を用いて身体を"輪切り"にして検査する．装置は人間の組織（臓器を含めて）の輪切り部分の化学組成を画像化する．画像は濃さや色によって化学組成をはっきり示す．患者は走査によって傷つくことはない．組織中の化学組成の変化は病状を客観的に評価する有用な指標となるので，スキャナーはさまざまな病気の診断に用いられている．

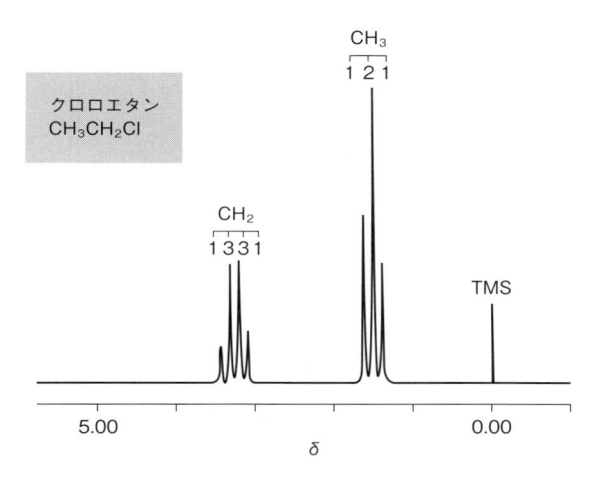

図 20・28　クロロエタンの 60 MHz での ^{1}H NMR スペクトル

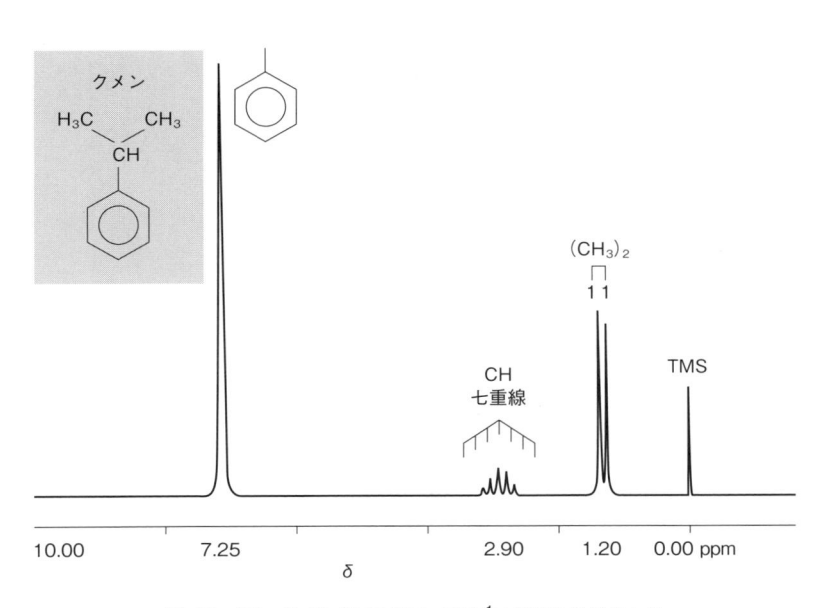

図 20・29　クメンの 60 MHz での ^{1}H NMR スペクトル

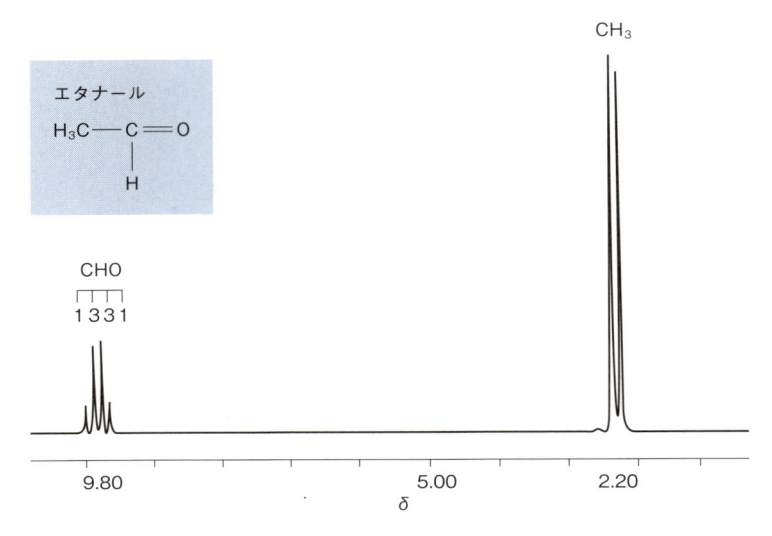

図 20・30　エタナールの 60 MHz での ^{1}H NMR スペクトル

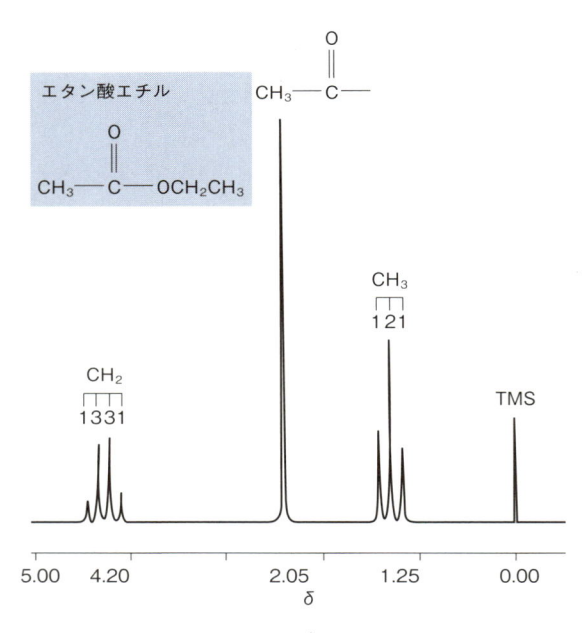

図 20・31　エタン酸エチルの 60 MHz での ^{1}H NMR スペクトル　δ 2.05 の共鳴が一重線であることに注意．アシル基のメチルプロトンは他のプロトンから十分に離れており共鳴は分裂しない．

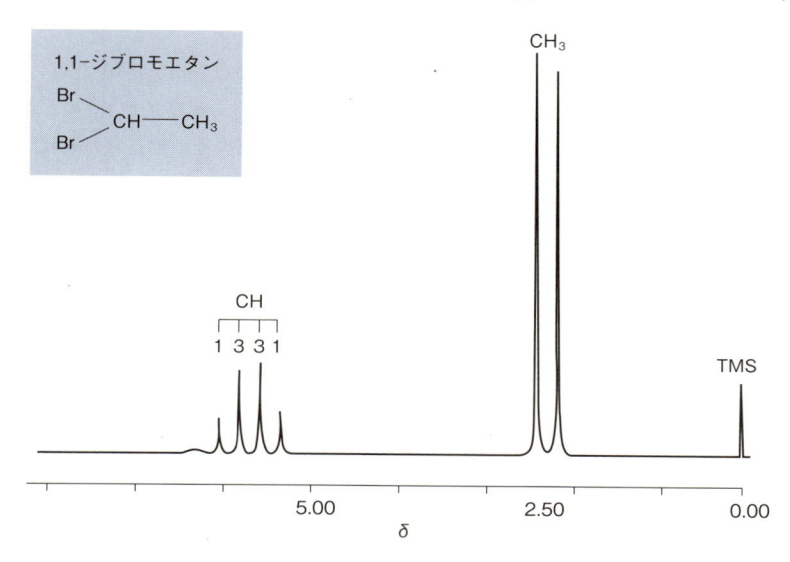

図 20・32　1,1-ジブロモエタンの 60 MHz での ¹H NMR スペクトル

20・9　ランベルト-ベール則
ランベルト-ベール式

　波長 λ における試料の**吸光度**（absorbance，記号 A_λ で表す）と試料の濃度 c との関係はランベルト-ベール則として知られており，次式で表される．

$$A_\lambda = \varepsilon_\lambda \times c \times b$$

　ここで ε_λ（"波長ラムダにおけるイプシロン" と読む）は吸光物質に固有の定数で，波長 λ におけるその物質の**モル吸光係数**（molar absorption coefficient）とよばれる．b は試料の厚さ（セルの光路長）である．
　この式はどんな波長でも成立し，（実用性を別にすると）紫外線，可視光，赤外線のいずれでも使うことができる．
　ランベルト-ベール式は，吸光物質の**濃度が 2 倍になれば**その溶液の**吸光度も 2 倍になる**ことを示している．吸光度がセルの光路長に比例することも便利である．もし吸光物質の濃度が低いために溶液や気体の吸光度が小さい場合，光路長を大きくすることで埋め合わせることができる．たとえば自動車の排気ガス中の微量成分を赤外分光法で分析する場合，光路長 10 m のセルを用いることがある．これによって通常の 10 cm の気体セルの 100 倍の吸光度を得ることができる．

ε について補足

- c の単位が $mol\ m^{-3}$ で，b の単位が m の場合，ε_λ の単位は $mol^{-1}\ m^2$ となる．
- 最も簡単に理解するには，吸光物質の濃度が $1\ mol\ m^{-3}$ で光路長が $1m$ のときの吸光度が ε であると考えればよい．ε の値が大きくなるほど，その波長での吸収は**強く**なる．
- 吸光物質が化学的に反応する場合（たとえば解離したり，水素結合を形成して会合したり），ε_λ もまた変化する．溶媒が変わっても ε_λ は変化する．
- ε_λ の単位として $mol^{-1}\ dm^3\ cm^{-1}$ もよく用いられる．現在ではランベルト-ベール式の濃度を $mol\ dm^{-3}$，光路長を cm で表すのが一般的であるから，この単位は便利である．換算は，

$$1\ mol^{-1}\ m^2 = 10\ mol^{-1}\ dm^3\ cm^{-1}$$

で，たとえば $90\ mol^{-1}\ m^2 = 900\ mol^{-1}\ dm^3\ cm^{-1}$ となる．

ランベルト-ベール プロット

ランベルト-ベール式は $y=mx$ の形をしており，同一セルを用いる限り（つまり同じ b），ある波長での吸光度を濃度に対してプロットすると直線になるはずである．

グラフの勾配は $\varepsilon_\lambda \times b$ に等しい．

例題 20・4

次図は二クロム(VI)酸カリウムの紫外可視スペクトルである．これを用いて二クロム(VI)酸カリウムの $350\ nm$ における分子吸光係数を求めよ．

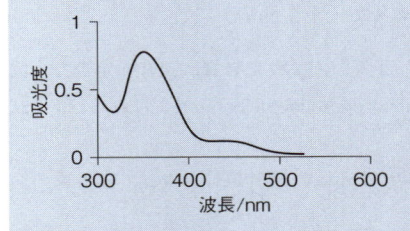

図 20・33　$2.5 \times 10^{-4}\ mol\ dm^{-3}$ の二クロム酸カリウムの紫外可視スペクトル（$1.0\ cm$ 石英セル）

▶解 答

図 20・33 から $350\ nm$ における試料の吸光度がほぼ 0.78 であることがわかる．

$$c = 2.5 \times 10^{-4}\ mol\ dm^{-3} = 0.25\ mol\ dm^{-3},\ b = 1.0\ cm = 0.010\ m$$

ランベルト-ベール式を書き換えると

$\varepsilon_{350} = A_{350}/cb = 0.78/(0.25 \times 0.010) = 310 \text{ mol}^{-1}\text{ m}^2$ （有効数字 2 桁）

したがって，二クロム(VI)酸カリウム溶液の ε_{350} は $310 \text{ mol}^{-1}\text{ m}^2$ である．

➡ 演習問題 20O

例題 20・5

ランベルト‐ベールプロットの一例を図 20・34 に示す．これは 4‐ニトロフェノール（$C_6H_4OHNO_2$）のエタノール溶液の波長 312 nm における吸光度を示したものである．セルの光路長は 1.0 cm であった．312 nm における 4‐ニトロフェノールの分子吸光係数を計算せよ．

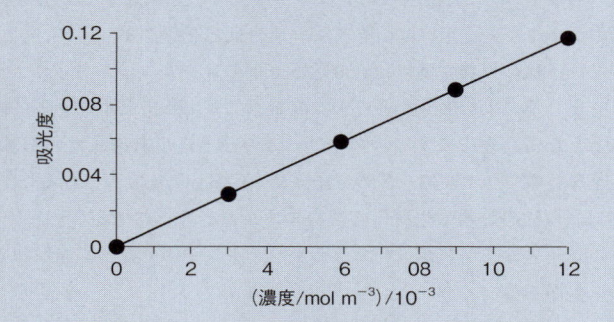

図 20・34 4‐ニトロフェノールのエタノール溶液の 312 nm でのランベルト‐ベールプロット

▶ 解 答
グラフの勾配は，
$$\frac{0.115 - 0.000}{12.0 \times 10^{-3} - 0.00} = 9.60 \text{ mol}^{-1}\text{ m}^3 = \varepsilon \times b$$
$b = 1.0 \text{ cm} = 0.010 \text{ m}$ であるから，
$$\varepsilon = \frac{9.60 \text{ mol}^{-1}\text{ m}^3}{0.010 \text{ m}} = 9.6 \times 10^2 \text{ mol}^{-1}\text{ m}^2$$
したがって 4‐ニトロフェノールの ε_{312} は $9.6 \times 10^2 \text{ mol}^{-1}\text{ m}^2$ である．

➡ 演習問題 20P, 20Q

20・10 光 合 成

光合成とは何か？

光合成とは，太陽光によって促進されて炭水化物が生成する一連の複雑な化学反応であ

る．植物はわれわれの食糧の主要な供給源（直接的にも間接的にも）であるから，光合成は光のかかわる反応の中でも最も重要な反応の一つである．

光合成の反応全体は次式で表される．

$$6\,CO_2(g) + 6\,H_2O(l) + h\nu \longrightarrow \underset{\text{グルコース}}{C_6H_{12}O_6(s)} + 6\,O_2(g)$$

光合成に関する要点

- 光合成は $\Delta H^\ominus \approx +2800 \text{ kJ mol}^{-1}$ の非常に吸熱的な反応である．直接1段階で起こるのではなく，多段階を経て起こり，変換に必要なエネルギーは実質的に太陽光（$h\nu$）から得ている．そのエネルギーは，まず**クロロフィル**（chlorophyll）によって捕捉され（吸収され），励起されたクロロフィル分子が生成する．励起クロロフィル分子はそのエネルギーを用いて引き続く一連の反応を起こす．

- 植物中で，多数の（典型的には300〜2500個の）グルコース分子が，グルコース1分子当たり1分子の水を失うことにより直鎖状に繋がってセルロース（植物のかさと質量のもととなる）を生成する（グルコースの分子式 $C_6H_{12}O_6$ から H_2O が抜けると $C_6H_{10}O_5$ となるので，セルロースの分子式は $(C_6H_{10}O_5)_n$ で表される）．

- デンプン（植物の呼吸や生育に必要なエネルギーを供給する"燃料"として働く）もまたグルコース分子が繋がってできるが，セルロースと違って直鎖状のものと枝分かれしたものがある．

- 光合成において，植物組織の炭素骨格（セルロースに基づく）と貯蔵している炭水化物は二酸化炭素ガスから"化学的に組立て"られる．植物中の炭素を含む固体が気体からできるということは初期の科学者にとっては謎であった．当時，光合成は"炭素固定"とよばれ，その言葉は現在でも使われている．光合成を行う植物は，陸上および海中に広く分布しているので，炭素固定の規模は巨大であり，1年に 10^{11} トンの炭素が大気中から取出されている．

- 光合成は CO_2 を消費し，同時に O_2 を大気に戻している．光合成は CO_2（燃料の燃焼や呼吸によって増大する）のレベルを下げ，また酸素のレベルを維持する最も重要な経路である．

この章の発展教材がウェブサイトにある．Case Study 4 では天文学での分光学を扱う．自動車排気ガスの赤外スペクトルは 22・3 節参照．

21 核化学・放射化学

21・1 放射能
21・2 放射性核種と放射性同位体
21・3 放射線の性質
21・4 放射壊変の数学的取扱い
21・5 放射性核種の利用

この章で学ぶこと

- 放射能の定義
- 核からの放射線の性質
- 放射性核種と同位体の半減期に関する計算例
- 放射性同位体の利用

　天然に存在する放射能や，人工的につくられた同位体の放射能，核分裂（商用原子炉での反応），核融合（太陽のエネルギー源）は，いずれも核反応（図21・1）の例である．放射能についての研究は科学的な好奇心として始まった．こうした地味とも思える始まりから，原子力（国によっては発電のための主要なエネルギー源）や，核弾頭の驚異的な破壊力が生み出された．

核反応 ─┬─ 核融合
　　　　├─ 核分裂
　　　　└─ 放射壊変

図 21・1　核反応のおもな様式

21・1 放 射 能

　放射能は，1896年，ベクレル（Antoine Henri Becquerel, 1852〜1908）がウラン鉱による写真乾板の黒化現象に偶然気づいたことにより発見された．ウランは，その前年に発見されたX線に似た目に見えない"光線"を放出した．その49年後に広島の医師たちは，病院地下貯蔵室の中の未使用のX線写真乾板が，最初の原子爆弾によって放出された放射線で曇ったことを報告した．
　放射能についての先駆的な仕事は，ピエール・キュリー（Pierre Curie）とマリー・

キュリー (Marie Curie) 夫妻によって成し遂げられた. 夫妻はピッチブレンドという鉱石からポロニウムとラジウムを抽出した (1898 年). 放射線の有害性は当時知られていなかった. いまでも, 夫妻の実験ノートには危険なまでの放射能が残っている.

放射能の定義

原子核が**自発的**に壊変して同時に**放射線** (radiation) を発するとき, その原子核は**不安定** (unstable) であるという. この現象は**放射能** (radioactivity) とよばれる. この定義での重要な概念は次の通りである.

　1) 自発的　放射能は自発的な現象である. この意味は, それが始まるのに, あるいは続くのに, 外部からの助けを必要としないということである. 壊変速度は温度に**依存しない**. これは化学反応とは対照的である. 化学反応速度は温度の変化にしばしば劇的な影響を受ける. ある原子核の放射壊変は, 他の原子の存在には影響されず, 触媒作用も受けない. たとえば, ウラン-235 の壊変は, 純粋なウランの単体でも, 二酸化ウラン (UO_2) でも, 六フッ化ウラン (UF_6) でも, 同じ速度で進行する (そして同じ生成物ができる).

　2) 壊変 (崩壊)　放射壊変では, 一つの**核種** (nuclide) は別の核種に変化する. これは次のように表すことができる.

$$親核種 \longrightarrow 娘核種 + 放射線$$

ここで, "核種" は特定の同位体の**原子**を意味する. この変化の結果として, 親核種の陽子数または中性子数 (あるいは両方とも) が変化する. 陽子数が変わると, 新たな元素が生成する. したがって, 放射壊変は, 化学反応とはまったく異なる. 化学反応では, 原子が壊れたり生成したりすることはなく, 単に原子の組換えによって新しい分子が形成されるだけである.

　3) 放射線　"放射線" という用語は, 粒子 (アルファ粒子, 高エネルギー電子, および原子核) と, ガンマ線として知られる高振動数の光を含んでいる (表 21・1 および図 21・2 参照).

21・2　放射性核種と放射性同位体

放射性核種 (radionuclide) という用語は放射壊変する原子を意味し, このような原子は**不安定** (放射能について) といわれる. 放射性の同位体は**放射性同位体** (radioisotope) とよばれる.

　天然には 365 の異なる核種が存在する. これらのうち 55 は放射性核種である. これに加えて, 人工的につくられた何百という放射性核種がある. これらは, **粒子加速器** (particle accelerator) とよばれる巨大な装置で, 超高速で原子核を相互に衝突させてつく

表 21・1 放射線のおもなタイプ

名称	記号	性質	透過能
アルファ粒子	$^4_2He^{2+}$ または α	ヘリウム原子核（すなわちヘリウムイオン）	相対的には大きくて重い. 数 cm の空気で停止し, 薄いカード紙で止めることができる
ベータ粒子	$^0_{-1}e^-$ または β	きわめてエネルギーに富んだ（高速の）電子	空気中で 5 m ほど飛行する. 薄い金属板で止まる
陽電子	$^0_{-1}e^+$ または β^+	きわめてエネルギーに富んだ正に荷電した電子	ベータ粒子と同様
ガンマ線	γ	きわめて短波長の電磁波. 光速で伝わる	きわめて高貫通性. 遮蔽するには厚い鉛板か厚いコンクリートが必要
中性子*	^1_0n	相対的に大きく重い粒子	ガンマ線と同様
核分裂片*	―	多重イオン化した中程度ないし重い元素の原子核	相対的に大きく巨大なエネルギーを有する. 厚い鉛とコンクリートの遮蔽材で停止

* 核分裂で生成.

る. たとえば, 1937 年に, 最初の人工元素テクネチウム（Tc）が, モリブデン（Mo）原子に重水素原子を衝突させてつくられた.

$$^{96}_{42}Mo + ^{2}_{1}H \longrightarrow ^{97}_{43}Tc + ^{1}_{0}n$$

ウラン（92）より原子番号が大きい元素は**超ウラン元素**（transuranium element）として知られている. これらは天然には存在せず, 粒子加速器あるいは原子炉でつくられてきた.

表 21・2 に放射性核種の半減期および放射壊変の様式の例を示す.

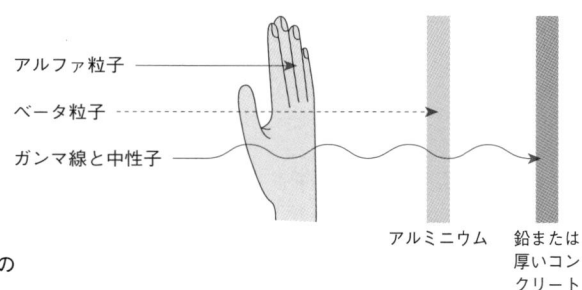

図 21・2 放射線の透過能

表 21・2 放射性核種についてのデータ例

核　種	放出される放射線のおもな形式	半減期
$^{3}_{1}H^{*}$	β	12.26 年
$^{14}_{6}C$	β	5730 年
$^{32}_{15}P$	β	14.3 日
$^{35}_{16}S$	β	87.2 日
$^{40}_{19}K$	β, γ	1.25×10^{9} 年
$^{60}_{27}Co$	β, γ	5.27 年
$^{90}_{38}Sr$	β	28 年
$^{131}_{53}I$	β, γ	8.04 日
$^{137}_{55}Cs$	β, γ	30.17 年
$^{222}_{86}Rn$	α, γ	3.82 日
$^{226}_{88}Ra$	α, γ	1600 年
$^{235}_{92}U$	α	7.04×10^{8} 年
$^{238}_{92}U$	α	4.46×10^{9} 年
$^{239}_{94}Pu$	α, γ	2.41×10^{4} 年
$^{241}_{95}Am$	α, γ	432 年

* トリチウム，T

21・3　放射線の性質

アルファ粒子

　アルファ粒子は二重にイオン化されたヘリウム原子，すなわちヘリウム原子核である．ヘリウムの原子核は二つの陽子と二つの中性子でできているので，原子核からのアルファ粒子の放出は，陽子数を2，中性子数を2，減少させる．このため，質量数 A は4減少し，原子番号 Z は2減少する．アルファ粒子の放出は次の一般式で表される．

$$^{A}_{Z}X \longrightarrow {}^{A-4}_{Z-2}Y^{2-} + {}^{4}_{2}He^{2+}$$

ここで，Xは親核種でYは娘核種である．Y^{2-} と $^{4}_{2}He^{2+}$ はいずれも，容器あるいは周囲の空気と電子をやり取りすることで，電気的に中性となる．

　アルファ粒子放出の例がラジウム-226 の放射壊変である．

$$^{226}_{88}Ra \longrightarrow {}^{222}_{86}Rn^{2-} + {}^{4}_{2}He^{2+}$$

88 陽子	86 陽子	2 陽子
138 中性子	136 中性子	2 中性子
88 電子	88 電子	0 電子

全電荷，質量数の合計，および原子番号の合計が両辺で等しいことに注意しよう．これはすべての原子核の反応式で成立する．

　アルファ粒子は非常にかさ高いので，通常，空気中で10 cm 以上は飛行しない．容易にカード紙，レンガ，薄い金属シートで止められる．しかしながら，その質量と速度（一

21・3 放射線の性質

般的にはおよそ 10^7 m s^{-1})は相当の運動エネルギーをもち,かなりのイオン化を引き起こすことを意味する.人体の組織に直接触れると(たとえば,経口摂取),一般に,ベータ線あるいはガンマ線よりずっと多くの損傷を引き起こす.

→ 演習問題 21A

ベータ粒子

ベータ粒子は**核**(nucleus)から放出される高エネルギーの電子である.核には,通常,電子は存在しないので,ベータ粒子は放射壊変により核で生成しなければならない.現在では,放射壊変で中性子が陽子と電子に変わることが知られている.これにより,質量数(陽子と中性子の総数)は変わらないままで,核種の原子番号(陽子数)が1増加する.生成した電子は核外に出て,ベータ粒子とよばれることになる.一般式は次の通りである.

$$ {}^{A}_{Z}X \longrightarrow {}^{A}_{Z+1}Y^{+} + {}^{0}_{-1}e^{-} $$

ここで,電子の原子番号は-1とみなした(核反応式の左辺と右辺を合わせるため).ベータ粒子放出の例はストロンチウム-90の放射壊変である.

$$ {}^{90}_{38}Sr \longrightarrow {}^{90}_{39}Y^{+} + {}^{0}_{-1}e^{-} $$

38 陽子	39 陽子	0 陽子
52 中性子	51 中性子	0 中性子
38 電子	38 電子	1 電子

正に荷電したイットリウムイオンは周囲から電子を獲得する.

ベータ粒子が物質中を通過する際には,エネルギーと速度が大きく変わる.ベータ粒子の中には,光速の99%の速度で動くものがあり,空気中では数mを飛行する.

→ 演習問題 21B, 21C

ガンマ線

ガンマ線はX線に非常に類似したきわめて短波長の電磁波である.その波長は普通 10^{-10}〜10^{-13} m で,光子1mol当たりおよそ 10^6〜10^9 kJ に相当する.

ガンマ線は,普通,アルファ粒子あるいはベータ粒子の放出に続いて,放射性核種から放出される.ガイガー計数管をもった観測者は,たいまつの輝きがたいまつから離れるにつれて弱く見えるようになるのと同じように,放射線源から離れるにつれて,ガンマ線の強度が低くなることに気づくだろう.ガンマ線の強度は,実際には検知できないレベルになっていても,原理上は,決してゼロとはならない.放射線源と検出器の間にコンクリートあるいは鉛を置けば,この意味での"ゼロレベル"に到達する.

→ 演習問題 21D

21・4　放射壊変の数学的取扱い

ある放射性核種について，t 秒後に残っている原子数 N_t は次式から計算される．

$$N_t = N_0 \times e^{-kt}$$

ここで N_0 は $t=0$ での原子数で，k は s^{-1} の単位で表される一次速度定数（しばしば**壊変定数**（decay constant）とよばれる）である．

放射性核種の原子数は質量に比例するので，N_t と N_0 は，それぞれ時間 t での放射性核種の質量（m_t と表される）と時間 $t=0$ での放射性核種の質量（m_0 と表される）に置き換えることができる．

$$m_t = m_0 \times e^{-kt}$$

これらの式は，放射性核種の原子数の時間に伴う減少が指数関数的であることを示している（図 21・3 (a)）．実際，原子数に比例するどのような量（ガイガー計数管に記録された毎分の計数値など）も，これらの式中で原子数に置き換えることができる．

放射性核種の半減期（$t_{1/2}$）とは，放射性核種の核の半数が壊変するのに要する時間である．係数 k は次式により放射壊変の半減期と関連づけられる（14・6 節参照）．

$$t_{1/2} = \frac{0.693}{k}$$

k の単位が s^{-1} なら，$t_{1/2}$ の単位は s になる．

→ **演習問題 21E**

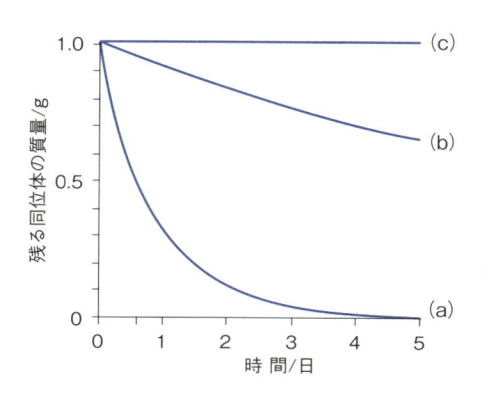

図 21・3　各 1 g の 3 種類の放射性核種の壊変　曲線 (a) は $^{24}_{11}$Na（$t_{1/2}$=15.0 時間），曲線 (b) は $^{131}_{53}$I（$t_{1/2}$=8.04 日），曲線 (c) は $^{137}_{55}$Cs（$t_{1/2}$=30.17 年）を示す．

半減期についての要点

● 半減期が長いということは，その核種の原子を含む試料の放射能がゼロに近いレベルにまで弱まっていくには，長い時間を要することを示している．このような放射性

核種は**長寿命**（long-lived）であるといわれる．同様に，半減期が短い放射性核種は**短寿命**（short-lived）であるといわれる．地球の形成時（およそ45億年前）に集積された放射性元素が壊変するにつれて，地上の大部分はゆっくりとより低放射能になってきた．

- 短寿命の放射性核種は長寿命の放射性核種より急速に放射線を放出し，短寿命の放射性核種の試料は，同数のより安定な放射性核種よりも，1秒当たりより多く壊変する（統計的に）．つまり，短寿命の放射性核種は，長寿命の放射性核種より，強い放射線を放出するが，その期間はより短い．
- 放射性核種の壊変は**確率的**な現象である．1600年の半減期で壊変する100個のラジウム-226の原子について考える．統計的には1600年後には50個のRa原子が壊変しているはずだが，**どのRa原子が壊変するかは予測できない**．

放射性核種の質量の時間に対するプロット

図21・3は，3種類の放射性核種試料（それぞれ当初の質量は1g）について5日間で質量がどのように低下するかを示しており，式 $m_t = m_0 \times e^{-kt}$ を用いて計算した．

- 三つの曲線はすべて同じ目盛で描かれている．最も長半減期の放射性核種（$^{137}_{55}\text{Cs}$）は5日間程度では無視しうる程度しか壊変していない．
- 一般に，指数関数のプロットの初期部分は直線的（線形）である．中位の半減期をもつ放射性核種（$^{131}_{53}\text{I}$）の壊変は5日間では少なく，プロットは指数曲線の直線部分にある．

→ 演習問題 21F

21・5　放射性核種の利用

ウラン-235の核分裂

天然ウランは，およそ99.3％の $^{238}_{92}\text{U}$ と0.7％の $^{235}_{92}\text{U}$ を二酸化ウラン（UO_2）の形で含んでいる．$^{235}_{92}\text{U}$ の割合が分裂に十分な2〜3％に人工的に高められた（**濃縮された**（enriched））精製酸化ウランは，ほとんどの形式の原子炉で"燃料"として使われている．

核分裂では似かよった質量の二つの原子核に分裂する．ウラン-235とウラン-238は，ウランの原子核が単独で二つの原子核へと崩壊して中性子を発生する形式の核分裂（**自発核分裂**（spontaneous fission）として知られる）を自然に起こすが，この過程は信じられないほどゆっくりしている．これらの放射性同位体がアルファ放射により放射壊変するのよりも遅いほどである．

中性子は**誘導核分裂**（induced nuclear fission）とよばれる過程でウラン-235に吸収されるが，この過程は一般に単に**核分裂**（nuclear fission）といわれる（最初の中性子はウランの自発核分裂あるいは大気圏外からの宇宙線に由来する）．反応式は次の通りである．

$$^{235}_{92}\text{U} + ^{1}_{0}\text{n}(遅い) \longrightarrow ^{139}_{54}\text{Xe} + ^{95}_{38}\text{Sr} + 2\,^{1}_{0}\text{n}$$

$$^{235}_{92}\text{U} + ^{1}_{0}\text{n}(遅い) \longrightarrow ^{142}_{56}\text{Ba} + ^{92}_{36}\text{Kr} + 2\,^{1}_{0}\text{n}$$

$$^{235}_{92}\text{U} + ^{1}_{0}\text{n}(遅い) \longrightarrow ^{139}_{56}\text{Ba} + ^{94}_{36}\text{Kr} + 3\,^{1}_{0}\text{n}$$

これらは，^{235}U についての観察された多くの誘導核分裂反応の一部である．中性子が核分裂反応で生成していることに注意してほしい．それぞれの反応でガンマ線も発生し，消費された ^{235}U 1 mol 当たりおよそ 10^{10} kJ のエネルギーを放出する（このエネルギーは新たに生成した原子核の運動エネルギーとガンマ線のエネルギーとに分配される）．商用原子力発電所で利用される核分裂反応はこのタイプである．

^{235}U に関するすべての誘導核分裂反応が同じように起こるわけではなく，1 個の ^{235}U 原子から平均して 2.5 個の中性子が発生することが実験により示されている．これは，**消費される以上に多くの中性子が核分裂で生成する**ことを意味する（図 21・4）．原理上は，^{235}U の核分裂が自動的に継続して起こるのはこのためであり，中性子の発生につれて核分裂は，ますます速くなり，残る ^{235}U 原子核の核分裂を誘発して，**連鎖反応**（chain reaction）となる．

原子炉についての要点

● 実際上，連鎖反応が起こるのは，^{235}U 原子核による中性子の吸収が効率的なときだ

世界で最悪の原子炉爆発事故が起きたチェルノブイリ原子力発電所 4 号炉 原子力は英国では発電量のおよそ 20%を供給している．古い原子力発電所の廃炉の経済面での不安と，英国のウィンズケール（1957 年），米国のスリーマイル島（1979 年），ウクライナのチェルノブイリ（1986 年）での重大事故は，原子力発電所をこれ以上建設するべきかどうかについて多くの人々に疑問を投げかけた．

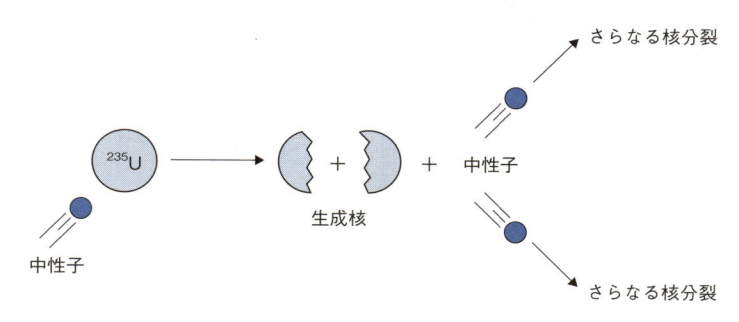

図 21・4 核分裂 核分裂は，小さいボール（中性子）を弾丸として使うことで，大きいボール（^{235}U 核）が二つのおおよそ等しい半分の球（生成した原子核）に壊れていくことと考えられる．2〜3 個の中性子が生成し，これらの中性子はもっと多くの ^{235}U 核の核分裂をもたらすことで，連鎖反応となる条件が整う．連鎖反応は原子力発電所では制御されているが，原子爆弾では制御されていない．

けである．もし中性子があまりにも高速なら，吸収されることなく，単に ^{235}U 核を通過するだけで，核分裂は起こらない．このため，中性子の過剰エネルギーを吸収する**減速材**（moderator，一般に黒鉛あるいは水）により，中性子を減速しなくてはならない（図 21・5）．^{235}U は "遅い" 中性子により核分裂するので，**核分裂性**（fissile）といわれる．

- 遅い中性子はウラン–238 の核分裂は起こさない．^{238}U は高エネルギーの中性子によってのみ核分裂するので，**非核分裂性**（non-fissile）ということになる．高エネルギー中性子による核分裂は遅い中性子による核分裂に比べて非効率的である．これは，燃料として ^{238}U を使うことによる全体としてのエネルギーの利得が，^{235}U に比べてはるかに少ないことを意味するため，^{238}U の核分裂を商業的に実行することは不可能である．

- ウランは炉心では**燃料棒**（fuel rod）とよばれる合金の管に封入されている．炉心には，誘導核分裂の間に放出される中性子を吸収して，核分裂を継続させるために必要な最小量（**臨界量**（critical mass））以上の ^{235}U が入れられている．^{235}U の臨界量はウラン燃料の形状に依存するが，普通は数 kg である．

- 核分裂生成物（たとえば $^{142}_{56}$Ba や $^{92}_{36}$Kr）の多くは，それぞれに強い放射能をもっている．そのため，炉心における放射線の強度は，ウランの放射性同位体単独の自然放射能に対して，数十億倍の強度となる（一般に原子炉にはおよそ 200 t のウランが収納されている．核分裂が始まると炉心での放射線強度はおよそ 100 000 000 000 倍となる）．したがって，念入りな遮蔽（厚いコンクリート壁を含めて）が労働者と一般の人を守るために必要となる．

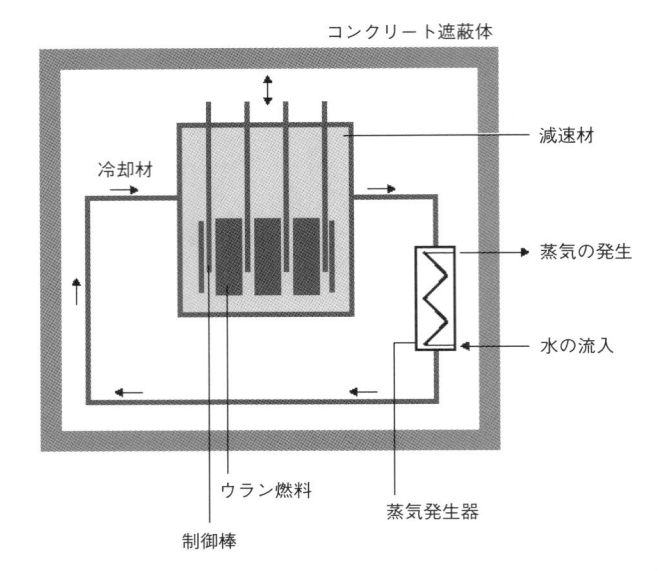

図 21・5 原子炉の主要部 水あるいは二酸化炭素のような液体あるいは気体を冷却材として，原子炉の外に熱が運ばれる．冷却材は熱を熱交換器に運び，そこで水を水蒸気にする．この水蒸気によりタービンを回して発電する．

- 原子炉内での連鎖反応は，常にチェックされている．なぜなら，核爆発の危険こそないけれども，制御を外れた核分裂によって起こされる熱は途方もなく，原子炉自体に構造上の損傷をもたらすかもしれないからである．これが起きれば，チェルノブイリで起きたように，原子炉内のきわめて放射性の強い物質が周囲の環境に漏れる危険性がある．この理由で，中性子を吸収する物質（ホウ素やカドミウムなど）でつくった**制御棒**（control rod）が原子炉中に入れられている．核分裂の速度を上げるときは，制御棒の一部が引き上げられる．電気の必要量が低くなる（たとえば夜）と，制御棒が原子炉中に入れられる．
- 核分裂生成物として生じた原子核と中性子はかなりの運動エネルギーをもっている．このエネルギーは原子炉の冷却材との衝突で熱に変換される．この熱は従来の技術である蒸気タービンで発電に利用される．
- どんな原子炉でも，燃料の当初の質量のおよそ 0.1% しかエネルギーに転換されないので，1年に2〜3回，燃料棒を取換える必要がある．燃料棒を交換するおもな理由は，核分裂生成物が中性子を吸収しすぎるようになって核分裂の進行を遅くしてしまうので，それを除去することにある．

核融合

　核融合反応は，太陽エネルギーの源で，地球上の生命のすべてが依存している．地上で制御された核融合反応によりエネルギーを得ようとする試みは，いくつかの国で大きな研究対象となっている．多くのプロジェクトでは重水素とトリチウムを燃料としている．核融合反応は次の通りである．

$$^2_1H + ^3_1H \longrightarrow ^4_2He + ^1_0n$$

消費されるトリチウム 1 mol ごとにおよそ 5×10^9 kJ のエネルギーが放出される．

　正電荷をもつ原子核は互いに反発するので，重水素とトリチウムの原子核が"融合"するためには，莫大な量の運動エネルギーをもたなければならないことがわかっている．このような運動エネルギーを得るには，およそ 1 億 ℃ の温度を必要とする．このような温度ではすべての原子はイオン化し，正に荷電した核と自由電子が混合している．この状態を**プラズマ**（plasma）とよぶ．もしプラズマ中の粒子が炉容器の壁に衝突すると，他の核がプラズマに混入して，核融合が停止してしまう．この問題のすばらしい解決策が，強力な磁場でリング状にプラズマを閉じ込めることである．現在のところ，核融合は数分の 1 秒程度しか達成されておらず，核融合による商業的な発電はまだ実現していない．

　"低温核融合"すなわち常温核融合も報告されたが，証明されてはいない．

放射年代測定

　放射性核種の半減期は定数（核種を含んでいる分子あるいは放射線源の温度に依存しない）なので，岩石や考古学的試料の年代測定に利用される．その例が，植物の遺骸の時代を判定するための"炭素-14 年代測定"である．天然の炭素原子のほとんどは安定な $^{12}_6C$ であるが，放射性の $^{14}_6C$ も極少量存在している．$^{14}_6C:^{12}_6C$ の比は，その植物が生存している間，ほぼ一定である．植物の $^{14}_6C$ のレベルは枯れた直後に低下し始め，その半減期は 5730 年である．質量分析計が植物遺骸の分析試料中の $^{14}_6C:^{12}_6C$ 比を測定するのに使われる．同種の植物の生体中での比がわかれば，その植物が枯れてから経過した時間を計算できる．

がんの治療

　高レベルの X 線や放射線はがんを起こすが，放射線はがん細胞を殺すためにも使われる．というのは，がん細胞は，成長速度が速いために，放射線に特に敏感だからである．放射線のこのような利用は**放射線療法**（radiotherapy）とよばれる．放射線療法の目標は，周囲の健康な組織に著しい損傷をもたらすことなく，可能な限り高い照射線量を悪性腫瘍組織に与えることである．

トレーサーとしての放射性同位体

放射性同位体は，同じ元素の非放射性同位体と同一の化学反応を起こすが，適切な検出装置を使って，それらの位置を決定できる．すなわち，追跡できるという利点がある．医学では，テクネチウム $^{99}_{43}$Tc を含む化合物がトレーサーとして脳腫瘍の位置決定に使われる．放射性の $^{24}_{11}$Na を含む塩を用いることで医師は腎臓中のナトリウムイオンの移動を追いかけることができる．**陽電子放射断層撮影法**（positron emission tomography, PET）では，$^{15}_{8}$O のように陽電子を放出する核種が脳内の血液の流れを映像化するために利用される．

その他の利用

アルファ線を放射する $^{241}_{95}$Am（$t_{1/2}$＝432 年）の煙検出器での利用，放射線による食料品

アルバート・アインシュタイン（Albert Einstein, 1879〜1955）
核反応により，わずかな質量を，原理的に，莫大な量のエネルギーに転換しうることに，アインシュタインは気がついた．しかし，1 g の物質でも莫大なエネルギーをもつということが，なぜ長い間気づかれなかったのだろうか．アインシュタインの答はとても簡潔だった．"エネルギーは外部へと発せられない限り，それは観察されない．それは，途方もない金持ちの男が 1 セントも使わず，寄付もしなかった場合と同じである．誰も彼がどれぐらい金持ちであったか語ることはできない．"

の滅菌，金属パイプの厚さを推定するためのガンマ線源の使用，**中性子放射化分析**（neutron activation analysis）とよばれる分析技術における放射性同位体の使用（Box 21・1 参照）など，放射能の利用は多岐にわたる．

Box 21・1　ナポレオンは毒殺されたのか

皇帝ナポレオンは1816年にセントヘレナ島に幽閉された．彼は1821年に死んだが，彼を捕らえた英国当局により毒殺されたと信じられていた．死後の検査から，ナポレオンが進行がんと肝炎に苦しめられていたことが示唆されたが，彼がヨーロッパで政治勢力として再度登場することを防ぐために，ヒ素でゆっくりと毒殺されたと，多くの人々は，ずっと思っていたのだ．

最近になって，毛髪には個人の健康と食事を反映した多くの化学的沈着物が含まれることがわかってきた．幸いに，何人かの人が，ナポレオンの死のすぐ後に死体から切られた毛髪を得て，それを世代から世代へと大切に受け継いできた．1960年代にこれらの試料が中性子放射化分析によって分析された．この手法では試料に中性子を照射する．ヒ素の場合には，ヒ素-75の原子の一部は放射性のヒ素-76の原子に転換される．

$$^{75}_{33}\text{As} + ^{1}_{0}\text{n} \longrightarrow ^{76}_{33}\text{As}$$

ヒ素-76は放射性なので，ごくわずかな濃度でも検出される．ヒ素-76の濃度は毛髪試料に存在していたヒ素-75の初濃度に比例する．

ナポレオンの毛髪試料は，今日，健康と見なされる場合よりずっと高いヒ素濃度（1 kgの毛髪中におよそ10 mg）を実際に示した．しかし，最も高いヒ素濃度（1 kg当たりおよそ40 mg）が，投獄の以前に採られたとみられる毛髪から見いだされ，幽閉以前にヒ素を含む薬剤の服用（それは当時人気が高かった）により多分引き起こされたものであることがわかった．加えて，これとは無関係な同時期の人の毛髪から，多くの人のヒ素濃度が今日の人よりはるかに高いことが示された．したがって，ナポレオンのヒ素による毒殺はありそうもないと結論付けられた．何かほかの毒が使われたかもしれないが，ナポレオンは自然死したとするのが最も妥当なようである．

1991年に米国第12代大統領ザカリ・テイラーは，奴隷制度に反対したために，ヒ素を使って殺されたとの説が，出された．しかしながら，テイラーの毛髪の中性子放射化分析はヒ素の濃度が取るに足りないものであることを示した．

この章の発展教材がウェブサイトにある．放射性核種については appendix 21 参照．

22 環境化学

22・1 はじめに
22・2 大気汚染
22・3 水質汚染
22・4 土壌汚染

この章で学ぶこと

- 環境化学で関心をもたれている問題
- 汚染物質の定義
- 大気，水，土壌の汚染に関する重要な問題

22・1 はじめに

環境化学は，地球環境中での化学種の挙動についての学問である．この章では環境化学者が関心をもっている，**空気，水，土壌の汚染**，について述べる．

汚染物質

物質は，自然環境に有害な影響を与えるほど高い濃度で存在しているとき，**汚染物質** (pollutant) となる．

きわめて有毒な物質のみが汚染物質であると考えられがちだが，通常は無害と思われる物質でも，もし，ちょうど悪いときに，ちょうど悪い場所に十分に高い濃度で存在しているなら，汚染物質となることがある．たとえば，硝酸塩は植物の成長を促進するために土壌に加えられるが，飲料水中の硝酸塩が過度に濃くなると，特に幼い子供たちには有毒となる．

汚染には何らかの**源** (source) がある．そこから，汚染物質は大気，水によって**運ばれ**

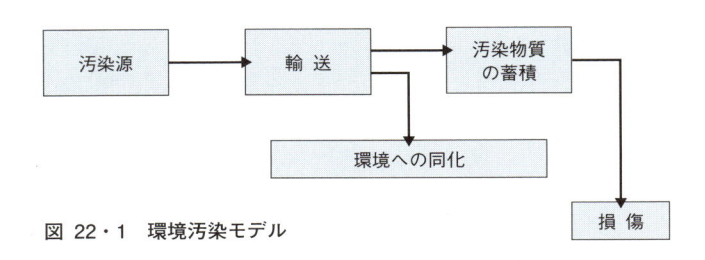

図 22・1 環境汚染モデル

る (transported) か，人間によって土中に廃棄される．汚染物質の一部は環境によって吸収 (**同化** (assimilation)) され，あるいは**化学的に変化** (chemically changed) する．しかし，残りは蓄積して，その濃度は徐々に上昇し，生物あるいは建築物に損傷を与えたり，環境で起こっている諸過程のバランスを乱す濃度へと近づいていくのである（図22・1）．

→ **演習問題 22A**

22・2 大気汚染

オゾン層破壊

オゾン（O_3）は高度 20〜40 km の大気圏に存在する．オゾンは，生物にとって有害な紫外線を吸収する．オゾン消失による影響には次のようなものがある．人間の白内障と皮膚がんの増加，海洋でのプランクトンの減少，農作物を含む植物への危害である．南極でのオゾン層破壊は 1985 年に報告された．その主要な原因は CCl_2F_2 のようなクロロフルオロカーボン化合物（CFC）の放出と考えられた．これらの化合物は化学的な反応性が低く，無毒性，かつ無臭なので，かつて，溶媒，スプレーの噴霧剤，冷媒，発泡プラスチック製造の際の発泡剤として使用された．しかし，非常に安定なために多年にわたって大気圏に留まり続け，ついには大気圏上層の成層圏に入り込み，そこで太陽からの強力な紫外線で分解される．この分解生成物は，以下のような反応でオゾンを分解する．

1）クロロフルオロカーボンの分解生成物で，きわめて反応性の高い塩素原子（**遊離基**（free radical，単にラジカルともいう））が，オゾンと反応する．

$$Cl\cdot + O_3 \longrightarrow ClO\cdot + O_2$$

2）生成した酸素分子は大気圏上層で原子状酸素に分かれる．

$$O_2 + h\nu(< 240 \text{ nm}) \longrightarrow 2O\cdot$$

3）原子状酸素との反応でさらに塩素ラジカルが生成する．

$$ClO\cdot + O\cdot \longrightarrow Cl\cdot + O_2$$

塩素ラジカル（$Cl\cdot$）がこの反応で再生されて，1）に戻り，さらに多くのオゾンと自由に反応することに注意してほしい．1 個の塩素原子で 1000 個以上のオゾン分子が分解されうることがわかっている．

CFC の利用は近年段階的に排除されて，$CHCl_2CF_3$ のような，水素を含むヒドロクロロフルオロカーボン（HCFC）で置き換えられた．これらの化合物は，オゾン層に到達する前に大気中での反応によって分解される可能性がより高い．また HFC（ヒドロフルオロカーボン）は塩素ラジカルを生成しない．このため，現在では CH_2FCF_3 が家庭用冷蔵庫

などの冷媒として使われている．

酸 性 降 水

酸性降水（acid deposition）という用語は，水に溶けた二酸化炭素より強い酸によって酸性になったすべての降水（雨，雪あるいは霧）を表すために使われる．気体の SO_2 と NO_2 は，おもに化石燃料の燃焼によって放出される．これらの気体は大気中の酸素によって酸化されて強い酸に変化するので，酸性雨の発生の主要な要因となる．

Box 22・1　オゾンによる紫外線の吸収

紫外線（波長範囲 50〜400 nm のあらゆる電磁波）は，その波長によって，三つに分類することができる．

波長/nm	区 分
＜290	UV-C
290〜320	UV-B
320〜400	UV-A

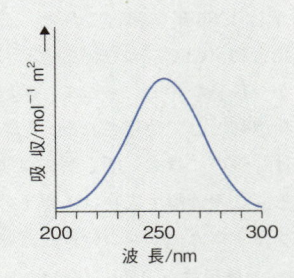

図 22・2　オゾンの吸収スペクトル

オゾン分子によって吸収される紫外線の波長を図 22・2 に示す．
　オゾン O_3 は二原子分子の酸素 O_2 とは異なった分子構造をとり，したがって，エネルギー準位も異なっている．そのために O_2 の吸収スペクトルはオゾンと同じにはならない．O_2 はずっと短波長の紫外線を吸収する．O_2 と大気の他の成分は太陽からの有害電磁波，すなわち，波長 220 nm 以下の領域の紫外線を吸収する．もしこの領域の紫外線が地球の表面に到達したならば，われわれの目と表皮に損傷を与えるだろう．
　オゾンは，O_2 によってもある程度助けられ，UV-C の範囲の太陽からの電磁波のすべてを除去する．しかし，290〜320 nm の範囲の UV-B 光はその一部しか吸収できない（図 22・2 参照）．吸収されなかった電磁波は地球の表面に到達する．大気の成分はどれも UV-A 領域の電磁波を強く吸収するわけではないので，この電磁波の大部分は地球の表面に到達する．しかしながら，UV-A 放射は紫外線の中では最も害が少ない．大気圏のオゾンの減少は地球の表面に到達する UV-B 放射の増加を引き起こす．そして，人間の皮膚はより日に焼けることになる（UV-B は DNA によって吸収されるから，これは皮膚がんにつながる）．UV-B への被曝の増加は，また，より多くの白内障を引き起こし，免疫力の低下をもたらす可能性がある．

22・2 大気汚染

$$SO_2(g) + 1/2\,O_2(g) + H_2O(l) \longrightarrow H_2SO_4(aq)$$
$$2\,NO_2(g) + 1/2\,O_2(g) + H_2O(l) \longrightarrow 2\,HNO_3(aq)$$

酸性雨は植物および水生生物に有毒であって,建築物や彫像に損傷を与える.そして,土壌,岩石,堆積物から**重金属**(heavy metal)を溶かし出す.窒素酸化物は自動車の排気ガスが排出源だが,二酸化硫黄は発電所が主要な排出源である.**触媒式排気ガス浄化装置**(catalytic converter)は,窒素酸化物を窒素に還元することで,自動車からの排出を大幅に減らす.

→ 演習問題 22B

Box 22・2　河川水中の重金属とアルミニウムの濃度

"重金属"という用語は,化学者にとっては,周期表の下方の金属元素のグループ(第4周期以上で3族から16族の金属)を意味する.Fe,Cu,Pb,Cd,Hg はその例である.これらの金属元素が有毒だとみなされる一つの理由は,硫黄と大きい親和力をもっており,酵素中の硫黄の化学結合を攻撃して,酵素が適切に作用できなくすることである.

アルミニウムは軽金属と考えられるが,高濃度では有毒となりうる.水中のアルミニウムイオンの濃度は"酸性"(pH4〜5)の河川と湖水でより高いことが判明し,これは,特にカルシウム濃度が低いときに,その水域でのマスの個体数に悪い影響を及ぼすことが判明した.

地球温暖化と温室効果

温室のガラスは赤外線を"留める".同様に大気中の温室効果ガスは図 22・3 に示すように,赤外線を吸収して,地球からの熱の損失を減らす.これが温室効果ガスとよばれる由縁である.このような気体としては,水蒸気,CO_2,CH_4,および CFC と HFC がある.大気中の水蒸気濃度は近年特に変化していないが,残る3成分の濃度は顕著に増加した.たとえば,森林伐採と化石燃料の大規模な消費は,20世紀以降の大気中 CO_2 濃度の

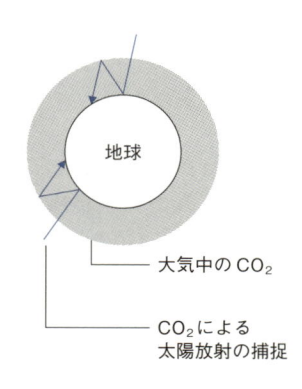

図 22・3　温室効果

着実な上昇に寄与した．もしこうした傾向が続くなら，将来，たとえば，温帯では降雨量が少なくなり，乾燥した地域では降雨量が多くなるなど，気候変動をもたらすような気温の顕著な上昇が起こりうる．しかしながら，大気中の CO_2 濃度が増加したならば，光合成を行う植物はより速い速度で CO_2 を取入れるに違いない．また，降雨量が適切であるならば，より暖かい気候では，植物はより速く成育するに違いない．

気候変動は複雑なコンピューターモデルにより予測されたもので，それには数多くの仮説が含まれている．将来の状況はまだ決して明確なものではない．

→ 演習問題 22C

ラドン

放射性核種による汚染は，自然の汚染（おもにラドンガスによる）と人工の汚染（おもに原子力発電による）に分類することができる．

ラドンガス（おもに $^{222}_{86}Rn$）は多くの人にとって最大の放射線源である．半減期は3.82日である．ラドンは，岩石中のウランの放射壊変の娘核として絶えず生成している．この気体は岩石を通過して建物の中に入っていく．密閉された家は，すきま風が入る家より，多くのラドンガスを保持する．ラドンガス自体は損害を与えない．しかし，その放射壊変生成物は大気中の浮遊塵に付着する．汚染された浮遊塵は肺に付着して損害を与える可能性がある．英国の場合，コーンウォール，サマセット，ノーサンプトンシャー，ダービーシャーの住民は，比較的多くのウランを含む岩石がこれらの地域に分布しているので，特に影響が大きくなる．

スモッグと自動車からのすす

ロサンゼルスと東京（そして多くの大都市）で特に有名な"スモッグ"は，おもに，膨大な数の自動車の排気ガスが相対的に小さい地域に閉じ込められていることに起因する．自動車から放出された NO_2 は，直射日光と未燃焼のガソリンの存在下でオゾンなどの刺激臭の物質をつくる．NO_2 はしばしば大気を"かすんだ褐色"にする．毎日の天気予報でその日の予測オゾンレベルを知らせている都市もある．オゾンは非常に反応しやすいので，オゾン層には到達できない．したがって，このオゾンによってオゾン層破壊を防ぐことはできない．

最近の医学研究によれば，車両（特にディーゼル車）によって放出されたすすの微粒子が多くの病気や若年死の原因である可能性が示唆されている．

赤外分光法を利用して排気ガスの組成を調べることができる（図22・4を参照）．

22・3 水質汚染

飲料水の質は人間が生きていく上で非常に重要である．下水による水の汚濁は，コレラ

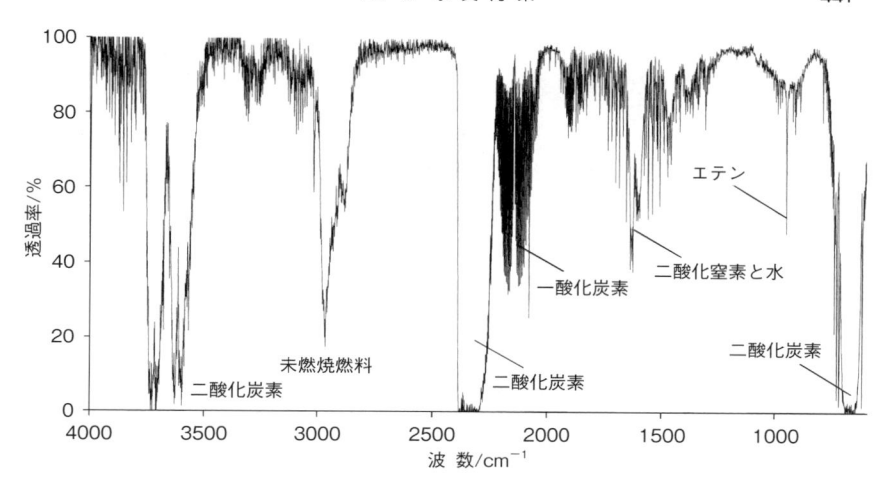

図 22・4 ガソリン車の排気ガスの赤外スペクトル　重要なピークに由来物質を記した.

や腸チフスのような病気の広がりにつながった．先進国でこれらの病気が消失したのは，おもに塩素を用いた消毒により水を浄化した直接の結果であった．

しかし，先進国の産業廃棄物は有毒物質による飲料水源の汚染を招く可能性がある．

1) 重金属　Cd, Pb, Hg のような金属元素が鉱工業の産業廃棄物に含有されていることがある．これらの金属元素はヒトに有毒であることがわかっている．カドミウムおよび水銀は腎臓に損傷を起こすし，鉛による中毒は腎臓，肝臓，脳，中枢神経系に損傷をもたらす．これらの金属元素はすべて**蓄積性の毒物**（cumulative poison）であり，体から排出されにくい．このため，体内での濃度は常に上昇していく．

2) 洗剤と化学肥料　添加物として**リン酸塩**（phosphate）が含まれることがある．リン酸陰イオン PO_4^{3-} の形で水にリンが加わると，藻類の生成が促進される．これは，水中の溶存酸素濃度を減少させる．この過程は**富栄養化**（eutrophication）として知られ，魚類のような高等生物の生存を脅かす．

3) 酸性汚水（pH<3）　ほとんどの水生生物にとって致命的である．鉱山から川下の河川水は**鉱山からの酸性の排水**（acid mine drainage）で汚染されることがある．これは鉱区で廃棄されたくず鉱石が微生物によって酸化されるためである．鉱山からの酸性の排水には，主として黄鉄鉱（FeS_2）の酸化で生成した硫酸が含まれる．産業廃棄物および酸性雨もまた天然水の酸性度に影響する可能性がある．

4) PCB類（ポリ塩化ビフェニル類）　PCB が最も生産されたのは 1970 年代である．きわめて安定であり，たとえば変圧器やコンデンサーに絶縁性の液体として利用されるなど，多様な用途に使用されてきた．PCB の製造は中止されたが，環境に放出される

と，酸化されにくいので長期にわたり存在する．そして，ヒトの皮膚に障害を与えることがある．発がん性をもつ可能性もある．

Box 22・3　ポリ塩化ビフェニル類

市販の製品としての PCB は混合物である．それらのもととなる"親"化合物はビフェニルで，その構造を次に示す．

PCB はこの化合物の塩素化された誘導体で，塩素の数が異なる物質と異性体の混合物である．全体では 200 以上となる．PCB 類の例を右に示す．

水中の溶存酸素の重要性

　水中の溶存酸素濃度は魚類の生命を支えるうえできわめて重要である．溶存酸素濃度が低いほど，水は汚染されている．溶存酸素は下水中の有機物が微生物によって酸化されるのに使われる．水中の溶存酸素濃度は，たとえば浅く激しい水の流れではもとに戻るが，そうでないかぎり，水はもはや多くの生命体を支えないだろう．通常，$6\ \mathrm{mg\ dm^{-3}}$ 以下の溶存酸素濃度では魚の成育は抑制される．

　"純粋な"水試料にはごくわずかの酸素しか溶存していないことは，一般にはあまり認識されていない．5 ℃の水 1 リットルは，大気と自由に接触させておいても，たった $9\ \mathrm{cm^3}$ ほど，重さでは 13 mg の酸素しか含まない．温度が上昇するにつれて酸素濃度は低下し，20 ℃で，5 ℃での濃度の約 3 分の 2 となる（11・5 節参照）．

　酸素はおもに二つの経路で水へと到達する．一つは大気から水表面を経ての溶解である．静水では酸素はゆっくりと取込まれるのに対して，かき混ぜられた水では，泡が潜り込むので，速く取込まれる．水中の酸素の第二の源は光合成である．緑色植物が多い場所では，しばしば昼間に水中の酸素は**過飽和**（supersaturated）となる．しかし，暗くなると光合成は止まるが草木は呼吸を続けるので，実際，溶存酸素の量は減り続ける．そのために，24 時間を通して見ると，水域によっては溶存酸素濃度にかなりの幅がある．そのために，1 回の測定というのは水塊の一般的な状態を評価するうえでは，ほとんど価値がない．さまざまな深さ，位置，時間に何度も測定する必要がある．

　微生物による酸化で使われた酸素の量は**生物学的酸素要求量**（biological oxygen demand, BOD）とよばれ，水質の重要な指標の一つとなっている．BOD は現実的な意味

での水質の目安とされる．"きれいな"川は 5 ppm 以下の BOD 値を示すのに対して，非常に汚染された川では 17 ppm 以上となる．BOD 測定は数日を要するので，**化学的酸素要求量**（chemical oxygen demand, COD）とよばれる他のパラメーターが時には測定される．COD 測定では水試料中の有機物の酸化に二クロム酸カリウムが使われる*．測定は数時間で終わる．

飲 料 水

フッ化物　飲料水に 1 ppm，すなわち 1 mg dm^{-3} までの可溶性フッ化物を加えることがある．この濃度は承認された安全限界内であり，虫歯に対して歯を保護することがわかっている．高濃度のフッ化物は有毒であり，10 ppm（10 mg dm^{-3}）を越すレベルでは骨および歯に有害となる．

鉛　飲料水中の鉛イオンの許容濃度は 50 ppb（μg dm^{-3}）である．1990 年の調査で，英国の家庭の水道水では，かなりの割合で"最初の一ひねり"の水がこの限度を越していることがわかった．水が比較的酸性の地域で，鉛管と，それをつなぐはんだを使用していることがおもな原因である．少なくとも 1 分間水を流せば，古い配管設備に終夜残っていた水を飲まなくて済む．

pH　飲料水の pH は 5.5 から 9.5 の範囲にあるべきで，水の pH が減少すると金属イオンの溶解性が増す．

他の金属　飲料水中の不純物について欧州連合（EU）によって定められた限界値は次の通りである．

不純物	濃度/ppm すなわち mg dm^{-3}
Zn	5
Fe	0.2
Mn	0.05
Cu	3
Cd	0.005
Al	0.2

硫酸塩　硫酸塩は並みの濃度では無害であるが，過度の濃度の硫酸塩（＞500 ppm）は下剤として働くと考えられる．

硝酸塩　飲料水中の過度の濃度の硝酸塩はヘモグロビン血症（"ブルーベビー"症候群）の原因となりうる．証明されてはいないが，胃がんにも関係する可能性がある．EU は 50 ppm を飲料水についての最大限度として設定した．

→ 演習問題 22D

---

* 訳注：日本では過マンガン酸カリウムが使われる．

河川水の質

英国の環境庁,以前の国立河川公社 (NRA) はイングランドとウェールズの水資源の保全を担当している.その任務には河川の水質のモニタリングと改善が含まれている.河川はその水質によって,表 22・1 のように分類される.

表 22・1 河川の分類 (出典:"Understanding our Environment", R. M. Harrison 編, Royal Society of Chemistry)

河川の水質等級	飽和溶存酸素量/%	BOD/ppm	NH_4 としての N/ppm	コメント
クラス 1A	>80 (マスなどの淡水魚に無毒性)	3	0.4	高度の漁業を支え,高品位
クラス 1B	>60 (マスなどの魚類に無毒性)	5	0.9	1A より低いが,依然として高品位
クラス 2	>40	9	—	中程度の質
クラス 3	>10	17	—	低品位で,魚はめったにいない
クラス 4	きわめて低品位あるいは嫌気性	—	—	非常に汚染されていて魚はいない

Box 22・4　有害廃棄物処分における問題:ラブ運河の場合

ナイアガラフォールズ (米国) のラブ運河廃棄物処分場は,当初は水路をつくるために掘られた場所であった.1930 年代から 1940 年代に,ある化学工場がさまざまな薬品の廃棄のために使用していたが,その中には有毒な有機塩素化合物も含まれていた.

1950 年代に住宅と学校がその上に建てられた.1970 年代なかば,特に雨の多い冬には,多くの有毒な化学種を含む水が家の地下室にあふれ,化学廃棄物を詰めたドラム缶が地上に顔を出した.多くの人々が避難した.この状態を正常化するために 1 億ドル以上が使われた.

22・4　土壌汚染

埋立て

埋立て地では地面の上,あるいは掘られた穴に有害廃棄物が投棄される.一杯になると敷地は土で覆われて,植栽により緑となる.過去に行われた埋立てには,さまざまな問題が伴う.揮発しやすい廃棄物は不快な臭いをもたらすかもしれないし,土中のごみの分解によって,メタンなどの気体が何年もの間放出されるかもしれない.また,雨が埋立て地へとしみ込んで,埋められた毒物を溶解 (**浸出** (leach)) するかもしれない.その結果,生じた溶出液は地下水を経由して飲料水の給水源を汚染することもある.現代の処分場

は，浸出した液を集め，含有されていた気体や生成した気体を処理するようにつくられている．メタンの発生で爆発することもありうるので，気体の処理は特に重要である．埋立ては比較的安価な廃棄物処分法だが，適切な場所は少なくなっている．

農　薬

　農薬は，望ましくない生物を殺したり，その再発生を防ぐために使われる物質である．これらの化学物質により汚染された食料や水を飲食することによってヒトの健康に影響する可能性があるために，合成農薬はわれわれに不安を抱かせる．たいていの農薬は以下の三つのカテゴリーの一つに分類できる．

　1）殺虫剤　　殺虫剤による昆虫の駆除は，病気（たとえば，マラリア，黄熱病）を防ぎ，農作物を保護してくれる．**有機塩素化合物**（organochlorine）は殺虫剤として開発され，1950年代から，利用されてきた一群の化合物である．有機塩素化合物は環境で安定であり，昆虫には少量で有毒であるが，人にははるかに低毒性である．また，有機化合物なので，水には，あまり溶けない．

　多分，最もよく知られた有機塩素化合物はDDT（ジクロロジフェニルトリクロロエタン）である．

DDT

　DDTの殺虫効果は1939年に発見され，驚異的な殺虫剤として歓迎された．それは第二次世界大戦中もその後も，腸チフスを運ぶシラミ，マラリアを運ぶカ，木綿および食糧となる農作物に対する害虫を駆除するために広範に使用された．DDTは非常に有効だったので，過剰使用されるようになった．しかし，DDTがたやすく分解されないため，環境中の濃度が急速に上昇した．DDTは鳥類の繁殖能力に影響を与えたので，米国で鳥類の数が減少し始めた．そして，殺虫剤の使用を抑制するために，法律的な措置が導入された．少量のDDTは人に対してただちに有害なわけではないが，最近の研究によれば，DDTは乳がんの症例を増やすかもしれないことが示唆されている．DDTは発展途上国ではいまだに使用されている．

　2）除草剤　　除草剤は雑草を駆除するために使われる．塩素酸ナトリウム $NaClO_3$ および亜ヒ酸ナトリウム Na_3AsO_3 は20世紀前半に除草剤として一般に使われたが，無機の

ヒ素化合物は,特に,哺乳類に有毒である.現在では有機除草剤が使われている.有機除草剤は植物の特定の品種では,他の品種の場合に比べて,はるかに有毒であるため,選択的な除草剤として使用できる.**アトラジン** (atrazine) は,**トリアジン** (triazine) とよばれる除草剤のグループに属するが,トウモロコシ畑での除草剤として広く使われている.トリアジンは炭素原子と窒素原子が交互に連なった六員環構造をもつ.ヒトの健康に対するアトラジンの影響はいまだ明確ではない.

トリアジンの一般式　　　アトラジン

別の除草剤パラコートは,水溶性が高く,大麻草の群落を駆除するのに使用された.パラコート中毒は皮膚への接触,吸入あるいは経口摂取によって生じる.そして,パラコー

Box 22・5　水銀の毒性

水銀の用途は広い.室温で液体であり,いろいろな電気スイッチで電気の良導体として利用できるためである.エネルギーが与えられると,水銀原子は可視領域の光を放出する.しかし,水銀蒸気はきわめて有毒で,吸入すると中枢神経系に損傷を与える.この金属は揮発性が高いので,よく換気された場所でのみ取扱われるべきものである.液体の水銀は特に有毒というわけではない.ひどく危険なこともなく,摂取しても排泄される(たとえば,口の中で体温計の管を壊して水銀を飲み込んでしまったとしてもである).

ローマ人は水銀鉱石である硫化水銀 HgS,すなわち辰砂を採鉱し,空気中で鉱石を焼いて,放出された水銀蒸気を凝集することで金属を得た.この蒸気はきわめて有毒なので,この工程で働く奴隷たちの平均余命は 6 カ月ほどだったと考えられる.

水銀は,多くの金属と,**アマルガム** (amalgam) とよばれる固溶体もしくは合金を生成する.虫歯でできた歯の空洞を埋めるために使われる歯科用のアマルガムは,水銀,銀,スズを含んでいる.噛んでいる間に,わずかではあるが水銀が揮発して長期の健康障害の原因となりうることが示唆されている.

メチル水銀誘導体はこの元素の最も有毒な形態である.これらは有機金属化合物なので,動物の脂肪組織に溶け込んで蓄積するとみられる.人体中の水銀の大部分はメチル水銀の形である.これは Hg^{2+} を CH_3Hg^+ および $(CH_3)_2Hg$ に転換する微生物によって河川で生成する.魚はえらを通してメチル水銀を吸収し,"ヒトがその魚を食べる".

トの大量摂取はヒトの重要な臓器に損傷を与え，致命的な結果となる可能性がある．

$$H_3C\!-\!{}^+\!N\!\diagdown\!\diagup\!\!-\!\!\diagdown\!\diagup\!N^+\!\!-\!CH_3$$

パラコート

3）殺菌剤　有機水銀化合物は殺菌剤として，真菌類の発育を抑制するのに使われる．この化合物は土中で分解するが，悲惨な結果を招いたこともある．かびを防止するためにメチル水銀で処理された穀物からつくられたパンを食べたことが原因となって，イラクで多くの人が死亡したのである（1971，1972 年）．メチル水銀陽イオンは**有機金属化合物**（organometallic species）であるが，これは金属に直接に結合した有機官能基（メチル基）を含んでいる．

$$CH_3Hg^+$$
メチル水銀陽イオン

この章の発展教材がウェブサイトにある．

23 裁判化学

23・1 あらかじめ知っておくこと
23・2 裁判化学の範囲
23・3 毒物濃度の時間変化
23・4 一次反応速度式を用いた計算
23・5 エタノール分解でのゼロ次反応
23・6 飲酒と運転
23・7 毛髪中の薬物の分析

この章で学ぶこと

- 薬物とアルコールについての計算
- "飲酒運転"の法的限度の定義
- 科学捜査での分析測定
- 毛髪中の薬物分析の利点

23・1 あらかじめ知っておくこと

この章の予備知識を成す概念を説明した本書の節番号を以下に列挙する.

項　　目	本書の節番号
半減期	14・6 節
有機化学（特にアルコールについて）	18・2 節
エタノールの赤外スペクトル	20・6 節
クロマトグラフィー	19・7 節

23・2 裁判化学の範囲

裁判化学（forensic chemistry，犯罪化学，法化学ともいう）は法制における化学の応用である．犯罪現場の試料や死体の組織試料からの未知物質の分析が含まれる．表 23・1 のように，裁判化学では化学者が利用可能なあらゆる分析手段が用いられる．

裁判化学は法毒性学，いわゆる"毒物の科学"と強く結びついている．裁判化学者の興味を引く分子の例を図 23・1 に示す．

23・3 毒物濃度の時間変化

血液中に取込まれた毒物の多くは，生体の臓器内で酵素によって分解され，血中の毒物

23・3　毒物濃度の時間変化

表 23・1　裁判化学的な分析で用いられる分析手法の例

手　　法	使　用　例
ガスクロマトグラフィー（GC）	(a) 血液中のアルコールの分析 (b) 放火現場で用いられた可能性のある燃料の同定
赤外分光（IR）	(a) 呼気中のアルコールの分析 (b) 合成麻薬工場の疑いがある場所からの未知固体の同定
高速液体クロマトグラフィー（HPLC）	(a) 競走馬へのドーピングの疑いがある物質の分析 (b) 血中のアセトアミノフェンの同定
原子吸光分析法（AAS）	(a) 人体組織中のヒ素の分析 (b) 銃弾をつくるのに使われた合金の同定
ガスクロマトグラフィー–質量分析（GC–MS）	(a) コカイン代謝物（分解生成物）の毛髪からの検出 (b) 血中のストリキニーネの同定
紫外分光（UV）	(a) 贋作に用いられたペンのインキの分析 (b) 犯罪の現場に残された繊維の染料の同定

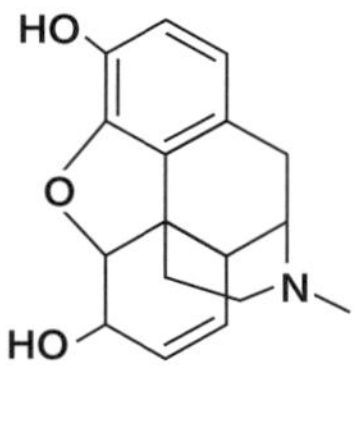

モルヒネ（鎮痛剤） 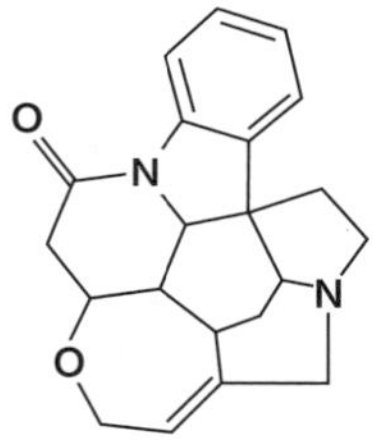　　ストリキニーネ（毒）

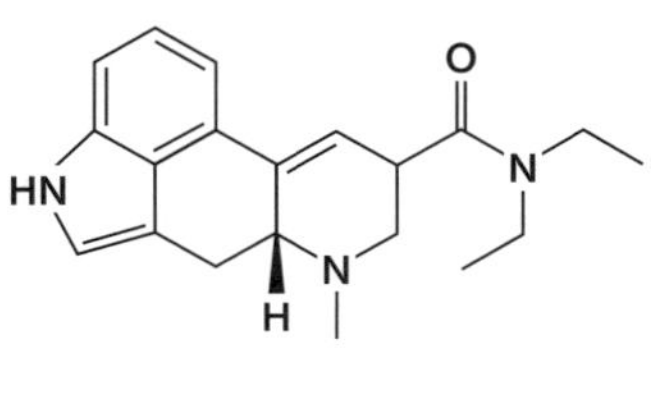

リゼルグ酸ジエチルアミド（LSD） 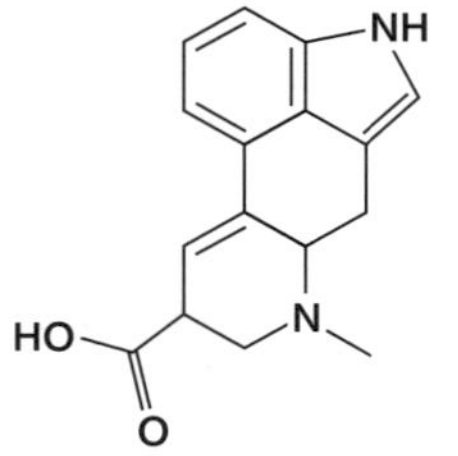　　リゼルグ酸（LSD の親分子）

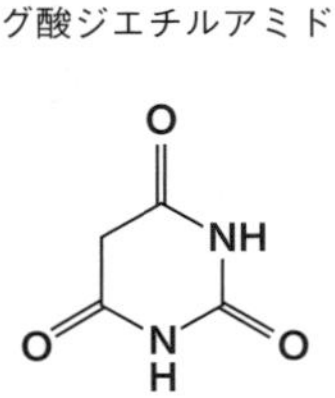

バルビツル酸（神経系の鎮静剤である　　アンフェタミン（興奮剤）
バルビツル酸系薬物の親分子）

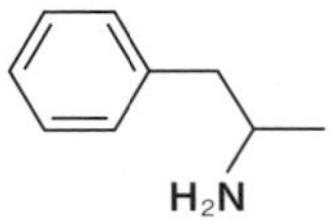

図 23・1　裁判化学者の興味を引く化合物の例

の濃度はその最大値から低下していく．図 23・2 に示すように，この濃度の低下には**一次**の場合（たとえばアセトアミノフェン）と**ゼロ次**の場合（たとえばエタノール）がある．

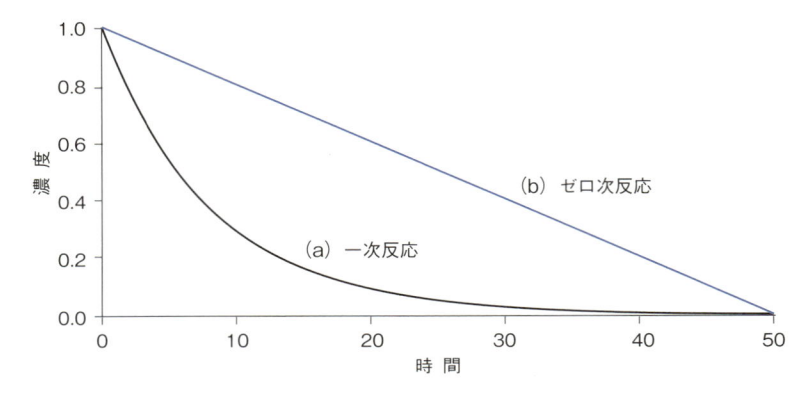

図 23・2 血液中の毒物の分解による濃度の変化 (a) 一次反応の場合，(b) ゼロ次反応の場合

すべての毒物が単純な反応速度則に従うわけではない．たとえば，有毒な気体である**一酸化炭素**は血液中でヘモグロビンと強く結合して，体内から除かれることはない．

23・4 一次反応速度式を用いた計算

毒物の一次分解反応は 14・6 節で紹介した反応式に従う．

$$[A] = [A]_0 \times e^{-kt} \qquad (23 \cdot 1)$$

ここで $[A]_0$ は毒物 A の最大濃度（すなわち，$t=0$ での濃度），k は一次速度定数（単位は s^{-1}），$[A]$ は時刻 t での毒物 A の濃度である．この式を図 23・2 (a) のプロットに使った．この式を用いた計算が例題 23・1 である．

例題 23・1

モルヒネを摂取する人がいる．血中のモルヒネの半減期は約 3.0 時間である．もし摂取後 5.0 時間での血漿中での濃度が 6.0 mg dm^{-3} であったならば，モルヒネの最大濃度となる摂取直後の濃度はどれだけか．

▶**解 答**

(23・1) 式を置き換えると，

$$[A]_0 = [A]_t/e^{-kt} \tag{1}$$

一次速度定数 k は次式より算出される．

$$k = 0.693/t_{1/2}$$

ここで，$t_{1/2}=3.0\,\text{h}$ を代入すると，$k=0.693/3=0.23\,\text{h}^{-1}$（単位は"時間の-1乗"）となる．(1) 式にこの k と t (=5.0 h) を代入すると，

$$[A]_0 = \frac{6.0}{e^{-(0.23\times5.0)}}$$

ここで，$0.23\times5.0=1.15$ であるから，指数関数機能付きの電卓で計算すると，$e^{-1.15}=0.317$ となる．したがって，

$$[A]_0 = \frac{6.0}{0.317} = 18.9\,\text{mg dm}^{-3}$$

結論として，血液中のモルヒネの最大濃度はおよそ $19\,\text{mg dm}^{-3}$ と見積もられる．

→ 演習問題 23A

23・5 エタノール分解でのゼロ次反応

エタノールは体内でエタナール（アセトアルデヒド，CH_3CHO）に分解する．エタノール（普通のアルコール）は一次反応の速度式に従わない．その代わりに，血中アルコール濃度（"BAC (blood alcohol concentration)"と表記）の時間変化は，A の濃度に対して独立した**ゼロ次反応**となる．すなわち，

$$[A] = [A]_0 - kt \tag{23・2}$$

となり，図 23・2 (b) に示すような濃度-時間曲線が得られる．

(23・2) 式を用いた計算は非常に簡単である．BAC は普通 $100\,\text{cm}^3$ の血液中のエタノール量をミリグラムの単位（mg/100 cm^3）で表したものである．室温で k は，1 時間当たり $100\,\text{cm}^3$ の血液中に約 15 mg のエタノールとして表される．そして，性別や健康状態とは無関係にすべての個人に適用するものとして，この値を使う．ただし，もし k をこの単位で表すなら，t は**時間**（hour）の単位でなければならない．

例題 23・2

アルコール飲料を飲み終えた直後の BAC は，血液 $100\,\text{cm}^3$ 当たりエタノール 90 mg であった．4 時間後の BAC を計算せよ．

▶解 答

$t=0$ での血中エタノール濃度を $[A]_0$ とする.

$$[A] = [A]_0 - kt$$

で, $k = 15$ であることから,

$$[A] = 90 - (15 \times 4) = 30$$

これより, 4 時間後の BAC=血液 100 cm^3 当たりエタノールの量は, 30 mg となる.

→ 演習問題 23B

表 23・2 ヒトに対するエタノールの生理的影響

血中エタノール濃度 (mg/100 ml)	効　果
<50	気持ちよいと感じ, 饒舌になる傾向以外には, 明白な影響はない.
50～100	明白な影響が現れ始める. 協調性と知覚が少し欠落し, 言語が不明瞭になることもある.
100～150	より顕著な協調性の欠落と知覚の低下, 吐き気や寝転がりたい衝動が出ることもある.
150～200	酩酊と吐き気.
200～300	不活発となり, 起立不能, 嘔吐, 昏睡.
>300	危険限度に近づき, 昏睡と麻痺症状, 脈および呼吸の減弱, もしかすると死亡.
>450	呼吸不全により死亡の可能性大.

23・6 飲酒と運転

過剰のエタノール摂取は交通事故の主要原因の一つである. 限度値は国によって多少異なるが, すべての国である一定の BAC の限度を越えた状態での運転を法律で規制している. 英国ではこの限度は血液 100 ml 中にエタノール 80 mg となっている. 多くの欧州諸国では限度は 50 mg である.

英国の法律は, "上限値を越えて"運転している疑いがあるドライバーへのスクリーニングテスト ("道端での酒気検知器"による検査) を警察官が実施することを認めている. スクリーニングテストはもともとは二クロム酸塩の還元に基づくものであったが, 燃料電池を応用したものに置き換えられた (7・4 節参照). もしスクリーニングテストが陽性ならば, 容疑者は警察署に連行される. そこでは, 法廷でも使える証拠を得るために, 赤外分光器をもとにした装置で再測定される.

エタノールは揮発性なので (10・7 節参照), 血液中のエタノールはすぐに呼気に含ま

れるようになる．警察署で使われる赤外分光装置は容疑者の呼気を分析するのに用いられる．肺を通して吸入された空気は微細な毛細血管で交換されるので，血液中のエタノールと呼気は実質的に平衡となる（図23・3）．ヒトの血中エタノール濃度は，その人の呼気中のエタノール濃度より2300倍ほど大きい．

$$\frac{[血液中のエタノール]}{[呼気中エタノール]} = 2300$$

呼気中の濃度は，普通，**呼気** 100 ml 当たりのエタノール量として，マイクログラム（μg）の単位で表される．血液 100 ml 当たりエタノール 80 mg の血中アルコール濃度に相当する呼気中のアルコール濃度は 100 cm^3 の呼気当たりエタノール 35 μg である．エタノールは同様に尿中にも検出される（表23・3）．

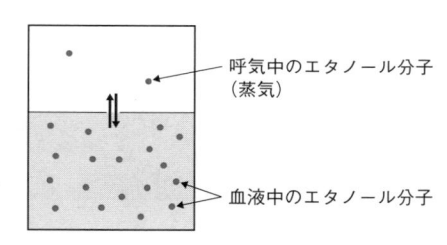

図 23・3 動的な平衡状態にある呼気および血液中のエタノール

表 23・3 英国で規定されているアルコール（エタノール）の濃度限度の要約

基 質	濃度限度
血液（BAC）	エタノール 80 mg/血液 100 ml
尿（UAC）	エタノール 107 mg/尿 100 ml
呼気（BrAC）	エタノール 35 μg/呼気 100 ml

英国の化学研究所が見積もった呼気の分析からの血液中のエタノール濃度の測定での誤差は±2 mg/100 ml である．これより，法的証拠となる分析装置を用いて 81 mg/100 ml という測定値が得られたとすると，真の値が 79〜83 mg/100 ml の範囲にあることを示している．実際には，この値から 6 mg/100 ml が分析者の報告書では差し引かれる．81 mg/100 ml という測定値に対して，報告される濃度は 81−6=75 となる．したがって，科学捜査官としての公式の見解は"検体は血液 100 ml 当たり少なくともエタノール 75 mg を含んでいた"ということになる．

薬物（たとえばアンフェタミンあるいはコカイン）を摂取したドライバーも同じく多くの交通事故を引き起こしているが，これらの物質の存在は血液あるいは尿の分析によってのみ確認できる．このような測定は道路脇では容易に実施できないので，薬物の影響下で

図 23・4　赤外分光装置によるエタノールの測定　測定器は英国サウスウェールズ，バリーにある Lion Laboratries 社製 Lion Intoxilyzer 6000 である．

の運転が疑われるドライバーは，クロマトグラフィー分析のための血液または尿の検体が採取できる警察署に連行される．

23・7　毛髪中の薬物の分析

　英国では，就職希望者の多くは面接の一部として，血液あるいは尿の検体の提供を要求される．もし薬物常用者が検査の前の週に薬物を使うことを控えるなら，薬物が体内から抜け出すのに十分な時間があるので，検出されずに済むだろう．

　毛髪の分析はこれらの問題を避けるものである．というのは，毛髪はその中に，何カ月

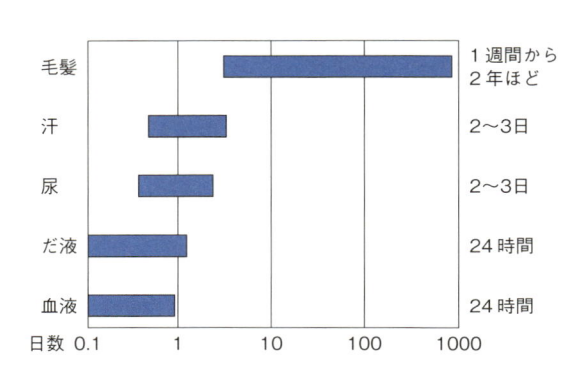

図 23・5　薬物使用の有無を検知できる期間　日数を単位としたもの．汗取りパッチを装着すると 1 週間の薬物使用を検知できる．汗を採取できれば，24 時間以内の薬物使用を検知できる（英国カーディフにある Tricho-tech 社より許可を得て複製）

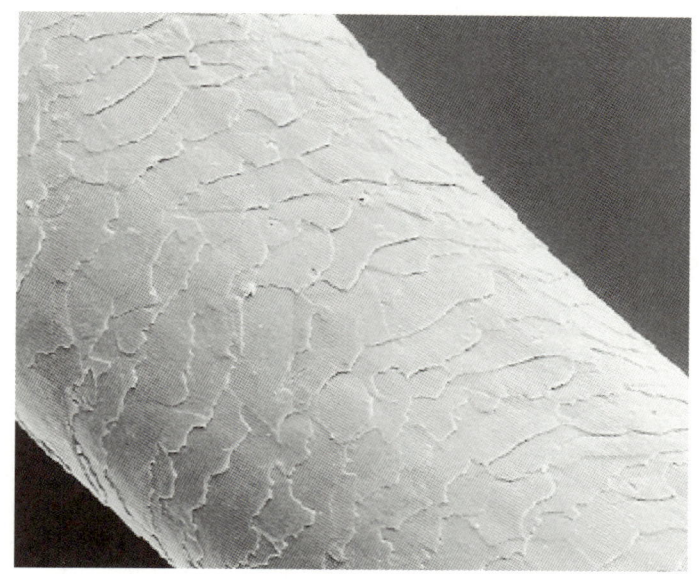

図 23・6　1本の毛髪　重金属を含めて，毒物が毛髪に蓄積されることは古くから知られていた．コカインおよびエクスタシーのような薬物も微量ながら毛髪に蓄積されることがわかっており，これにより，個人の麻薬中毒の履歴を特定しうる．写真は John Gray 博士の好意による．

もの間にわたって使ってきた薬物のごくわずかな痕跡を保持しているためである．さらに，毛髪は1カ月におよそ1 cm 伸びるから，毛髪の切片を分析すると数カ月にわたる薬物使用を推定することができる．

毛髪中のヒ素の分析は Box 21・1 で述べた．

この章の発展教材がウェブサイトにある．Case Study 2 を参照．

付　　録

- 原子の基底状態の電子構造
- おもなイオンの価数
- おもな物理定数
- 一般的データ
- 換算係数
- NISTのウェブサイトの利用法

原子の基底状態の電子構造

殻		1	2		3			4				5					6			7
副殻		1s	2s	2p	3s	3p	3d	4s	4p	4d	4f	5s	5p	5d	5f	5g	6s	6p	6d	7
1	H	1																		
2	He	2																		
3	Li	2	1																	
4	Be	2	2																	
5	B	2	2	1																
6	C	2	2	2																
7	N	2	2	3																
8	O	2	2	4																
9	F	2	2	5																
10	Ne	2	2	6																
11	Na	2	2	6	1															
12	Mg	2	2	6	2															
13	Al	2	2	6	2	1														
14	Si	2	2	6	2	2														
15	P	2	2	6	2	3														
16	S	2	2	6	2	4														
17	Cl	2	2	6	2	5														
18	Ar	2	2	6	2	6														
19	K	2	2	6	2	6		1												
20	Ca	2	2	6	2	6		2												
21	Sc	2	2	6	2	6	1	2												
22	Ti	2	2	6	2	6	2	2												
23	V	2	2	6	2	6	3	2												
24	Cr	2	2	6	2	6	5	1												
25	Mn	2	2	6	2	6	5	2												
26	Fe	2	2	6	2	6	6	2												
27	Co	2	2	6	2	6	7	2												
28	Ni	2	2	6	2	6	8	2												
29	Cu	2	2	6	2	6	10	1												
30	Zn	2	2	6	2	6	10	2												
31	Ga	2	2	6	2	6	10	2	1											
32	Ge	2	2	6	2	6	10	2	2											
33	As	2	2	6	2	6	10	2	3											
34	Se	2	2	6	2	6	10	2	4											
35	Br	2	2	6	2	6	10	2	5											
36	Kr	2	2	6	2	6	10	2	6											
37	Rb	2	2	6	2	6	10	2	6			1								
38	Sr	2	2	6	2	6	10	2	6			2								
39	Y	2	2	6	2	6	10	2	6	1		2								
40	Zr	2	2	6	2	6	10	2	6	2		2								
41	Nb	2	2	6	2	6	10	2	6	4		1								
42	Mo	2	2	6	2	6	10	2	6	5		1								
43	Tc	2	2	6	2	6	10	2	6	6		2								
44	Ru	2	2	6	2	6	10	2	6	7		1								
45	Rh	2	2	6	2	6	10	2	6	8		1								
46	Pd	2	2	6	2	6	10	2	6	10										
47	Ag	2	2	6	2	6	10	2	6	10		1								
48	Cd	2	2	6	2	6	10	2	6	10		2								
49	In	2	2	6	2	6	10	2	6	10		2	1							
50	Sn	2	2	6	2	6	10	2	6	10		2	2							
51	Sb	2	2	6	2	6	10	2	6	10		2	3							
52	Te	2	2	6	2	6	10	2	6	10		2	4							
53	I	2	2	6	2	6	10	2	6	10		2	5							
54	Xe	2	2	6	2	6	10	2	6	10		2	6							

d-ブロック元素

原子の基底状態の電子構造(続き)

殻		1	2	3	4				5					6			7
副殻					4s	4p	4d	4f	5s	5p	5d	5f	5g	6s	6p	6d	7
55	Cs	2	8	18	2	6	10		2	6				1			
56	Ba	2	8	18	2	6	10		2	6				2			
57	La	2	8	18	2	6	10		2	6	1			2			
58	Ce	2	8	18	2	6	10	1	2	6	1			2			
59	Pr	2	8	18	2	6	10	3	2	6				2			
60	Nd	2	8	18	2	6	10	4	2	6				2			
61	Pm	2	8	18	2	6	10	5	2	6				2			
62	Sm	2	8	18	2	6	10	6	2	6				2			
63	Eu	2	8	18	2	6	10	7	2	6				2			
64	Gd	2	8	18	2	6	10	7	2	6	1			2			
65	Tb	2	8	18	2	6	10	9	2	6				2			
66	Dy	2	8	18	2	6	10	10	2	6				2			
67	Ho	2	8	18	2	6	10	11	2	6				2			
68	Er	2	8	18	2	6	10	12	2	6				2			
69	Tm	2	8	18	2	6	10	13	2	6				2			
70	Yb	2	8	18	2	6	10	14	2	6				2			
71	Lu	2	8	18	2	6	10	14	2	6	1			2			
72	Hf	2	8	18	2	6	10	14	2	6	2			2			
73	Ta	2	8	18	2	6	10	14	2	6	3			2			
74	W	2	8	18	2	6	10	14	2	6	4			2			
75	Re	2	8	18	2	6	10	14	2	6	5			2			
76	Os	2	8	18	2	6	10	14	2	6	6			2			
77	Ir	2	8	18	2	6	10	14	2	6	7			2			
78	Pt	2	8	18	2	6	10	14	2	6	9			1			
79	Au	2	8	18	2	6	10	14	2	6	10			1			
80	Hg	2	8	18	2	6	10	14	2	6	10			2			
81	Tl	2	8	18	2	6	10	14	2	6	10			2	1		
82	Pb	2	8	18	2	6	10	14	2	6	10			2	2		
83	Bi	2	8	18	2	6	10	14	2	6	10			2	3		
84	Po	2	8	18	2	6	10	14	2	6	10			2	4		
85	At	2	8	18	2	6	10	14	2	6	10			2	5		
86	Rn	2	8	18	2	6	10	14	2	6	10			2	6		
87	Fr	2	8	18	2	6	10	14	2	6	10			2	6		1
88	Ra	2	8	18	2	6	10	14	2	6	10			2	6		2
89	Ac	2	8	18	2	6	10	14	2	6	10			2	6	1	2
90	Th	2	8	18	2	6	10	14	2	6	10			2	6	2	2
91	Pa	2	8	18	2	6	10	14	2	6	10	2		2	6	1	2
92	U	2	8	18	2	6	10	14	2	6	10	3		2	6	1	2
93	Np	2	8	18	2	6	10	14	2	6	10	4		2	6	1	2
94	Pu	2	8	18	2	6	10	14	2	6	10	6		2	6		2
95	Am	2	8	18	2	6	10	14	2	6	10	7		2	6		2
96	Cm	2	8	18	2	6	10	14	2	6	10	7		2	6	1	2
97	Bk	2	8	18	2	6	10	14	2	6	10	9		2	6		2
98	Cf	2	8	18	2	6	10	14	2	6	10	10		2	6		2
99	Es	2	8	18	2	6	10	14	2	6	10	11		2	6		2
100	Fm	2	8	18	2	6	10	14	2	6	10	12		2	6		2
101	Md	2	8	18	2	6	10	14	2	6	10	13		2	6		2
102	No	2	8	18	2	6	10	14	2	6	10	14		2	6		2
103	Lr	2	8	18	2	6	10	14	2	6	10	14		2	6	1	2
104	Rf	2	8	18	2	6	10	14	2	6	10	14		2	6	2	2
105	Db	2	8	18	2	6	10	14	2	6	10	14		2	6	3	2
106	Sg	2	8	18	2	6	10	14	2	6	10	14		2	6	4	2
107	Bh	2	8	18	2	6	10	14	2	6	10	14		2	6	5	2
108	Hs	2	8	18	2	6	10	14	2	6	10	14		2	6	6	2

57–70 ランタノイド
71–80 dブロック元素
89–102 アクチノイド

$_{95}$Am 以上の元素は推定

おもなイオンの価数

名　称*	価数	記号	名　称	価数	記号
アンモニウム	1	NH_4^+	塩化物	1	Cl^-
カリウム	1	K^+	塩素酸（塩素(V)酸）	1	ClO_3^-
銀	1	Ag^+	過マンガン酸（マンガン(VII)酸）	1	MnO_4^-
水　素	1	H^+			
セシウム	1	Cs^+	酢　酸	1	CH_3COO^-
銅(I)（第一銅）	1	Cu^+	シアン化物	1	CN^-
ナトリウム	1	Na^+	硝　酸	1	NO_3^-
リチウム	1	Li^+	亜硝酸	1	NO_2^-
亜　鉛	2	Zn^{2+}	臭化物	1	Br^-
カルシウム	2	Ca^{2+}	臭素酸（臭素(V)酸）	1	BrO_3^-
コバルト(II)	2	Co^{2+}	水酸化物	1	OH^-
水銀(II)（第二水銀）	2	Hg^{2+}	水素化物（ヒドリド）	1	H^-
スズ(II)（第一スズ）	2	Sn^{2+}	炭酸水素（重炭酸）	1	HCO_3^-
ストロンチウム	2	Sr^{2+}	フッ化物	1	F^-
鉄(II)（第一鉄）	2	Fe^{2+}	ヨウ化物	1	I^-
銅(II)（第二銅）	2	Cu^{2+}	硫酸水素	1	HSO_4^-
鉛(II)	2	Pb^{2+}	亜硫酸水素	1	HSO_3^-
ニッケル	2	Ni^{2+}	クロム酸（クロム(VI)酸）	2	CrO_4^{2-}
バリウム	2	Ba^{2+}	二クロム酸（重クロム酸）	2	$Cr_2O_7^{2-}$
マグネシウム	2	Mg^{2+}	酸化物	2	O^{2-}
アルミニウム	3	Al^{3+}	炭　酸	2	CO_3^{2-}
クロム(III)	3	Cr^{3+}	硫化物	2	S^{2-}
鉄(III)（第二鉄）	3	Fe^{3+}	硫　酸	2	SO_4^{2-}
スズ(IV)（第二スズ）†	4	Sn^{4+}	亜硫酸	2	SO_3^{2-}
			窒化物（ニトリド）	3	N^{3-}
			リン酸	3	PO_4^{3-}

＊　通称または別称を括弧内に示す．
†　イオンとしては存在しないが，表には価数を示した．

おもな物理定数

名称	値
アボガドロ定数 (N_A)	6.022×10^{23} mol^{-1}
電気素量	1.602×10^{-19} C
原子質量単位 (u)	1.66054×10^{-27} kg
電子の質量	9.10938×10^{-31} kg
陽子の質量	1.67262×10^{-27} kg
中性子の質量	1.67493×10^{-27} kg
プランク定数 (h)	6.626×10^{-34} J s
モル当たりのプランク定数	3.990×10^{-10} J s mol^{-1}
真空中の光の速度 (c)	2.998×10^{8} m s^{-1}
気体定数 (R)	8.3145 J K^{-1} mol^{-1}
25℃での水のイオン積 (K_w)	1.008×10^{-14} mol^2 dm^{-6}
水の比熱容量	4.18 J g^{-1} K^{-1}
理想気体のモル体積 (20℃, 101 kPa)	24.06 dm^3 (≈ 24 dm^3)
理想気体のモル体積 (25℃, 100 kPa)	24.79 dm^3

一般的データ

標準周囲温度圧力 (SATP) は 25℃ および 100 kPa である.

換算係数

体積	圧力	温度
1 m^3 = 1000 dm^3	1 atm = 760 torr	0 K = -273.15 ℃
1 dm^3 = 10^{-3} m^3	= 101 325 Pa	T(K) = t(℃) + 273.15
	= 101.325 kPa	
	1 bar = 100 kPa	

NIST のウェブサイトの利用法
http://webbook.nist.gov/chemistry

　米国国立標準技術研究所（NIST）のウェブサイトは，膨大な数の化合物について，いろいろな情報が得られる巨大な電子図書館である．このサイトは無料で利用できるので，その利用法を知っておくと役立つ．ウェブサイトに入ったら"検索オプション（Search Options）"をまず選択する．化合物ベンゼン（C_6H_6）の検索を例にしよう．"Search Options"として，"名称（Name）"を選んだとする．物質名 benzene を英語でキーボードから入力し，"Other Data"の下の"IR spectrum"と"MS spectrum"のボックスをクリックして，チェックを入れる．次いで，番号（4）の下の"Search"をクリックする．この検索の結果，ベンゼンの化学式，赤外スペクトル（実際には，気相と液相のスペクトルを選択する）と質量スペクトルが表示される．選んだ分子の 3D 立体構造も得られる．CAS（アメリカ化学会の化学文献抄録サービス，ケミカルアブストラクツサービス）の登録番号は各分子に固有である．次に化合物の名称を特定しないで組成式（C_6H_6）でベンゼンを検索してみるとよい．慣れたら，麻薬であるコカインのような大きな分子を検索してみよう．

用語解説

アボガドロ定数（N_A）［Avogadro's constant］　1 mol の物質に含まれる粒子の個数（$N_A = 6.022 \times 10^{23}$ mol^{-1}）.

アボガドロの法則（または原理）［Avogadro's law (or principle)］　同じ圧力，同じ温度で，等しい体積の気体はすべて，同じ数（または物質量（mol））の分子を含むという法則.

アミン［amine］　アンモニアの水素原子が有機原子団と置換した化合物．たとえば，CH_3NH_2 や $(CH_3)_2NH$，$(CH_3)_3N$．

アリール基［aryl group］　芳香族分子の一部（たとえば，$-C_6H_5$）.

アルカリ［alkali］　水溶性の塩基.

アルカリ金属［alkali metal］　1 族元素.

アルカリ性溶液［alkaline solution］　塩基性溶液．25 ℃で pH が 7 より高い溶液.

アルカリ土類金属［alkaline earth metal］　2 族元素（狭義には Be と Mg は含まない）．

アルカン［alkane］　一般式 C_nH_{2n+2} の鎖状の炭化水素（たとえば CH_4）．

アルキン［alkyne］　一般式 C_nH_{2n-2} の鎖状の炭化水素（たとえば C_2H_2）．

アルケン［alkene］　一般式 C_nH_{2n} の鎖状の炭化水素（たとえば C_2H_4）．

アルコール［alcohol］　アルキル基に$-$OH が結合した有機化合物．たとえば CH_3OH．

アルデヒド［aldehyde］　$-$CHO 基を含む有機化合物（たとえば CH_3CHO）．

アルファ粒子［alpha particle］　ある種の放射壊変で生じるヘリウムイオン.

イオン［ion］　正または負の電荷をもつ原子または原子団.

イオン化［ionization］　イオンの生成.

イオン化エネルギー（またはエンタルピー）［ionization energy (or enthalpy)］　気体の原子，分子またはイオンから電子が除去される際の標準エネルギー変化.

イオン交換［ion exchange］　溶液中のイオンを他の種類のイオンと交換すること.

イオン交換水［deionized water］　水道水をイオン交換樹脂に通すことで得られる純水．脱イオン水ともいう.

イオン積（K_w）［ionic product constant］　水溶液中のオキソニウムイオン（H_3O^+）と水酸化物イオン（OH^-）の濃度の積．この積は温度によって異なる.

イオンの水和［hydration of ion］　中心イオンに水分子が結合（配位）すること.

異性体［isomer］　分子式は同一だが，構造が異なる化合物.

一次反応（壊変）［first-order reaction (decay)］　一次の反応速度式に従う反応.

陰極［cathode］　電気化学セルで還元が起こる電極．カソードともいう.

エステル［ester］　$-$COOR 基を含む有機化合物．（たとえば，$CH_3COOC_2H_5$）．

NMR［nuclear magnetic resonance］　核磁気共鳴．分光法の一種.

エマルション［emulsion］　ある液体が他の液体中に分散してできるコロイド溶液.

塩［salt］　塩基により酸が中和されて生成する物質.

塩基［base］　酸からプロトン（H^+）を受け入れて，塩と水のみを生成する物質.

塩基性度定数（K_b）［basicity constant］　水中の塩基のイオン化の平衡定数.

エンタルピー［enthalpy］　定圧での物質のエネルギー（または"熱容量"）．

壊変定数 (k) [decay constant]　放射性核種の壊変についての（一次の）速度定数．崩壊定数ともいう．

解　離 [dissociation]　"分かれること" の別の表現．

化学発光 [chemiluminescence]　化学反応によって起こる光の放出．化学ルミネセンスともいう．

化学量論点 [stoichiometric point]　"当量点" の別名．

核　子 [nucleon]　原子核を構成する粒子の総称（すなわち，中性子と陽子）．

核　種 [nuclide]　特定の同位体の "原子"．

核分裂性 [fissile]　低速の中性子により核分裂する性質．ウラン-235 は核分裂性だが，ウラン-238 はそうではない．

化合物 [compound]　異なる元素の原子が定まった比率で互いに結びついてできている物質．

加水分解 [hydrolysis]　物質が水との反応により分解すること．

活性化エネルギー [activation energy]　反応分子が衝突して化学変化が起こるのに必要な最小エネルギー．

カルボン酸 [carboxylic acid]　—COOH 基を含む有機化合物．たとえば，CH_3COOH．

還元剤 [reducing agent]　化学反応で他の物質を還元する物質で，自身は酸化される．

緩衝液 [buffer (solution)]　酸や塩基を加えたり希釈したときに起こる pH の変化を抑える溶液．

気　圧 [atmospheric pressure]　圧力の単位で，記号は atm．1 atm は 101 kPa に等しい．

希ガス [rare gas]　18 族元素．貴ガス（noble gas）ともいう．

基底状態 [ground state]　原子，分子またはイオンの最も低いエネルギー状態．

軌　道 [orbital]　ある一定の確率（たとえば 90 %）で電子が見つかる空間．おのおのの軌道には最大 2 個の電子が入ることができ，それらは互いに反対方向に自転している．電子軌道ともいう．

吸光度 [absorbance]　セル中の試料が特定の波長の光を吸収する度合の指標．$\log (I_0/I)$ と定義される．

吸収（光の）[absorption (of light)]　原子，分子またはイオンによる光子の取込み．

吸熱反応 [endothermic reaction]　熱が取込まれる反応．

強塩基 [strong base]　溶液中で完全にイオン化している塩基．

強塩基性溶液 [strongly basic solution]　pH 12 以上の溶液．

強　酸 [strong acid]　溶液中で完全にイオン化している酸．

強酸性溶液 [strongly acidic solution]　pH 3 以下の溶液．

共通イオン効果 [common ion effect]　溶液中の化学種 "AB" の濃度が，A イオンまたは B イオンを含む別の溶液を加えることで，低下する現象．

共　鳴 [resonance]　化学種の実際の構造を表すためのルイス構造の混成．

共役塩基 [conjugate base]　酸がプロトン（H^+）を失って生成する化学種．

共役酸 [conjugate acid]　塩基がプロトン（H^+）を得て生成する化学種．

極性分子 [polar molecule]　一端が正に荷電し，これと等しい大きさで，他の一端が負に荷電している分子．

偶然誤差 [random error]　繰返し測定の値が真の値のまわりで（上下に）散らばる原因となる誤差．

クロマトグラフィー [chromatography]　混合物を分離するための技術の一つ．分離は特

用 語 解 説

定の物質（たとえば酸化アルミニウム）の表面で起こる．

蛍 光［fluorescence］ 物質が光を吸収して波長の異なる光を放出する現象，または放出された光．

系統誤差［systematic error］ 真の値よりも高いまたは低い測定値を与える誤差で，平均化することで除くことはできない．

結合解離エンタルピー（ΔH_{A-B}）［bond dissociation enthalpy］ 結合の強さの指標．関係するすべての化学種が気体であるとき，1 mol の結合が切れることによる標準エンタルピーの変化．

血中アルコール濃度（BAC）［blood alcohol concentration］ 血液中のエタノールの濃度で，通常，100 ml の血液中の質量（mg）で表す．

ケトン［ketone］ カルボニル基（>C=O）に二つの有機原子団が結合している化合物．たとえば，CH_3COCH_3．

ケルビン（K）［kelvin］ 温度の SI 単位．0℃は 273.15 K に等しい．ケルビン単位で表した温度を絶対温度またはケルビン温度という．

原子質量（元素の）［atomic mass (of an element)］ 原子質量単位で表した，ある元素の原子 1 個当たりの平均質量．m（原子）で表される．

原子質量単位（u）［atomic mass unit］ 質量の極微小な単位（$1\,u = 1.66 \times 10^{-24}\,g$）.

原子番号（Z）［atomic number］ 原子中の陽子の数．

元 素［element］ 化学反応によってより単純なものへと分解することができない物質．すべての原子が同じ原子番号の物質（単体）という意味で用いられることもある．

光 子［photon］ 光の"粒子"．質量をもたず，純粋にエネルギーから成る．

格子エンタルピー（ΔH_L）［lattice enthalpy］ 1 mol の結晶格子が互いに孤立した気体状態の粒子に分かれるときの標準エンタルピー変化．

硬 水［hard water］ マグネシウムまたはカルシウム塩が溶け込んだ水のことで，セッケンがよく泡立たない．

光分解［photolysis］ 光をエネルギー源とした物質の分解．

誤 差［error］ 測定値と真の値との差．

孤立電子対［lone pair］ 原子の外殻（原子価を決める）中の電子対で他の原子と共有されていないもの．

コロイド［colloid］ 溶液中の物質の粒子で，懸濁粒子より小さいが，分子またはイオンより大きいもの．

混和性［miscible］ 液体同士が互いに溶け合える（すなわち，混ざりあう）性質．

錯 体［complex］ 無機化学では，中心金属イオンと，それに結合した配位子で構成される化学種．たとえば $[Ag(NH_3)_2]^+$ を指す．

酸［acid］ 水溶液中でオキソニウムイオン（H_3O^+ あるいは $H^+(aq)$）を生成する物質．

酸化還元対［redox couple］ ある半反応中の酸化される化学種と還元される化学種の組合わせ．

酸化剤［oxidizing agent］ 化学反応で他の物質を酸化する物質で，それ自体は還元される．

酸性度定数（K_a）［acidity constant］ 水中での酸のイオン化の平衡定数．

酸性溶液［acidic solution］ 25℃で pH が 7 未満の溶液．

示強性［intensive property］ 物質の量に依存しない物質の性質，たとえば，温度．

室温常圧（RTP）［room temperature and pressure］ 本書では，20℃，1 atm である．

実験式 [empirical formula]　化合物中の原子の数の比率を最少の整数比で表した化学式.

質量数 (**A**) [mass number]　陽子数と中性子数を加えた数.

質量スペクトル [mass spectrum]　分子または原子がイオン化されると，それぞれに特徴ある異なる質量のイオン片が生成する．これらのイオンの相対的な存在度を質量/電荷比 (m/e) に対してプロットしたものが質量スペクトルとよばれる.

弱酸-弱塩基 [weak acid-weak base]　溶液中で一部がイオン化する酸または塩基.

終点 [end point]　滴定で十分に溶液が加えられて指示薬の色が変わり始める点．理想的には，終点は当量点に等しくなければならない.

昇華 [sublimation]　物質が固体から気体へ直接変化すること.

蒸気 [vapor]　気体．一般に，液体上の気体を意味する．時に，臨界温度以下の気体と定義される.

蒸気圧 [vapor pressure]　液体や固体と平衡にある蒸気の圧力.

蒸発 [vaporization]　液体が気体に変わること.

蒸発エンタルピー (ΔH_{vap}) [enthalpy of vaporization]　液体 1 g (または 1 mol) が温度が一定のままで蒸気 1 g (または 1 mol) になる際の標準エンタルピー変化．単位は，J g^{-1} または J mol^{-1} である．ウェブサイトを参照のこと.

蒸留 [distillation]　混合物の各成分の沸点が異なることを利用した混合物の分離法.

触媒 [catalyst]　それ自身は変化しないが，化学反応の速度を上げる物質.

示量性 [extensive property]　存在する物質の量に依存する性質 (たとえば，体積).

親水性 [hydrophilic]　水を引きつける性質.

浸透 [osmosis]　半透膜を通しての溶媒 (通常は水) の流れ.

浸透圧 [osmotic pressure]　浸透を止めるために半透膜全体に掛けなければならない圧力.

振動数 [frequency]　1 秒当たりにある点を通る光の波の数．周波数ともいう.

水素結合 [hydrogen bond]　電気陰性度が大きい二つの原子 (N, F, Cl または O) の水素原子を介した結合.

スペクトル [spectrum]　化学種により放出された (発光スペクトル)，あるいは，吸収された (吸収スペクトル) 光の振動数 (および強度) が示すパターン.

正確さ [accuracy]　測定値がどれだけ真の値に近いかの度合.

正極 [cathode]　電池で正電荷が溶液から流入する電極．カソードともいう.

精密さ [precision]　繰返し測定で得られた値のばらつきの程度.

絶対温度 [absolute temperature]　ケルビン (K) 単位で表した温度．ケルビン温度ともいう.

絶対零度 (**0 K**) [absolute zero]　可能な最も低い温度 (-273.15 ℃).

遷移金属 [transition metal]　広義には周期表の 3 族から 12 族までの一群の元素．狭義には 3 族から 11 族までの元素を指す．遷移元素 (transition element) ともいう.

双極子 [dipole]　部分的に正に荷電した箇所と負に荷電した箇所が，ある距離を置いた状態.

疎水性 [hydrophobic]　水をはじく性質.

素反応 [elementary reaction]　個々の段階の反応．全反応の一部.

存在度 [abundance]　ある元素の同位体の量を (原子数について) ％で表したもの.

大気 [atmosphere]　惑星を包む気体.

多原子分子 [polyatomic molecule]　複数の原子を含む分子 (たとえば，O_3, H_2O).

置換反応 [substitution reaction]　分子中の原子または原子団が別の原子または原子団で

置き換わる反応.
中性子［neutron］ すべての元素の原子（プロチウム ^1_1H を除く）がもつ中性の粒子.
中性溶液［neutral solution］ オキソニウムイオンと水酸化物イオンを等量含む溶液のことで，25℃では pH 7 である.
中和反応［neutralization reaction］ 塩基と酸から塩と水のみが生成する化学反応.
沈 殿［precipitation］ 溶液内での不溶性の物質の生成.
滴 定［titration］ 当量が反応するまで，既知の濃度の溶液（標準溶液）を未知の濃度の溶液と反応させる方法.
電気陰性度［electronegativity］ ある原子が共有結合によって他の原子と結合しているとき，その原子が結合電子を引き付ける能力の目安.
電気化学セル［electrochemical cell］ 2本の電極と電解質溶液が電気的につながっている実験装置.
電 極［electrode］ 電気化学セル中の金属導体でできた部分のこと．酸化または還元が起こる.
電 子［electron］ 原子を構成する負に荷電した粒子.
電子獲得エンタルピー（ΔH_{eg}）［electron-gain enthalpy］ すべての化学種が気体であるとき，1 mol の陰イオンが生成する際の標準エンタルピー変化.
同位体［isotope］ 陽子数は同じだが中性子数が異なる原子.
同位体質量［isotopic mass］ 原子質量単位で表した同位体1原子の質量．m（同位体）で表される.
同素体［allotrope］ 元素の単体の形態で，原子の結び付き方が異なる．たとえば，ダイヤモンドと黒鉛，フラーレン.
当量点［equivalence point］ 滴定でフラスコ中の溶液と完全に反応するのに正確に十分な溶液がビュレットから加えられた点.
二原子分子［diatomic molecule］ 二つの原子から成る分子．たとえば，HCl や O_2.
乳化剤［emulsifying agent］ エマルションを生成させる物質.
熱分解［pyrolysis］ 熱をエネルギー源とした物質の分解.
パーセント透過率［percent transmittance］ 特定の波長の光について試料を透過する光の割合を分光計で測定して，これをパーセントで表したもの．$(I/I_0) \times 100$ で定義される.
配位子［ligand］ 錯体中の中心金属イオンに結合する分子または陰イオン.
配位数［coordination number］ 最も近接する原子やイオンの数．イオン結晶では逆に荷電したイオンの数，錯体では中心金属イオンに結合している原子の数である.
爆 発［explosion］ 限られた空間で気体の圧力が激烈に増加すること.
波 数（cm^{-1}）［wavenumber］ 1 cm 当たりの光の波の数.
パスカル（Pa）［pascal］ 圧力の SI 単位で，101325 Pa＝1 atm（気圧）.
波 長［wavelength］ ある振動数の光の一つの波の長さ.
発 光［emission (of light)］ 原子，分子またはイオンからの光（光子）の放出.
発熱反応［exothermic reaction］ 熱を放出する反応.
ハロゲン［halogen］ 17族元素.
半減期（$t_{1/2}$）［half-life］ 反応物の濃度が半分になるのに要する時間.
半導体［semiconductor］ 室温では電気の良導体ではないが，特定の他の元素を少量加えると，伝導性が増す物質.
反応機構［reaction mechanism］ 全反応を構成する素反応の組合わせ.

反応速度 [rate of reaction]　ある瞬間における反応の速度．単位は，通常，$\mathrm{mol\ dm^{-3}\ s^{-1}}$である．

反応速度式 [rate expression]　反応速度を，反応速度定数および反応物の濃度に関係づける数式で，実験によって得られたもの．

反応速度定数 (k) [rate constant]　反応物質の濃度が $1\ \mathrm{mol\ dm^{-3}}$ であるときの（特定の温度での）反応速度．k の値は異なる反応間の相対的な速度を比較する目安となる．単に速度定数ともいう．

反応中間体 [reaction intermediate]　全反応の途中で生成し，すぐに他に変化して消費される化学種．

pH　水溶液のオキソニウムイオン濃度の対数に -1 を掛けたもの．$-\log[\mathrm{H_3O^+}]$．純水は 25 ℃ で pH 7.0 であり，中性である．

pK_a　酸性度定数の対数に -1 を掛けたもの．$-\log K_\mathrm{a}$.

pK_b　塩基性度定数の対数に -1 を掛けたもの．$-\log K_\mathrm{b}$.

光 [light]　1 秒につき 3.00×10^8 m の速度で伝搬する波．

非局在化 [delocalization]　分子またはイオン全体に電子密度の高い領域が"広がる"こと．

非混和性液体 [immiscible liquids]　互いに溶け合わない液体（すなわち，互いに混ざらない）．

比熱容量 [specific heat capacity]　1 g の物質の温度を 1 ℃ 上げるのに必要な熱エネルギー量で，C と表される．単位は，$\mathrm{J\ g^{-1}\ ℃^{-1}}$ または $\mathrm{J\ g^{-1}\ K^{-1}}$．ウェブサイトを参照のこと．

標準温度圧力 (STP) [standard temperature and pressure]　温度が 0 ℃ で圧力が 1 atm の状態．

標準凝固点 [normal freezing point]　標準凝固温度ともいう．氷が生成する温度のこと．1 atm の圧力下で液体が凝固する温度．

標準周囲温度圧力 (SATP) [standard ambient temperature and pressure]　温度が 25 ℃ (298 K) で圧力が 100 kPa の状態．

標準状態 [standard state]　1 atm での物質の純粋な形態．

標準生成エンタルピー ($\Delta H_\mathrm{f}^{\ominus}$) [standard enthalpy of formation]　標準状態にある構成元素から 1 mol の物質を生成する際の標準エンタルピー変化．

標準沸点 [normal boiling point]　標準沸騰温度ともいう．液体の蒸気圧が 1 atm に等しくなる温度．

標準偏差 [standard deviation]　繰返された測定結果の精度の指標となる量で，計算により得られる．ウェブサイトを参照のこと．

標準融点 [normal melting point]　標準融解温度ともいう．1 atm の圧力の下で固体が融ける温度．標準凝固点に等しい．

ファンデルワールス力 [Van der Waals' force]　分子間または原子間に働く最も弱い引力の総称．おもなファンデルワールス力に，ロンドン分散力と双極子—双極子相互作用の二つがある．

フェノール [phenol]　$-\mathrm{OH}$ 基が直接ベンゼン環に結合した有機化合物（たとえば，$\mathrm{C_6H_5OH}$）．

不活性電子対 [inert pair]　原子の外側の（あるいは，原子価と関係した）電子殻の一部を構成するが，結合生成に関与しない不活性な電子対．

用 語 解 説

付加反応 [addition reaction]　炭素-炭素間の多重結合が切れて，そこに他の分子が二つに分かれて付加する反応．

負　極 [anode]　電池で正電荷が溶液に流出する電極．アノードともいう．

不飽和炭化水素 [unsaturated hydrocarbon]　炭素-炭素結合に多重結合を含む炭化水素のことで，水素と反応する．たとえば，アルケンやアルキン．

分光計 [spectrometer]　放出，または，吸収される光の振動数と強度を測定する装置（より簡単で手でもてる大きさの器具は，分光器（spectroscope）と呼ばれる）．

分　子 [molecule]　ある定まった比率の二つ以上の原子から構成される中性の粒子．

分子間力 [intermolecular force]　分子間に働く力．

平均結合エンタルピー ΔH_{A-B} [mean bond enthalpy]　結合 A−B の結合解離エネルギーの平均値．たとえば，いくつかの異なるタイプの分子について平均する．

平　衡 [equilibrium]　動的平衡は，同じ速度で起こっている二つの反対方向の過程（たとえば，正反応と逆反応）が釣り合った状態である．

平衡組成 [equilibrium composition]　平衡にある反応物と生成物の濃度．

平衡定数 (K_c) [equilibrium constant]　平衡反応における反応物と生成物の濃度を関係づける比率（反応式により定義される）．

偏　差（測定における） [uncertainty (in a measurement)]　測定の疑わしさの程度を示す量．測定値の一部で記号±の後の部分．たとえば，もしも温度が 25.5±0.4 ℃ と記された場合，偏差は 0.4 ℃ となる．

ヘンリーの法則 [Henry's law]　"気体の溶解度は液体への気体の圧力に比例する" という法則．

芳香族化合物 [aromatic compound]　ベンゼン環を含む有機化合物．たとえば，C_6H_5Cl．

放射性核種 [radionuclide]　放射性同位元素の原子．

放射性同位体 [radioisotope]　放射性の同位体．放射性同位元素ともいう．

放射能 [radioactivity]　(1) 原子核が自発的に壊変する性質．(2) 放射性物質の 1 秒当たりの崩壊数（ウェブサイトを参照）．

飽和炭化水素 [saturated hydrocarbon]　炭素-炭素結合に多重結合を含まない炭化水素のこと．水素とは反応できない．たとえば，アルカン．

密　度 [density]　単位体積当たりの質量．一般に用いられる単位は $g\,cm^{-3}$．

メタロイド [metalloid]　典型的な金属と非金属の中間の性質をもつ元素．半金属ともいう．

モ　ル（mol） [mole]　物質量の国際単位．

モル吸光係数 [molar absorption coefficient]　記号は ε．特定の波長の光についての物質による吸収の強さの指標．

モル分率 [mole fraction]　混合物中の特定の物質の物質量（mol）をすべての成分の物質量（mol）で割ったもの．

モル溶解度 [molar solubility]　ある温度でのある物質の飽和溶液中の濃度（単位は立方デシメートル当たりの物質量（mol），すなわち $mol\,dm^{-3}$）．

融解エンタルピー (ΔH_{fus}) [enthalpy of fusion]　固体 1 g（または 1 mol）が温度が変化しないで液体 1 g（または 1 mol）になる際の標準エンタルピー変化．単位は $J\,g^{-1}$ または $J\,mol^{-1}$ である．

融　合 [fusion]　(1) 融けて一つになること．(2) 核科学では，より軽い核からの重い核の生成（太陽の内部で起こっているような現象）．核融合．

融 点［melting point］　ある圧力下で固体が液体になる温度（標準融点を参照）．融解点ともいう．

陽 極［anode］　電気化学セルで酸化が起こる電極．アノードともいう．

陽 子［proton］　すべての原子の核に存在する正に荷電した粒子，または，孤立して存在する水素イオン（プロトン）．

ランベルト-ベール式（則）［Lambert-Beer equation (law)］　物質の吸光度 A をセルの光路長 b と物質のモル吸光係数 ε と関連づける式．$A=\varepsilon cb$ と表される．

理想気体［ideal gas］　圧力，体積，そして，温度が，理想的な気体の状態方程式によってまったく正確に予測される気体．

両性物質［amphoteric substance］　酸と塩基の双方に特有な反応を示す物質（化合物）．

臨界圧［critical pressure］　臨界温度で物質を液化するのに必要な圧力．

臨界温度［critical temperature］　どれだけ圧力を加えても，それ以上では物質を液化することができない温度．

ルシャトリエの法則［Le Chatelier's principle］　平衡にある混合物中の反応物および生成物の濃度は，圧力，温度，濃度についてのどの変化にもそれを打ち消すように，変化するという法則．

励起状態［excited state］　基底状態以外のエネルギー状態．

連鎖反応［chain reaction］　継続的に起こる反応．

ロンドン分散力［London dispersion force］　分子間または原子間に働く弱い引力．

索 引

あ

アインシュタイン, A. 434
アクチノイド 210
亜原子粒子 32, 35
アシル化 345
アシル基 360
アセチレン 62, 235
アゾ化合物 370
アデノシン三リン酸 251
アデノシン二リン酸 251
アトラジン 446
アニオン→陰イオン
アニリン 368
アボガドロ, L. 147
アボガドロ定数 134, **463**
アボガドロの法則 172, **463**
雨 水 95
アマルガム 30, 446
アミド 360
アミノ酸 364
アミン 361, **463**
アラルキル基 370
亜硫酸塩 105
アリール基 344, **463**
アルカリ 102, **463**
アルカリ金属 209, 211, **463**
アルカリ性溶液 **463**
アルカリ土類金属 209, 213, **463**
アルカン 326, **463**
　──の命名法 329
アルキル化 345
アルキル基 329
アルキン 340, **463**

* 太字の数字は用語解説の
　ページを示す.

アルケン 334, 335, **463**
　──の命名法 336
アルコール 350, **463**
　第一級── 353
　第二級── 353
　第三級── 353
アルデヒド 354, **463**
αヘリックス 367
アルファ粒子 32, 425, 426, **463**
アルミナ 385
アレニウス式 273
アレニウスの活性化エネルギー 273
アレーン 346
泡 207
安息香酸 368
アンフェタミン 449
アンホ爆薬 253
アンモニア 100
アンモニア合成 300

い

イオン 54, 93, **463**
　──の水和 **463**
イオン化 38, 309, **463**
　水の── 304
イオン解離 93
イオン化エネルギー 59, 245, 400, **463**
　第一── 45, 228, 400
　第二── 45
　逐次── 44
イオン化エンタルピー 245
イオン化合物 55
イオン結合 53, 55
イオン結合性 63
イオン交換 379, **463**
イオン交換水 **463**

イオン交換体 379
イオン積 **463**
　──定数 304
イオン反応式 94
イオン平衡 304
イオンミセル 191, 208
異性体 329, **463**
イソブタン 328
一座配位子 226
一次構造
　タンパク質の── 367
一次反応 278, **463**
一次標準 152
移動相 385
色
　化合物の── 403
陰イオン 19, 54, 67, 93
引火点 182
陰 極 **463**
飲酒運転 452
飲料水 443

う

ウィルキンス, M. 90
ウェーラー, F. 326
埋立て 444
ウラン 429
運動エネルギー
　気体分子の── 174
運動論 166

え

栄 養 251
エカ・アルミニウム 230
液 体 17, 165
aq 93

索引

SI 接頭語　4
SI 単位系→国際単位系
SHE→標準水素電極
SATP→標準周囲温度圧力
s 軌道　50
STM→走査型トンネル顕微鏡
STP→標準温度圧力
エステル　353, 360, **463**
エステル化
　エタノールの——　294
s 電子　47
s-ブロック元素　210
エタノール　352, 371
エタン　62, 327
エタン酸　101, 309
エチレン　62
エチン　62
X 線回折　56, 80, 167
ATP→アデノシン三リン酸
ADP→アデノシン二リン酸
エテン　62, 334, 337
NAD→ニコチンアミドアデニ
　　　　ンジヌクレオチド
NMR→核磁気共鳴
n 型半導体　219
エネルギー　5, 17
　——の保存　232
エネルギー価　251, 252
エネルギー準位　42, 393
エネルギー遷移　393
エネルギー保存則　232
f 電子　47
エマルション　207, **463**
LP ガス　334
エーロゾル　207
塩化アルミニウム　24
塩化水素　97
塩化物イオン　54
塩　**463**
塩　基　101, 102, **463**
塩基解離定数　314
塩基性酸化物　19
塩基性度定数　314, **463**
塩基性溶液　306
塩　橋　121
塩　酸　98, 308
炎色試験　109
炎色反応　211, 214

遠心機　372
延　性　19
エンタルピー　233, **463**
　イオン化——　245
　結合解離——　245, 257
　原子化——　245
　格子——　245, 253
　蒸発——　245
　生成——　245
　中和——　245
　燃焼——　245
　標準気化——　237
　標準生成——　244, 249
　標準燃焼——　250
　平均結合——　258
　融解——　245
エンタルピー図　234
エンタルピー変化　233
　標準反応——　234

お

王　水　111
オキソニウムイオン　60, 97
オクタン価　333
オクテット　53
オクテット則　72
汚染物質　436
オゾン　437
　——による紫外線の吸収
　　　　　　　　　　438
オゾン層破壊　437
親イオン　42
オリゴ糖　358
オレイン酸　361
音響エネルギー　17
温室効果　439
温室効果ガス　439
温　度　5, 165
温度目盛　166

か

回折格子　395
壊　変　424
壊変定数　428, **464**

界面張力　191
海洋水　95
解　離　**464**
過塩素酸　309
化学エネルギー　17
化学吸着　178
化学結合　52, 72
化学式　22
　実験による——の決定　138
化学指示薬　154
化学シフト　414
化学的酸素要求量　443
化学的性質　21
化学発光　402, **464**
化学反応　21
化学反応速度論　261
科学表記　1
化学肥料　100, 441
化学変化　21
化学量論点　322, **464**
可　逆　144
可逆反応　101, 285
殻　33
核　427
核エネルギー　17
核化学　423
拡　散　168
核　子　33, **464**
核磁気共鳴　413, 416, **463**
核磁気共鳴スペクトル　417
核　種　424, **464**
核分裂　429, 431
核分裂性　431, **464**
核分裂片　425
核融合　433
確　率　49
化合物　17, **464**
　——の命名法　23
過酸化物　211
加水分解　218, 315, **464**
　塩の——　316
ガスクロマトグラフィー　387,
　　　　　　　　　　　449
　———-質量分析計　387
　———-質量分析法　449
河川水　95, 439, 444
ガソリン　333
カチオン→陽イオン

索　引　　　　　　　　　　　　　473

褐色環試験　99
活性化エネルギー　267, 269, 464
　　アレニウスの——　274
活性炭　178
カテネーション　214
価電子　81
荷電粒子　58
加熱曲線　168
カーボンナノチューブ　84
可溶化　188, 207
カラーサークル　403
カラムクロマトグラフィー　385
カール，R.　85
カルコゲン　210
カルボキシ基　357
カルボニル化合物　354
カルボン酸　357, 464
カルボン酸誘導体　362
環境化学　436
還　元　112
還元剤　115, 464
緩衝液　317, 464
緩衝作用
　　二酸化炭素の——　324
緩衝能　320
乾電池　125
官能基　349
ガンマ線　425, 427
乾　留　333

き

気　圧　**464**
擬一次　274
幾何異性体　337
希ガス　52, 210, 221, 222, 464
貴ガス→希ガス
記　号
　　状態を表す——　29
基準状態　234
犠牲的保護　128
気　体　17, 165
　　——の圧力　170
　　——の法則　169
気体分子運動論　173

基底状態　48, 394, 464
軌　道　33, 49, 50, 464
揮発性　181
基本単位　4
逆反応　269, 292
吸引沪過　374
吸光度　396, 419, 464
吸　収　178, 393, 401, 464
吸収スペクトル　397, 403
吸　着　178, 284
吸着剤　178, 385
吸着質　178
吸熱化合物　249
吸熱反応　233, 464
球棒模型　57
キュリー．M．　376, 423
キュリー．P．　423
強塩基　314, 464
強塩基性溶液　464
凝固点　168
強　酸　308, 464
強酸性溶液　464
強磁性　223
鏡　像　364
鏡像異性体　363
共通イオン効果　194, 303, 464
共　鳴　70, 464
共鳴構造　70
共鳴混成　70
共鳴振動数　414
共役塩基　311, 464
共役酸　315, 464
共有結合　59
共有結合化合物　19
共有結合性　63
極　性　66
　　分子の——　81
極性分子　464
極性共有結合　65
極性溶媒　58
巨大分子　83
キラル中心　363
キレート　227
金　22
均一系平衡　302
金　属　18
金属結合　81
金属精錬　297

く

空間充填模型　57
偶然誤差　8, 464
クラッキング　334
グラファイト→黒鉛
繰返し抽出　383
グリコーゲン　358
クリック．F．　90
グルコース　358
クロトー．H．　84
クロマトグラフィー　198, 381, 464
クロマトグラム　385
クロロフィル　130, 422
クロロメタン　335

け

蛍　光　402, **465**
蛍光増白剤　405
計　算
　　気体の体積の——　143
　　濃度の——　148
軽　水　35
系統誤差　8, 9, **465**
ケクレ．F．　347
結合解離エンタルピー　245, 258, **465**
結合性電子対　74
結晶化　373
結晶構造　81
結晶水　141
血中アルコール濃度　451, **465**
ケトン　354, **465**
ゲル　207
ケルビン　5, **465**
原　子　20
　　——の構造　31
　　——の電子構造　42
　　——の内部構造　33
原子価　24, 61
原子化　255
原子化エンタルピー　245
原子価殻電子対反発理論　74

原子核　33
原子軌道　49
原子吸光分光計　398
原子吸光分析法　449
原子質量　34, 36, 133, 465
原子質量単位　34, 465
原子説　28
原子団　25
原子番号　33, 465
原子炉　432
元　素　17, 209, 465
元素記号　22
減速材　431
懸濁液　372
検知器　395

こ

硬　化
　　油脂の――　362
光化学反応　335
光学異性　338, 363
光学活性　363
合　金　30
光　源　395
光合成　130, 421
光　子　390, 465
格子エンタルピー　245, 254, 465
硬　水　215, 465
合　成
　　アルデヒドとケトンの――　355
合成ガス　332
合成洗剤　190
酵　素　268, 352
構造異性　338
構造異性体　329, 354
構造式　60
高速液体クロマトグラフィー　449
光分解　465
呼　吸　130
呼吸交換率　253
黒　鉛　83
国際単位系　3
コークス　334

誤　差　7, 465
固　体　17, 165
コッセル, W.　53
固定相　385
孤立電子対　64, 76, 465
コールタール　334
コロイド　206, 465
　　――懸濁液　206
　　――分散　206
　　――溶液　206
混合物　17, 372
根　粒　129
混　和　374
混和性　185, 465

さ

再結晶　376
再　生　281
裁判化学　448
錯イオン　224, 225
錯陰イオン　225
酢　酸　101
錯　体　465
錯陽イオン　225
錯化剤　9
殺菌剤　447
殺虫剤　445
さ　び　127, 270
酸　101, 465
　　――の反応　103
酸塩化物　360
酸塩基指示薬　98, 320
酸塩基滴定　154, 322
酸塩基平衡　304
酸　化　112
酸化亜鉛軟膏　404
酸解離定数　310
酸化還元
　　――の反応式の書き方　116
酸化還元指示薬　156
酸化還元対　118, 465
酸化還元滴定　155
酸化還元反応　112
三角錐形　77
酸化剤　115, 465
酸化状態　114, 217

酸化数　114
　　d-ブロック元素の――　224
酸化物　211
酸化マグネシウム　24
三座配位子　226
三次構造
　　タンパク質の――　367
三重結合　63
参照酸化還元対　118
酸性雨　438
酸性汚水　441
酸性降水　438
酸性酸化物　19
酸性水素　102
酸性度定数　310, 465
酸性溶液　306, 465
酸素アセチレン炎　340
酸素族　210
三方平面形　75
三方両錐形　75
酸無水物　360

し

ジアゾニウム塩　369
COD→化学的酸素要求量
紫外・可視光　394
紫外線　438
紫外分光法　449
磁気モーメント　413
示強性　22, 461
式　量　132
σ結合　341
シクロアルカン　332, 333
試験法
　　アルデヒドとケトンを区別する――　356
自己イオン化定数　304
自己指示薬　155
仕　事　16
GC-MS→ガスクロマトグラフィー-質量分析計
cis-ブタ-2-エン　337
自然対数　2
室温常圧　465
実験式　139, 140, 466
実在気体　169, 176

索 引

質　量　16, 141
質量数　33, 466
質量スペクトル　41, 466
質量パーセント　162
　　──組成　139
質量分析　41
質量分析計　38
質量保存の法則　21
シトクロム　131
自発核分裂　429
脂肪酸　361
脂肪族炭化水素　342
弱塩基　314
弱　酸　309
弱酸-弱塩基　466
写真乾板　395
シャルルの法則　170
周期表　209, 230
重金属　439, 441
重　合　339
シュウ酸　357
重　水　35
重水素　433
臭　素　22
臭素酸　309
臭素水　339
収　着　178
終　点　154, 322, 466
収　率　144
重　量　16
重量分析　158
重力沪過　372
酒気探知器　119
縮　合　357
縮合重合　362
縮合芳香族化合物　348
縮　退　224
主量子数　42
ジュール　6
ジュール, J. P.　232
純　度　18
純物質　18
昇　華　377, 466
蒸　気　466
蒸気圧　162, 179, 466
硝　酸　309
硝酸塩　443
　　──の検査方法　130

常磁性　223
状態方程式
　　理想気体の──　175
蒸　発　373, 466
蒸発エンタルピー　245, 466
蒸　留　373, 466
触　媒　268, 282, 297, 466
　　均一系──　283
　　不均一系──　283
触媒作用　282
触媒式排気ガス浄化装置　439
食物代謝　251
除草剤　445
初速度法　275
シリカゲル　385
シリコンチップ　219
示量性　22, 466
伸縮振動　407
親水性　188, 466
浸　透　203, 466
浸透圧　204, 466
振動エネルギー　393
振動数　391, 406, 466
真の値
　　測定値の──　10
新物質　18

す

水　銀
　　──の毒性　446
水酸化物イオン　101, 108
水質汚染　440
水蒸気蒸留　377, 379
水　素　22, 106
水素イオン　60, 97
水素結合　87, 351, 466
水素電極　118
水和　60, 93
数　字
　　──の丸め方　14
スキャナー　416
ス　ズ　216
ステアリン酸　361
ストリキニーネ　449
スピン　415
スピン-スピン分裂　414

スペクトル　466
スモッグ　440
スモーリー, R.　85

せ, そ

正確さ　8, 466
正　極　122, 466
制御棒　432
制限試薬　145
正四面体形　75, 225
生成エンタルピー　245
静電力　56
正八面体形　75, 226
正反応　289
生物学的固定　129
生物学的酸素要求量　442
精密さ　8, 466
製油所　332
ゼオライト　380
赤外スペクトル　394, 408
赤外分光法　80, 405, 449
石　炭　333
石炭ガス　333
石　油　332
セッケン　190, 208
摂氏目盛　15
接触水素化
　　エテンの──　284
接触分解　334
絶対温度　466
絶対零度　166, 466
セ　ル　395
セルシウス, A.　15
セルシウス度　5
　　──目盛　15
セルロース　90
遷　移　393
遷移金属　466
遷移金属錯体　224
遷移元素　221
遷移状態　269
洗　剤　441
線状高分子　340

相　185
双極イオン　364

索引

双極子 58, 65, 79, 86, 466
　一時―― 87
　誘起―― 87
双極子-双極子相互作用 85
双極子モーメント 80
　――測定 80
走査 41, 396
走査型トンネル顕微鏡 19, 20
双性イオン 364
相変化 167
族 209
速度定数 271, 289
疎水性 188, 466
ソックスレー抽出 381
　――装置 384
素反応 280, 466
ゾル 207
存在度 466

た, ち

第一遷移系列 48
　――元素 221
大気 466
大気汚染 437
対数 2
体積パーセント 162
ダイヤモンド 83
多価不飽和 362
多環芳香族炭化水素 348
多原子イオン 69
多原子分子 406, 466
多座配位子 226
多重結合 62, 78, 216
多糖 358
単位 3
　――の導き方 6
炭化水素 326, 327
タングステン 22
単光束装置 396
炭酸塩 105
炭酸水素塩 105
短縮構造式 328
単蒸留 375
炭水化物 352, 358
単糖 358
タンパク質 89, 268, 366

――の構造 91
チェルノブイリ原子力発電所 430
力 5
置換反応 344, 466
置換ベンゼン誘導体 367
地球温暖化 439
蓄積性毒物 441
窒素固定 129
窒素サイクル 129
窒素族 209
チマーゼ 352
着色錯体 9
中性 305
中性子 33, 425, 467
中性子放射化分析 435
中性溶液 306, 467
中和 102
中和エンタルピー 245
中和反応 467
超ウラン元素 425
超酸化物 211
超臨界流体
　――による抽出 384
超臨界流体抽出 384
チンダル効果 207
沈殿 96, 467

て

定圧熱量計 242
DNA 89
　――の二重らせん構造 91
DNA指紋法 389
TNT→トリニトロトルエン
TMS→テトラメチルシラン
TLC→薄層クロマトグラフィー
d軌道 50
停止反応 281
定性分析 398
DDT 445
d電子 47
デイビー, H. 71
d-ブロック元素 210, 221
定量的元素分析 343
定量分析 8, 398

デオキシリボ核酸→DNA
滴定 154, 467
　強酸と強塩基との―― 322
　弱酸と強塩基との―― 323
テトラクロロメタン 61
テトラメチルシラン 414
デバルタ合金 130
電解質 58, 128
展開槽 387
電気陰性度 65, 467
　ポーリングの―― 66
電気泳動 389
電気エネルギー 17
電気化学セル 118, 467
電極 467
電子 31, 467
電子エネルギー 393
電子殻 46
電子獲得エネルギー 245
電子獲得エンタルピー 467
電子構造 43, 218
　第一遷移系列元素の―― 48
電磁スペクトル 390
電子スペクトル 394, 401
電磁波 391
電子配置 43
　アルミニウム原子の―― 51
電子密度 57
電子密度図
　塩化ナトリウムの―― 57
　水素の―― 63
電卓
　――の使い方 3
電池 121
電池図 122
天然水 95
天然存在比 35
天秤 5
展性 19
電離→イオン化

と

同位体 35, 467
同位体質量 37, 467
透析 207
同族列 327

索 引

同素体 82, **467**
    硫黄の—— 82
    酸素の—— 82
    スズの—— 216
    炭素の—— 83
    リンの—— 82
動的化学平衡 285, 286
動的平衡 179, 189
当量点 153, 322, **467**
毒殺
    ナポレオンの—— 435
毒物 448
土壌汚染 444
ドーピング
    半導体の—— 219
トムソン, J. J. 31
ドライアイス 217
trans-ブタ-2-エン 337
トリアジン 446
トリチウム 433
トリニトロトルエン 252
ドルトン, J. 28
ドルトンの分圧の法則 173
トレーサー 434

な 行

ナイロン 362
鉛 443
波-粒子の二重性 48

二塩基酸 312
二原子分子 20, 60, **467**
ニコチンアミドアデニン
    ジヌクレオチド 251
二座配位子 226
二酸化ケイ素
    ——の性質 217
二酸化炭素
    ——の性質 217
    水に溶けた—— 324
二次構造
    タンパク質の—— 367
二重結合 62, 335
二重光束装置 396
二糖 358
ニトロ化 344

ニトログリセリン 252
乳化 188, 207
乳化剤 208, **467**
乳濁液 207
ニュートン 5

熱 165
熱エネルギー 17
熱化学方程式 234
熱分解 334, **467**
燃焼 337
燃焼エンタルピー 245
燃料棒 431
濃度 4
    ——の単位 158
    イオンの—— 150
    純粋な固体や液体の——
                          150
農薬 445

は

配位結合 64
配位子 224, **467**
配位数 225, **467**
π 結合 341
バイヤー試験 339
パーキン, W. 371
薄層クロマトグラフィー 386
爆発 **467**
爆薬 250, 252
波数 406, **467**
パスカル **467**
パスカルの三角形 415, 416
パーセント収量 144
パーセント透過率 396, **467**
波長 391, **467**
発火点 182
バックミンスターフラーレン
                                 84
発 光 47, 393, 401, **467**
発 酵 352
発光スペクトル 44, 46, 395
発熱化合物 249
発熱的 233
発熱反応 233, **467**
バッファー→緩衝液

波動性 48
ばね模型
    分子の—— 405
ハーバー, F. 301
ハーバー-ボッシュ法 130, 300
パラコート 447
パラチオン 280
パラフィン 327
バランス
    ——のとれた反応式 26
バルビツル酸 449
バルマー系列 401
ハロゲノアルカン 335, 350
ハロゲン 210, 220, **467**
    ——の色 220
    ——の性質 221
ハロゲン化 335, 344
ハロゲン化アルキル 350
半金属 19
半減期 279, **467**
    放射性核種の—— 428
犯罪化学→裁判化学
反磁性 223
半導体 219, **467**
    ——のドーピング 219
半透膜 203
反応機構 280, **467**
反応式
    ——の書き方 26
反応次数 275
反応速度 261, **468**
    ——に影響を与える因子
                              265
    ——の実験的測定 263
    ——の定義 262
反応速度式 270, 272, **468**
反応速度定数 **468**
反応中間体 281, **468**
反応列 127
半反応式 116

ひ

pH 14, 162, 308, 311, 443, **468**
    緩衝液の—— 319
    弱酸の—— 313
pH 計 164, 308

pH 試験紙　164
pOH　308
BOD→生物学的酸素要求量
非核分裂性　431
p 型半導体　219
光　468
光エネルギー　17
p 軌道　50
非局在化　69, 219, 343, 468
非金属　18
pK_a　468
pK_w　308
pK_b　468
非混和性液体　468
PCB→ポリ塩化ビフェニル
非遮蔽化　416
ヒ素　435
比電荷　33
p 電子　47
ヒドラゾン　357
比熱容量　168, 468
ppm　158
ppb　159
p-ブロック元素　210
ピペット　153
日焼け止めクリーム　404
ビュレット　154
氷酢酸　358
表示法
　　測定値の──　11
標準温度圧力　170, 468
標準還元電位　124
標準気化エンタルピー　238
標準結合エンタルピー　258
標準凝固点　468
標準周囲温度圧力　170, 468
標準状態　234, 468
標準水素電極　120
標準生成エンタルピー　244,
　　　　　　　　　249, 468
標準電極　120
標準電極電位　118
標準燃焼エンタルピー　250
標準反応エンタルピー　235
標準表記　1
標準沸点　180, 468
標準分析法　10
標準偏差　10, 468

標準融点　468
標準溶液　10, 152
　　──の調整　151
表面張力　89

ふ

ファンデルワールス力　63, 85,
　　　　　　　　　　　　468
VSEPR 理論→原子価殻電子対
　　　　　　　反発理論
富栄養化　441
フェニル基　344
フェノール　368, 369, 371, 468
フェノールフタレイン　321
不確定性　49
不活性電子対　468
　　──効果　218
付加反応　338, 469
負極　122, 469
不均一系平衡　302
複合反応　281
副準位　47, 50
腐食　127
ブタ-1-エン　337
不確かさ　11
ブタン　327
フッ化物
　　飲料水中の──　443
物質量　4, 134
沸点　169
　　水素化物の──　90
沸騰　20, 169
沸騰温度　169
物理吸着　178
物理的性質　21
物理変化　20
物理量
　　──の単位　6
不動態　128
プニコゲン　209
ブフナー漏斗　374
不飽和　337
不飽和炭化水素　465
フラグメント　42
プラスチック　340
プラズマ　17

フラーレン　84
プランク定数　392
プランク方程式　47
フリーデル-クラフツ反応
　　──によるアシル化　346
　　──アルキル化　345
フルクトース　358
プルーフ　163
プロトン→陽子
プロトン供与力　311
プロパン　327
プロペン　337
分圧　173
　　──の法則　173
分液漏斗　374, 377
分極　65
分光学　390
分光計　47, 394, 395, 469
分子　20, 147, 469
　　──の形　74
分子運動論　166
分子間力　63, 85, 469
分子式　140
分子質量　38, 132
分子内結合　85
分子ふるい　380
分析
　　有機化合物の──　343
分析試薬　18
フント則　51
分配　385
分配比　197
分別蒸留　332, 352, 375, 378
分離　372
分留塔　332, 375

へ

平均結合エンタルピー　258, 469
平均質量　36
平均速度　175
平衡　144, 285, 469
平衡蒸気圧　179
平衡則　287
平衡組成　293, 469
平衡定数　287, 291, 469
　　──に対する温度の効果　296

平衡反応 101
平面四角形 225
平面偏光 363, 365
へき開性 58
ベクレル, A. H. 423
ヘスの法則 238, 239
ベータ粒子 425, 427
ペプチド 364
ペプチド結合 366
ベルセリウス, J. 28
変角振動 407
偏　差 469
変色域 321
ベンジルアルコール 371
ベンジル化合物 370
変　性 353
ベンゼン 342, 344
　　——の結合 345
ヘンダーソン-
　　ハッセルバルク式 320
ペンタン 328
ヘンリー係数 200
ヘンリーの法則 199, 469

ほ

ボーア, N. 42, 111
ボーアの条件 393
ボーア半径 42
ボーア模型 42
ボイルの法則 171
補因子 268
法化学→裁判化学
傍観イオン 95
芳香族化合物 332, 469
芳香族炭化水素 342
放射壊変 428
放射化学 423
放射性核種 424, 469
放射性同位体 424, 469
放射線 424
放射線療法 433
放射年代測定 433
放射能 35, 423, 424, 469
飽　和 184
飽和蒸気圧 179
飽和炭化水素 469

保持因子 387
保持時間 389
ポリアミド 362
ポリ塩化ビフェニル 441
ポリペプチド 366
ポリマー 340
ポーリング, L. 68
ホルマリン 355
ボルン-ハーバーのサイクル
　　　　　　　　　　255
ボンベ熱量計 251

ま 行

魔法数 46

水
　　——の硬度 215
　　——の分子 20
密　度 6, 469
無極性有機溶媒 63
無水物 141

命名法
　　化合物の—— 23
メスフラスコ 152
メタノール 353
メタロイド 19, 469
メタン 62, 259, 327
　　——の塩素化 281
　　——の燃焼 260
メチルオレンジ 321, 322, 370
メチル化アルコール 353
メチル水銀 447
メンデレーエフ, D. 230

モーブ 371
モ　ル 4, 132, 133, 134, 147,
　　　　　　　　　　469
モル吸光係数 419, 469
モル質量 135
モル体積 172
モル濃度 148
モルヒネ 449
モル分率 162, 469
モル溶解度 189, 193, 469

や, ゆ

薬物分析
　　毛髪中の—— 454
融解 168
融解エンタルピー 245, 469
融解温度 168
有害廃棄物処分 444
有機塩素化合物 445
有機化学 326
有機化合物 349
有機金属化合物 447
誘起効果 363
融　合 469
有効数字 11
　　——の桁数 13
融　点 168, 470
誘導核分裂 429
遊離基 265, 281, 437
油　脂 362
ユニバーサル指示薬 321

よ

陽イオン 19, 38, 54, 65, 93
溶　液 21, 184
溶　解 21, 94
溶解度 184
　　イオン化合物の—— 96
　　気体の—— 198
溶解度積 192
溶解度定数 192
陽　極 470
陽　子 33, 414, 470
溶　質 21, 184
溶　出 386
ヨウ素酸 309
溶存酸素 442
　　——濃度 442
陽電子 425
陽電子放射断層撮影法 434
溶　媒 21, 184
　　——の極性 185
溶媒抽出 198, 380, 382

溶媒和　60
容量分析　153

ら　行

ライマン系列　399
ラザフォード，E.　32
ラジカル→遊離基
ラドン　440
ラムゼー，W.　222
ランタノイド　210
ランベルト-ベール則　419, **470**
ランベルト-ベールプロット
　　　　　　　　　　420

リガンド→配位子
リスター，J.　369
リゼルグ酸ジエチルアミド
　　　　　　　　　　449
理想気体　169, **470**
　──の状態方程式　175
律速段階　283

立体異性　338
立体配置　269
リトマス　321
硫化物　106
硫　酸　99, 312, 339
硫酸アンモニウム　25
硫酸塩　443
硫酸銅　94
粒子加速器　424
留出物　376
量子化　42
量子数　46
量子論　46, 392
両　性　108
両性水酸化物　109
両性物質　**470**
臨界圧　181, **470**
臨界温度　181, **470**
臨界量　431
リン酸塩　441

ルイス，G. N.　53, 68
ルイス記号　53

ルイス構造　59
ルシャトリエの原理　298, **470**

励　起　394
励起状態　46, 394, **470**
冷却器　373
冷却曲線　169
冷却パック　235
零点振動エネルギー　166
レイリー，J.　222
連鎖反応　281, **466**
　核分裂の──　430

濾　液　372
濾　過　372
濾　紙　374
濾紙クロマトグラフィー　381,
　　　　　　　　　　385
ロンドン分散力　83, 86, 92, **470**

わ

ワトソン，J.　90

薬袋　佳孝
みない　よしたか

1954 年 岐阜県に生まれる
1977 年 東京大学理学部化学科 卒
武蔵大学リベラルアーツアンド
　　サイエンス教育センター教授
専 攻 放射化学，無機化学
理 学 博 士

山本　学
やまもと　がく

1941 年 東京都に生まれる
1964 年 東京大学理学部化学科 卒
北里大学 名誉教授
専 攻 有機化学
理 学 博 士

若林　文高
わかばやし　ふみたか

1955 年 東京都に生まれる
1980 年 京都大学理学部化学科 卒
国立科学博物館名誉研究員
専 攻 触媒化学，物理化学
理 学 博 士

第 1 版 第 1 刷 2010 年 3 月 25 日 発 行
第 6 刷 2023 年 10 月 11 日 発 行

基 礎 コ ー ス 化　学

Ⓒ 2 0 1 0

訳　者　薬　袋　佳　孝
　　　　山　本　　　学
　　　　若　林　文　高

発 行 者　石　田　勝　彦
発　行　株式会社 東京化学同人
東京都文京区千石 3-36-7（〒112-0011）
電話 03-3946-5311・FAX 03-3946-5317
URL：https://www.tkd-pbl.com/

印刷・製本　株式会社 シナノ

ISBN 978-4-8079-0709-0
Printed in Japan
無断転載および複製物（コピー，電子データなど）の無断配布，配信を禁じます．

基礎コース 化学 演習編

Rob Lewis・Wynne Evans 著
薬袋佳孝・山本 学・若林文高 訳

A5判 192ページ 定価1980円(本体1800円＋税)

"基礎コース化学"の各章に対応した問題を収録した演習書．本編をよりよく理解するための演習問題と，より発展的な内容を含んだ復習問題からなる．巻末にすべての問題の懇切な解答付．

主要目次：数，単位，測定／元素，化合物，反応／原子の内部構造／化学結合／溶液中のイオンの反応／酸化と還元／モル／濃度の計算／気体，液体，固体／溶液と溶解度／周期表と元素／化学反応に伴うエネルギー変化／化学反応の速さ／動的化学平衡／酸塩基平衡／有機化学：炭化水素／いろいろな有機化合物／混合物の分離／光と分光学／核化学・放射化学／環境化学／裁判化学

2023年10月現在(定価は10％税込)